iLike 职场

数码照片修饰处理完美实现

点智文化　编著

電子工業出版社

Publishing House of Electronics Industry

北京 • BEIJING

内 容 简 介

本书是一本专业讲解如何对数码照片进行处理的技术性书籍，全书共详细讲解了 100 多个实例，涵盖了数码照片处理技术在家用与商用两个市场中的大多数典型应用。例如，针对家用市场讲解了如何对照片重新构图、合成不同风景的照片、趣味拼合人像等案例，针对商用市场讲解了如何美化人像照片、如何纠正照片偏色、如何设计制作杂志封面等案例。

本书定位于希望通过学习掌握数码照片处理技术的专业数码摄影师、平面设计人员、数码影楼从业人员，以及数码摄影爱好者，考虑到多数读者没有多少 Photoshop 软件基础，因此本书所有案例都力求使用最基础、简单的技术处理手段达到更令人满意的效果。

本书案例丰富、实用、技术全面、讲解通俗易懂，操作步骤紧凑流畅，实用性强，特别适合摄影和平面设计行业相关人员以及相关专业在校学生阅读学习。

图书在版编目（CIP）数据

iLike 职场数码照片修饰处理完美实现 / 点智文化编著. —北京：电子工业出版社，2011.7
ISBN 978-7-121-13917-8

Ⅰ. ①i… Ⅱ. ①点… Ⅲ. ①数字照相机－图像处理软件－基本知识 Ⅳ. ①TP391.41

中国版本图书馆 CIP 数据核字(2011)第 124824 号

责任编辑：吴　源
见习编辑：黄悦佳
印　　刷：
装　　订：三河市鑫金马印装有限公司
出版发行：电子工业出版社
北京市海淀区万寿路 173 信箱　邮编：100036
北京市海淀区翠微东里甲 2 号　邮编：100036
开　　本：787×1092　1/16　印张：22　字数：563 千字
印　　次：2011 年 7 月第 1 次印刷
定　　价：45.00 元

凡所购买电子工业出版社图书有缺损问题，请向购买书店调换。若书店售缺，请与本社发行部联系。联系及邮购电话：（010）88254888。

质量投诉请发邮件至 zlts@phei.com.cn，盗版侵权举报请发邮件至 dbqq@phei.com.cn。

服务热线：（010）88258888。

前　言

随着数码相机普及度不断提高，似乎在一夜之间，大多数喜爱拍照的国人都成了数码摄影爱好者。不断增大的数码相机用户群体，不仅促使数码相机行业快速发展起来，更使数码相片处理技术快速升温。

Photoshop 在图像处理领域已经独领风骚十余年，而今又在数码照片处理领域独占鳌头，因为其强大的图像处理功能十分吻合照片处理领域的技术需求。

本书正是一本讲解如何使用 Photoshop 管理、处理数码照片的技术型书籍，虽然当前图书市场上已经有许多专门讲解如何处理数码照片的图书，但与这些图书相比，本书仍然具有以下鲜明的特点。

一、案例量很丰富

本书共讲解了 100 多个不同种类的数码照片类案例，这些案例涉及到对照片重新构图、锐化照片、面部修饰、照片特效制作、照片合成技巧、非主流照片制作技法等有关照片的诸多方面。

这些案例基本上涵盖了日常生活可能遇到的绝大多数照片处理的任务类型，因此本书还可以作为照片处理技能的案头备查手册使用。

二、分类合理

本书共分为 13 个章节，挑选出拍摄照片最常出现的各种问题，如曝光、色彩、杂物修除、人像修饰及二次构图等。当然，相机参数、环境、拍摄对象等诸多因素，使我们每个人拍摄得到的照片都不会类同，因此想要在一本书中完全罗列出其处理方法，无异于天方夜谭，即使本书挑取了最具有代表性的实例进行讲解，也难以一一尽述。例如，第 3 章集中讲解了人像照片的处理技能，第 6 章集中讲解了照片色调的处理技能，第 10 章讲解了如何合成照片，这样的分类不仅考虑到了大多数读者处理数码照片的实际情况，也便于各位读者按照目录快速查找。

三、技术层级丰富

考虑到大多数读者的 Photoshop 基础会随着阅读本书的进展，从入门级别发展到一个相对熟练的级别，本书安排了层级丰富的案例，既有技术简单、功能实用的照片浏览、重命名类的案例，也有面向较高技术层级的照片特效制作类案例，这样的案例会应用到 Photoshop 较高级的 Alpha 通道、图层蒙版、调整图层、混合模式、滤镜等功能。

四、简洁高效

本书没有浪费读者宝贵时间连篇废话，没有编排繁杂到令人眼花的花俏版式，只有简洁的版式与高效的操作步骤，所有内容均清晰明了，讲述方式浅显易懂，因此本书特别适合那些希望高效学习的读者学习。

本书的主要撰写者包括雷波、范玉婵、徐波涛、陈木荣、李美、刘志伟、刘小松、刘星龙、左福、雷剑、邓冰峰、边艳蕊、马俊南、李倪、肖允、柴晓林、吴腾飞、姜玉双、卢金凤、肖辉、李静、张雪、吴晴、陈红岩，他们也做了大量工作，在此致谢。

为方便读者阅读，若需要本书配套资料，请登录“北京美迪亚电子信息有限公司”（http://www.medias.com.cn），在“资料下载”页面进行下载。

目　录

第1章　二 次 构 成

1.1　纠正倾斜照片

本例主要讲解如何纠正倾斜的照片。在制作的过程中，主要结合了变换以及“裁剪工具”功能。

1．打开本书配套素材提供的“第 1 章\1.1-素材.jpg”，将看到整个图片如图 1.1 所示。

2．将“背景”图层拖至“图层”面板底部“创建新图层”按钮上，得到“背景 副本”图层，此时“图层”面板如图 1.2 所示。

图 1.1　素材图像

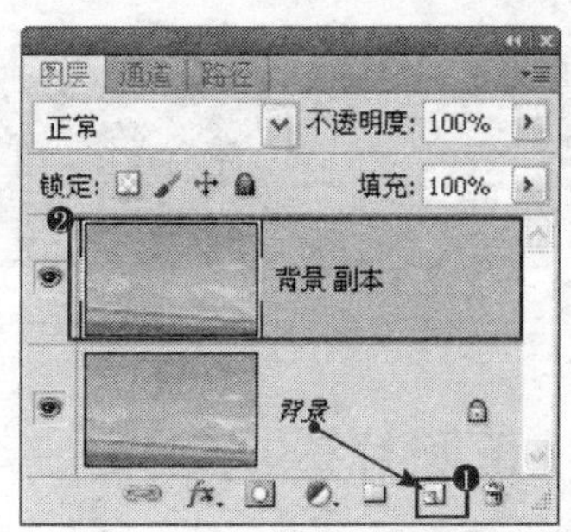

图 1.2　“图层”面板

3．按 Ctrl+T 组合键调出自由变换控制框，将光标置于右上角控制句柄附近，当呈旋转状态时，如图 1.3 所示，逆时针旋转 4.3 度，使地面与画布底部成平行状态，如图 1.4 所示。按 Enter 键确认操作。

图 1.3　光标状态

图 1.4　旋转角度

4．单击“背景”图层左侧的“指示图层可见性”按钮以隐藏该图层，此时图像状态如图 1.5 所示。在工具箱中选择“裁剪工具”，在画布中绘制裁剪框，如图 1.6 所示。

提示：在绘制裁剪区域后，还可以通过调整各个角的控制句柄以控制裁剪区域的大小，在窗口中显示灰暗的区域将是被裁剪的区域。

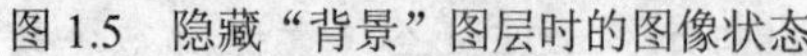

图 1.5 隐藏“背景”图层时的图像状态

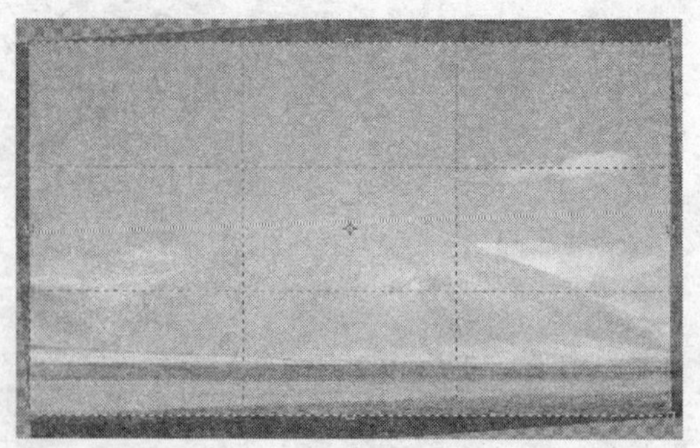

图 1.6 绘制裁剪区域

5．按 Enter 键确认裁剪操作，以将透明区域的图像裁掉，得到的最终效果如图 1.7 所示。“图层”面板如图 1.8 所示。

图 1.7 最终效果

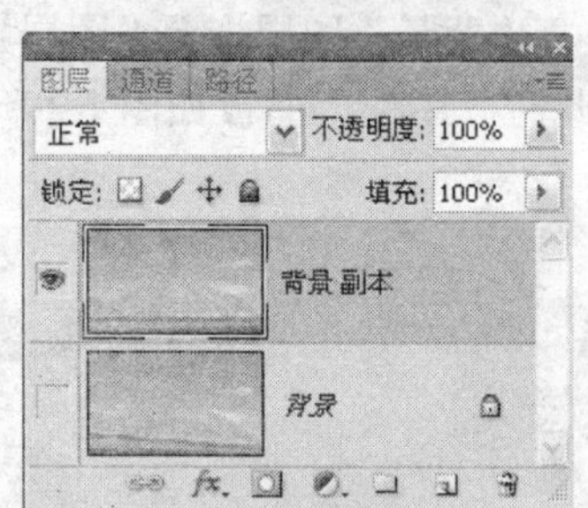

图 1.8 “图层”面板

1.2 校正照片透视效果

本例主要讲解如何校正照片的透视效果。在制作的过程中，主要结合了“镜头校正”命令以及“裁剪工具”。

1．打开本书配套素材提供的“第 1 章\1.2-素材.jpg”，将看到整个图片如图 1.9 所示。

2．将“背景”图层拖至“图层”面板底部“创建新图层”按钮上，得到“背景 副本”图层，此时“图层”面板如图 1.10 所示。

图 1.9 素材图像

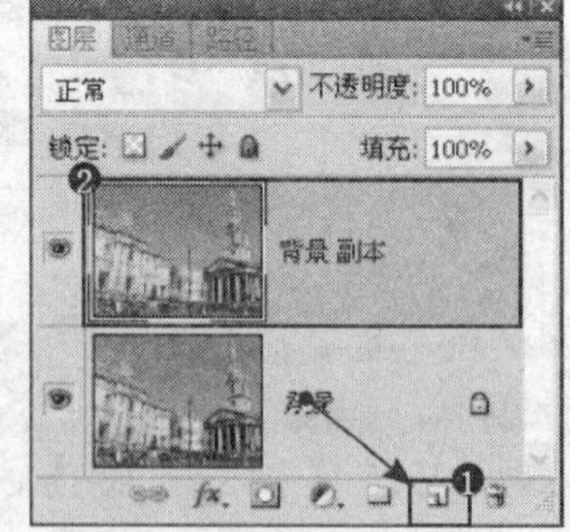

图 1.10 “图层”面板

3．选择“滤镜”|“镜头校正”命令，设置弹出的对话框如图 1.11 所示。

提示：通过设置“镜头校正”选项卡中的“变换”选项区中的参数，可以处理使用数码相机拍摄照片时常见的变形图像等问题。

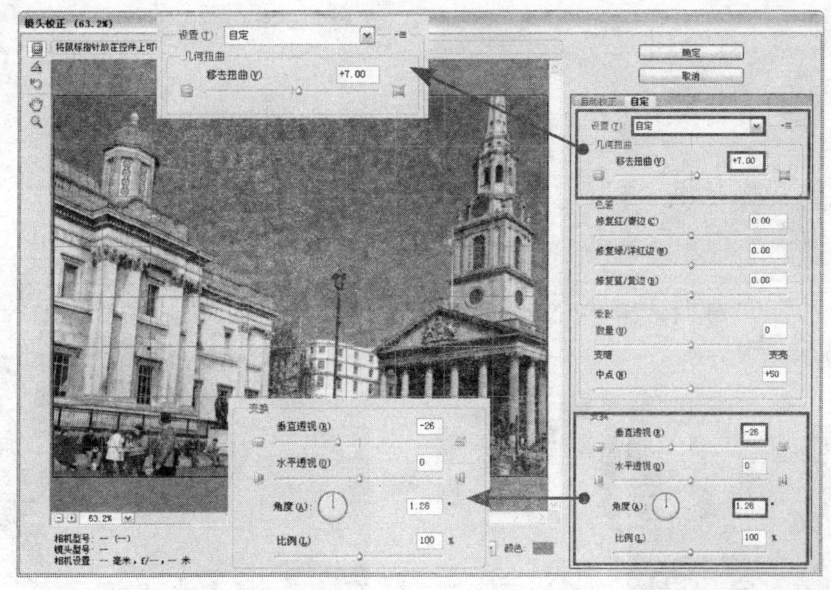

图 1.11　“镜头校正”对话框

4．单击“确定”按钮退出对话框，得到如图 1.12 所示的效果。“图层”面板如图 1.13 所示。

图 1.12　应用“镜头校正”命令后的效果

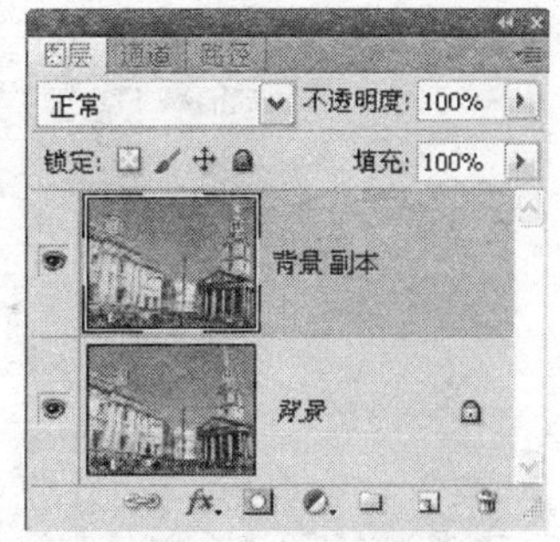

图 1.13　“图层”面板

1.3　拓展照片幅面并添加文字

本例主要讲解如何拓展照片幅面并添加文字。在制作的过程中，主要结合了“矩形工具”以及“文字工具”等功能。

1．打开本书配套素材提供的“第 1 章\1.3-素材.jpg”，将看到整个图片如图 1.14 所示。

2．在“图层”面板底部单击“创建新图层”按钮得到“图层 1”，此时“图层”面板如图 1.15 所示。

3．在工具箱中设置前景色为 cd7f12，如图 1.16 所示。然后选择“矩形工具”，并在其工具选项条中选择“填充像素”按钮，在画布的下方绘制如图 1.17 所示的矩形条。

4．输入文字。在工具箱中设置前景色为黑色，选择“横排文字工具”，设置其工具选项条如所示。将光标置于右下角的矩形条上单击以插入文字光标，并输入文字“2011 年留念于宝宝一周岁”，如图 1.18 所示。选择“移动工具”确定文字的输入。并得到相应的文字图层，“图层”面板如图 1.19 所示。

图 1.14　素材图像

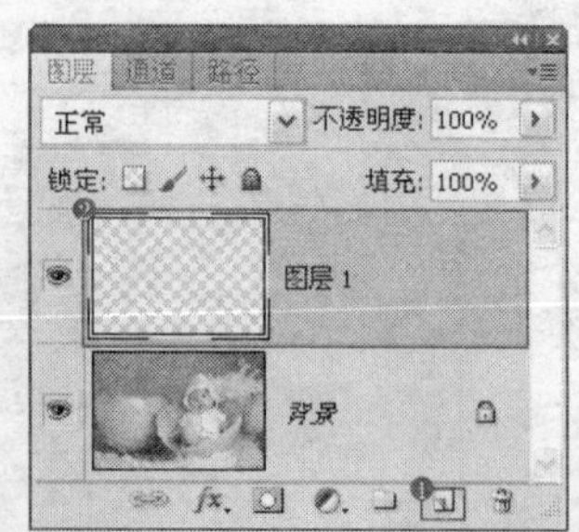

图 1.15　“图层”面板

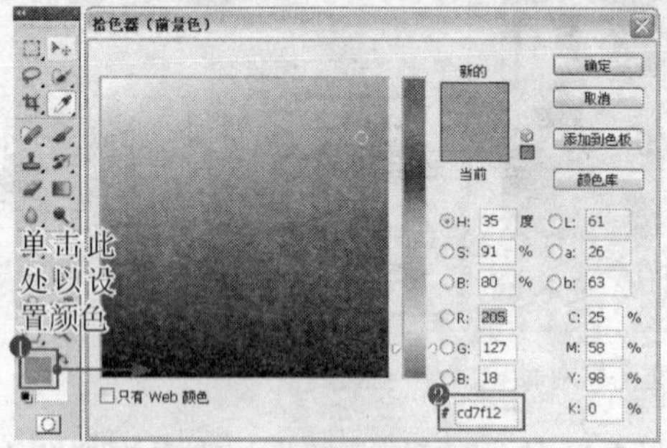

图 1.16　设置前景色

图 1.17　绘制矩形条

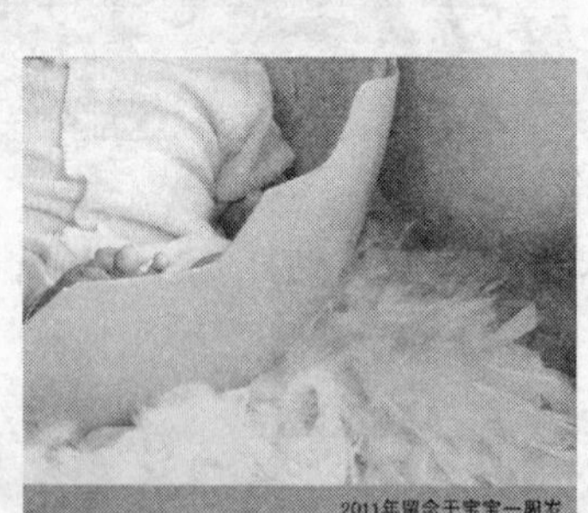

图 1.18　输入文字

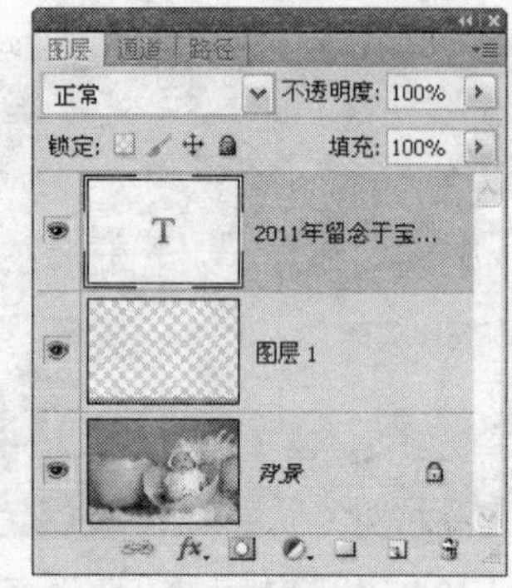

图 1.19　“图层”面板

1.4　通过裁剪重新设置照片构图

本例主要讲解如何重新设置照片的构图。在制作的过程中，主要利用了“裁剪工具”功能。

1．打开本书配套素材提供的“第 1 章\1.4-素材.jpg”，将看到整个图片如图 1.20 所示。

2．在工具箱中选择“裁剪工具”，在画布中拖动以创建裁剪框，如图 1.21 所示。

图 1.20　素材图像

图 1.21　绘制裁剪框

3．通过调整四周的控制句柄以调整裁剪框的大小（窗口中显示灰暗的区域将是被裁剪的区域），如图 1.22 所示，按 Enter 键确认裁剪操作，得到的效果如图 1.23 所示。

图 1.22　调整裁剪框

图 1.23　最终效果

1.5　左右翻转照片

本例主要讲解如何左右翻转照片。在制作的过程中，主要运用了变换功能中的“水平翻转”命令。

1．打开本书配套素材提供的“第 1 章\1.5-素材.jpg”，将看到整个图片如图 1.24 所示。

2．将“背景”图层拖至“图层”面板底部“创建新图层”按钮 上，得到“背景 副本”图层，此时“图层”面板如图 1.25 所示。

图 1.24　素材图像

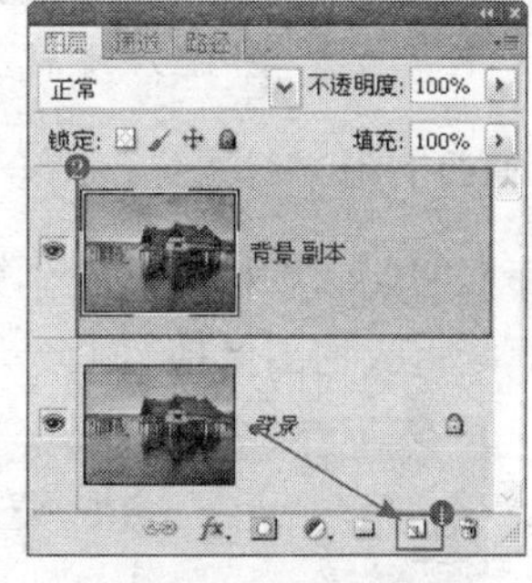

图 1.25 “图层”面板

提示：复制图层的目的是想留个备份，使操作前后有个对比效果。

3．选择“编辑”|“变换”|“水平翻转”命令，如图 1.26 所示，得到的最终效果如图 1.27 所示。“图层”面板如图 1.28 所示。

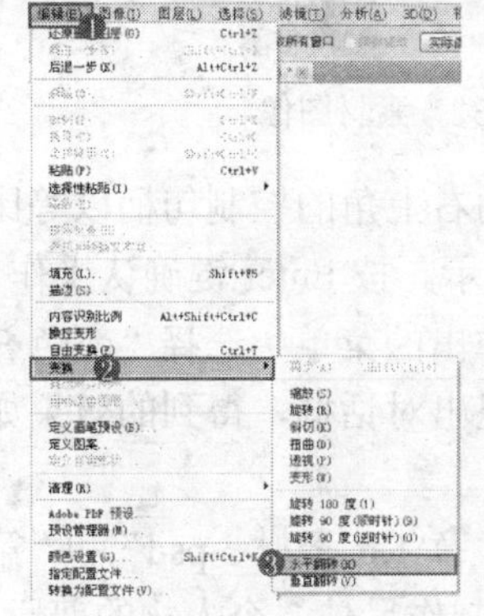

图 1.26　选择“水平翻转”命令

图 1.27　最终效果

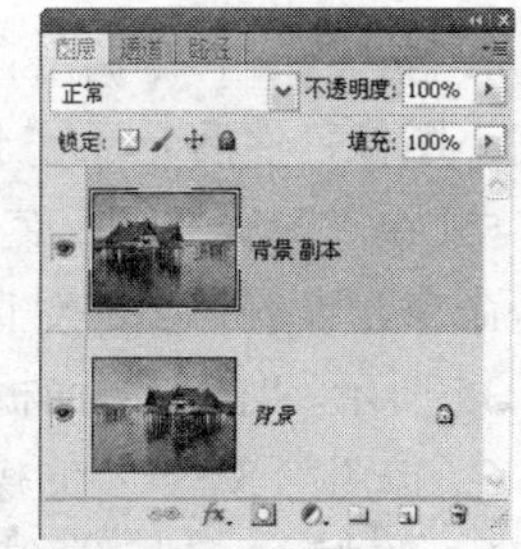

图 1.28 “图层”面板

1.6 合成照片制作多次曝光效果

本例主要讲解如何合成照片制作多次曝光效果。在制作的过程中，主要结合了“亮度/对比度”调整图层、变换以及图层样式等功能。

1．打开本书配套素材提供的“第1章\1.6-素材1.jpg”，将看到整体图片如图1.29所示。

2．调整对比度。在“图层”面板底部单击“创建新的填充或调整图层”按钮，在弹出的菜单中选择“亮度/对比度”命令，得到“亮度/对比度1”图层，设置弹出的面板如图1.30所示，得到如图1.31所示的效果。

图1.29 素材图像

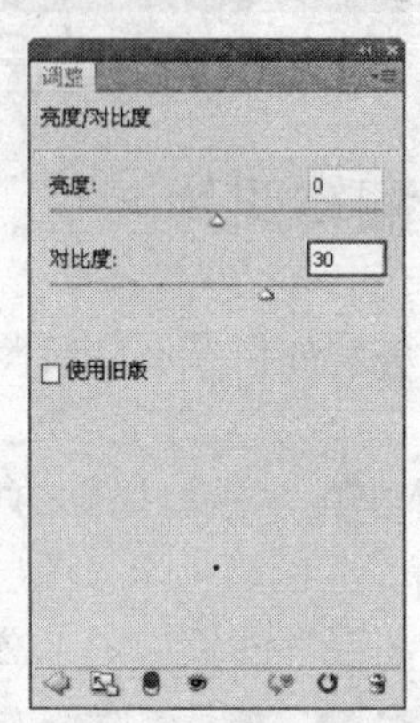

图1.30 “亮度/对比度”面板

提示： 下面利用素材图像，结合变换以及图层样式等功能，制作人物的剪影效果。

3．打开本书配套素材提供的“第1章\1.6-素材2.psd”，如图1.32所示。在工具箱中选择“移动工具”，将人物图像拖至上一步制作的文件中，得到“图层1”。

图1.31 应用“亮度/对比度”命令后的效果

图1.32 素材图像

4．按Ctrl+T键调出自由变换控制框，按Alt+Shift键向内拖动右上角的控制句柄以等比例缩小图像，然后光标置于控制框内调整图像的位置，如图1.33所示。按Enter键确认操作。

5．在“图层”面板底部单击“添加图层样式”按钮，在弹出的菜单中选择“颜色叠加”命令，设置弹出的对话框如图1.34所示，单击“确定”按钮退出对话框，得到的效果如图1.35所示。“图层”面板如图1.36所示。

6．按照第3～5步的操作方法，利用本书配套素材提供的“第1章\1.6-素材3.psd”和“第1章\1.6-素材4.psd”，结合变换以及“颜色叠加”图层样式等功能，制作另外2个人物的剪影，得到的效果如图 1.37 所示。“图层”面板如图 1.38 所示。

图 1.33　变换状态

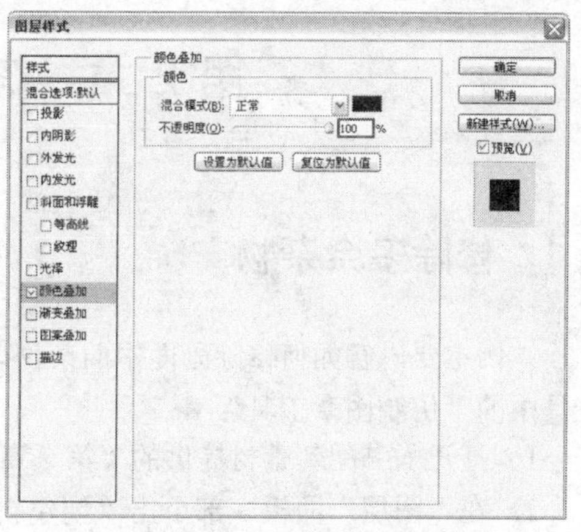

图 1.34 “颜色叠加”对话框

图 1.35　应用“颜色叠加”命令后的效果

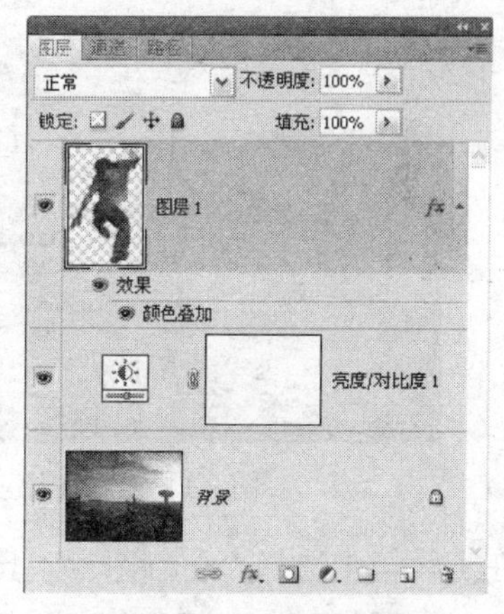

图 1.36 “图层”面板

图 1.37　最终效果

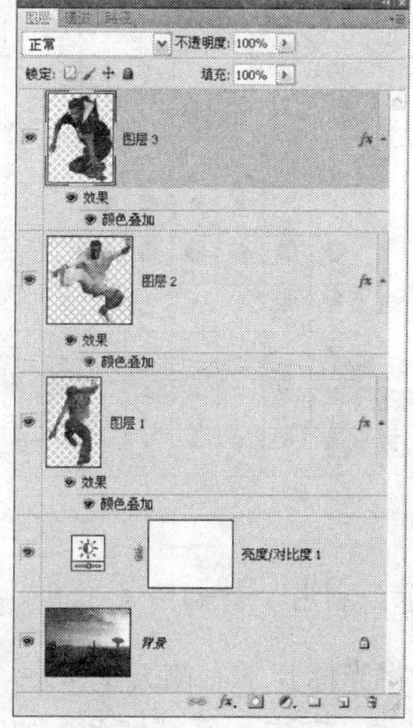

图 1.38 “图层”面板

提示：本步中关于“颜色叠加”对话框中的参数设置同上一步中的设置一样。

第 2 章　常见的修饰处理

2.1　修除多余杂物

本例主要讲解如何修除画面中的杂物以打造纯净风景。在修复的过程中，主要利用了修复工具中的“仿制图章工具”。

1．打开本书配套素材提供的“第 2 章\2.1-素材.JPG”，将看到整个图片如图 2.1 所示。

2．在“图层”面板底部单击“创建新图层”按钮，得到“图层 1”，此时“图层”面板如图 2.2 所示。

图 2.1　素材图像

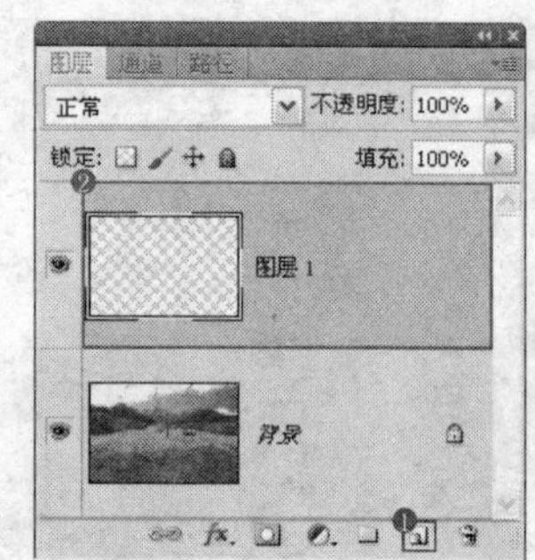

图 2.2 “图层”面板

3．在工具箱中选择“仿制图章工具”，设置其工具选项条如图 2.3 所示。

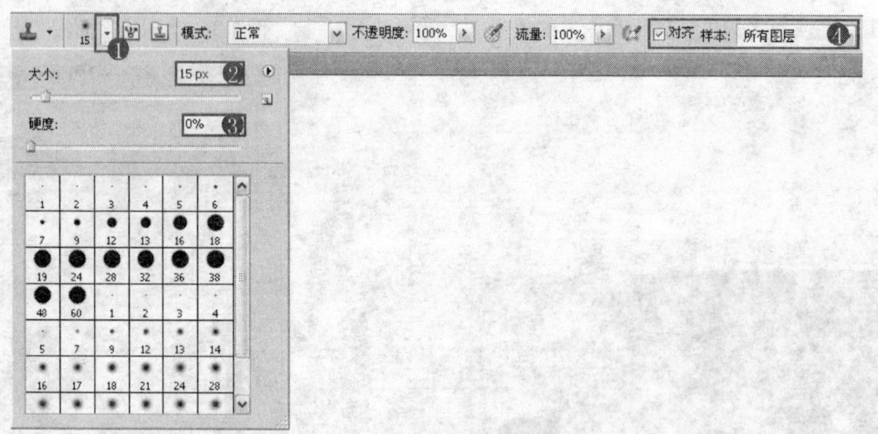

图 2.3　设置工具选项条

提示：利用“仿制图章工具”可以将图像中的像素复制到当前图像的另一个位置。

4．将光标置于右侧天空区域（电线附近），按 Alt 键单击以定义源图像，如图 2.4 所示。释放 Alt 键，在电线区域拖动，如图 2.5 所示。

5．按照上一步的操作方法，利用“仿制图章工具”通过多次定义源图像，将画面中的其他杂物修除，如图 2.6 和图 2.7 所示为修除杂物前后的局部对比效果。

图 2.4　定义源图像

图 2.5　修复中的状态

图 2.6　将杂物修除前后的局部对比效果 1

图 2.7　将杂物修除前后的局部对比效果 2

提示：在修复图像的过程中，多次定义源图像并根据涂抹区域调整画笔大小，可以使修复后的图像与整体的色彩相融合。

6. 至此，完成本例的操作，最终整体效果如图 2.8 所示。“图层”面板如图 2.9 所示。

图 2.8　最终效果

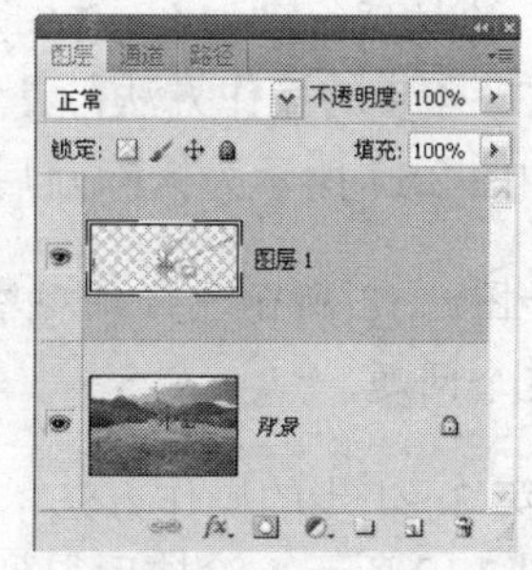

图 2.9　“图层”面板

2.2 修除照片中的多余物品

本实例主要讲解如何修除照片中的多余物品，主要应用了“仿制图章工具”，通过以下的操作读者可以修除任意照片中自己不想要的物体。

1．打开本书配套素材提供的“第 2 章\2.2-素材.jpg”，将看到整个图片如图 2.10 所示。

2．在“图层”面板底部单击“创建新图层”按钮得到“图层 1”，此时“图层”面板如图 2.11 所示。

图 2.10 素材图像

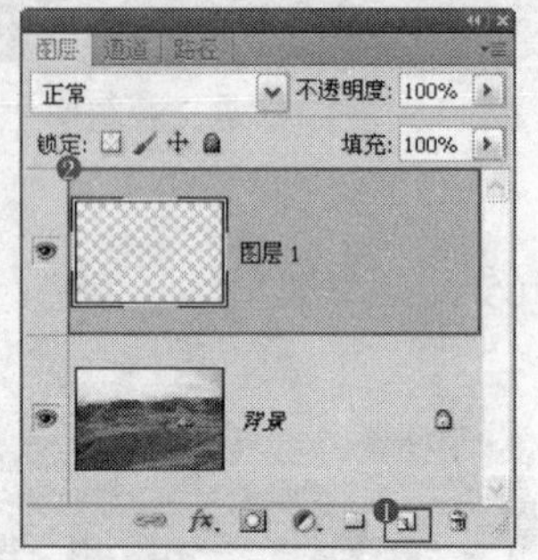

图 2.11 “图层”面板

3．在工具箱中选择适当的修复工具，在此选择“仿制图章工具”，并设置其工具选项条如 所示，将光标置于车附近的地面上如图 2.12 所示，以确定取样位置。

4．接着，按住 Alt 键单击取样，释放 Alt 键拖动鼠标左键在汽车位置进行涂抹如图 2.13 所示，重复上一步至本步的操作，通过多次定义源图像，将汽车图像修除，得到如图 2.14 所示的效果。

图 2.12 光标位置

图 2.13 涂抹中的状态

5．按照 3～4 步的操作方法，使用“仿制图章工具”将路上的石头修除，光标位置如图 2.15 所示，涂抹后得到如图 2.16 所示的效果。

6．按照 3～4 步的操作方法，灵活定义取样点，使用“仿制图章工具”将画面中的其他杂物清除掉，如图 2.17 所示为修除前后的局部对比效果。

提示：如图 2.18 所示，仔细观察标注红框区域内，由于修复后与周围的地面不够融合，下面来解决这个问题。

7．按照第 3～4 步的操作方法，使用“仿制图章工具”对不够融合的区域进行修复，光标位置如图 2.19 所示，涂抹后得到如图 2.20 所示的效果。

图 2.14　修除汽车图像

图 2.15　光标位置

图 2.16　涂抹后的效果

图 2.17　修复前后的局部对比效果

图 2.18　修复后与周围不够融合的区域

图 2.19　光标位置

图 2.20　涂抹后的效果

8．至此，本实例的操作已全部完成，得到如图 2.21 所示的最终效果，“图层”面板如图 2.22 所示。

图 2.21　最终效果

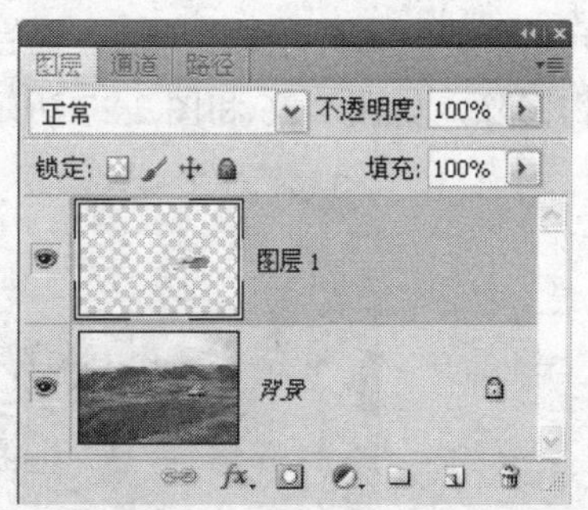

图 2.22　“图层”面板

2.3 修除多余的人像

本例主要讲解如何修除多余的人像。在修除的过程中，主要运用了修复功能中的“仿制图章工具” 以及“修复画笔工具” 。

1．打开本书配套素材提供的“第2章\2.3-素材.JPG”，将看到整体图片如图2.23所示。

图2.23 素材图像

2．在“图层”面板底部单击“创建新图层”按钮 ，得到“图层1”。在工具箱中选择“仿制图章工具” ，设置其工具选项条如 所示。

3．将光标置于画面左侧的水面上（多余人物的附近），按Alt键单击以定义源图像如图2.24所示，释放Alt键，在人物区域涂抹，如图2.25所示。

图2.24 定义源图像

图2.25 修复中的状态

4．按照上一步的操作方法，通过多次定义源图像，将左侧以及两个主题人物之间的多余的人物修除，如图2.26和图2.27所示为修除人物前后的对比效果。

图2.26 修除人物前后的对比效果1

提示：在修复图像的过程中，按 Alt 键多处定义源点，可以使修复后的图像与整体的色彩相融合。下面利用“修复画笔工具”对左侧修复过的区域做进一步的修复处理，使整体效果更加融合、自然。

5．在“图层”面板底部单击“创建新图层”按钮，得到“图层 2”。在工具箱中选择“修复画笔工具”，设置其工具选项条如所示。

6．按照第 3～4 步的操作方法，利用“修复画笔工具”，通过多次定义源图像，将左侧恢复过的区域处理得更加自然，如图 2.28 所示为修复前后的对比效果。

图 2.27　修除人物前后的对比效果 2

图 2.28　修复前后的对比效果

提示：“修复画笔工具”的使用方法和“仿制图章工具”的使用方法一样。

7．至此，完成本例的操作，最终整体效果如图 2.29 所示。“图层”面板如图 2.30 所示。

图 2.29　最终效果

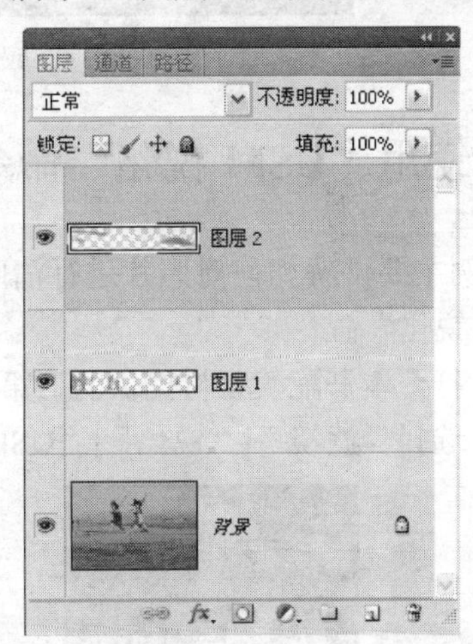

图 2.30　“图层”面板

2.4　快速锐化照片——“锐化”滤镜

本例主要讲解如何快速锐化照片。在制作的过程中，主要利用滤镜功能中的“锐化”命令来实现，简单、快捷。

1．打开本书配套素材提供的“第 2 章\2.4-素材.jpg”，将看到整个图片如图 2.31 所示。

2．选择“滤镜”|“锐化”|“锐化”命令，如图 2.32 所示。如图 2.33 所示为应用“锐化”命令前后的对比效果。

图 2.31 素材图像

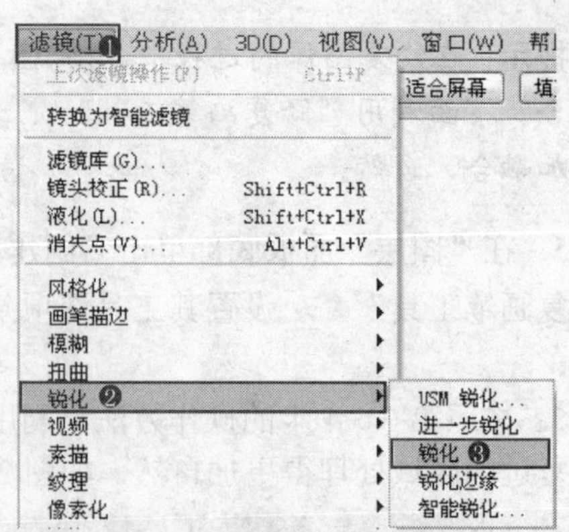

图 2.32 选择“锐化”命令

图 2.33 应用“锐化”命令前后的对比效果

2.5 使用“USM 锐化”命令提高照片清晰度

本例主要讲解如何对照片进行清晰化处理。在制作的过程中，主要运用了滤镜功能中的“USM 锐化”命令。

1．打开本书配套素材提供的“第 2 章\2.5-素材.jpg”，将看到整个图片如图 2.34 所示。

2．选择“滤镜”|“锐化”|“USM 锐化”命令，如图 2.35 所示。

图 2.34 素材图像

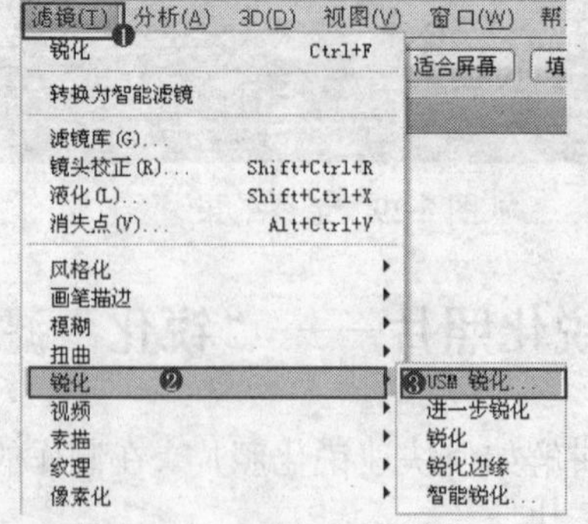

图 2.35 选择“USM 锐化”命令

3．设置弹出的“USM 锐化”对话框如图 2.36 所示，单击“确定”按钮退出对话框，得到如图 2.37 所示的最终效果。

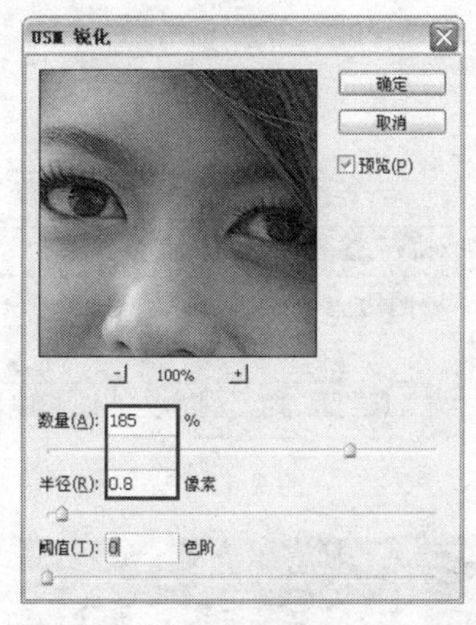

图 2.36　“USM 锐化”对话框

图 2.37　最终效果

2.6　在 Lab 模式下提高照片的清晰度

本例主要讲解如何在 Lab 模式下锐化照片。在制作的过程中，首先将 RGB 模式转换为 Lab 模式，再进行锐化处理。

1．打开本书配套素材提供的“第 2 章\2.6-素材.jpg”，将看到整个图片如图 2.38 所示。

2．将“背景”图层拖至“图层”面板底部的“创建新图层”按钮上，得到“背景 副本”图层，此时“图层”面板如图 2.39 所示。

图 2.38　素材图像

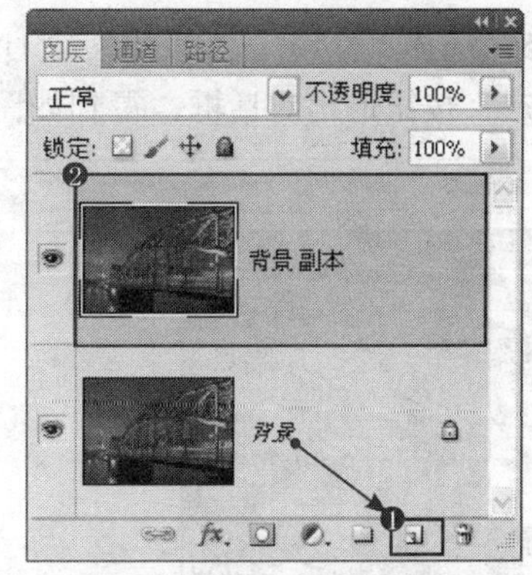

图 2.39　“图层”面板

提示：复制图层的目的是想留个备份，可以看清操作前后的对比效果。

3．选择“图像”|“模式”|“Lab 颜色”命令，如图 2.40 所示。弹出如图 2.41 所示的提示框，单击“不拼合”按钮退出提示框，从而将 RGB 模式转换为 Lab 模式。

提示：Lab 颜色模式由亮度或光亮度分量（L）和两个色度分量组成，两个色度分量为 a 分量（从绿到红）和 b 分量（从蓝到黄）。这种颜色模式是 Photoshop 在不同颜色模式之间转换时使用的中间颜色模式。

4．切换至“通道”面板，选择“明度”通道，如图 2.42 所示，此时通道中的状态如图 2.43 所示。

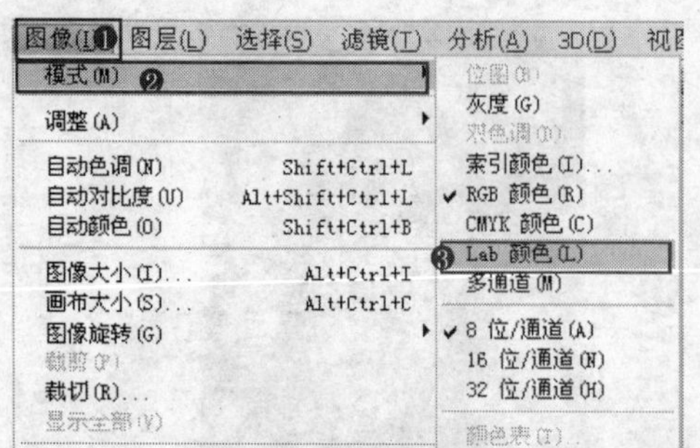

图 2.40 选择“Lab 颜色”命令

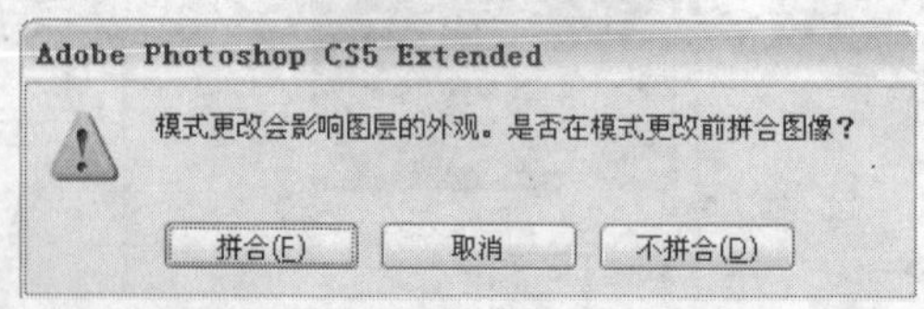

图 2.41 提示框

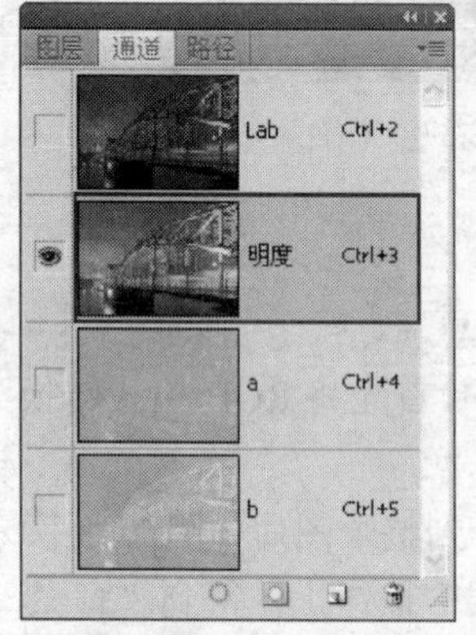

图 2.42 选择“明度”通道

图 2.43 通道中的状态

5．选择“滤镜”|“锐化”|“USM 锐化”命令，设置弹出的对话框如图 2.44 所示，单击“确定”按钮退出对话框，得到如图 2.45 所示的效果。

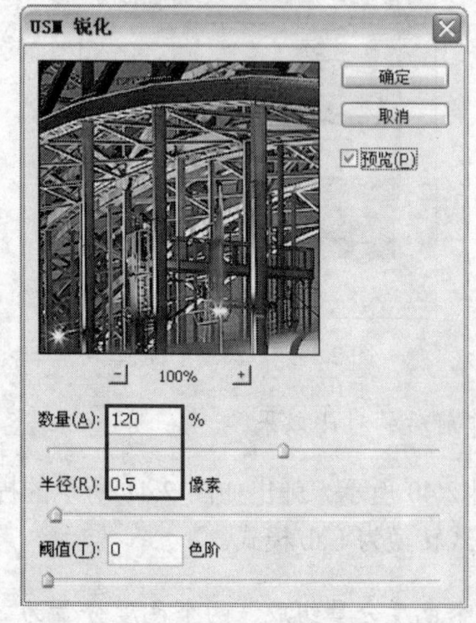

图 2.44 “USM 锐化”对话框

图 2.45 应用“USM 锐化”命令后的效果

6．选择“图像”|“模式”|“RGB 颜色”命令，在弹出的提示框中单击“不拼合”按钮退出提示框，从而将 Lab 模式转换为 RGB 模式。此时图像状态如图 2.46 所示，如图 2.47 所示为锐化前后的局部对比效果。

图 2.46　最终效果

图 2.47　锐化前后的局部对比效果

2.7　使用“高反差保留”滤镜处理

本例主要讲解如何对照片进行清晰化处理。在制作的过程中，主要运用了滤镜功能中的“高反差保留”命令。

1．打开本书配套素材提供的“第 2 章\2.7-素材.jpg”，将看到整个图片如图 2.48 所示。

2．将“背景”图层拖至“图层”面板底部的“创建新图层”按钮 上，得到“背景 副本”图层，此时“图层”面板如图 2.49 所示。

图 2.48　素材图像

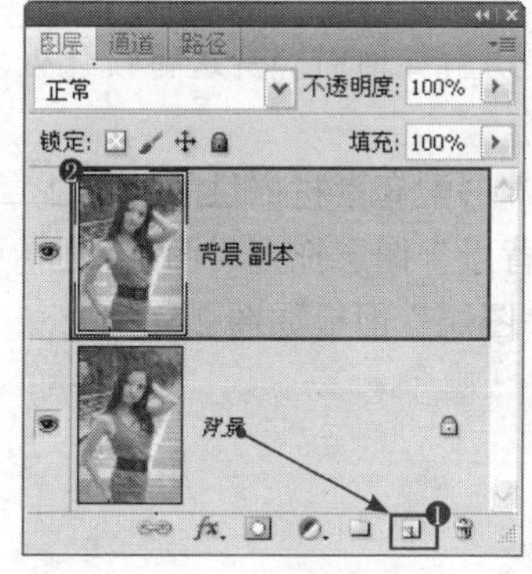

图 2.49　“图层”面板

3．选择“滤镜”|“其他”|“高反差保留”命令，如图 2.50 所示。在弹出的对话框中设置“半径”数值为 3，如图 2.51 所示，单击“确定”按钮退出对话框，得到如图 2.52 所示的效果。

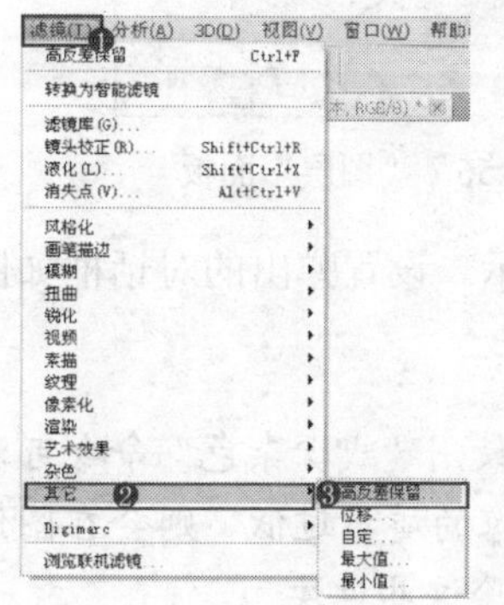

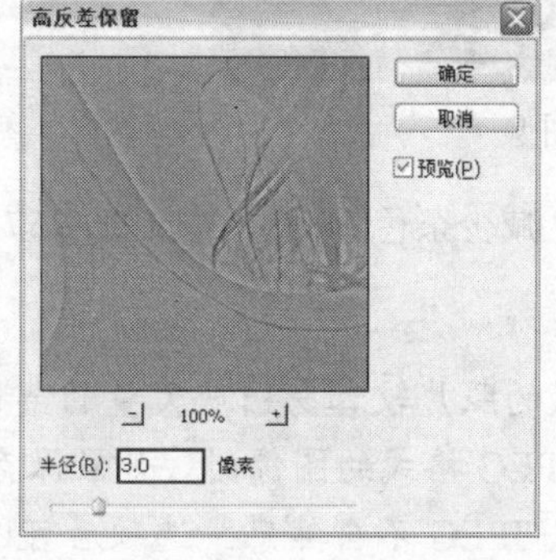

图 2.50　选择“高反差保留”命令　图 2.51　“高反差保留”对话框　图 2.52　应用“高反差保留”命令后的效果

提示：应用“高反差保留”命令可以抑制图像中亮度逐渐增加的区域，保留颜色过渡最快的部分，并删除图像中的阴影，使高亮区更加突出。

4．在“图层”面板顶部设置“背景 副本”图层的混合模式为“叠加”，以混合图像，得到的最终效果如图 2.53 所示。“图层”面板如图 2.54 所示。

图 2.53 最终效果

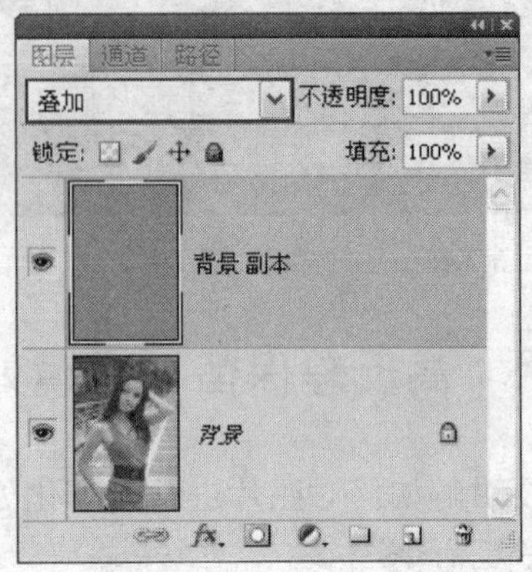

图 2.54 “图层”面板

2.8 使用“减少杂色”命令进行锐化处理

本例主要讲解如何对照片进行锐化处理。在制作的过程中，主要运用了滤镜功能中的“减少杂色”命令。

1．打开本书配套素材提供的“第 2 章\2.8-素材.JPG”，将看到整个图片如图 2.55 所示。

2．将“背景”图层拖至“图层”面板底部的“创建新图层”按钮上，得到“背景 副本”图层，此时“图层”面板如图 2.56 所示。

图 2.55 素材图像

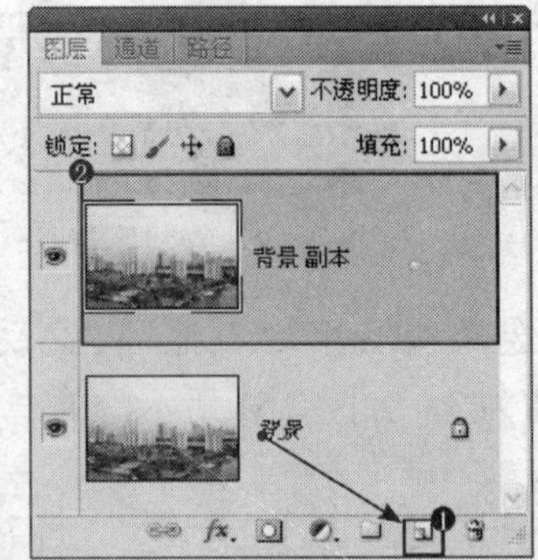

图 2.56 “图层”面板

3．选择“滤镜”|“杂色”|“减少杂色”命令，如图 2.57 所示。设置弹出的对话框如图 2.58 所示。

提示：通常使用数码相机拍摄的照片较容易出现大量的杂点，使用“减少杂色”命令可以轻易地将这些杂点去除。当存储 JPEG 格式的图像时，如果保存图像的质量过低，则会在图像中出现一些杂色色块，选择“移去 JPEG 不自然感”选项后可以去除这些色块。

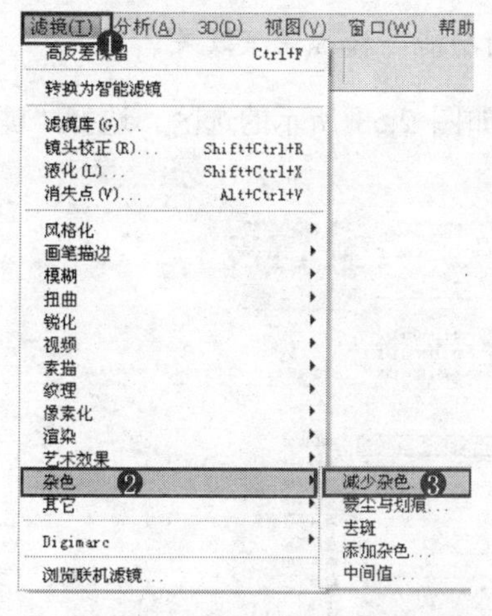

图 2.57　选择“减少杂色”命令

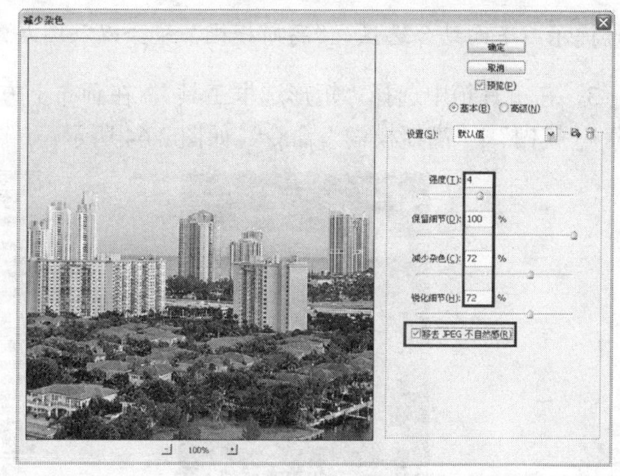

图 2.58　“减少杂色”对话框

4．单击“确定”按钮退出对话框，得到如图 2.59 所示的最终效果。如图 2.60 所示为减少杂色前后的局部对比效果。

图 2.59　最终效果

图 2.60　应用“减少杂色”命令前后的局部对比效果

2.9　改变照片的景深效果

本例主要讲解如何改变照片的景深效果。在制作的过程中，主要结合了“选区工具”、“高斯模糊”命令、图层蒙版以及调整图层的功能。

1．打开本书配套素材提供的“第 2 章\2.9-素材.jpg”，将看到整个图片如图 2.61 所示。

2．将“背景”图层拖至“图层”面板底部的“创建新图层”按钮 上，得到“背景 副本”图层，此时“图层”面板如图 2.62 所示。

图 2.61　素材图像

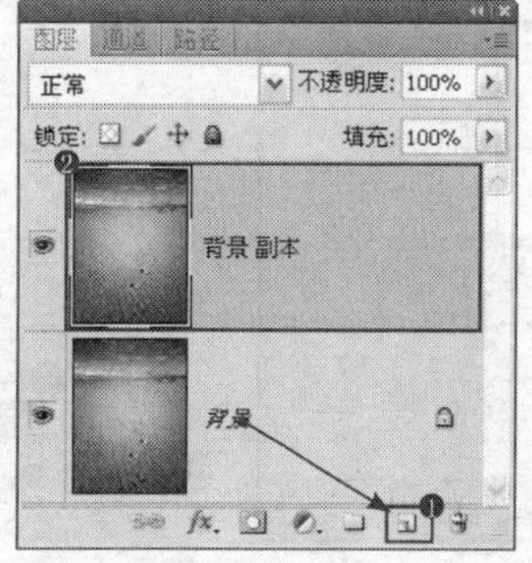

图 2.62　“图层”面板

提示：下面结合选区、“高斯模糊”命令以及图层蒙版的功能，模拟景深效果。

3．在工具箱中选择“矩形选框工具”，在画布上方绘制如图 2.63 所示的选区。选择“滤镜”|“模糊”|“高斯模糊”命令，如图 2.64 所示。

图 2.63　绘制选区

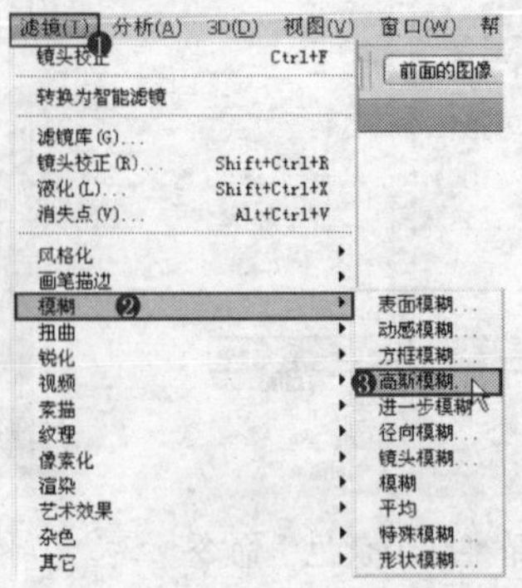

图 2.64　选择“高斯模糊”命令

4．在弹出的“高斯模糊”对话框中设置“半径”的数值为 3.6，如图 2.65 所示，单击“确定”按钮退出对话框，按 Ctrl+D 组合键取消选区，得到如图 2.66 所示的效果。

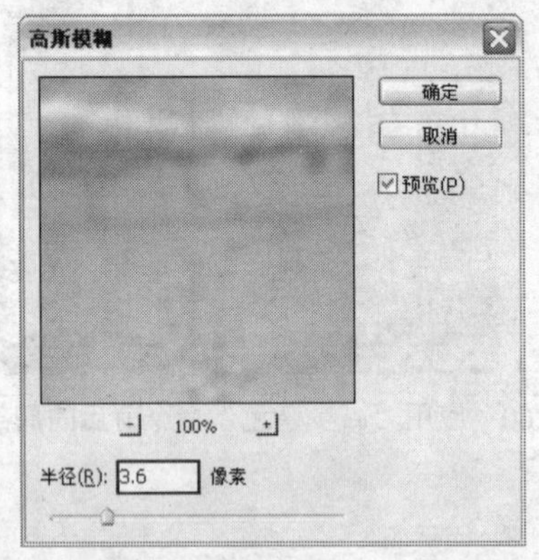

图 2.65　“高斯模糊”对话框

图 2.66　应用“高斯模糊”命令后的效果

5．在“图层”面板底部单击“添加图层蒙版”按钮为“背景 副本”图层添加蒙版，此时“图层”面板如图 2.67 所示。在工具箱中设置前景色为黑色，如图 2.68 所示。

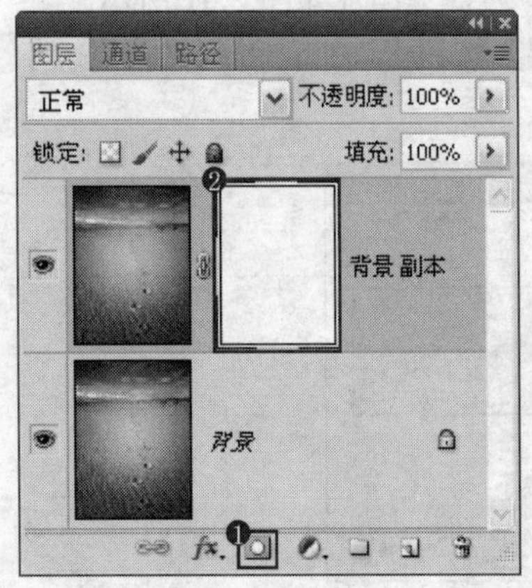

图 2.67　“图层”面板

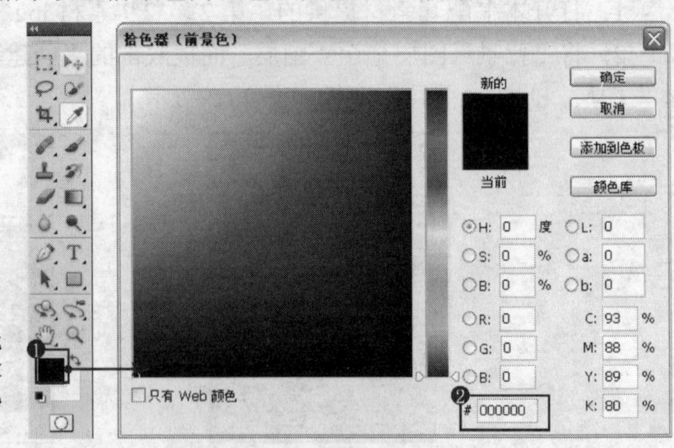

图 2.68　设置前景色

6. 在工具箱中选择“渐变工具”，并在其工具选项条中按下“线性渐变”按钮，在画布中单击右键，在弹出的菜单中选择渐变类型为“前景色到透明渐变”，如图 2.69 所示。从模糊效果的底部至上方绘制渐变，得到的效果如图 2.70 所示，此时蒙版中的状态如图 2.71 所示。

图 2.69 选择适当的渐变类型

图 2.70 添加图层蒙版后的效果

图 2.71 蒙版中的状态

提示：下面利用“亮度/对比度”调整图层和整体的对比度。

7. 在“图层”面板底部单击“创建新的填充或调整图层”按钮，在弹出的菜单中选择“亮度/对比度”命令，如图 2.72 所示，得到“亮度/对比度 1”图层，设置弹出的面板如图 2.73 所示，得到如图 2.74 所示的效果。“图层”面板如图 2.75 所示。

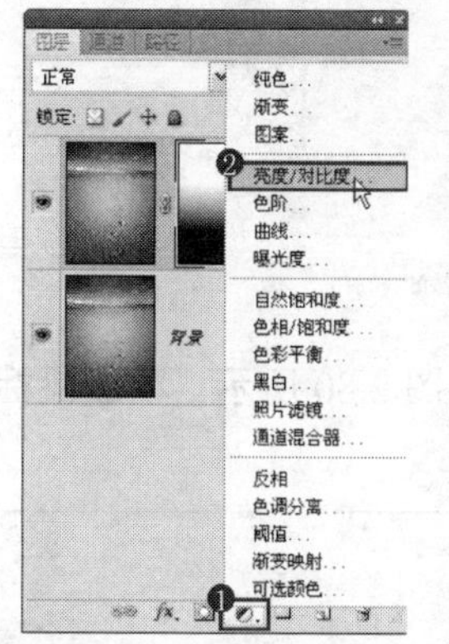

图 2.72 选择“亮度/对比度”命令

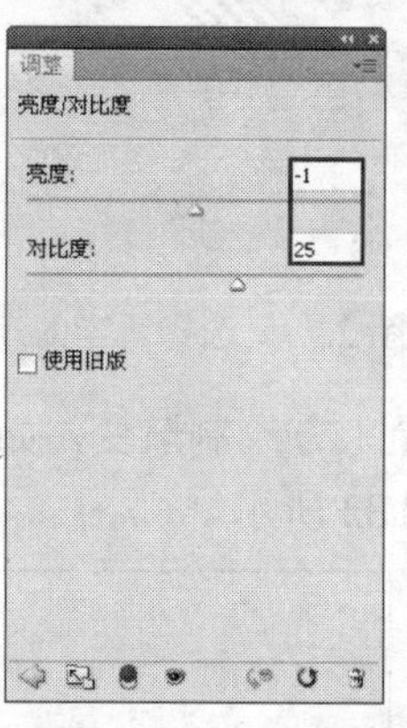

图 2.73 “亮度/对比度”面板

图 2.74 最终效果

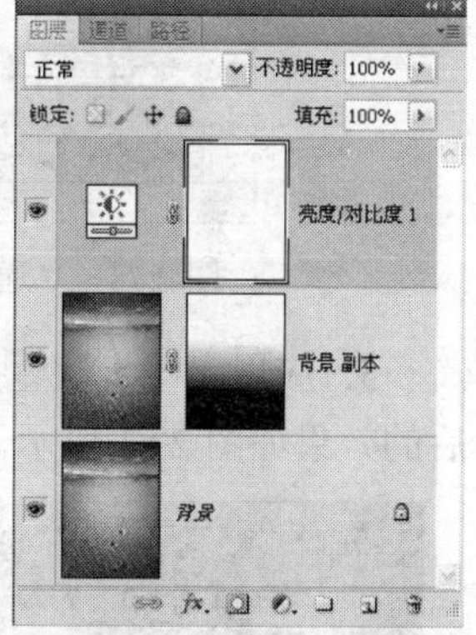

图 2.75 “图层”面板

2.10 专业景深处理功能——镜头模糊

本例主要讲解如何模拟镜头模糊光斑效果。在制作的过程中，主要结合了通道、“渐变工具”以及“镜头模糊”命令。

1. 打开本书配套素材提供的“第 2 章\2.10-素材.JPG”，将看到整个图片如图 2.76 所示。

2. 将“背景”图层拖至“图层”面板底部的“创建新图层”按钮上，得到“背景 副本”图层，此时“图层”面板如图 2.77 所示。

图 2.76 素材图像

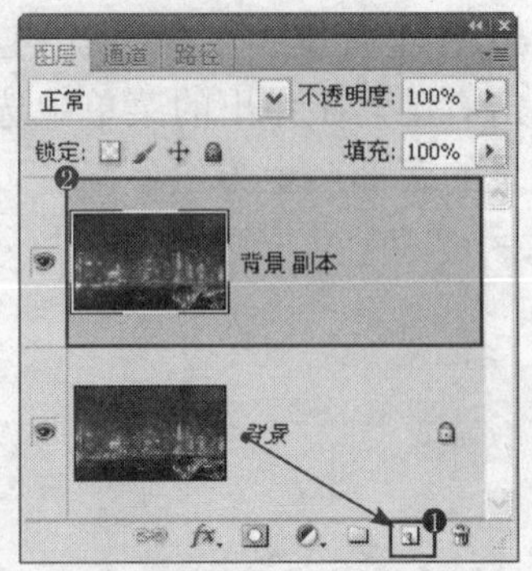

图 2.77 “图层”面板

3．切换至“通道”面板，在面板底部单击“创建新通道”按钮，得到“Alpha 1”通道，如图 2.78 所示。

4．在工具箱中选择“渐变工具”，并在其工具选项条中按下“线性渐变”按钮，在画布中单击右键，在弹出的渐变显示框中选择渐变类型为“黑、白渐变”，如图 2.79 所示。

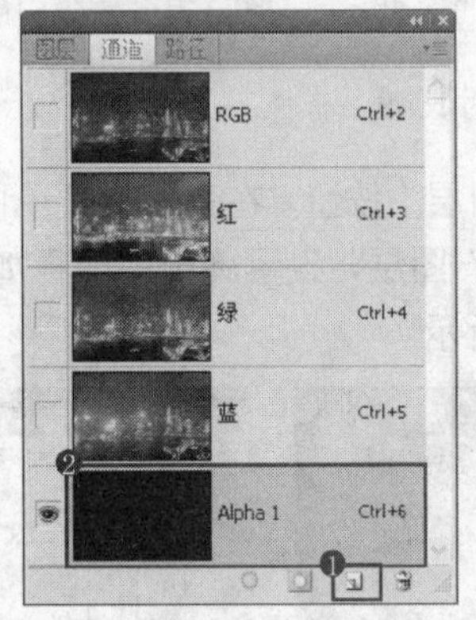

图 2.78 “通道”面板

图 2.79 选择适当的渐变类型

5．应用上一步设置好的渐变，从画布的下方至上方绘制渐变，如图 2.80 所示。释放鼠标后的效果如图 2.81 所示。此时“通道”面板如图 2.82 所示。

图 2.80 绘制渐变的方向

图 2.81 绘制渐变后的效果

提示：在通道中白色区域代表将要制作的景深效果，黑色区域为非景深效果，而灰色区域则呈半隐半显的状态。

6．切换回“图层”面板，选择“背景 副本”作为当前的工作层，选择“滤镜”|“模糊”|“镜头模糊”命令，如图 2.83 所示。

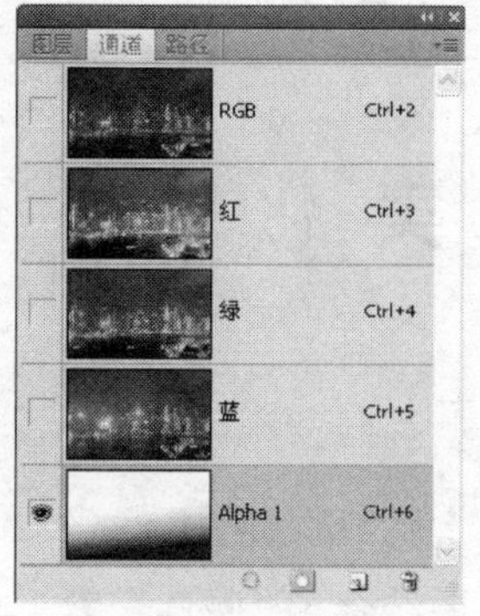

图 2.82　“图层”面板

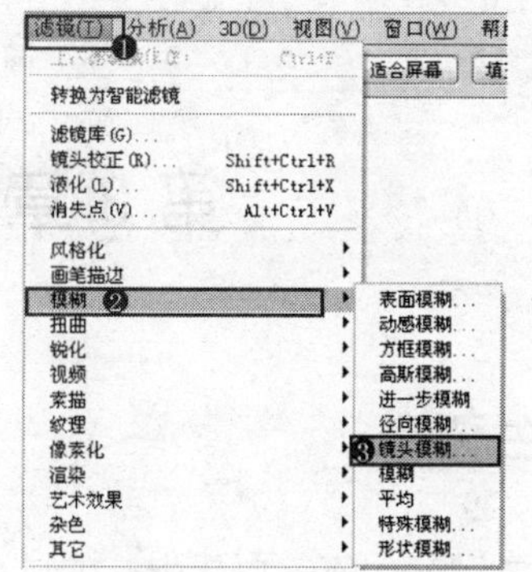

图 2.83　选择“镜头模糊”命令

提示：应用“镜头模糊”命令可以使图像应用模糊效果以产生更窄的景深效果，以使图像中的一些对象在焦点内，而使另一些区域变得模糊。

7．设置弹出的“镜头模糊”对话框如图 2.84 所示，单击“确定”按钮退出对话框，得到如图 2.85 所示的最终效果。

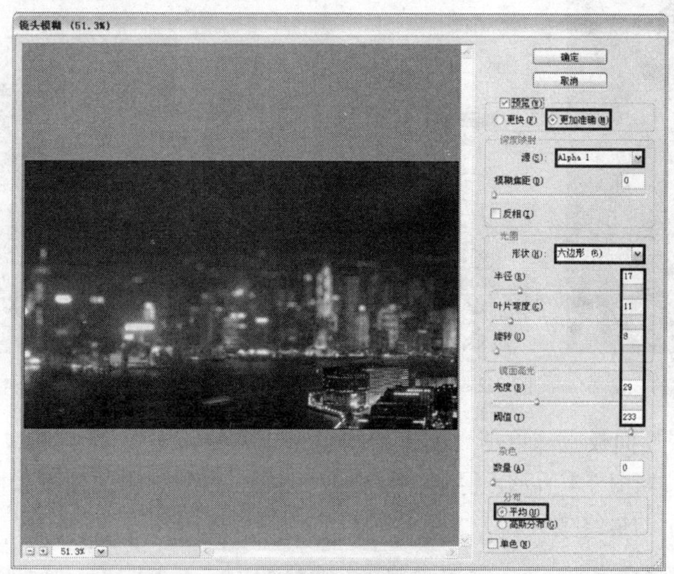

图 2.84　“镜头模糊”对话框

图 2.85　最终效果

第3章　人像美化

3.1　美白牙齿

本例主要讲解如何美白牙齿。在制作的过程中，主要结合了“磁性套索工具”以及“曲线”调整图层的功能。

1．打开本书配套素材提供的“第 3 章\3.1-素材.jpg”，将看到整个图片如图 3.1 所示。

2．在工具箱中选择“磁性套索工具”，如图 3.2 所示。沿着牙齿的边缘绘制选区，如图 3.3 所示。

图 3.1　素材图像

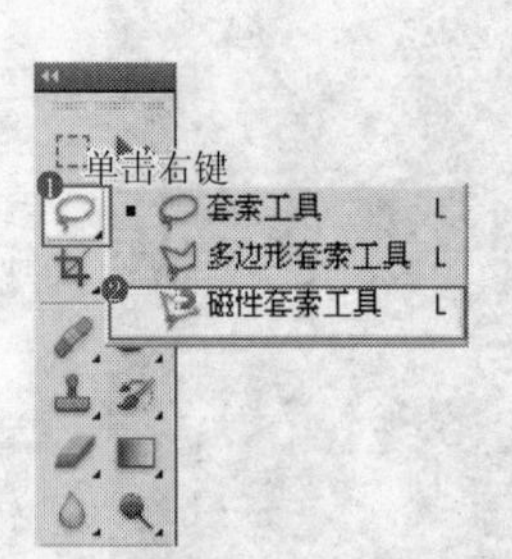

图 3.2　选择“磁性套索工具”

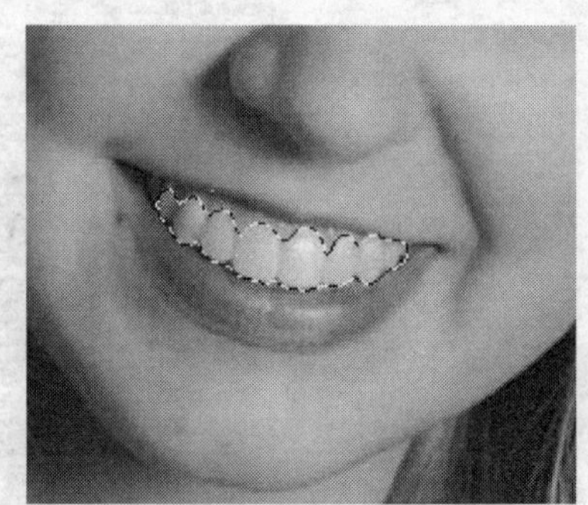

图 3.3　绘制选区

3．在“图层”面板底部单击“创建新的填充或调整图层”按钮，在弹出的菜单中选择“曲线”命令，如图 3.4 所示，得到“曲线 1”图层，设置弹出的面板如图 3.5～图 3.7 所示，得到如图 3.8 所示的最终效果。

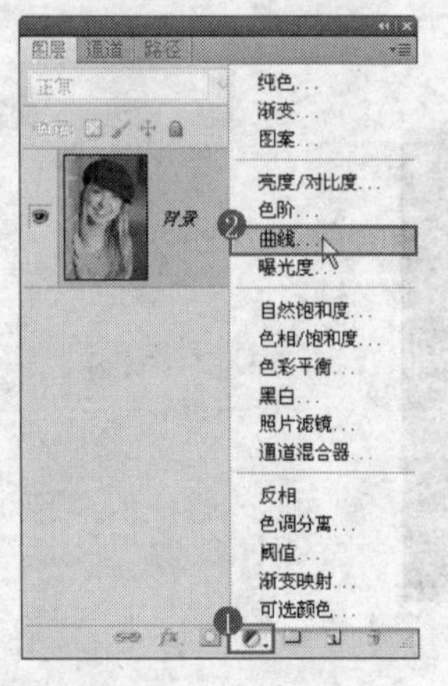

图 3.4　选择“曲线”命令

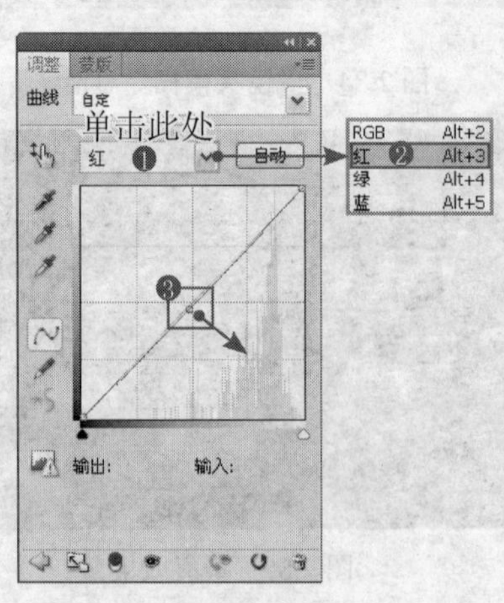

图 3.5　“红”面板

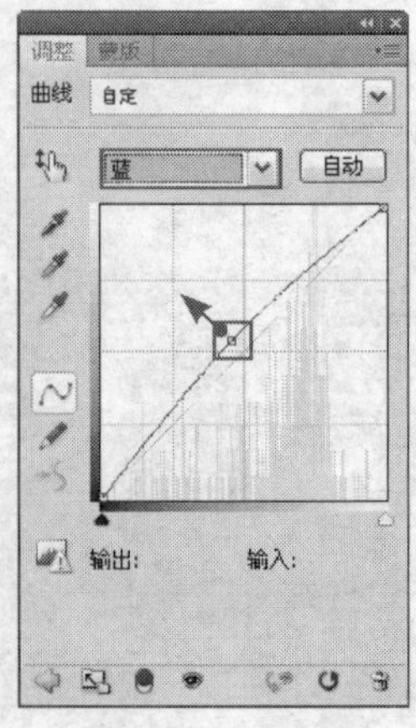

图 3.6　“蓝”面板

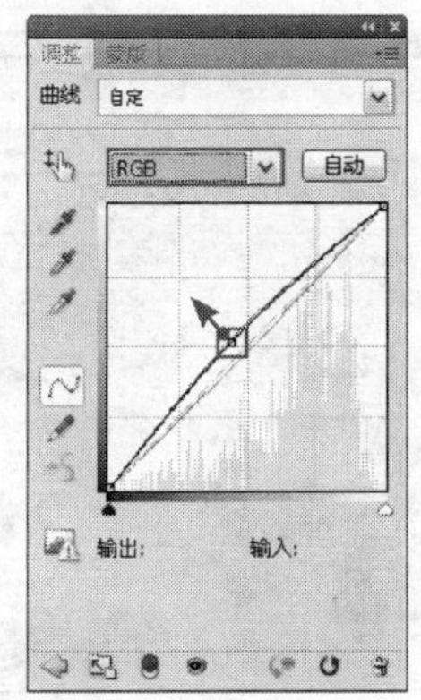

图 3.7　“RGB”面板

图 3.8　最终效果

3.2　修补牙齿

本例主要讲解如何修补牙齿。在修复的过程中，主要结合了选区、变换、图层蒙版以及“修复画笔工具”等功能。

1．打开本书配套素材提供的“第 3 章\3.2-素材.jpg”，将看到整个图片如图 3.9 所示。

2．在工具箱中选择“磁性套索工具”，如图 3.10 所示。沿着右数第 2 颗牙齿的轮廓绘制选区，如图 3.11 所示。

图 3.9　素材图像

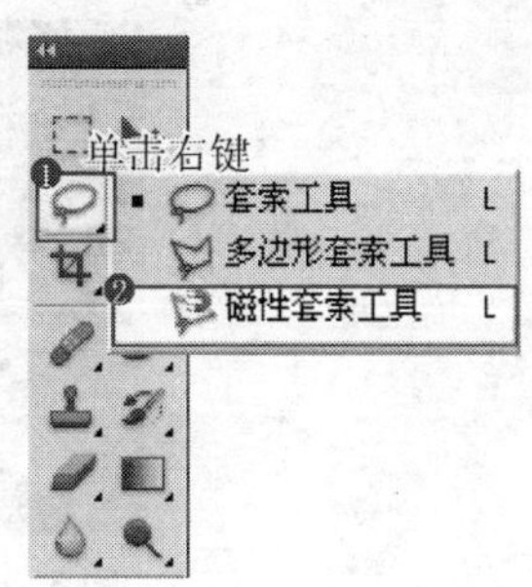

图 3.10　选择“磁性套索工具”

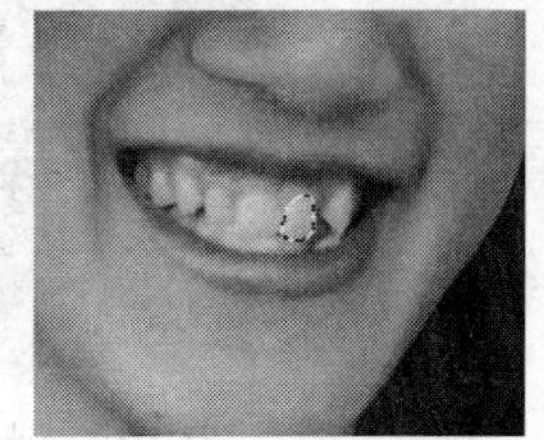

图 3.11　绘制选区

3．按 Ctrl+J 键复制选区中的内容，得到“图层 1”。在此图层名称上单击右键，在弹出的菜单中选择“转换为智能对象”命令，如图 3.12 所示。从而将“图层 1”转换为智能对象图层，此时“图层”面板如图 3.13 所示。

4. 按 Ctrl+T 键调出自由变换控制框，将光标置于控制框内并拖向残缺的牙齿上，如图 3.14 所示（此图的显示比例为 300%）。在控制框内单击右键，在弹出的菜单中选择“透视”命令，如图 3.15 所示。

5．将光标置于右上角的控制句柄上，当呈▸状态时，垂直向下移动，如图 3.16 所示。按 Enter 键确认操作。如图 3.17 所示为 100%显示时的图像状态。

提示：此时，观看牙齿的重叠区域融合得不是很好，下面利用图层蒙版的功能来处理这个问题。

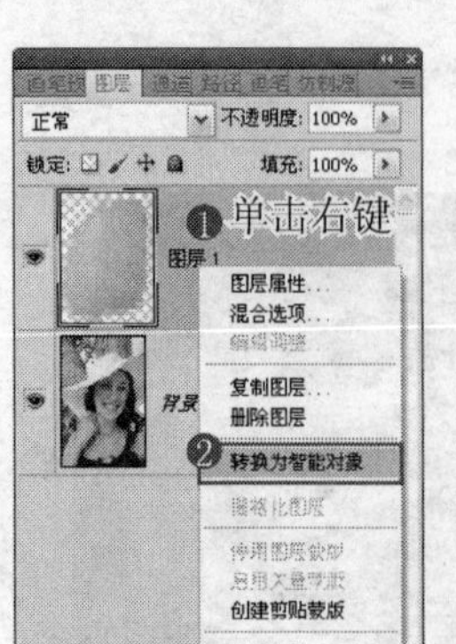

图 3.12 选择“转换为智能对象”命令

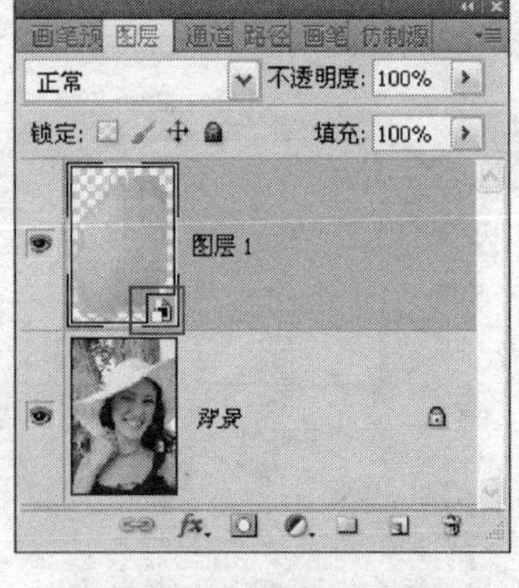

图 3.13 “图层”面板

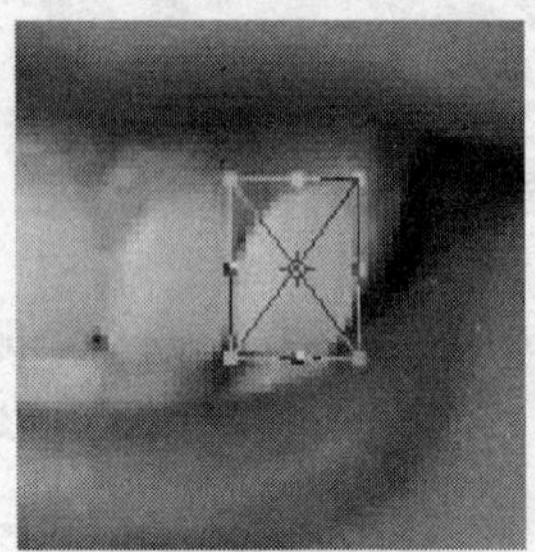

图 3.14 移动位置

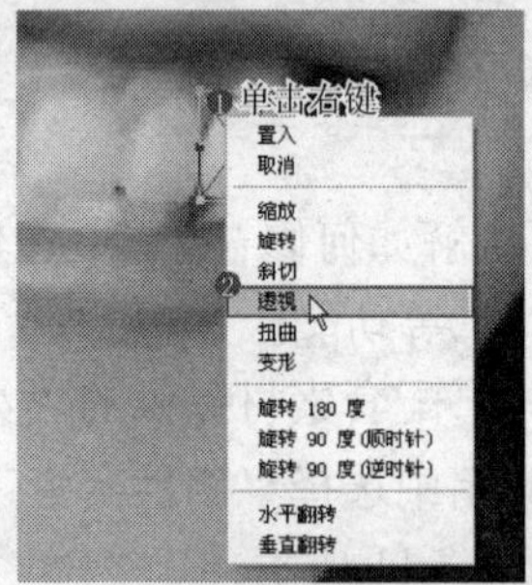

图 3.15 选择“透视”命令

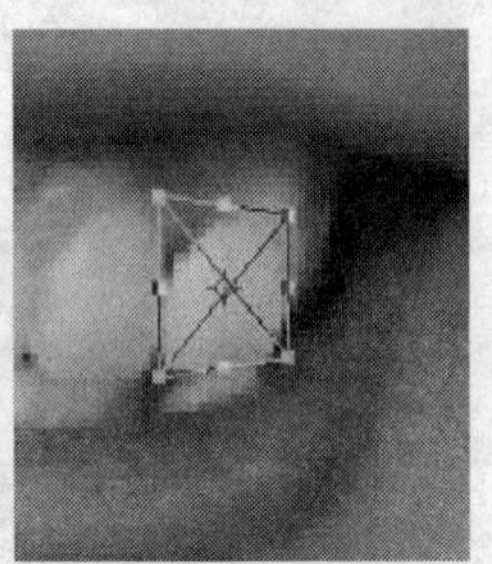

图 3.16 变换状态

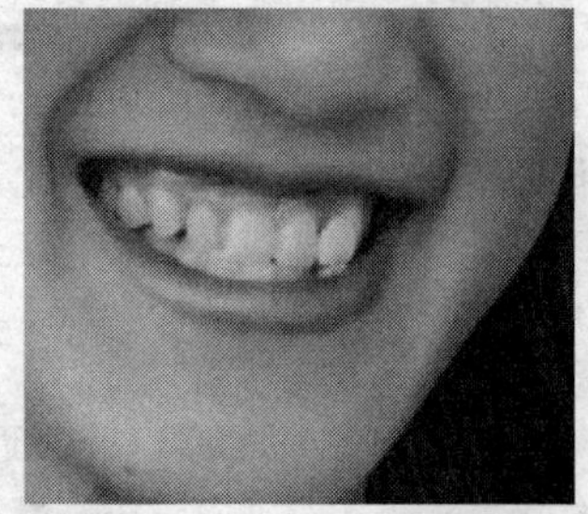

图 3.17 100%时的图像状态

6．在“图层”面板底部单击“添加图层蒙版”按钮，为“图层 1”添加蒙版，此时“图层”面板如图 3.18 所示。在工具箱中设置前景色为黑色，如图 3.19 所示。

7．在工具箱中选择“画笔工具”，设置其工具选项条如图 3.20 所示。应用设置好的画笔在牙齿的交接处涂抹，让牙齿融合得更好，如图 3.21 所示。此时蒙版中的状态如图 3.22 所示。

提示：按 Alt 键单击图层蒙版缩览图即可调出蒙版状态，再次按 Alt 键单击图层蒙版缩览图即可返回到图像状态。

8．选择“背景”图层作为当前的工作层，按照第 2 步的操作方法，应用“磁性套索工具”沿着左数第 4 颗牙齿的轮廓绘制选区，如图 3.23 所示。

9．按照第 3～7 步的操作方法，结合复制图层、变换以及图层蒙版等功能，将左数第 3 颗残缺的牙齿补全，如图 3.24 所示。同时得到“图层 2”。“图层”面板如图 3.25 所示。

图 3.18　“图层”面板

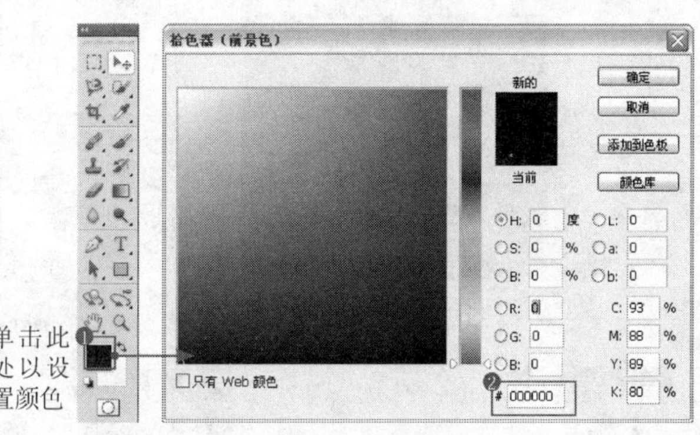

图 3.19　设置前景色

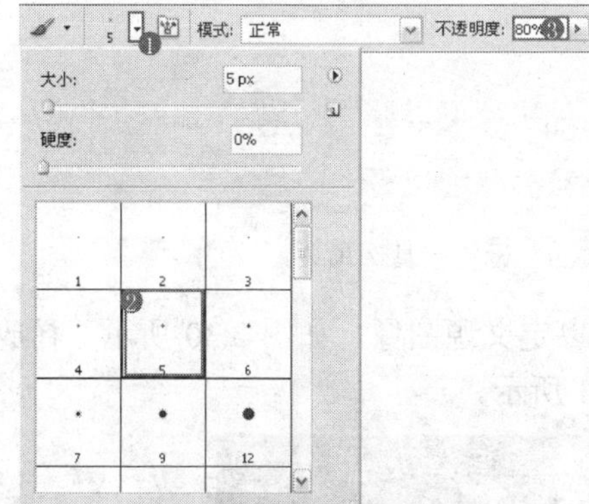

图 3.20　设置工具选项条

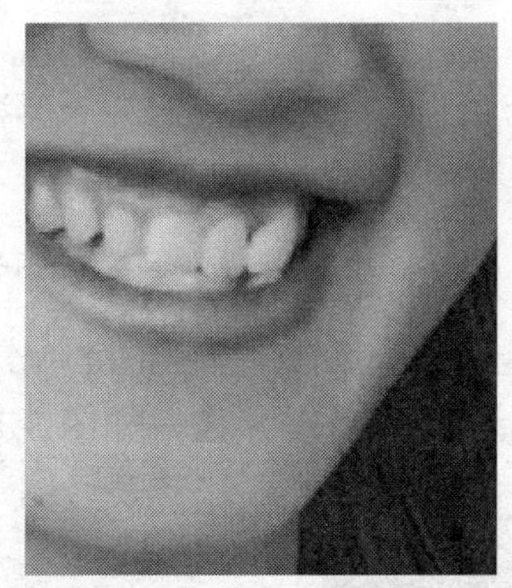

图 3.21　添加图层蒙版后的效果

图 3.22　蒙版中的状态

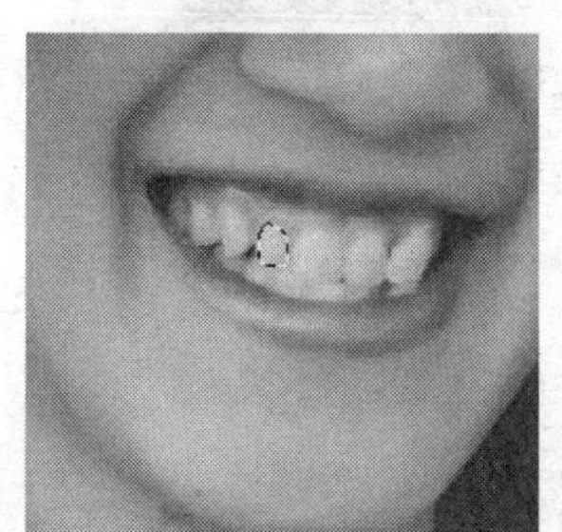

图 3.23　绘制选区

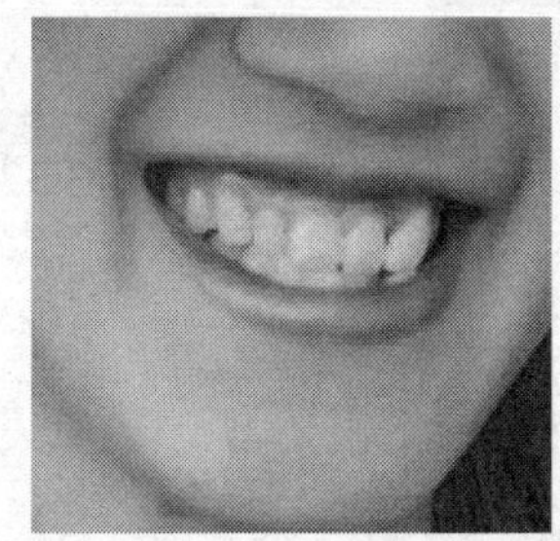

图 3.24　修补后的效果

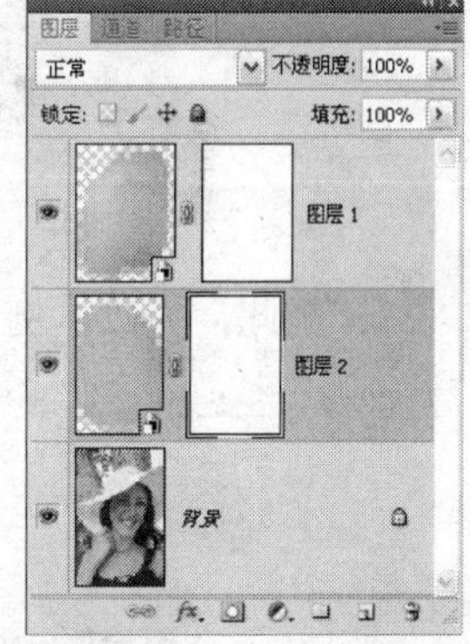

图 3.25　“图层”面板

10. 选择“背景”图层作为当前的工作层，按照第 2 步的操作方法，应用“磁性套索工具”沿着下排牙齿右数第 2 颗的轮廓绘制选区，如图 3.26 所示。重复上一步的操作方法，将下排右数第 1 颗残缺的牙齿补全，如图 3.27 所示。同时得到“图层 3”。

提示：至此，残缺的牙齿已基本修补完成。仔细观看上排右数第 1 颗与第 2 颗牙齿之间有点小隙缝。下面利用“修复画笔工具”来处理这个问题。

11. 选择“背景”图层作为当前的工作层，在“图层”面板底部单击“创建新图层”按钮得到“图层 4”，在工具箱中选择“修复画笔工具”，如图 3.28 所示。设置其工具选项条如图 3.29 所示。

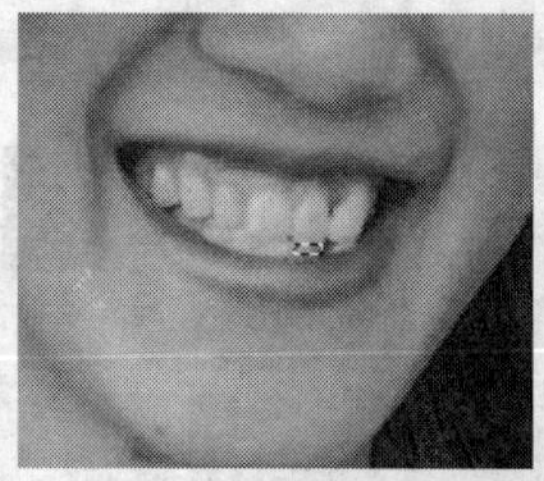

图 3.26　绘制选区

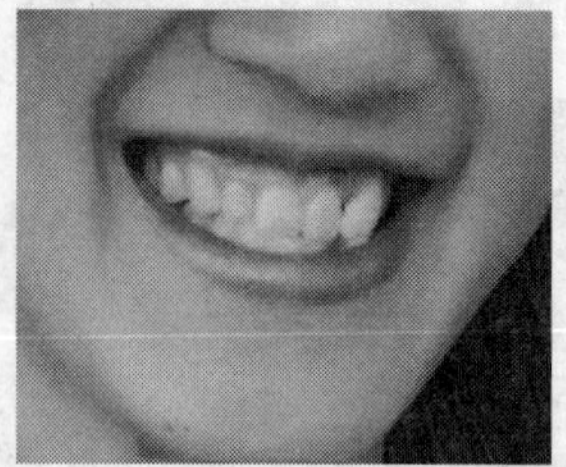

图 3.27　修补后的效果

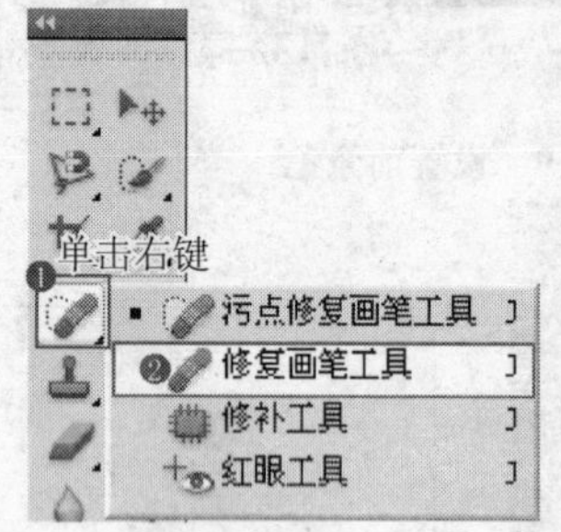

图 3.28　选择“修复画笔工具”

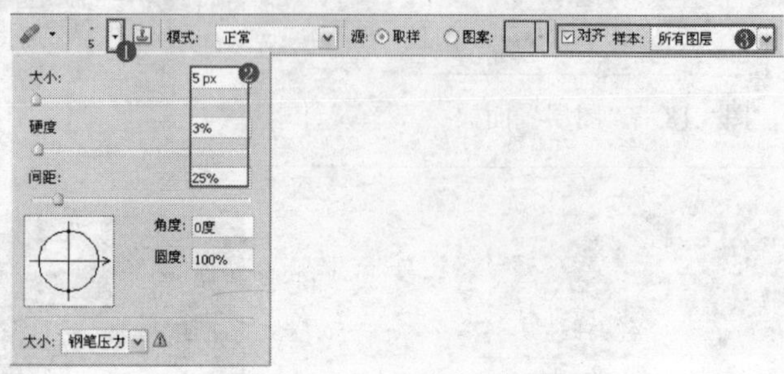

图 3.29　设置工具选项条

12．将光标置于右数第 1 颗牙齿上，按 Alt 键单击以定义源图像，如图 3.30 所示。释放 Alt 键，在存在的小缝隙处涂抹，以补全牙齿，如图 3.31 所示。

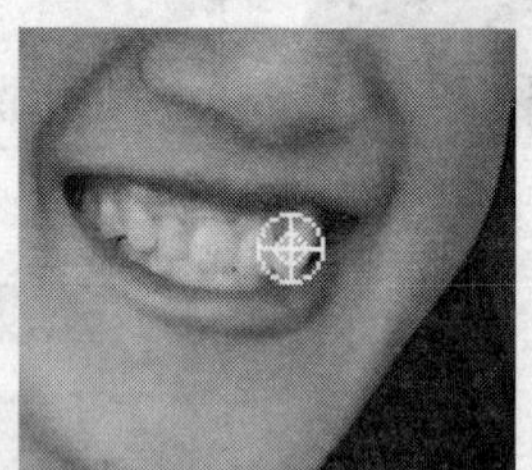

图 3.30　定义源图像

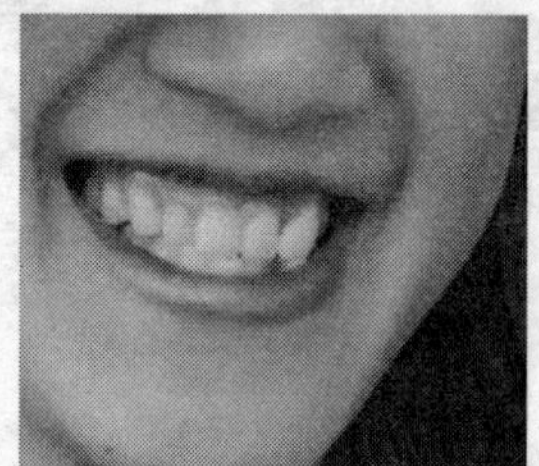

图 3.31　修复后的效果

13．至此，完成本例的操作，最终整体效果如图 3.32 所示。“图层”面板如图 3.33 所示。

图 3.32　最终效果

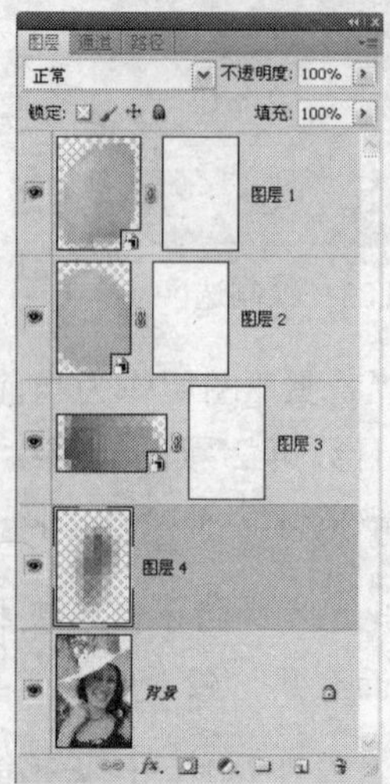

图 3.33　“图层”面板

3.3　修齐牙齿

本例主要讲解如何修齐牙齿。在修复的过程中，主要结合了路径以及“仿制图章工具”等功能。

1．打开本书配套素材提供的“第 3 章\3.3-素材.jpg”，将看到整个图片如图 3.34 所示。

2．在工具箱中选择“钢笔工具”，并在其工具选项条中选择“路径”按钮，在上排牙齿上绘制如图 3.35 所示的路径。如图 3.36 所示为显示比例放大为 200%时的图像状态。

图 3.34　素材图像

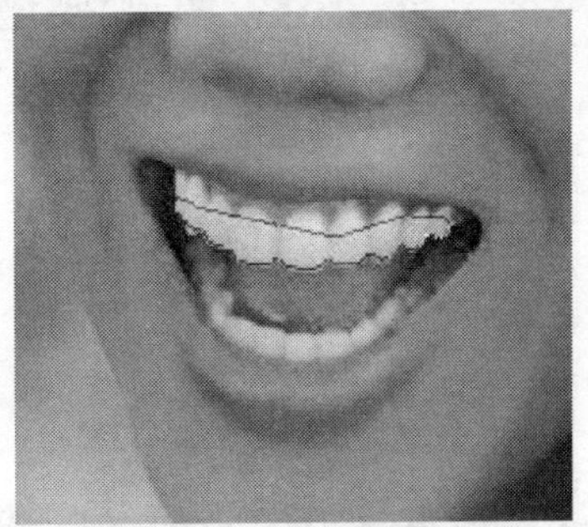

图 3.35　绘制路径

提示：本步绘制路径的目的是想给整齐的牙齿有个标准，从而有个限定的范围。

3．按 Ctrl+Enter 组合键将路径转换为选区，按 Ctrl+Shift+I 组合键执行“反向”操作，以反向选择当前的选区，此时选区的状态如图 3.37 所示。

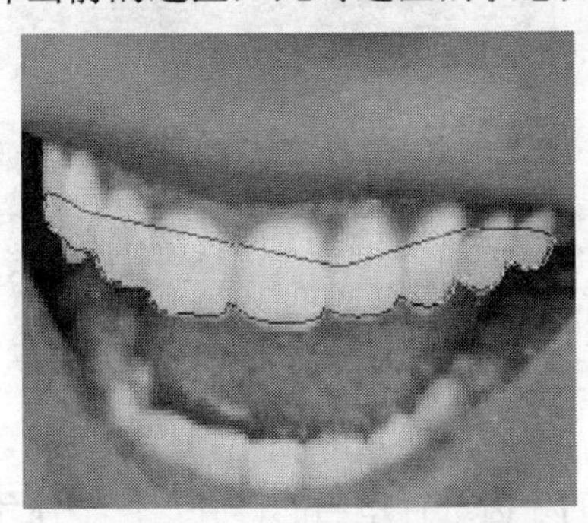

图 3.36　200%时的显示状态

图 3.37　执行“反向”命令后的选区状态

4．在“图层”面板底部单击“创建新图层”按钮得到“图层 1”，此时“图层”面板如图 3.38 所示。在工具箱中选择“仿制图章工具”，设置其工具选项条如 模式: 正常 不透明度: 100% 流量: 100% 对齐 样本: 所有图层 所示。

5．按 Ctrl++键将图像的显示比例放大为 300%，将光标置于左侧无牙齿的区域，按 Alt 键单击以定义源图像，如图 3.39 所示。释放 Alt 键，在多余的牙齿区域涂抹，如图 3.40 所示。如图 3.41 所示为通过多次定义源图像，将多余的牙齿修除后的效果。

6．按 Ctrl+D 组合键取消选区，按照第 2 步的操作方法，应用“钢笔工具”在下排需要修齐的牙齿上绘制路径，如图 3.42 所示。

7．按照第 3～5 步的操作方法，将路径转换为选区，然后将选区反选、新建图层，然后再利用“仿制图章工具”将多余的牙齿修除，取消选区后的效果如图 3.43 所示。

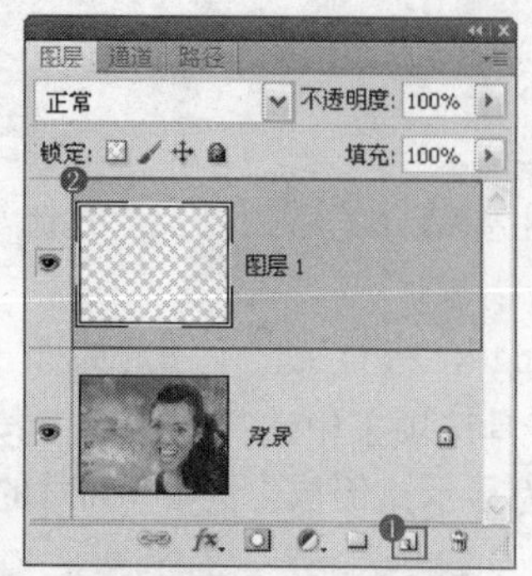

图 3.38 “图层”面板

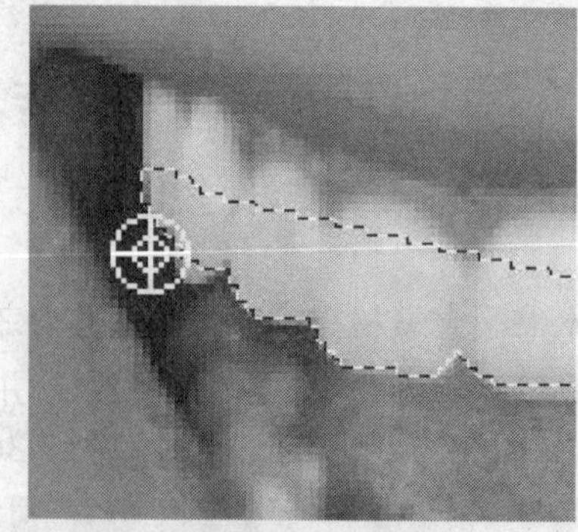

图 3.39 定义源图像

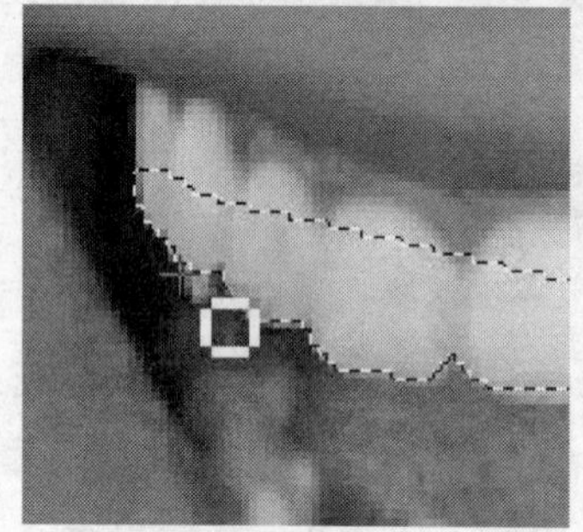

图 3.40 涂抹中的状态

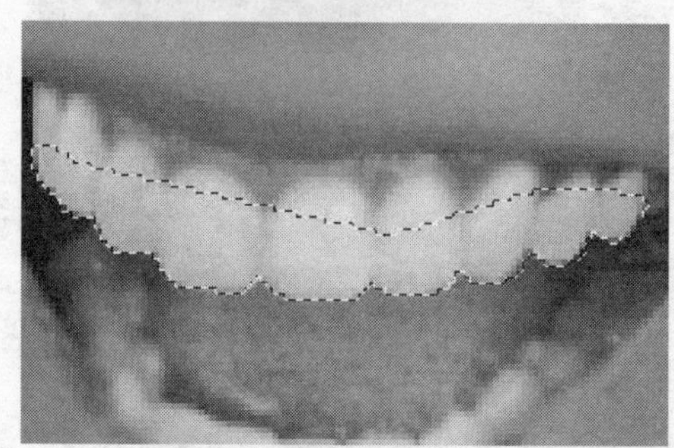

图 3.41 修除多余的牙齿

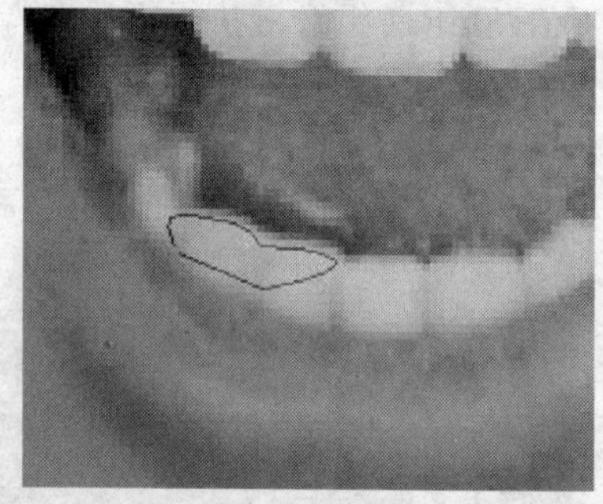

图 3.42 绘制路径

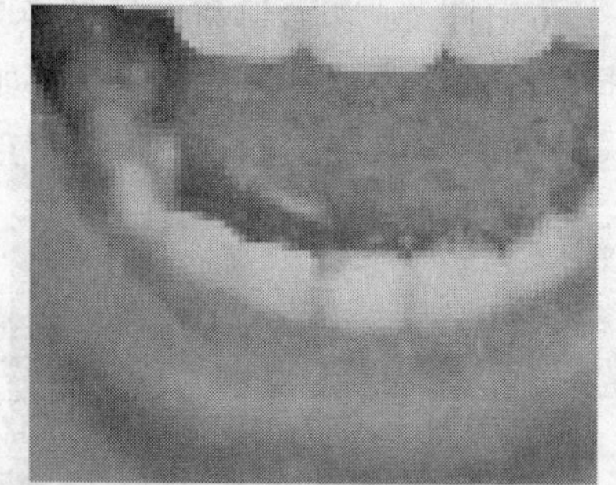

图 3.43 修除多余的牙齿

8．最后，利用“仿制图章工具”将上排两侧的牙齿进行适当的修补，使整体牙齿的色彩更加匹配，如图 3.44 所示为修复前后的对比效果。同时得到“图层 3”。

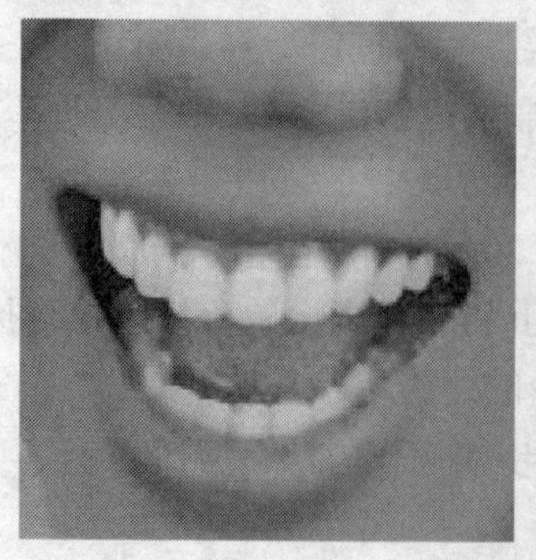
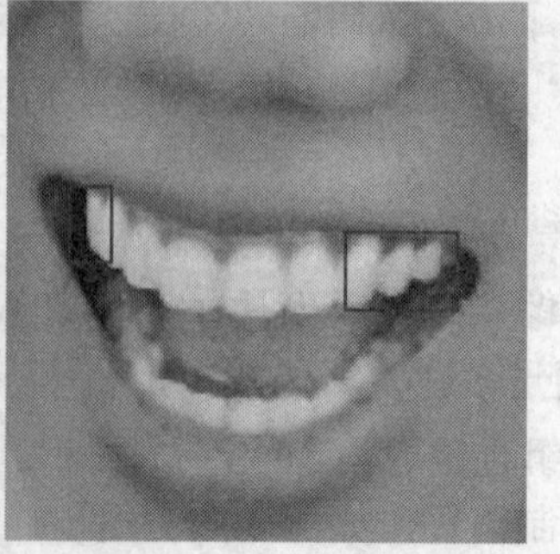

图 3.44 修复前后的对比效果

9．至此，完成本例的操作，最终整体效果如图 3.45 所示。“图层”面板如图 3.46 所示。

图 3.45　最终效果

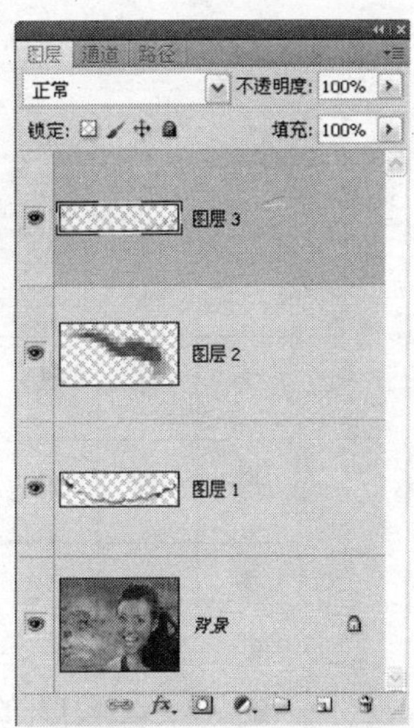

图 3.46　“图层”面板

3.4　细短睫毛变长翘睫毛

本例主要讲解如何将细短睫毛变为长翘睫毛。在制作的过程中，主要结合了画笔素材、“画笔工具”、复制图层以及变换等功能。

1．打开本书配套素材提供的“第 3 章\3.4-素材 1.jpg”，将看到一幅美女图像，其中面部特写如图 3.47 所示。

2．在“图层”面板底部单击“创建新图层”按钮 得到“图层 1”，此时“图层”面板如图 3.48 所示。

图 3.47　素材图像

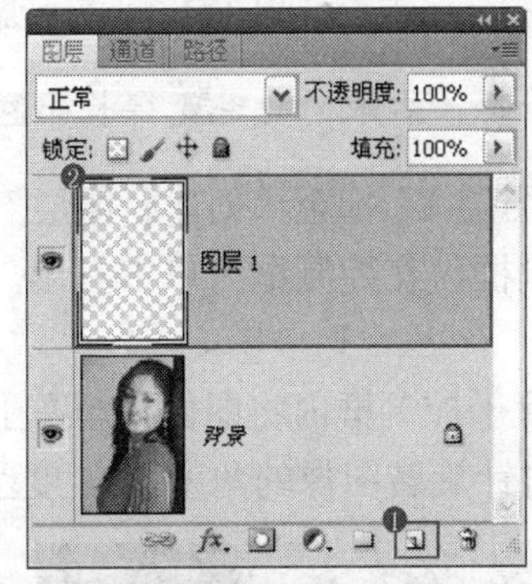

图 3.48　“图层”面板

提示：下面结合画笔素材及“画笔”面板中的参数设置，加长右眼的睫毛。

3．打开本书配套素材提供的“第 3 章\3.4-素材 2.abr”，在工具箱中选择“画笔工具”，在画布中单击右键，在弹出的画笔显示框中选择刚刚打开的画笔，如图 3.49 所示。

4．按 F5 键调出“画笔”面板，在“画笔笔尖形状”选项面板中调整画笔的大小，如图 3.50 所示。

5．在工具箱中设置前景色为黑色，如图 3.51 所示。在右眼上睫毛处连续原位单击两次，得到的效果如图 3.52 所示（如果位置有所偏移，可使用“移动工具”调整）。

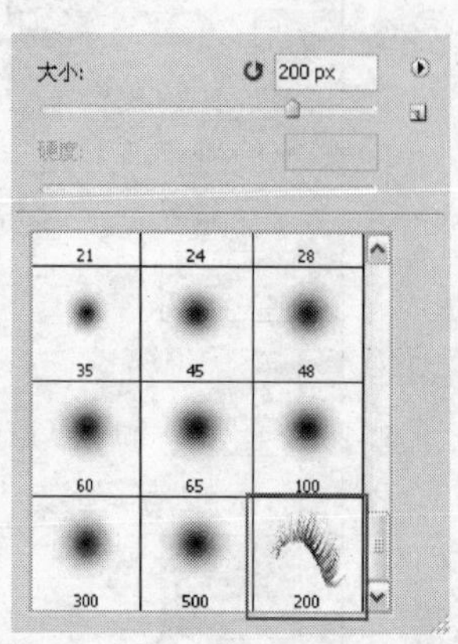
图 3.49　选择打开的画笔

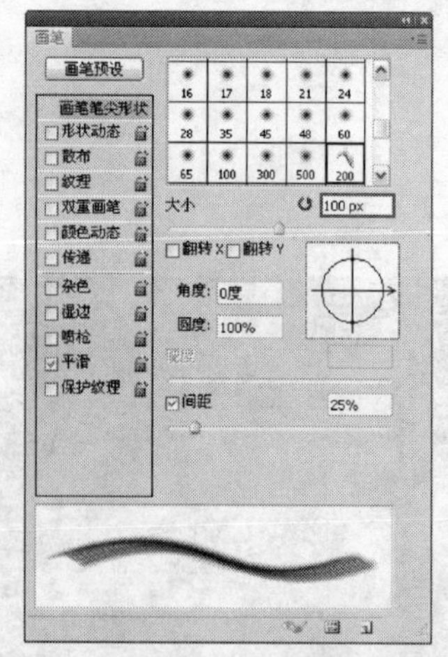
图 3.50　设置画笔的大小

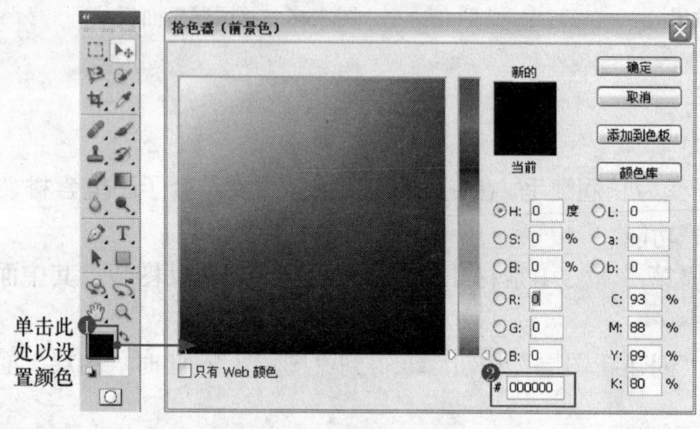

图 3.51　设置前景色

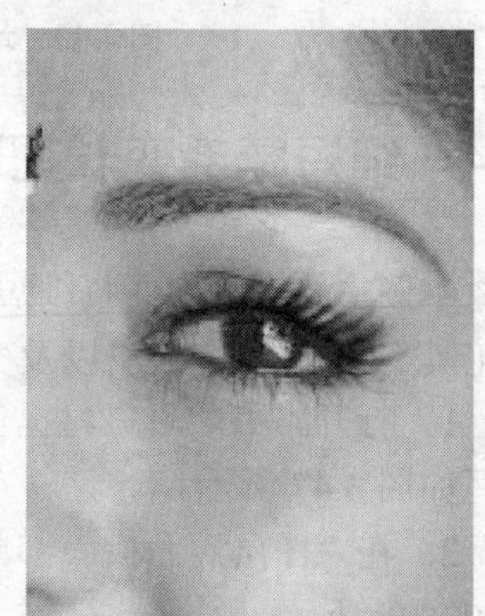
图 3.52　单击后的效果

提示：至此，右眼的睫毛变得长而翘，下面对左眼的睫毛进行处理。

6. 将“图层 1”拖至“创建新图层”按钮 上，得到“图层 1 副本”，按 Ctrl+T 键调出自由变换控制框，在控制框内单击右键，在弹出的菜单中选择“水平翻转”命令，如图 3.53 所示。

7. 光标置于控制框内将图像拖至左上眼皮上，将光标置于右上角的控制句柄附近，当呈↷状态时，顺时针旋转图像的角度（21 度左右），如图 3.54 所示。

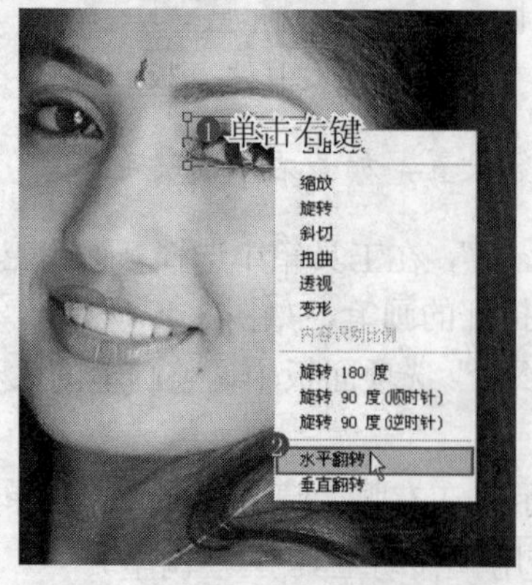

图 3.53　选择“水平翻转”命令

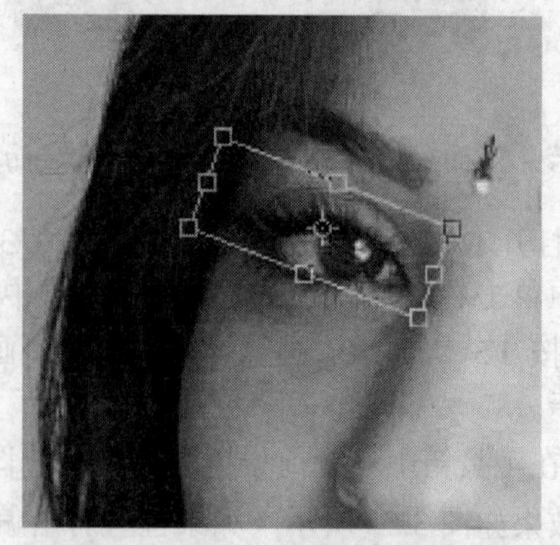
图 3.54　变换状态

8．按 Enter 键确认操作，最终整体效果如图 3.55 所示。

图 3.55　最终效果

3.5　给人物的眼睛改变颜色

本例主要讲解如何改变眼睛的颜色。在制作的过程中，主要结合了“磁性套索工具”以及“曲线”调整图层的功能。

1．打开本书配套素材提供的“第 3 章\3.5-素材.jpg”，将看到整个图片如图 3.56 所示。

2．在工具箱中选择“磁性套索工具”，如图 3.57 所示。设置其工具选项条如 羽化: 0 px ☑消除锯齿 宽度: 10 px 对比度: 10% 频率: 100 所示。

图 3.56　素材图像

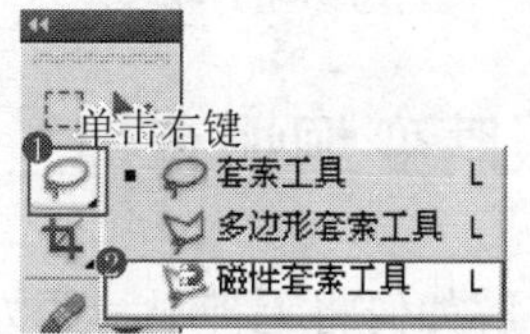

图 3.57　选择“磁性套索工具”

3．应用“磁性套索工具”沿着人物的眼球绘制选区，如图 3.58 所示。在“图层”面板底部单击“创建新的填充或调整图层”按钮，在弹出的菜单中选择“曲线”命令，如图 3.59 所示，同时得到“曲线 1”图层。

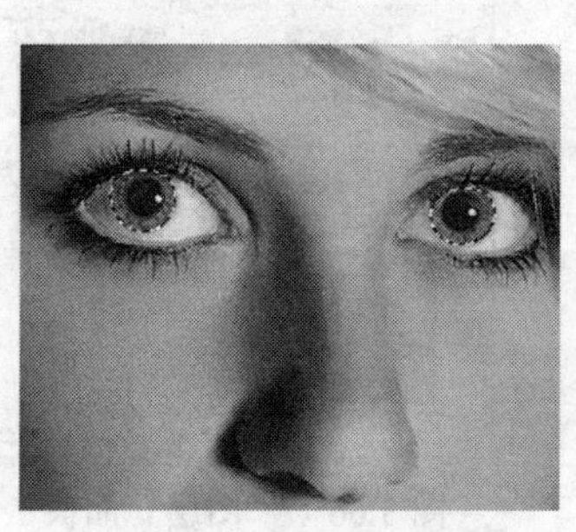

图 3.58　绘制选区

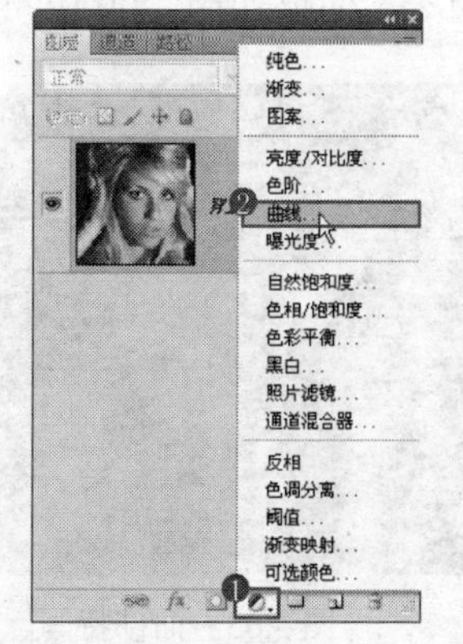

图 3.59　选择“曲线”命令

4．设置弹出的“曲线”面板如图3.60～图3.62所示，得到如图3.63所示的最终效果。“图层”面板如图3.64所示。

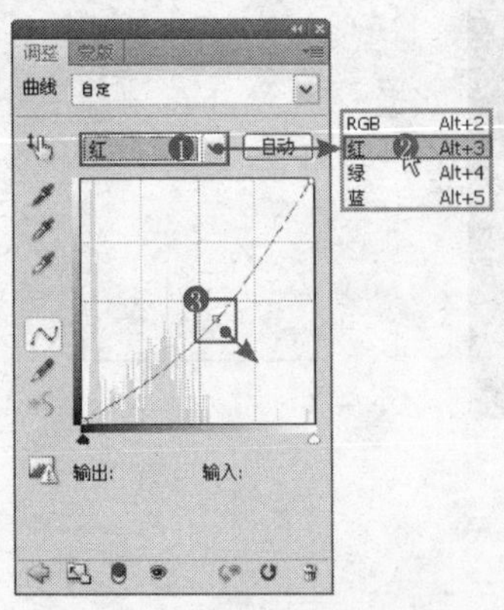
图3.60 “红”面板

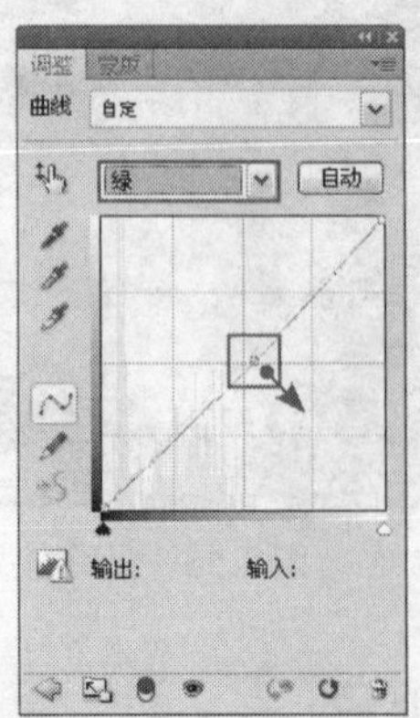
图3.61 “绿”面板

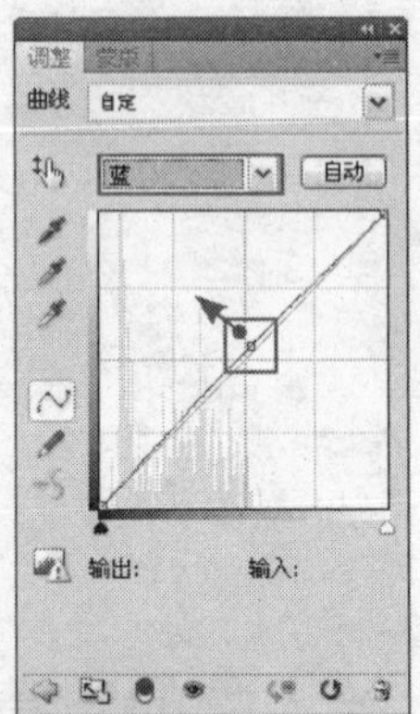
图3.62 “蓝”面板

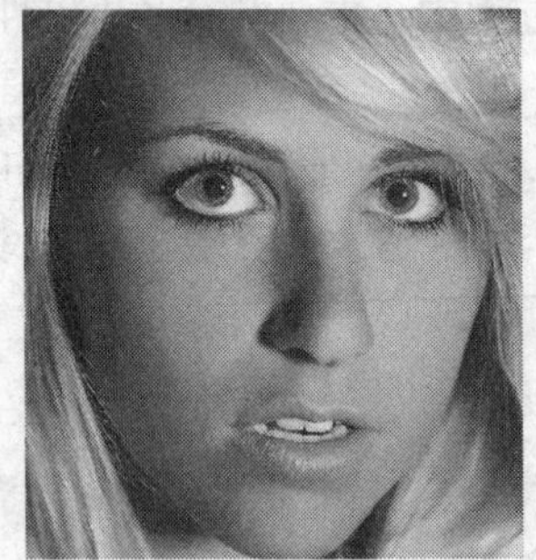
图3.63 最终效果

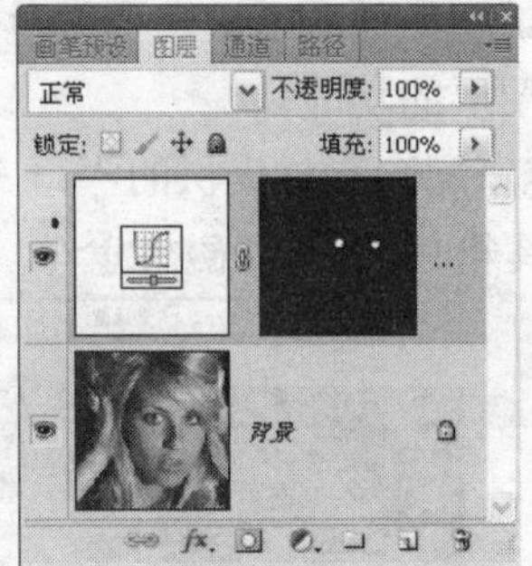
图3.64 “图层”面板

3.6 无神眼睛变炯炯有神

本例主要讲解如何将无神眼睛变为炯炯有神的效果。在制作的过程中，主要结合了“曲线”调整图层、编辑蒙版以及“画笔工具”等功能。

1．打开本书配套素材提供的“第3章\3.6-素材.jpg”，将打开一幅美女图像，其中面部特写如图3.65所示。

2．将“背景”图层拖至“图层”面板底部的“创建新图层”按钮上得到“背景 副本”图层，此时“图层”面板如图3.66所示。

图3.65 面部特写

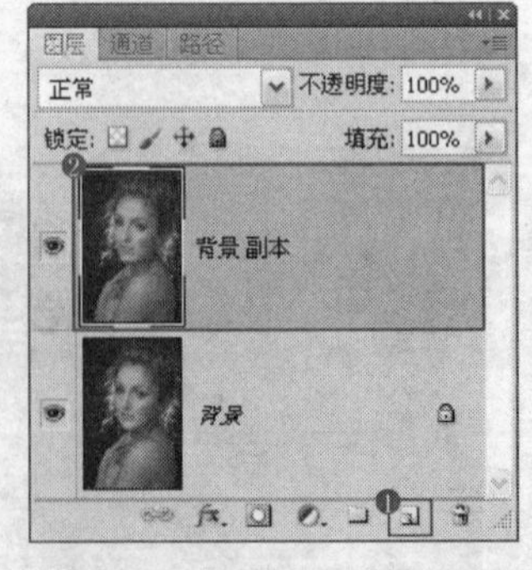
图3.66 “图层”面板

3．锐化图像。选择“滤镜”|“锐化”|“USM 锐化”命令，如图 3.67 所示。设置弹出的对话框如图 3.68 所示，单击“确定”按钮退出对话框，得到的效果如图 3.69 所示。

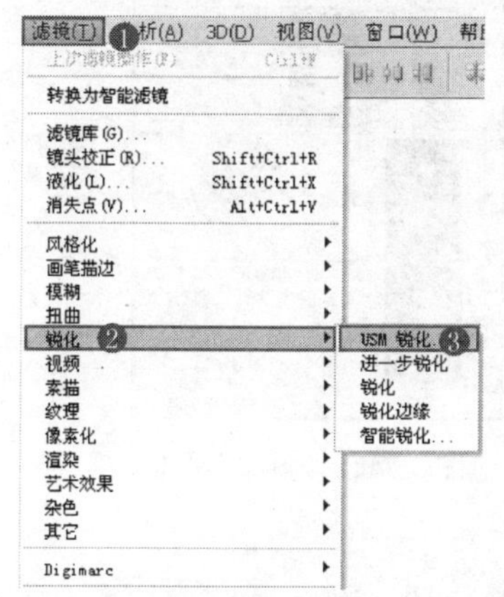

图 3.67 选择“USM 锐化”命令

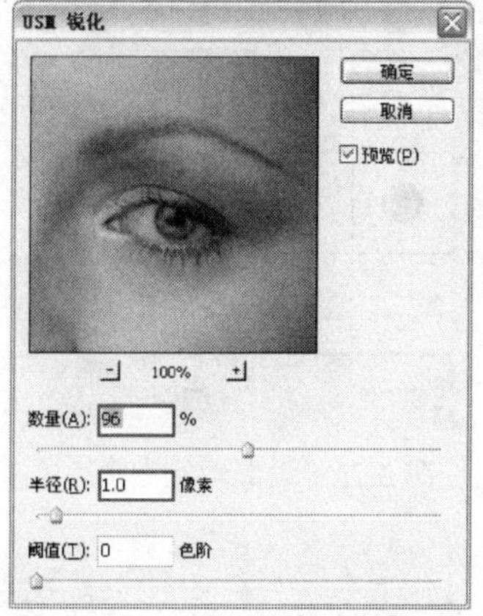

图 3.68 “USM 锐化”对话框

图 3.69 应用“USM 锐化”命令后的效果

4．提亮眼神。在“图层”面板底部单击“创建新的填充或调整图层”按钮，在弹出的菜单中选择“曲线”命令，如图 3.70 所示。同时得到“曲线 1”图层。

5．在工具箱中设置前景色为黑色，如图 3.71 所示。按 Alt+Delete 键以前景色填充“曲线 1”图层蒙版缩览图，此时“图层”面板如图 3.72 所示。

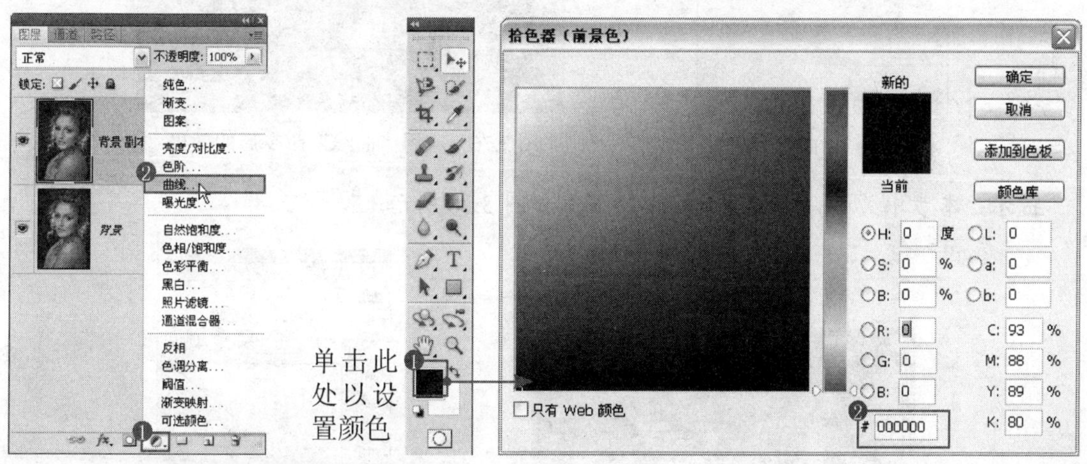

图 3.70 选择“曲线”命令

图 3.71 设置前景色

6．在工具箱中设置前景色为白色，选择“画笔工具”，在画布中单击右键，在弹出的画笔显示框中设置画笔的大小，如图 3.73 所示。应用设置好的画笔在人物的眼珠区域进行涂抹（白色区域为后面要调整的对象），此时“图层”面板如图 3.74 所示。

7．在“曲线”面板中的调节线上单击以添加一个锚点，并向调节线以左的区域进行拖动，如图 3.75 所示，以提亮白色区域中的图像，如图 3.76 所示。

8．提亮眼白。按照第 4～7 步的操作方法，结合“曲线”调整图层以及编辑蒙版的功能，调整眼白区域，使眼白更加洁白，如图 3.77 所示。同时得到“曲线 2”图层。

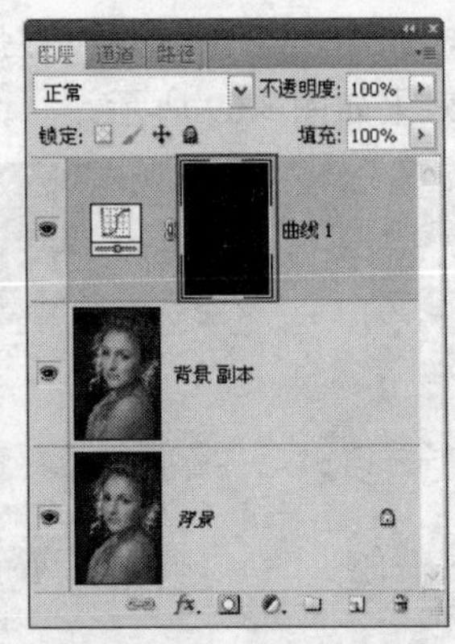

图 3.72 填充“曲线 1”蒙版

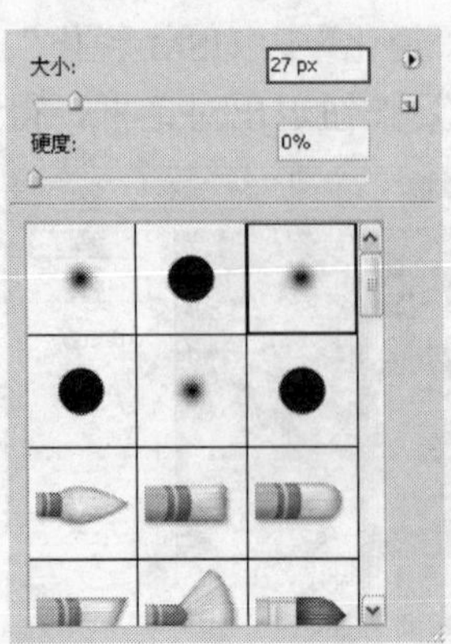

图 3.73 设置画笔大小

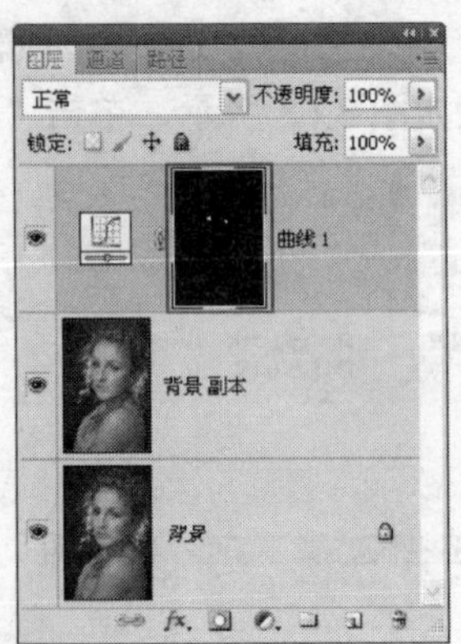

图 3.74 “图层”面板

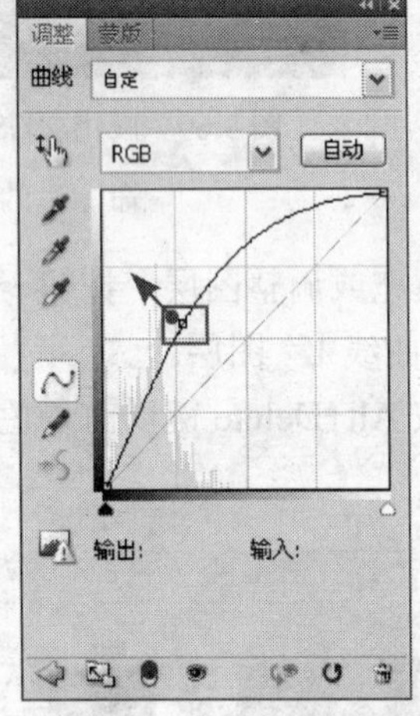

图 3.75 “曲线”面板

图 3.76 应用“曲线”命令后的效果

提示：本步中关于“曲线”面板中的设置如图 3.78 所示。

图 3.77 制作洁白的眼白

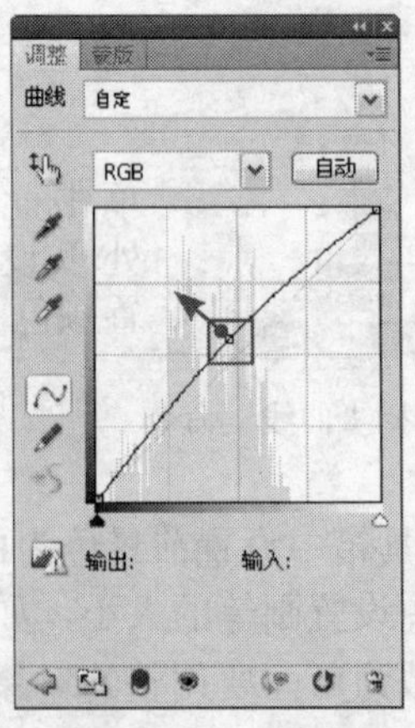

图 3.78 “曲线”面板

9．增强眼珠中的高光。在“图层”面板底部单击“创建新图层”按钮 得到“图层 1”，在工具箱中设置前景色为白色，选择“画笔工具” ，并在其工具选项条中设置适当的画笔大小，在眼珠区域单击，以增强高光，得到的最终效果如图 3.79 所示。“图层”面板如图 3.80 所示。

提示：在单击的过程中，要根据区域的变化调整画笔的大小。

图 3.79 最终效果

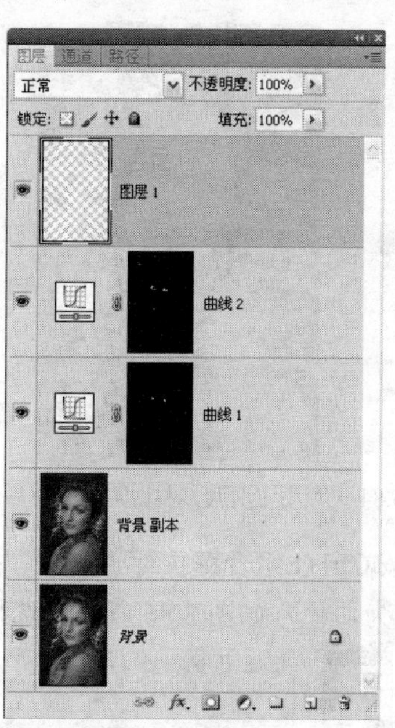

图 3.80 “图层”面板

3.7 增加眼睛光泽

本例主要讲解如何增加眼睛的光泽。在制作的过程中，主要结合了“亮度/对比度”调整图层、编辑蒙版以及“画笔工具”等功能。

1．打开本书配套素材提供的“第 3 章\3.7-素材.jpg”，将看到整个图片如图 3.81 所示。

提示：下面结合“亮度/对比度”调整图层以及编辑蒙版的功能，提亮眼球。

2．在“图层”面板底部单击“创建新的填充或调整图层”按钮，在弹出的菜单中选择“亮度/对比度”命令，如图 3.82 所示，得到“亮度/对比度 1”图层，设置弹出的面板如图 3.83 所示，得到如图 3.84 所示的效果。

图 3.81 素材图像

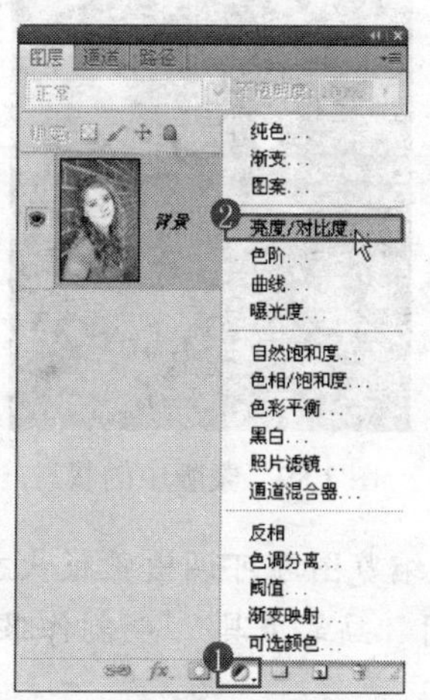

图 3.82 选择“亮度/对比度”命令

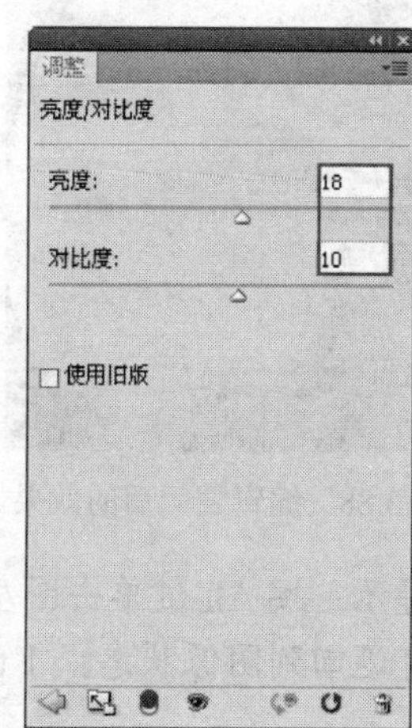

图 3.83 “亮度/对比度”面板

3．确认选中的是“亮度/对比度 1”图层蒙版缩览图，如图 3.85 所示。

图 3.84　应用“亮度/对比度”命令后的效果

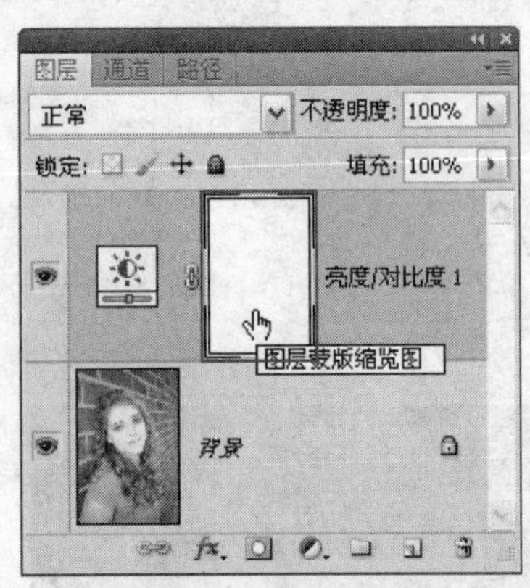

图 3.85　选中蒙版缩览图

4．按 Ctrl+I 组合键执行“反相”操作，以将第 2 步调整的效果全部隐藏，在工具箱中设置前景色为白色，如图 3.86 所示。选择“画笔工具”，设置其工具选项条如图 3.87 所示。

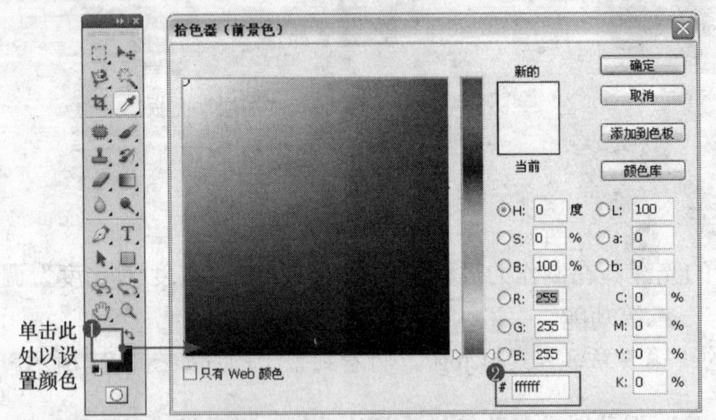

图 3.86　设置前景色

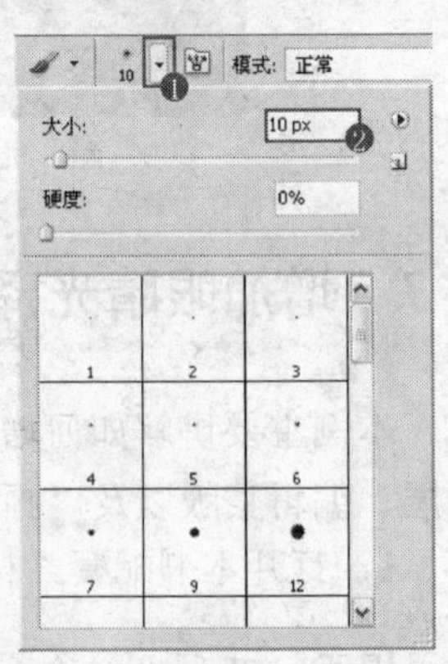

图 3.87　设置工具选项条

5．应用设置好的画笔在人物眼球上涂抹，以将涂抹区域的亮度显示出来，如图 3.88 所示。此时蒙版中的状态如图 3.89 所示。“图层”面板如图 3.90 所示。

图 3.88　编辑蒙版后的效果

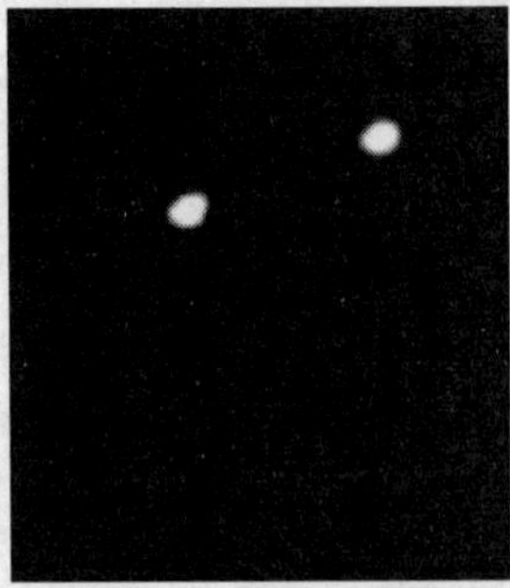

图 3.89　蒙版中的状态

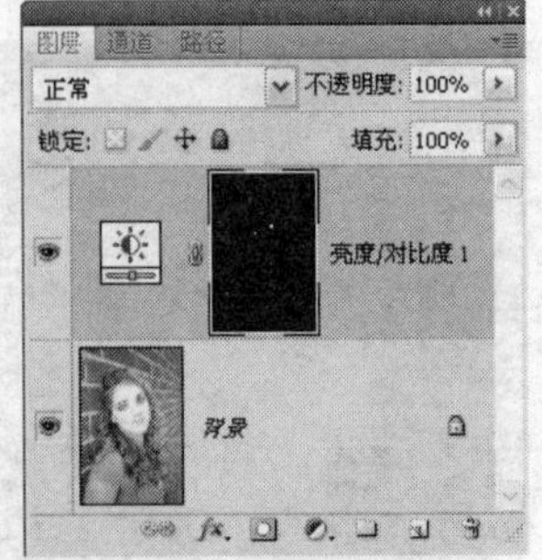

图 3.90　“图层”面板

提示：按 Alt 键单击图层蒙版缩览图即可调出蒙版状态，再次按 Alt 键单击图层蒙版缩览图即可返回到图像状态。下面利用“画笔工具”制作眼球的高光及阴影效果。

6．在“图层”面板底部单击“创建新图层”按钮，得到“图层 1”，设置前景色为白色，选择“画笔工具”，并在其工具选项条中设置适当的画笔大小，在眼球上方涂抹，以添加亮光，如图 3.91 所示。

提示：在涂抹的过程中，可以根据涂抹区域的大小调整画笔的大小。

7．设置前景色为黑色，按照上一步的操作方法，设置适当的画笔大小，在眼球中的黑点区域单击，以加深图像，得到的最终效果如图 3.92 所示。“图层”面板如图 3.93 所示。

图 3.91　添加亮光

图 3.92　最终效果

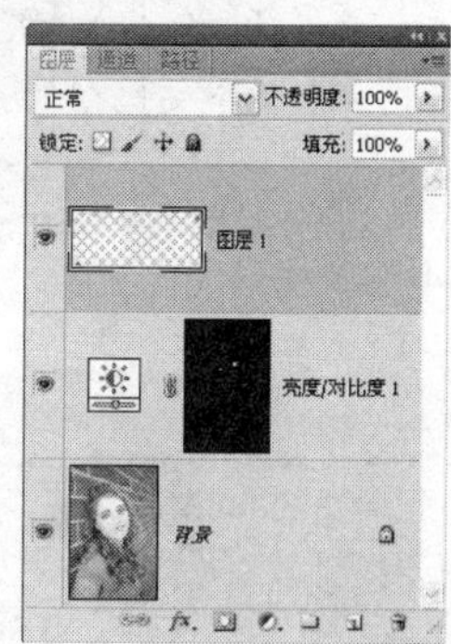

图 3.93　“图层”面板

3.8　快速清除黑眼袋

本例主要讲解如何去除眼袋。在制作的过程中，主要应用了修复工具中的“修复画笔工具”。

1．打开本书配套素材提供的“第 3 章\3.8-素材.JPG”，将看到整个图片如图 3.94 所示。

2．在“图层”面板底部单击“创建新图层”按钮得到“图层 1”，此时的“图层”面板如图 3.95 所示。在工具箱中选择“修复画笔工具”，如图 3.96 所示。

图 3.94　素材图像

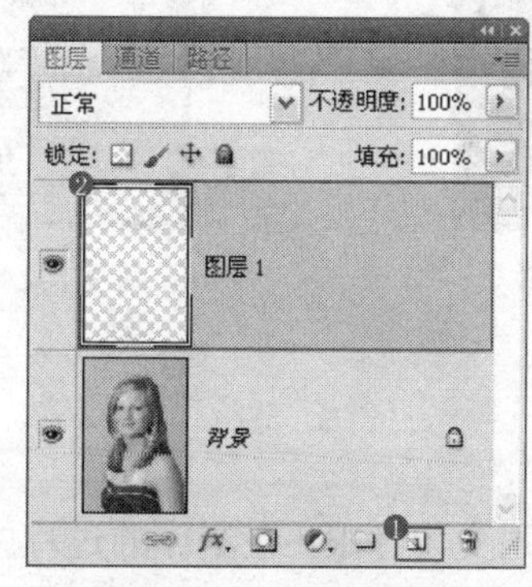

图 3.95　“图层”面板

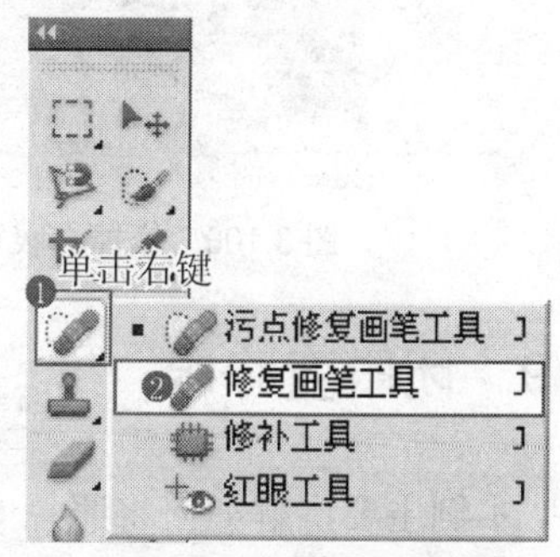

图 3.96　选择“修复画笔工具”

3．设置“修复画笔工具”选项条如图 3.97 所示。

4．将光标置于右眼角皮肤光洁的位置，按 Alt 键单击以定义源图像，如图 3.98 所示。释放 Alt 键，在右眼袋区域涂抹，如图 3.99 所示。

5．按照上一步的操作方法，通过多次定义源图像，将右眼袋修掉，如图 3.100 所示。如图 3.101 所示为应用“修复画笔工具”将左眼袋修掉后的效果。

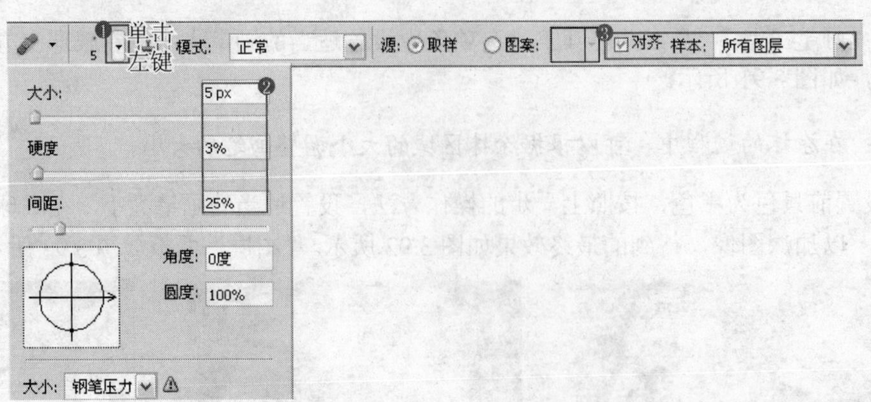

图 3.97　设置工具选项条

图 3.98　定义源图像

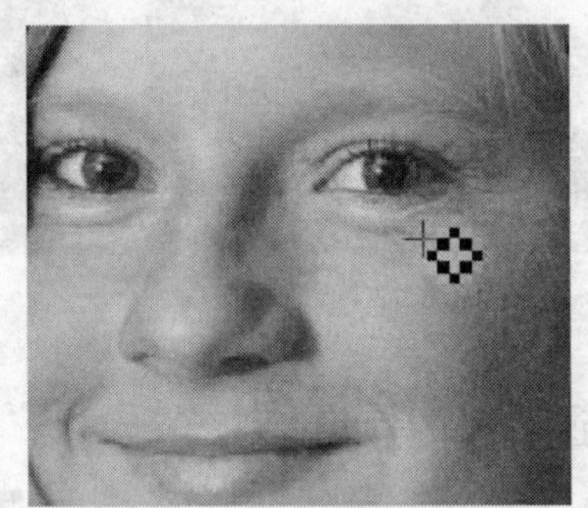

图 3.99　修复中的状态

图 3.100　修掉右眼袋后的效果

图 3.101　修掉左眼袋的效果

3.9　闭眼变睁眼

本例主要讲解如何将照片中的闭眼变为睁眼，在制作的过程中，主要结合了素材图像、选区、变换以及图层蒙版的功能。

1．打开本书配套素材提供的“第 3 章\3.9-素材 1.jpg”，将看到一幅美女图像，如图 3.102 所示。

2．打开本书配套素材提供的“第 3 章\3.9-素材 2.jpg”，如图 3.103 所示。在工具箱中选择“套索工具”，在人物的眼部绘制如图 3.104 所示的选区。

3．保持选区，在工具箱中选择“移动工具”，将选区中的图像拖至“素材 1.jpg”文件中，如图 3.105 所示，释放鼠标，得到“图层 1”。此时“图层”面板如图 3.106 所示。

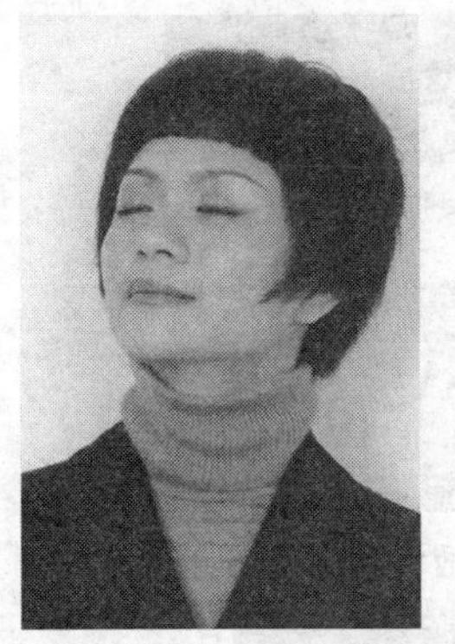

图 3.102　素材 1 图像

图 3.103　素材 2 图像

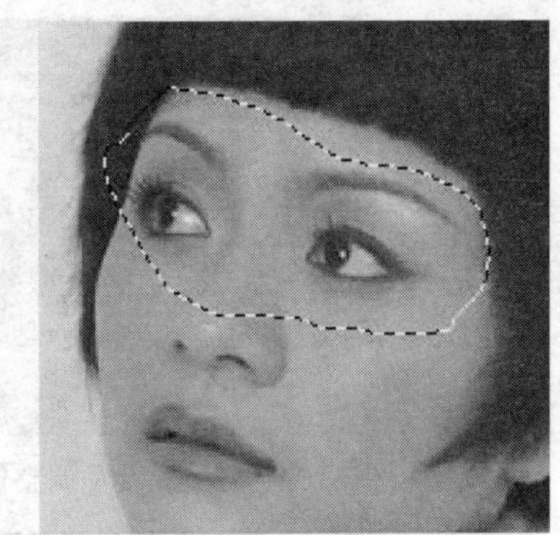

图 3.104　绘制选区

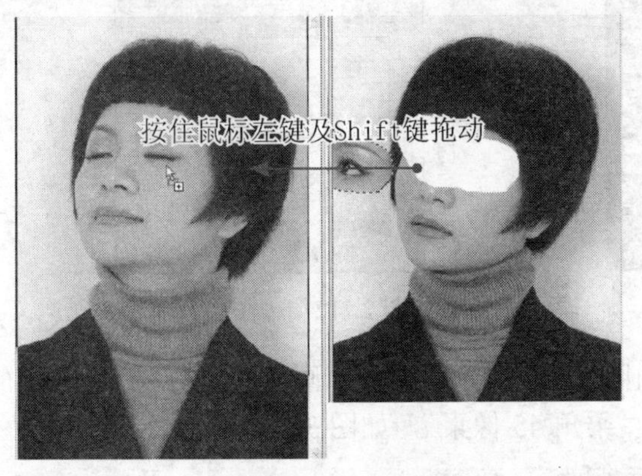

图 3.105　拖动图像

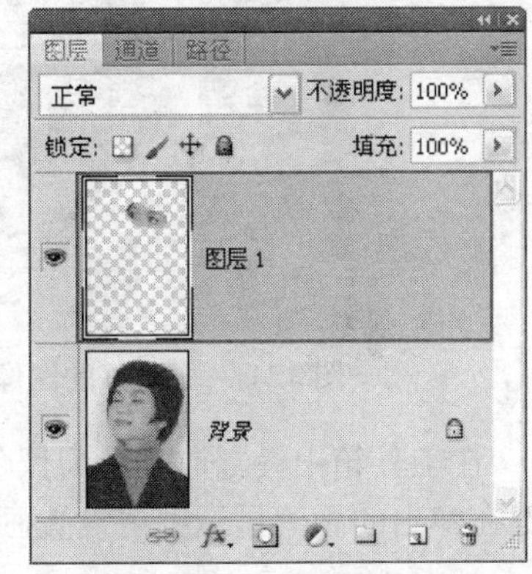

图 3.106　“图层”面板

4．在“图层”面板上方暂时设置“图层 1”的不透明度为 50%，以精确调整图像的位置，按 Ctrl+T 组合键调出自由变换控制框，将光标置于控制框内按住鼠标左键拖动至人物的眼部，使右侧的眼睛及眉毛位置相吻合，如图 3.107 所示。将光标置于右上角控制句柄附当呈旋转状态时，如图 3.108 所示。

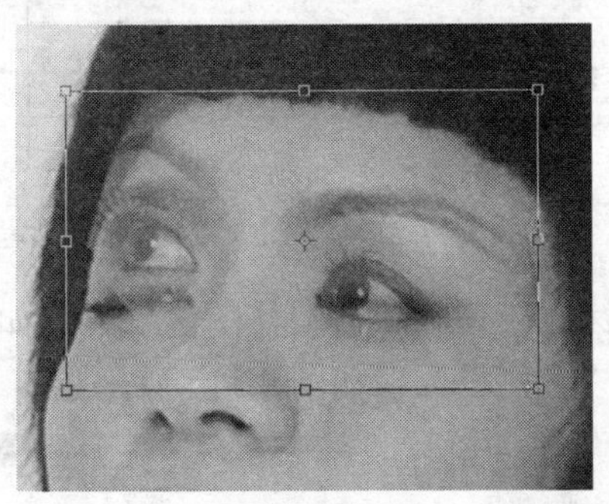

图 3.107　调整图像

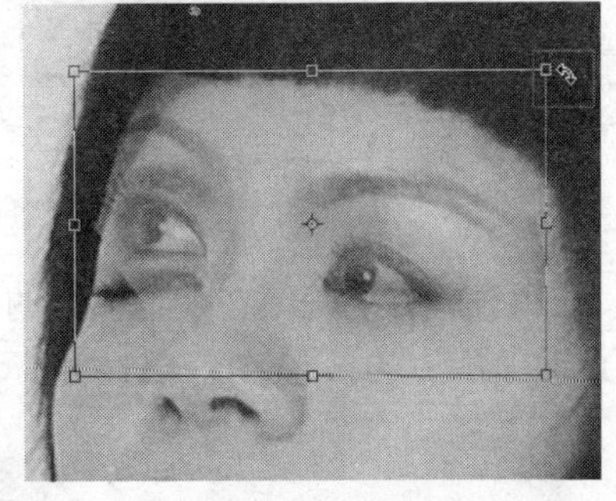

图 3.108　光标状态

5．逆时针旋转图像的角度（-13 度左右），并调整图像的位置，如图 3.109 所示。将光标置于右上角控制句柄上，当呈↗状态时，按 Alt+Shift 组合键向外拖动稍许以等比例放大图像，如图 3.110 所示。

6．在“图层”面板顶部恢复“图层 1”的不透明度为 100%，在“图层”面板底部单击“添加图层蒙版”按钮 为当前图层添加蒙版，此时图像状态如图 3.111 所示，“图层”面板如图 3.112 所示。

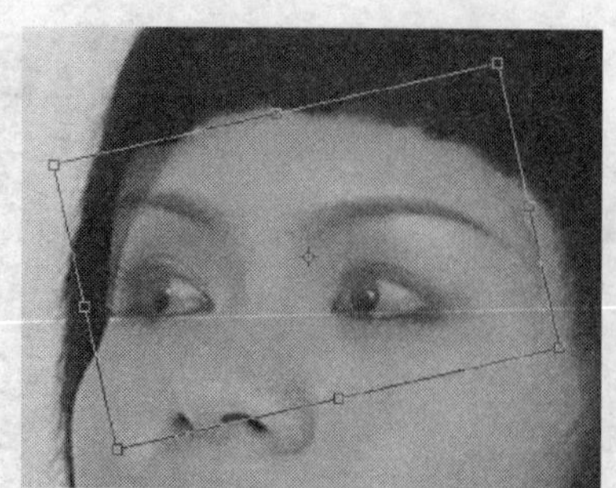
图 3.109　旋转角度及调整位置

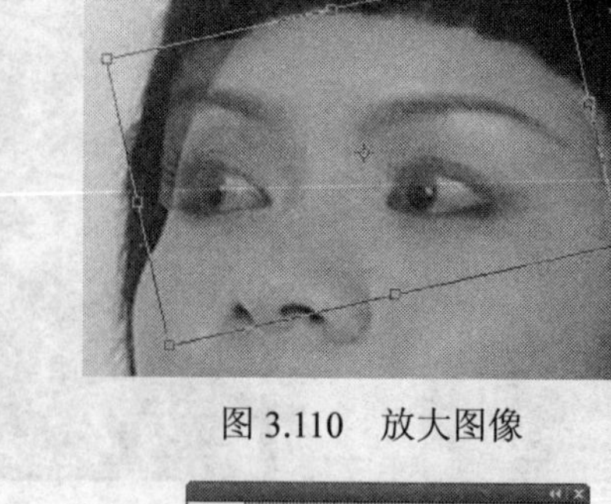
图 3.110　放大图像

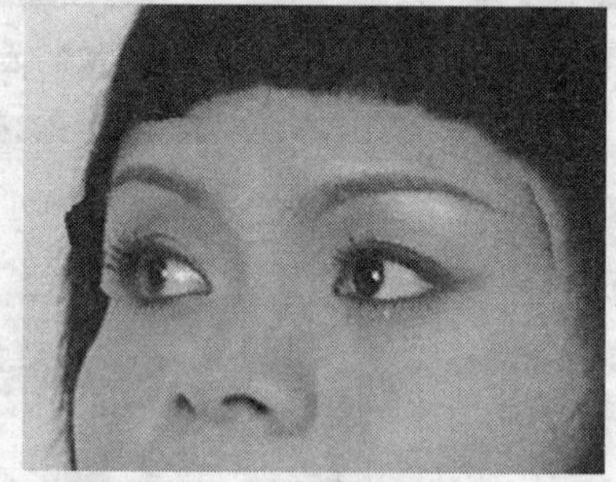
图 3.111　调整好的图像状态

图 3.112　“图层”面板

7．在工具箱中设置前景色为黑色，如图 3.113 所示。选择“画笔工具”，在画布中单击右键在弹出的画笔显示框中设置画笔为“柔角 45 像素”，如图 3.114 所示。

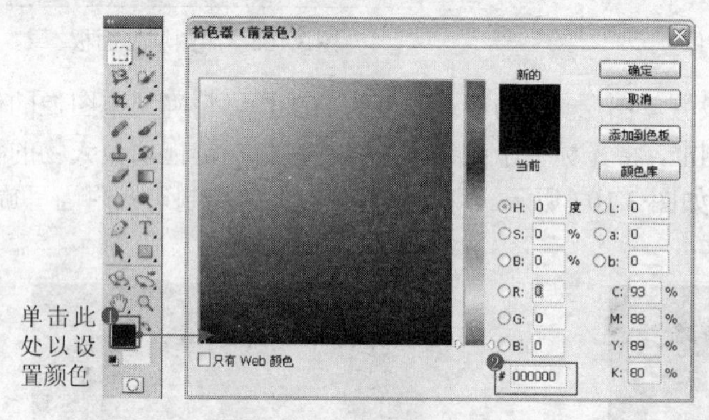

图 3.113　设置前景色

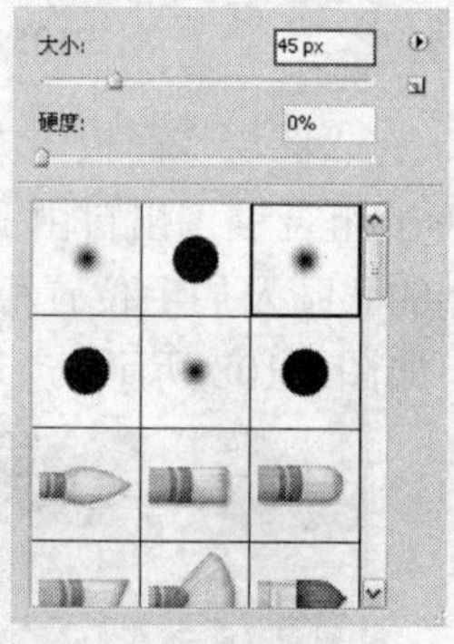

图 3.114　选择画笔

8．应用设置好的画笔在眼睛以外的区域进行涂抹，使眼睛与整体图像融合，如图 3.115 所示。此时蒙版中的状态如图 3.116 所示，得到的“图层”面板如图 3.117 所示。

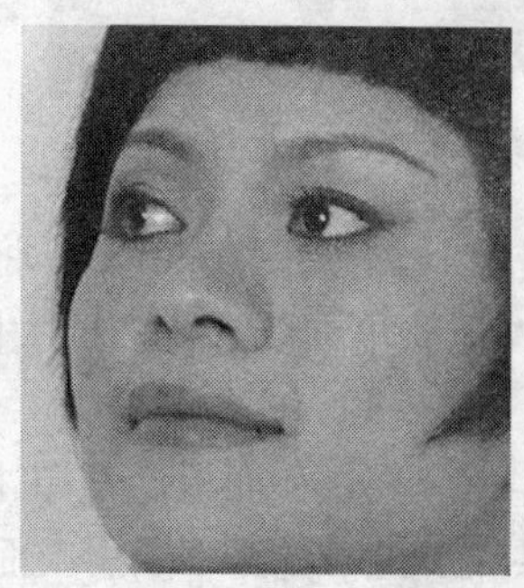
图 3.115　最终效果

图 3.116　蒙版中的状态

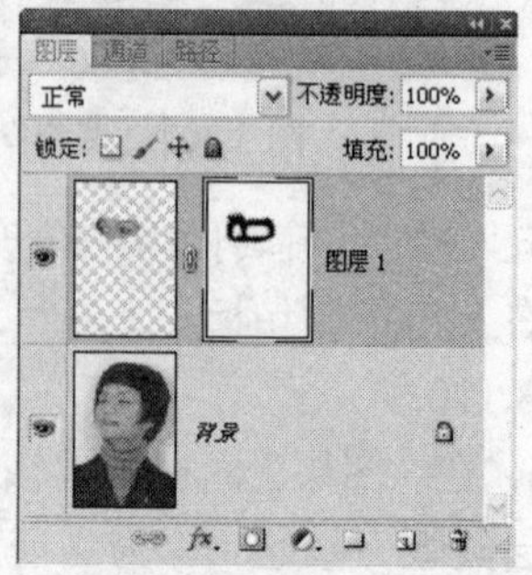

图 3.117　“图层”面板

3.10　红眼变明眸

本例主要讲解如何将红眼变明眸。在制作的过程中，主要结合了“红眼工具”、“画笔工具”、选区以及调整图层等功能。

1．打开本书配套素材提供的“第 3 章\3.10-素材.jpg”，将看到一幅美女图像，其中面部特写如图 3.118 所示。

2．将“背景”图层拖至“创建新图层”按钮上得到“背景 副本”图层，此时“图层”面板如图 3.119 所示。

图 3.118　素材图像

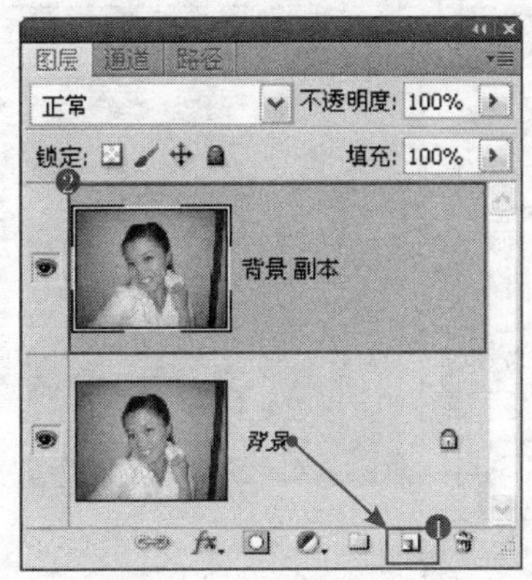

图 3.119　“图层”面板

提示： 下面利用“红眼工具”将红眼去除。

3．在工具箱中选择“红眼工具”，如图 3.120 所示。然后将光标置于右侧红眼上，如图 3.121 所示。单击鼠标左键以去除红眼，如图 3.122 所示。

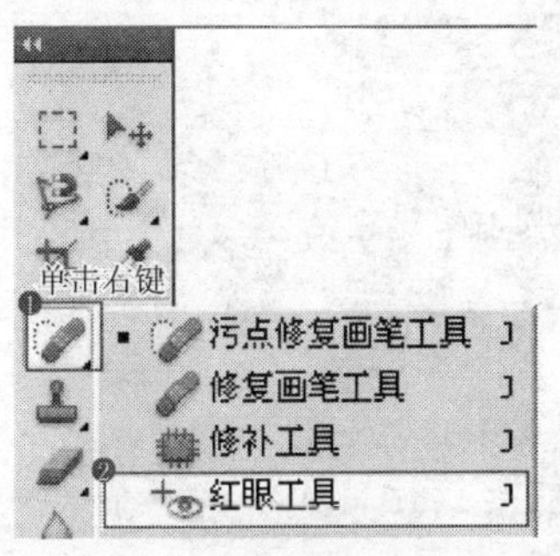

图 3.120　选择红眼工具

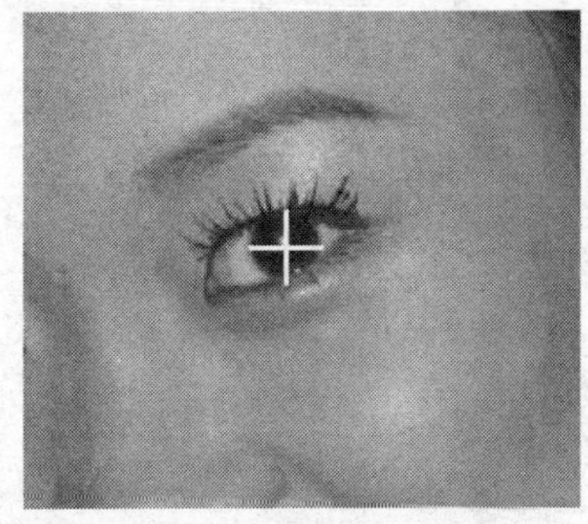

图 3.121　光标位置

4．按照上一步的操作方法，继续将左侧的红眼去除，如图 3.123 所示。

提示： 至此，红眼已被去除。下面利用“画笔工具”增强眼珠的亮光效果。

5．在“图层”面板底部单击“创建新图层”按钮得到“图层 1”，在工具箱中设置前景色为白色，如图 3.124 所示。选择“画笔工具”，并在其工具选项条中设置画笔为“尖角 4 像素”，在人物的左眼珠上单击，然后调整画笔的大小为“柔角 4 像素”，在右眼珠上单击，得到的效果如图 3.125 所示。

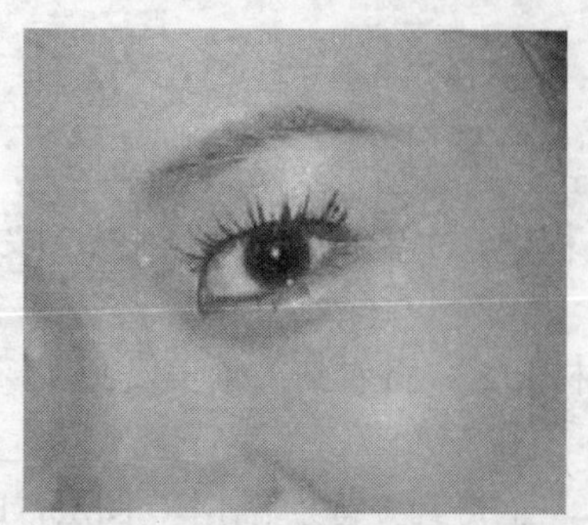
图 3.122 去除右侧红眼

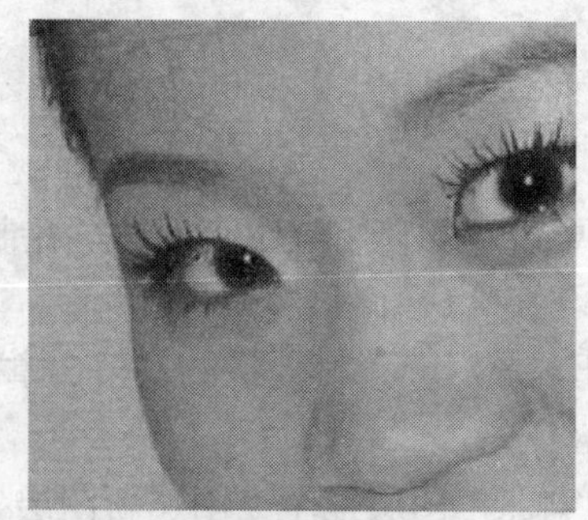
图 3.123 去除左侧红眼

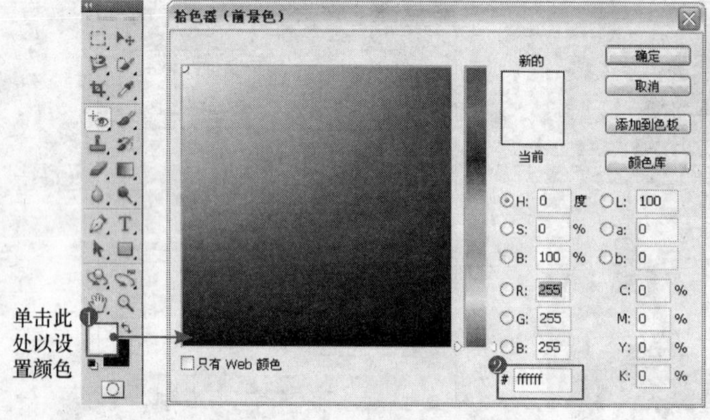

图 3.124 设置前景色

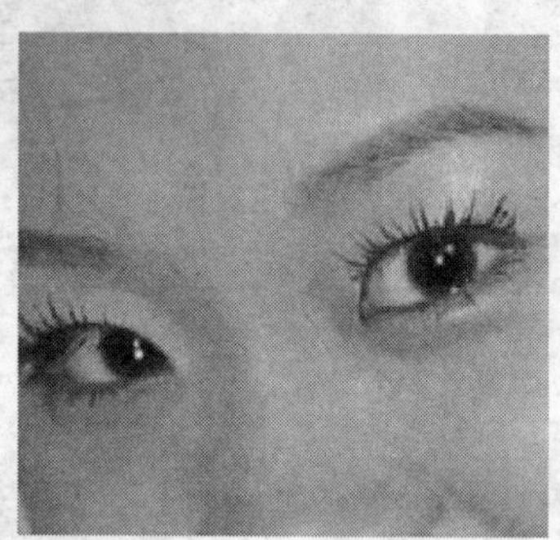
图 3.125 添加亮点

提示：下面结合选区以及“亮度/对比度”调整图层使眼珠更黑。

6．在工具箱中选择“磁性套索工具”，如图 3.126 所示。并在其工具选项条中选择“添加到选区”按钮，沿着眼珠的轮廓创建选区，如图 3.127 所示。

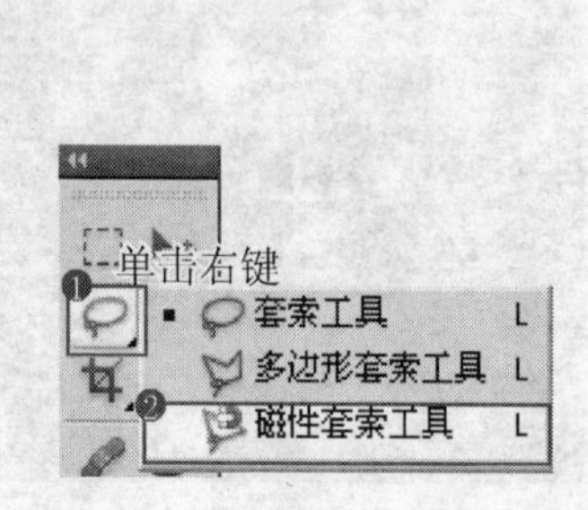

图 3.126 选择磁性套索工具

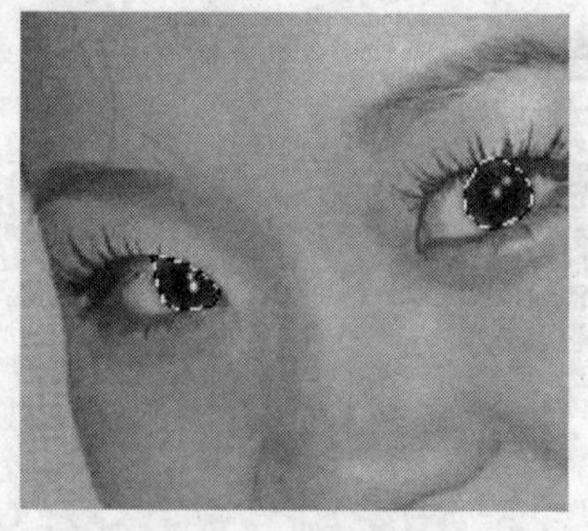
图 3.127 绘制选区

7．保持选区，在“图层”面板底部单击“创建新的填充或调整图层”按钮，在弹出的菜单中选择“亮度/对比度”命令，如图 3.128 所示。设置弹出的面板如图 3.129 所示，得到如图 3.130 所示的效果，同时得到“亮度/对比度 1”图层。

8．调整整体的亮度、对比度。在“图层”面板底部单击“创建新的填充或调整图层”按钮，在弹出的菜单中选择“亮度/对比度”命令，得到“亮度/对比度 2”图层，设置弹出的面板如图 3.131 所示，得到如图 3.132 所示的最终效果。“图层”面板如图 3.133 所示。

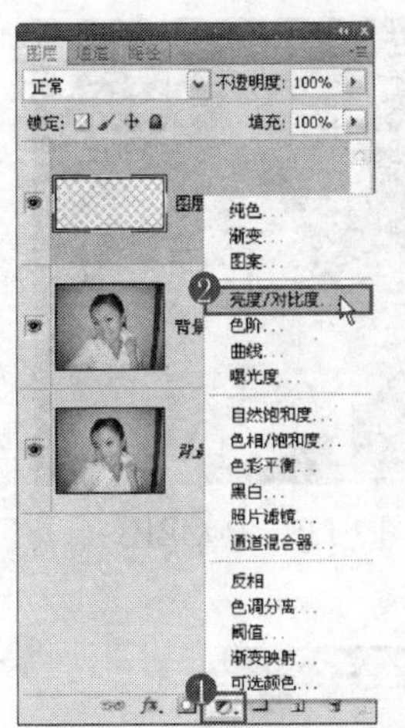

图 3.128 选择“亮度/对比度”命令

图 3.129 “亮度/对比度 1”面板

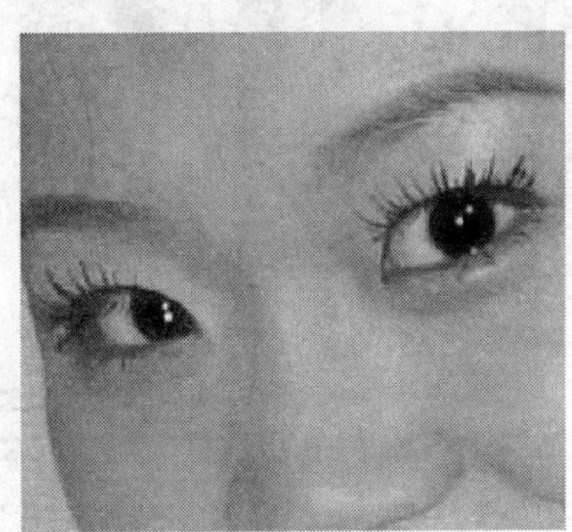

图 3.130 应用“亮度/对比度”后的效果

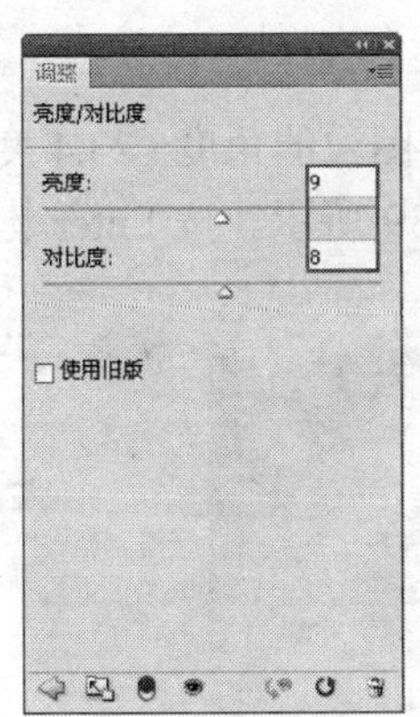

图 3.131 “亮度/对比度 2”面板

图 3.132 最终效果

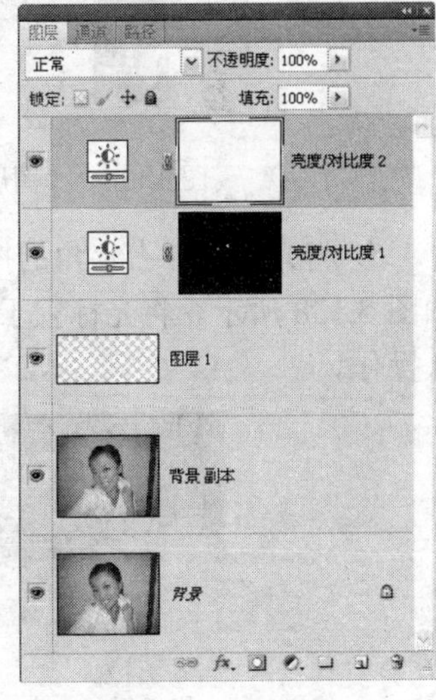

图 3.133 “图层”面板

3.11 单眼皮变双眼皮

本例主要讲解如何将单眼皮变为双眼皮。在制作的过程中，主要结合了变换、图层蒙版、复制图层以及调整图层功能。

1．打开本书配套素材提供的“第 3 章\3.11-素材 1.jpg”，将看到一幅美女图像，其中面部特写如图 3.134 所示。

2．打开本书配套素材提供的“第 3 章\3.11-素材 2.psd”，在工具箱中选择移动工具，将其拖至上一步打开的文件中，如图 3.135 所示。

3．释放鼠标左键，得到“图层 1”。暂时在“图层”面板顶部设置此图层的不透明度为 50%，如图 3.136 所示，以方便后面对图像大小、角度及位置进行精确的变换。

4．按 Ctrl+T 组合键调出自由变换控制框，将光标置于右上角的控制句柄上当呈↗状态时，按 Alt+Shift 组合键向内拖动以等比例缩小图像，并置于人物右眼上，如图 3.137 所示。

图 3.134 素材图像

图 3.135 拖动图像

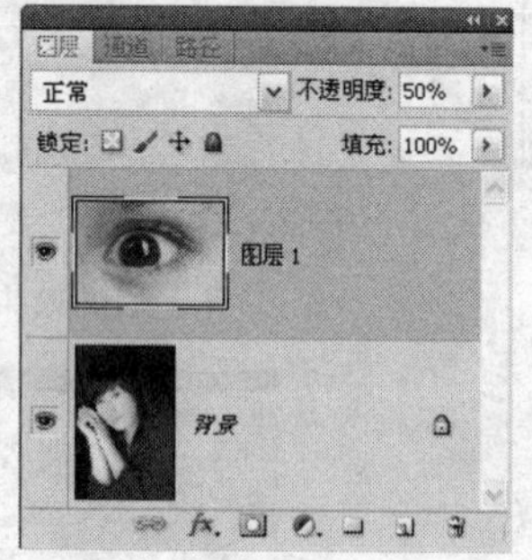

图 3.136 “图层”面板

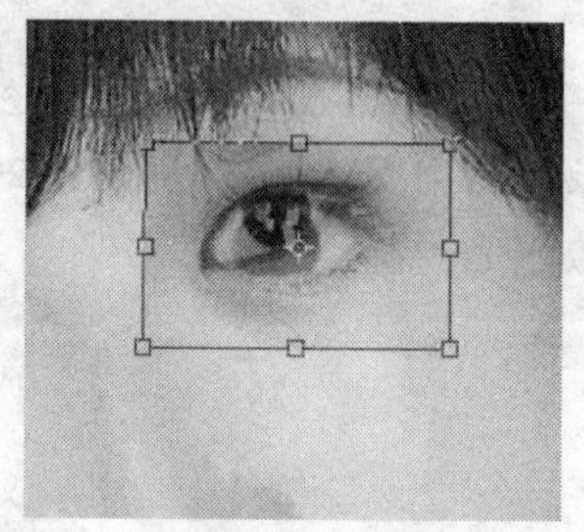

图 3.137 调整图像的大小

5. 将光标置于右上角的控制句柄附近，当呈↰状态时，逆时针旋转图像的角度（23.4 度），如图 3.138 所示。将光标置于控制框内精确调整图像的位置，如图 3.139 所示。按 Enter 键确认操作。

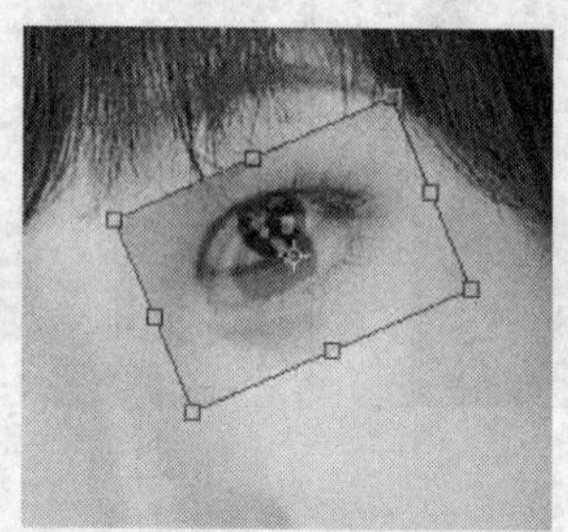

图 3.138 调整图像的角度

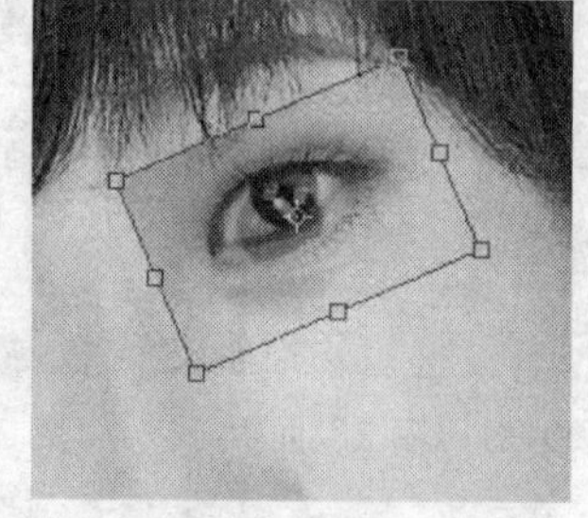

图 3.139 调整图像的位置

提示：下面利用图层蒙版的功能将眼睛以外的图像隐藏。

6. 恢复“图层 1”的不透明度为 100%，在“图层”面板底部单击“添加图层蒙版”按钮 为“图层 1”添加蒙版，在工具箱中设置前景色为黑色，如图 3.140 所示。选择“画笔工具”，并在其工具选项条中设置画笔为“柔角 27 像素”，如图 3.141 所示。

7. 应用设置好的画笔在眼睛以外的图像区域涂抹，以将涂抹区域隐藏，直至得到如图 3.142 所示的效果，此时蒙版中的状态如图 3.143 所示。“图层”面板如图 3.144 所示。

提示：至此，右眼的双眼皮效果已制作完成。下面制作左眼的双眼皮效果。

8. 将“图层 1”拖至“图层”面板底部“创建新图层”按钮 上得到“图层 1 副本”，在副本图层蒙版缩览图上单击右键，在弹出的菜单中选择“删除图层蒙版”命令，如图 3.145 所示。以将副本图层的蒙版删除。

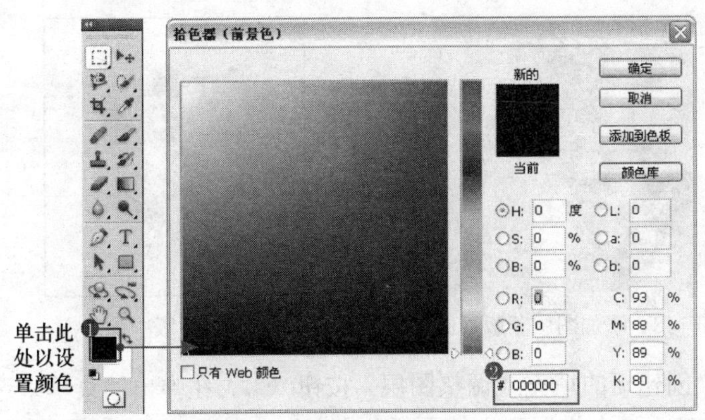

图 3.140　设置前景色

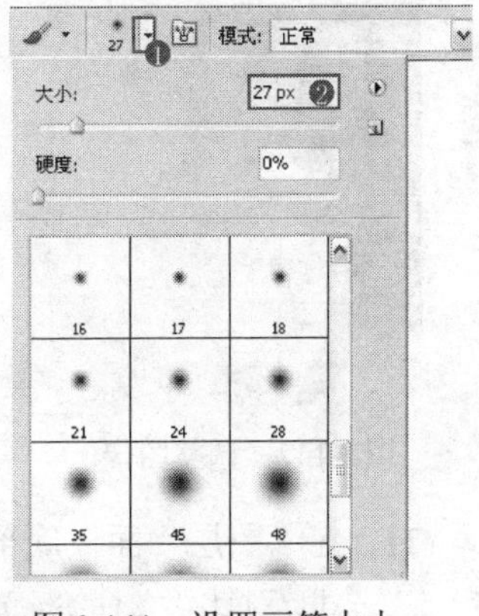

图 3.141　设置画笔大小

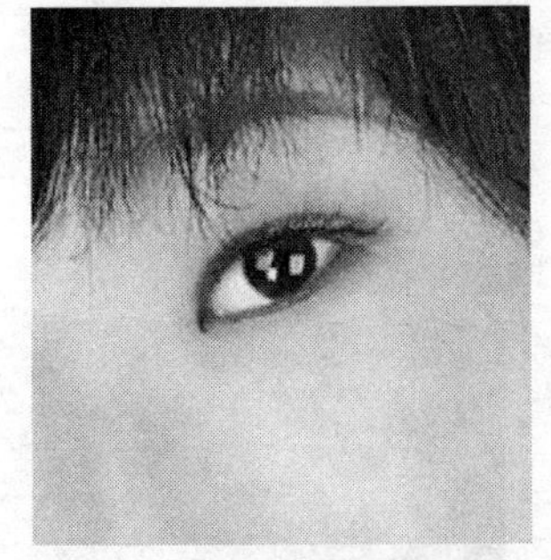

图 3.142　添加图层蒙版后的效果

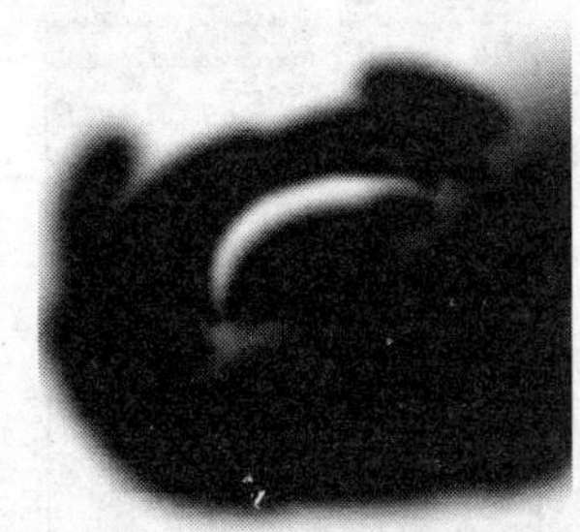

图 3.143　蒙版中的状态

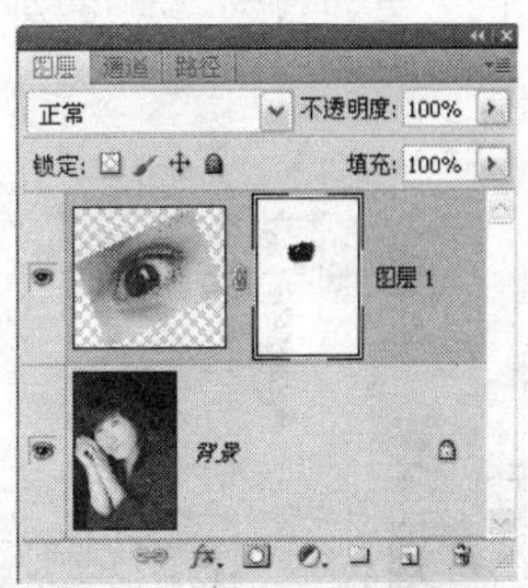

图 3.144　"图层"面板

9. 按 Ctrl+T 组合键调出自由变换控制框，在控制框内单击右键，在弹出的菜单中选择"水平翻转"命令，如图 3.146 所示。

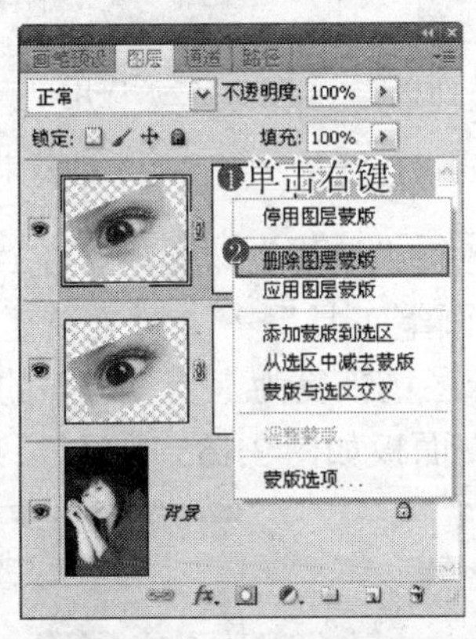

图 3.145　选择"删除图层蒙版"命令

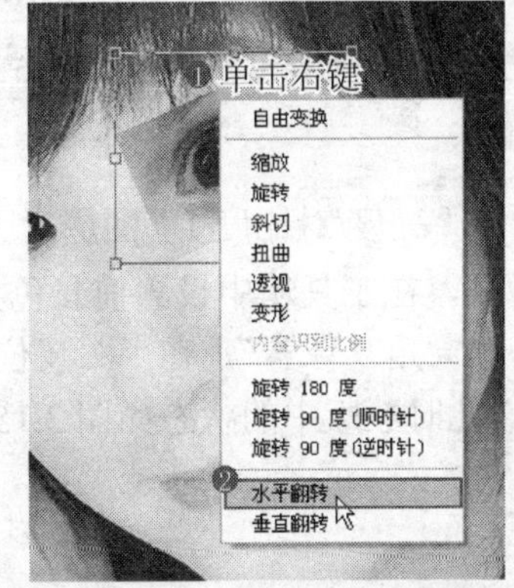

图 3.146　选择"水平翻转"命令

10. 保持控制框的状态，然后调整图像的大小、角度及位置（左眼处），按 Enter 键确认操作，得到的效果如图 3.147 所示。按照第 6～7 步的操作方法，为"图层 1 副本"添加蒙版，应用"画笔工具" 将眼睛以外的图像隐藏，得到的效果如图 3.148 所示。此时蒙版中的状态如图 3.149 所示。

提示：下面利用"亮度/对比度"调整图层以及编辑蒙版的功能，制作眼影效果。以增强眼部的立体感。

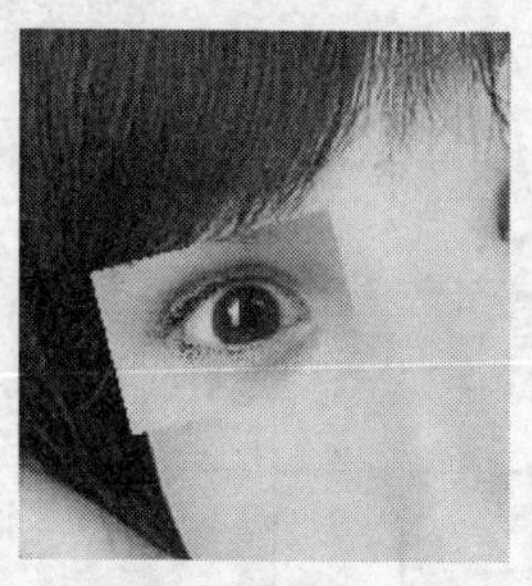

图 3.147 调整图像

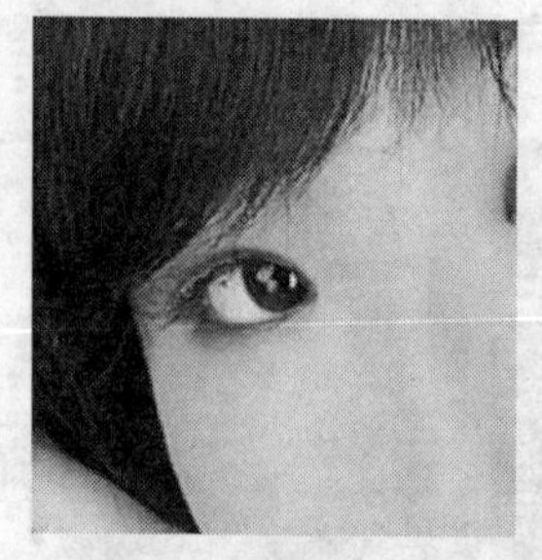

图 3.148 添加图层蒙版后的效果

图 3.149 蒙版中的状态

11．在“图层”面板底部单击“创建新的填充或调整图层”按钮 ，在弹出的菜单中选择 “亮度/对比度”命令，如图 3.150 所示。设置弹出的面板如图 3.151 所示，得到如图 3.152 所示的效果。得到“亮度/对比度 1”图层。

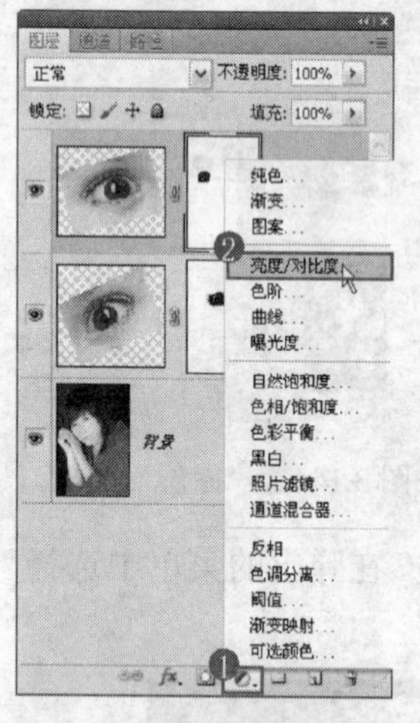

图 3.150 选择“亮度/对比度”命令

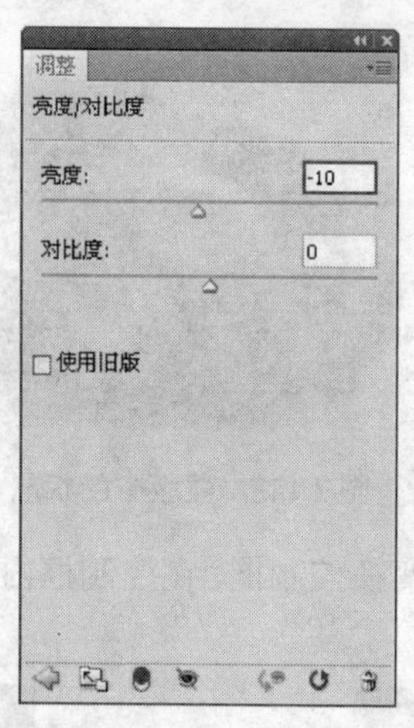

图 3.151 “亮度/对比度”面板

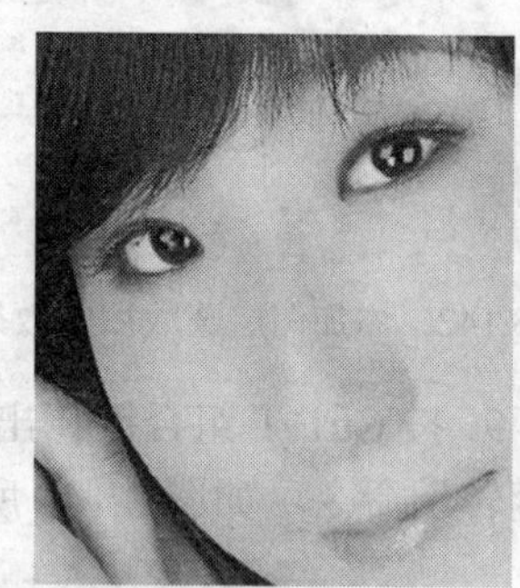

图 3.152 应用“亮度/对比度”后的效果

12．选中“亮度/对比度 1”图层蒙版，按 Ctrl+I 键执行“反相”操作，以将上一步调整的效果全部隐藏，在工具箱中设置前景色为白色，选择“画笔工具” ，并在其工具选项条中设置画笔为“柔角 9 像素”，在上眼皮位置涂抹，使涂抹区域恢复为上一步调整的效果，如图 3.153 所示。此时蒙版中的状态如图 3.154 所示。“图层”面板如图 3.155 所示。

图 3.153 最终效果

图 3.154 蒙版中的状态

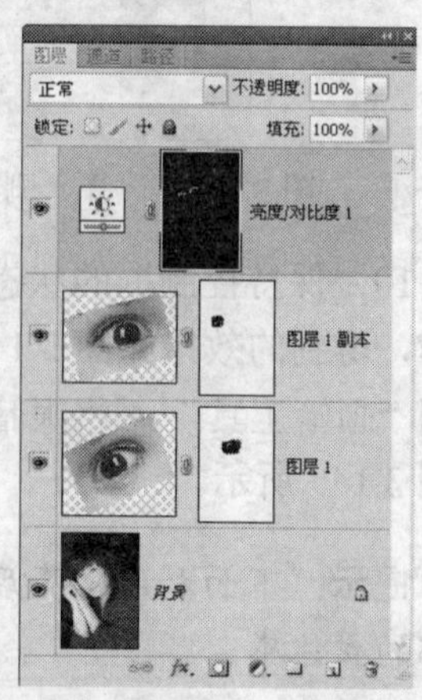

图 3.155 “图层”面板

3.12 改变嘴唇的颜色

本例主要讲解如可改变嘴唇的颜色。在制作的过程中，结合了“色相/饱和度”调整图层以及编辑蒙版的功能，通过以下操作方法为人物唇部上色，使人物看起来更漂亮。

1. 选择本书配套素材提供的“第 3 章\3.12-素材.jpg”，单击“打开”按钮退出对话框，将看到整个图片如图 3.156 所示。

2. 在“图层”面板底部单击“创建新的填充或调整图层”按钮 ，在弹出的菜单中选择“色相/饱和度”命令，如图 3.157 所示。得到“色相/饱和度 1”图层。

图 3.156 素材图像

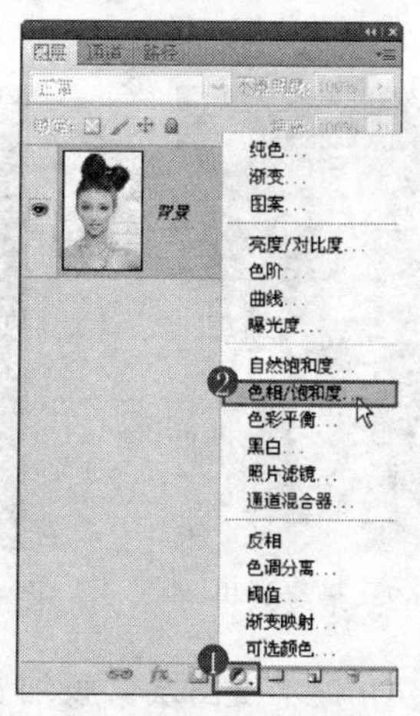

图 3.157 选择“色相/饱和度”命令

3. 设置弹出的“色相/饱和度”面板如图 3.158 所示，得到如图 3.159 所示的效果。

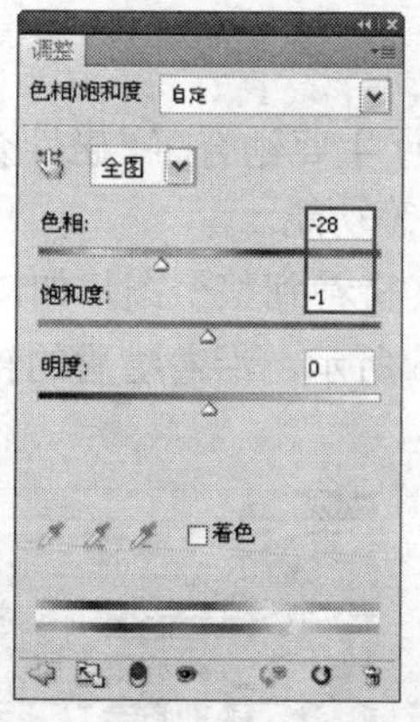

图 3.158 “色相/饱和度”面板

图 3.159 应用“色相/饱和度”命令后的效果

4. 选中“色相/饱和度 1”的图层蒙版缩览图，如图 3.160 所示。按 Ctrl+I 组合键执行“反相”操作，以将上一步调整的效果全部隐藏。在工具箱中设置前景色为白色，如图 3.161 所示。

5. 在工具箱中选择“画笔工具” ，设置其工具选项条如 模式: 正常 不透明度: 100% 所示，在人物嘴唇上进行涂抹，以显示嘴唇颜色，得到如图 3.162 所示的最终效果，图层蒙版中的状态如图 3.163 所示，“图层”面板如图 3.164 所示。

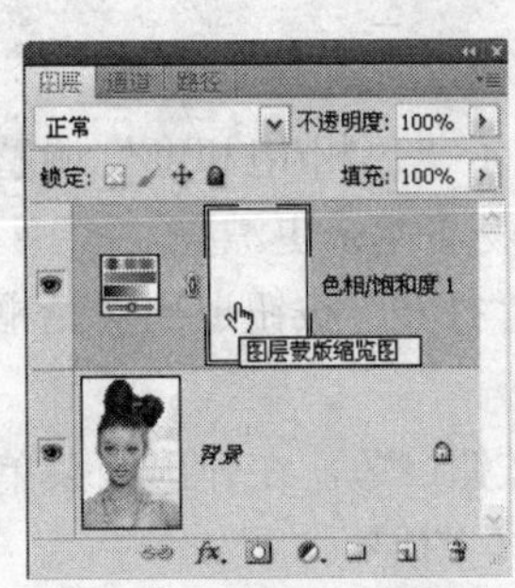

图 3.160 选择蒙版缩览图

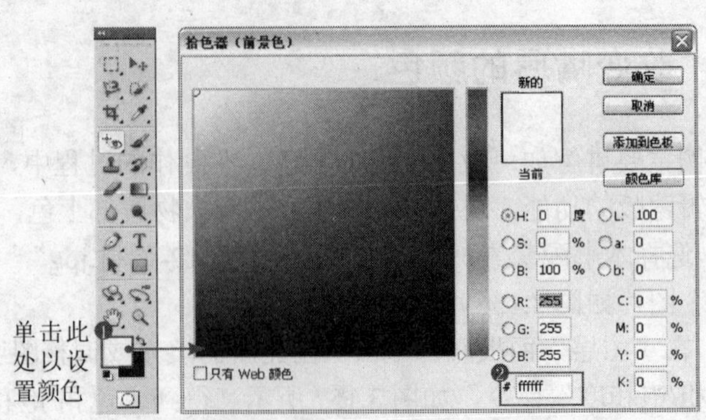

图 3.161 设置前景色

图 3.162 最终效果

图 3.163 图层蒙版中的状态

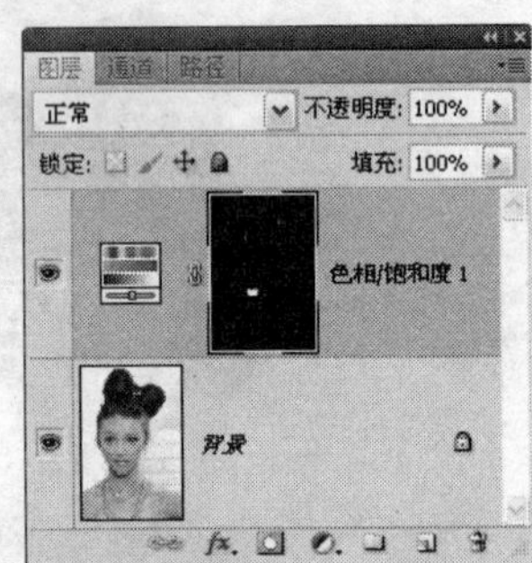

图 3.164 “图层”面板

提示：按 Alt 键单击图层蒙版缩览图即可调出蒙版状态，再次按 Alt 键单击图层蒙版缩览图即可返回到图像状态。

3.13 靓妆唇彩

本例主要讲解如何打造靓妆唇彩效果。在制作的过程中，主要结合了“磁性套索工具”、“阈值”命令、混合模式、“添加杂色”命令以及调整图层等功能。

1．打开本书配套素材提供的“第 3 章\3.13-素材.jpg”，将看到整个图片如图 3.165 所示。

2．在工具箱中选择“磁性套索工具”，如图 3.166 所示。沿着嘴唇的轮廓绘制选区，如图 3.167 所示。

图 3.165 素材图像

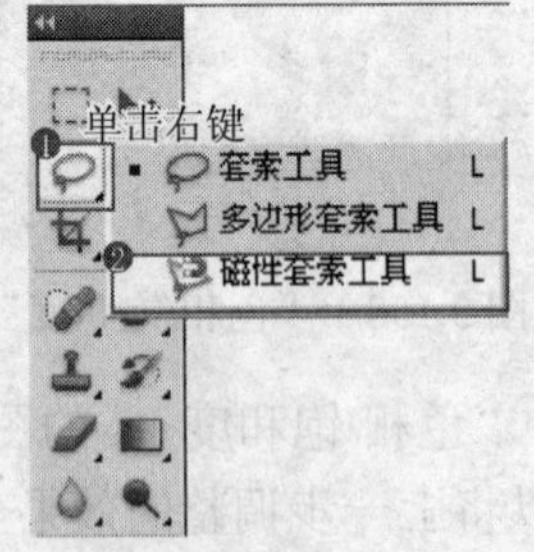

图 3.166 选择“磁性套索工具”

3．按 Ctrl+J 键复制选区中的内容，得到“图层 1”，此时“图层”面板如图 3.138 所示。

4．选择“图像”|“调整”|“阈值”命令，如图 3.169 所示。设置弹出的对话框如图 3.170 所示，单击“确定”按钮退出对话框，得到的效果如图 3.171 所示。

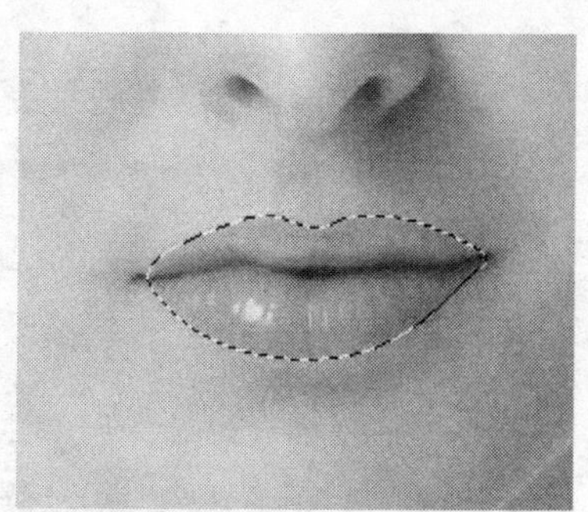

图 3.167　绘制选区

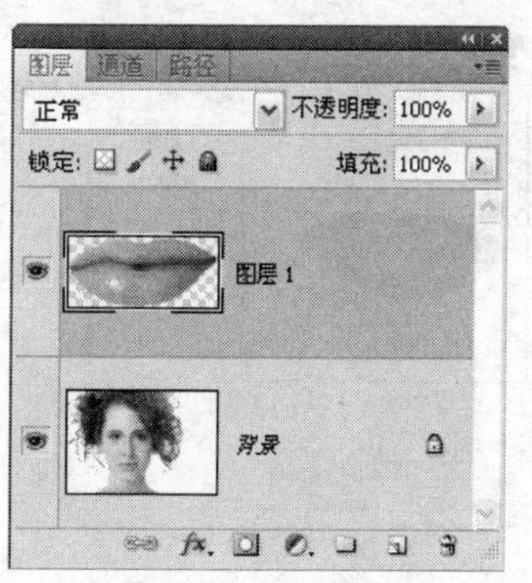

图 3.168　“图层”面板

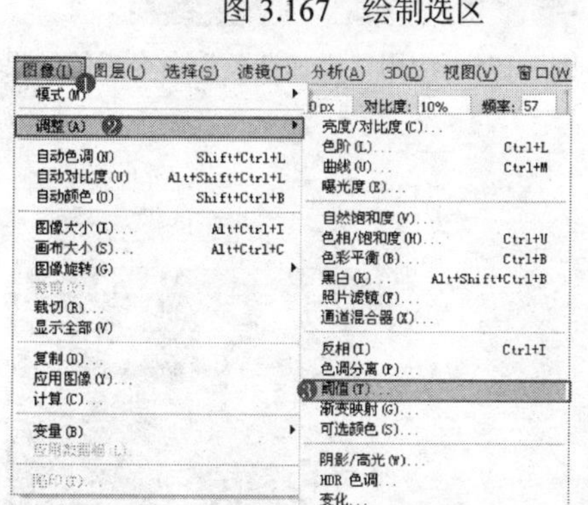

图 3.169　选择“阈值”命令

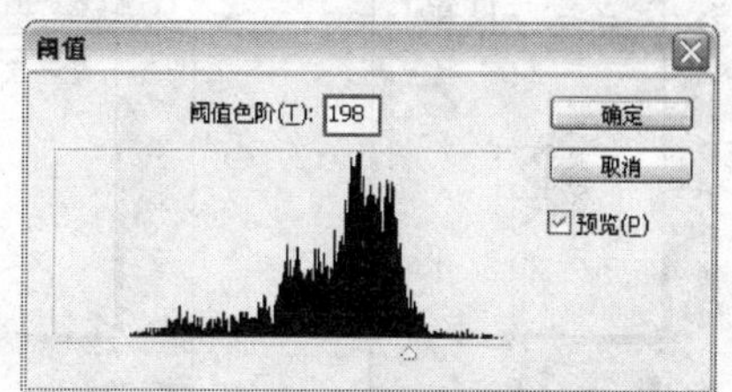

图 3.170　“阈值”对话框

5．在“图层”面板顶部设置“图层 1”的混合模式为“线性减淡（添加）”，以混合图像，得到的效果如图 3.172 所示，此时的“图层”面板如图 3.173 所示。

图 3.171　应用“阈值”命令后的效果

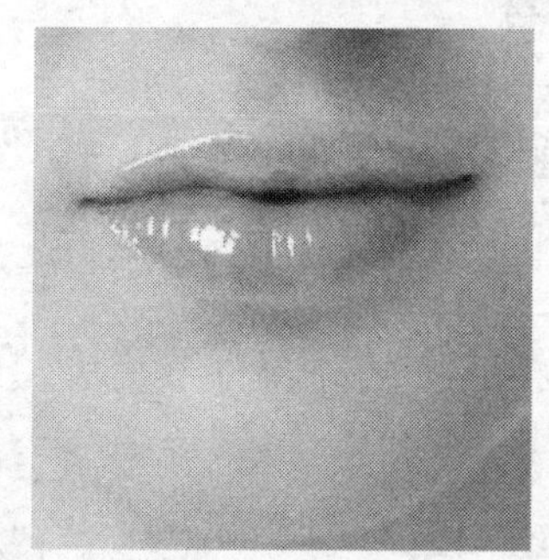

图 3.172　设置混合模式后的效果

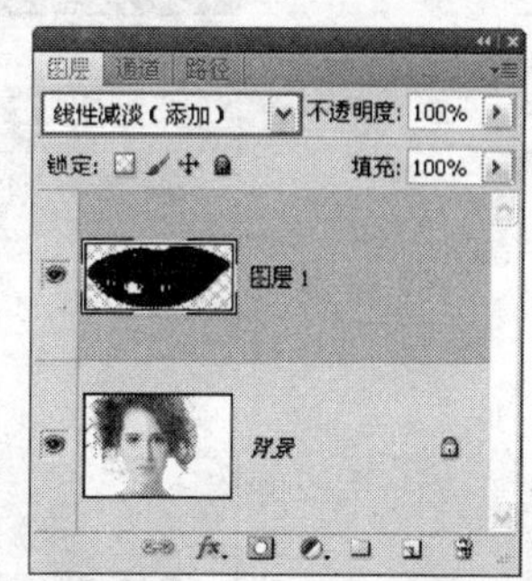

图 3.173　“图层”面板

6．选择“滤镜”|“杂色”|“添加杂色”命令，设置弹出的对话框如图 3.174 所示，单击“确定”按钮退出对话框，得到如图 3.175 所示的效果。

7．润色。按 Ctrl 键单击“图层 1”图层缩览图以载入其选区，在“图层”面板底部单击“创建新的填充或调整图层”按钮 ，在弹出的菜单中选择“曲线”命令，得到“曲线 1”图层，设置弹出的面板如图 3.176 和图 3.177 所示，得到如图 3.178 所示的效果。

8．增强对比度。再次按 Ctrl 键单击“图层 1”图层缩览图以载入其选区，在“图层”面板底部单击“创建新的填充或调整图层”按钮 ，在弹出的菜单中选择“亮度/对比度”命令，得到“亮度/对比度 1”图层，设置弹出的面板如图 3.179 所示，得到如图 3.180 所示的效果。

9．至此，完成本例的操作，最终整体效果如图 3.181 所示，“图层”面板如图 3.182 所示。

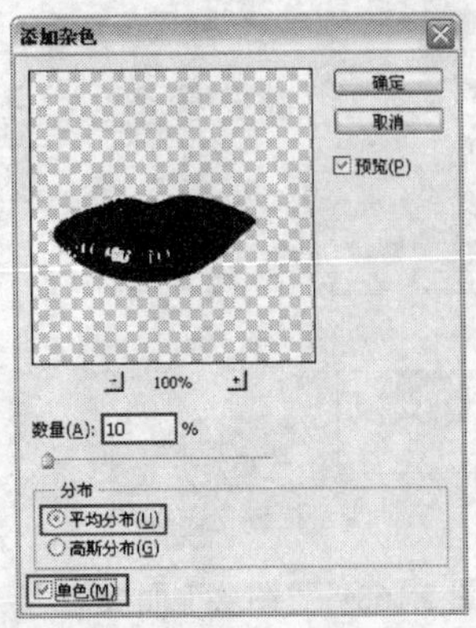

图 3.174 “添加杂色”对话框

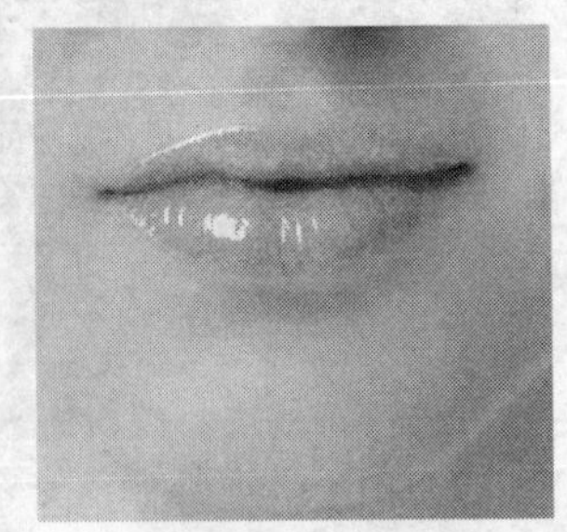

图 3.175 应用“添加杂色”命令后的效果

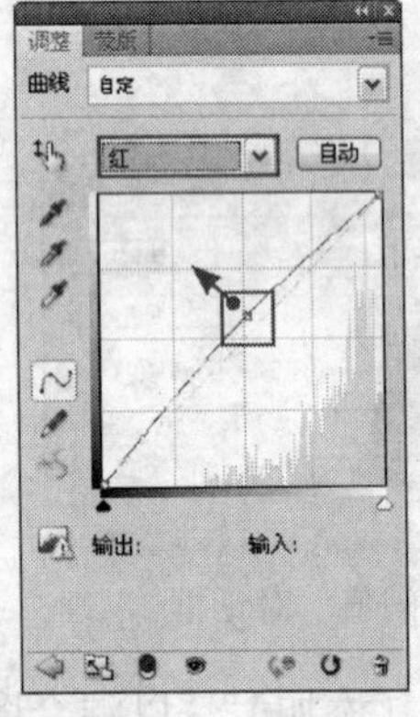

图 3.176 “红”面板

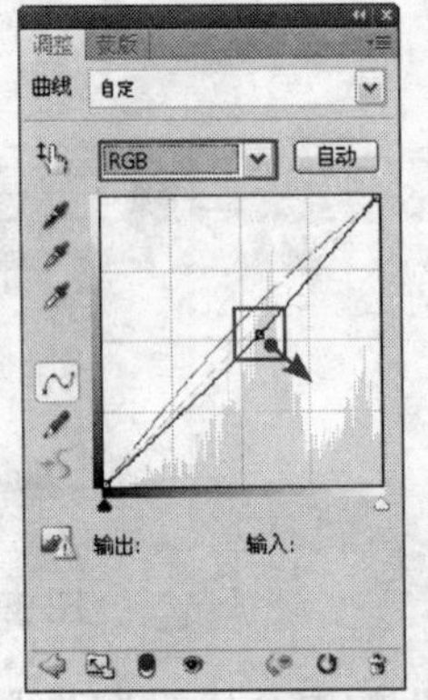

图 3.177 “RGB”面板

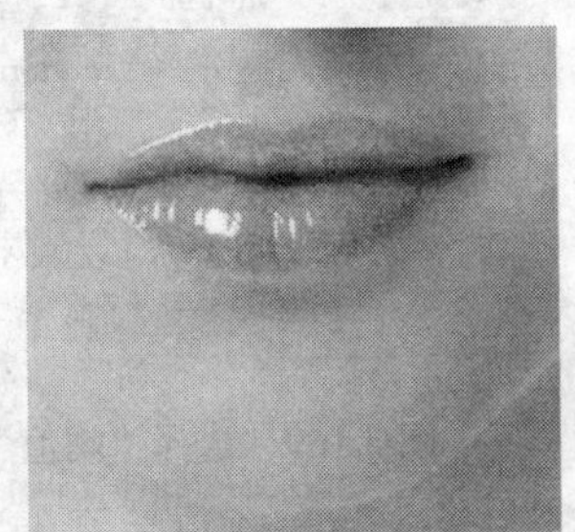

图 3.178 应用“曲线”命令后的效果

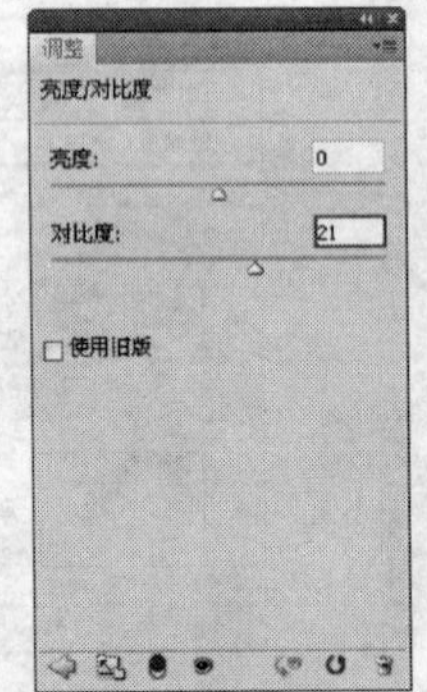

图 3.179 “亮度/对比度”面板

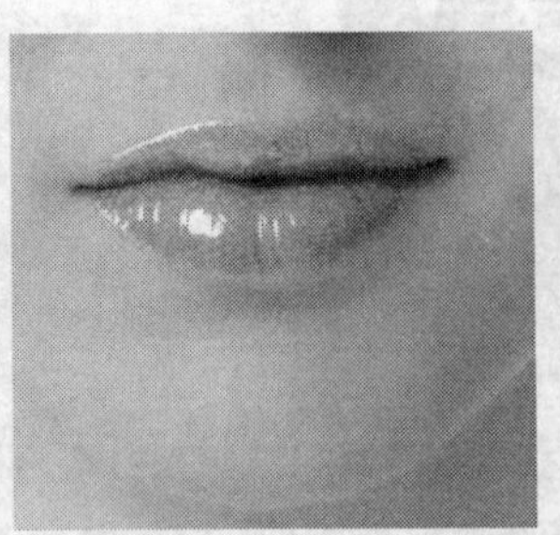

图 3.180 应用“亮度/对比度”命令后的效果

图 3.181 最终效果

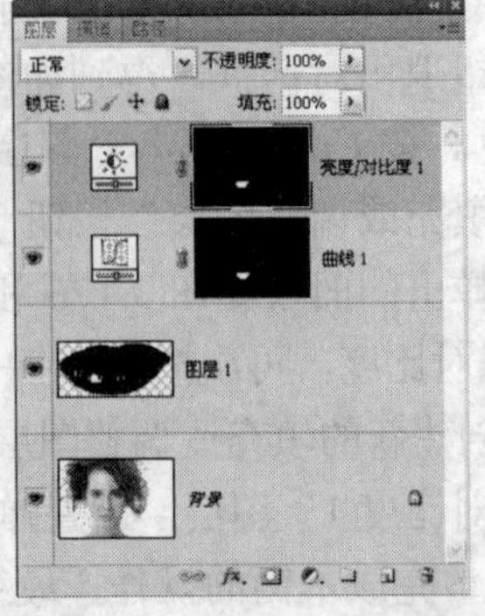

图 3.182 “图层”面板

3.14 浓色唇彩

本例主要讲解如何制作浓色唇彩效果。在制作的过程中，主要结合了路径、“色相/饱和度”调整图层以及滤镜等功能。

1．打开本书配套素材提供的“第 3 章\3.14-素材.jpg”，将看到整个图片如图 3.183 所示。

2．在工具箱中选择“钢笔工具”，并在其工具选项条中选择“路径”按钮，沿着人物的唇部绘制如图 3.184 所示的路径。

3．在“图层”面板底部单击“创建新的填充或调整图层”按钮，在弹出的菜单中选择“色相/饱和度”命令，如图 3.185 所示。设置弹出的面板如图 3.186 所示，得到如图 3.187 所示的效果。同时得到“色相/饱和度 1”图层。

图 3.183 素材图像

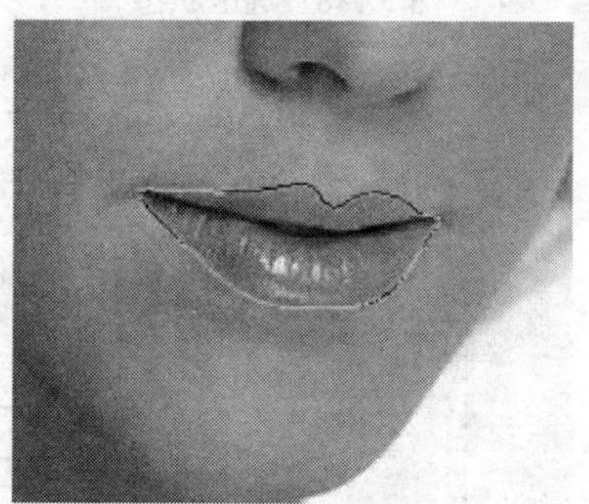

图 3.184 绘制路径

图 3.185 选择“色相/饱和度”命令

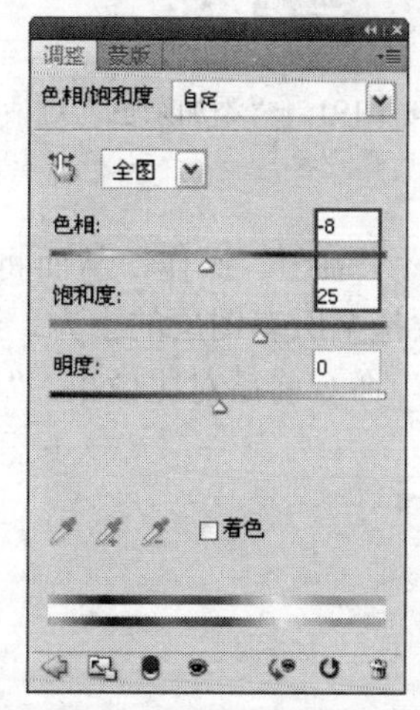

图 3.186 “色相/饱和度”面板

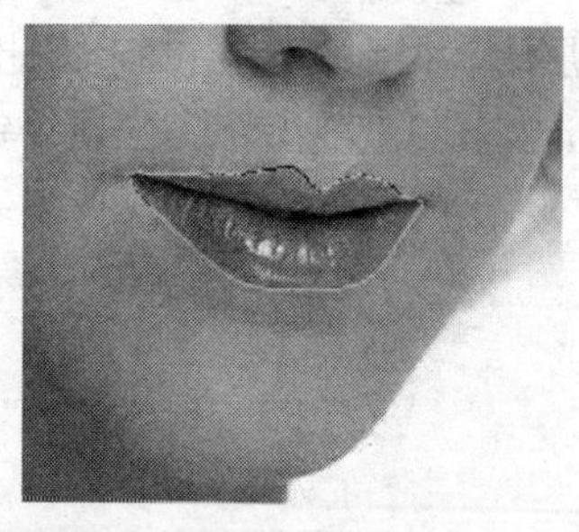

图 3.187 应用“色相/饱和度”命令后的效果

4．选择“背景”图层作为当前的工作层，按 Ctrl 键单击“色相/饱和度 1”矢量蒙版缩览图以载入其选区，如图 3.188 所示。按 Ctrl+J 键复制选区中的内容得到“图层 1”。此时“图层”面板如图 3.189 所示。

5．选择“滤镜”|“杂色”|“添加杂色”命令，如图 3.190 所示。设置弹出的对话框如图 3.191 所示，单击“确定”按钮退出对话框，得到的效果如图 3.192 所示。

提示：下面利用“锐化”命令显示出更多的图像细节。

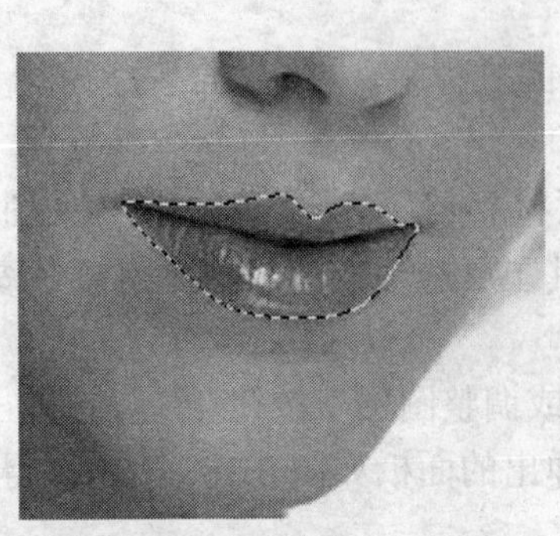

图 3.188 选区状态

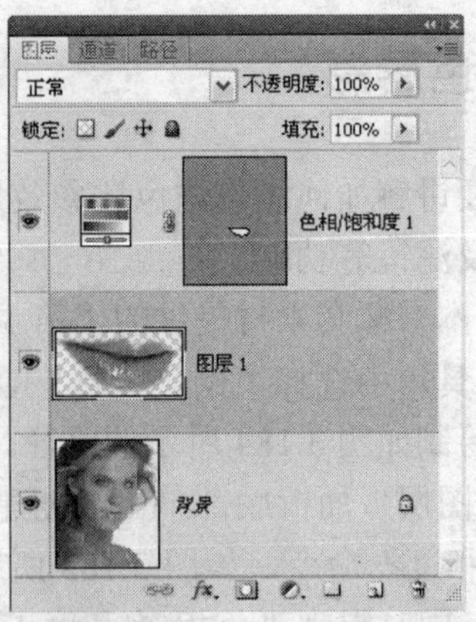

图 3.189 “图层”面板

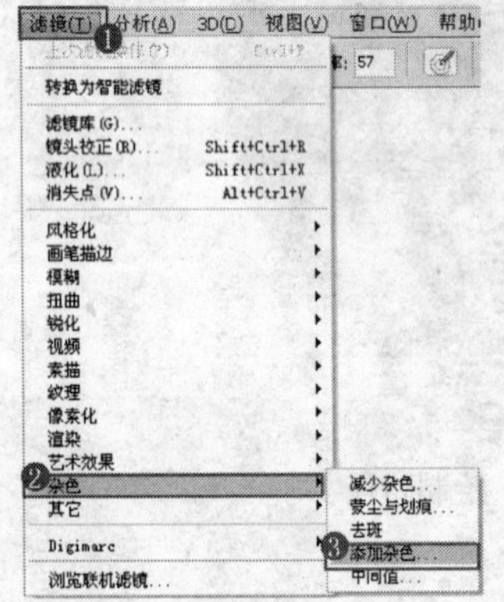

图 3.190 选择“添加杂色”命令

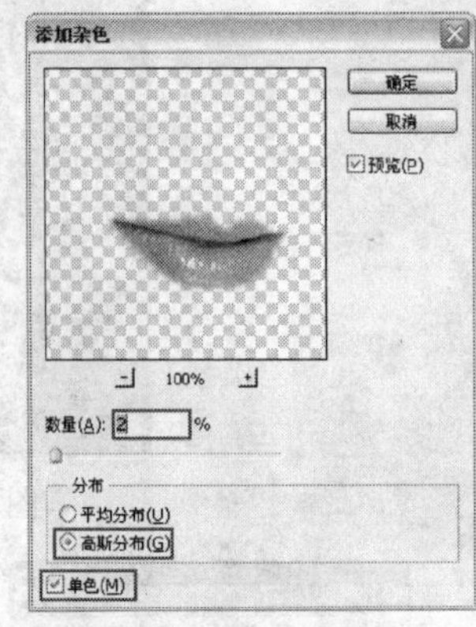

图 3.191 “添加杂色”对话框

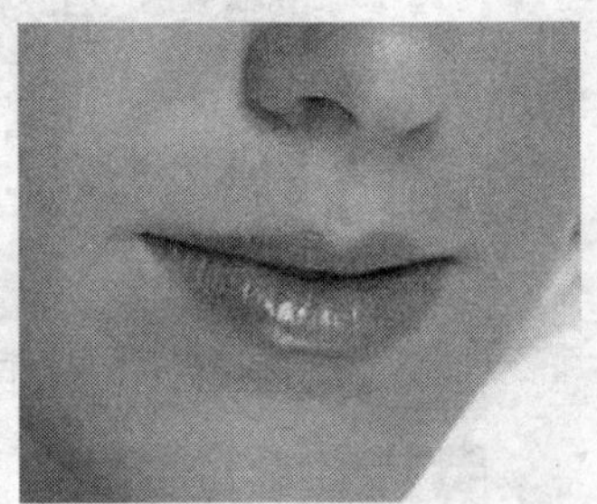

图 3.192 应用“添加杂色”命令后的效果

6．按 Ctrl+Alt+Shift+E 键执行“盖印”操作，从而将当前所有可见的图像合并至一个新图层中，得到“图层 2”。将此图层拖至所有图层的上方，选择“滤镜”|“锐化”|“锐化”命令，如图 3.193 所示为应用“锐化”命令前后对比效果。“图层”面板如图 3.194 所示。

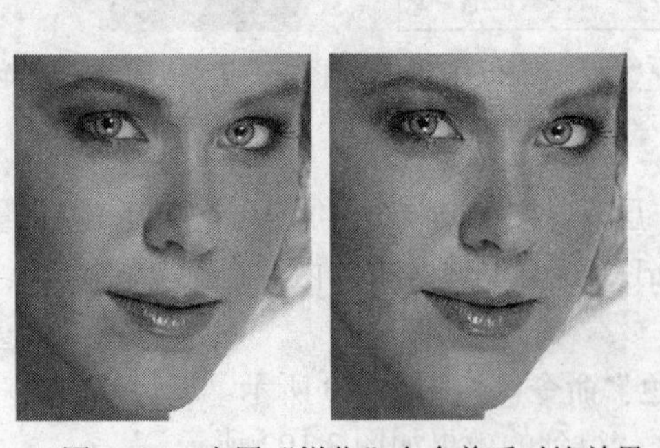

图 3.193 应用“锐化”命令前后对比效果

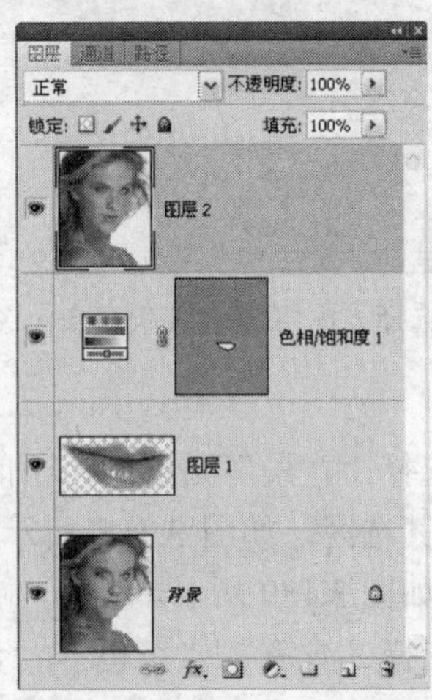

图 3.194 “图层”面板

3.15 性感唇形修饰

本例主要讲解如何修饰性感的唇形。在制作的过程中，主要结合了变换、图层蒙版、“修复画笔工具”、路径以及描边路径等功能。

1．打开本书配套素材提供的“第 3 章\3.15-素材.psd”，将看到整个图片如图 3.195 所示。对应的“图层”面板如图 3.196 所示。

提示：素材中关于唇部的抠选方法请参见本章第 3.13 节“靓妆唇彩”中的第 1~3 步。

图 3.195 素材图像

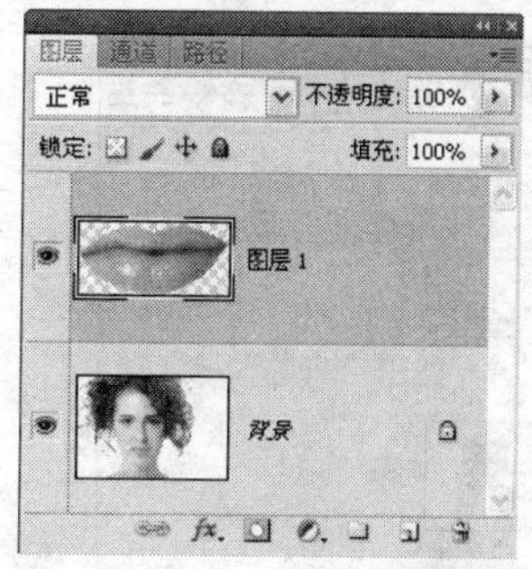

图 3.196 “图层”面板

2．在“图层 1”图层名称上单击右键，在弹出的菜单中选择“转换为智能对象”命令，如图 3.197 所示。从而将此图层转换为智能对象图层。

提示：转换为智能对象图层的目的是，在后面将对“图层 1”图层中的图像进行变换操作，在 100%范围内不会使图像的质量受到影响，且还可以记录下变换参数。

3．按 Ctrl+T 键调出自由变换控制框，按方向键“→”和“↑”各一次，将光标置于右上角控制句柄附近当呈旋转状态时，如图 3.198 所示，顺时针旋转 1.5 度，如图 3.199 所示。

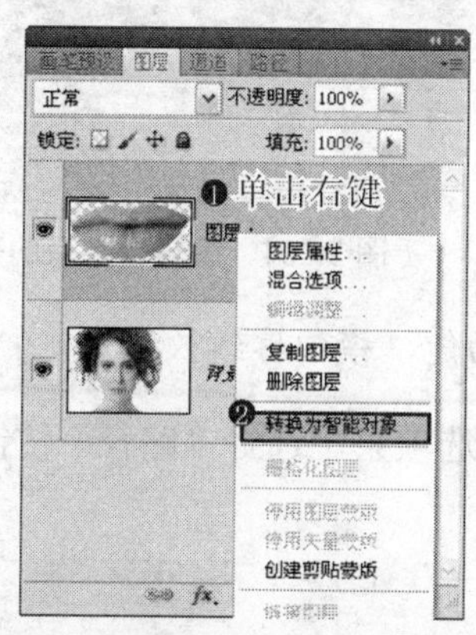

图 3.197 选择“转换为智能对象”命令

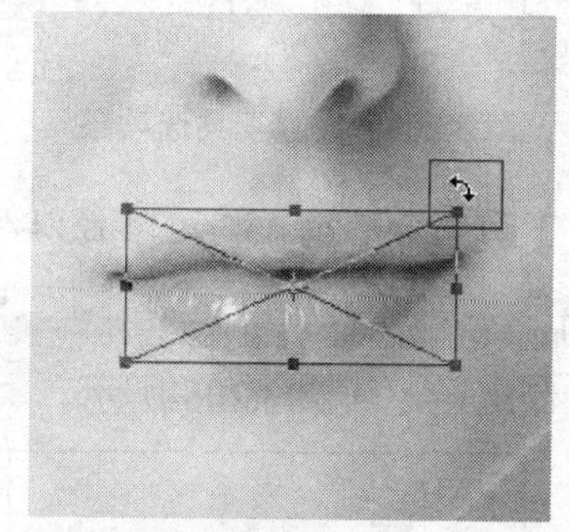

图 3.198 光标状态

4．按 Enter 键确认操作。此时图像状态如图 3.200 所示。

5．在“图层”面板底部单击“添加图层蒙版”按钮，为“图层 1”添加蒙版，此时“图层”面板如图 3.201 所示。在工具箱中设置前景色为黑色，如图 3.202 所示。

6．在工具箱中选择“画笔工具”，设置其工具选项条如图 3.203 所示。然后在两边嘴角处涂抹，与原唇形相吻合，如图 3.204 所示。此时蒙版中的状态如图 3.205 所示。

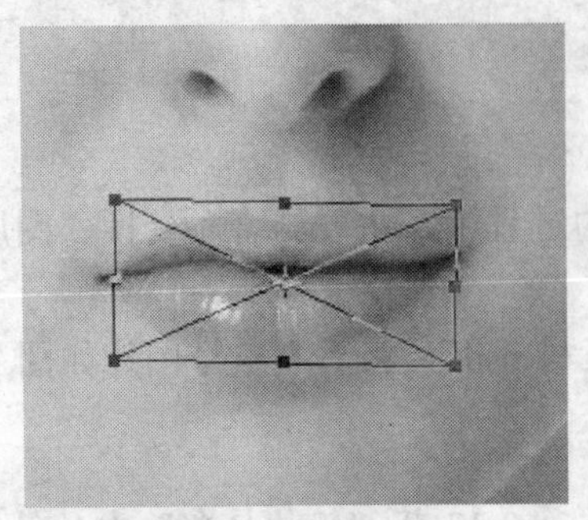
图 3.199　旋转角度

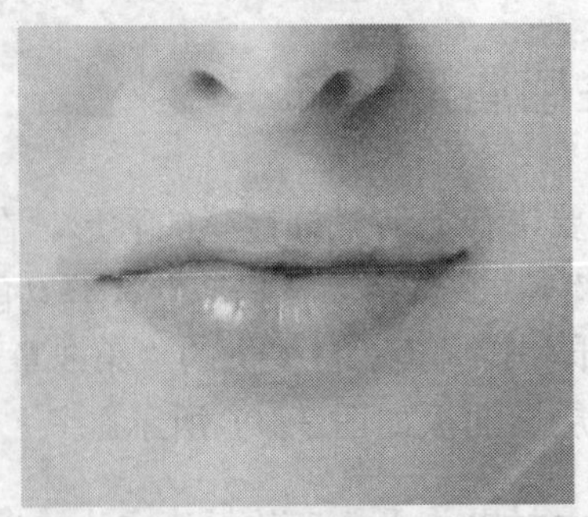
图 3.200　变换后的图像状态

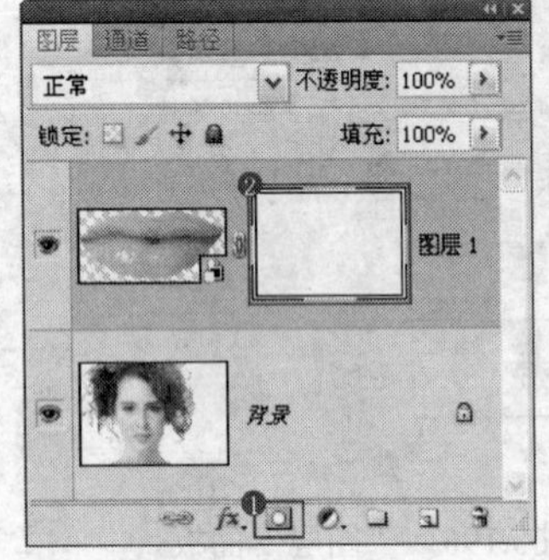

图 3.201　“图层”面板

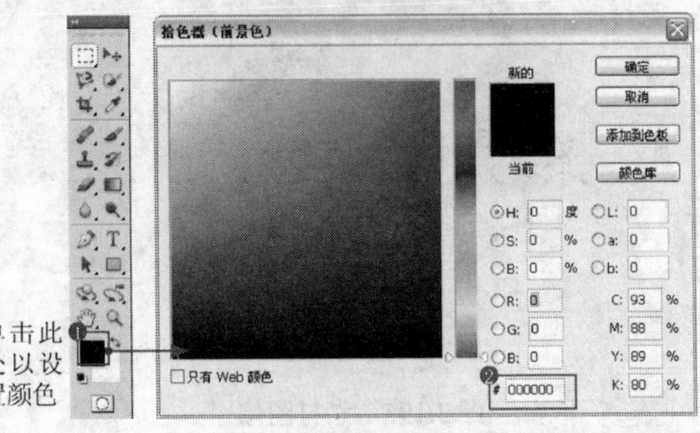

图 3.202　设置前景色

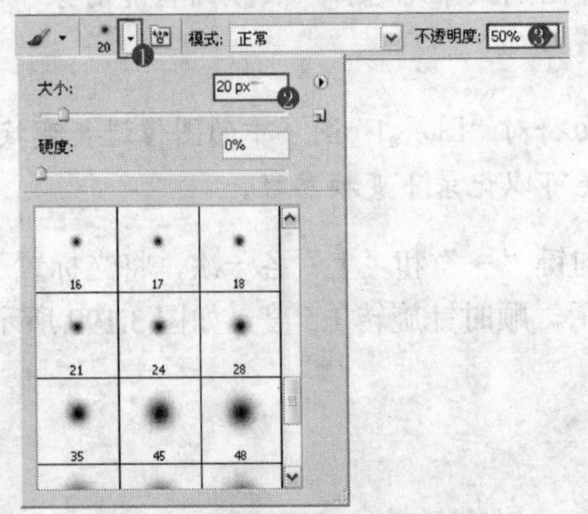

图 3.203　设置工具选项条

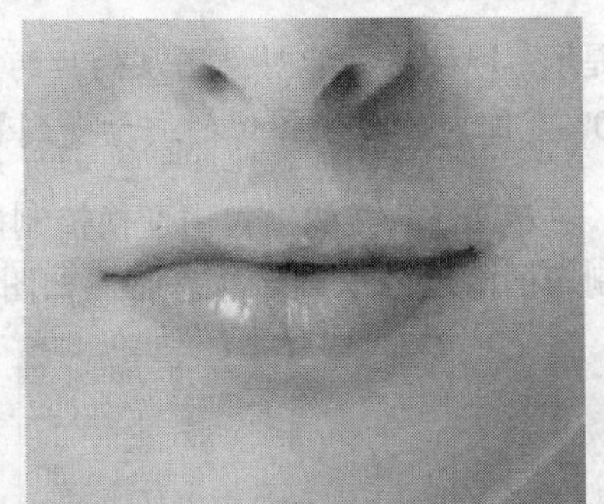
图 3.204　编辑蒙版后的效果

提示：下面结合路径、描边路径以及图层蒙版等功能，模拟唇线效果。

7. 在工具箱中选择“钢笔工具”，并在其工具选项条中选择“路径”按钮，沿上嘴唇的轮廓绘制路径，如图 3.206 所示。

图 3.205　蒙版中的状态

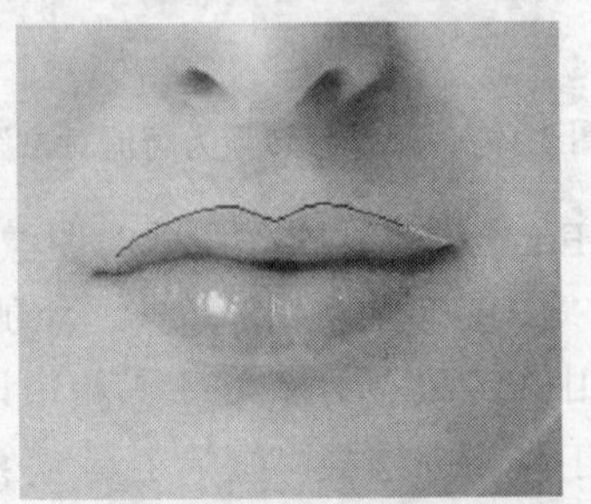
图 3.206　绘制路径

8．在“图层”面板底部单击“创建新图层”按钮 ，得到“图层 2”。设置前景色为白色，选择“画笔工具” ，并在其工具选项条中设置画笔为“尖角 1 像素”，不透明度为 100%。

9．切换至“路径”面板，按 Alt 键单击“用画笔描边路径”按钮 。在弹出的“描边路径”对话框中将“模拟压力”复选框选中，如图 3.207 所示，单击“确定”按钮退出对话框，在“路径”面板的空白区域单击，隐藏路径后的效果如图 3.208 所示。

图 3.207 “描边路径”对话框

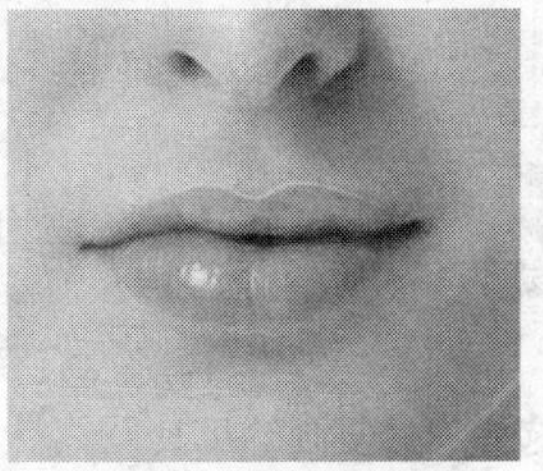

图 3.208 描边后的效果

提示：选中“模拟压力”选项的目的就在于，让描边路径后得到的线条图像具有两端细中间粗的效果。但需要注意的是，此时必须在“画笔”面板的“形状动态”区域中，设置“大小抖动”下方“控制”下拉菜单中的选项为“钢笔压力”，否则将无法得到这样的效果。

10．在“图层”面板顶部设置“图层 2”的不透明度为 50%，以降低图像的透明度，得到的效果如图 3.209 所示。“图层”面板如图 3.210 所示。

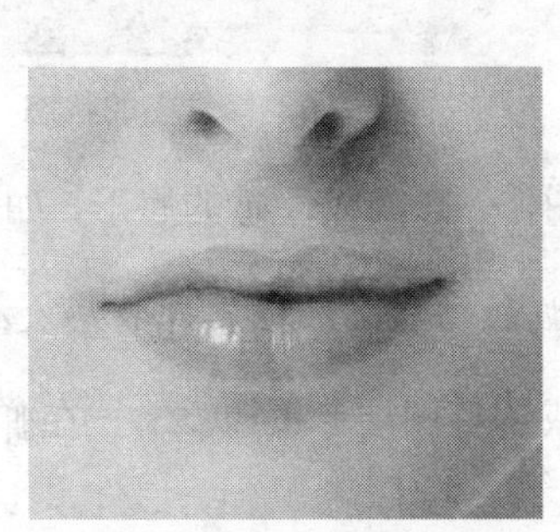

图 3.209 设置不透明度后的效果

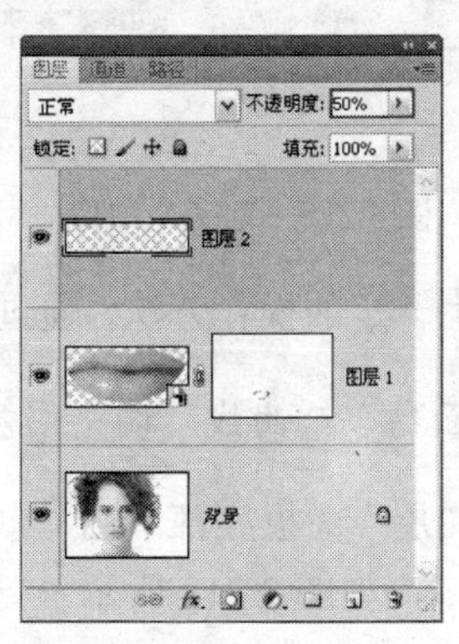

图 3.210 “图层”面板

11．按照第 5～6 步的操作方法，为“图层 2”添加蒙版，应用“画笔工具” 在蒙版中进行涂抹，使唇线的效果更加自然，如图 3.211 所示，对应蒙版中的状态如图 3.212 所示。

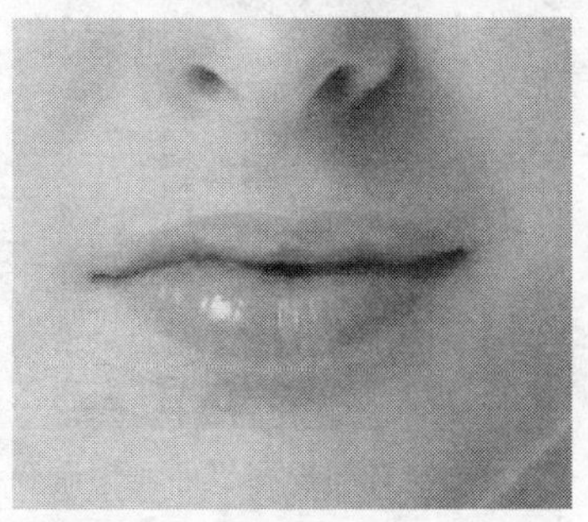

图 3.211 添加图层蒙版后的效果

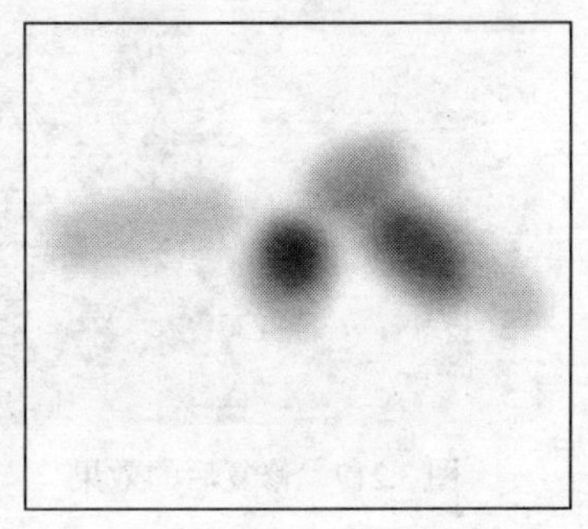

图 3.212 蒙版中的状态

提示：下面利用“修复画笔工具”修复嘴唇，使嘴唇具有光泽感。

12．在“图层”面板底部单击“创建新图层”按钮，得到“图层 3”。在工具箱中选择“修复画笔工具”，如图 3.213 所示。设置其工具选项条如图 3.214 所示。

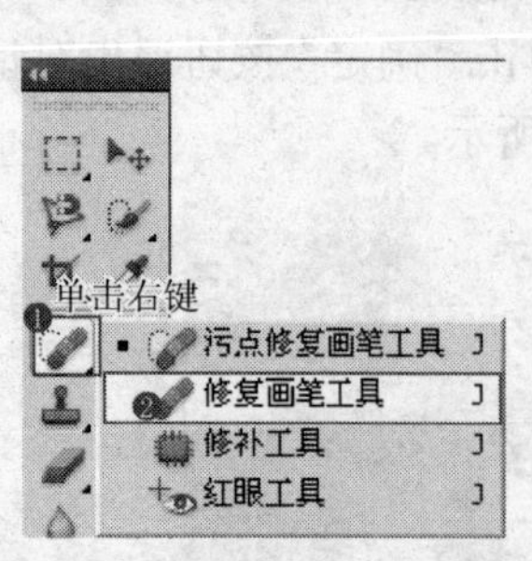

图 3.213 选择“修复画笔工具”

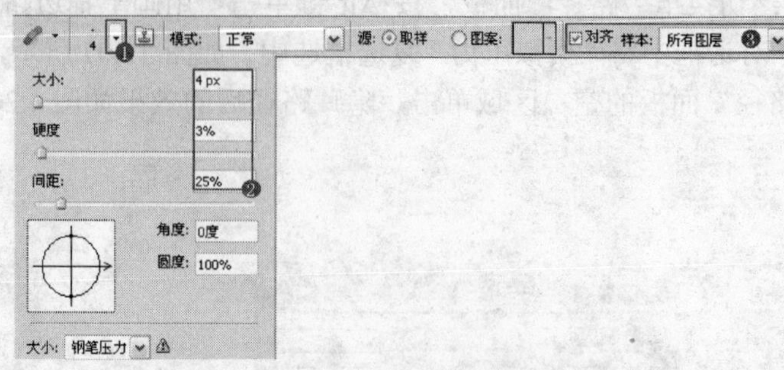

图 3.214 设置工具选项条

13．将光标置于唇部白皮上方光泽的位置，按 Alt 键单击以定义源图像，如图 3.215 所示。释放 Alt 键，在白皮区域涂抹，以将白皮修复，如图 3.216 所示。

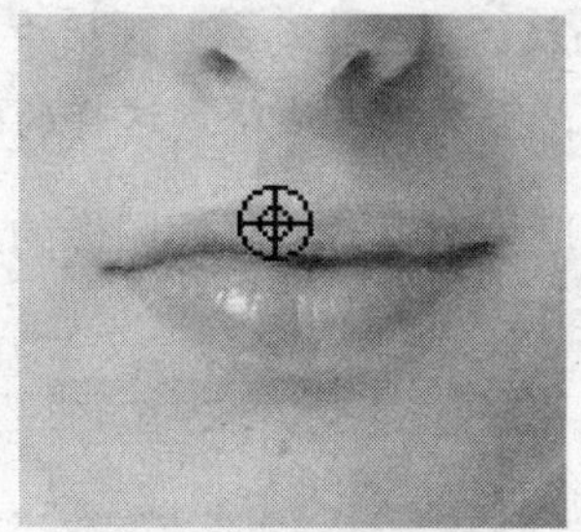

图 3.215 定义源图像

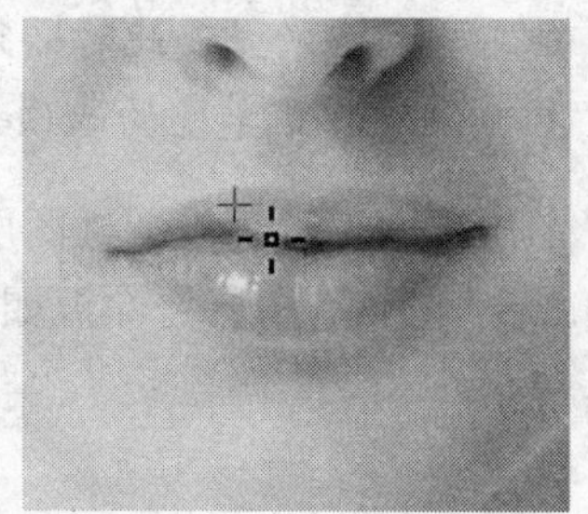

图 3.216 修复中的状态

14．按照上一步的操作方法，通过多次定义源图像，修饰成性感的唇形，如图 3.217 所示。

提示：下面结合“曲线”调整图层以及编辑蒙版的功能，加强唇部的层次感。

15．在“图层”面板底部单击“创建新的填充或调整图层”按钮，在弹出的菜单中选择“曲线”命令，如图 3.218 所示。同时得到“曲线 1”图层。

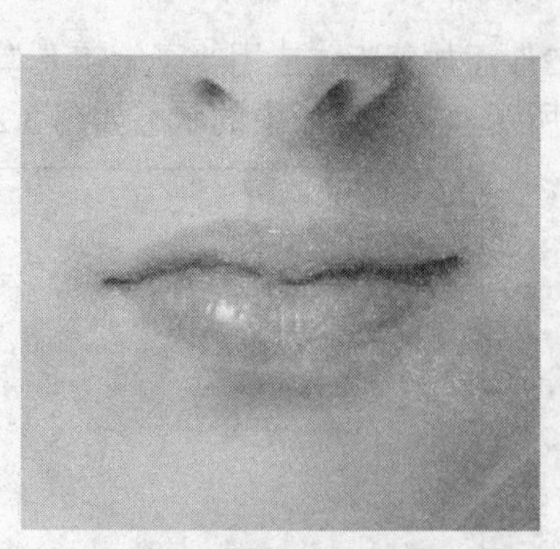

图 3.217 修复后的效果

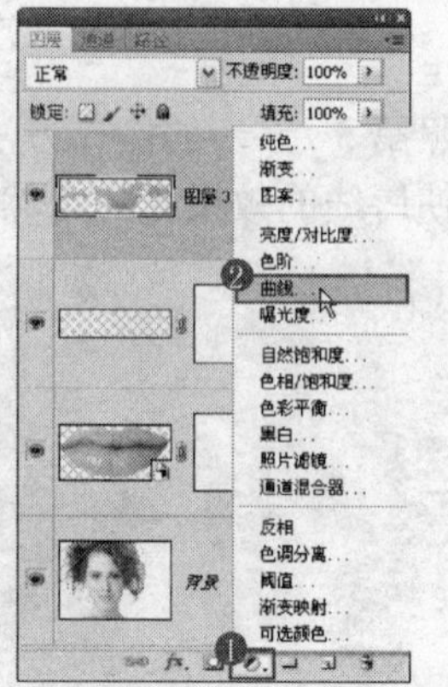

图 3.218 选择“曲线”命令

16．设置弹出的“曲线”面板如图 3.219 所示，得到如图 3.220 所示的效果。

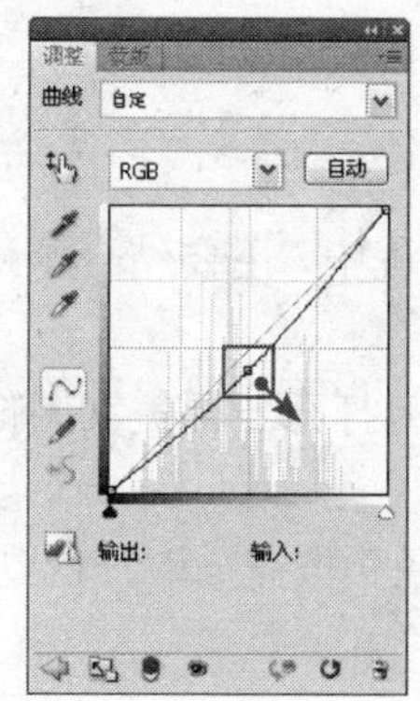

图 3.219　“曲线”面板

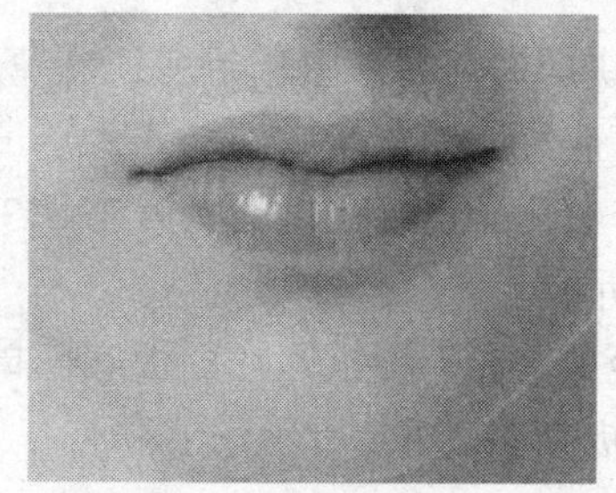

图 3.220　应用“曲线”命令后的效果

17. 确认选中的是“曲线 1”图层蒙版缩览图，如图 3.221 所示。按 Ctrl+I 键执行“反相”操作，以将上一步调整的效果全部隐藏，然后设置前景色为白色，选择“画笔工具”，并在其工具选项条中设置画笔为“柔角 10 像素”，不透明度为 70%，在唇部的阴影区域涂抹，得到的效果如图 3.222 所示，此时蒙版中的状态如图 3.223 所示。

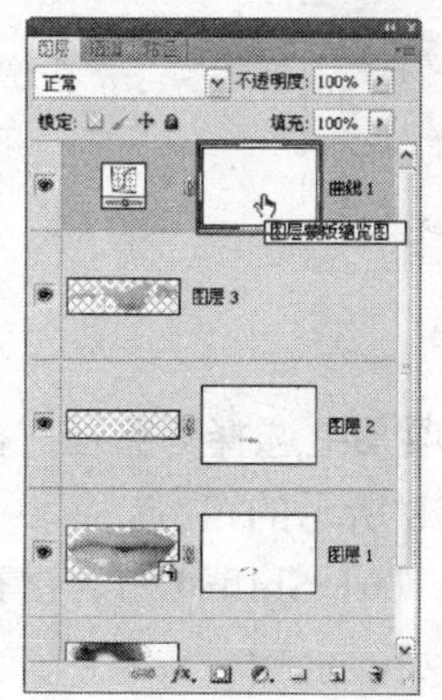

图 3.221　选择蒙版缩览图

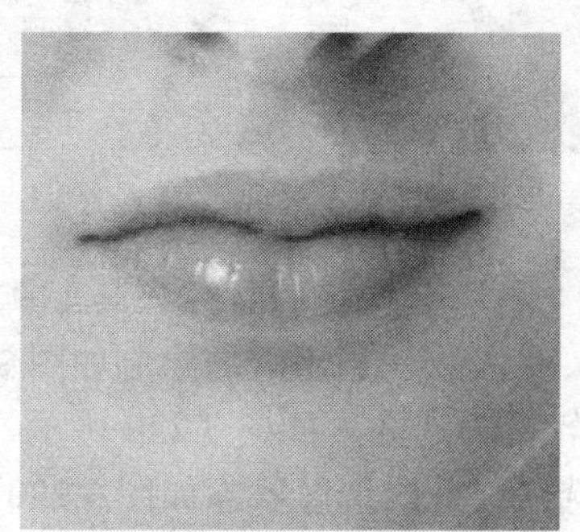

图 3.222　编辑蒙版后的效果

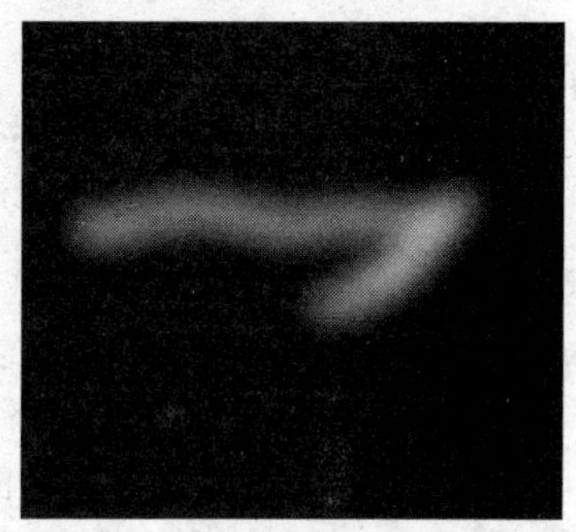

图 3.223　蒙版中的状态

18. 至此，完成本例的操作，最终整体效果如图 3.224 所示，“图层”面板如图 3.225 所示。

图 3.224　最终效果

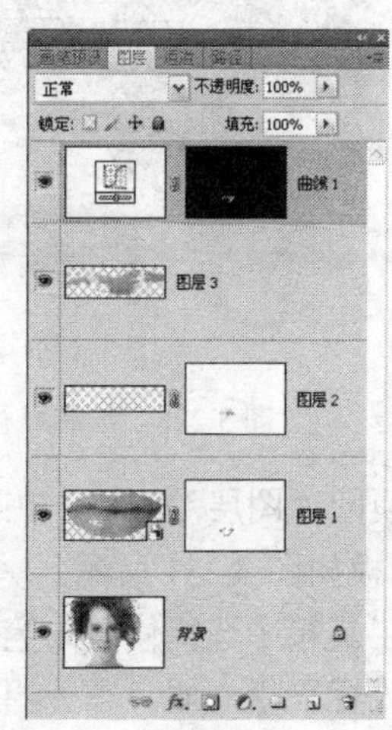

图 3.225　“图层”面板

3.16 浓密眉毛变柳叶弯眉

本例主要讲解如何将浓密眉毛变柳叶弯眉。在制作的过程中，主要结合了选区、修复画笔工具以及“曲线”调整图层等功能。

1．打开本书配套素材提供的“第3章\3.16-素材.jpg”，将打开一幅美女图像，其中面部特写如图3.226所示。

2．切换至“路径”面板，在面板底部单击“创建新路径”按钮，得到“路径1”，此时“路径”面板如图3.227所示。

图3.226 面部特写

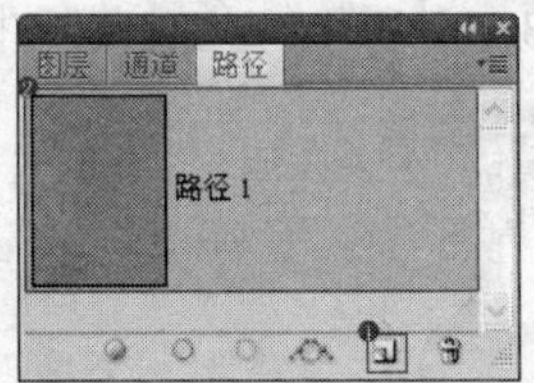

图3.227 “路径”面板

3．确定眉型。在工具箱中选择“钢笔工具”，并在其工具选项条中选择“路径”按钮，以及“添加到路径区域”按钮，在人物的眉毛区域绘制如图3.228所示的路径。

4．按Ctrl+Enter组合键将路径转换为选区，如图3.229所示。按Ctrl+Shift+I组合键执行“反向”操作，以反向选择当前的选区，此时选区状态如图3.230所示。

提示：本步执行“反向”命令的目的是，为了避免后面利用“修复画笔工具”修除多余眉毛时，不会将已定型好的眉毛修除。

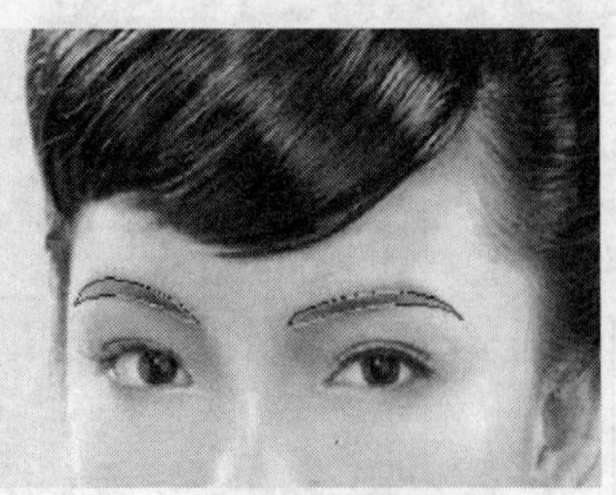

图3.228 绘制路径

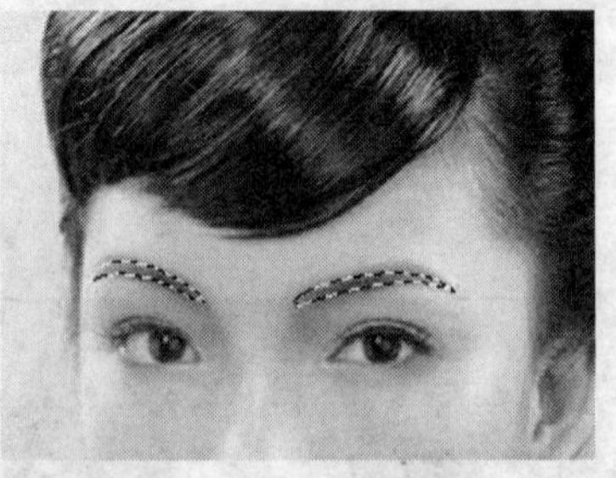

图3.229 绘制路径

5．切换回“图层”面板，在面板底部单击“创建新图层”按钮得到“图层1”，此时“图层”面板如图3.231所示。

6．在工具箱中选择修复画笔工具，如图3.232所示。设置其工具选项条如图3.233所示。

7．将光标置于右眉上方无眉毛的区域，按Alt键单击以定义源图像，如图3.234所示。释放Alt键，在有眉毛的区域拖动，如图3.235所示为拖动过程中的状态。

图 3.230 执行“反向”命令后的选区状态

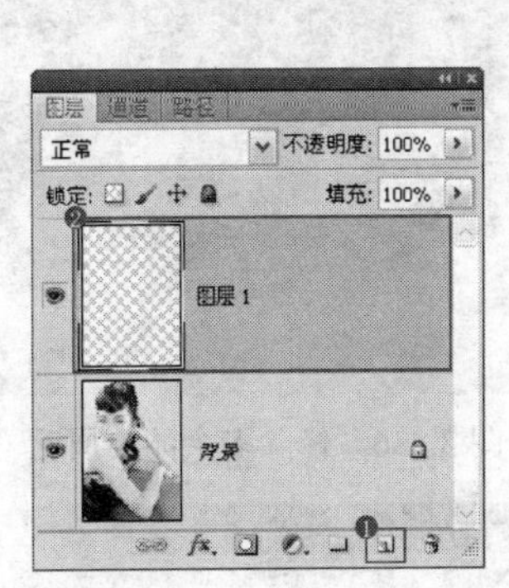

图 3.231 “图层”面板

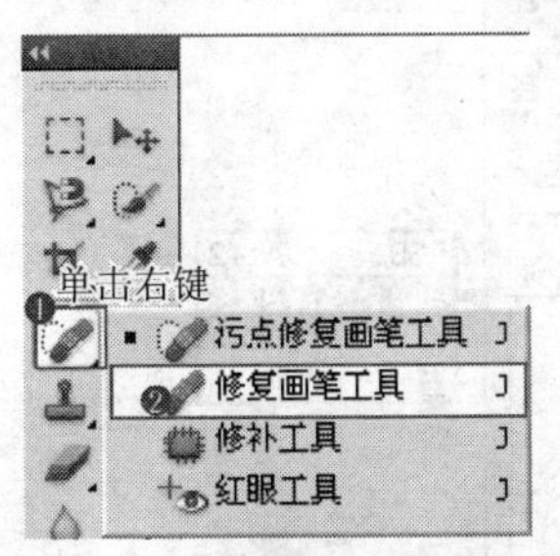

图 3.232 选择修复画笔工具

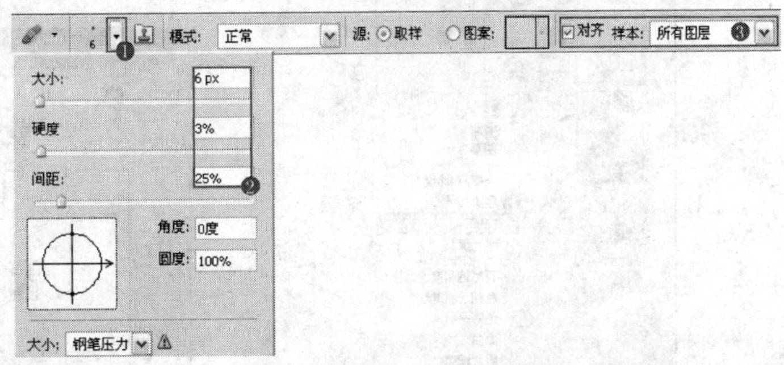

图 3.233 设置工具选项条

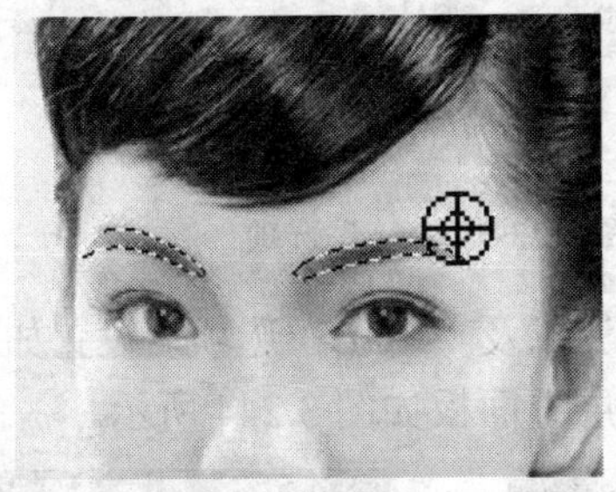

图 3.234 定义源图像

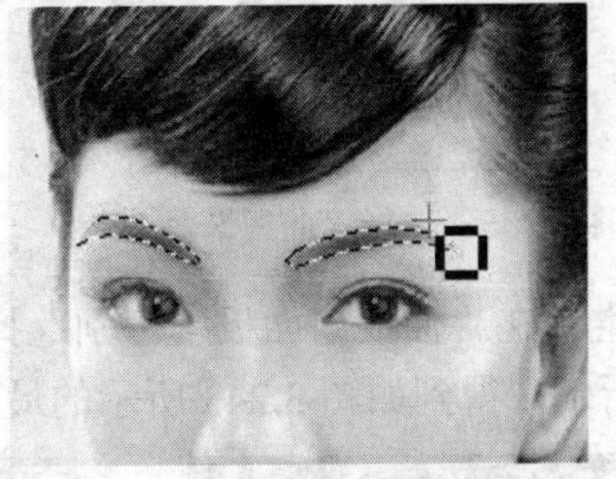

图 3.235 修复中的状态

8．按照上一步的操作方法，应用“修复画笔工具”将右眉进行修复处理，如图 3.236 所示。在修复图像的过程中，可以按 Alt 键多处定义源点，使修复后的图像与整体的色彩相融合。

9．按照修复右眉的方法，将左眉多余的眉毛修除，按 Ctrl+D 组合键取消选区，如图 3.237 所示。

提示：下面结合选区及“曲线”调整图层的功能调整眉毛的颜色。

10．切换至“路径”面板，按 Ctrl 键单击“路径 1”缩览图以载入其选区，切换回“图层”面板，在面板底部单击“创建新的填充或调整图层”按钮，在弹出的菜单中选择“曲线”命令，如图 3.238 所示，同时得到“曲线 1”图层。

11．在弹出的“曲线”面板中选择“红”选项，然后在调节线上单击以添加一个锚点，向调节线以右拖动，如图 3.239 所示。

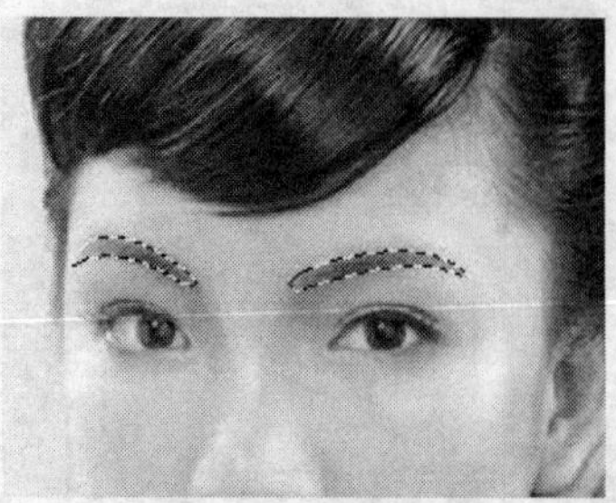

图 3.236　修除多余的右眉毛

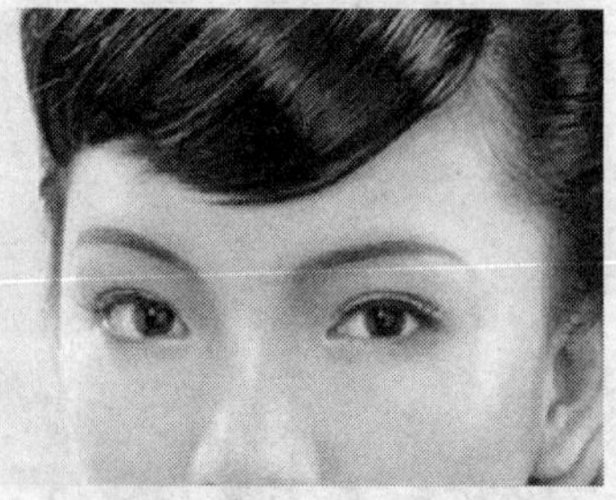

图 3.237　修除多余的左眉毛

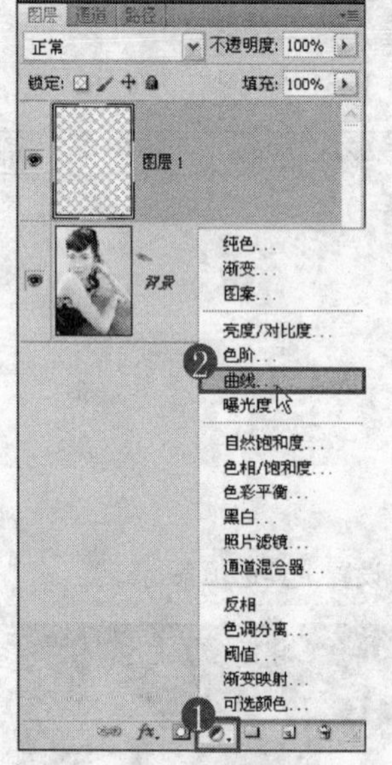

图 3.238　选择“曲线”命令

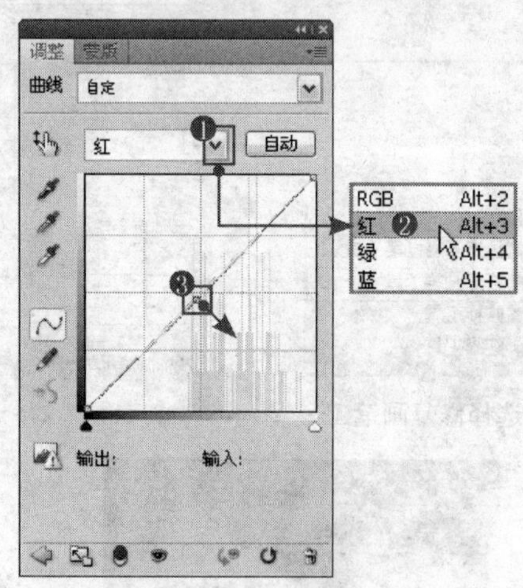

图 3.239　“红”选项

12．继续在“曲线”面板中分别选择“绿”、“蓝”以及“RGB”选项，设置如图 3.240～图 3.242 所示，得到如图 3.243 所示的最终效果。“图层”面板如图 3.244 所示。

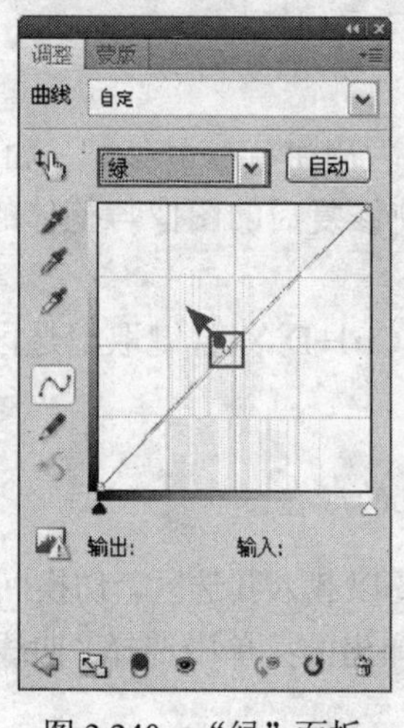

图 3.240　“绿”面板

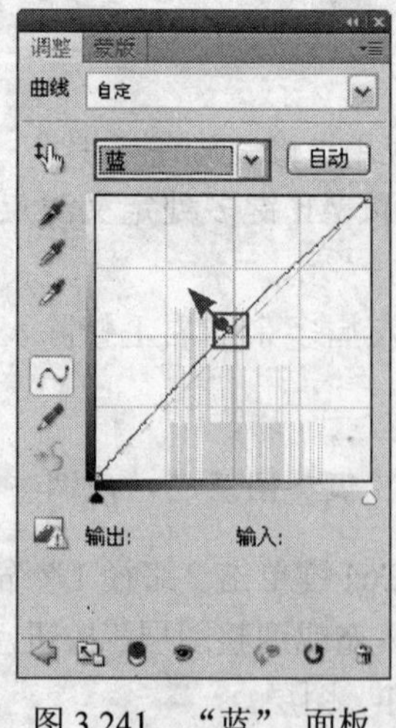

图 3.241　“蓝” 面板

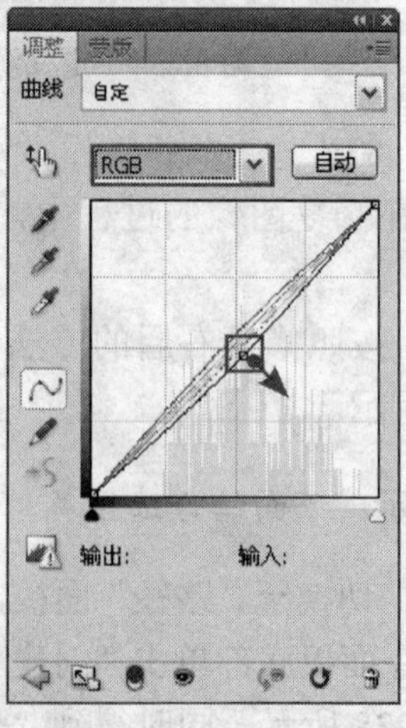

图 3.242　“RGB”面板

图 3.243　最终效果

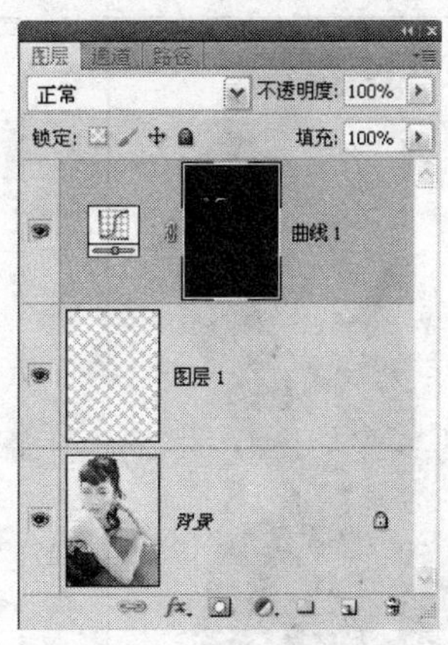

图 3.244　“图层”面板

3.17　数码染发的奥秘

本例主要讲解改变头发的颜色的操作方法，通过以下的操作方法读者可以为自己制作任意想要的头发颜色。

1．打开本书配套素材提供的“第 3 章\3.17-素材.jpg”，将看到整个图片如图 3.245 所示。切换至“通道”面板，此时的“通道”面板如图 3.246 所示。

图 3.245　素材图像

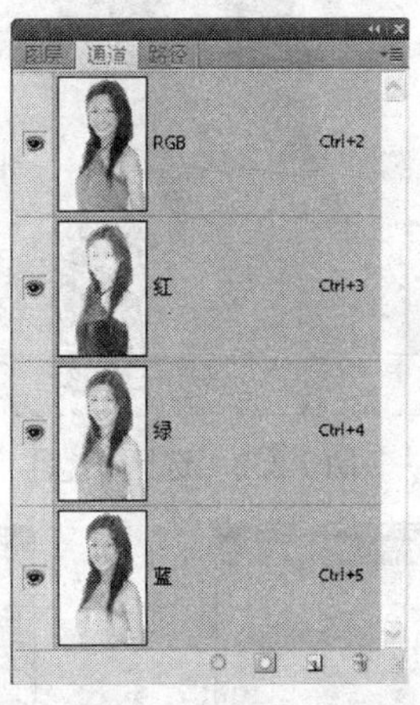

图 3.246　“通道”面板

2．分别选择“红”、“绿”、“蓝”通道，以查看每个通道中的状态，如图 3.247～图 3.249 所示。

3．选择一个对比度较好的通道，在此选择“绿”通道，按 Ctrl 键单击“绿”通道缩览图以载入选区，如图 3.250 所示。按 Ctrl+Shift+I 组合键执行“反向”操作，以反向选择当前的选区，如图 3.251 所示。

4．保持选区。切换至“图层”面板，在“图层”面板底部单击“创建新的填充或调整图层”按钮，在弹出的菜单中选择“色相/饱和度”命令，如图 3.252 所示。同时得到“色相/饱和度 1”图层，设置弹出的面板如图 3.253 所示，得到如图 3.254 所示的效果。

5．选择“色相/饱和度 1”的图层蒙版，如图 3.255 所示。设置前景色为黑色，如图 3.256 所示。

图 3.247 “红”通道

图 3.248 “绿”通道

图 3.249 “蓝”通道

图 3.250 选区状态

图 3.251 执行“反向”命令后的选区状态

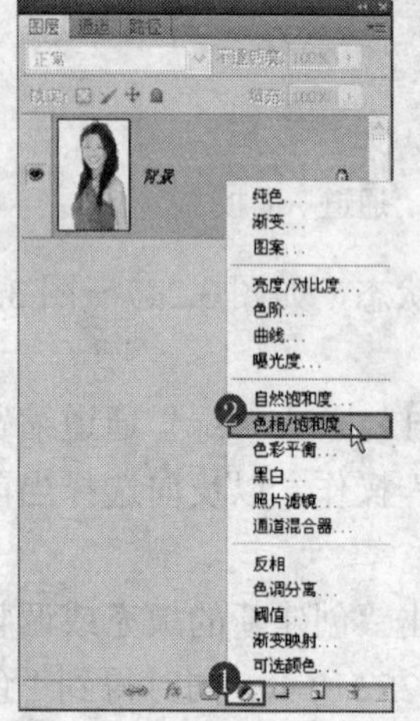

图 3.252 选择“色相/饱和度”命令

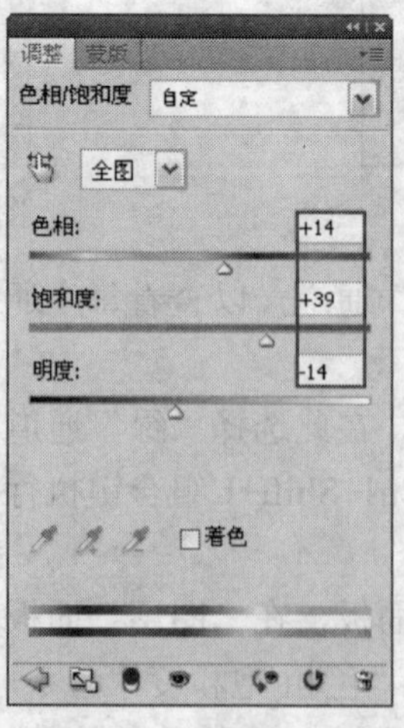

图 3.253 “色相/饱和度”面板

图 3.254 应用“色相/饱和度”命令后的效果

图 3.255　选择蒙版缩览图

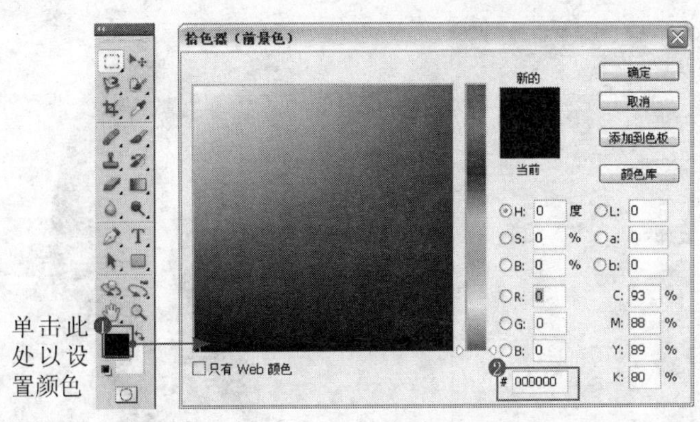

图 3.256　设置前景色

6. 选择"画笔工具"，设置其工具选项条如所示，在头发以外的区域进行涂抹，得到如图 3.257 所示的效果，图层蒙版中的状态如图 3.258 所示。

图 3.257　涂抹后的效果

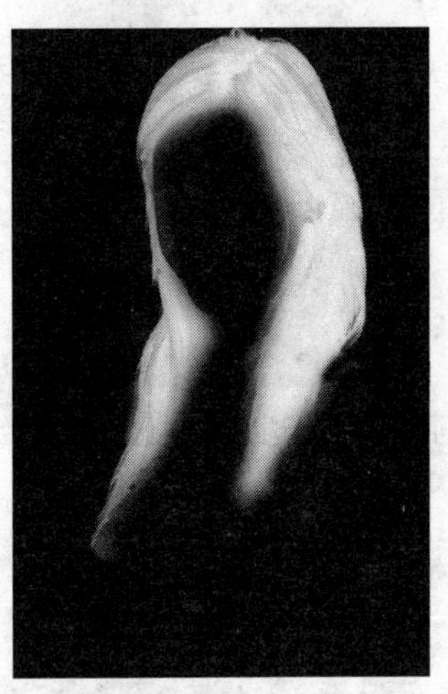

图 3.258　图层蒙版中的状态

7. 按住 Ctrl 键单击"色相/饱和度 1"的图层蒙版缩览图以载入头发选区，在"图层"面板底部单击"创建新的填充或调整图层"按钮，在弹出的菜单中选择"亮度/对比度"命令，得到"亮度/对比度 1"图层，设置弹出的面板如图 3.259 所示，同时得到如图 3.260 所示的效果。"图层"面板如图 3.261 所示。

8. 显示更多的细节。按 Ctrl+Alt+Shift+E 组合键执行"盖印"操作，从而将当前所有可见的图像合并至一个新图层中，得到"图层 1"，选择"滤镜" | "锐化" | "锐化"命令，如图 3.262 所示。如图 3.263 所示为锐化前后的效果对比。

提示： 应用的"锐化"命令后得到的效果用肉眼可能不易分辨出来，但此命令对图像的细节调整有很大的帮助。

9. 至此，本实例的操作已全部完成得到如图 3.264 所示的最终效果，"图层"面板如图 3.265 所示。

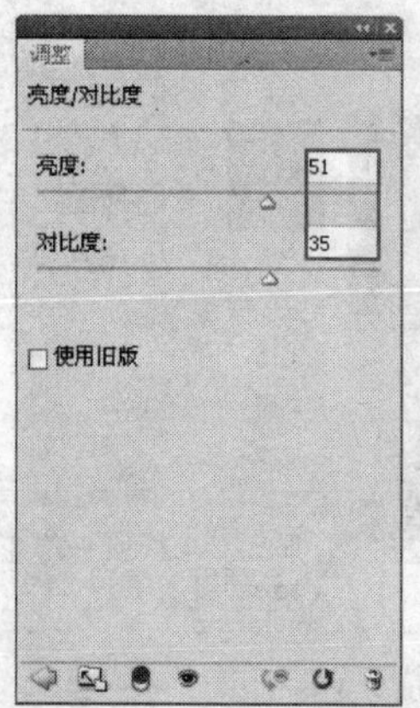

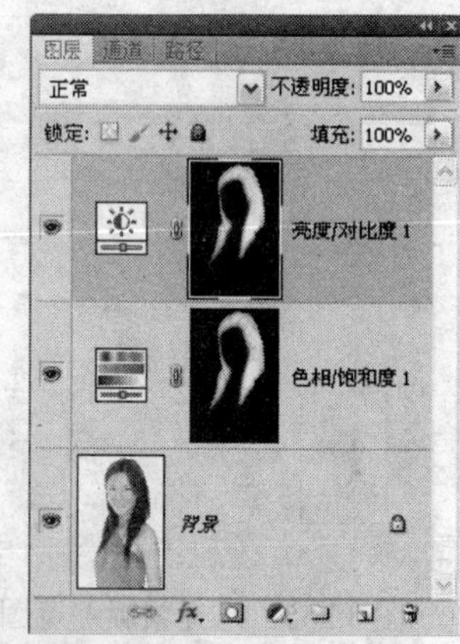

图 3.259 “亮度/对比度”面板　图 3.260 应用“亮度/对比度”命令后的效果　图 3.261 “图层”面板

图 3.262 选择“锐化”命令

图 3.263 锐化前后的效果对比

图 3.264 最终效果

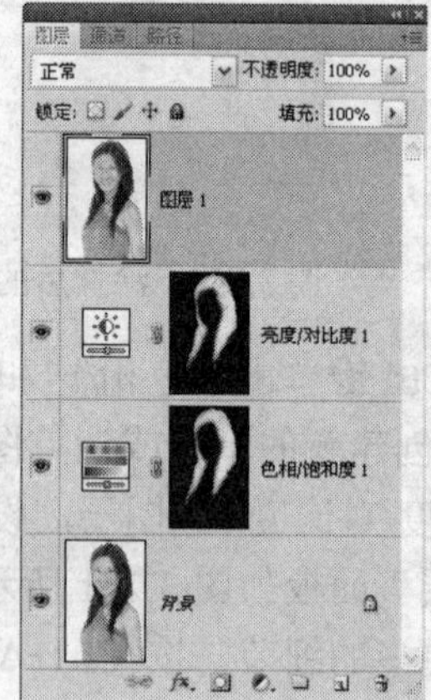

图 3.265 “图层”面板

3.18 为头发添加闪亮光泽

本例主要讲解如何为头发添加闪亮光泽。在制作的过程中，主要结合了调整图层、编辑蒙版以及“锐化”命令。

1．打开本书配套素材提供的“第 3 章\3.18-素材.jpg”，将看到整个图片如图 3.266 所示。

提示：下面结合“亮度/对比度”调整图层以及编辑蒙版的功能，提高头发的亮度。

2．在“图层”面板底部单击“创建新的填充或调整图层”按钮，在弹出的菜单中选择“亮度/对比度”命令，如图 3.267 所示。同时得到“亮度/对比度 1”图层。

图 3.266　素材图像

图 3.267　选择“亮度/对比度”命令

3．设置弹出的“亮度/对比度”面板如图 3.268 所示，得到如图 3.269 所示的效果。

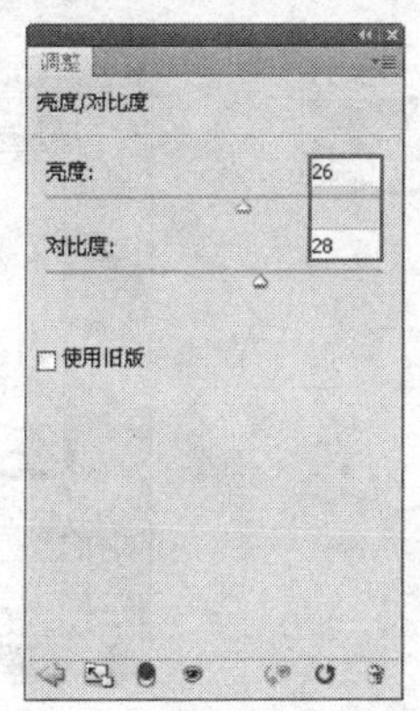

图 3.268　“亮度/对比度”面板

图 3.269　应用“亮度/对比度”命令后的效果

4．选中“亮度/对比度 1”的图层蒙版，如图 3.270 所示。按 Ctrl+I 键执行“反相”操作，以将上一步设置的效果全部隐藏。然后设置前景色为白色，如图 3.271 所示。

图 3.270　选择蒙版缩览图

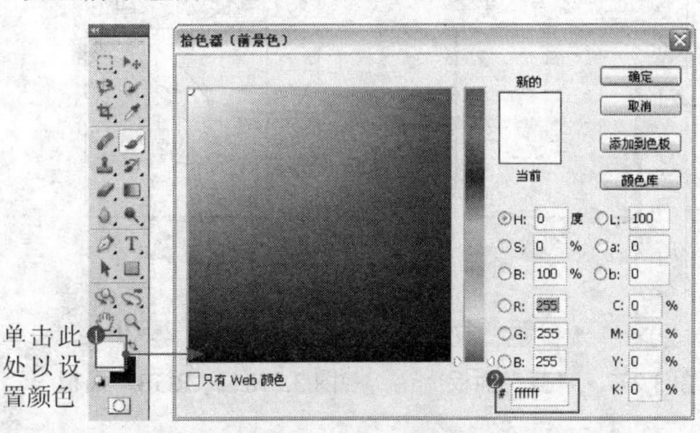

图 3.271　设置前景色

5．选择“画笔工具”，设置其工具选项条如（模式：正常　不透明度：100%）所示，在人物头发上进行涂抹，以显示头发亮调，得到如图 3.272 所示的效果，图层蒙版中的状态如图 3.273 所示。“图层”面板如图 3.274 所示。

图 3.272　涂抹后的效果

图 3.273　图层蒙版中的状态

提示：下面制作头发的高光效果。

6. 在“图层”面板底部单击“创建新的填充或调整图层”按钮，在弹出的菜单中选择“曲线”命令，得到“曲线 1”图层，设置弹出的面板如 3.275 图～图 3.278 所示，得到如图 3.279 所示的效果。

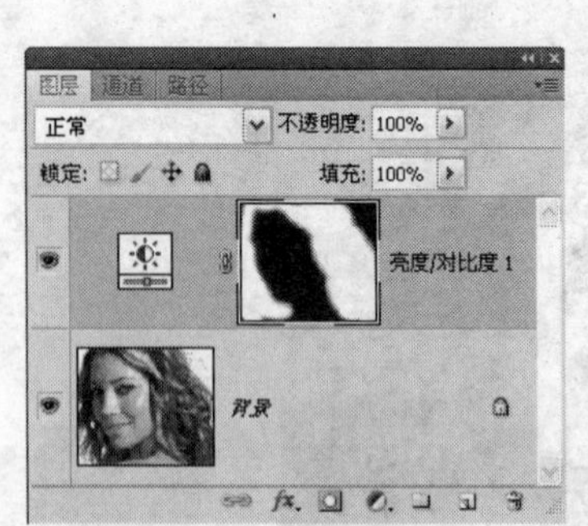

图 3.274　“图层”面板

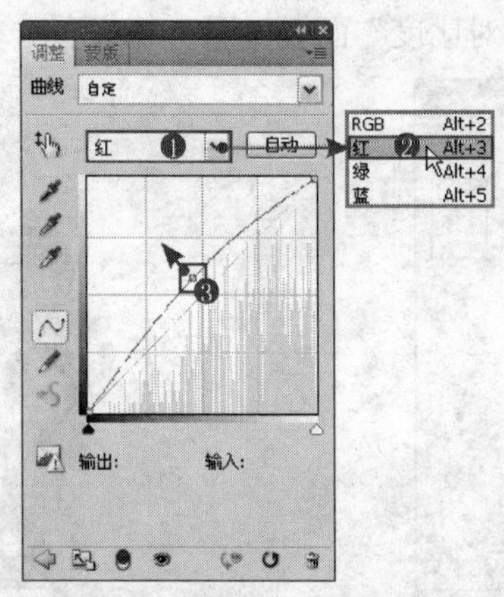

图 3.275　“红”面板

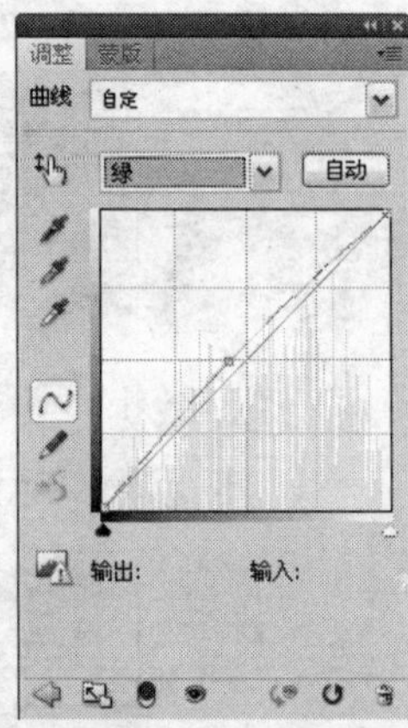

图 3.276　“绿”面板

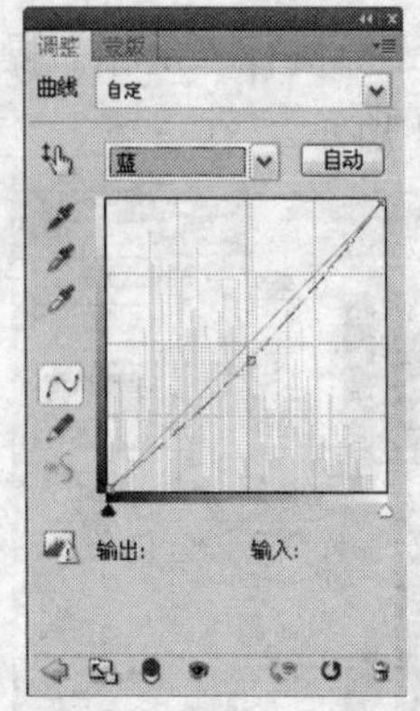

图 3.277　“蓝”面板

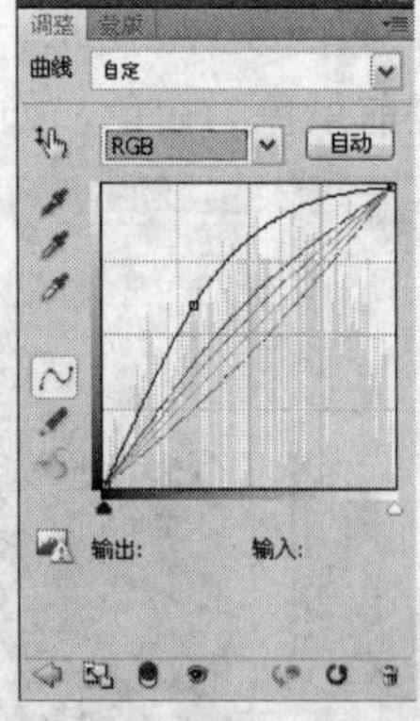

图 3.278　“RGB”面板

图 3.279　应用“曲线”命令后的效果

7. 在“图层”面板顶部设置“曲线 1”的不透明度为 80%，以降低亮度，得到如图 3.280 所示的效果。“图层”面板如图 3.281 所示。

图 3.280　设置图层不透明度后的效果

图 3.281　“图层”面板

8．选中“曲线 1”的图层蒙版，按照第 4～5 步的操作方法，应用“画笔工具”在人物头发上进行涂抹，以显示头发应用“曲线”命令后的亮调，得到如图 3.282 所示的效果，图层蒙版中的状态如图 3.283 所示。

图 3.282　涂抹后的效果

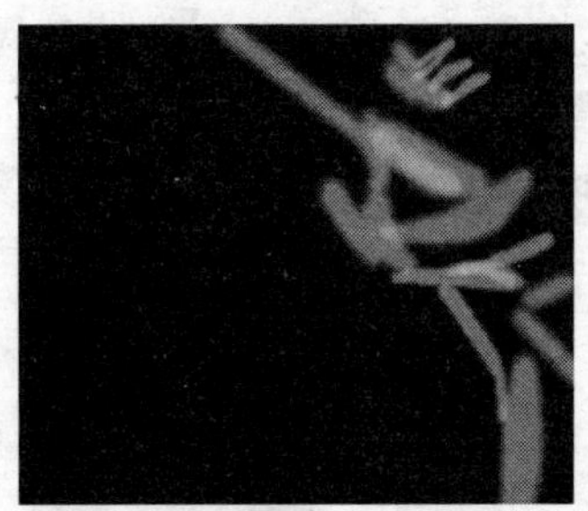

图 3.283　图层蒙版中的状态

提示：下面结合“曲线”调整图层以及编辑蒙版的功能，制作头发的阴影效果。

9．在“图层”面板底部单击“创建新的填充或调整图层”按钮，在弹出的菜单中选择“曲线”命令，得到“曲线 2”图层，设置弹出的面板如图 3.284 所示，得到如图 3.285 所示的效果。

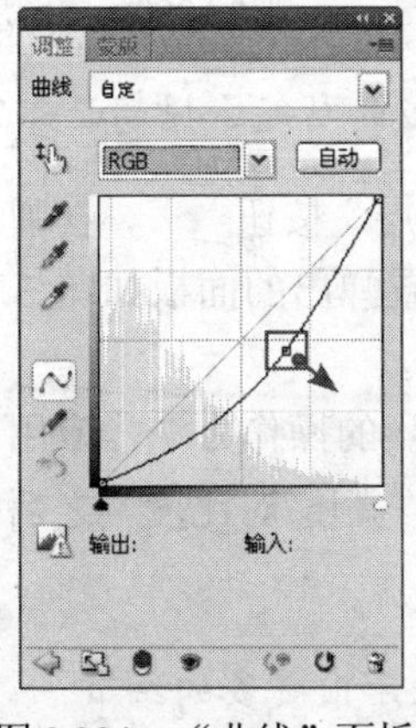

图 3.284　“曲线”面板

图 3.285　应用“曲线”命令后的效果

10．按照第 4～5 步的操作方法编辑“曲线 2”蒙版缩览图，使用“画笔工具”在人物头发上涂抹，以显示头发应用“曲线”命令后的暗调，直至得到如图 3.286 所示的效果，图层蒙版中的状态如图 3.287 所示。

提示：下面运用“色阶”调整图层调整头发的亮度。

图 3.286　涂抹后的效果

图 3.287　图层蒙版中的状态

11．按 Ctrl 键单击“亮度/对比度 1”蒙版缩览图以载入其选区，在“图层”面板底部单击“创建新的填充或调整图层”按钮 ，在弹出的菜单中选择“色阶”命令，得到“色阶 1”图层，设置弹出的面板如图 3.288 所示，得到如图 3.289 所示的效果。“图层”面板如图 3.290 所示。

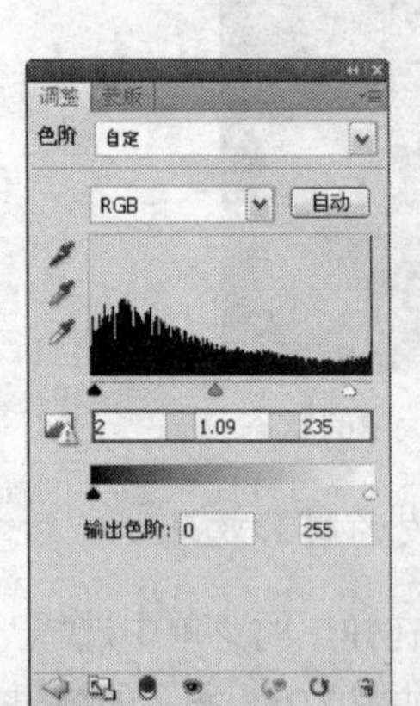

图 3.288　“色阶”面板

图 3.289　应用“色阶”命令后的效果

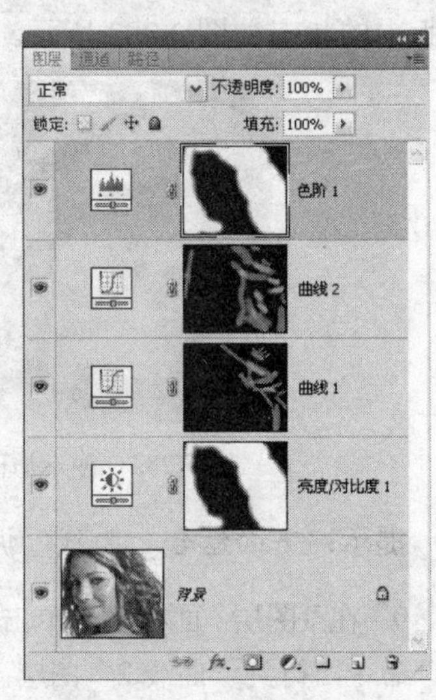

图 3.290　“图层”面板

提示：下面结合“亮度/对比度”调整图层以及编辑蒙版的功能，提高面部的亮度。

12．在“图层”面板底部单击“创建新的填充或调整图层”按钮 ，在弹出的菜单中选择“亮度/对比度”命令，得到“亮度/对比度 2”图层，设置弹出的面板如图 3.291 所示，得到如图 3.292 所示的效果。

13．选中“亮度/对比度 2”的图层蒙版，按照第 4～5 步的操作方法，应用“画笔工具” 在人物面部及颈部上进行涂抹，以显示面部及颈部应用“亮度/对比度”之后的亮调，得到如图 3.293 所示的效果，图层蒙版中的状态如图 3.294 所示。

提示：下面结合盖印以及“锐化”命令锐化图像，以显示出更多的细节。

14．按 Ctrl+Alt+Shift+E 组合键执行“盖印”操作，从而将当前所有可见的图像合并至一个新图层中，得到“图层 1”。

15．选择“滤镜”|“锐化”|“锐化”命令，如图 3.295 所示为应用“锐化”命令前后的对比效果。

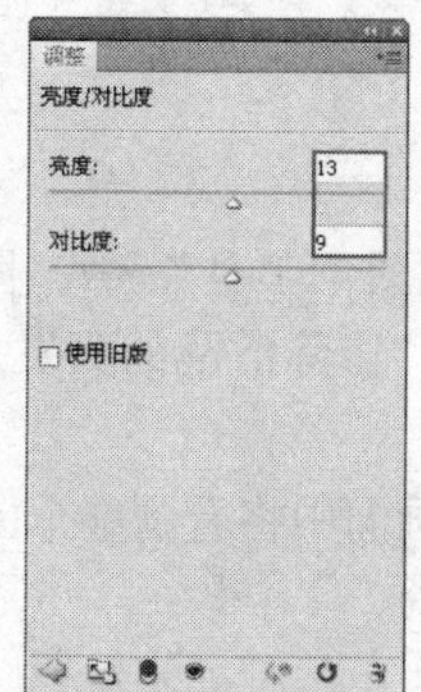

图 3.291　“亮度/对比度”面板

图 3.292　应用“亮度/对比度”命令后的额效果

图 3.293　涂抹后的效果

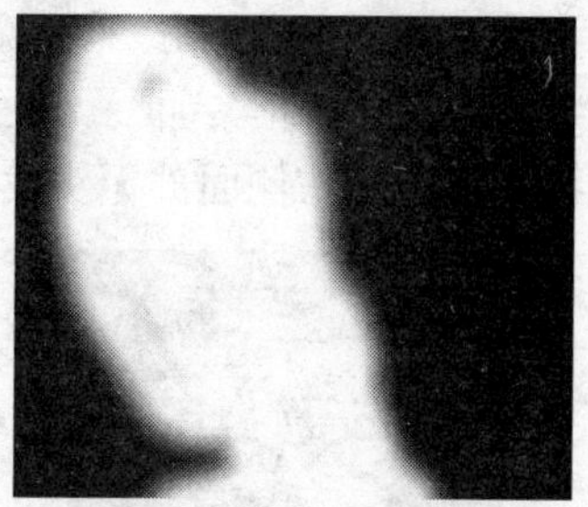

图 3.294　图层蒙版中的状态

图 3.295　应用“锐化”命令前后的对比效果

16．至此，本实例的操作已全部完成，得到如图 3.296 所示的最终效果，“图层”面板如图 3.297 所示。

图 3.296　最终效果

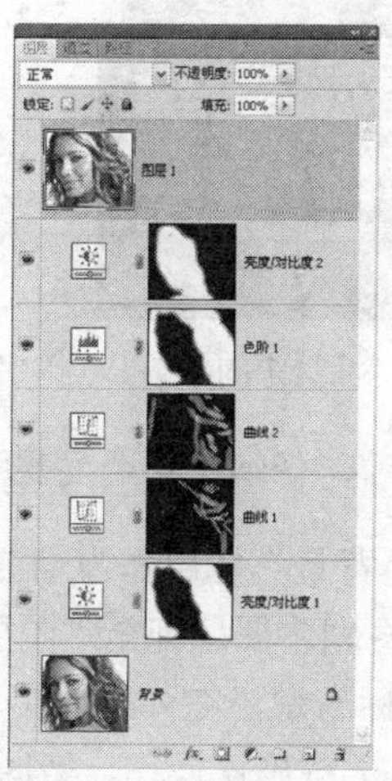

图 3.297　“图层”面板

3.19 修除散乱的头发

本例讲解如何修除散乱的头发，其中主要结合了“仿制图章工具”、图层混合模式以及路径的使用，通过学习以下的操作，大家可以为自己的照片修除散乱的头发，使照片更加美观。

1．打开本书配套素材提供的“第 3 章\3.19-素材.jpg”，在画面中将看到整个图片，如图 3.298 所示。

提示：下面利用仿制图章工具将面部散乱的头发修除。

2．在“图层”面板下方单击“创建新图层”按钮 得到“图层 1”，在工具箱中选择仿制图章工具，设置其工具选项条如 所示，将光标置于人物右侧面部无头发的区域，按住 Alt 键单击进行取样，如图 3.299 所示。

图 3.298 素材图像

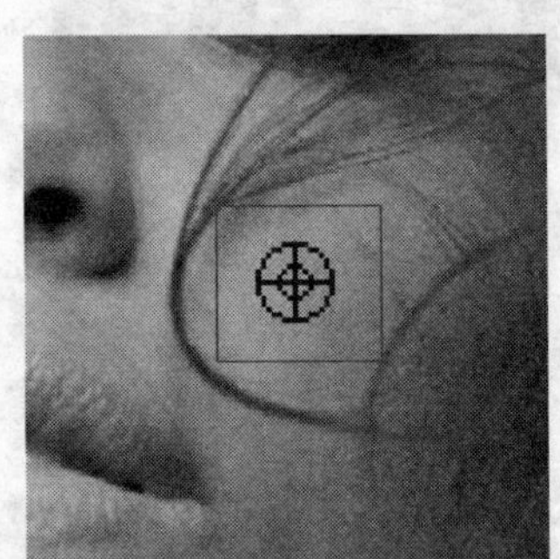

图 3.299 定义源图像

3．释放 Alt 键，在有头发的区域进行涂抹，涂抹中的状态如图 3.300 所示，如图 3.301 所示为将面部乱发修除后的效果。“图层”面板如图 3.302 所示。

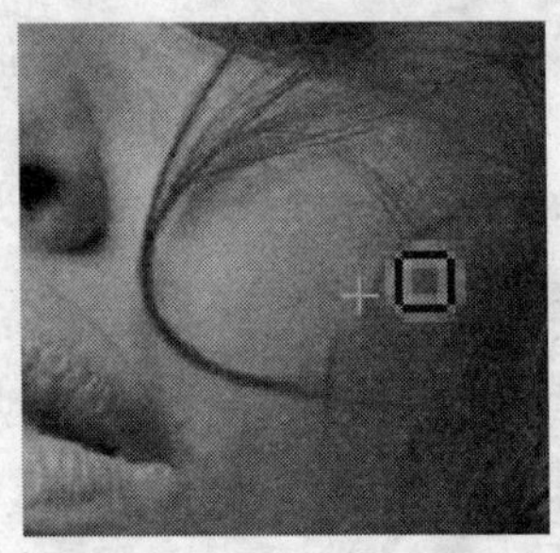

图 3.300 涂抹中的状态

图 3.301 修除面部乱发后的效果

图 3.302 “图层”面板

提示：此时，仔细观察会发现人物右脸凹凸不平，下面解决这个问题。

4．选择“背景”图层作为当前的工作层，按 Ctrl+J 组合键复制“背景”图层得到“背景副本”图层，将副本图层拖至“图层 1”的上方，按 Ctrl+T 组合键调出自由变换控制框，在控制框内单击鼠标右键，在弹出的菜单中选择“水平翻转”命令，如图 3.303 所示。

5．按 Enter 键确认操作，暂时设置“背景副本”的不透明度为 50%，使用移动工具调整图像的位置，使上方图层与下方图层中的鼻子部位重合，如图 3.304 所示。

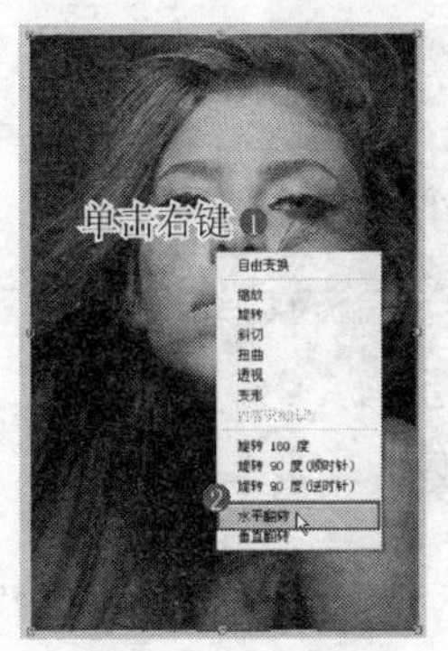

图 3.303　选择“水平翻转”命令

图 3.304　调整图像的位置

提示：本步中设置“背景副本”图层的不透明度，是为了以“背景”图层中的图像做参照，精确调整图像的位置。

6．将“背景副本”图层的不透明度恢复为 100%，“图层”面板如图 3.305 所示。选择套索工具，在人物的右脸上画一个选区，如图 3.306 所示。

7．保持选区，在“图层”面板底部单击“添加图层蒙版”按钮 为“背景副本”图层添加图层蒙版，以隐藏选区以外的图像，如图 3.307 所示。选中“背景副本”的图层蒙版，在工具箱中选择“渐变工具”，并在其工具选项条中选择“线性渐变”按钮，设置前景色为黑色，如图 3.308 所示。

8．在画布中单击右键，在弹出的渐变显示框中选择渐变类型为“前景色到透明渐变”，如图 3.309 所示。从脸颊右上方向左下方拖动、再从鼻翼的右侧向右下角拖动，最后从脸部右下方向左上方拖动，以融合图像，如图 3.310 所示。“图层”面板如图 3.311 所示。

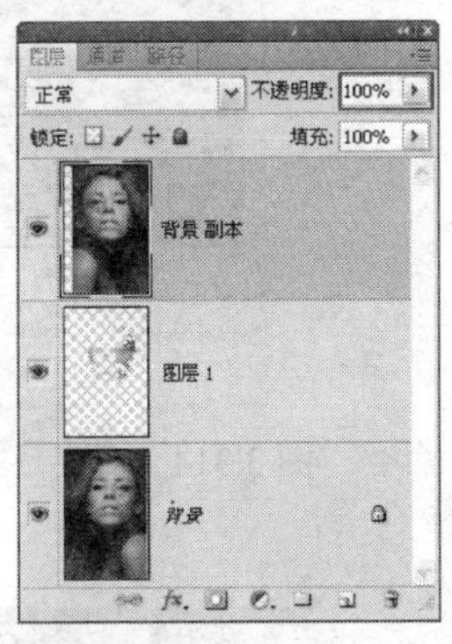

图 3.305　“图层”面板

图 3.306　绘制选区

提示：下面对人物的皮肤进行柔化处理。

9．按 Ctrl+Alt+Shift+E 组合键执行“盖印”操作，从而将当前所有可见的图像合并至一个新图层中，得到“图层 2”，按 Ctrl+I 组合键执行“反相”操作，得到的效果如图 3.312 所示。

10．选择“滤镜”|“其它”|“高反差保留”命令，如图 3.313 所示，在弹出的“高反差保留”对话框中设置参数，如图 3.314 所示。

11．单击“确定”按钮退出对话框，得到的效果如图 3.315 所示。设置“图层 2”的混合模式为“叠加”，不透明度为 60%，以混合图像，得到的效果如图 3.316 所示。“图层”面板如图 3.317 所示。

图 3.307 添加图层蒙版后的效果

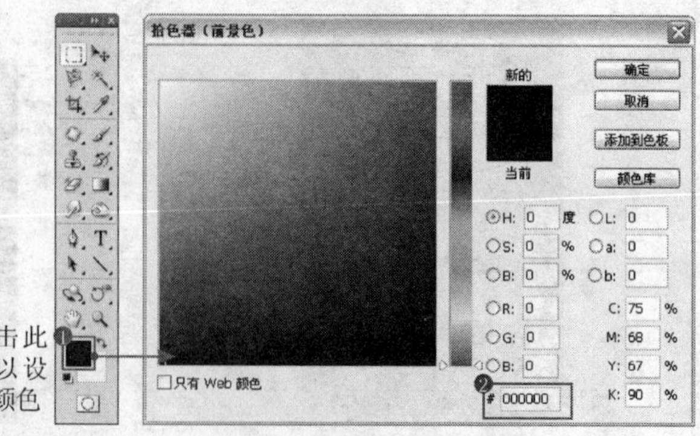

图 3.308 设置前景色

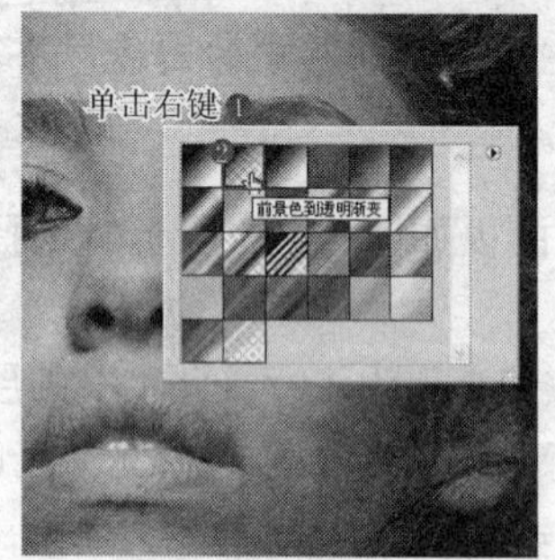

图 3.309 选择渐变类型

图 3.310 绘制渐变后的效果

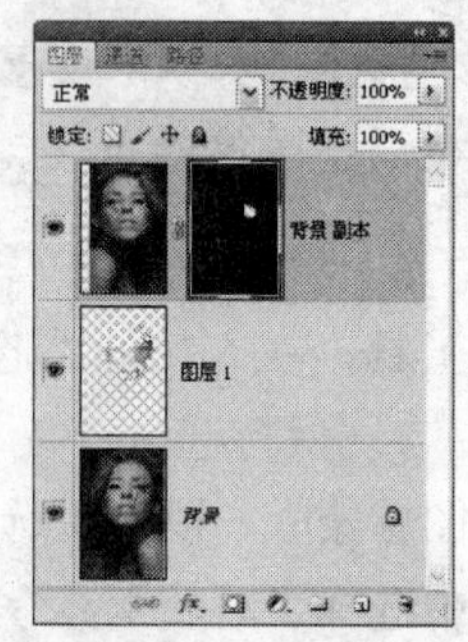

图 3.311 “图层”面板

图 3.312 应用“反相”命令后的效果

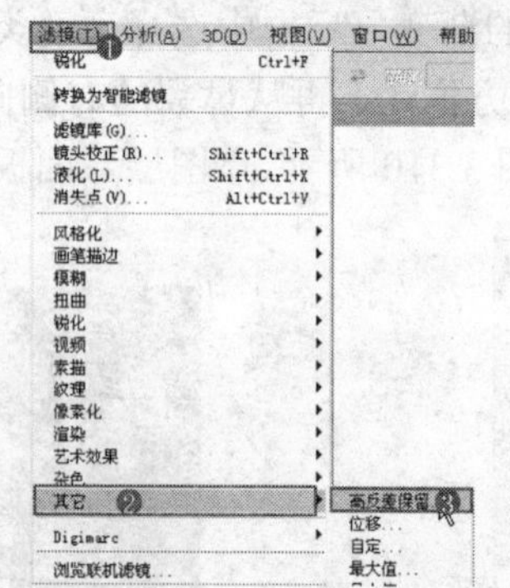

图 3.313 选择“高反差保留” 命令

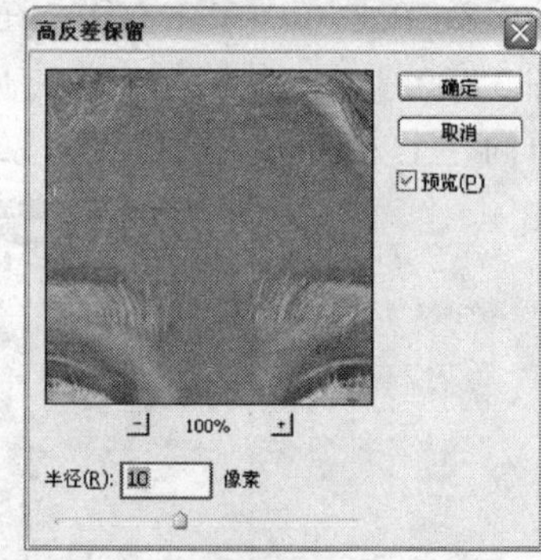

图 3.314 “高反差保留” 对话框

图 3.315 应用“高反差保留”命令后的效果

图 3.316 设置图层属性后的效果

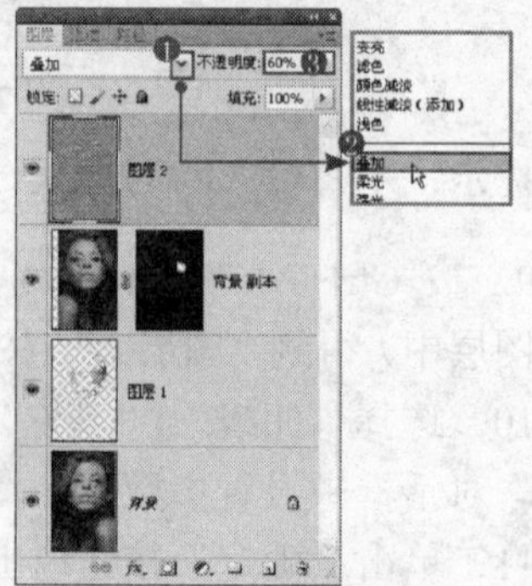

图 3.317 “图层”面板

提示：由于在柔化处理的过程中是针对整体图像进行操作，所以导致头发、眉毛等区域缺少细节效果，下面利用图层蒙版的功能恢复皮肤以外的图像细节。

12．在“图层”面板底部单击“添加图层蒙版”按钮 ，为“图层 2”添加蒙版，设置前景色为黑色，选择“画笔工具” ，在其工具选项条中设置画笔为“柔角 100 像素”，在图层蒙版中涂抹，以隐藏人物的眼睛，嘴唇、鼻孔以及头发等区域，如图 3.318 所示，此时蒙版中的状态如图 3.319 所示。

提示：另外，在涂抹蒙版的过程中，要根据涂抹区域的大小调整画笔的大小，以得到所需要的图像效果。此时，观看人物的皮肤有些偏黄，下面对其进行校正。

13．在工具箱中选择“套索工具”，在其工具选项条中选择“添加到选区”按钮 ，在人物的面部及肩部绘制选区，如图 3.320 所示。

图 3.318　添加图层蒙版后的效果

图 3.319　蒙版中的状态

图 3.320　绘制选区

14．保持选区，在“图层”面板底部“单击创建新的填充或调整图层”按钮，在弹出的菜单中选择“色相/饱和度”命令，如图 3.321 所示，在弹出的面板中设置参数，如图 3.322 所示，得到的效果如图 3.323 所示。

图 3.321　选择“色相/饱和度”命令

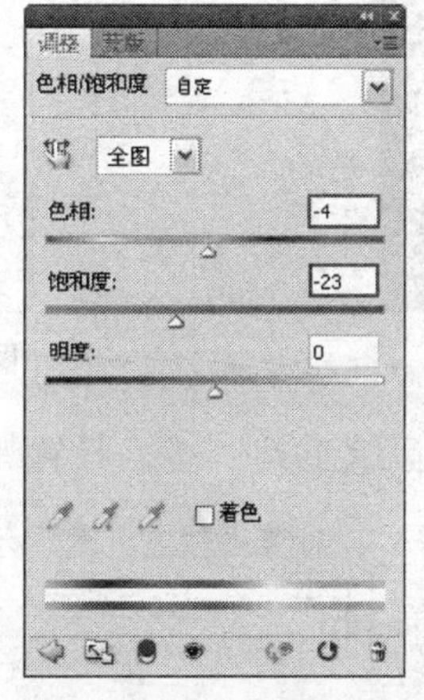

图 3.322　“色相/饱和度”面板

图 3.323　应用“色相/饱和度”

15．按 Ctrl+Alt+Shift+E 组合键执行“盖印”操作，从而将当前所有可见的图像合并至一个新图层中，得到“图层 3”，选择“滤镜”|“锐化”|“锐化”命令，如图 3.324 所示为应用“锐化”命令前后的局部对比效果，最终整体效果如图 3.325 所示，“图层”面板如图

3.326 所示。

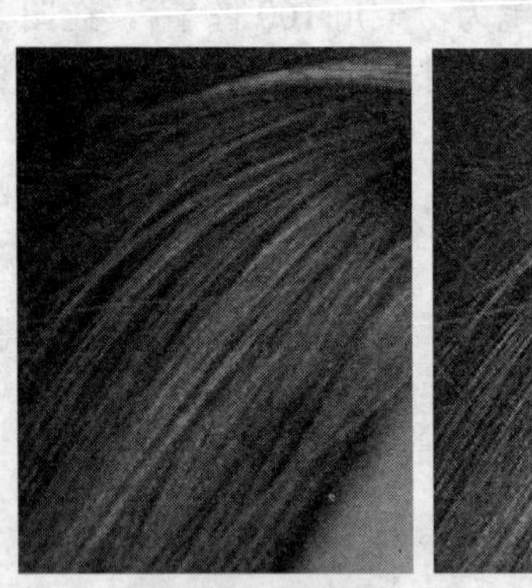

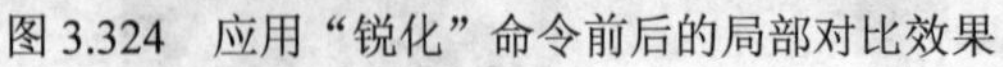

图 3.324 应用“锐化”命令前后的局部对比效果

图 3.325 最终效果

图 3.326 “图层”面板

命令后的效果

3. 20 修除少量斑点

本例主要讲解如何修除少量的斑点。在修复的过程中，主要运用了修复工具中的“污点修复画笔工具”。

1. 打开本书配套素材提供的“第 3 章\3.20-素材.jpg”，将看到整个图片如图 3.327 所示。在“图层”面板底部单击“创建新图层”按钮，得到“图层 1”，此时“图层”面板如图 3.328 所示。

图 3.327 素材图像

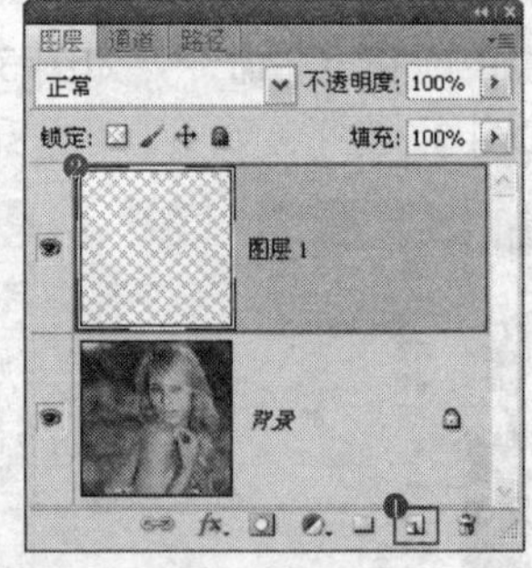

图 3.328 “图层”面板

2. 在工具箱中选择“污点修复画笔工具”，设置其工具选项条如图 3.329 所示。

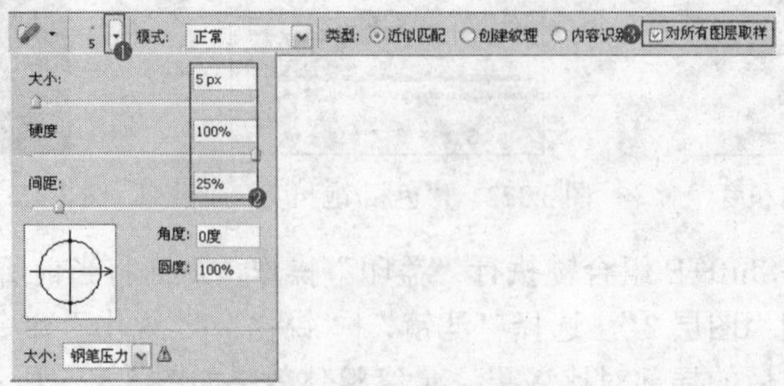

图 3.329 设置工具选项条

提示：“污点修复画笔工具”可以自动分析单击处图像的不透明度、颜色与质感从而进行自动采样，最终完美的去除杂色或污斑。

3．将光标置于人物面部的斑点上单击，以将斑点修除，如图 3.330 所示为修除面部斑点前后的对比效果。

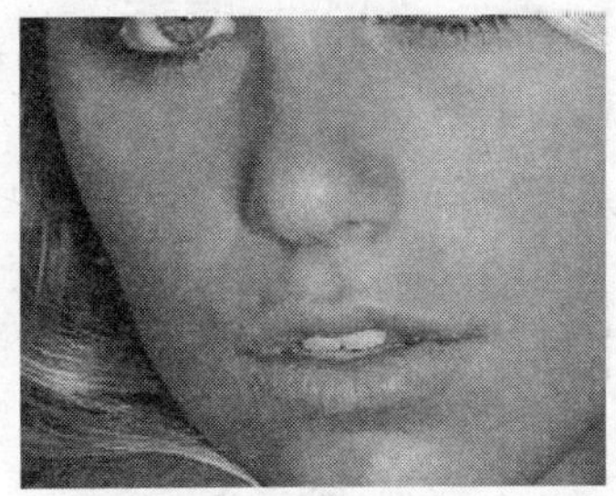

图 3.330　修除面部斑点前后的对比效果

4．按照上一步的操作方法，应用“污点修复画笔工具”将人物身上的斑点修除，如图 3.331 所示。至此，完成本例的操作，最终整体效果如图 3.332 所示。

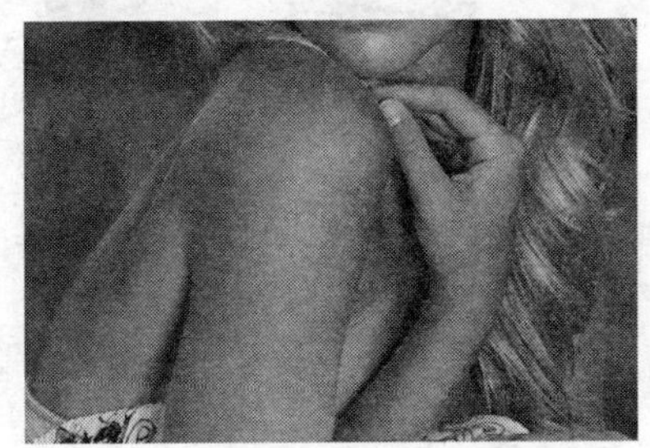

图 3.331　修除身上的斑点

图 3.332　最终整体效果

3.21　修除皮肤大面积斑点

在上一例中，讲解了如何修除面部少量的斑点。而在本例中，加大了操作难度，但还是用同样的方法进行修复处理。

1．打开本书配套素材提供的“第 3 章\3.21-素材.jpg”，将看到一幅美女图像，其中面部特写如图 3.333 所示。

2．工具箱中选择“修复画笔工具”，设置其工具选项条如图 3.334 所示。

图 3.333　面部特写

图 3.334　设置工具选项条

3．单击“图层”面板底部“创建新图层”按钮得到“图层 1”，此时“图层”面板如

图 3.335 所示。

4．将光标置于脸部斑点附近光洁的位置，按 Alt 键单击以定义源图像，如图 3.336 所示。释放 Alt 键，在斑点位置单击，得到的效果如图 3.337 所示。

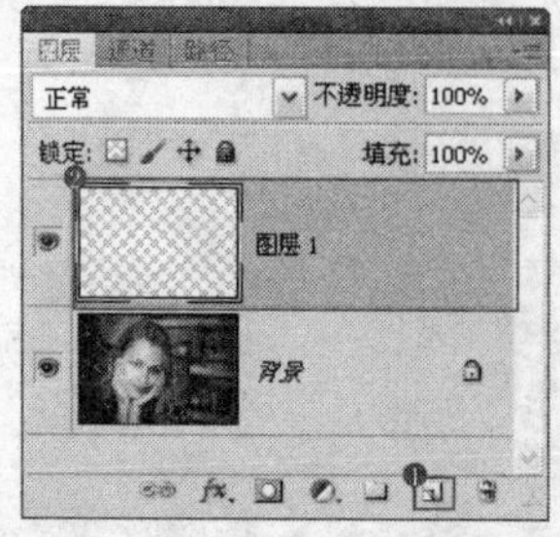

图 3.335 “图层”面板

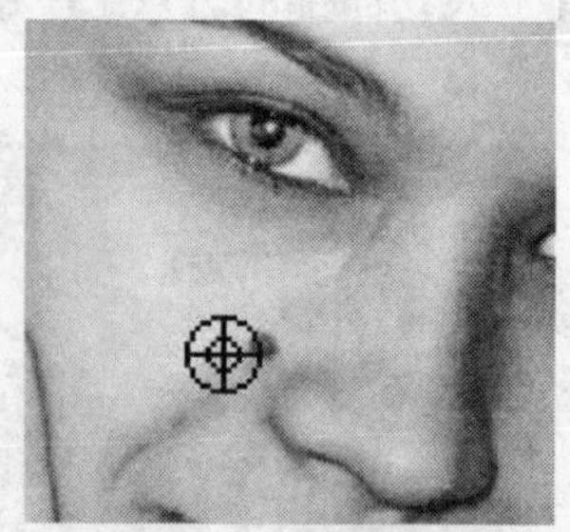
图 3.336 定义源图像

5．按照第 4 步的操作方法，应用修复画笔工具，通过多次定义源图像（可根据斑点的大小调整画笔的大小），以将其它区域的斑点修除，最到的最终效果如图 3.338 示。

图 3.337 修复后的效果

图 3.338 最终效果

3.22 修除面部油光

本例主要讲解如何修除面部油光。在修复的过程中，主要结合了修复工具中的“修复画笔工具”、“曲线”调整图层以及编辑蒙版的功能。

1．打开本书配套素材提供的“第 3 章\3.22-素材.jpg”，将看到整个图片如图 3.339 所示。

2．在“图层”面板底部单击“创建新图层”按钮，得到“图层 1”，此时“图层”面板如图 3.340 所示。

图 3.339 素材图像

图 3.340 “图层”面板

提示：首先，利用“修复画笔工具”将面部的油光修除。

3. 在工具箱中选择“修复画笔工具” ，如图 3.341 所示，设置其工具选项条如图 3.342 所示。

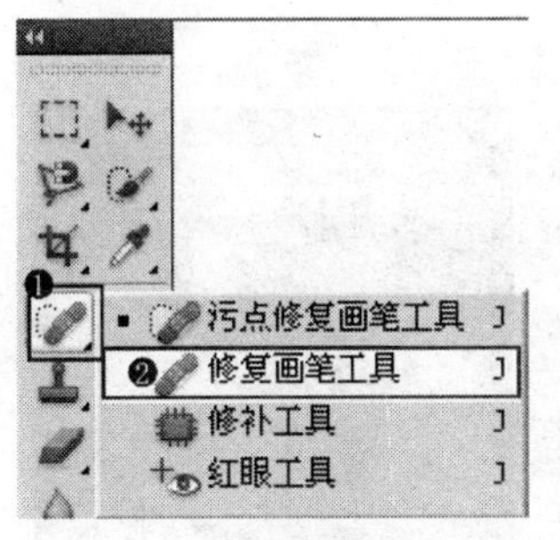

图 3.341　选择“修复画笔工具”

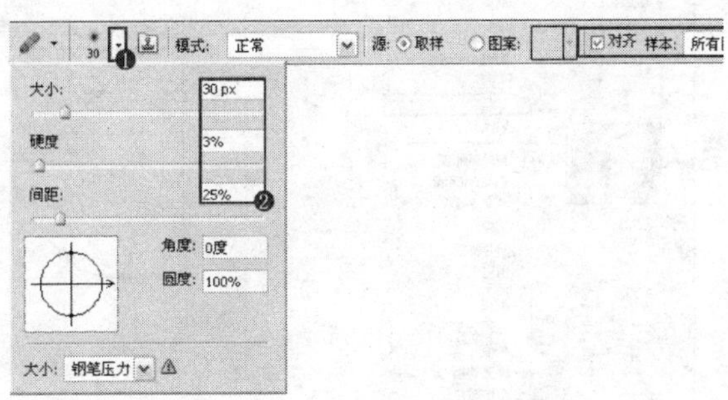

图 3.342　设置工具选项条

4. 将光标置于右侧面部无油光的区域，按 Alt 键单击鼠标左键以定义源图像，如图 3.343 所示。释放 Alt 键，在存在油光的区域涂抹，如图 3.344 所示。

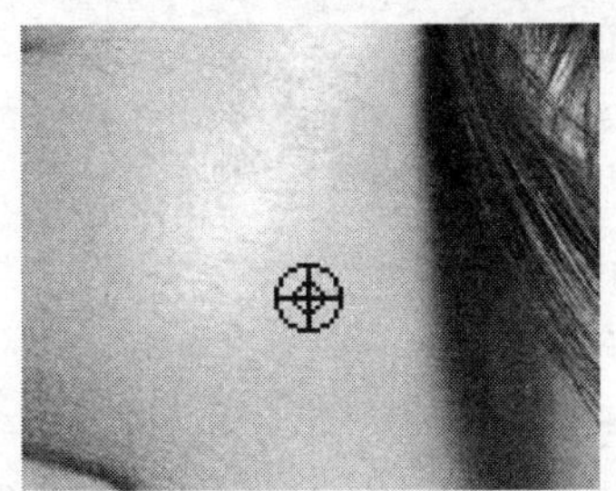
图 3.343　定义源图像

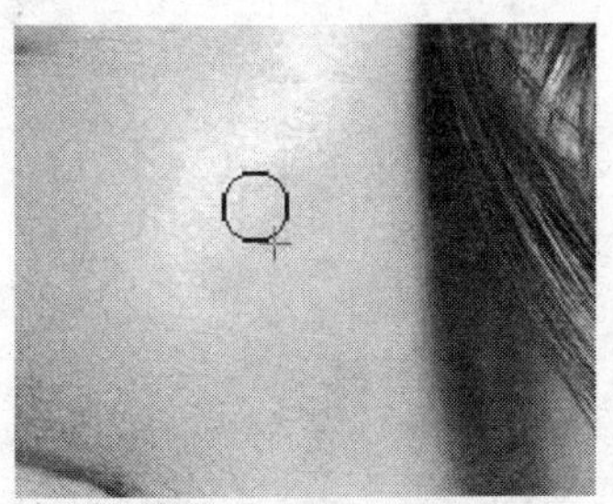
图 3.344　修复中的状态

5. 按照上一步的操作方法，应用“修复画笔工具” 通过多次定义源图像，将面部的油光修除，如图 3.345 所示为修除前后的局部对比效果。

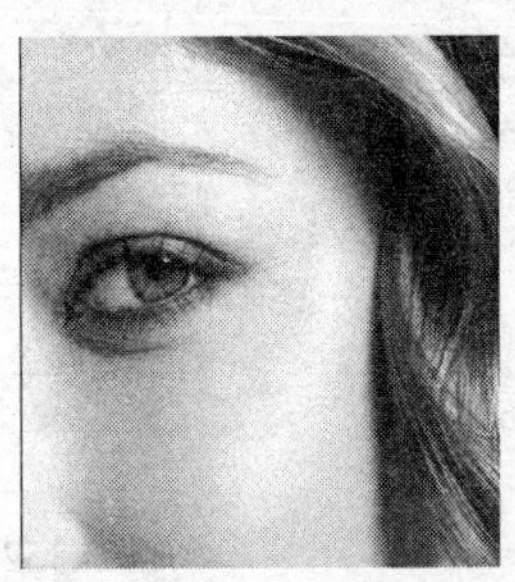
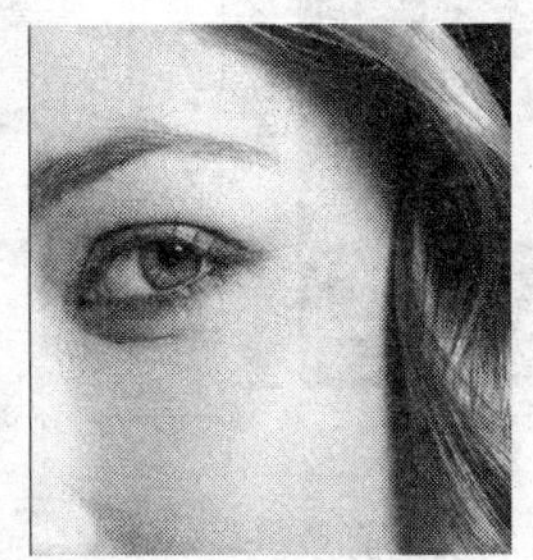
图 3.345　修除油光前后的局部对比效果

提示：下面结合“曲线”调整图层以及编辑蒙版的功能，修除余下的油光。

6. 在“图层”面板底部单击“创建新的填充或调整图层”按钮 ，在弹出的菜单中选择“曲线”命令，如图 3.346 所示，得到“曲线 1”图层，设置弹出的面板如图 3.347 所示，得到如图 3.348 所示的效果。

7. 确认选中的是“曲线 1”图层蒙版缩览图，如图 3.349 所示。按 Ctrl+I 键执行“反相”操作，以将上一步调整的效果全部隐藏，此时“图层”面板如图 3.350 所示。

8. 在工具箱中设置前景色为白色，如图 3.351 所示。选择“画笔工具” ，设置其工具选项条如图 3.352 所示。

图 3.346 选择“曲线”命令

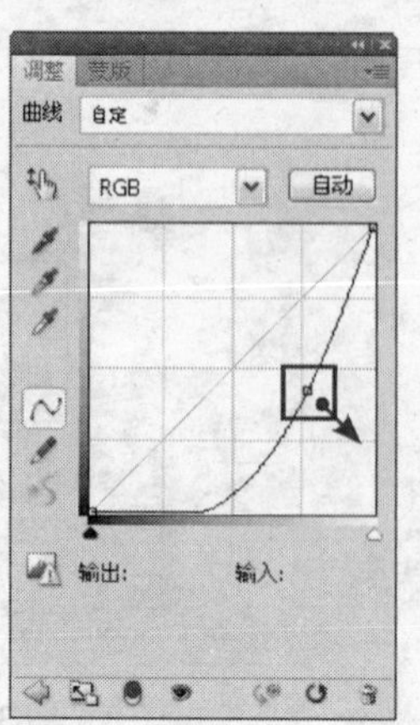

图 3.347 “曲线”面板

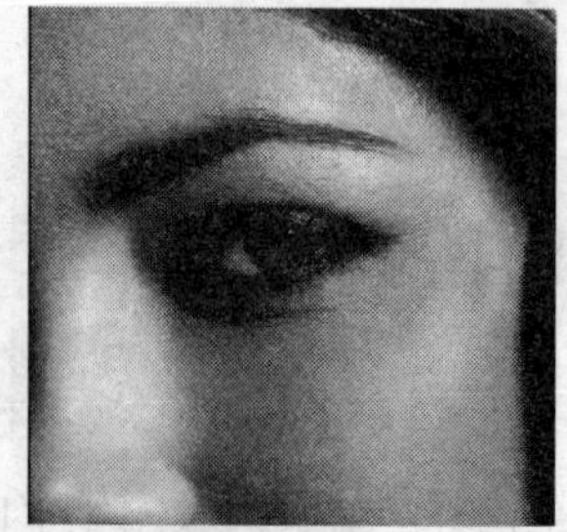

图 3.348 应用“曲线”命令后的效果

图 3.349 选中蒙版缩览图

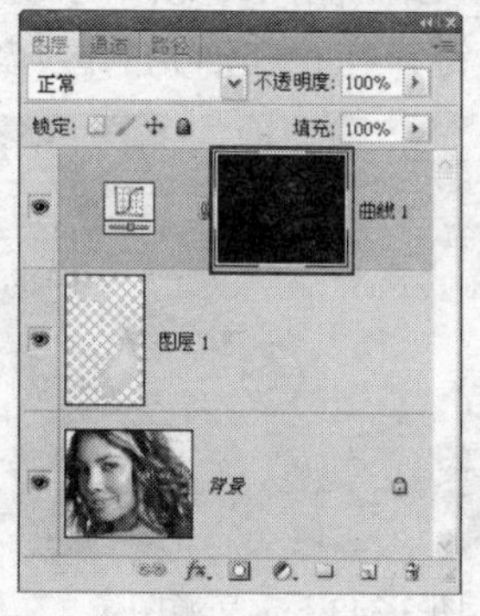

图 3.350 执行“反相”命令后的蒙版状态

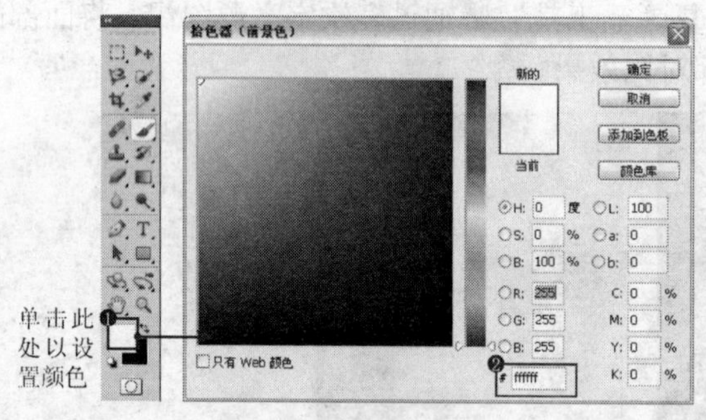

图 3.351 设置前景色

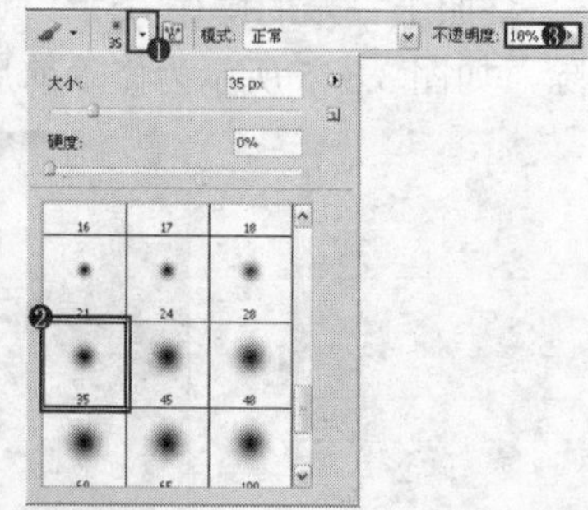

图 3.352 设置工具选项条

9．应用“画笔工具”在面部油光区域涂抹，使涂抹区域显示出第 6 步调整的效果，如图 3.353 所示。对应的蒙版中的状态如图 3.354 所示。

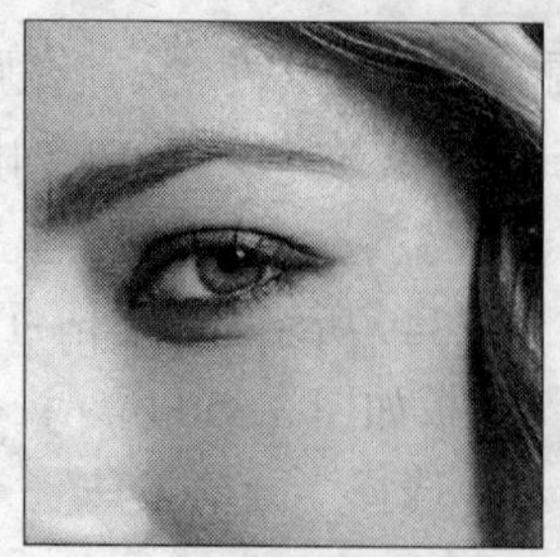

图 3.353 涂抹后的效果

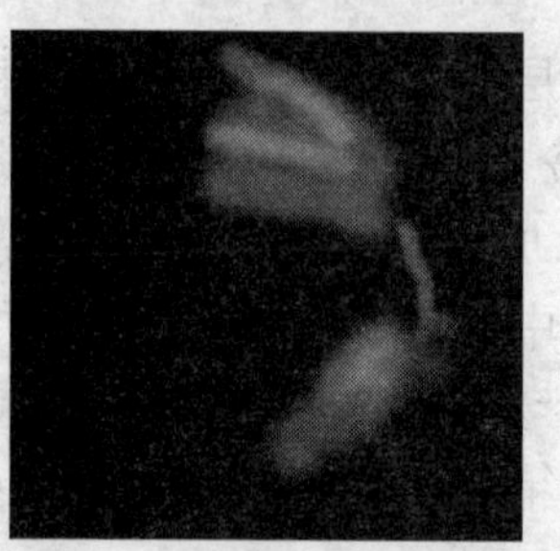

图 3.354 蒙版中的状态

10．至此，完成本例的操作，最终整体效果如图 3.355 所示。“图层”面板如图 3.356 所示。

图 3.355　最终效果

图 3.356　“图层”面板

3. 23　还你白净的肌肤

受拍摄环境以及自身等因素影响，拍摄的照片会有皮肤暗沉等现象，这样严重影响照片美观。本例主要讲解如何还你白净的肌肤，在制作的过程中，主要结合了画笔工具、选区以及调整图层等功能。

1．打开本书配套素材提供的“第 3 章\3.23-素材.jpg”，将看到整个图片如图 3.357 所示。

图 3.357　素材图像

2．在工具箱中选择“磁性套索工具”，设置其工具选项条如 羽化: 0 px　消除锯齿　宽度: 10 px　对比度: 10%　频率: 60 所示，沿人物脸部开始绘制选区如图 3.358 所示，绘制完成后得到如图 3.359 所示的选区状态。

图 3.358　磁性套索工具绘制选区状态

图 3.359　沿人物脸部、颈部绘制的选区状态

3．保持选区，在“图层”面板底部单击“创建新的填充或调整图层”按钮，在弹出的菜单中选择“曲线”命令，得到“曲线 1”图层，设置弹出的面板如图 3.360～3.363 图所示，得到如图 3.364 所示的效果。“图层”面板如图 3.365 所示。

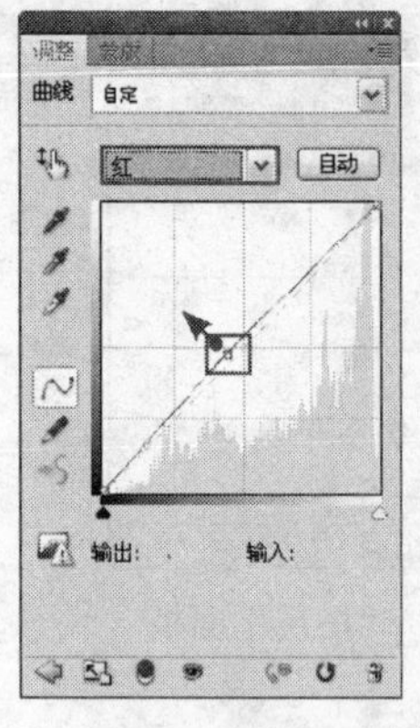

图 3.360 “红”面板

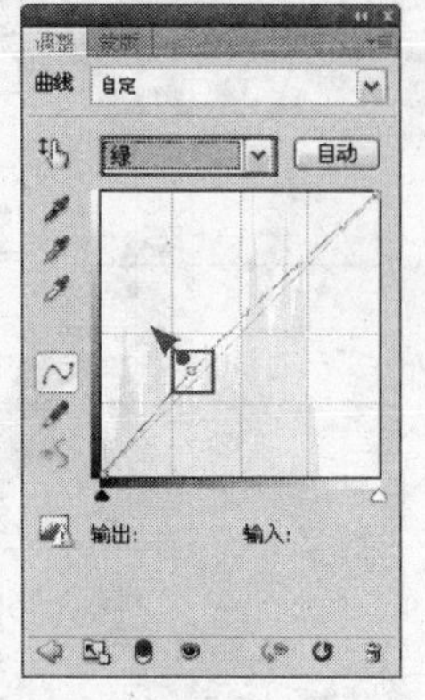

图 3.361 “绿”面板

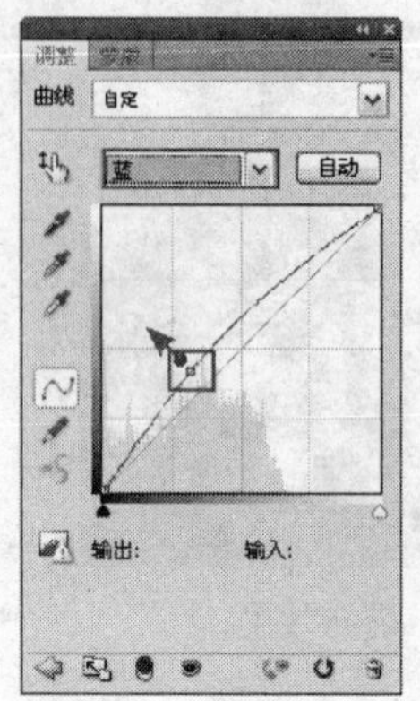

图 3.362 “蓝”面板

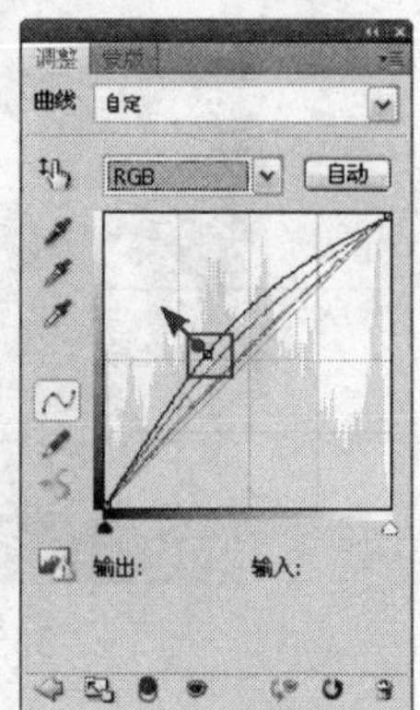

图 3.363 “RGB”面板

图 3.364 应用“曲线”命令后的效果

图 3.365 “图层”面板

提示：放大图像显示会发现人物额头边缘过于生硬，如图 3.366 所示。下面继续编辑蒙版来处理这个问题。

4．选择“曲线 1”图层蒙版缩览图，设置前景色为黑色，在工具箱中选择“画笔工具”，设置其工具选项条如所示，在人物发髻边缘进行涂抹，得到如图 3.367 所示的效果，图层蒙版中的状态如图 3.368 所示。

图 3.366 放大图像显示的效果

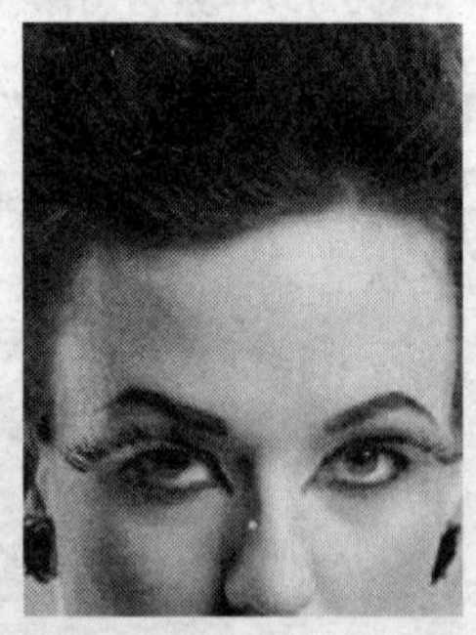

图 3.367 涂抹后的效果

图 3.368 图层蒙版中的状态

5．按 Ctrl 键单击“曲线 1”的图层蒙版缩览图，以载入选区，在“图层”面板底部单击创建“新的填充或调整图层”按钮，在弹出的菜单中选择“色阶”命令，得到“色阶 1”图层，设置弹出的面板如图 3.369 所示，得到如图 3.370 所示的最终效果，“图层”面板如图 3.371 所示。

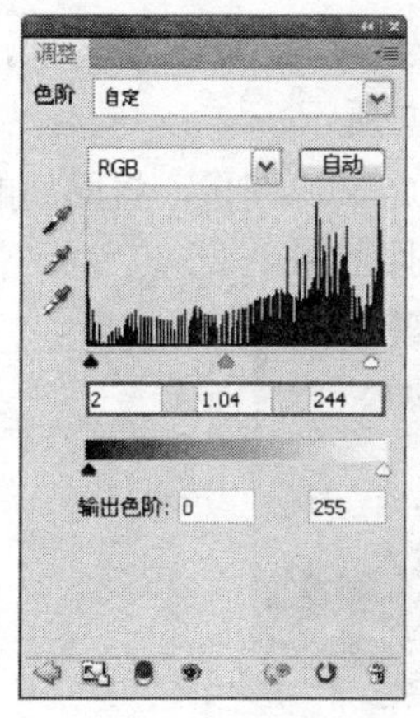

图 3.369　“色阶”面板

图 3.370　最终效果

图 3.371　“图层”面板

3.24　男性皮肤的质感化表现

本例主要讲解如何调出男性皮肤的质感。在制作的过程中，主要结合了“修复画笔工具”、填充图层、图层属性、调整图层以及编辑蒙版等功能。

1．打开本书配套素材提供的“第 3 章\3.24-素材.jpg”，将看到整个图片如图 3.372 所示。面部特写如图 3.373 所示。

图 3.372　素材图像

图 3.373　面部特写

提示：首先利用修复工具中的“修复画笔工具”将面部的斑、细纹、痣修除。

2．在“图层”面板底部单击“创建新图层”按钮，得到“图层 1”，此时“图层”面板如图 3.374 所示。在工具箱中选择“修复画笔工具”，设置其工具选项条如图 3.375 所示。

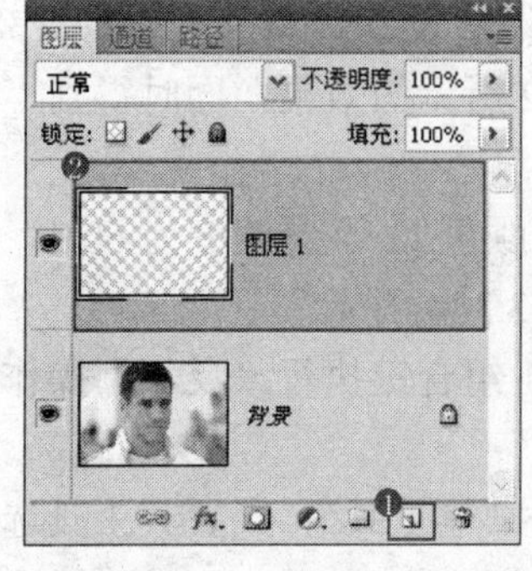

图 3.374　“图层”面板

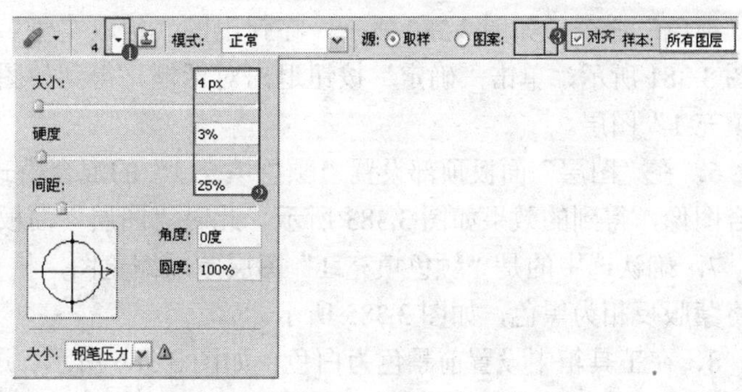

图 3.375　设置工具选项条

3．将光标置于人物额头部位，细纹附近皮肤光滑的区域，按 Alt 键单击以定义源图像，如图 3.376 所示，释放 Alt 键在细纹区域涂抹，修复中的状态如图 3.377 所示。

4．按照上一步的操作方法，利用“修复画笔工具”，通过多次定义源图像，将面部的斑、细纹以及痣修除，如图 3.378 和图 3.379 所示为修除前后的局部对比效果。

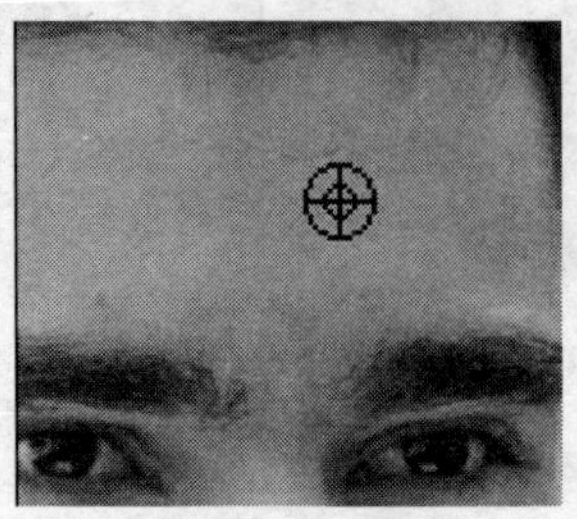

图 3.376　定义源图像

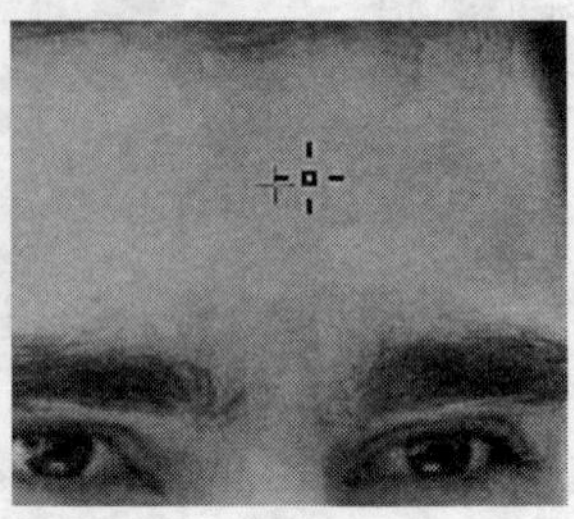

图 3.377　修复中的状态

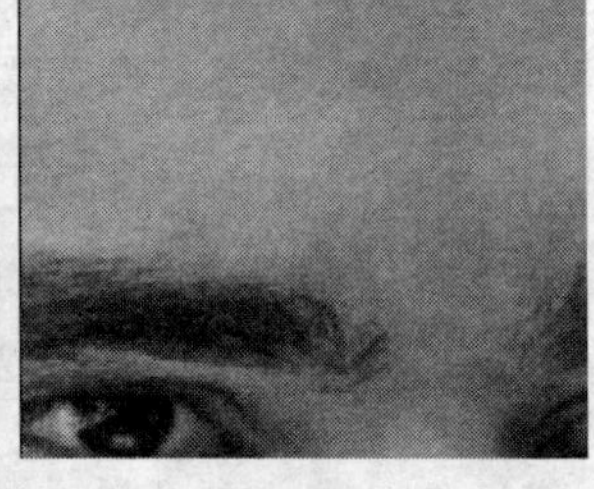

图 3.378　修除前后的局部对比效果 1

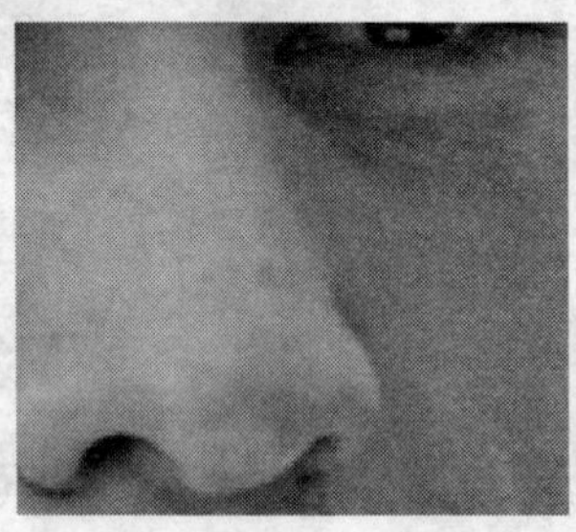

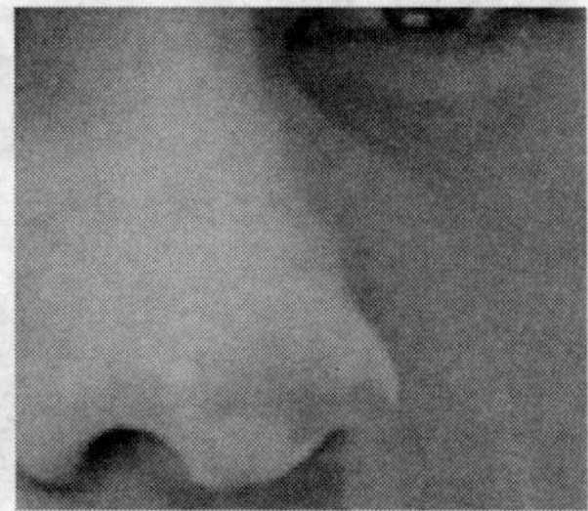

图 3.379　修除前后的局部对比效果 2

提示：为了更清楚地让读者看清修除前后的对比效果，本步所给出的图片的显示比例为 200%。下面对皮肤的色彩进行调整。

5．在“图层”面板底部单击“创建新的填充或调整图层”按钮，在弹出的菜单中选择“纯色”命令，如图 3.380 所示，在弹出的“拾取实色”对话框中设置其颜色值为 4e3c38，如图 3.381 所示，单击“确定”按钮退出对话框，得到如图 3.382 所示的效果，同时得到“颜色填充 1”图层。

6．在“图层”面板顶部设置“颜色填充 1”的混合模式为“颜色”，不透明度为 60%，以混合图像，得到的效果如图 3.383 所示。此时“图层”面板如图 3.384 所示。

7．确认选中的是“颜色填充 1”图层蒙版缩览图，按 Ctrl+I 组合键执行“反相”操作，以将蒙版反相为黑色，如图 3.385 所示。

8．在工具箱中设置前景色为白色，如图 3.386 所示。选择“画笔工具”，设置其工具选项条如图 3.387 所示。

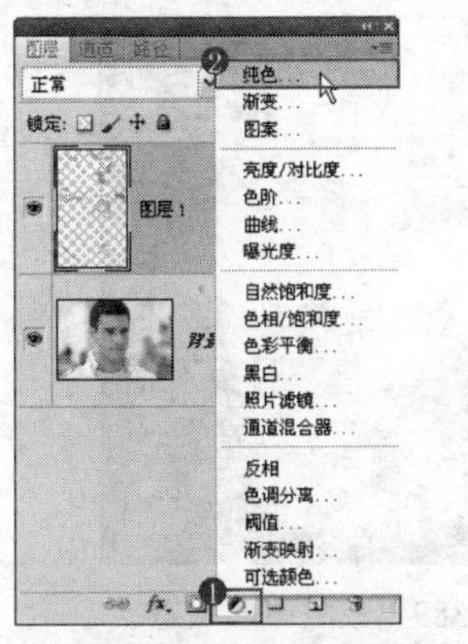

图 3.380 选择“纯色”命令

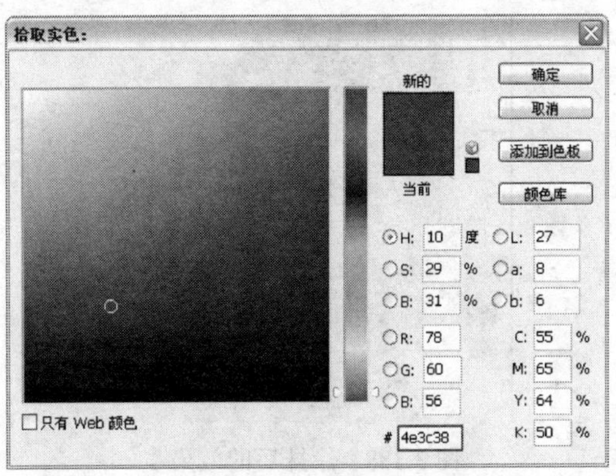

图 3.381 “拾取实色”对话框

图 3.382 应用“纯色”命令后的效果

图 3.383 设置图层属性后的效果

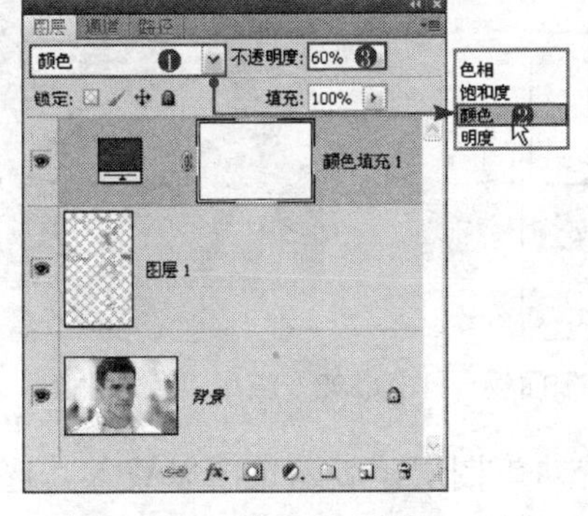

图 3.384 “图层”面板

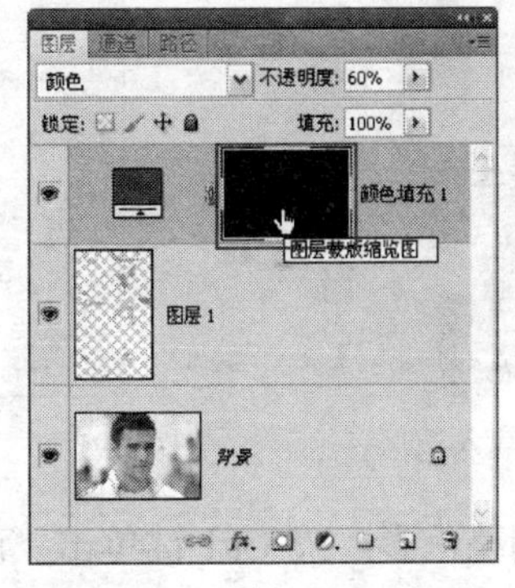

图 3.385 将蒙版反相为黑色

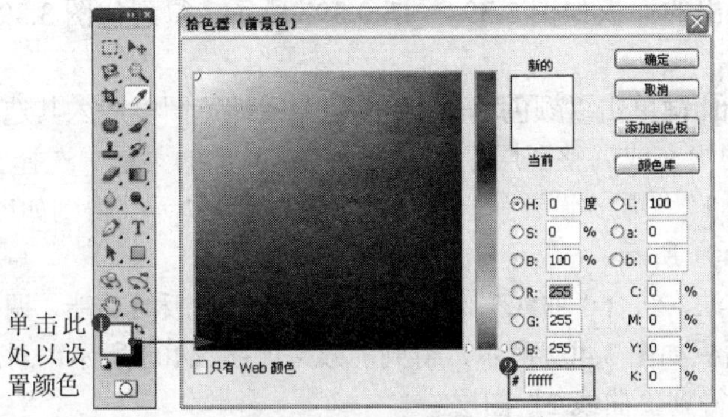

图 3.386 设置前景色

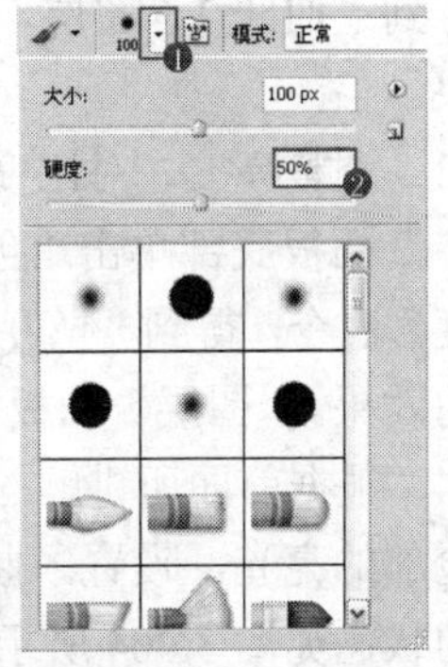

图 3.387 设置工具选项条

9．应用设置好的画笔在人物皮肤区域涂抹，得到的效果如图 3.388 所示，此时蒙版中的状态如图 3.389 所示。

图 3.388　涂抹后的效果

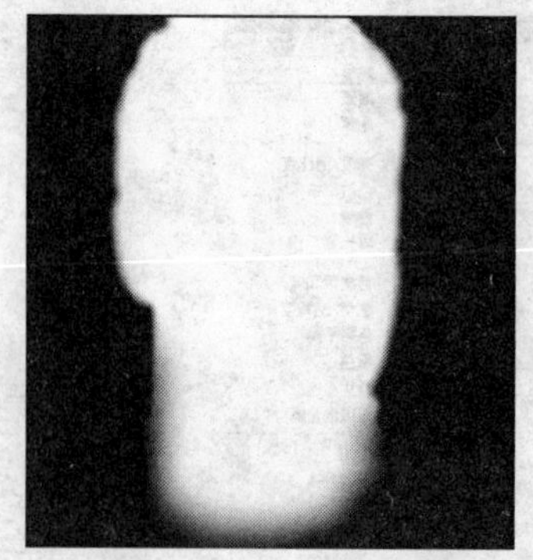

图 3.389　蒙版中的状态

10．调整中间调效果。按 Ctrl 键单击“颜色填充 1”图层蒙版缩览图以载入其选区，如图 3.390 所示。

11．保持选区，在“图层”面板底部单击“创建新的填充或调整图层”按钮，在弹出的菜单中选择“色彩平衡”命令，得到“色彩平衡 1”图层，设置弹出的面板如图 3.391 所示，得到如图 3.392 所示的效果。“图层”面板如图 3.393 所示。

图 3.390　载入选区

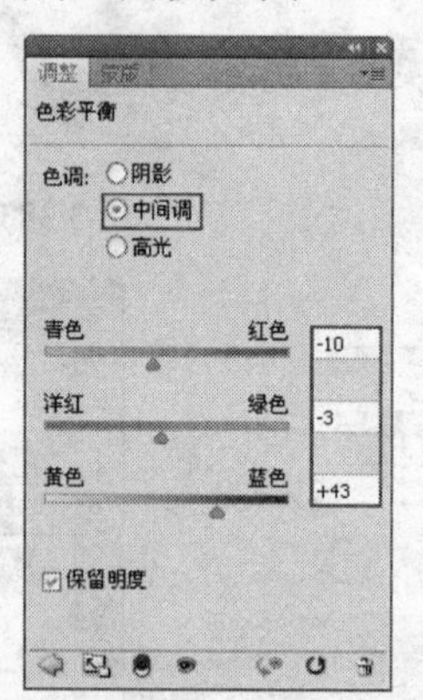

图 3.391　“色彩平衡”面板

图 3.392　应用“色彩平衡”命令后的效果

12．调整色彩。按 Ctrl 键单击“颜色填充 1”图层蒙版缩览图以载入其选区，在“图层”面板底部单击“创建新的填充或调整图层”按钮，在弹出的菜单中选择“曲线”命令，得到“曲线 1”图层，设置弹出的面板如图 3.394～图 3.397 所示，得到如图 3.398 所示的效果。

13．调整亮度、对比度。按 Ctrl 键单击“颜色填充 1”图层蒙版缩览图以载入其选区，在“图层”面板底部单击“创建新的填充或调整图层”按钮，在弹出的菜单中选择“亮度/对比度”命令，得到“亮度/对比度 1”图层，设置弹出的面板如图 3.399 所示，得到如图 3.400 所示的效果。“图层”面板如图 3.401 所示。

14．根据前面所讲解的操作方法，结合“曲线”调整图层以及编辑蒙版的功能，调整人物左侧脸部的亮光，设置“曲线”面板如图 3.402 所示，得到的效果如图 3.403 所示，对应的蒙版中的状态如图 3.404 所示。同时得到“曲线 2”图层。

提示：此时，观看左侧面部的亮光与整体的光感不是很协调，下面利用“羽化”功能来处理这个问题。

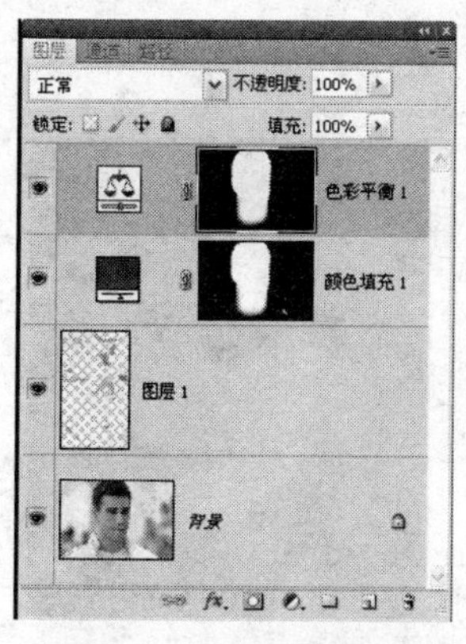
图 3.393　“图层”面板

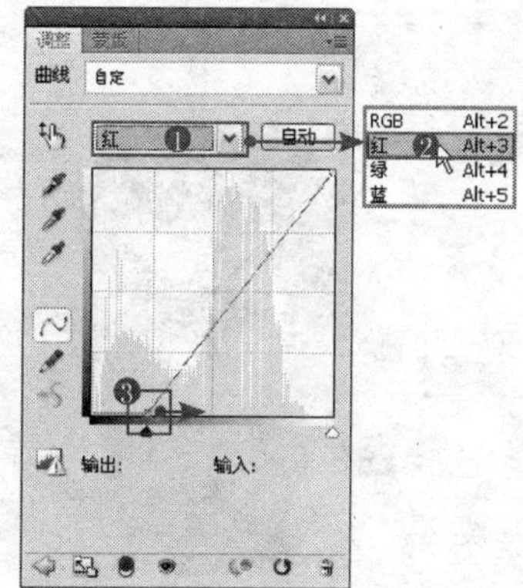
图 3.394　“红”面板

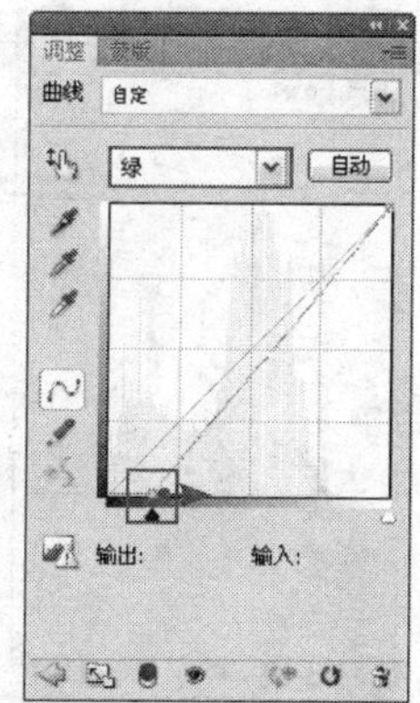
图 3.395　“绿”面板

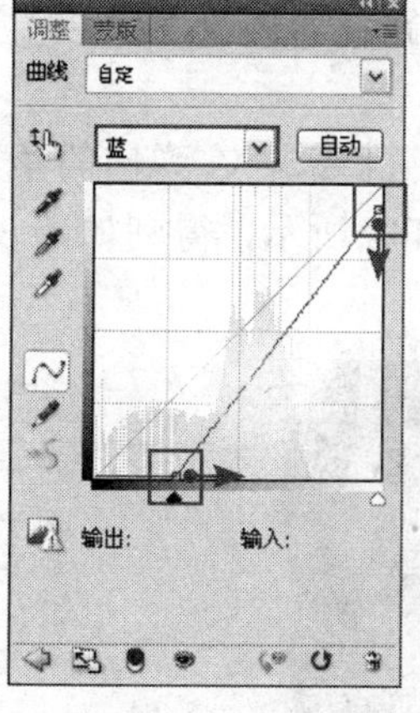
图 3.396　“蓝”面板

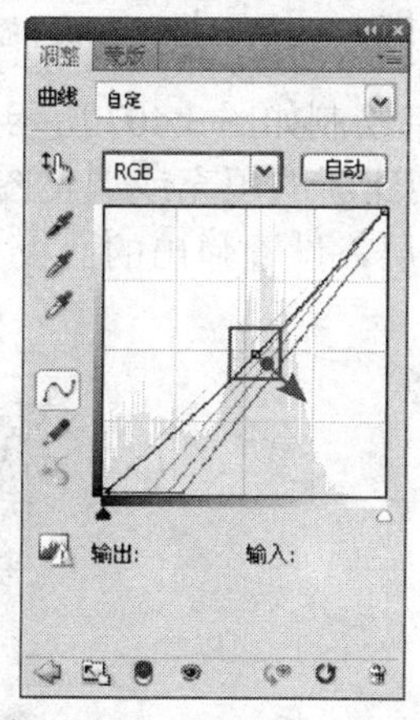
图 3.397　“RGB”面板

图 3.398　应用“曲线”命令后的效果

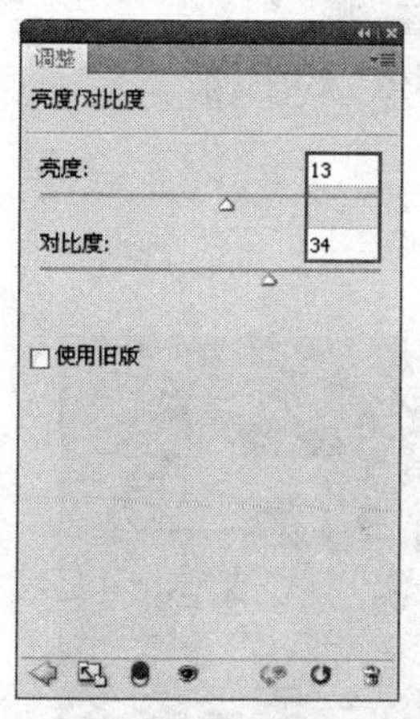
图 3.399　“亮度/对比度”面板

图 3.400　应用“亮度/对比度”命令后的效果

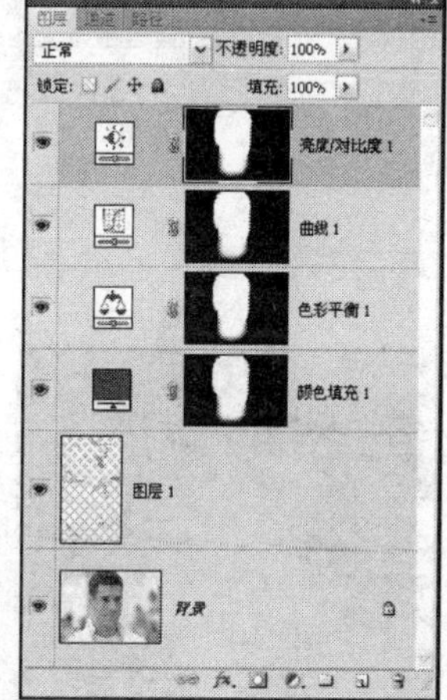
图 3.401　“图层”面板

15．选中“曲线 2”图层蒙版缩览图，选择“窗口”|“蒙版”命令，调出“蒙版”面板，在弹出的面板中设置“羽化”数值为 25，如图 3.405 所示，此时图像效果如图 3.406 所示。

提示：下面结合路径、调整图层、编辑蒙版以及“画笔工具”等功能，提亮眼神。

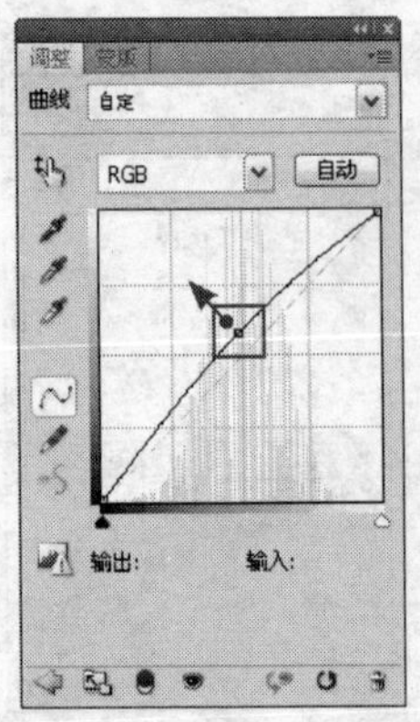

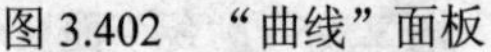

图 3.402 “曲线”面板　　图 3.403 应用“曲线”命令后的效果　　图 3.404 蒙版中的状态

16．在工具箱中选择“钢笔工具”，在工具选项条上选择“路径”按钮，以及“添加到路径区域”按钮，在人物的眼部绘制如图 3.407 所示的路径。

17．在“图层”面板底部单击“创建新的填充或调整图层”按钮，在弹出的菜单中选择“曲线”命令，得到“曲线 3”图层，设置弹出的面板如图 3.408 所示，得到如图 3.409 所示的效果。

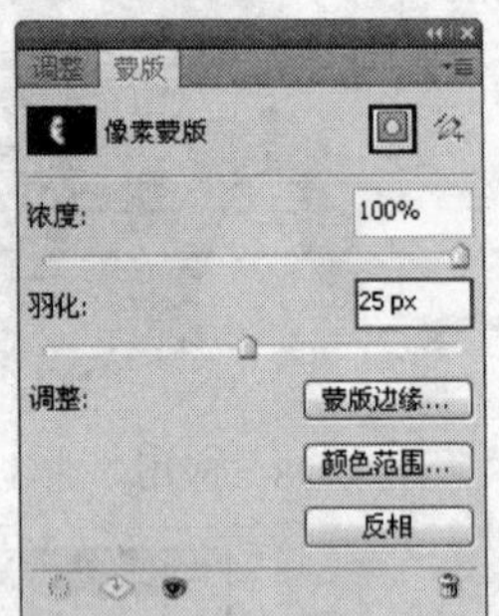

图 3.405 “蒙版”面板　　图 3.406 应用“羽化”后的效果

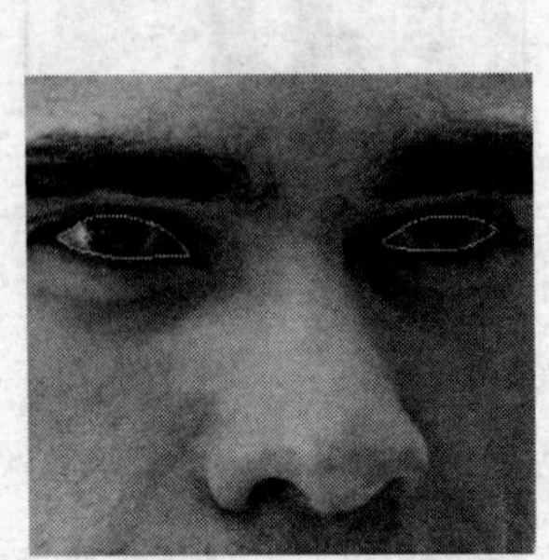

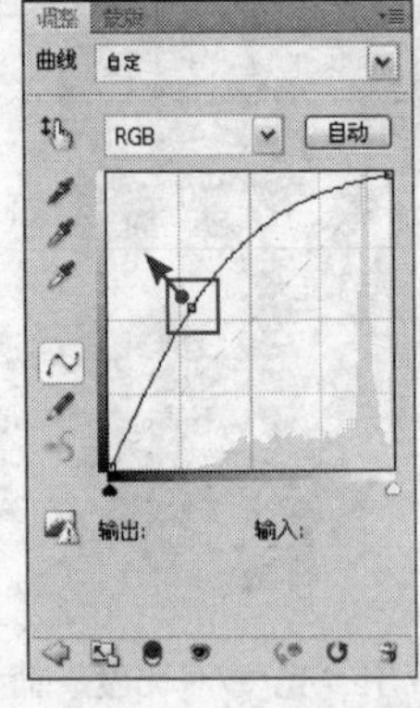

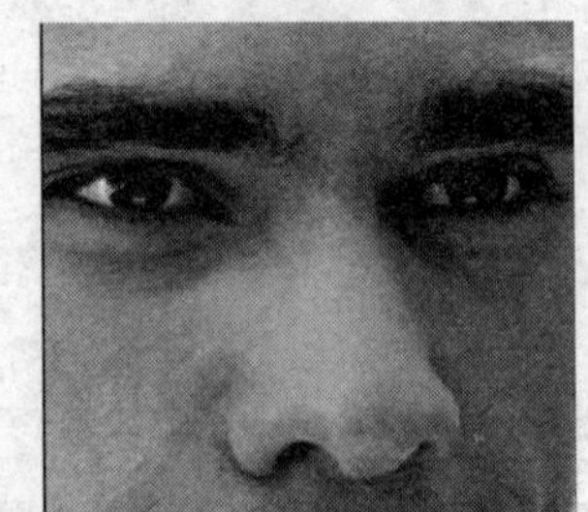

图 3.407 绘制路径　　图 3.408 “曲线”面板　　图 3.409 应用“曲线”命令后的效果

18．制作眼球中的高光。在“图层”面板底部“创建新图层”按钮，得到“图层 2”，设置前景色为白色，选择“画笔工具”，并在其工具选项条中设置画笔为“尖角 5 像素”，不透明度为 100%，在眼球位置涂抹，得到的效果如图 3.410 所示。“图层”面板如图 3.411 所示。

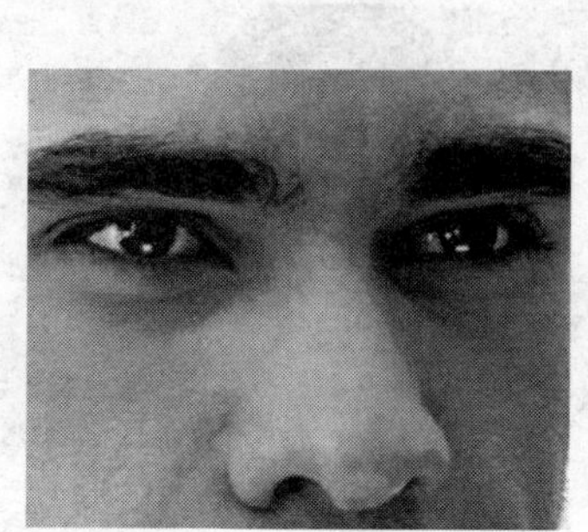

图 3.410　涂抹后的效果

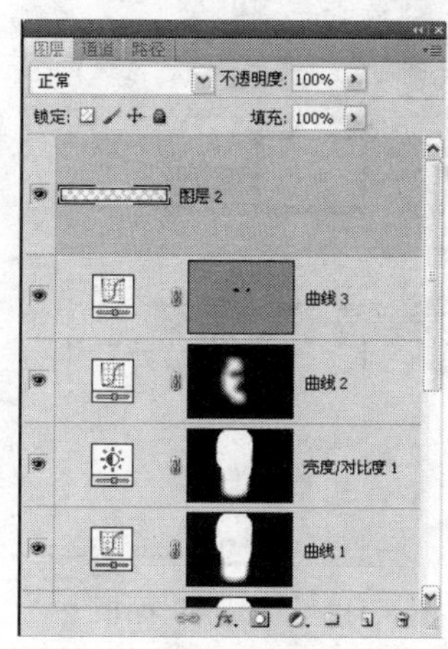

图 3.411　“图层”面板

提示：在涂抹的过程中，可根据眼睛受光度而改变画笔的大小。下面提亮皮肤。

19．选中“颜色填充 1”，按 Shift 键选中“图层 2”，以选中它们之间相连的图层，按 Ctrl+G 组合键执行“图层编组”的操作，得到“组 1”。

20．在“图层”面板底部单击“创建新的填充或调整图层”按钮，在弹出的菜单中选择“色阶”命令，得到“色阶 1”图层，设置弹出的面板如图 3.412 所示，得到如图 3.413 所示的效果。

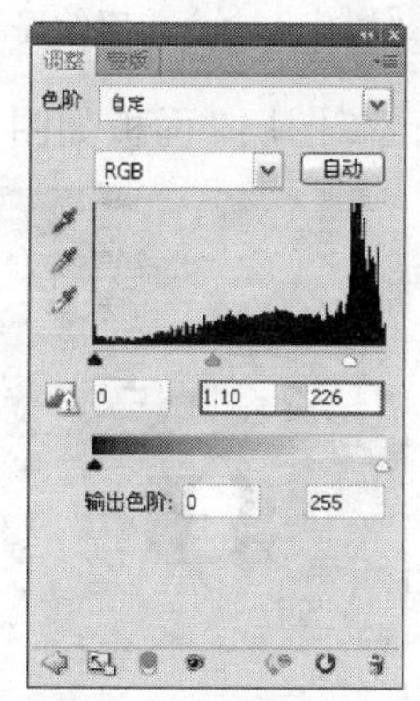

图 3.412　“色阶”面板

图 3.413　应用“色阶”命令后的效果

21．按 Ctrl 键分别选中“组 1”和“色阶 1”，按 Ctrl+G 组合键执行“图层编组”的操作，得到“组 2”。在“图层”面板底部单击“添加图层蒙版”按钮，为“组 2”添加蒙版，此时“图层”面板如图 3.414 所示。

22．按 Ctrl+I 组合键执行“反相”操作，以将“组 2”的蒙版反相为黑色，按照第 8～9 步的操作方法，应用“画笔工具”在蒙版中进行涂抹，以显示面部的亮光，如图 3.415 所示，此时蒙版中的状态如图 3.416 所示。

提示：下面利用“锐化”命令锐化图像，以显示出更多的图像细节。

23．按 Ctrl+Alt+Shift+E 组合键执行“盖印”操作，从而将当前所有可见的图像合并至一个新图层中，得到“图层 3”。选择“滤镜”|“锐化”|“锐化”命令，如图 3.417 所示为锐化前后的局部对比效果。

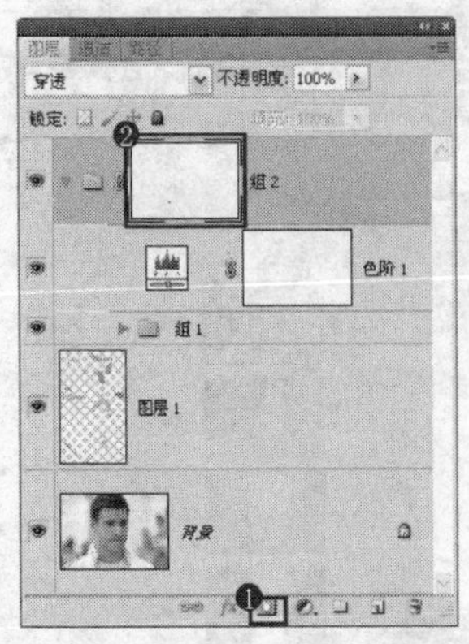

图 3.414 “图层”面板

图 3.415 涂抹后的效果

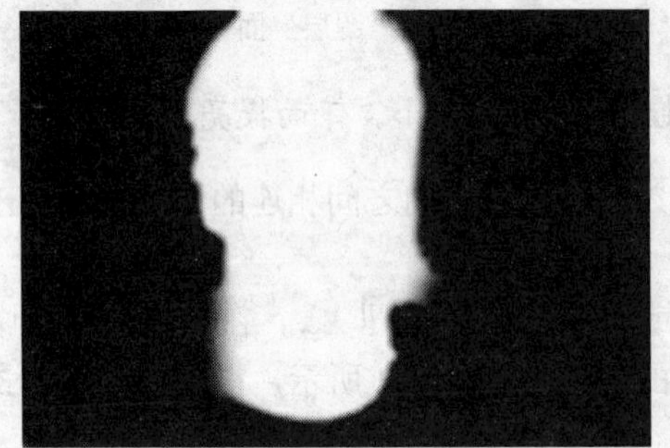

图 3.416 蒙版中的状态

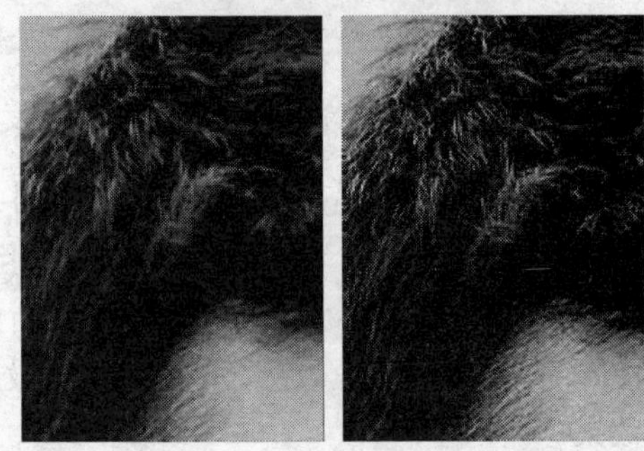

图 3.417 应用“锐化”命令前后的局部对比效果

24. 至此，完成本例的操作，最终整体效果如图 3.418 所示。“图层”面板如图 3.419 所示。

图 3.418 最终效果

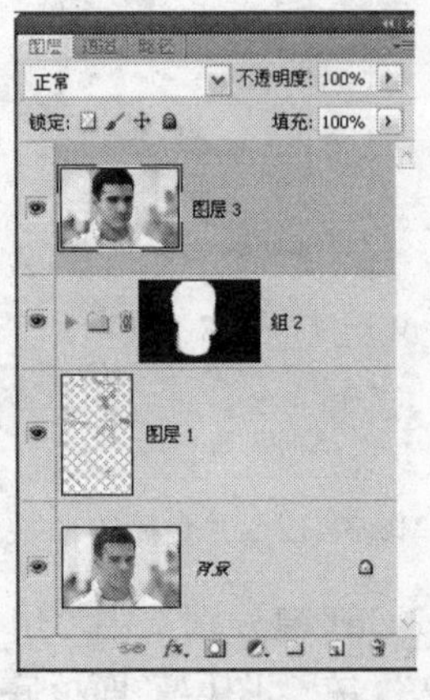

图 3.419 “图层”面板

3.25 女性皮肤的柔滑表现——高反差保留

本例主要讲解如何柔滑女性的肌肤。在制作的过程中，主要结合了“反相”命令、“高反差保留”命令、混合模式以及“修复画笔工具”。

1. 打开本书配套素材提供的“第 3 章\3.25-素材.JPG”，将看到整个图片如图 3.420 所示。面部特写如图 3.421 所示。

提示：下面结合“反相”命令、“高反差保留”命令以及混合模式的功能，柔滑皮肤。

2．将“背景”图层拖至“图层”面板底部“创建新图层”按钮 上，得到“背景 副本”图层，此时“图层”面板如图 3.422 所示。按 Ctrl+I 键执行“反相”操作，得到的效果如图 3.423 所示。

3．选择“滤镜”|“其他”|“高反差保留”命令，如图 3.424 所示。设置弹出的对话框如图 3.425 所示，单击“确定”按钮退出对话框，得到如图 3.426 所示的效果。

图 3.420　素材图像

图 3.421　面部特写

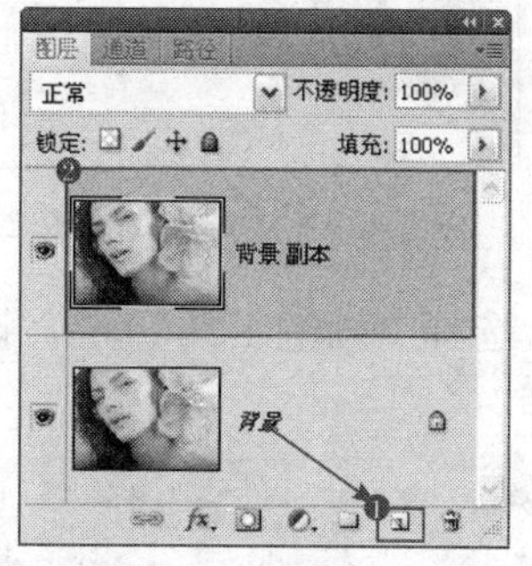

图 3.422　“图层”面板

图 3.423　执行“反相”命令后的效果

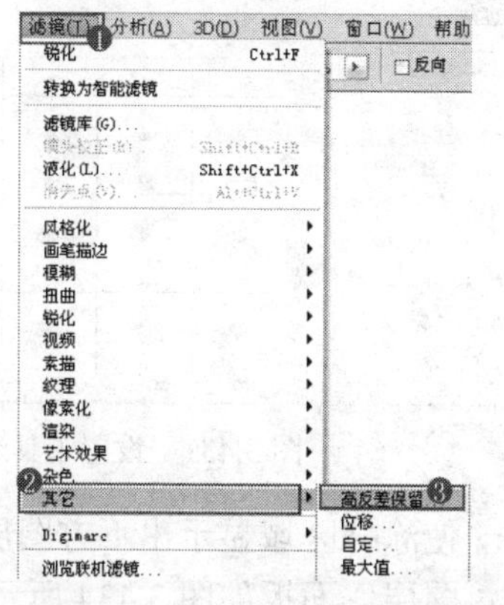

图 3.424　选择“高反差保留”命令

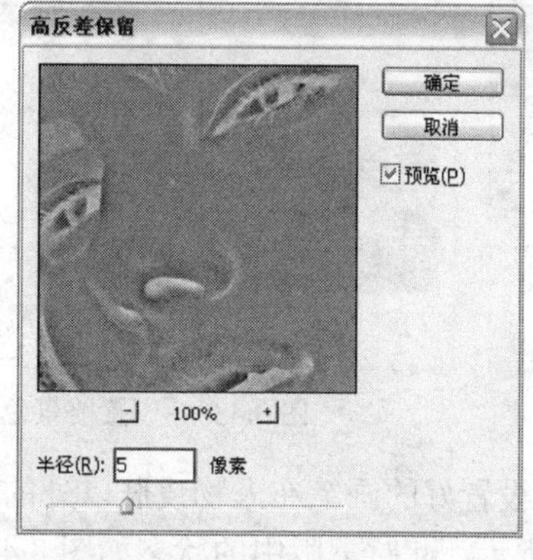

图 3.425　“高反差保留”对话框

4．在“图层”面板顶部设置“背景 副本”图层的混合模式为“叠加”，以混合图像，得到的效果如图 3.427 所示，此时“图层”面板如图 3.428 所示。

提示：至此，人物的皮肤已变得柔滑，但皮肤以外的图像也变得模糊不清，下面利用图层蒙版的功能来处理这个问题。

5．在“图层”面板底部单击“添加图层蒙版”按钮 ，为“背景 副本”图层添加蒙版，此时“图层”面板如图 3.429 所示。

图 3.426　应用“高反差保留”命令后的效果

图 3.427　设置混合模式后的效果

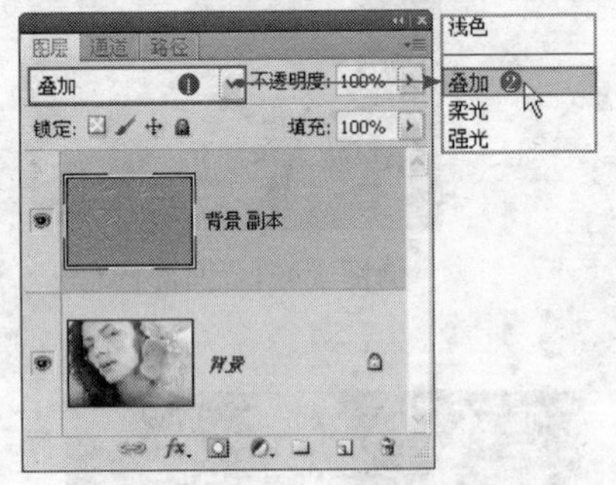

图 3.428　“图层”面板 1

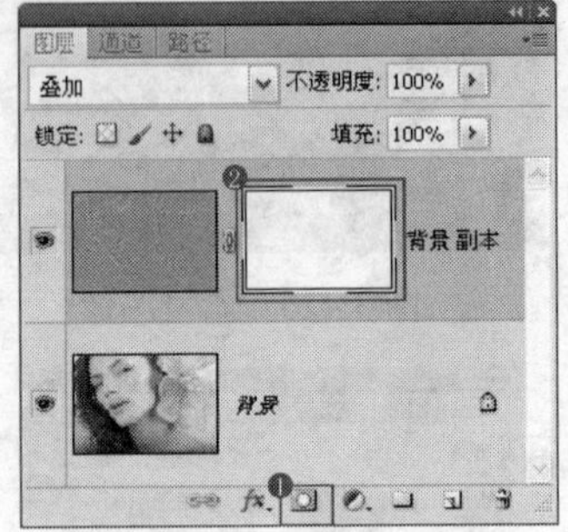

图 3.429　“图层”面板 2

6．在工具箱中设置前景色为黑色，如图 3.430 所示，选择“画笔工具”，设置其工具选项条如图 3.431 所示。

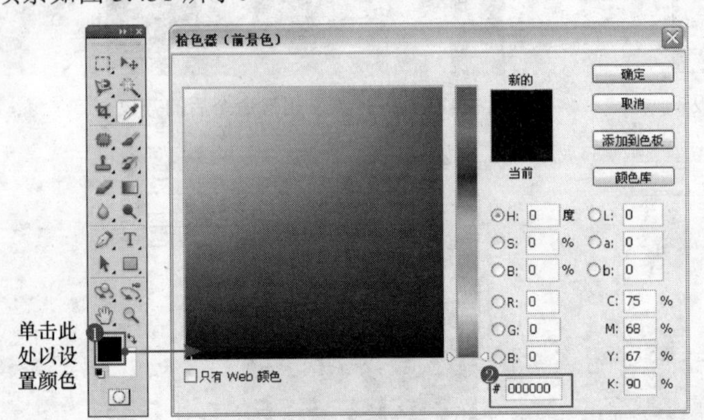

图 3.430　设置前景色

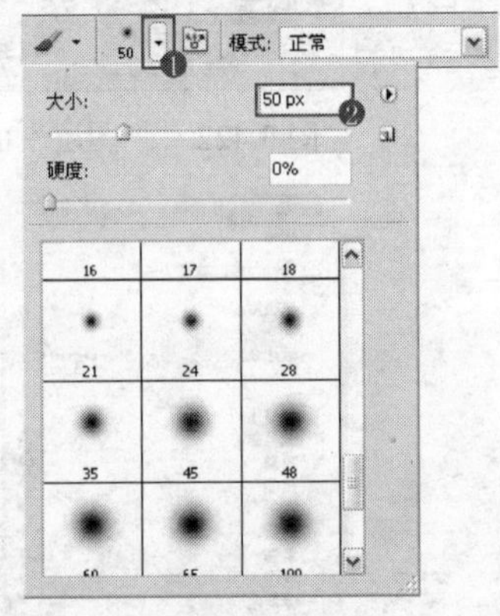

图 3.431　设置工具选项条

7. 应用设置好的画笔在人物皮肤以外的区域涂抹，使涂抹区域显示出下方图层中的图像，如图 3.432 所示，此时蒙版中的状态如图 3.433 所示。“图层”面板如图 3.434 所示。

8．在“图层”面板底部单击“创建新图层”按钮，得到“图层 1”，此时“图层”面板如图 3.435 所示。

提示：下面利用“修复画笔工具”使人物的肌肤更加光洁柔滑。

9．在工具箱中选择“修复画笔工具”，如图 3.436 所示，设置其工具选项条如图 3.437 所示。

10．将光标置于人物右眼角斑点附近光洁的区域，按 Alt 键单击鼠标左键以定义源图像，如图 3.438 所示。释放 Alt 键，在有斑点的区域涂抹，如图 3.439 所示。

图 3.432　涂抹后的效果

图 3.433　蒙版中的状态

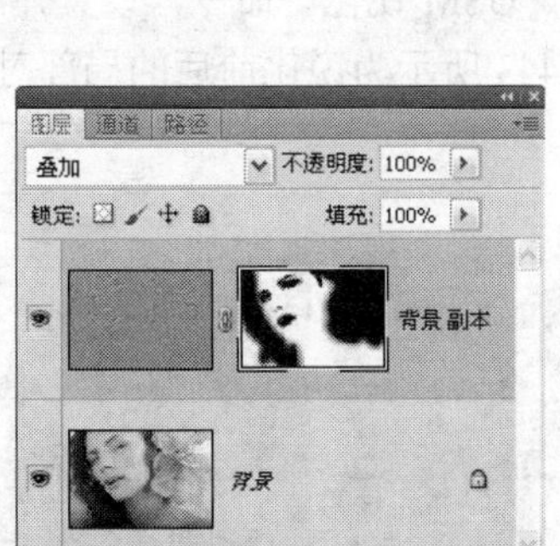

图 3.434　“图层”面板 1

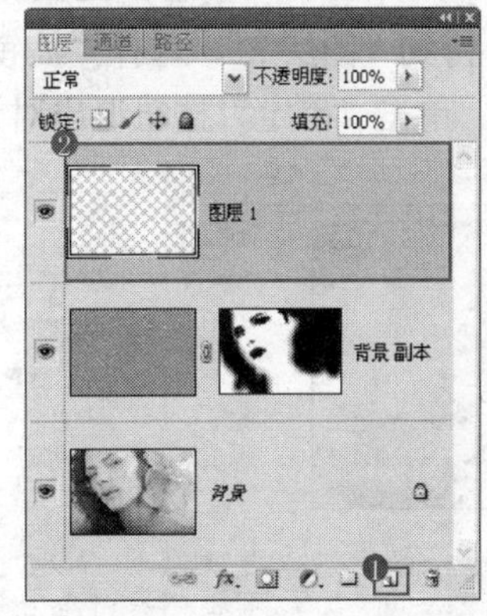

图 3.435　“图层”面板 2

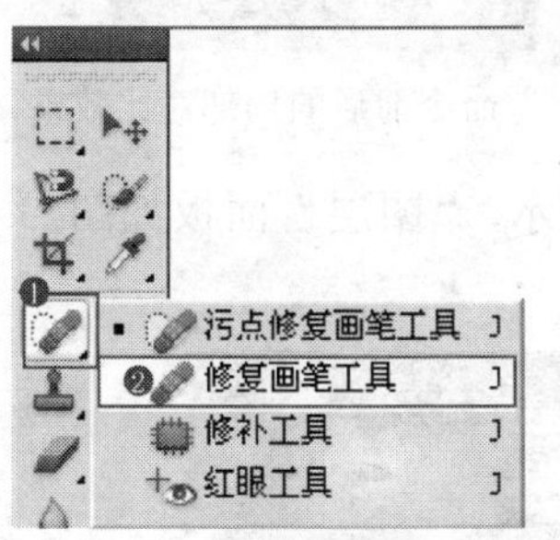

图 3.436　选择“修复画笔工具”命令

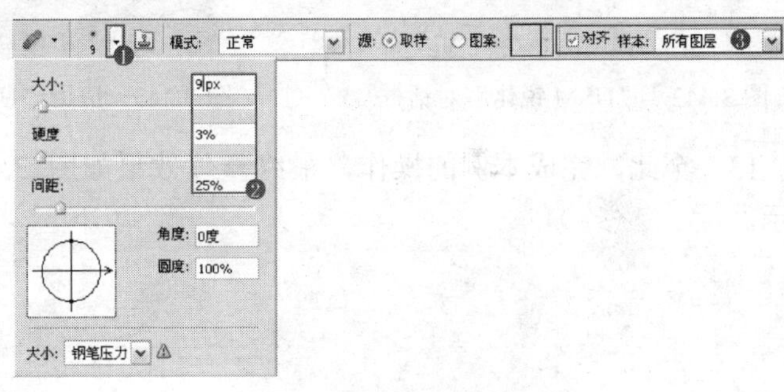

图 3.437　设置工具选项条

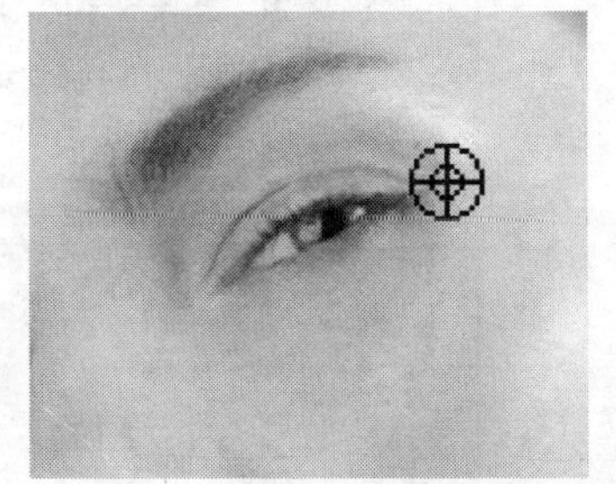

图 3.438　定义源图像

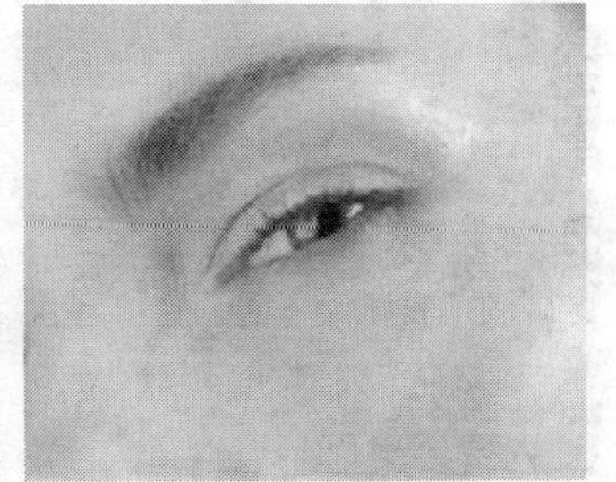

图 3.439　修除斑点后的效果

11．按照上一步的操作方法，应用“修复画笔工具”通过多次定义源图像，将面部的其他斑点修除，如图 3.440 与图 3.441 所示为修除前后的局部对比效果。

提示：为了让读者更清楚的看清操作对象，本步展示的图片的显示比例状态为 200%。下面锐化图像，以显示出更多的图像细节。

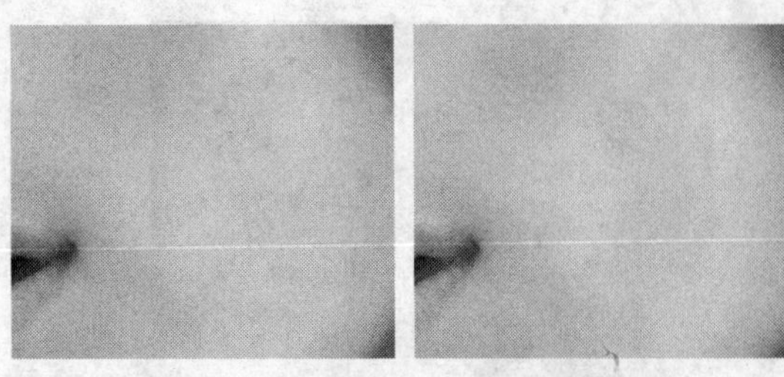
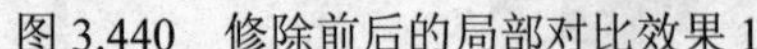
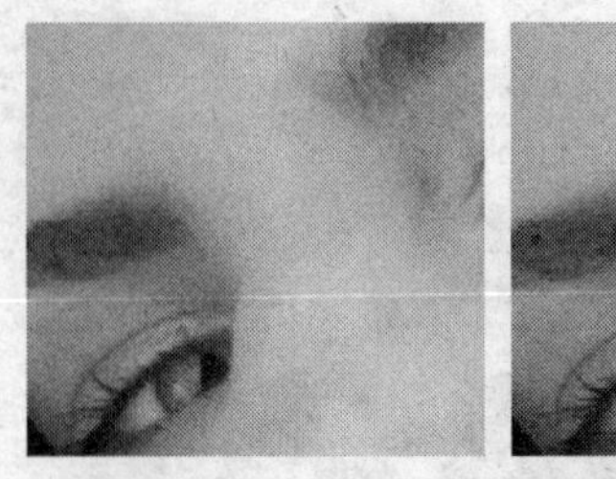
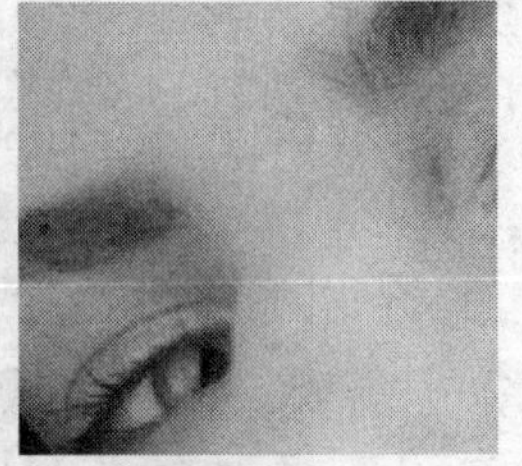

图 3.440 修除前后的局部对比效果 1　　图 3.441 修除前后的局部对比效果 2

12．按 Ctrl+Alt+Shift+E 组合键执行“盖印”操作，从而将当前所有可见的图像合并至一个新图层中，得到“图层 2”。选择“滤镜”|“锐化”|“USM 锐化”命令，设置弹出的对话框如图 3.442 所示，单击“确定”按钮退出对话框，如图 3.443 所示为锐化前后的局部对比效果。

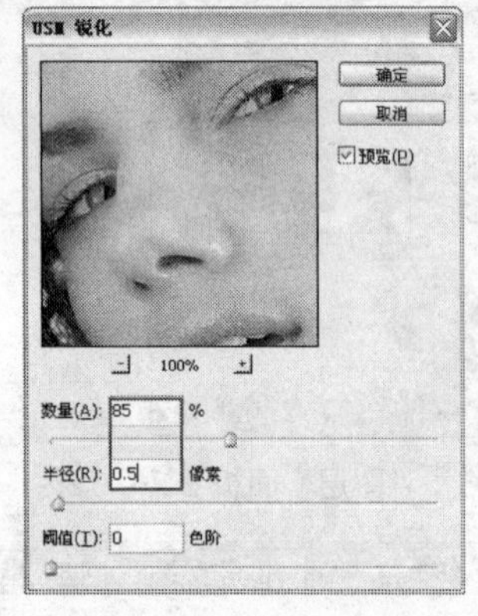

图 3.442 “USM 锐化”对话框

图 3.443 应用“USM 锐化”命令前后的局部对比效果

13．至此，完成本例的操作，最终整体效果如图 3.444 所示，“图层”面板如图 3.445 所示。

图 3.444 最终效果

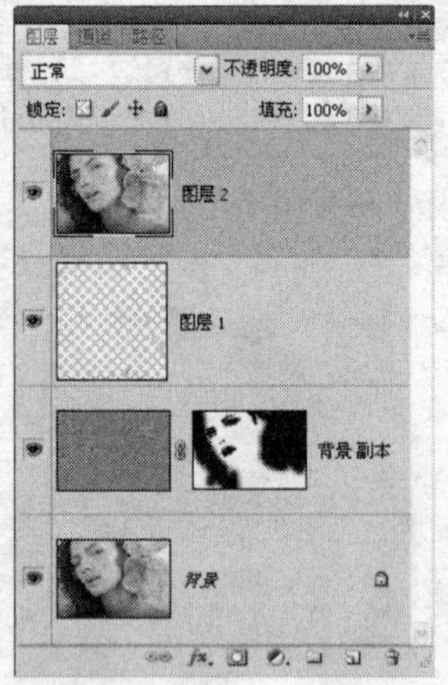

图 3.445 “图层”面板

3.26 柔滑皮肤

拿到自己照片时，都希望皮肤光滑动人，但是照片总能把皮肤上的不足记录得很清楚，本实例主要讲解如何使女性皮肤更柔滑，通过学习为自己的照片制作柔滑肌肤。

1．打开本书配套素材提供的“第 3 章\3.26-素材.jpg”，将看到整个图片如图 3.446 所示。

2．按 Ctrl+J 组合键复制“背景”图层得到“图层 1”，按 Ctrl+I 组合键应用“反相”命令，得到如图 3.447 所示的效果，选择“滤镜”|“其它”|“高反差保留”命令，设置弹出的对话框如图 3.448 所示，单击“确定”按钮退出对话框，得到如图 3.449 所示的效果。

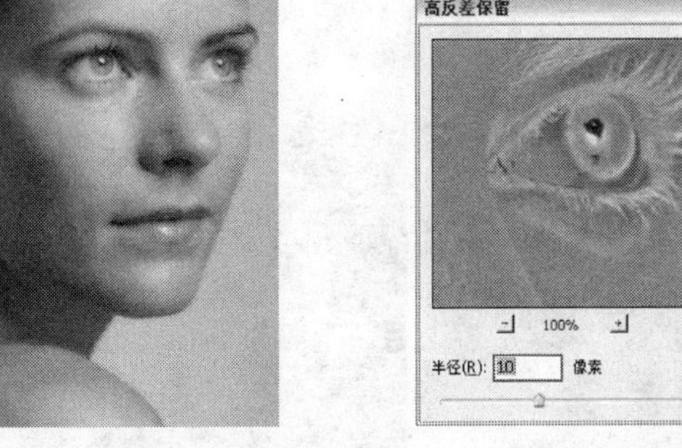

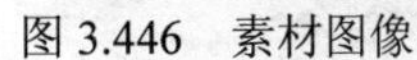

图 3.446　素材图像　　图 3.447　应用“反相”命令后的效果　　图 3.448　“高反差保留”对话框

3．在“图层”面板顶部设置“图层 1”的混合模式为“叠加”，不透明度为 60%，以混合图像，得到如图 3.450 所示的效果。“图层”面板如图 3.451 所示。

图 3.449　应用“高反差保留”命令后的效果

图 3.450　设置图层属性后的效果

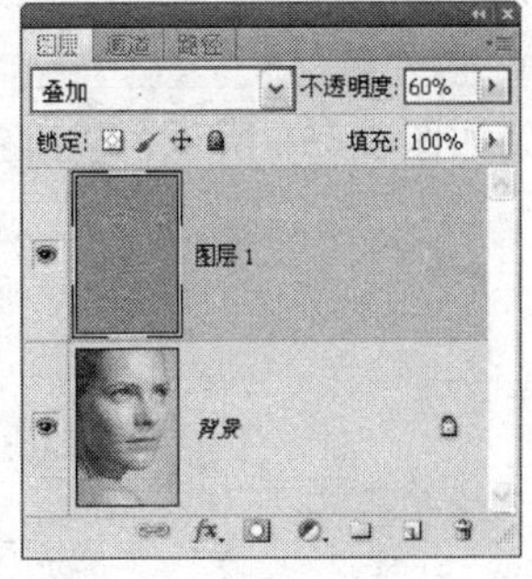

图 3.451　“图层”面板

提示： 此时，人物的肌肤已变得模糊、细腻，但眼睛、眉毛、鼻孔以及嘴唇位置要恢复原色，下面利用图层蒙版的功能来解决这个问题。

4．在“图层”面板底部单击“添加图层蒙版”按钮，为“图层 1”添加蒙版，设置前景色为黑色，选择“画笔工具”，在其工具选项条中设置适当的画笔大小，在人物眼睛、眉毛、鼻孔以及嘴唇处进行涂抹，以隐藏其模糊效果，直至得到如图 3.452 所示的效果，图层蒙版中的状态如图 3.453 所示。

图 3.452　涂抹后的效果

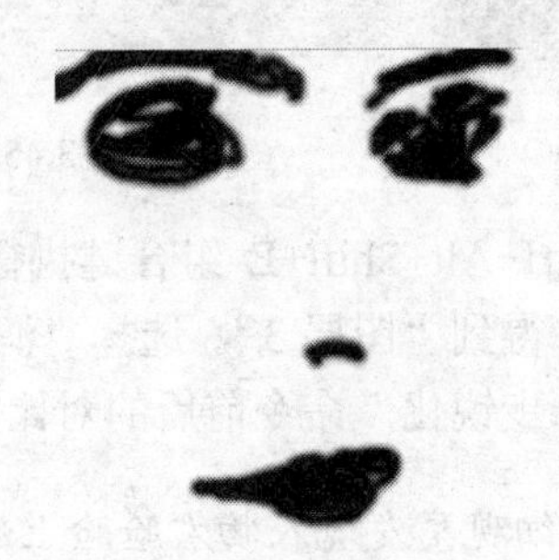

图 3.453　图层蒙版中的状态

提示：观察发现人物脸上有很多痘痘、污点以及眼中红血丝，下面我们来解决这个问题。

5．在“图层”面板底部单击“创建新图层”按钮，得到“图层 2”，在工具箱中选择污点“修复画笔工具”，设置其工具选项条如 模式：正常 类型：近似匹配 创建纹理 内容识别 对所有图层取样 所示，在人物脸上有污点处单击，得到如图 3.454 所示的效果，如图 3.455 所示为修复前后的对比效果。

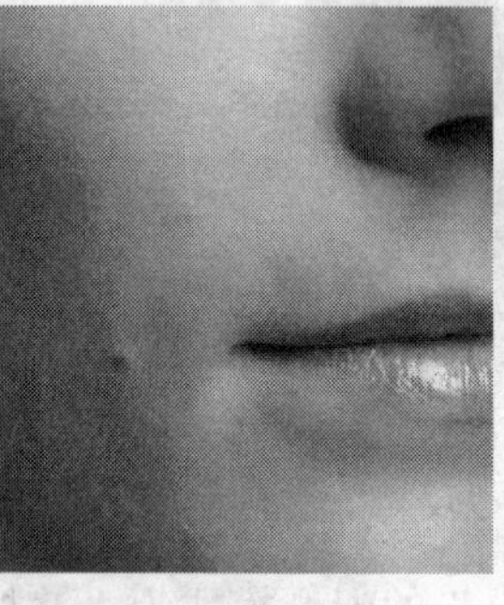

图 3.454　应用污点修复画笔后的效果

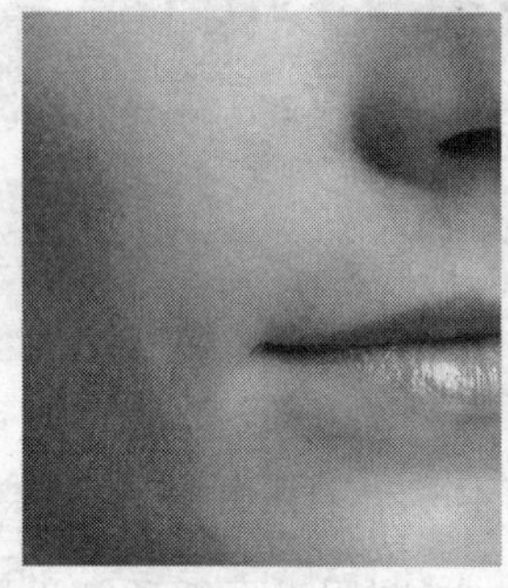

图 3.455　修复前后的对比效果

6．修除血丝。在工具箱中选择“仿制图章工具”，设置其工具选项条如 模式：正常 不透明度：100% 流量：100% 对齐 样本：所有图层 所示，将光标置于人物眼白中无红血丝处如图 3.456 所示，以确定取样点。

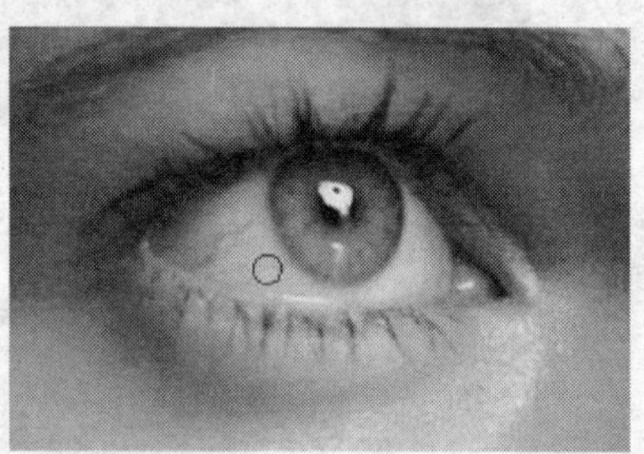

图 3.456　取样位置

7．按住 Alt 键单击取样，释放 Alt 键拖动鼠标左键在人物眼白中红血丝处进行涂抹，如图 3.457 所示为涂抹前后的对比效果。

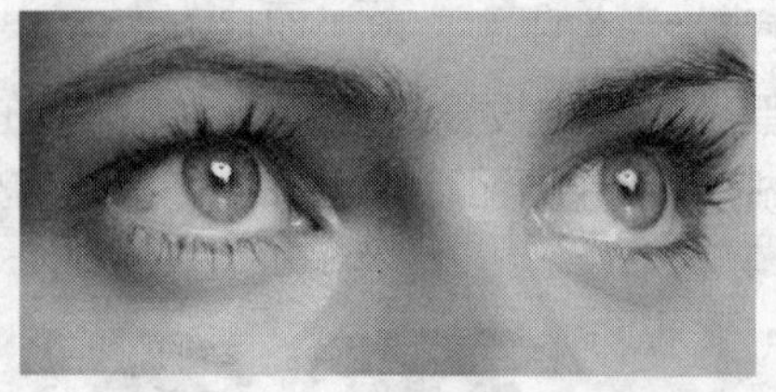

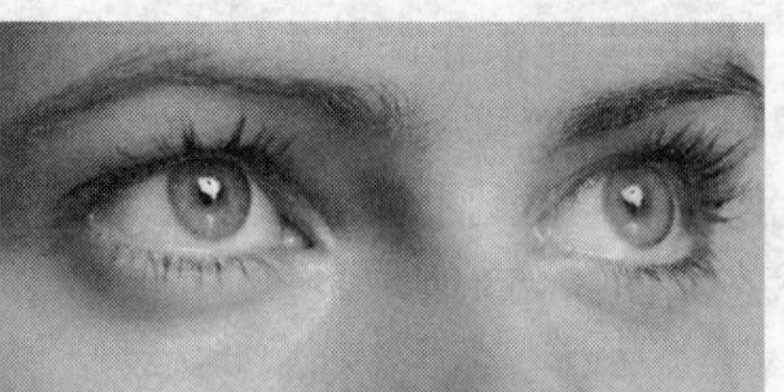

图 3.457　涂抹前后的对比效果

8．按 Ctrl+Alt+Shift+E 组合键执行“盖印”操作，从而将当前所有可见的图像合并至一个新图层中，得到“图层 3”，选择“滤镜”|“锐化”|“进一步锐化”命令，如图 3.458 所示为应用“进一步锐化”命令前后的对比效果。

提示：仔细观察发现人物右脸脸上的汗毛比较明显，下面利用修复画笔工具来处理这个问题。

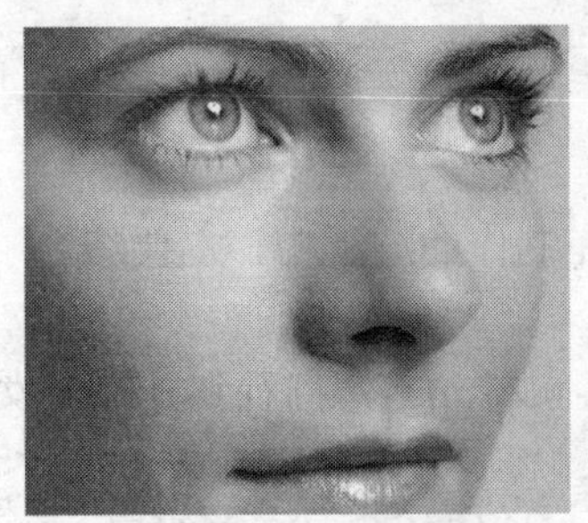

图 3.458　应用“进一步锐化”命令前后的对比效果

9．“图层”面板底部单击“创建新图层”按钮 ，得到“图层 4”，在工具箱中选择修复“画笔工具” ，并在其工具选项条中设置适当的画笔大小，将光标置于人物左脸平滑处如图 3.459 所示，以确定取样点。

提示：“修复画笔工具” 的使用方法同“仿制图章工具” 的使用方法类似。

10．按住 Alt 键单击取样，释放 Alt 键拖动鼠标左键在左脸汗毛明显处进行涂抹，得到如图 3.460 所示的效果。

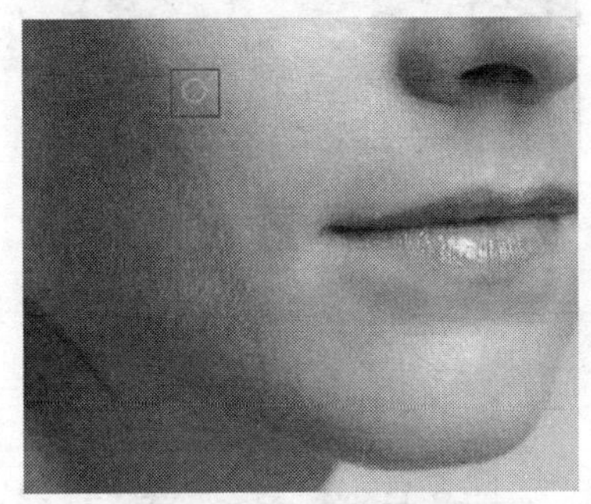

图 3.459　光标位置

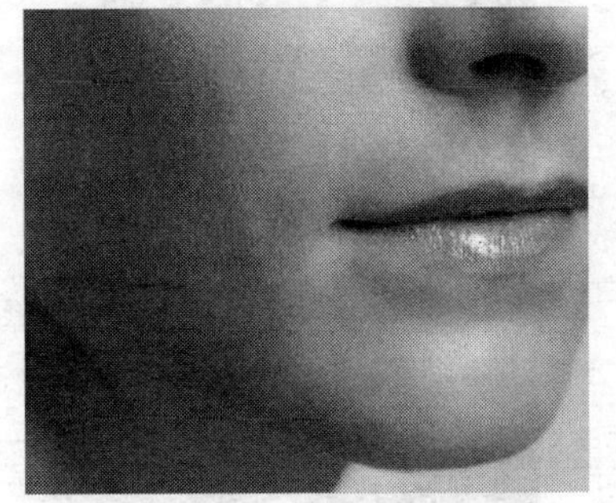

图 3.460　涂抹后的效果

11．至此，本实例的操作已全部完成，得到如图 3.461 所示的最终效果，“图层”面板如图 3.462 所示。

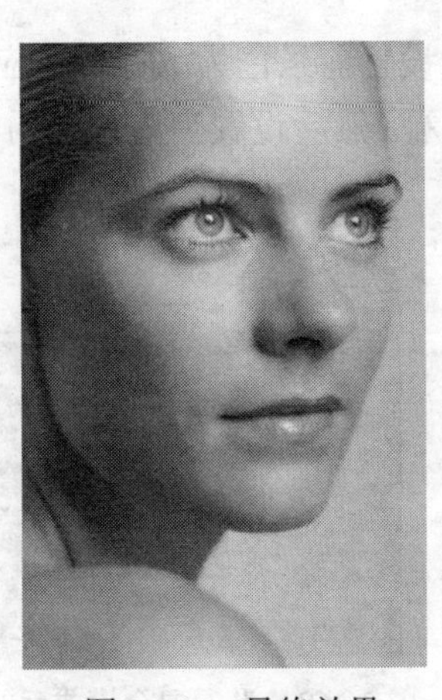

图 3.461　最终效果

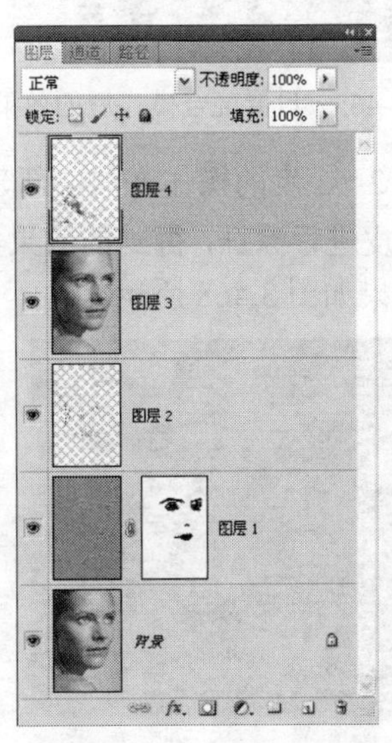

图 3.462　“图层”面板

3.27 素面变彩妆

本例主要讲解如何将素面变为彩妆效果。在制作的过程中，主要结合了“画笔工具”、图层属性、图层蒙版以及调整图层等功能。

1．打开本书配套素材提供的“第 3 章\3.27-素材.jpg”，将看到一幅美女图像，其中面部特写如图 3.463 所示。

2．在“图层”面板底部单击“创建新图层”按钮 得到“图层 1”，在工具箱中设置前景色为 008809，选择“画笔工具”，并在其工具选项条中设置画笔为“柔角 9 像素”，不透明度为 60%，在上眼皮上涂抹，得到的效果如图 3.464 所示。

3．在“图层”面板顶部设置“图层 1”的混合模式为“变暗”，以混合图像，得到的效果如图 3.465 所示。“图层”面板如图 3.466 所示。

图 3.463　面部特写

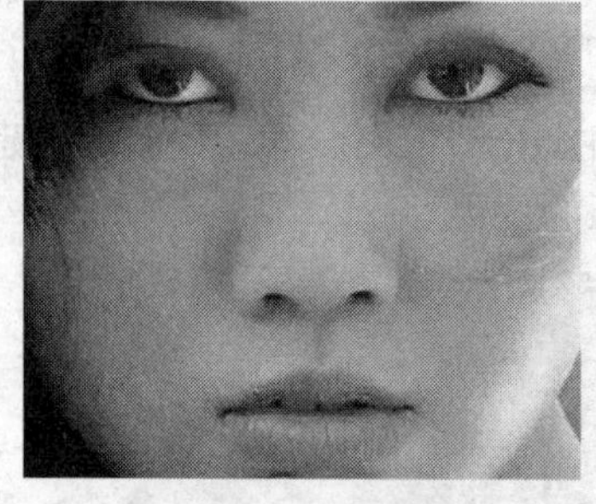

图 3.464　涂抹后的效果

图 3.465　设置混合模式后的效果

图 3.466　“图层”面板

4．按照第 2～3 步的操作方法，新建“图层 2”，设置前景色为 f6e114，应用“画笔工具”继续在上眼皮进行涂抹，得到的效果如图 3.467 所示。然后设置当前图层的混合模式为“变暗”，得到的效果如图 3.468 所示。

图 3.467　涂抹后的效果

图 3.468　设置混合模式后的效果

提示：至此，眼影效果已基本制作完成。下面制作腮红效果。

5．重复上一步的操作方法，新建“图层 3”，设置前景色为 ffa5a6，应用“画笔工具”，在脸颊区域涂抹，得到的效果如图 3.469 所示。设置当前图层的混合模式为“线性加深”，不透明度为 31%，以混合图像，得到的效果如图 3.470 所示。“图层”面板如图 3.471 所示。

6．按 Ctrl+Alt+A 组合键选择除“背景”图层以外的所有图层，按 Ctrl+G 组合键将选中的图层编组，得到“组 1”。此时“图层”面板如图 3.472 所示。

提示：下面利用图层的功能，将多余的眼影效果隐藏。

图 3.469　涂抹后的效果

图 3.470　设置图层属性后的效果

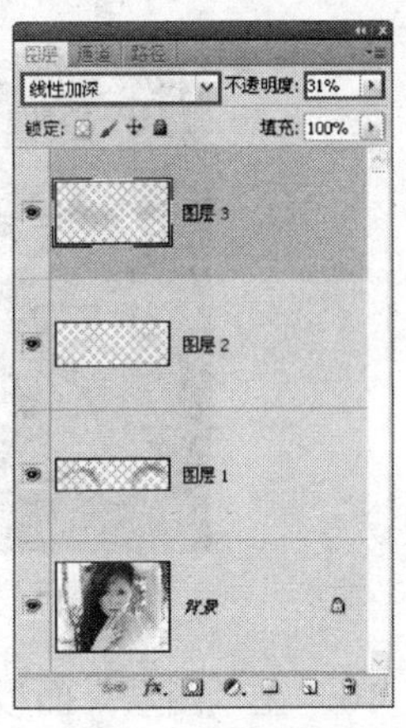

图 3.471　“图层”面板

7．在“图层”面板底部单击“添加图层蒙版”按钮为“组 1”添加蒙版，设置前景色为黑色，选择“画笔工具”，在其工具选项条中设置适当的画笔大小及不透明度，在图层蒙版中进行涂抹，以将多余的眼影隐藏，直至得到如图 3.473 所示的效果，此时蒙版中的状态如图 3.474 所示。“图层”面板如图 3.475 所示。

图 3.472　“图层”面板

图 3.473　添加图层蒙版后的效果

提示：下面结合“画笔工具”及图层属性的功能，加深左侧眼部区域的暗调效果。

8．按照第 2～3 步的操作方法，新建“图层 4”，设置前景色为 9476e6，应用“画笔工具”在左侧眼部涂抹，得到的效果如图 3.476 所示。设置当前图层的混合模式为“颜色加深”，不透明度为 65%，以混合图像，得到的效果如图 3.477 所示。

9. 加深彩妆效果。按 Ctrl+Alt+A 组合键选择除“背景”图层以外的所有图层，按 Ctrl+Alt+E 组合键执行“盖印”操作，从而将选中图层中的图像合并至一个新图层中，得到“图层 4（合并)”。

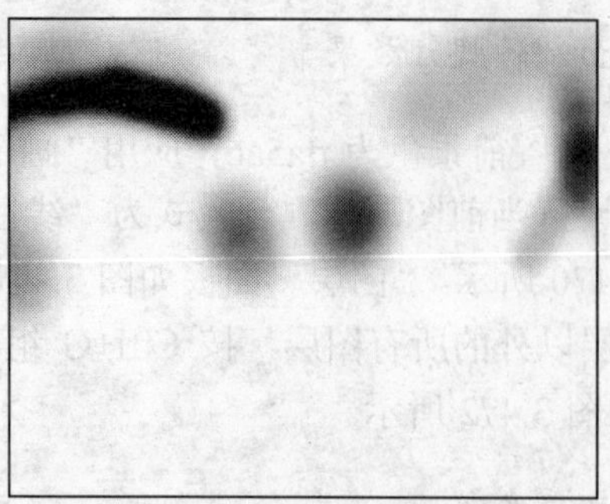

图 3.474　蒙版中的状态

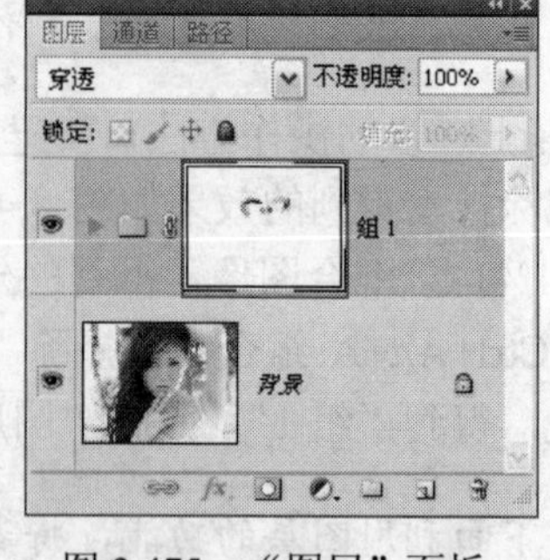

图 3.475　“图层”面板

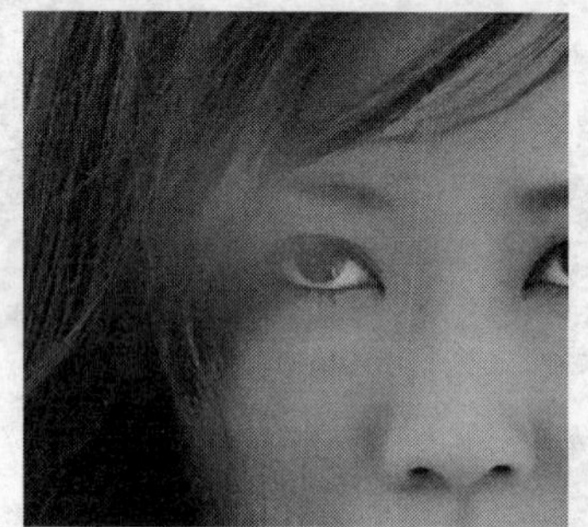

图 3.476　涂抹后的效果

图 3.477　设置混合模式后的效果

10．在“图层”面板顶部设置“图层 4（合并）”的混合模式为“正片叠底”，不透明度为 40%，以混合图像，得到的效果如图 3.478 所示。“图层”面板如图 3.479 所示。

图 3.478　盖印及设置图层属性后的效果

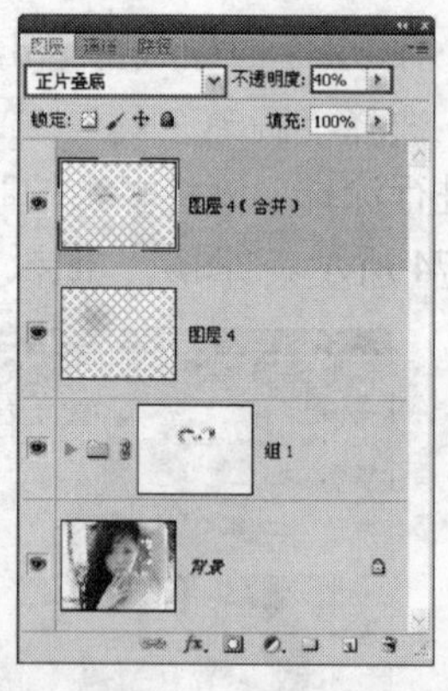

图 3.479　“图层”面板

提示：下面结合调整图层以编辑蒙版的功能，降低图像的饱和度。

11．在“图层”面板底部单击“创建新的填充或调整图层”按钮 ，在弹出的菜单中选择“色相/饱和度”命令，得到“色相/饱和度 1”图层，设置弹出的面板如图 3.480 所示，得到如图 3.481 所示的效果。

12．选中“色相/饱和度 1”图层蒙版，按 Ctrl+I 组合键执行“反相”操作，以将上一步调整的效果全部隐藏，再设置前景色为白色，选择“画笔工具” ，并在其工具选项条中设置适当的画笔大小及不透明度，在面部区域涂抹，以将涂抹区域的色彩恢复为上一步调整的效果，如图 3.482 所示。此时蒙版中的状态如图 3.483 所示。“图层”面板如图 3.484 所示。

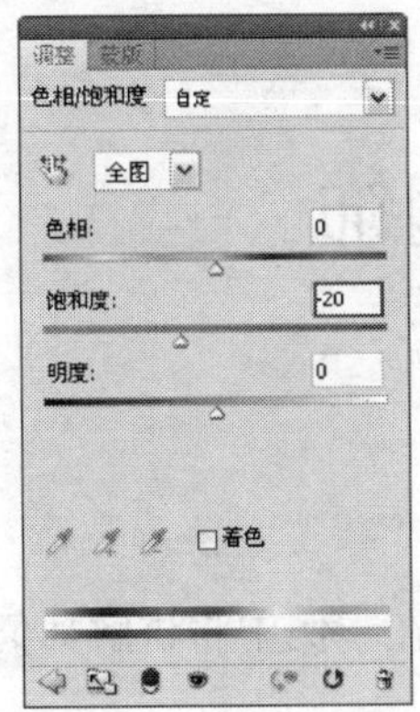

图 3.480　“色相/饱和度”面板

图 3.481　应用“色相/饱和度”命令后的效果

图 3.482　最终效果

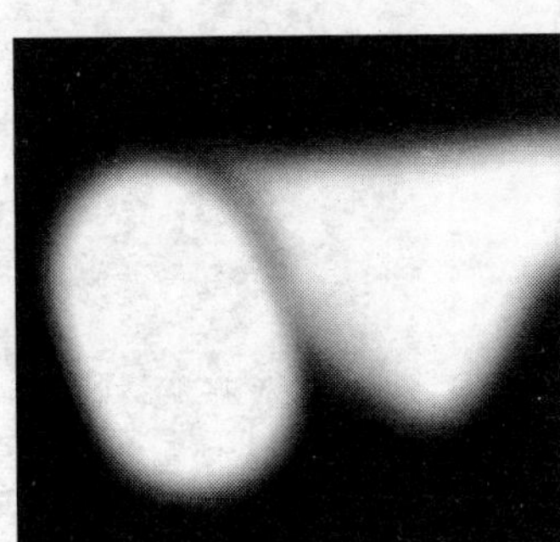

图 3.483　蒙版中的状态

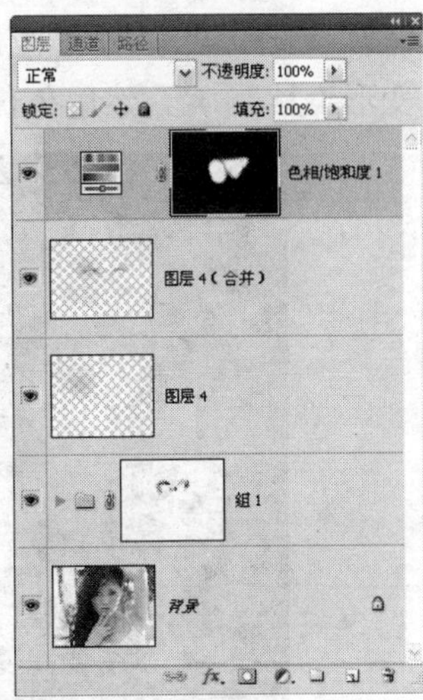

图 3.484　“图层”面板

第 4 章　人像形态润饰

4.1　明亮大眼睛

想要拥有一双迷人的大眼睛，是每个小眼睛女孩的梦想，在本例中将讲解如何在照片中实现您的梦想。

1．打开本书配套素材提供的“第 4 章\4.1-素材.jpg”，将看到整个图片如图 4.1 所示。

2．选择“滤镜”|“液化”命令，弹出“液化”对话框，选择对话框左侧工具箱中的“向前变形工具” ，然后在右侧的“工具选项”区域中设置各选项的参数，如图 4.2 所示。

图 4.1　素材图像

图 4.2　“液化”对话框

3．按 Ctrl++键放大图像的显示比例为 100%，并通过调整人物右侧及下方的滚动条以调整图像的位置，如图 4.3 所示。

图 4.3　放大显示比例

4．将光标置于人物的左眼上，如图 4.4 所示。然后按住鼠标左键向上拖动，此时，拖动区域有明显的拖动痕迹，如图 4.5 所示。

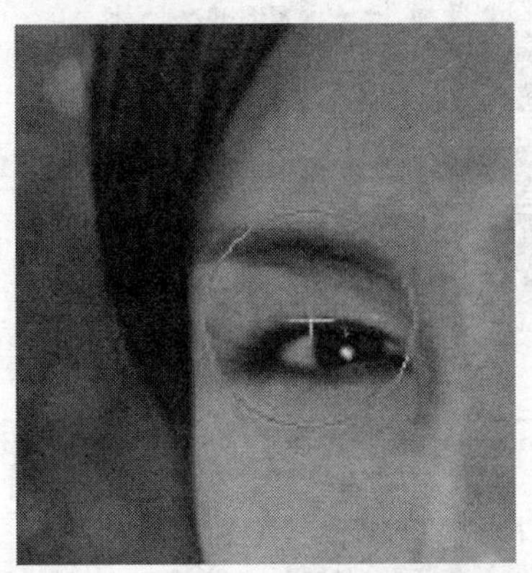
图 4.4　光标位置

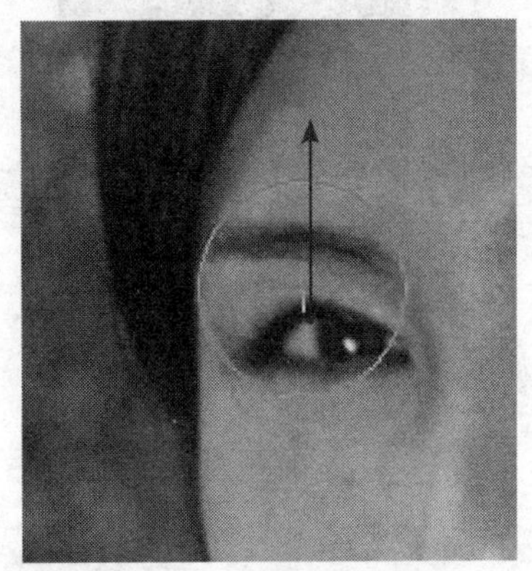
图 4.5　拖动后的效果

5．按照上一步的操作方法，应用“向前变形工具”，对左眼进行细致的拖动，使眼睛变大，如图 4.6 所示。然后，按照制作左眼的方法，对人物的右眼进行液化处理，使双眼对称，如图 4.7 所示。

6．单击“确定”按钮退出对话框，得到的最终效果如图 4.8 所示。

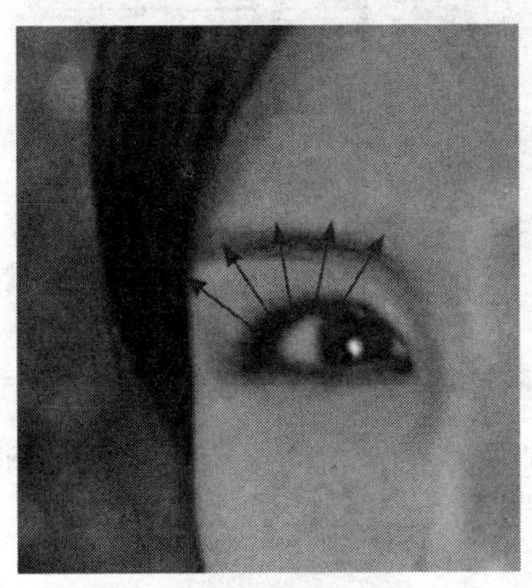
图 4.6　对左眼进行细致的放大处理

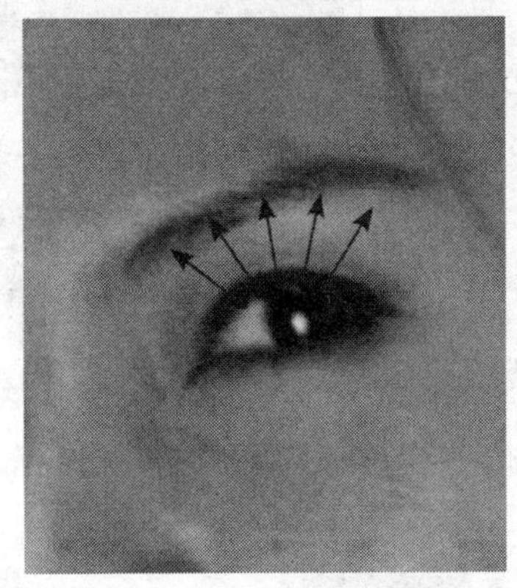
图 4.7　对右眼进行细致的放大处理

图 4.8　最终效果

4.2　修饰尖尖下巴

本例主要讲解如何美化脸型。在制作的过程中，主要运用了滤镜功能中的“液化”命令。

1．打开本书配套素材提供的“第 4 章\4.2-素材.JPG”，将看到整个图片如图 4.9 所示。

2．将“背景”图层拖至“创建新图层”按钮上得到“背景 副本”图层，此时“图层”面板如图 4.10 所示。

提示：复制图层的目的是想对原始图像做个备份，以方便查看操作前后的对比效果。

3．在菜单栏中选择“滤镜”|“液化”命令，如图 4.11 所示。弹出“液化”对话框，在对话框的左上方选择“向前变形工具”，按 Ctrl++键放大图像的显示比例为 100%，在右侧的“工具选项”区域中设置各参数，如图 4.12 所示。

图 4.9 素材图像

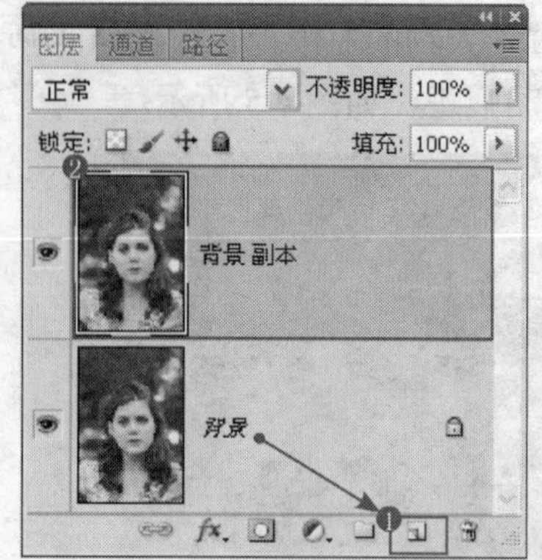

图 4.10 “图层”面板

图 4.11 选择“液化”命令

图 4.12 “液化”对话框

4．将光标置于右侧脸部，如图 4.13 所示。按住鼠标左键向左拖动，可以直观地观看到液化后的效果，如图 4.14 所示。

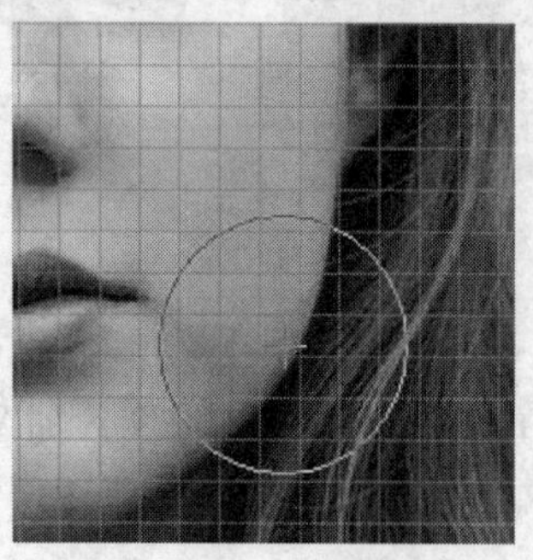

图 4.13 光标位置

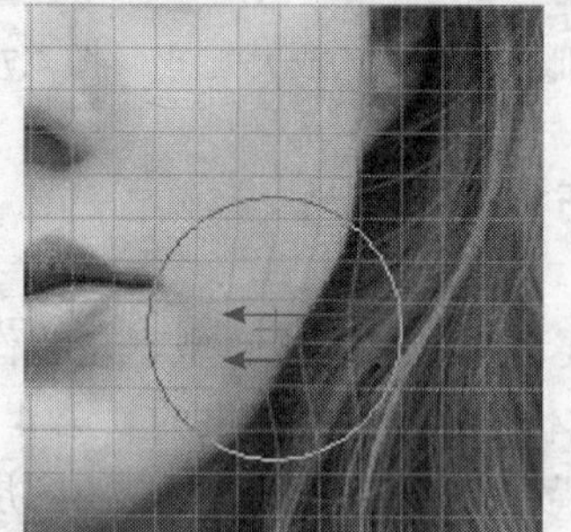

图 4.14 液化后的效果

5．按照上一步的操作方法，继续对右侧脸部进行瘦脸处理，直至得到满意的效果，如图 4.15 所示。

6．继续使用“向前变形工具”对人物左侧脸部进行液化处理，如图 4.16 所示，单击“确定”按钮退出对话框，得到的最终效果如图 4.17 所示。

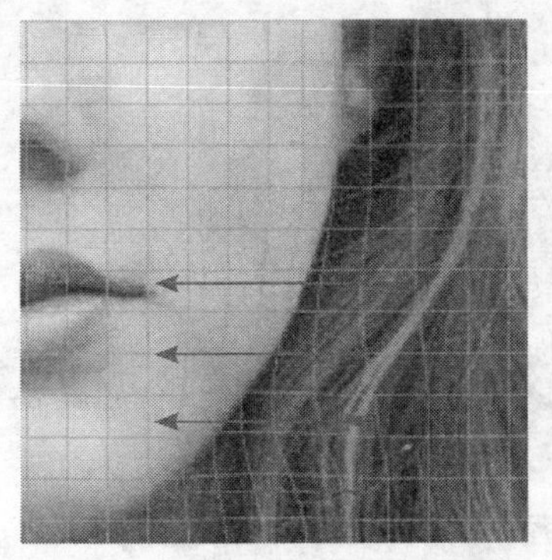
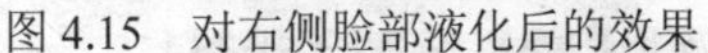

图 4.15　对右侧脸部液化后的效果

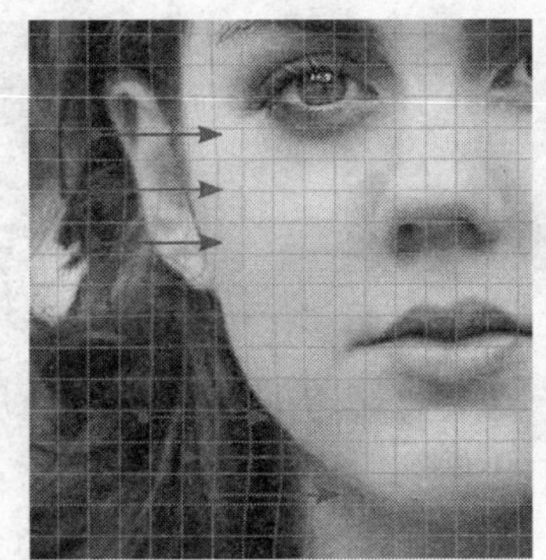

图 4.16　对左侧脸部液化后的效果

图 4.17　最终整体效果

4.3　打造迷人笑容

面带微笑的人物照片具有很强的亲和力，如果在拍摄时没有得到满意的微笑，那么在后期处理时，通过简单、细致的调整也可以得到类似的效果。

1．打开本书配套素材提供的“第 4 章\4.3-素材.jpg”，将看到整个图片如图 4.18 所示。

2．按 Ctrl+J 组合键复制“背景”图层，得到“图层 1”，选择“滤镜”|“液化”命令，在弹出的对话框左侧工具栏中选择“向前变形工具”，设置参数如图 4.19 所示。

图 4.18　素材图像

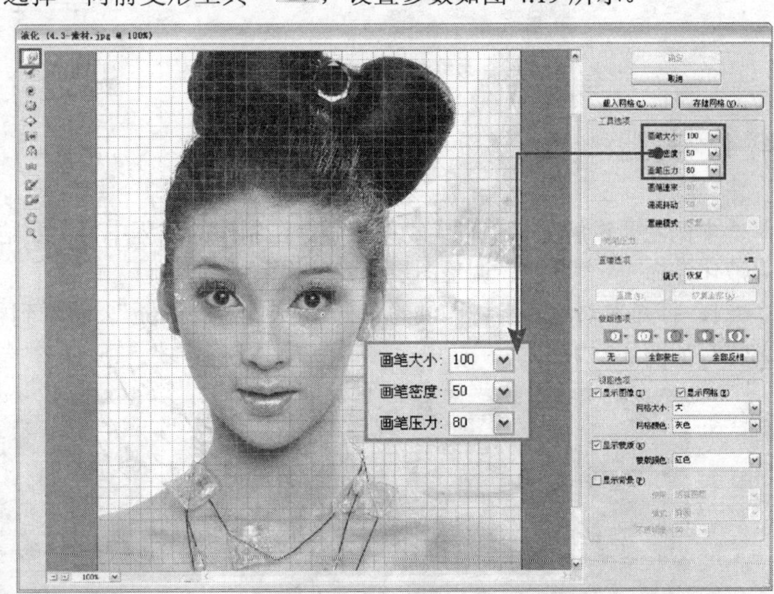

图 4.19　“液化”对话框

3．使用“向前变形工具”在人物右嘴角处向右上方拖动鼠标以进行液化，可直接观察其变化如图 4.20 所示（图的显示比例为 200%）。

4．接着使用“向前变形工具”在人物左嘴角处向左上方拖动鼠标以进行液化，可直接观察其变化如图 4.21 所示（图的显示比例为 200%）。

5．单击“确定”按钮退出对话框，得到如图 4.22 所示的最终效果，“图层”面板如图 4.23 所示。

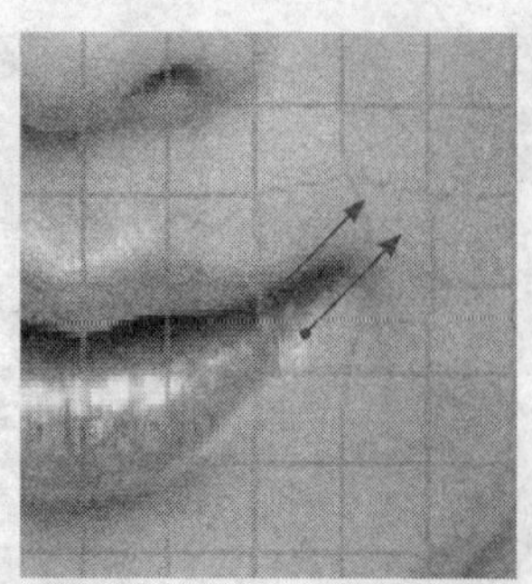

图 4.20　右嘴角应用“液化”后的效果

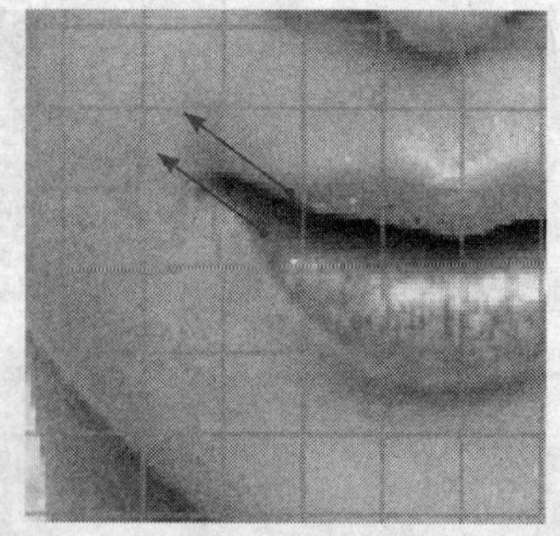

图 4.21　左嘴角应用“液化”后的效果

图 4.22　最终效果

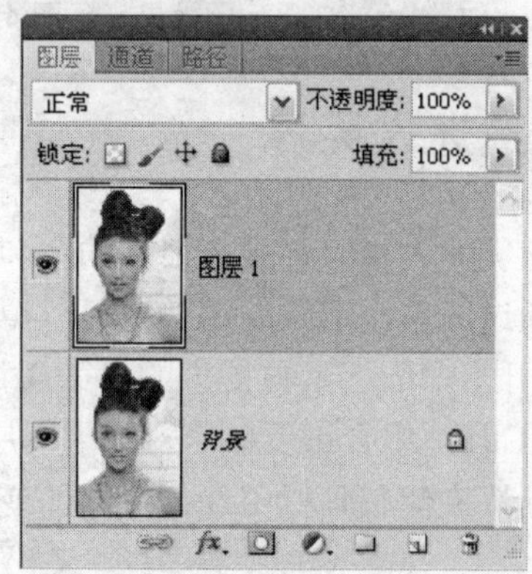

图 4.23　“图层”面板

4.4　美腿

本例主要讲解如何美化人物的双腿。在制作的过程中，主要结合了“修复画笔工具”、“液化”命令、“曲线”调整图层以及编辑蒙版的功能。

1．打开本书配套素材提供的“第 4 章\4.4-素材.jpg”，将看到整个图片如图 4.24 所示。腿部特写如图 4.25 所示。

图 4.24　素材图像

图 4.25　腿部特写

提示： 首先利用“修复画笔工具”将腿部的沙子修除。

2．在“图层”面板底部单击“创建新图层”按钮，得到“图层 1”，此时“图层”面板如图 4.26 所示。

3．在工具箱中选择“修复画笔工具”，设置其工具选项条如图 4.27 所示。

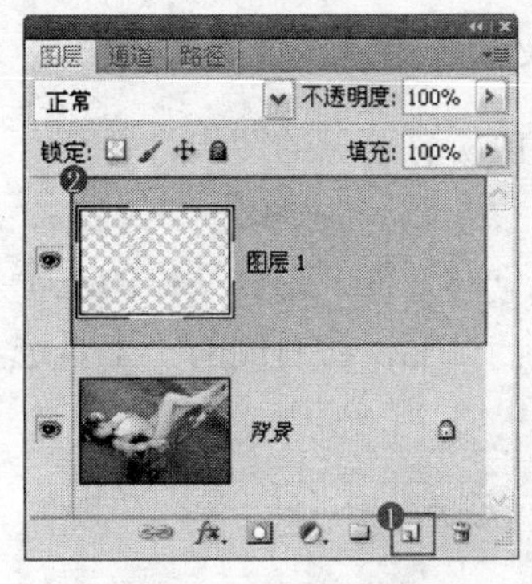

图 4.26　“图层”面板

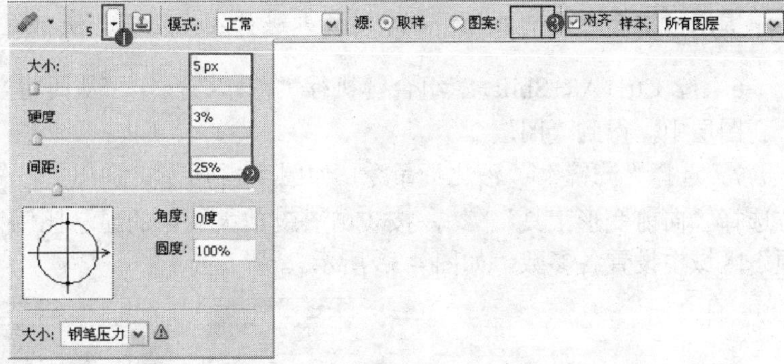

图 4.27　设置工具选项条

4. 将光标置于腿部沙子附近无沙子的区域，按 Alt 键单击以定义源图像，如图 4.28 所示，释放 Alt 键，在沙子区域涂抹，如图 4.29 所示。

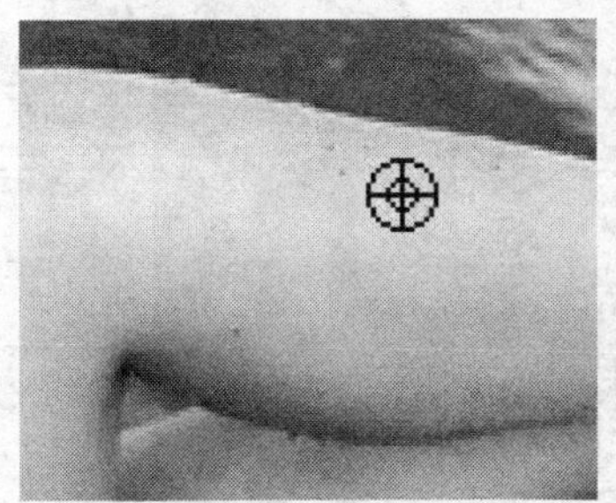

图 4.28　定义源图像

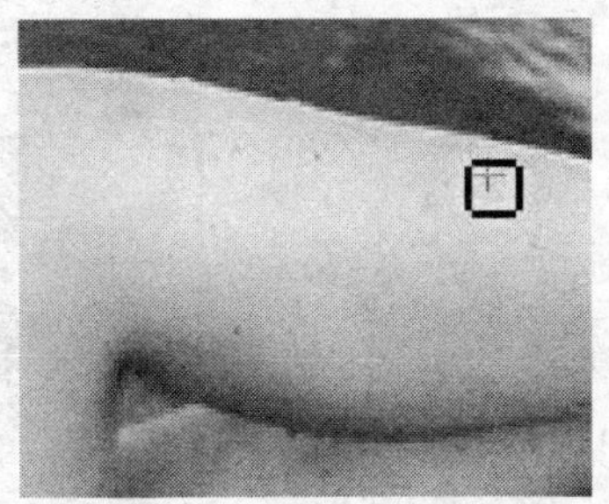

图 4.29　修复中的状态

提示：为了让读者更清楚的看清操作对象，本步所展示的图片的显示比例为 200%。

5. 按照上一步的操作方法，利用“修复画笔工具”，通过多次定义源图像，将腿部的其他沙子修除，如图 4.30 和图 4.31 所示（200%显示状态）为修除前后的对比效果。

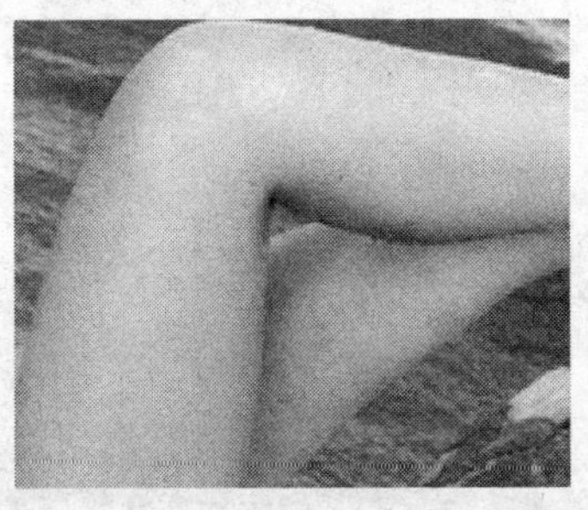
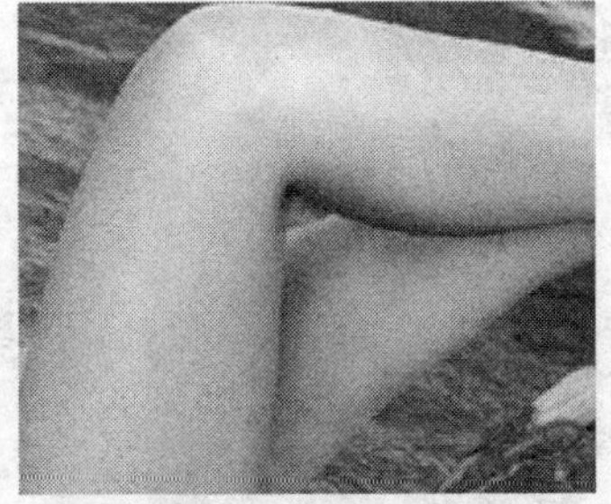

图 4.30　修除沙子前后对比效果 1

图 4.31　修除沙子前后对比效果 2

提示： 下面利用“液化”命令对腿部进行液化处理，使双腿更加纤细。

6．按 Ctrl+Alt+Shift+E 组合键执行“盖印”操作，从而将当前所有可见的图像合并至一个新图层中，得到“图层 2”。

7．选择“滤镜”|“液化”命令，如图 4.32 所示。弹出“液化”对话框，在对话框的左上方选择“向前变形工具”，按 Ctrl++键放大图像的显示比例为 100%，在右侧的“工具选项”区域中设置各参数，如图 4.33 所示。

图 4.32 选择“液化”命令　　　　图 4.33 “液化”对话框

8．将光标置于左大腿左侧，如图 4.34 所示。按住鼠标左键向右下方拖动，可以直观地观看到液化后的效果，如图 4.35 所示。

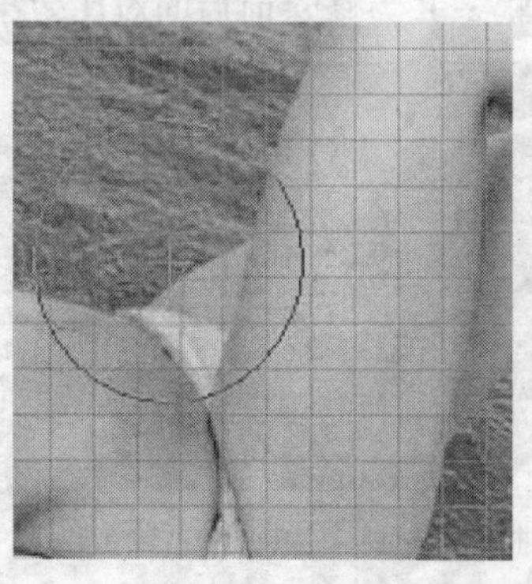

图 4.34 光标位置

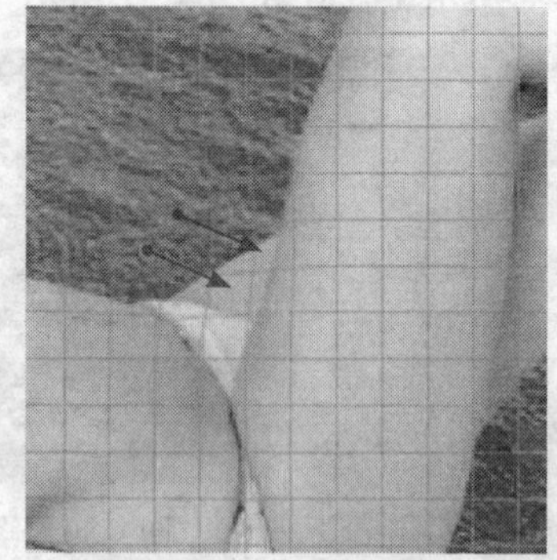

图 4.35 液化后的效果

9．按照上一步的操作方法，应用“向前变形工具”继续对双腿进行液化处理，直至得到满意的效果，如图 4.36 所示。单击“确定”按钮退出对话框。“图层”面板如图 4.37 所示。

提示： 下面结合“曲线”调整图层以及编辑蒙版的功能，对腿部进行美白处理。

10．在“图层”面板底部单击“创建新的填充或调整图层”按钮，在弹出的菜单中选择“曲线”命令，如图 4.38 所示，得到“曲线 1”图层，设置弹出的面板如图 4.39 所示，得到如图 4.40 所示的效果。

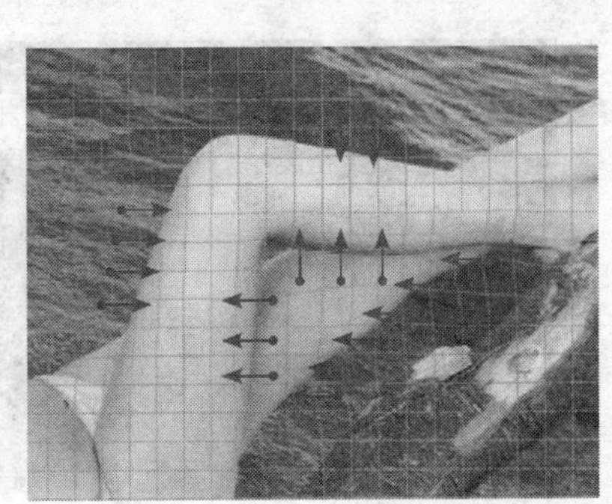

图 4.36　对腿部进行液化处理

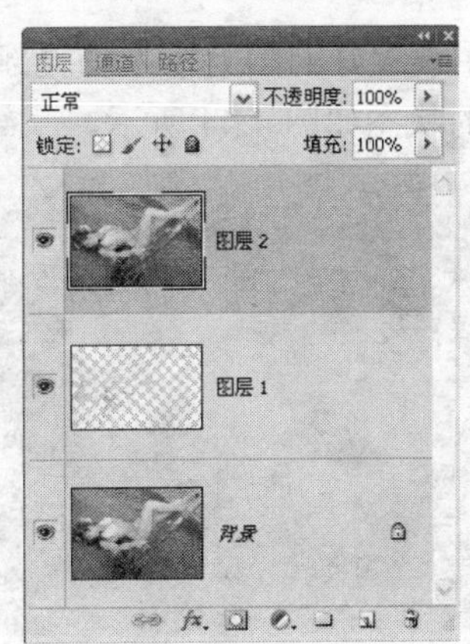

图 4.37　“图层”面板

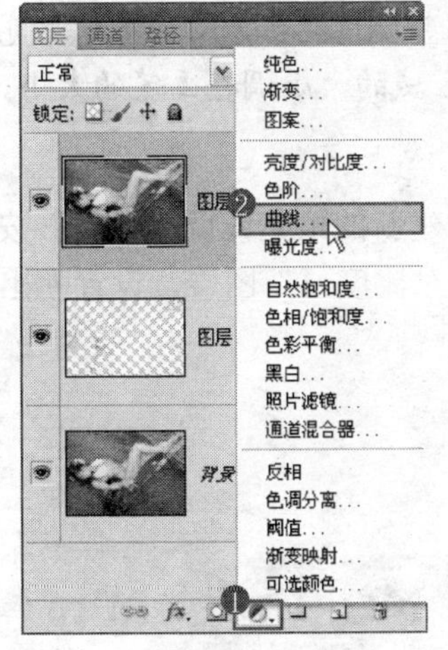

图 4.38　选择“曲线”命令

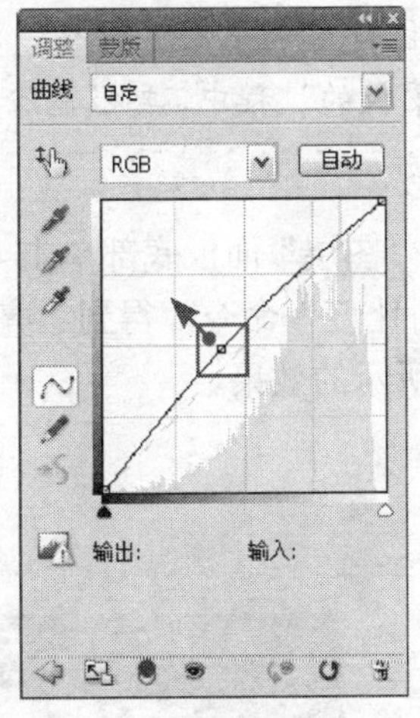

图 4.39　“曲线”面板

图 4.40　应用“曲线”命令后的效果

11．确认选中的是“曲线 1”图层蒙版缩览图，如图 4.41 所示。按 Ctrl+I 组合键执行“反相”操作，以将蒙版反相为黑色。

12．在工具箱中设置前景色为白色，如图 4.42 所示。选择“画笔工具”，并在其工具选项条中设置画笔为“柔角 50 像素”，不透明度为 100%。

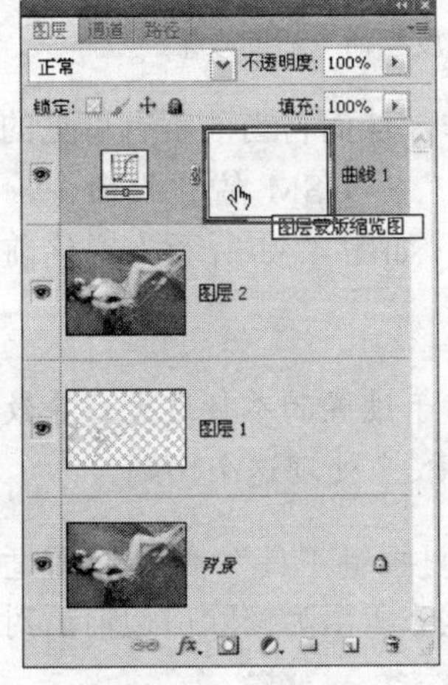

图 4.41　选中蒙版缩览图

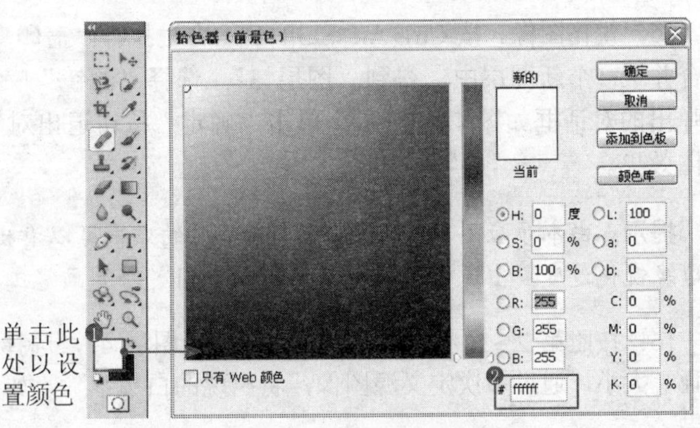

图 4.42　设置前景色

13．应用设置好的画笔在人物腿部进行涂抹，以将腿部的亮光显示出来，如图 4.43 所示，此时蒙版中的状态如图 4.44 所示。

图 4.43 涂抹后的效果

图 4.44 蒙版中的状态

提示：按 Alt 键单击图层蒙版缩览图即可调出蒙版状态，再次按 Alt 键单击图层蒙版缩览图即可返回到图像状态。另外，在涂抹蒙版的过程中，要根据涂抹区域的大小调整画笔的大小，以得到所需要的图像效果。

14．调整整体的亮度、对比度。在“图层”面板底部单击“创建新的填充或调整图层”按钮 ，在弹出的菜单中选择“亮度/对比度”命令，得到“亮度/对比度 1”图层，设置弹出的面板如图 4.45 所示，得到如图 4.46 所示的效果。

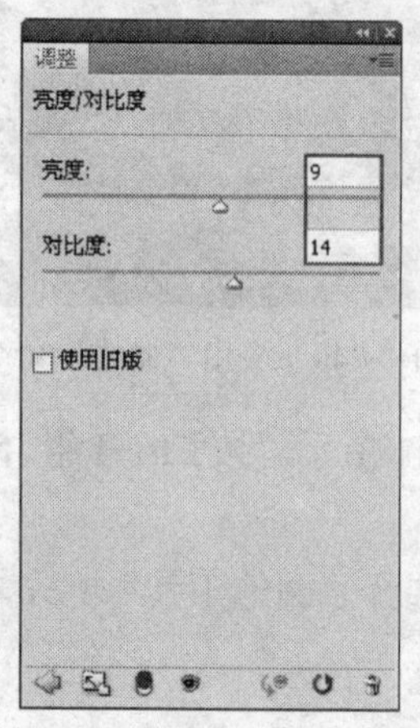

图 4.45 “亮度/对比度”面板

图 4.46 应用“亮度/对比度”命令后的效果

15．锐化图像。按 Ctrl+Alt+Shift+E 组合键执行“盖印”操作，从而将当前所有可见的图像合并至一个新图层中，得到“图层 3”。选择“滤镜”|“锐化”|“USM 锐化”命令，设置弹出的对话框如图 4.47 所示，单击“确定”按钮退出对话框，如图 4.48 所示为锐化前后对比效果。

提示：由本步应用“USM 锐化”命令后的效果可以看出，由于设置的参数过大，导致小腿边缘锐化过度，出现白边的现象，下面利用“修复画笔工具” 来处理这个问题。

16．按照第 2～5 步的操作方法，新建“图层 4”，选择“修复画笔工具” ，设置适当的画笔大小，通过多次定义源图像，将出现的白边修除，如图 4.49 所示为修除白边前后对比效果。

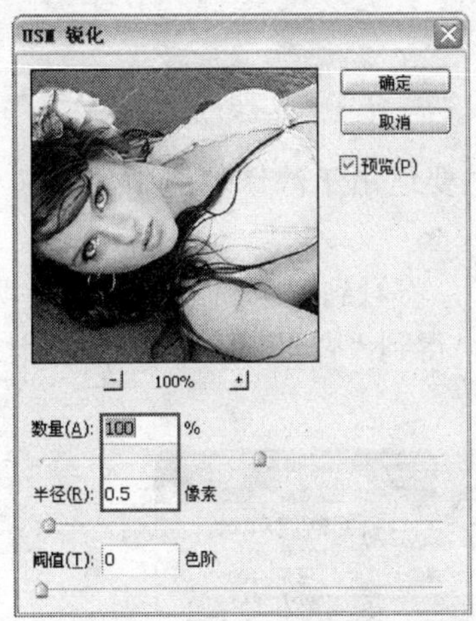

图 4.47　“USM 锐化”对话框

图 4.48　应用“USM 锐化”命令前后对比效果

图 4.49　修除白边前后对比效果

17．至此，完成本例的操作，最终整体效果如图 4.50 所示。“图层”面板如图 4.51 所示。

图 4.50　最终效果

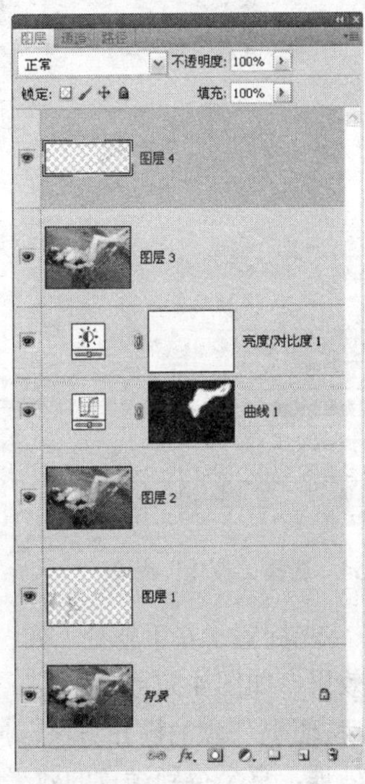

图 4.51　“图层”面板

4.5 形体美化综合处理

本例主要讲解如何美化身材。在制作的过程中，主要运用了滤镜功能中的“液化”命令。

1．打开本书配套素材提供的“第4章\4.5-素材.JPG”，将看到整个图片如图4.52所示。

2．将“背景”图层拖至“创建新图层”按钮上，得到“背景 副本”图层，此时“图层”面板如图4.53所示。

图4.52 素材图像

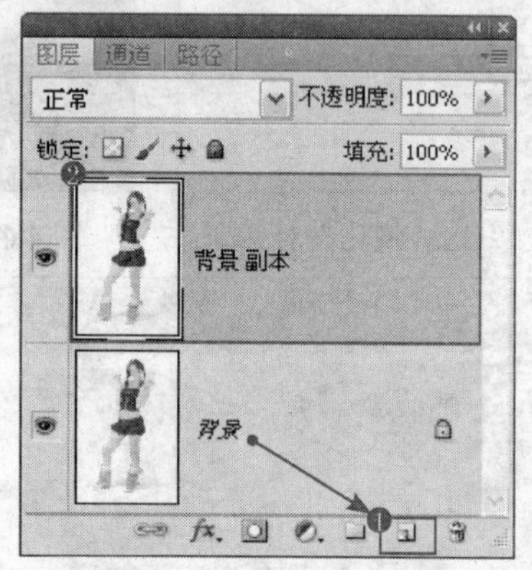

图4.53 “图层”面板

3．选择“滤镜”|“液化”命令，如图4.54所示。弹出“液化”对话框，在对话框的左上方选择“向前变形工具”，按Ctrl++键放大图像的显示比例为100%，在右侧的“工具选项”区域中设置各参数，如图4.55所示。

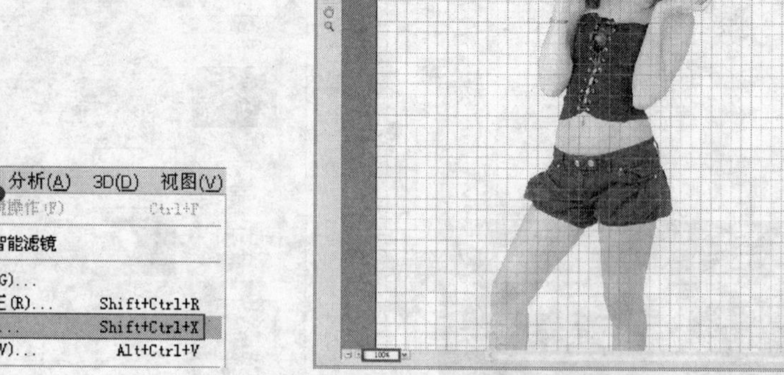

图4.54 选择“液化”命令

图4.55 “液化”对话框

4．将光标置于左手臂处，如图4.56所示。按住鼠标左键向右拖动，可以直观地观看到液化后的效果，如图4.57所示。

5．按照上一步的操作方法，应用“向前变形工具”继续对右手臂、腰部以及胸部进行液化处理，直至得到满意的效果，如图4.58所示。

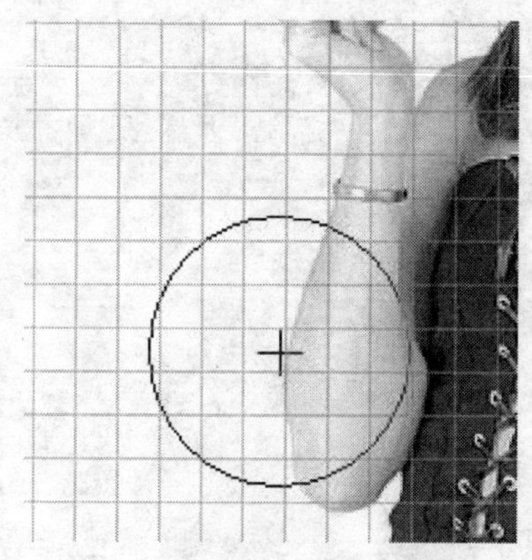
图 4.56　光标位置

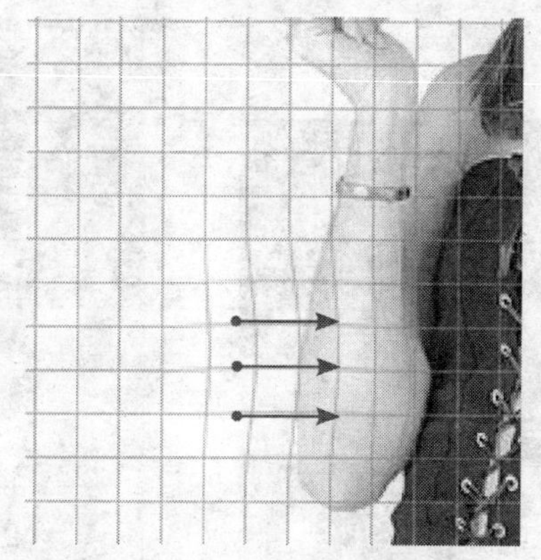
图 4.57　液化后的效果

6．继续使用“向前变形工具”对人物的双腿进行液化处理，如图 4.59 所示，单击“确定”按钮退出对话框，得到的最终效果如图 4.60 所示。

图 4.58　对右手臂、腰部以及胸部液化后的效果

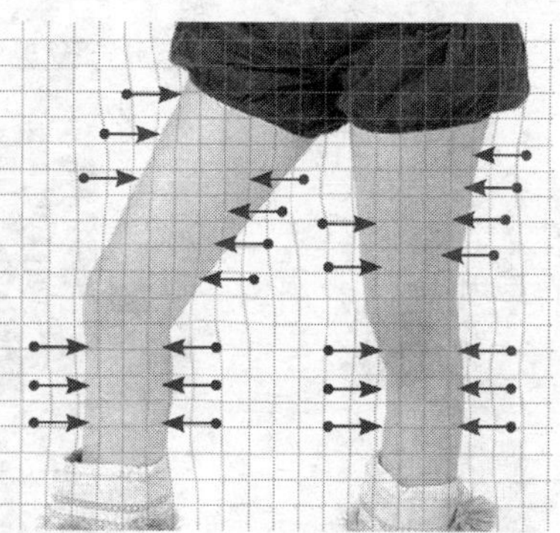
图 4.59　对双腿液化后的效果

图 4.60　最终整体效果

4.6　瘦弱男孩变健美男士

本例主要讲解如何将瘦弱男孩变健美男士。在制作的过程中主要利用了滤镜功能中的“液化”命令，并利用“亮度/对比度”调整图层调整图像的对比度及亮度。

1．打开本书配套素材提供的“第 4 章\4.6-素材.jpg”，将看到整个图片如图 4.61 所示。

2．将“背景”图层拖至“图层”面板底部“创建新图层”按钮 上，得到“背景 副本”图层。选择“滤镜”|“液化”命令，弹出“液化”对话框，如图 4.62 所示。

3．在“液化”对话框的左侧选择“向前变形工具” ，按 Ctrl++键，使图像的显示比例放大到 100%，然后在对话框右侧的“工具选项”区域中设置各选项，如图 4.63 所示。

4．将光标置于人物的左肩处，如图 4.64 所示。向左上方拖动，如图 4.65 所示，使人物肩膀更强壮。

5．按照上一步的操作方法，进一步强壮左肩，如图 4.66 所示。按照本步的操作方法对人物的右肩、手臂、胸部以及腹部进行液化处理，使整体效果强壮，如图 4.67 所示。单击“确定”按钮退出对话框。

图 4.61 素材图像

图 4.62 “液化”对话框

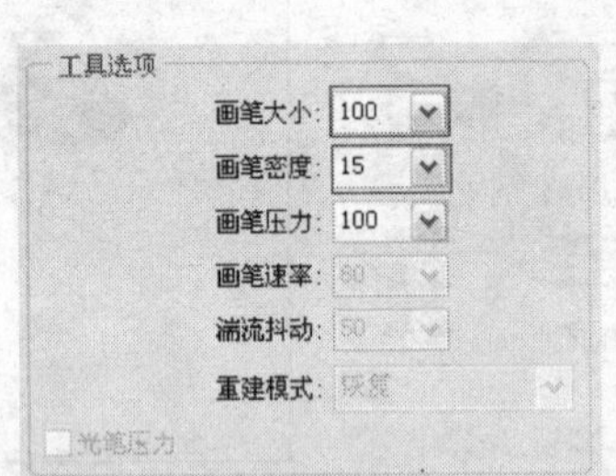

图 4.63 设置工具选项

图 4.64 光标位置

图 4.65 液化后的效果

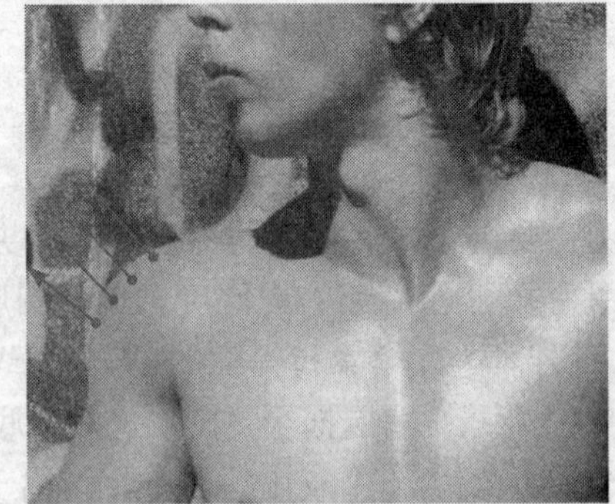

图 4.66 强壮左肩

6．在“图层”面板底部单击“创建新的填充或调整图层”按钮，在弹出的菜单中选择“亮度/对比度”命令，得到“亮度/对比度 1”图层，设置弹出的面板如图 4.68 所示，得到如图 4.69 所示的效果。

7．选中“亮度/对比度 1”图层蒙版缩览图，按 Ctrl+I 组合键应用“反相”命令，在工具箱中设置前景色为白色，选择“画笔工具”，并在其工具选项条中设置适当的画笔大小及不透明度，在人物胸膛的凹陷处进行涂抹，以加深图像的层次感，如图 4.70 所示。此时蒙版中的状态如图 4.71 所示。

图 4.67　对上身部位进行液化

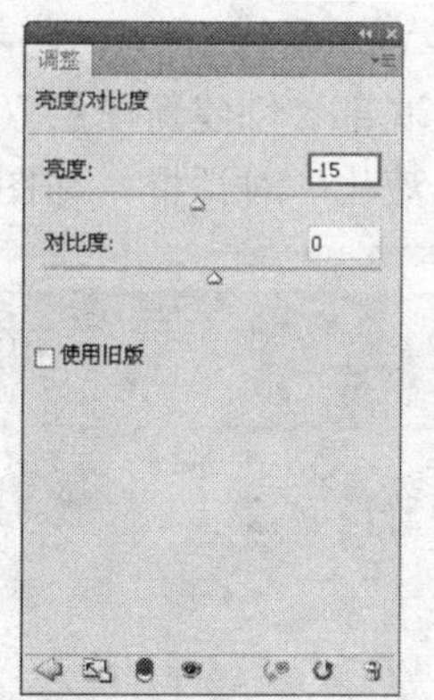

图 4.68　“亮度/对比度”面板

图 4.69　应用“亮度/对比度”命令后的效果

图 4.70　编辑蒙版后的效果

图 4.71　蒙版中的状态

8．在“图层”面板底部单击“创建新的填充或调整图层”按钮 ，在弹出的菜单中选择“亮度/对比度”命令，得到“亮度/对比度 2”图层，设置弹出的面板如图 4.72 所示，得到如图 4.73 所示的最终效果。“图层”面板如图 4.74 所示。

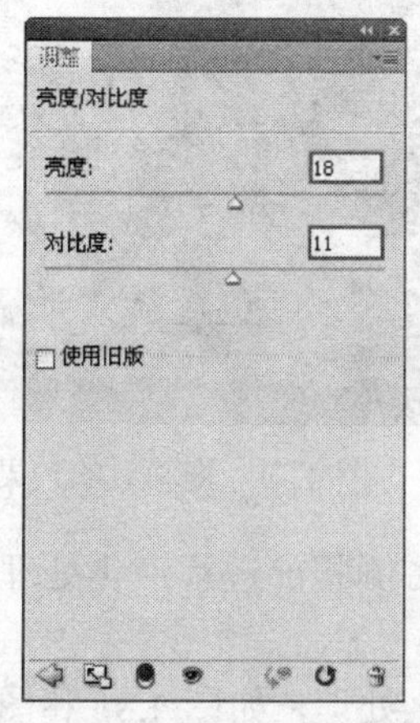

图 4.72　“亮度/对比度”面板

图 4.73　最终效果

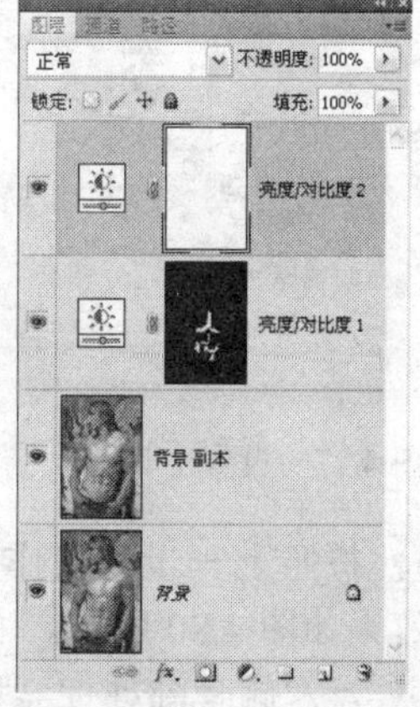

图 4.74　“图层”面板

4.7　臃肿女生变苗条佳人

本例主要讲解如何将臃肿女生变为苗条佳人。在制作的过程中，主要运用了滤镜功能中的

“液化”命令。

1．打开本书配套素材提供的“第 4 章\4.7-素材.JPG”，将看到整个图片如图 4.75 所示。

2．将“背景”图层拖至“图层”面板底部“创建新图层”按钮上，得到“背景 副本”图层。选择“滤镜”|“液化”命令，弹出“液化”对话框，如图 4.76 所示。

图 4.75 素材图像

图 4.76 “液化”对话框

3．在“液化”对话框的左侧选择“向前变形工具”，按 Ctrl++键，使图像的显示比例放大到 100%，然后在对话框右侧的“工具选项”区域中设置各选项，如图 4.77 所示。

4．将光标置于人物右侧腰部，如图 4.78 所示。向左拖动使腰部变细，如图 4.79 所示。

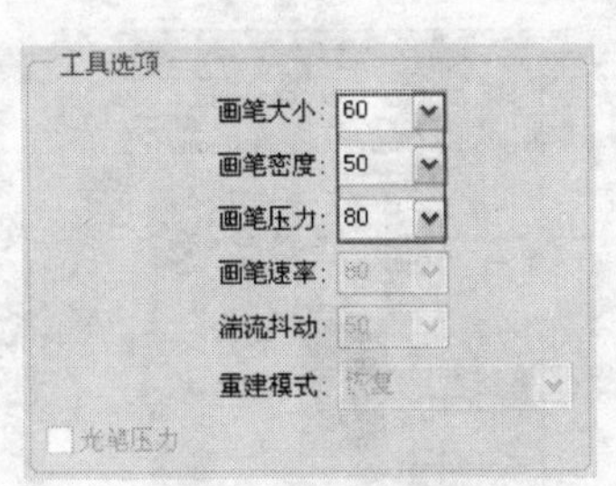

图 4.77 设置工具选项

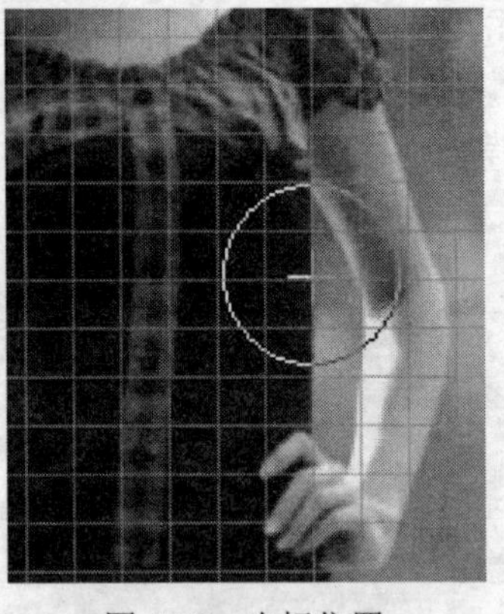

图 4.78 光标位置

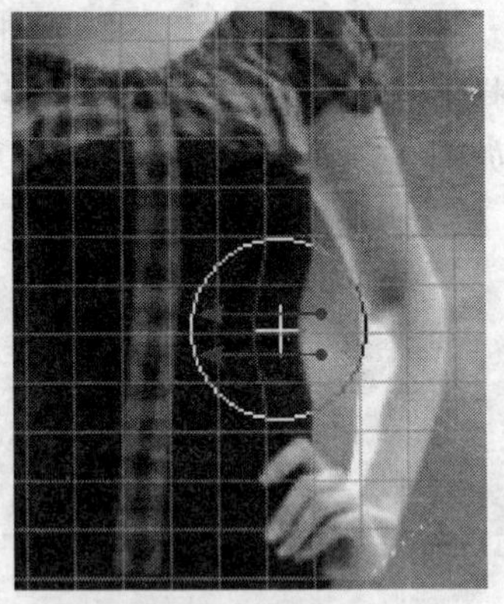

图 4.79 拖动后的效果

5．按照上一步的操作方法继续使用“向前变形工具”对右侧腰部进行液化处理，得到的效果如图 4.80 所示。

6．对右侧腰部处理完毕，继续对人物左侧腰部、腿部进行液化处理，如图 4.81 和图 4.82 所示。单击“确定”按钮退出对话框。

提示：至此，苗条佳人的形象已尽显出来。但观看发现，对右侧腰部瘦身后，右侧的手臂显得有些过粗。下面继续利用“液化”命令来处理这个问题。

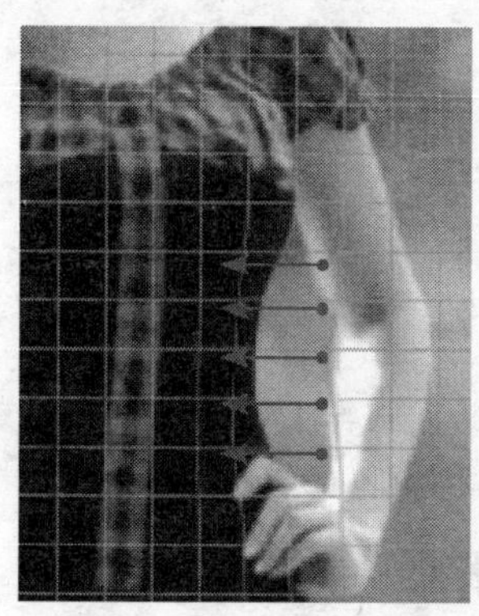

图 4.80　对右侧腰部进行液化

图 4.81　对左侧腰部进行液化

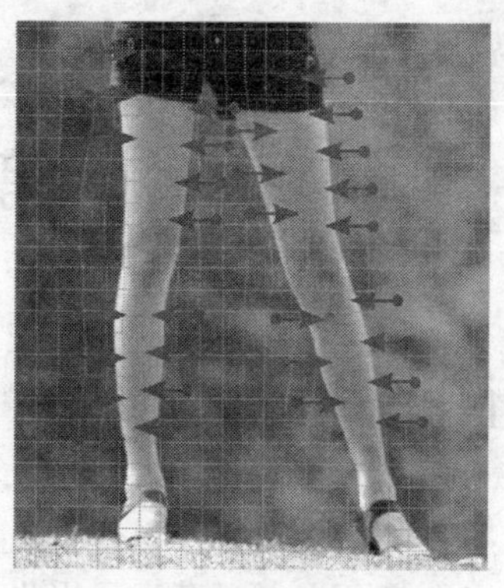

图 4.82　对腿部进行液化

7．选择“滤镜”|“液化”命令，按照第 3～4 步的操作方法，应用“向前变形工具” 对右手臂进行液化处理，如图 4.83 所示。单击“确定”按钮退出对话框。

8．锐化图像。选择“滤镜”|“锐化”|“USM 锐化”命令，设置弹出的对话框如图 4.84 所示，单击“确定”按钮退出对话框，得到如图 4.85 所示的最终效果。

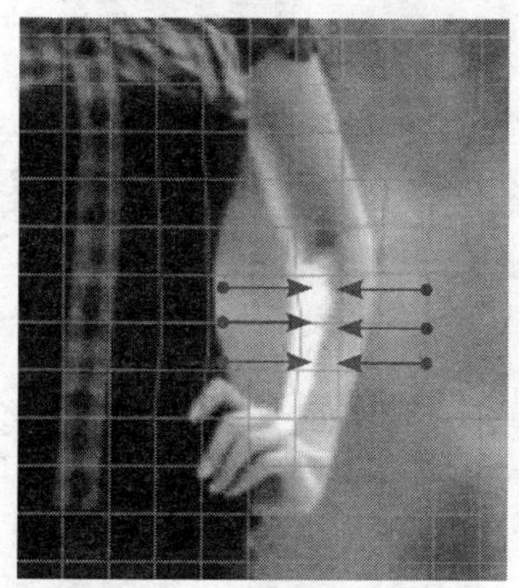

图 4.83　对右手臂进行液化

图 4.84　“USM 锐化”对话框

图 4.85　最终效果

9．如图 4.86 所示为应用“USM 锐化”命令前后对比效果。“图层”面板如图 4.87 所示。

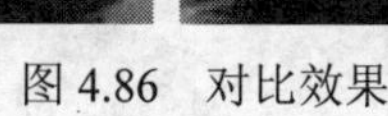
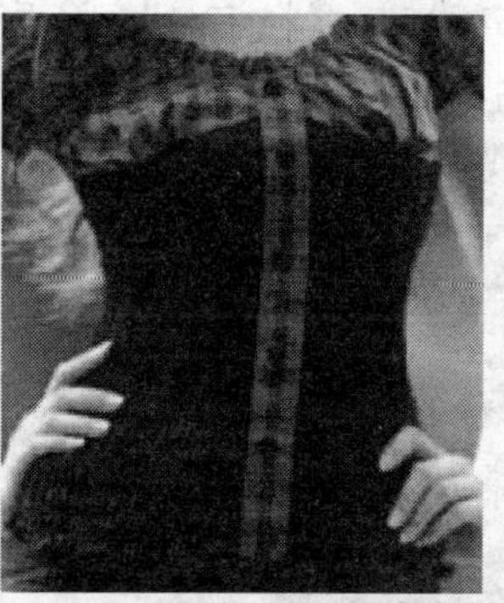

图 4.86　对比效果

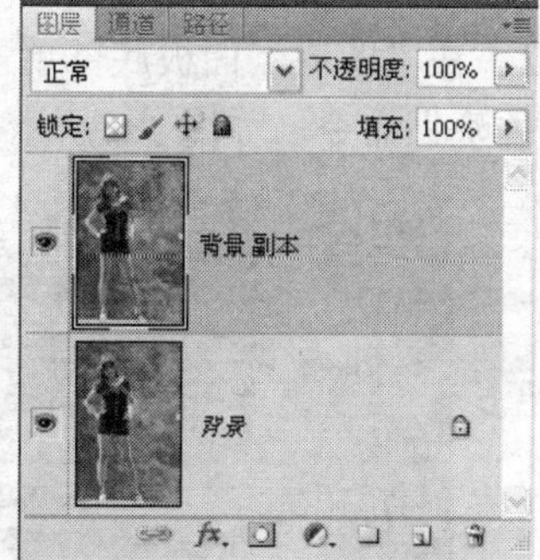

图 4.87　“图层”面板

第 5 章　曝 光 润 饰

5.1　自动校正曝光

本例主要讲解如何自动校正曝光。在制作的过程中，主要运用了“自动对比度”命令。

1．打开本书配套素材提供的“第 5 章\5.1-素材.JPG”，将看到整个图片如图 5.1 所示。

2．选择“图像”|“自动对比度”命令，如图 5.2 所示，得到的最终效果如图 5.3 所示。

图 5.1　素材图像

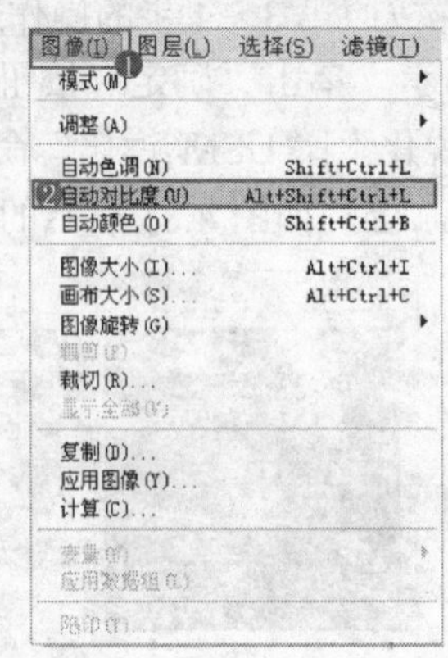

图 5.2　选择“自动对比度”命令

图 5.3　最终效果

5.2　校正灰蒙蒙的曝光不足照片

本例主要讲解如何校正曝光不足的照片。在制作的过程中，主要结合了“色阶”、“亮度/对比度”以及“色相/饱和度”调整图层。

1．打开本书配套素材提供的“第 5 章\5.2-素材.JPG”，将看到整个图片如图 5.4 所示。

2．在“图层”面板底部单击“创建新的填充或调整图层”按钮 ，在弹出的菜单中选择“色阶”命令，如图 5.5 所示，同时得到“色阶 1”图层。

图 5.4　素材图像

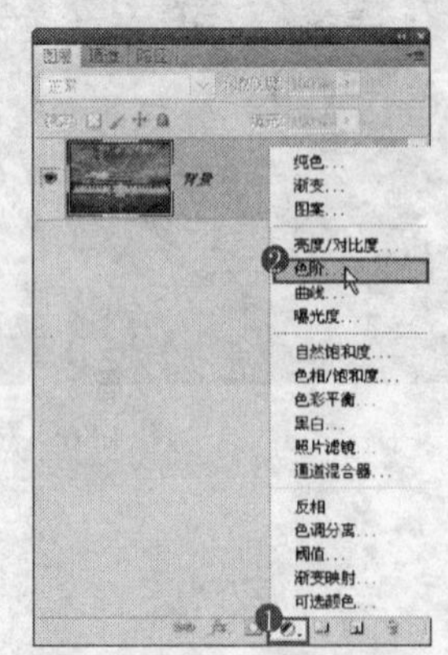

图 5.5　选择“色阶”命令

3．设置弹出的“色阶”面板如图 5.6 所示，得到如图 5.7 所示的效果。“图层”面板如图 5.8 所示。

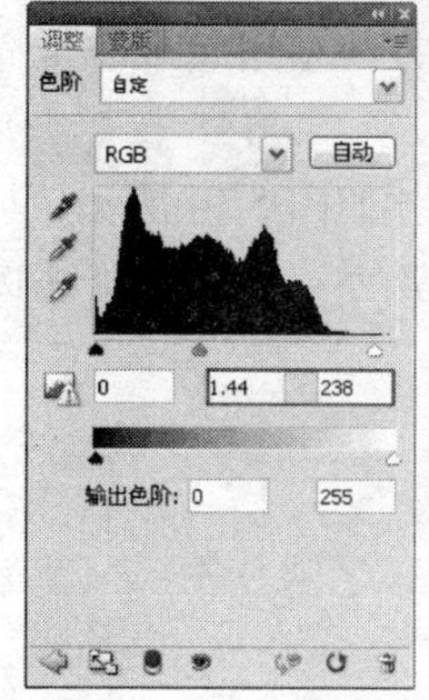

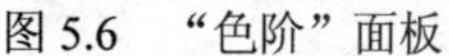
图 5.6　“色阶”面板

图 5.7　应用“色阶”命令后的效果

图 5.8　“图层”面板

4．在“图层”面板底部单击“创建新的填充或调整图层”按钮，在弹出的菜单中选择“亮度/对比度”命令，得到“亮度/对比度 1”图层，设置弹出的面板如图 5.9 所示，得到如图 5.10 所示的效果。

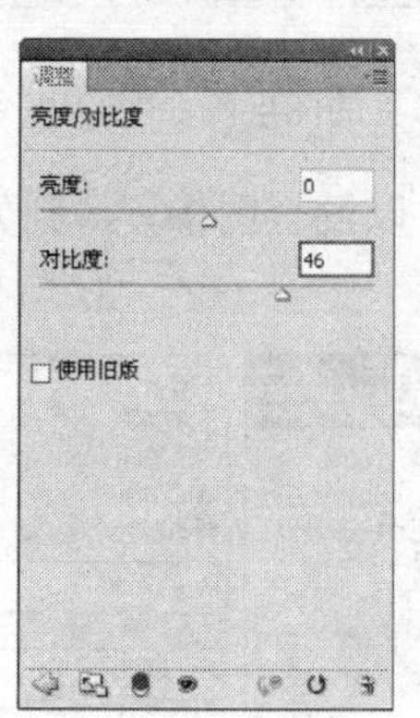

图 5.9　“亮度/对比度”面板

图 5.10　应用“亮度/对比度”命令后的效果

5．在“图层”面板底部单击“创建新的填充或调整图层”按钮，在弹出的菜单中选择“色相/饱和度”命令，得到“色相/饱和度 1”图层，设置弹出的面板如图 5.11 所示，得到如图 5.12 所示的最终效果。“图层”面板如图 5.13 所示。

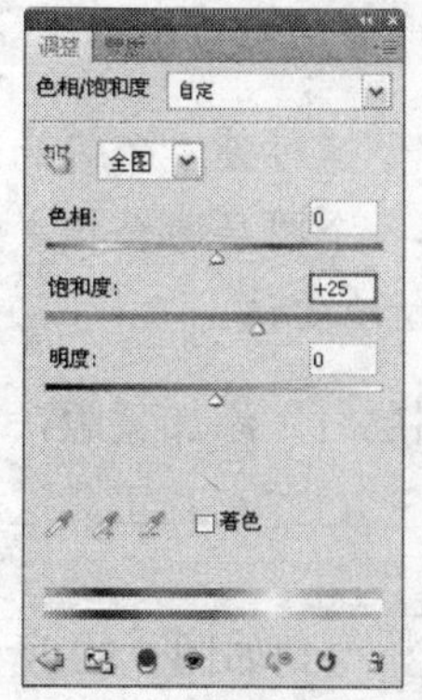

图 5.11　“色相/饱和度”面板

图 5.12　最终效果

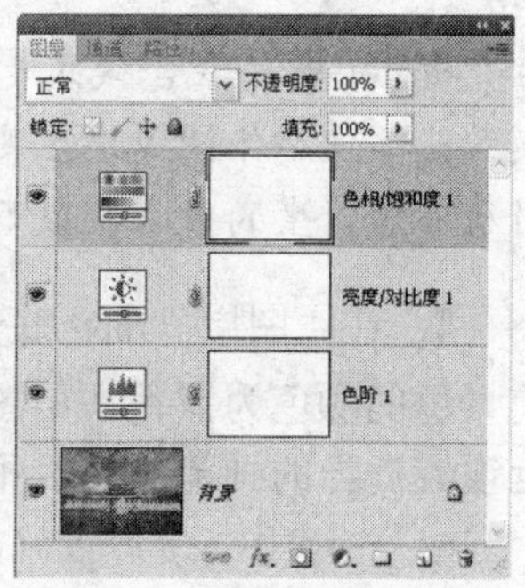

图 5.13　“图层”面板

5.3 使用混合模式校正曝光不足的照片

本例主要讲解如何使用图层的混合模式校正曝光不足的照片，这种方法使用起来非常简单方便，其具体操作步骤如下。

1. 打开本书配套素材提供的“第5章\5.3-素材.jpg”，将看到整个图片如图5.14所示。

2. 选择“图层”|“新建”|“通过拷贝的图层”命令，如图5.15所示，或按Ctrl+J键复制“背景”图层得到“图层1”。

图5.14 素材图像

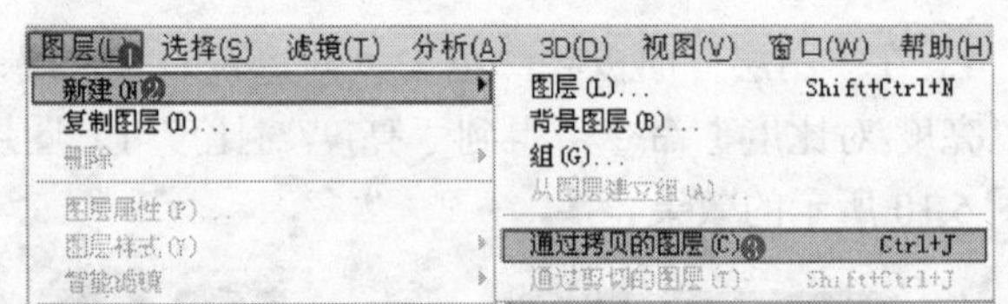

图5.15 选择“通过拷贝的图层”命令

3. 在“图层”面板顶部设置“图层1”的混合模式为“滤色”，以混合图像，得到如图5.16所示的效果。“图层”面板如图5.17所示。

图5.16 设置混合模式后的效果

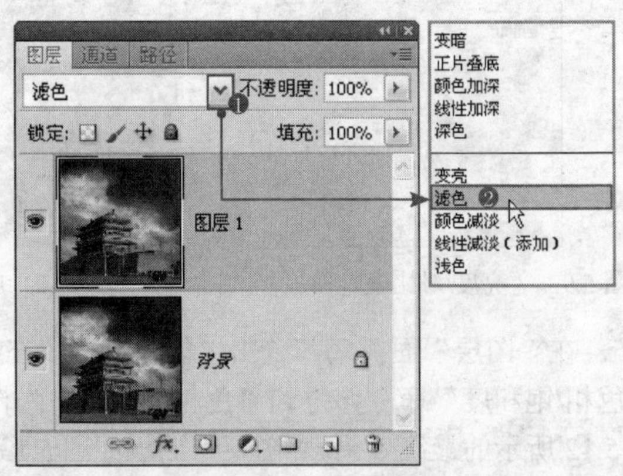

图5.17 “图层”面板

提示： 图层混合模式是一种控制上下两个图层融合方式的图层功能，通过设置不同的混合模式能够使整体图像发生变亮、变暗或颜色变异等方面的变化，要了解各个图层混合模式的功用及可能产生的效果，最好的方法是选择各个不同的混合模式进行不断地尝试。

4. 在“图层”面板底部单击“添加图层蒙版”按钮，为“图层1”添加蒙版，设置前景色的颜色为黑色，如图5.18所示。在工具箱中选择“画笔工具”，并在其工具选项栏上设置适当的画笔大小及不透明度，如图5.19所示。

5. 应用上一步设置好的画笔，在天空过亮的部位涂抹以将其隐藏，得到如图5.20所示的最终效果，此时图层蒙版状态如图5.21所示，“图层”面板如图5.22所示。

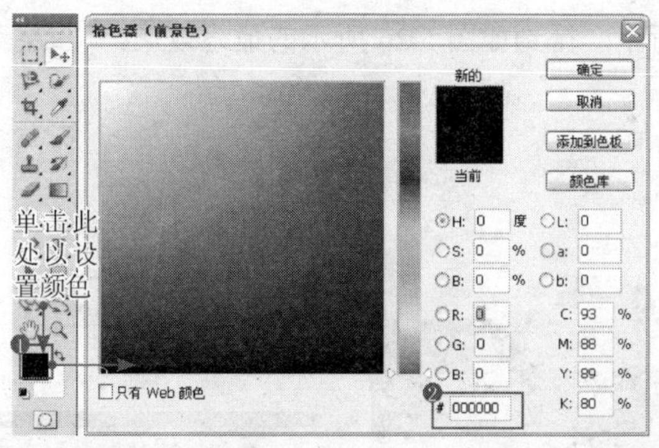

图 5.18　设置前景色

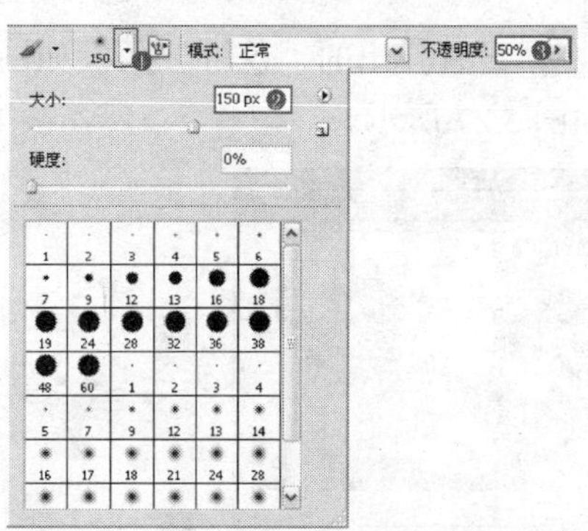

图 5.19　设置画笔的大小及不透明度

图 5.20　最终效果

图 5.21　图层蒙版中的状态

图 5.22　“图层”面板

提示：图层蒙版中黑色区域部分可以使图像对应的区域被隐藏，显示底层图像；白色区域部分可使图像对应的区域显示。灰色部分，则会使图像对应的区域半隐半显。

5.4　校正整体曝光过度

本例主要讲解如何校正整体曝光过度的照片。在制作的过程中，主要运用了调整图层功能中的“色阶”命令。

1．打开本书配套素材提供的“第 5 章\5.4-素材.jpg”，将看到整个图片如图 5.23 所示。

2．在“图层”面板底部单击“创建新的填充或调整图层”按钮 ，在弹出的菜单中选择“色阶”命令，如图 5.24 所示，同时得到“色阶 1”图层。

图 5.23　素材图像

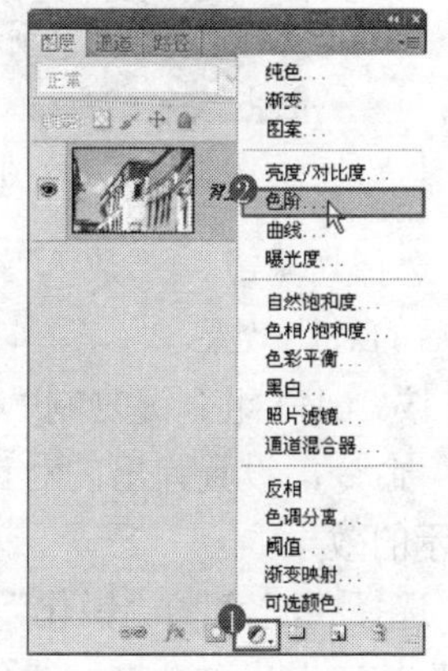

图 5.24　选择“色阶”命令

3．设置弹出的“色阶”面板如图5.25所示，得到如图5.26所示的最终效果。“图层”面板如图5.27所示。

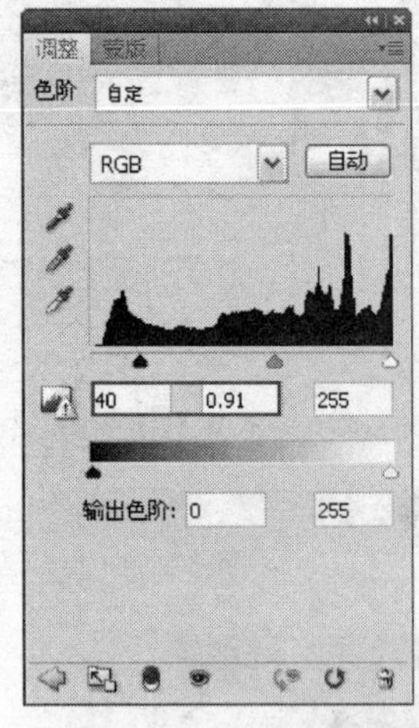

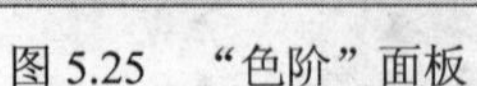

图5.25 “色阶”面板

图5.26 最终效果

图5.27 “图层”面板

5.5 去除曝光不足时的蓝绿杂点

本例主要讲解如何去除曝光不足时的蓝绿杂点。在制作的过程中，主要结合了“去斑”命令、“减少杂色”命令以及“亮度/对比度”调整图层等功能。

1．打开本书配套素材提供的“第5章\5.5-素材.jpg”，将看到整个图片如图5.28所示。

2．按Ctrl+J组合键复制“背景”图层得到“图层1”，此时“图层”面板如图5.29所示。

图5.28 素材图像

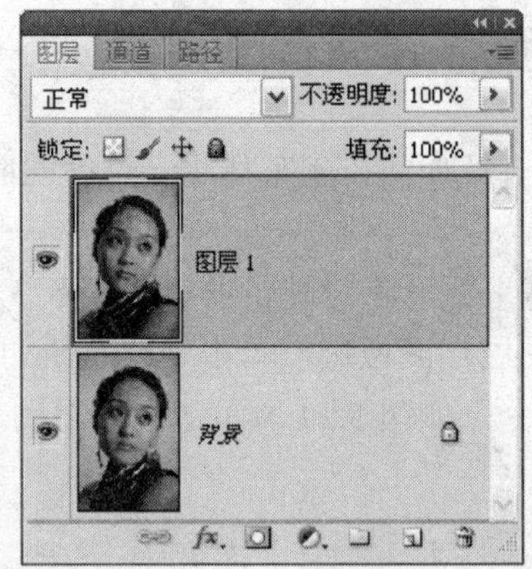

图5.29 “图层”面板

3．选择“滤镜”|“杂色”|“去斑”命令，如图5.30所示。如图5.31所示为应用“去斑”命令前后的对比效果。

4．按Ctrl+J组合键复制“图层1”图层得到“图层1副本”，选择“滤镜”|“杂色”|“减少杂色”命令，设置弹出的对话框如图5.32所示，单击“确定”按钮退出对话框，得到如图5.33所示的效果。

5．选择“滤镜”|“锐化”|“USM锐化”命令，设置弹出的对话框如图5.34所示，单击“确定”按钮退出对话框，得到如图5.35所示的效果。

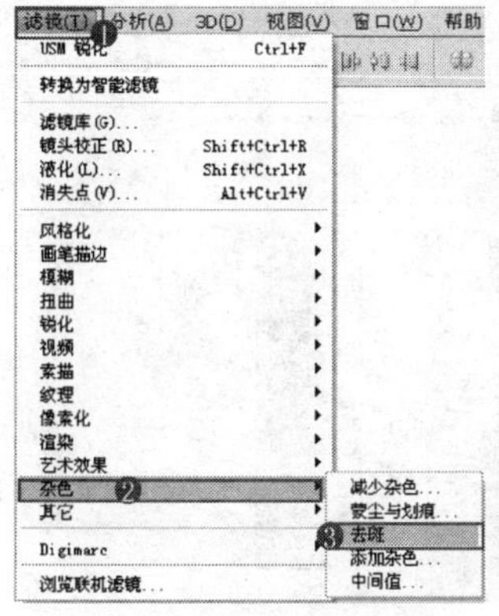

图 5.30　选择“去斑”命令

图 5.31　应用“去斑”命令前后的对比效果

图 5.32　“减少杂色”对话框

图 5.33　应用“减少杂色”命令后的效果

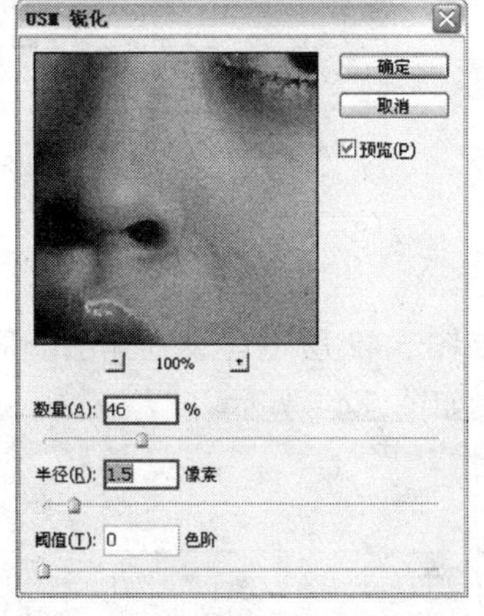

图 5.34　“USM 锐化”对话框

图 5.35　应用“USM 锐化”命令后的效果

提示：此步操作的“USM 锐化”命令，得到的效果用肉眼可能无法分辨出来，但此命令对图像的细节调整有很大的帮助。

6．在“图层”面板底部单击“创建新的填充或调整图层”按钮 ，在弹出的菜单中选择“亮度/对比度”命令，如图 5.36 所示。得到“亮度/对比度 1”图层，设置弹出的面板如图 5.37 所示，得到如图 5.38 所示的最终效果，“图层”面板如图 5.39 所示。

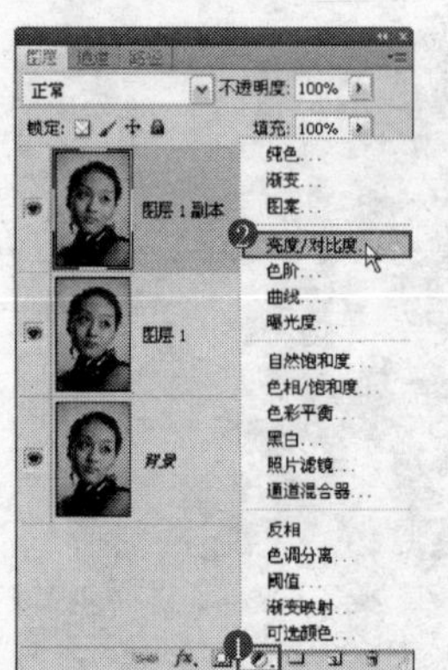

图 5.36 选择“亮度/对比度”命令

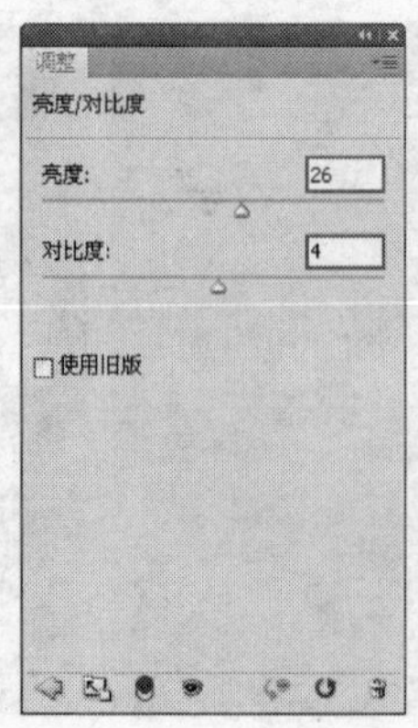

图 5.37 “亮度/对比度”面板

图 5.38 最终效果

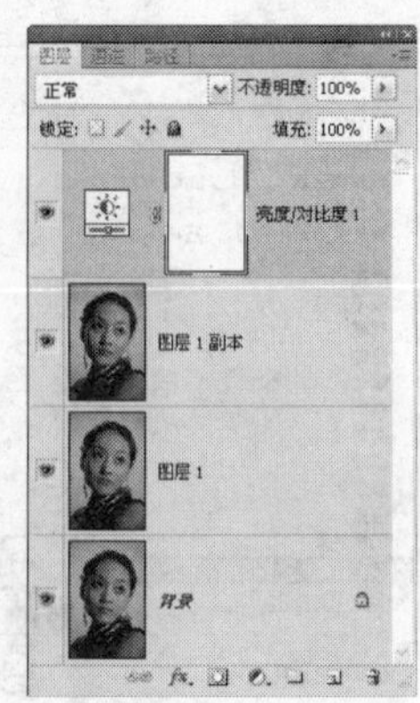

图 5.39 “图层”面板

5.6 使用“阴影/高光”命令显示阴影中物体的方法

本例主要讲解如何显示阴影中的物体。在制作的过程中，主要运用了调整功能中的“阴影/高光”命令。

1．打开本书配套素材提供的“第 5 章\5.6-素材.jpg”，将看到整个图片如图 5.40 所示。

2．将“背景”图层拖至“图层”面板底部“创建新图层”按钮上，得到“背景 副本”图层，此时“图层”面板如图 5.41 所示。

图 5.40 素材图像

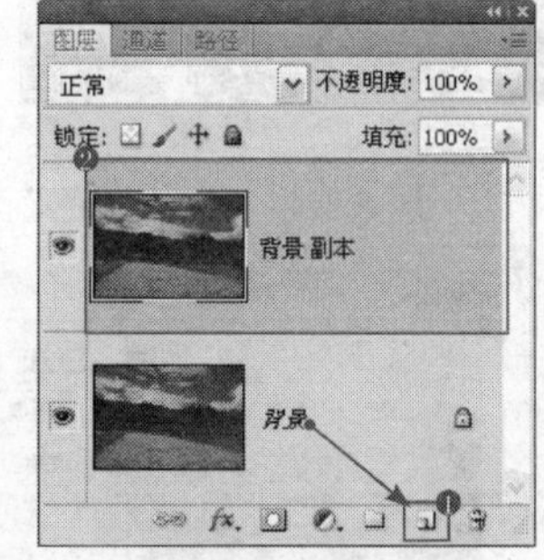

图 5.41 “图层”面板

3．选择“图像”|“调整”|“阴影/高光”命令，如图 5.42 所示。设置弹出的对话框如图 5.43 所示，单击“确定”按钮退出对话框，得到的效果如图 5.44 所示。

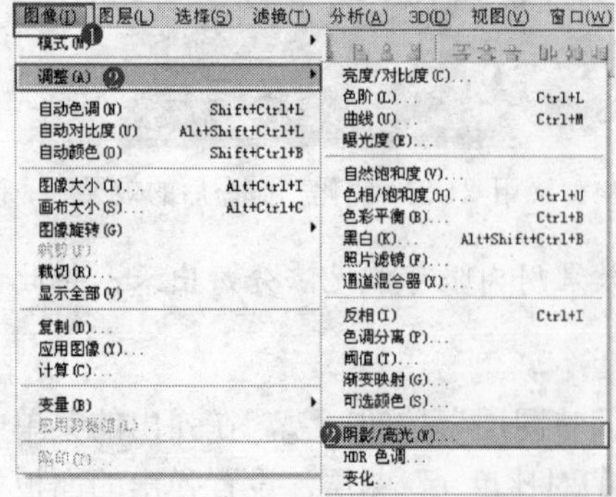

图 5.42 选择“阴影/高光”命令

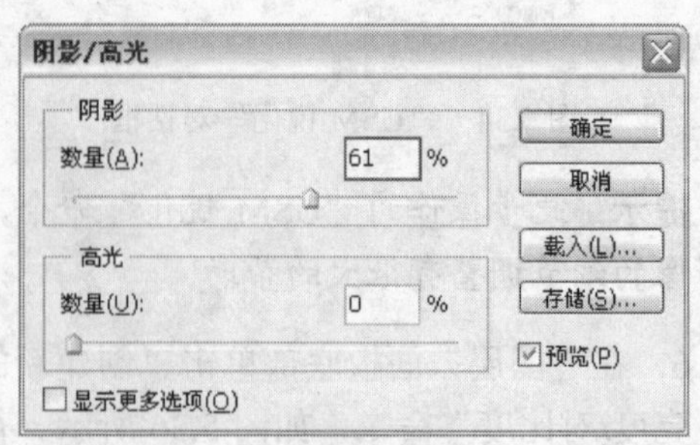

图 5.43 “阴影/高光”对话框

提示：利用“阴影/高光”命令可以处理图像中过暗或者过亮的图像，并尽量恢复其中的图像细节，以保证图像的逼真和完整性。

4．在“图层”面板底部单击“创建新的填充或调整图层”按钮 ，在弹出的菜单中选择“自然饱和度”命令，如图 5.45 所示。

图 5.44　应用“阴影/高光”命令后的效果

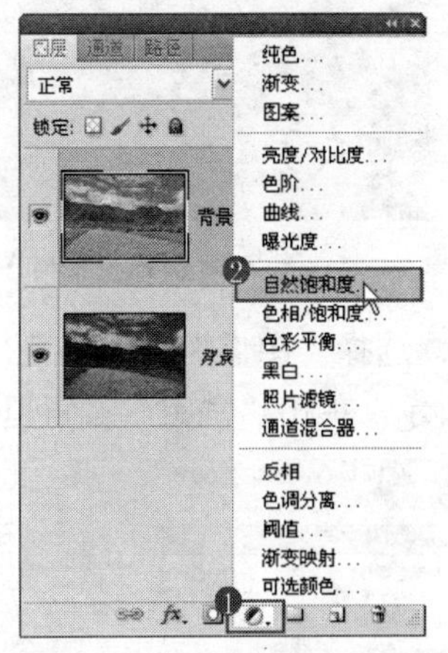

图 5.45　选择“自然饱和度”命令

5．设置弹出的“自然饱和度”面板如图 5.46 所示，得到如图 5.47 所示的最终效果。“图层”面板如图 5.48 所示。

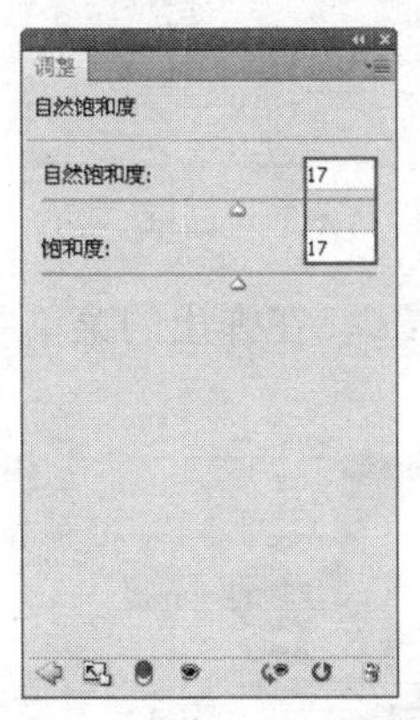

图 5.46　“自然饱和度”面板

图 5.47　应用“自然饱和度”命令后的效果

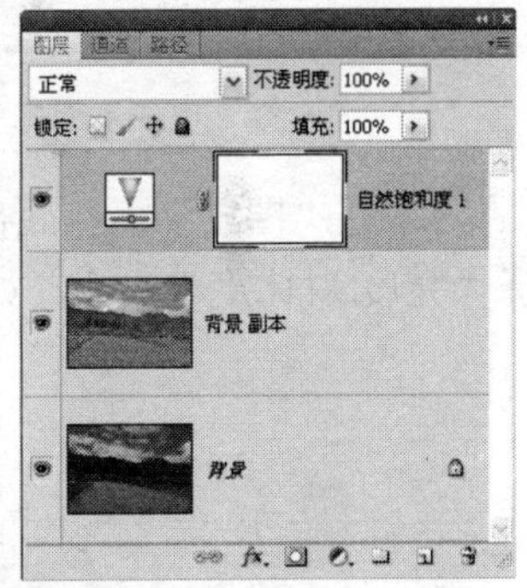

图 5.48　“图层”面板

提示：使用“自然饱和度”调整图层和图像时，可以使图像的饱和度不会溢出，换言之，此命令可以仅调整与饱和的颜色相比那些不饱和的颜色的饱和度。

5.7　显示高光中的细节

本例主要讲解如何显示高光中的细节。在制作的过程中，主要结合了调整功能中的“阴影/高光”命令以及“亮度/对比度”、“自然饱和度”调整图层的功能。

1．打开本书配套素材提供的“第 5 章\5.7-素材.JPG”，将看到整个图片如图 5.49 所示。

2．将“背景”图层拖至“图层”面板底部“创建新图层”按钮 上，得到“背景 副本”图层，此时“图层”面板如图 5.50 所示。

图 5.49 素材图像

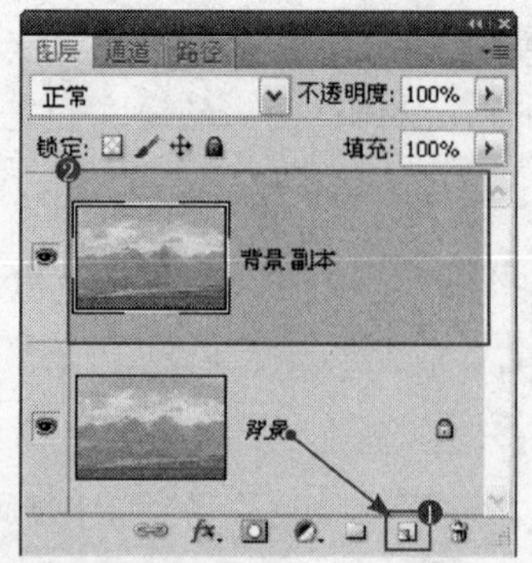

图 5.50 “图层”面板

3．选择“图像”|“调整”|“阴影/高光”命令，如图 5.51 所示。设置弹出的对话框如图 5.52 所示，单击“确定”按钮退出对话框，得到的效果如图 5.53 所示。

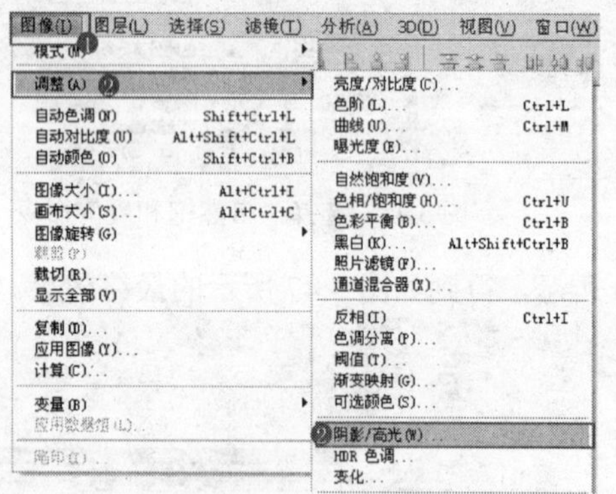

图 5.51 选择“阴影/高光”命令

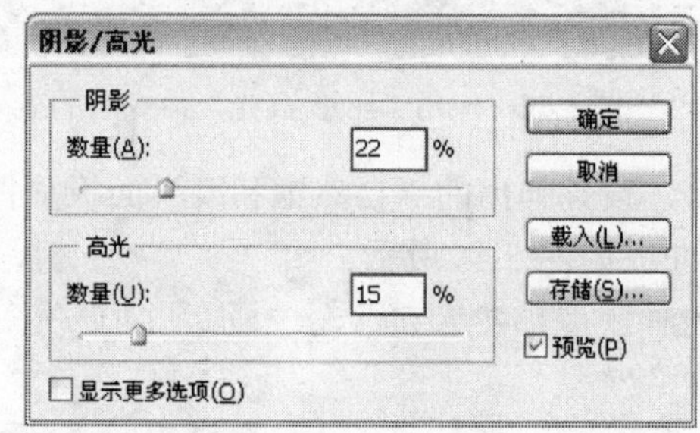

图 5.52 “阴影/高光”对话框

4．在“图层”面板底部单击“创建新的填充或调整图层”按钮，在弹出的菜单中选择“亮度/对比度”命令，如图 5.54 所示。

图 5.53 应用“阴影/高光”命令后的效果

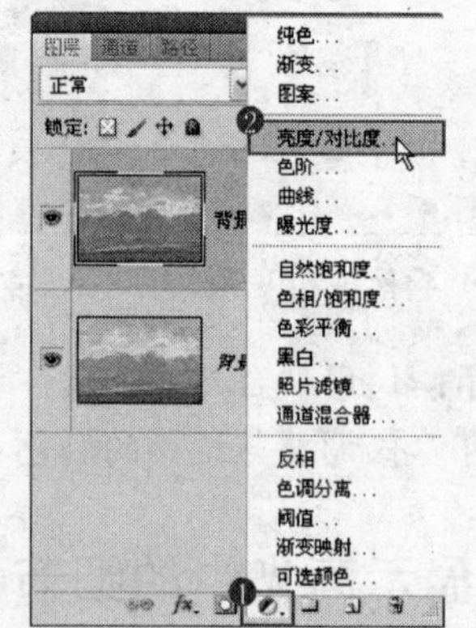

图 5.54 选择“亮度/对比度”命令

提示：“亮度/对比度”是一个非常简单易用的命令，使用它可以快捷地调整图像明暗度。但其操作方法不够精细，不能作为调整颜色的第一手段。

5．设置弹出的“亮度/对比度”面板如图 5.55 所示，得到如图 5.56 所示的效果。“图层”面板如图 5.57 所示。

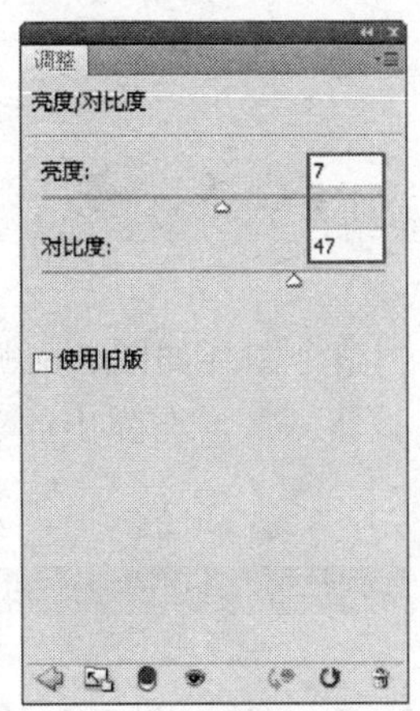

图 5.55　“亮度/对比度”面板

图 5.56　应用“亮度/对比度”命令后的效果

6．在“图层”面板底部单击“创建新的填充或调整图层”按钮 ，在弹出的菜单中选择“自然饱和度”命令，设置弹出的面板如图 5.58 所示，得到如图 5.59 所示的最终效果。“图层”面板如图 5.60 所示。

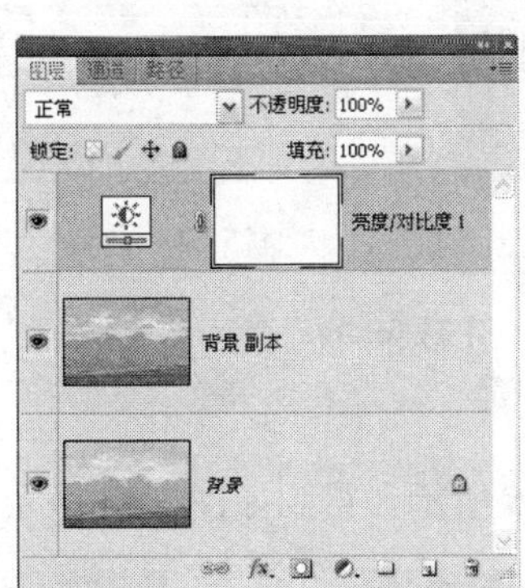

图 5.57　“图层”面板

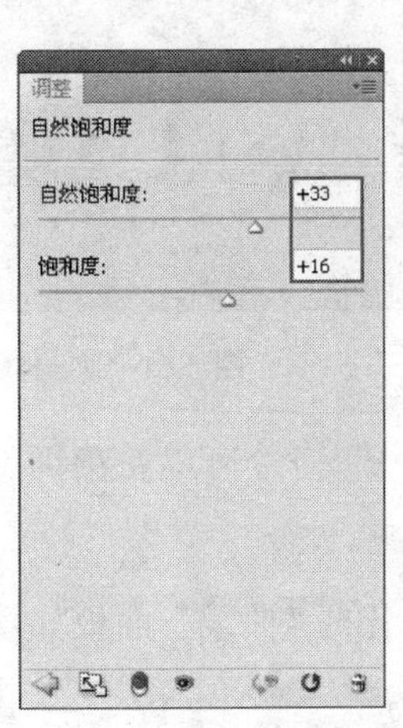

图 5.58　“自然饱和度”面板

图 5.59　最终效果

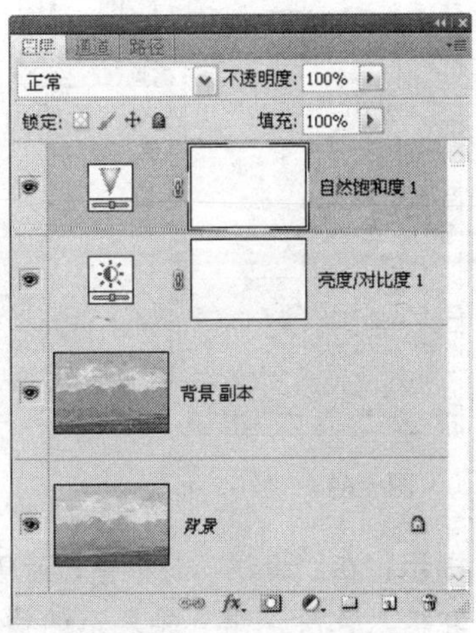

图 5.60　“图层”面板

5.8 为逆光照片补光

本例主要讲解如何为逆光照片补光。在制作的过程中，主要结合了“曲线”以及“色相/饱和度”调整图层。

1. 打开本书配套素材提供的“第 5 章\5.8-素材.jpg”，将看到整个图片如图 5.61 所示。

2. 在“图层”面板底部单击“创建新的填充或调整图层”按钮 ，在弹出的菜单中选择“曲线”命令，如图 5.62 所示。同时得到“曲线 1”图层。

图 5.61 素材图像

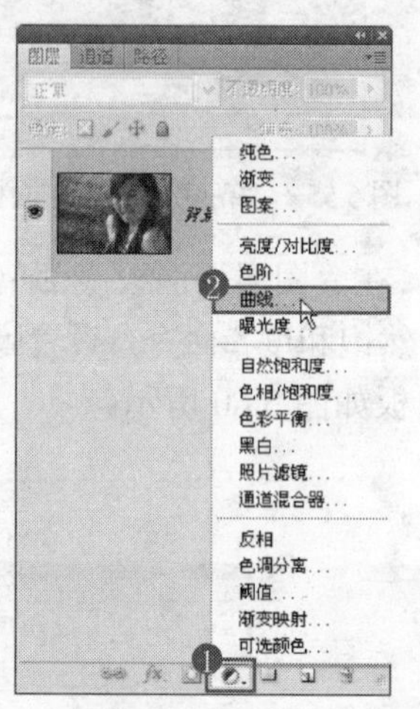

图 5.62 选择“曲线”命令

提示：“曲线”命令可以精确调整图像的高光、阴影和中间调区域中任意一点的色调与明暗。

3. 设置弹出的“曲线”面板如图 5.63～图 5.65 所示，得到如图 5.66 所示的效果。

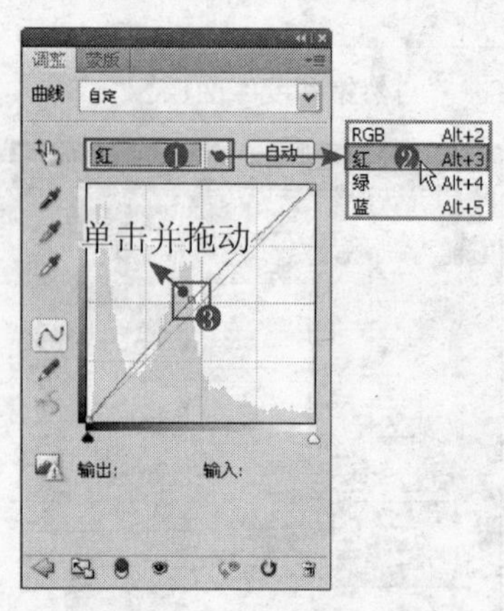

图 5.63 “红”面板

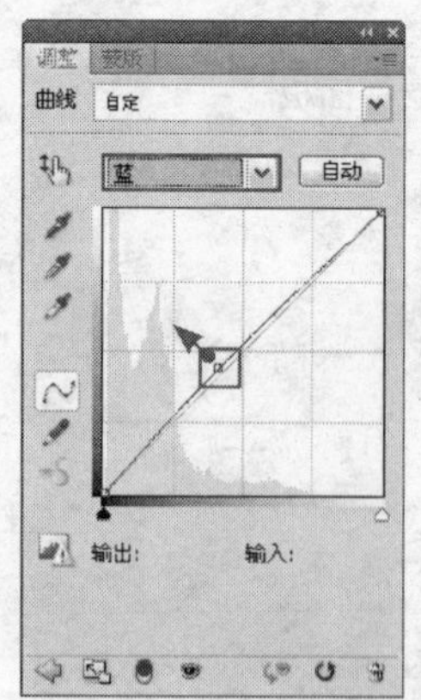

图 5.64 “蓝”面板

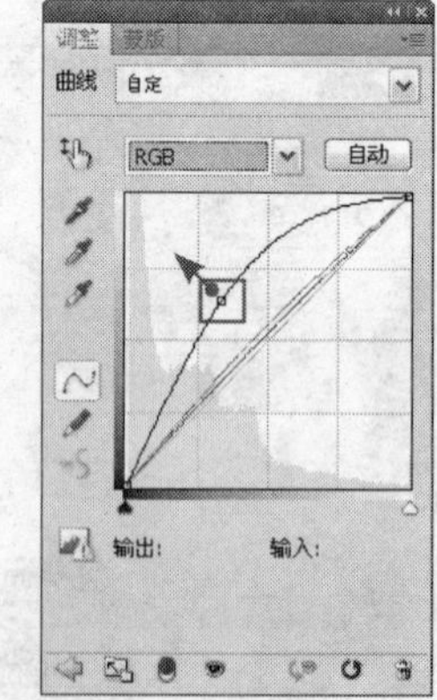

图 5.65 “RGB”面板

提示：在“曲线”面板中，最重要的工作是调节曲线。曲线的水平轴表示调整前原来的色值，即输入色阶；垂直轴表示调整后的色值，即输出色阶。

4. 确认“曲线 1”图层蒙版缩览图处于选中的状态，如图 5.67 所示。

图 5.66　应用“曲线”命令后的效果

图 5.67　选中蒙版缩览图

5．按 Ctrl+I 组合键执行“反相”操作，以将上一步调整的曲线效果全部隐藏，在工具箱中设置前景色为白色，如图 5.68 所示。选择“画笔工具”，设置其工具选项条如图 5.69 所示。

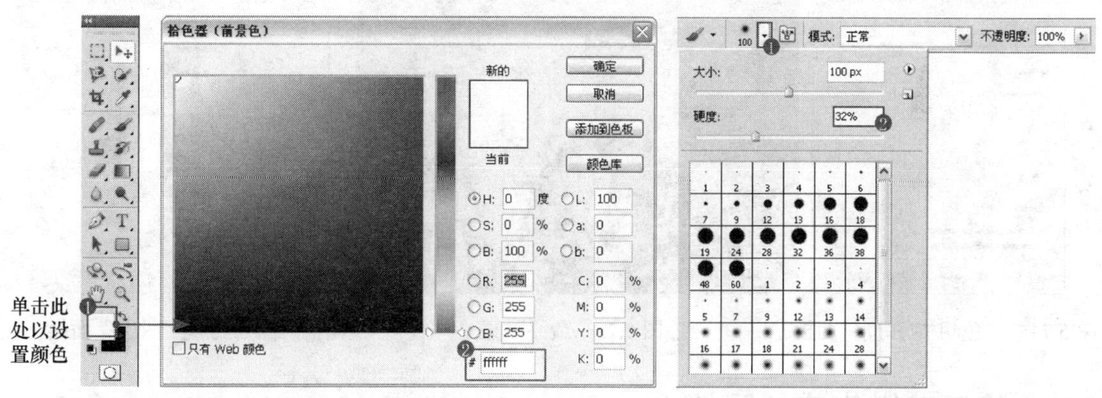

图 5.68　设置前景色　　　　图 5.69　设置工具选项条

6．应用设置好的画笔在人物范围内涂抹，使涂抹区域显示出第 3 步调整的曲线效果，如图 5.70 所示。此时蒙版中的状态如图 5.71 所示。“图层”面板如图 5.72 所示。

图 5.70　编辑蒙版后的效果

图 5.71　蒙版中的状态

7．载入人物的选区，按 Ctrl 键单击“曲线 1”图层蒙版缩览图以载入其选区，如图 5.73 所示。

8．降低饱和度。在“图层”面板底部单击“创建新的填充或调整图层”按钮，在弹出的菜单中选择“色相/饱和度”命令，得到“色相/饱和度 1”图层，设置弹出的面板如图 5.74 所示，得到如图 5.75 所示的最终效果。“图层”面板如图 5.76 所示。

图 5.72 “图层”面板

图 5.73 载入选区

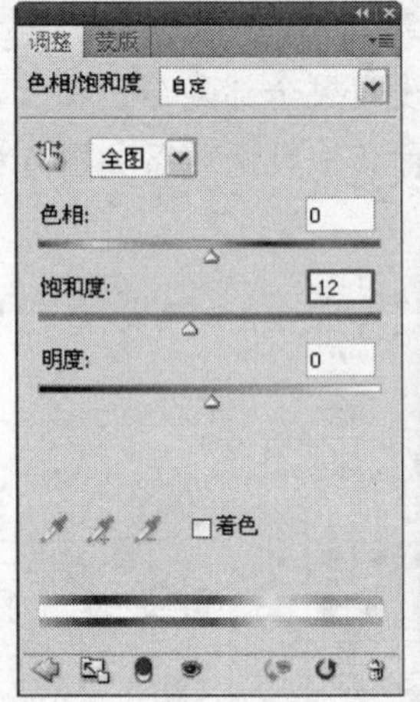

图 5.74 “色相/饱和度”面板

图 5.75 最终效果

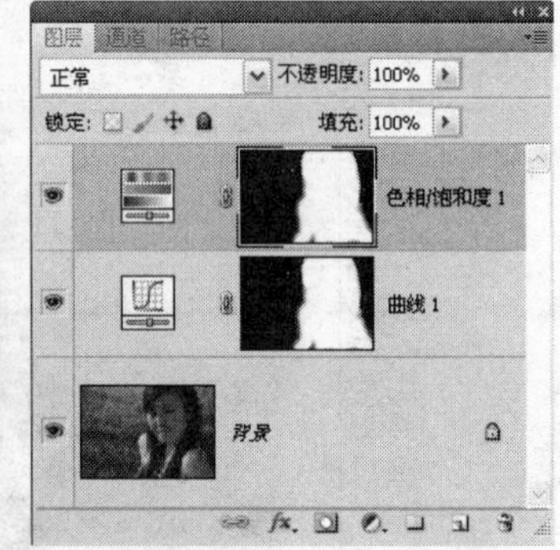

图 5.76 “图层”面板

5.9 修正略微失焦的照片

本例主要讲解如何修正略微失焦的照片。在制作的过程中，主要结合了“USM 锐化”命令、图层蒙版、选区、“高斯模糊”命令以及调整图层等功能。

1．打开本书配套素材提供的“第 5 章\5.9-素材.JPG”，将看到整个图片如图 5.77 所示。

2．将“背景”图层拖至“图层”面板底部的“创建新图层”按钮上，得到“背景 副本”图层，此时“图层”面板如图 5.78 所示。

图 5.77 素材图像

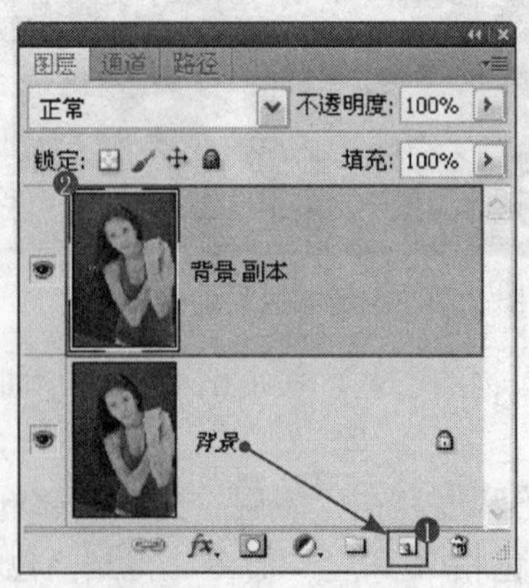

图 5.78 “图层”面板

提示：下面结合“USM 锐化”命令以及图层蒙版的功能，对人物面部进行锐化处理。

3．选择“滤镜”|“锐化”|“USM 锐化”命令，如图 5.79 所示。设置弹出的对话框如图 5.80 所示，单击“确定”按钮退出对话框，得到如图 5.81 所示的效果。

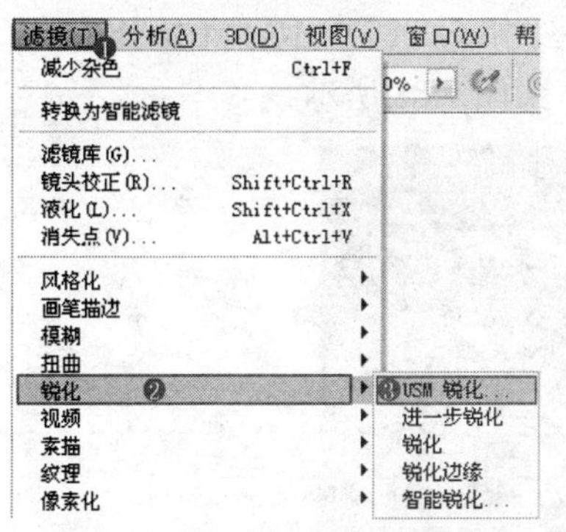

图 5.79　选择“USM 锐化”命令

图 5.80　“USM 锐化”对话框

图 5.81　应用“USM 锐化”命令后的效果

4．在“图层”面板底部单击“添加图层蒙版”按钮，为“背景 副本”图层添加蒙版，此时“图层”面板如图 5.82 所示。在工具箱中设置前景色为黑色，如图 5.83 所示。

图 5.82　“图层”面板

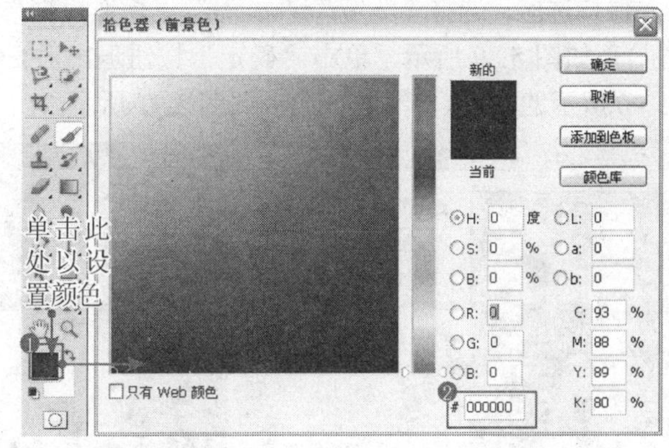

图 5.83　设置前景色

5．在工具箱中选择“画笔工具”，设置其工具选项条如图 5.84 所示。然后在人物面部以外的区域涂抹，得到的效果如图 5.85 所示。此时蒙版中的状态如图 5.86 所示。

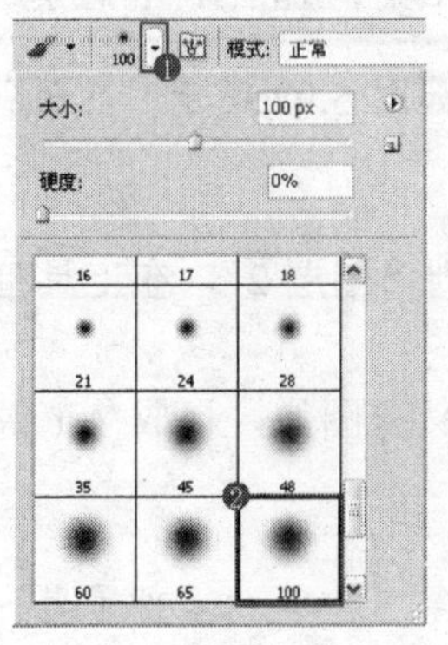

图 5.84　设置工具选项条

图 5.85　涂抹后的效果

图 5.86　蒙版中的状态

提示：下面结合盖印、选区以及“高斯模糊”命令，模糊面部以外的区域。

6．盖印图像。按 Ctrl+Alt+Shift+E 组合键执行“盖印”操作，从而将当前所有可见的图像合并至一个新图层中，得到“图层 1”。

7．按 Ctrl 键单击“背景 副本”图层蒙版缩览图以载入其选区，如图 5.87 所示。按 Ctrl+Shift+I 键执行“反向”操作，以反向选择当前的选区，此时选区状态如图 5.88 所示。

图 5.87 载入选区

图 5.88 执行“反向”命令后的选区状态

8．保持选区，选择“滤镜”|“模糊”|“高斯模糊”命令，在弹出的对话框中设置“半径”数值为 1，如图 5.89 所示，单击“确定”按钮退出对话框，按 Ctrl+D 组合键取消选区，得到如图 5.90 所示的效果。“图层”面板如图 5.91 所示。

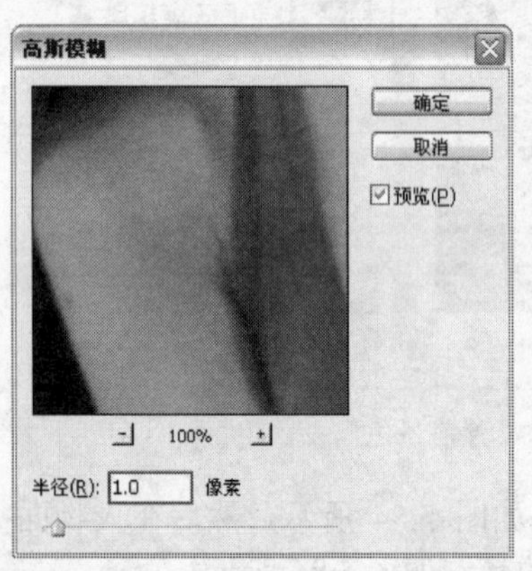

图 5.89 “高斯模糊”对话框

图 5.90 应用“高斯模糊”命令后的效果

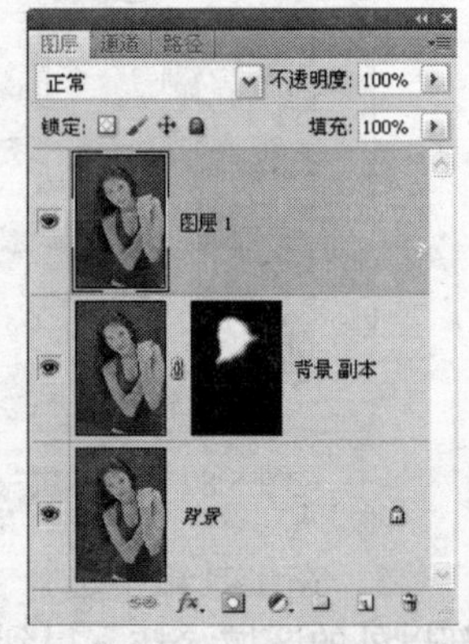

图 5.91 “图层”面板

提示：此时，放大图像观看，人物左脸边缘存在一道白边，如图 5.92 所示。下面利用“仿制图章工具”来处理这个问题。

9．在“图层”面板底部单击“创建新图层”按钮，得到“图层 2”，在工具箱中选择“仿制图章工具”，设置其工具选项条如图 5.93 所示。

10．将光标置于白边附近区域（脸部），按 Alt 键单击以定义源图像，释放 Alt 键在白边区域涂抹，以将白边修除，如图 5.94 所示为修复后的效果。

提示：关于“仿制图章工具”的具体操作可参考第 3 章第 3.3 节“修齐牙齿”中的方法。

图 5.92　存在的白边

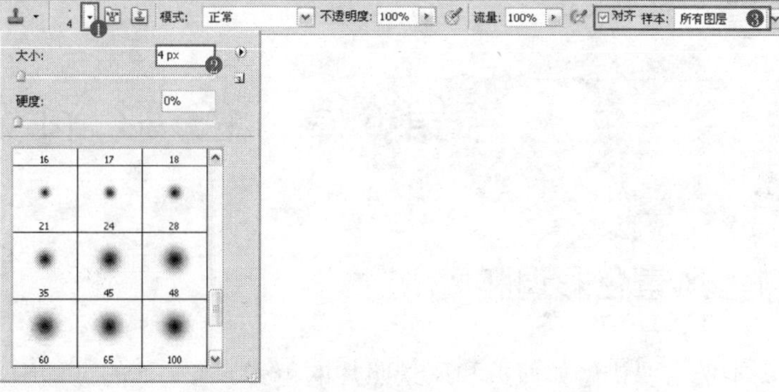

图 5.93　设置工具选项条

11．调整亮度、对比度。在“图层”面板底部单击“创建新的填充或调整图层”按钮，在弹出的菜单中选择“亮度/对比度”命令，如图 5.95 所示，得到“亮度/对比度 1”图层，设置弹出的面板如图 5.96 所示，得到如图 5.97 所示的最终效果。“图层”面板如图 5.98 所示。

图 5.94　修复后的效果

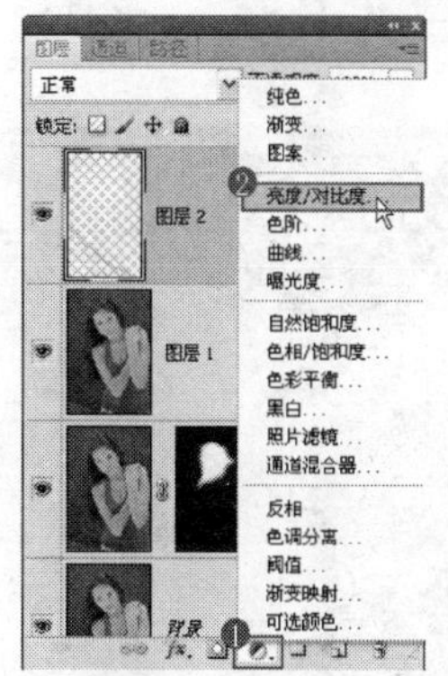

图 5.95　选择“亮度/对比度”命令

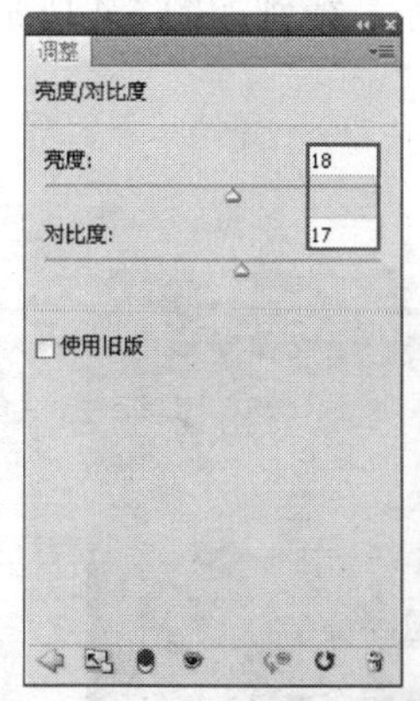

图 5.96　“亮度/对比度”面板

图 5.97　最终效果

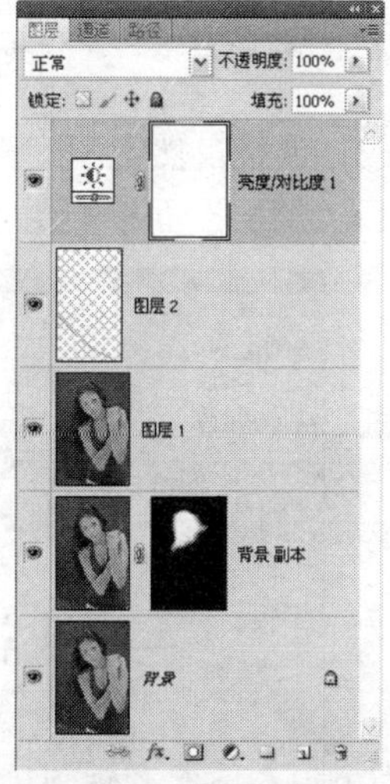

图 5.98　“图层”面板

第 6 章　色 彩 润 饰

6.1　风景色彩调和

本例主要讲解如何调和风景照片的色彩。在制作的过程中，主要结合了调整图层功能中的“自然饱和度”命令以及“亮度/对比度”命令。

1．打开本书配套素材提供的“第 6 章\6.1-素材.jpg”，将看到整个图片如图 6.1 所示。

2．在“图层”面板底部单击“创建新的填充或调整图层”按钮 ，在弹出的菜单中选择“自然饱和度”命令，如图 6.2 所示，得到“自然饱和度 1”图层。

图 6.1　素材图像

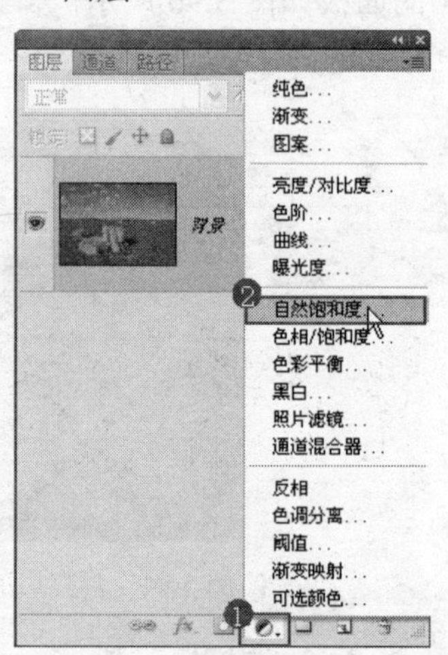

图 6.2　选择“自然饱和度”命令

3．调整自然饱和度。设置弹出的“自然饱和度”面板如图 6.3 所示，得到如图 6.4 所示的效果。“图层”面板如图 6.5 所示。

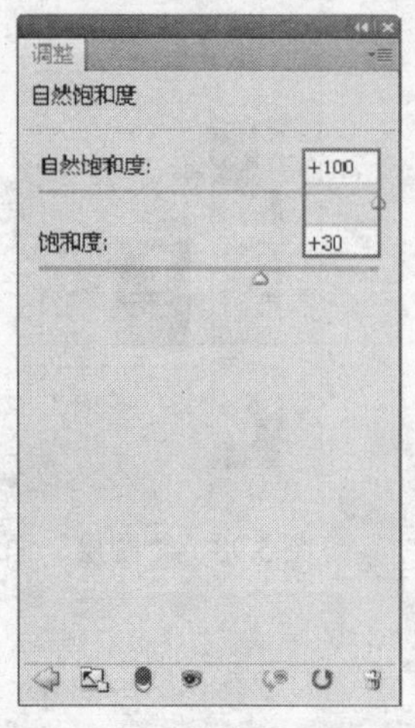

图 6.3　“自然饱和度”面板

图 6.4　应用“自然饱和度”命令后的效果

4．调整亮度、对比度。在“图层”面板底部单击“创建新的填充或调整图层”按钮 ，在弹出的菜单中选择“亮度/对比度”命令，得到“亮度/对比度 1”图层，设置弹出的面板如图 6.6 所示，得到如图 6.7 所示的最终效果。“图层”面板如图 6.8 所示。

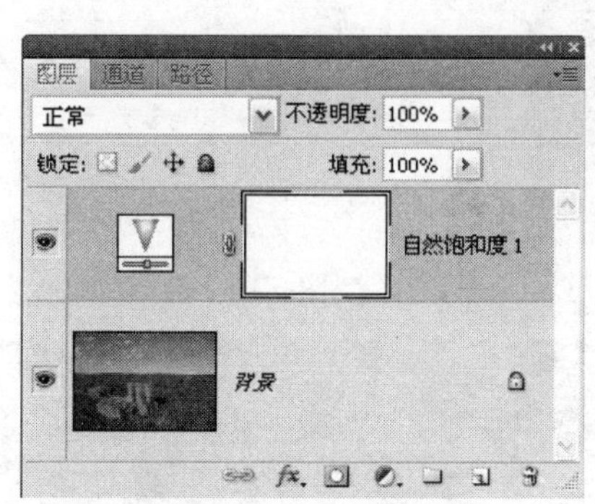

图 6.5　“图层”面板

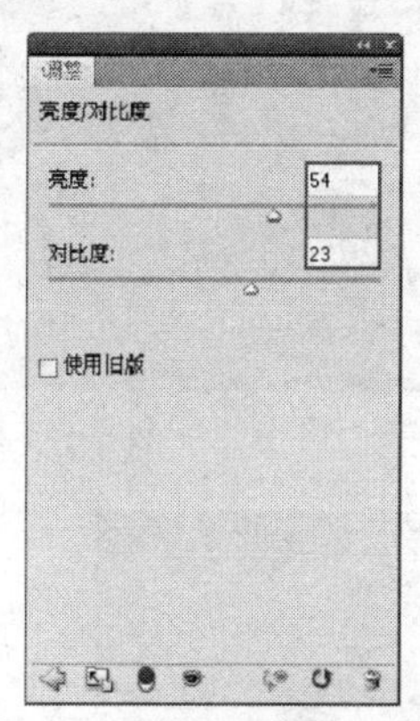

图 6.6　“亮度/对比度”面板

图 6.7　最终效果

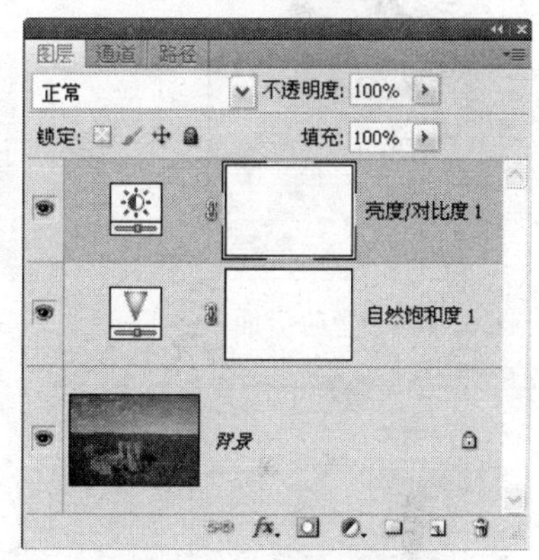

图 6.8　“图层”面板

6.2　校正色彩平淡的相片

本例主要讲解如何为风景照片调整自然饱和度，主要结合使用了“色阶”、“自然饱和度”及“亮度/对比度”调整图层。

1．打开本书配套素材提供的“第 6 章\6.2-素材.jpg”，将看到整个图片如图 6.9 所示。

2．在“图层”面板底部单击“创建新的填充或调整图层”按钮 ，在弹出的菜单中选择“色阶”命令，如图 6.10 所示。同时得到“色阶 1”图层。

3．设置弹出的“色阶”面板如图 6.11 所示，得到如图 6.12 所示的效果。

4．在“图层”面板底部单击“创建新的填充或调整图层”按钮 ，在弹出的菜单中选择“自然饱和度”命令，得到“自然饱和度 1”图层，设置弹出的面板如图 6.13 所示，得到如图 6.14 所示的效果。

5．在“图层”面板底部单击“创建新的填充或调整图层”按钮 ，在弹出的菜单中选择“亮度/对比度”命令，得到“亮度/对比度 1”图层，设置弹出的面板如图 6.15 所示，得到如图 6.16 所示的最终效果。“图层”面板如图 6.17 所示。

图 6.9　素材图片

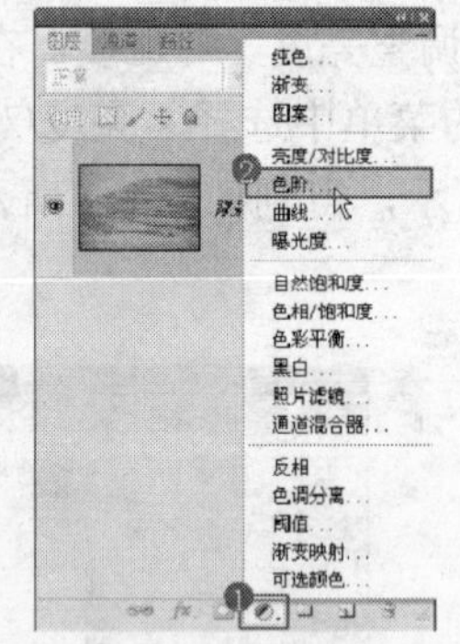

图 6.10　选择“色阶”命令

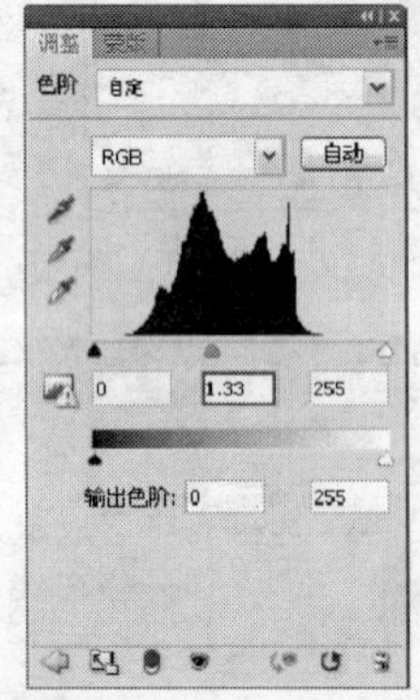

图 6.11　“色阶”面板

图 6.12　应用“色阶”命令后的效果

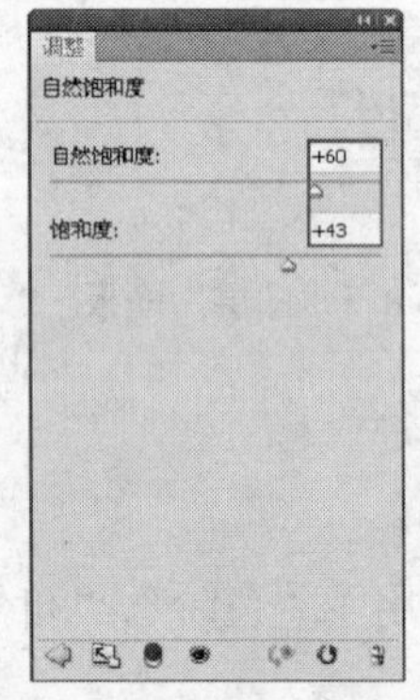

图 6.13　“自然饱和度”面板

图 6.14　应用“自然饱和度”命令后的效果

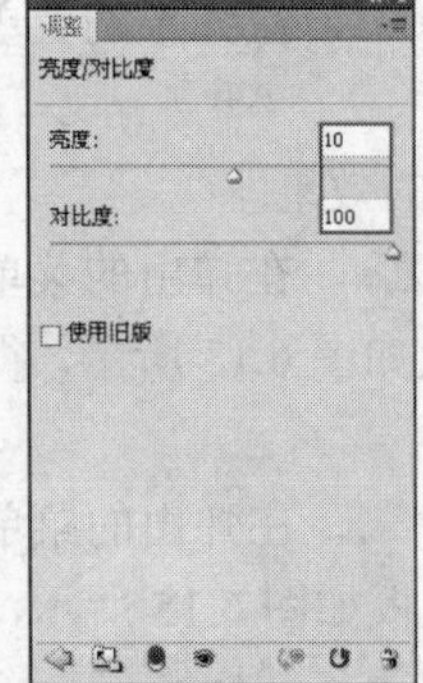

图 6.15　“亮度/对比度”面板

图 6.16　最终效果

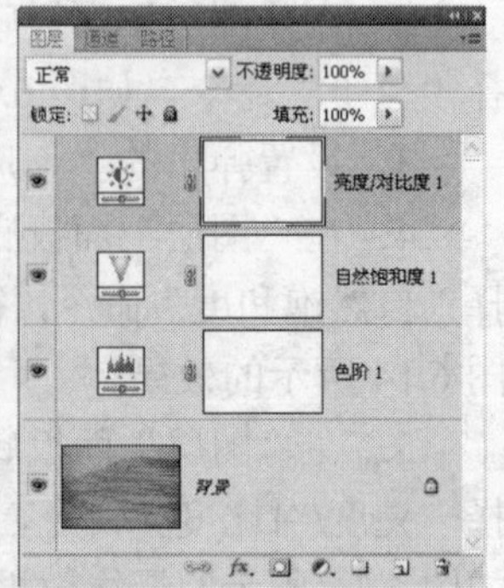

图 6.17　“图层”面板

6.3　用“色阶”命令纠正照片偏色

在本例中，将讲解如何用“色阶”命令纠正照片偏色。在纠正照片偏色方面，“色阶”命令较为常用，此命令能够精细调整照片的三原色及其补色。

1. 打开本书配套素材提供的“第 6 章\6.3-素材.jpg”，将看到整个图片如图 6.18 所示。

提示：由打开的图片可以看出这张照片整体偏黄，甚至白色的花朵已经成为黄色。

2. 在“图层”面板底部单击“创建新的填充或调整图层”按钮 ，在弹出的菜单中选择“色阶”命令，如图 6.19 所示，得到调整“色阶 1”图层。

3. 在弹出的面板中的“通道”下拉列表框中选择“红”选项，如图 6.20 所示，并设置相应的参数，如图 6.21 所示，得到如图 6.22 所示的效果。

图 6.18　素材图像

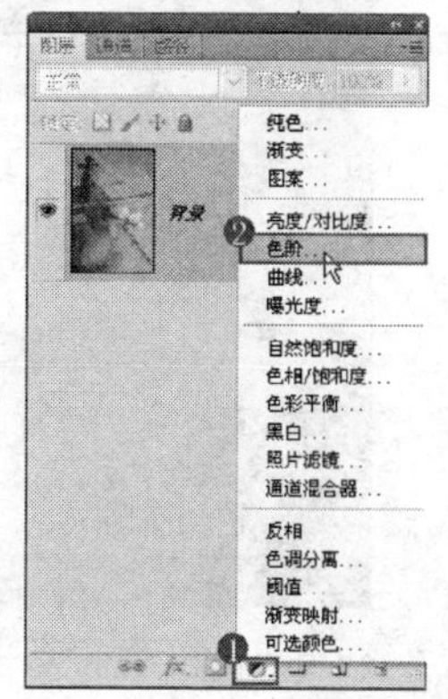

图 6.19　选择“色阶”命令

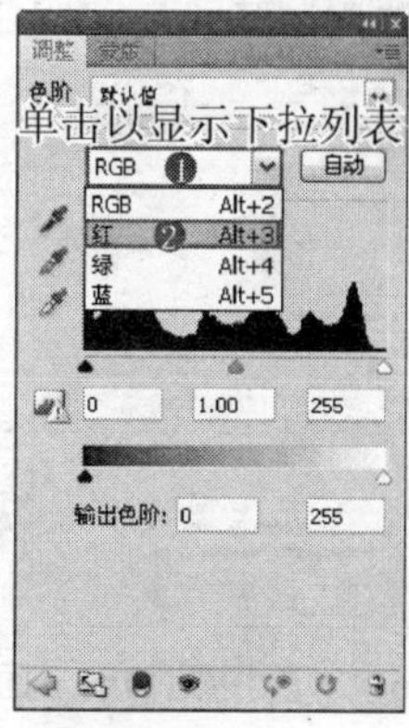

图 6.20　选择“红”选项

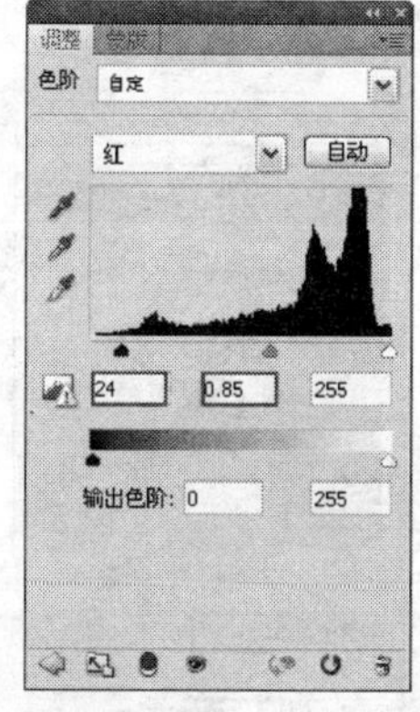

图 6.21　设置“红”选项

图 6.22　调整后的效果

4. 仍然在“色阶”面板中选择“绿”、“蓝”2 个选项，并分别在相应的面板中设置参数，如图 6.23 和图 6.24 所示，得到如图 6.25 所示的效果。

5. 在“图层”面板底部单击“创建新的填充或调整图层”按钮 ，在弹出的菜单中选择“色相/饱和度”命令，得到调整“色相/饱和度 1”图层，设置弹出的面板如图 6.26 所示，得到如图 6.27 所示的效果。“图层”面板如图 6.28 所示。

提示：经过调整后照片的色彩饱和度有所下降，因此使用此命令可以为照片的颜色调整饱和度。

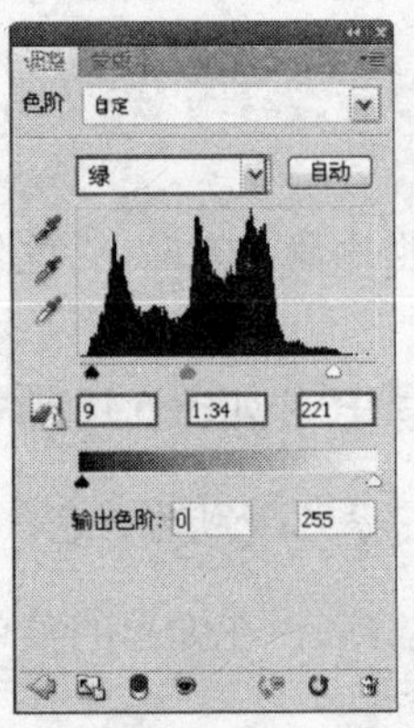
图 6.23 设置“绿”选项

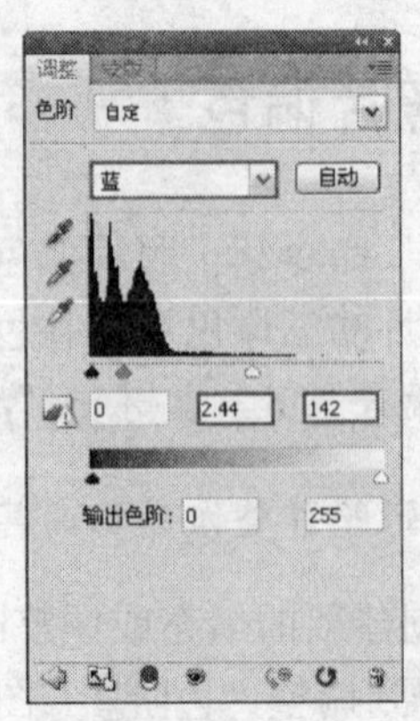
图 6.24 设置“蓝”选项

图 6.25 调整通道的效果

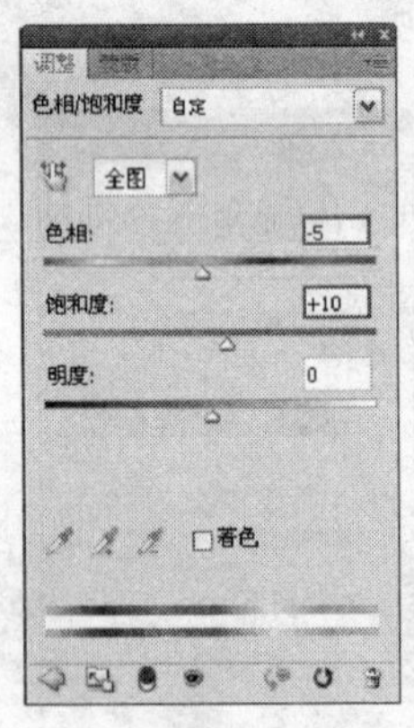
图 6.26 “色相/饱和度”面板

图 6.27 应用“色相/饱和度”命令后的效果

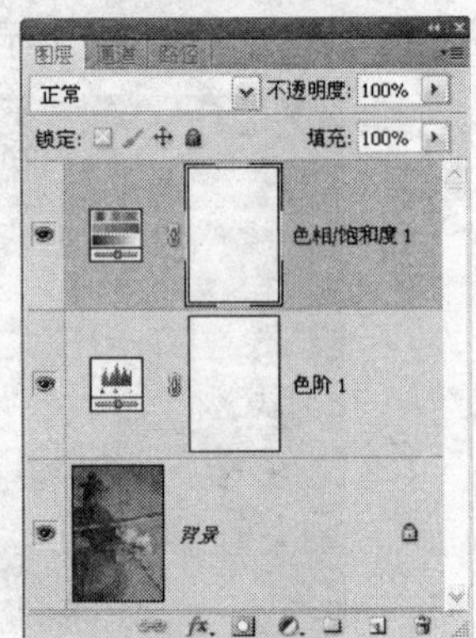
图 6.28 “图层”面板

6．按 Ctrl+Alt+Shift+E 组合键执行“盖印”操作得到“图层 1”，选择“滤镜”|“锐化”|“USM 锐化”命令，如图 6.28 所示。设置弹出的对话框如图 6.30 所示。

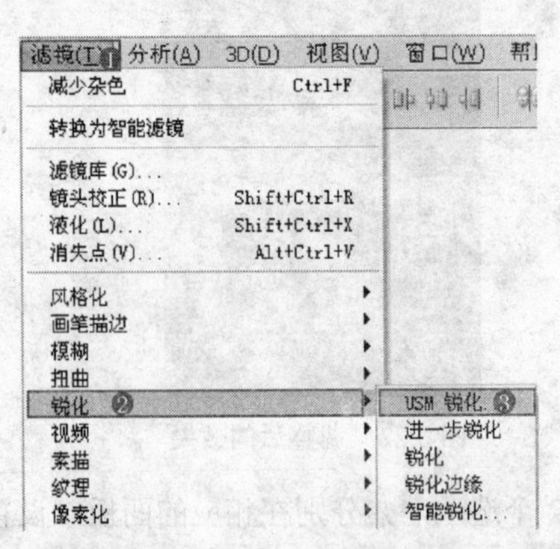
图 6.29 选择“USM 锐化”命令

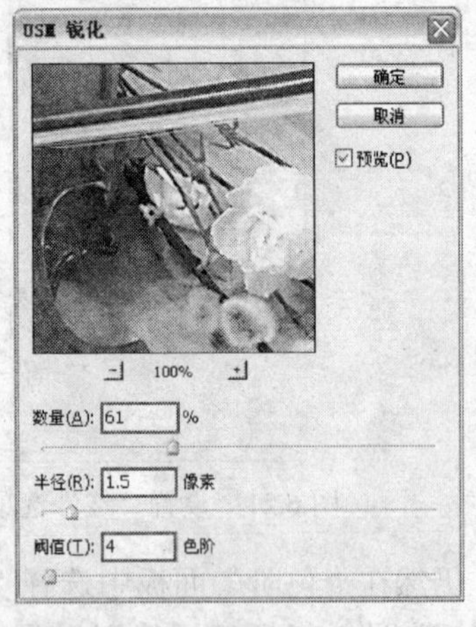
图 6.30 “USM 锐化”对话框

提示：“盖印”操作是一种能够将若干个图层中图像合并至一个新图层的操作，如果希望保留图层，又需要一个合并所有图层效果的图层，可以使用这一操作方法。

7．单击“确定”按钮退出对话框，得到如图 6.31 所示的最终效果。如图 6.32 所示为应用“USM 锐化”命令前后对比效果。“图层”面板如图 6.33 所示。

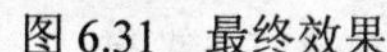

图 6.31　最终效果

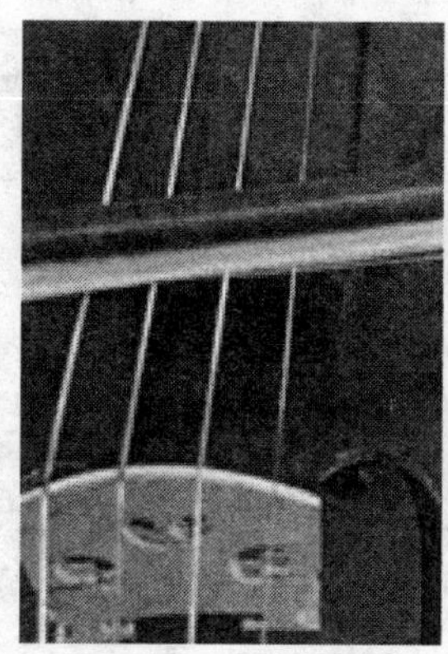

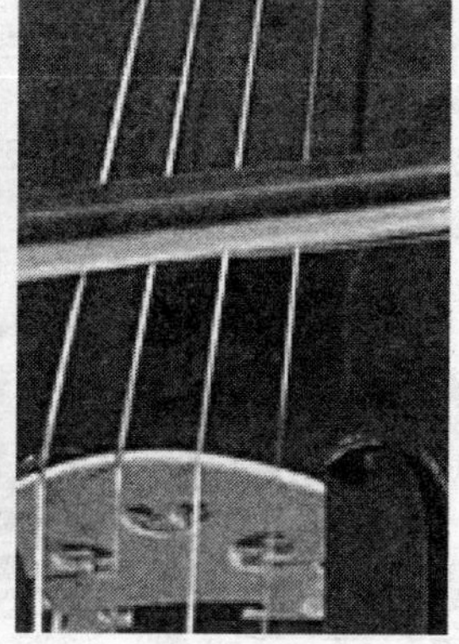

图 6.32　应用“USM 锐化”前后的对比效果

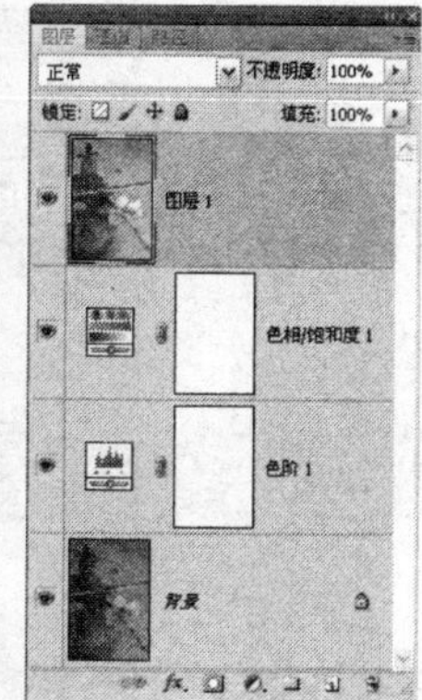

图 6.33　“图层”面板

6.4　改变照片色调

本实例主要讲解改变照片色调的方法。在制作的过程中，主要结合了调整图层以及编辑蒙版的功能。

1．打开本书配套素材提供的“第 6 章\6.4-素材.jpg”，将看到整个图片如图 6.34 所示。

提示：下面运用“照片滤镜”调整图层调整图像的色调。

2．在“图层”面板底部单击“创建新的填充或调整图层”按钮 ，在弹出的菜单中选择“照片滤镜”命令，如图 6.35 所示。同时得到“照片滤镜 1”图层。

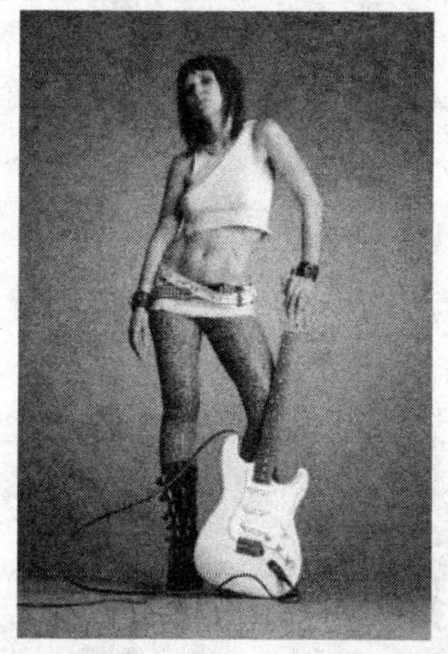

图 6.34　素材图像

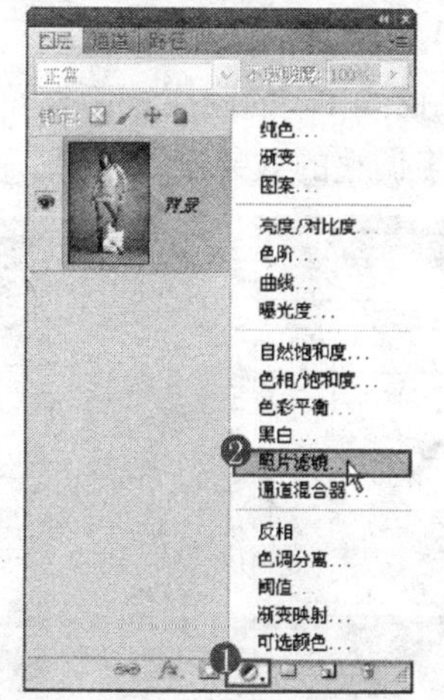

图 6.35　选择“照片滤镜”命令

3．设置弹出的“照片滤镜”面板如图 6.36 所示，得到如图 6.37 所示的效果。

提示：下面结合“曲线”调整图层以及编辑蒙版的功能，加强局部高光。

4．在“图层”面板底部单击“创建新的填充或调整图层”按钮 ，在弹出的菜单中选择“曲线”命令，得到“曲线 1”图层，设置弹出的面板如图 6.38～图 6.41 所示，得到如图 6.42 所示的效果。

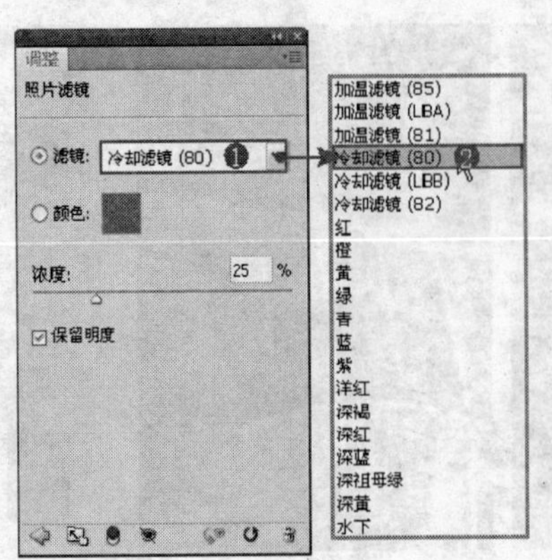

图 6.36 “照片滤镜”面板

图 6.37 应用“照片滤镜”命令后的效果

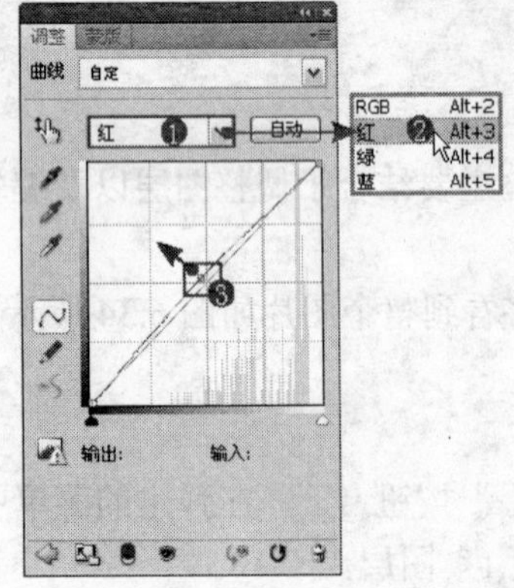

图 6.38 “红”面板

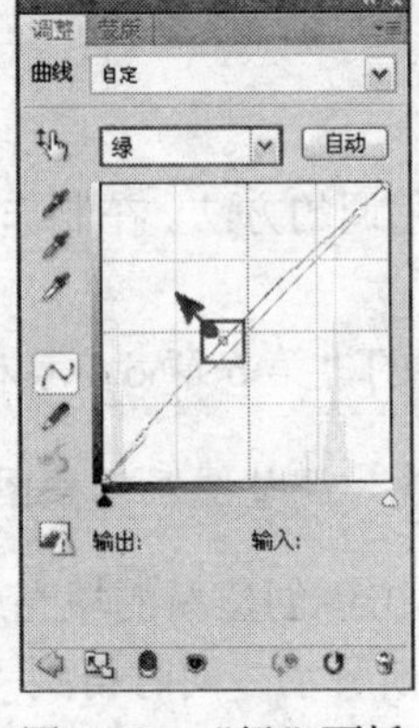

图 6.39 “绿”面板

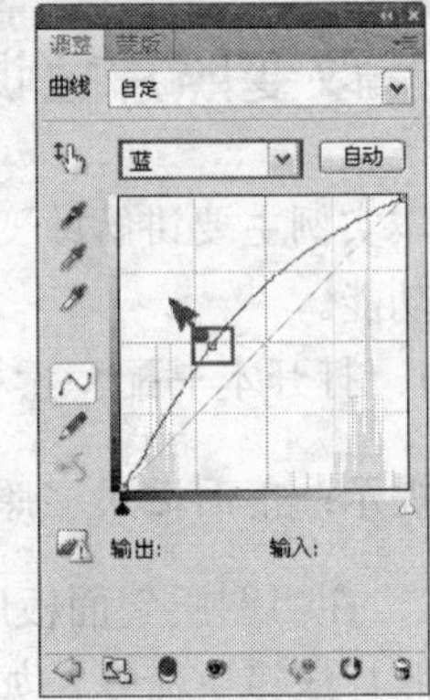

图 6.40 “蓝”面板

5．选中“曲线 1”的图层蒙版缩览图，如图 6.43 所示。按 Ctrl+I 组合键执行“反相”操作，以将上一步调整的效果全部隐藏，设置前景色为白色。

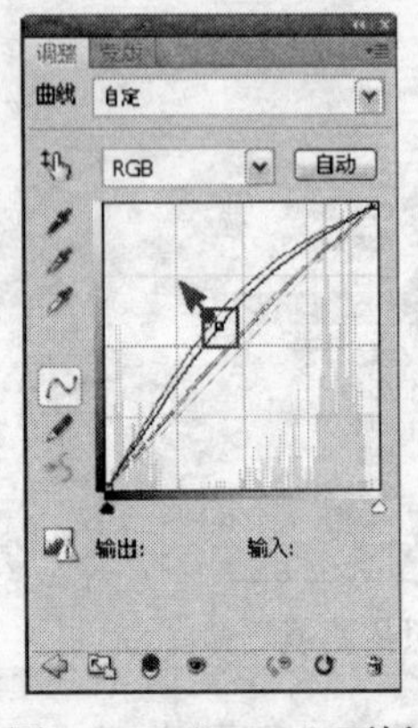

图 6.41 “RGB”面板

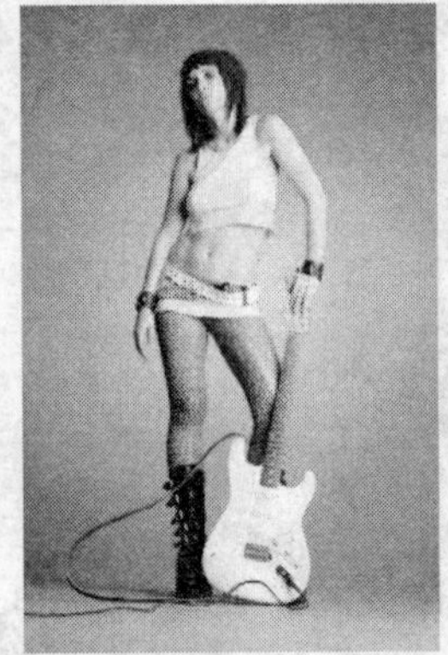

图 6.42 应用“曲线”命令后的效果

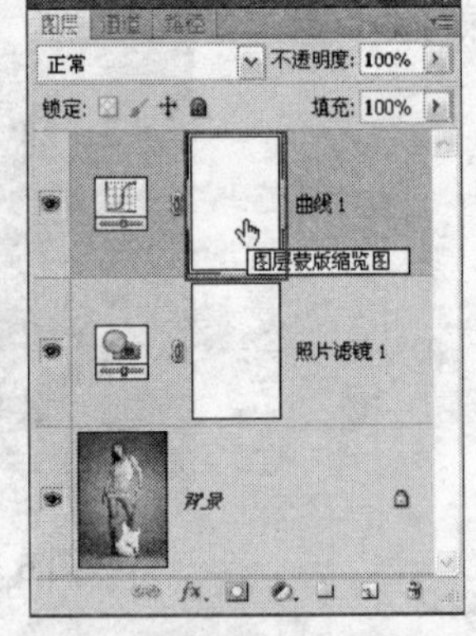

图 6.43 “图层”面板

6．选择“画笔工具”，设置其选项条如 所示，在人物腰部、胳膊以及头发等处进行涂抹，已显示其亮调，直至得到如图 6.44 所示的效果，此时图层蒙版中的状态如图 6.45 所示。

提示：按 Alt 键单击图层蒙版缩览图即可调出蒙版状态，再次按 Alt 键单击图层蒙版缩览图即可返回到图像状态。

图 6.44　涂抹后的效果

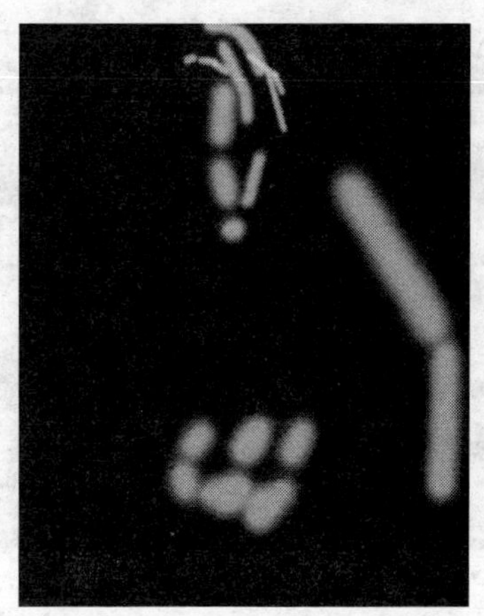

图 6.45　图层蒙版中的状态

7．调整对比度。在“图层”面板底部单击“创建新的填充或调整图层”按钮，在弹出的菜单中选择“亮度/对比度”命令，得到“亮度/对比度 1”图层，设置弹出的面板如图 6.46 所示，得到如图 6.47 所示的最终效果，“图层”面板如图 6.48 所示。

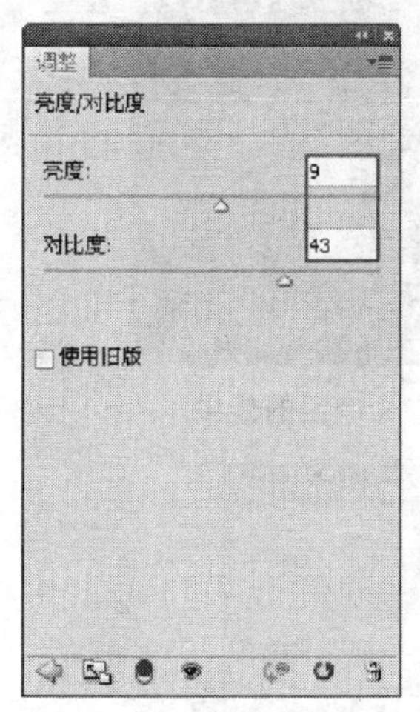

图 6.46　“亮度/对比度”面板

图 6.47　最终效果

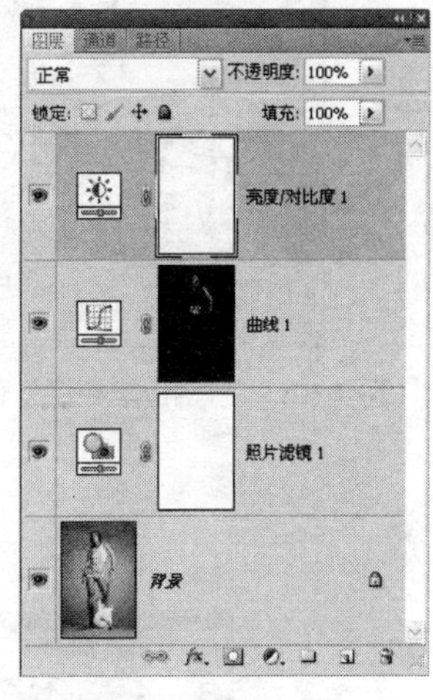

图 6.48　“图层”面板

6.5　提高照片中颜色的饱和度

本例主要讲解如何提高照片中颜色的饱和度。在制作的过程中，主要结合了“色相/饱和度”以及“亮度/对比度”调整图层。

1．打开本书配套素材提供的“第 6 章\6.5-素材.JPG”，将看到整个图片如图 6.49 所示。

2．在“图层”面板底部单击“创建新的填充或调整图层”按钮，在弹出的菜单中选择“色相/饱和度”命令，如图 6.50 所示，得到“色相/饱和度 1”图层。

3．设置弹出的“色相/饱和度”面板如图 6.51 所示，得到如图 6.52 所示的效果。“图层”面板如图 6.53 所示。

4．在“图层”面板底部单击“创建新的填充或调整图层”按钮，在弹出的菜单中选择“亮度/对比度”命令，得到“亮度/对比度 1”图层，设置弹出的面板如图 6.54 所示，得到如图 6.55 所示的最终效果。“图层”面板如图 6.56 所示。

图 6.49　素材图像

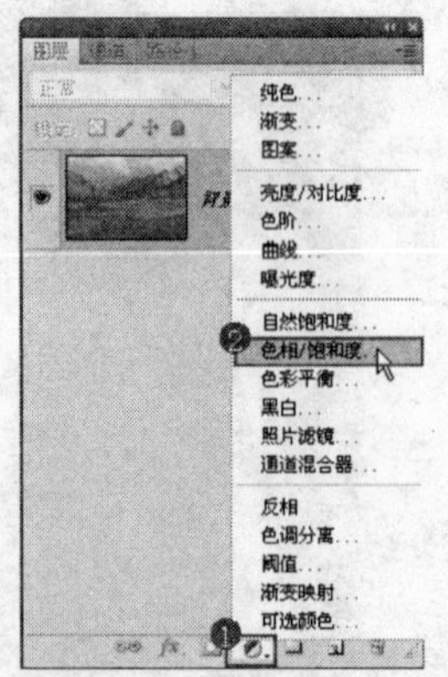

图 6.50　选择“色相/饱和度”命令

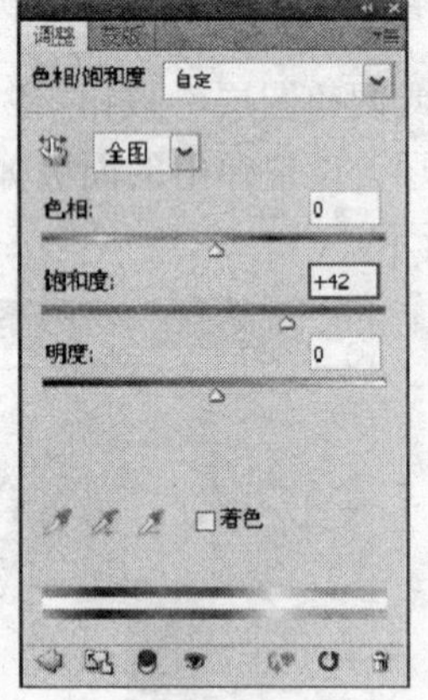

图 6.51　“色相/饱和度”面板

图 6.52　应用“色相/饱和度”命令后的效果

图 6.53　“图层”面板

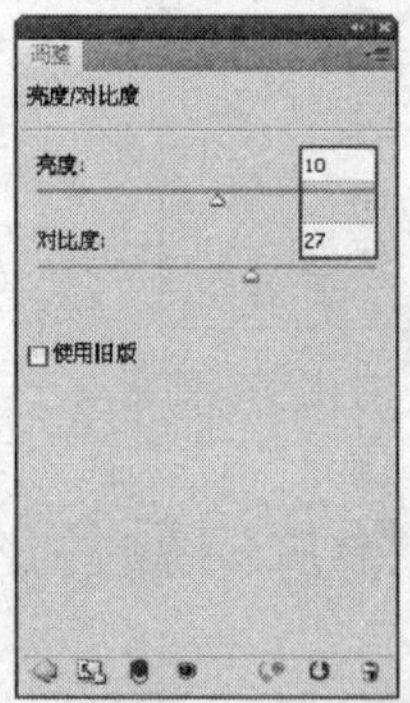

图 6.54　“亮度/对比度”面板

图 6.55　最终效果

图 6.56　“图层”面板

6.6　模拟青绿照片色调

本例主要讲解如何模拟青绿照片色调效果。在制作的过程中，主要结合了调整图层功能中的“照片滤镜”命令以及“亮度/对比度”命令。

1．打开本书配套素材提供的“第 6 章\6.6-素材.JPG”，将看到整个图片如图 6.57 所示。

2．在“图层”面板底部单击“创建新的填充或调整图层”按钮，在弹出的菜单中选择“照片滤镜”命令，如图 6.58 所示，得到“照片滤镜 1”图层。

图 6.57　素材图像

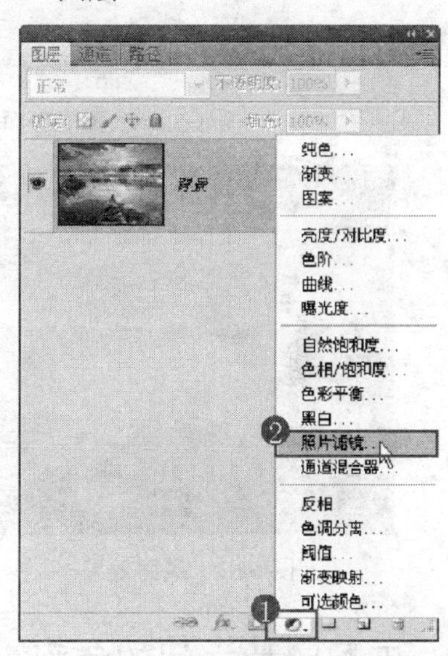

图 6.58　选择“照片滤镜”命令

3．调整色调。设置弹出的“照片滤镜”面板如图 6.59 所示，得到如图 6.60 所示的效果。“图层”面板如图 6.61 所示。

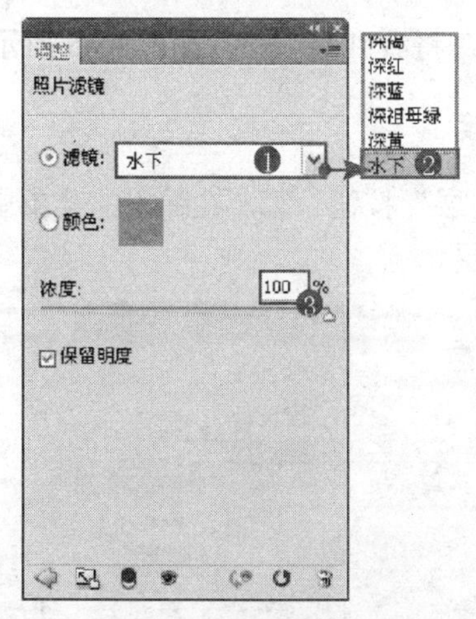

图 6.59　“照片滤镜”面板

图 6.60　应用“照片滤镜”命令后的效果

4．调整对比度。在“图层”面板底部单击“创建新的填充或调整图层”按钮，在弹出的菜单中选择“亮度/对比度”命令，得到“亮度/对比度 1”图层，设置弹出的面板如图 6.62 所示，得到如图 6.63 所示的最终效果。“图层”面板如图 6.64 所示。

图 6.61 “图层”面板

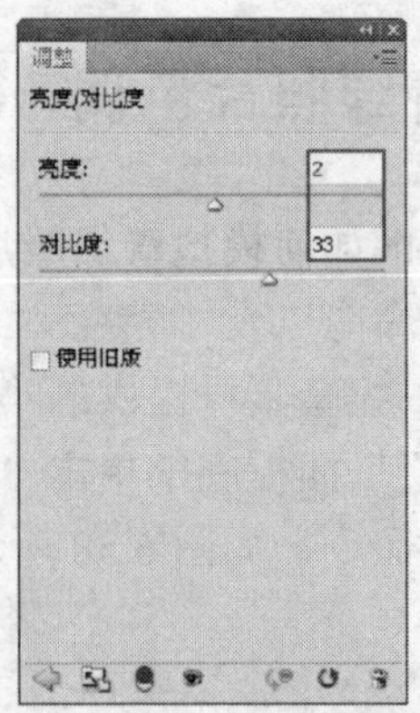

图 6.62 “亮度/对比度”面板

图 6.63 最终效果

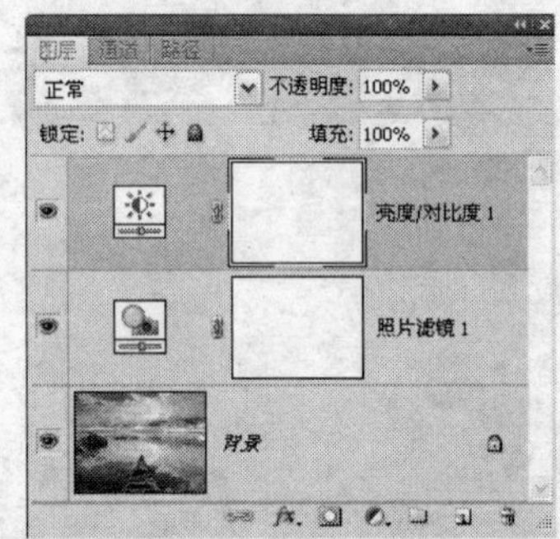

图 6.64 “图层”面板

6.7 匹配照片之间的色彩

本实例主要讲解匹配照片之间的色彩方法，其主要结合了“色阶”命令调整图像和“匹配颜色”命令。

1．打开本书配套素材提供的“第 6 章\6.7-素材 1.jpg”，将看到整个图片如图 6.65 所示。

提示：下面首先利用“色阶”调整图层调整图像的亮度。

2．在“图层”面板底部单击“创建新的填充或调整图层”按钮，在弹出的菜单中选择“色阶”命令，如图 6.66 所示。同时得到“色阶 1”图层。

图 6.65 素材图像

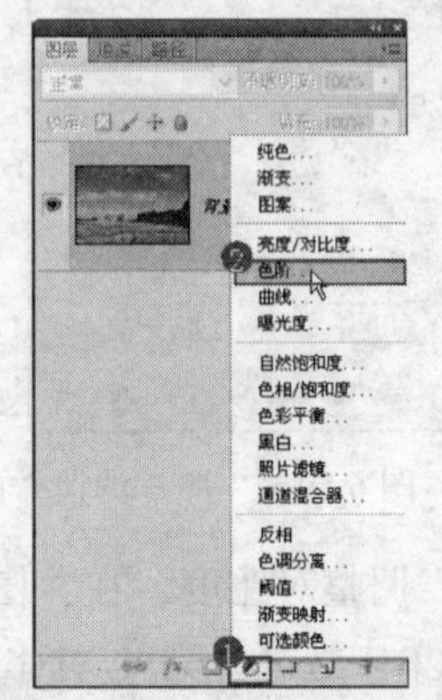

图 6.66 选择“色阶”命令

3．设置弹出的“色阶”面板如图 6.67 所示，得到如图 6.68 所示的效果。

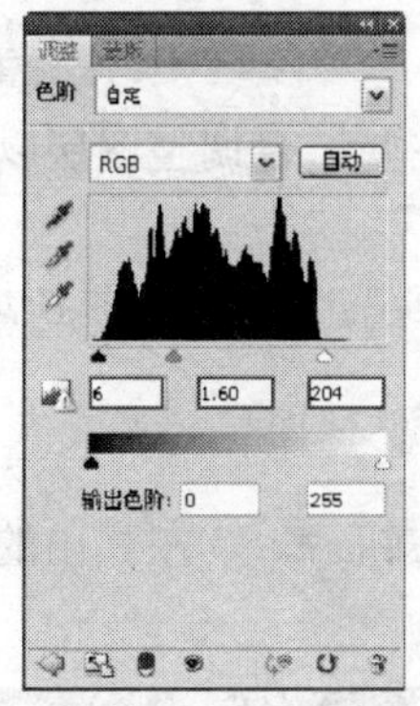
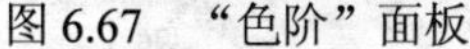

图 6.67　“色阶”面板

图 6.68　应用“色阶”命令后的效果

提示：下面结合盖印、素材图像以及“匹配颜色”命令匹配照片之间的色彩。

4．按 Ctrl+Alt+Shift+E 组合键执行“盖印”操作，从而将当前所有可见的图像合并至一个新图层中，得到“图层 1”。此时“图层”面板如图 6.69 所示。

5．选中本书配套素材提供的“第 6 章\6.7-素材 2.jpg”，单击“打开”按钮退出对话框，将看到整个图片如图 6.70 所示。

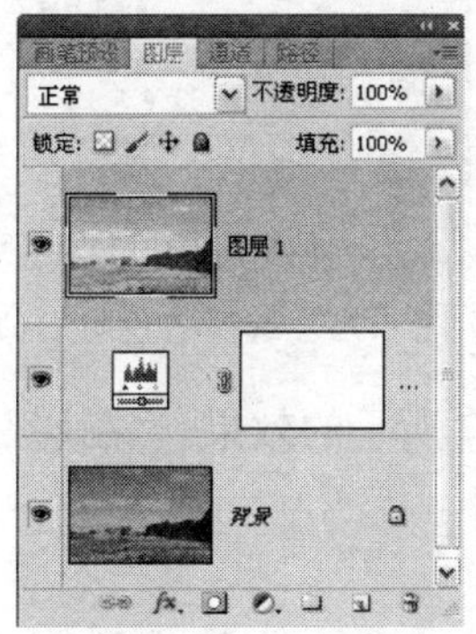

图 6.69　“图层”面板

图 6.70　素材图像

6．选择“素材 1.jpg”文件为当前操作对象，然后选择“图像”｜“调整”｜“匹配颜色”命令，设置弹出的对话框如图 6.71 所示，单击“确定”按钮退出对话框，得到如图 6.72 所示的最终效果，“图层”面板如图 6.73 所示。

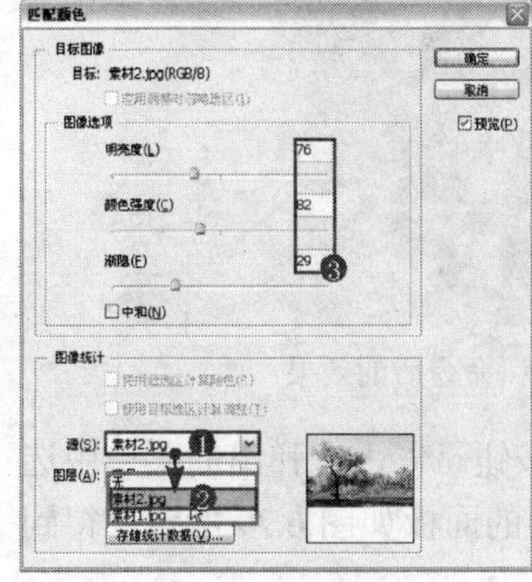

图 6.71　“匹配颜色”对话框

图 6.72　最终效果

图 6.73　“图层”面板

6.8 保留照片的局部色彩

本例主要讲解如何保留照片的局部色彩。在制作的过程中，主要结合调整图层以及编辑蒙版等功能。

1．打开本书配套素材提供的“第6章\6.8-素材.JPG”，将看到整个图片如图6.74所示。

提示：下面结合“色阶”以及“色相/饱和度”调整图层调整整体图像的亮度及饱和度。

2．在“图层”面板底部单击“创建新的填充或调整图层”按钮 ，在弹出的菜单中选择“色阶”命令，如图6.75所示，得到“色阶1”图层。

图6.74 素材图像

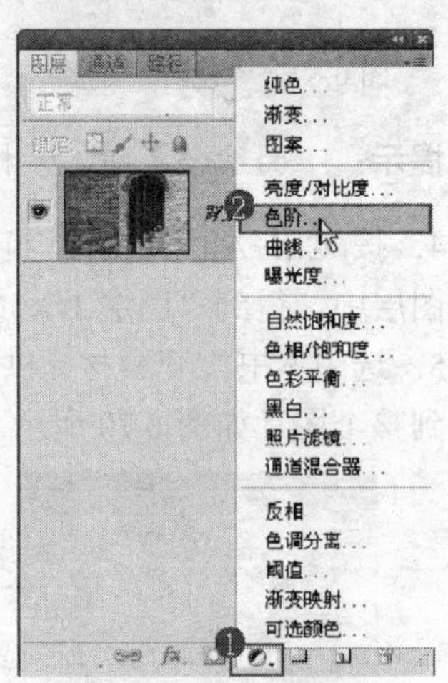

图6.75 选择“色阶”命令

3．设置弹出的“色阶”面板如图6.76所示，得到如图6.77所示的效果。“图层”面板如图6.78所示。

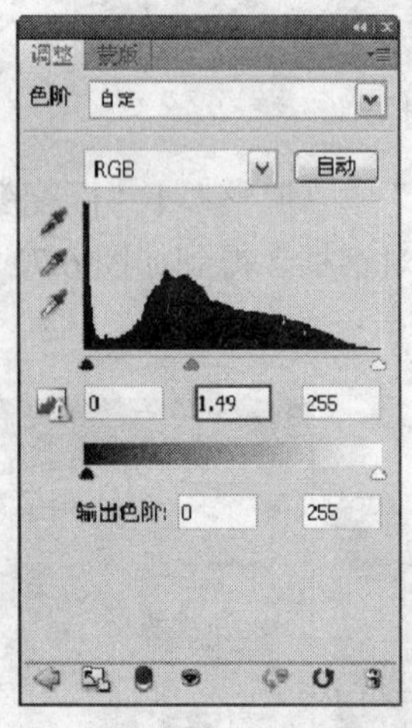

图6.76 “色阶”面板

图6.77 应用“色阶”命令后的效果

4．在“图层”面板底部单击“创建新的填充或调整图层”按钮 ，在弹出的菜单中选择“色相/饱和度”命令，得到“色相/饱和度1”图层，设置弹出的面板如图6.79所示，得到如图6.80所示的效果。

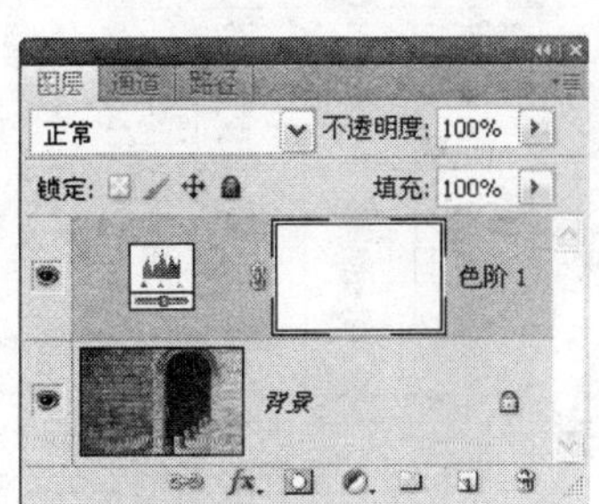

图 6.78　“图层”面板

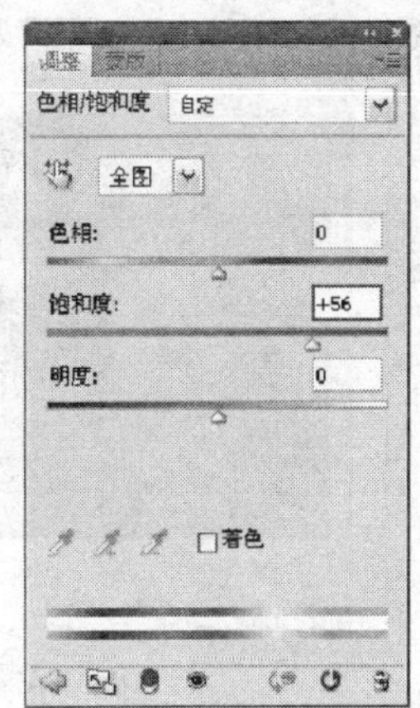

图 6.79　“色相/饱和度”面板

5．制作黑白效果。在“图层”面板底部单击“创建新的填充或调整图层”按钮，在弹出的菜单中选择“黑白”命令，得到“黑白 1”图层，设置弹出的面板如图 6.81 所示，得到如图 6.82 所示的效果。

图 6.80　应用“色相/饱和度”命令后的效果

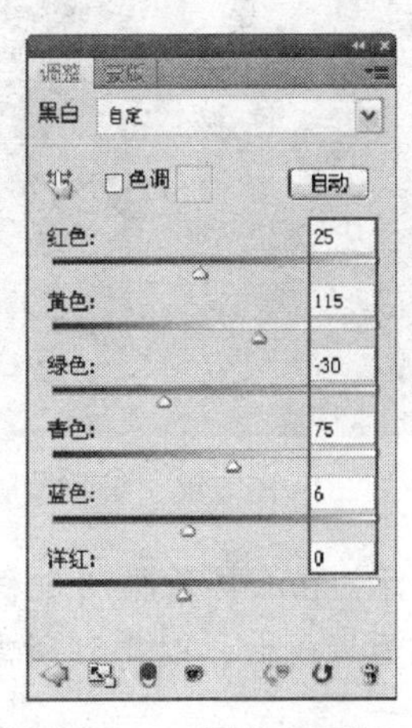

图 6.81　“黑白”面板

6．选中“黑白 1”图层蒙版缩览图，如图 6.83 所示。

图 6.82　应用“黑白”命令后的效果

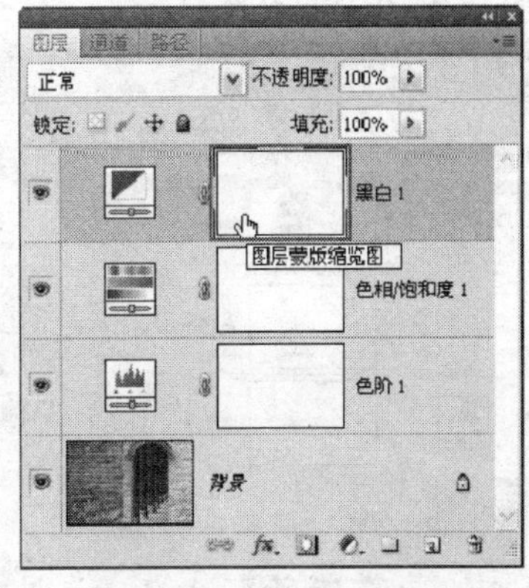

图 6.83　选择蒙版缩览图

7．在工具箱中设置前景色为黑色，如图 6.84 所示。选择“画笔工具”，设置其工具选项条如图 6.85 所示。

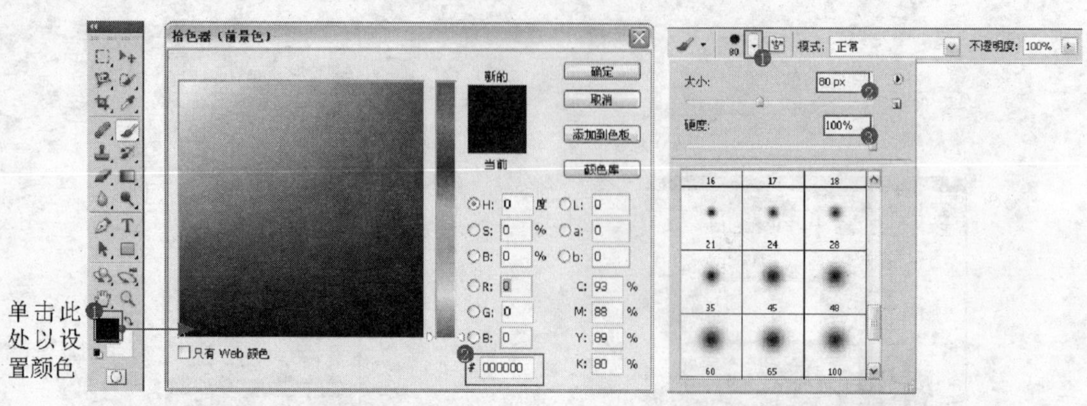

图 6.84 设置前景色　　　　图 6.85 设置“画笔工具”选项条

8．保留局部色彩。应用上一步设置好的画笔，在柱子图像上涂抹，以将涂抹区域恢复为原色彩，如图 6.86 所示，此时蒙版中的状态如图 6.87 所示。“图层”面板如图 6.88 所示。

图 6.86 编辑蒙版后的效果

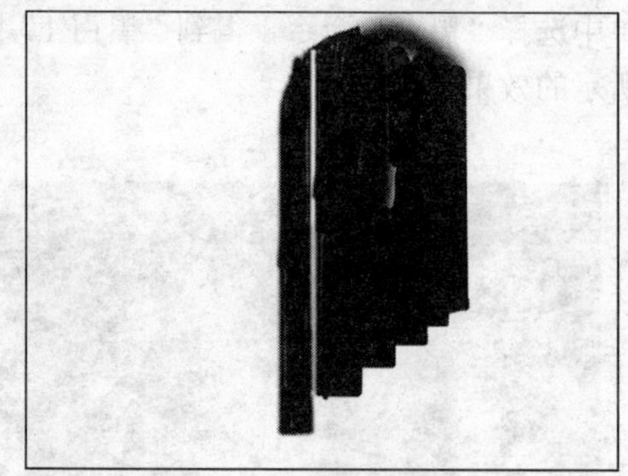

图 6.87 蒙版中的状态

提示：在涂抹蒙版的过程中，要根据涂抹区域的大小调整画笔的大小及硬度，并随时更改前景色为黑或白，以得到所需要的图像效果。下面调整整体的对比度。

9．在“图层”面板底部单击“创建新的填充或调整图层”按钮 ，在弹出的菜单中选择“亮度/对比度”命令，得到“亮度/对比度 1”图层，设置弹出的面板如图 6.89 所示，得到如图 6.90 所示的效果。

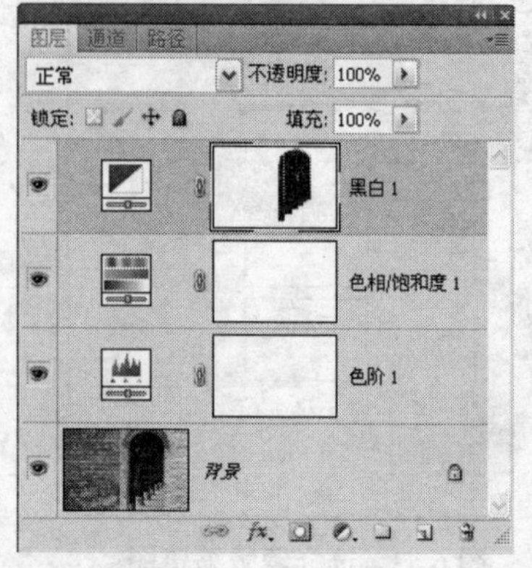

图 6.88 “图层”面板

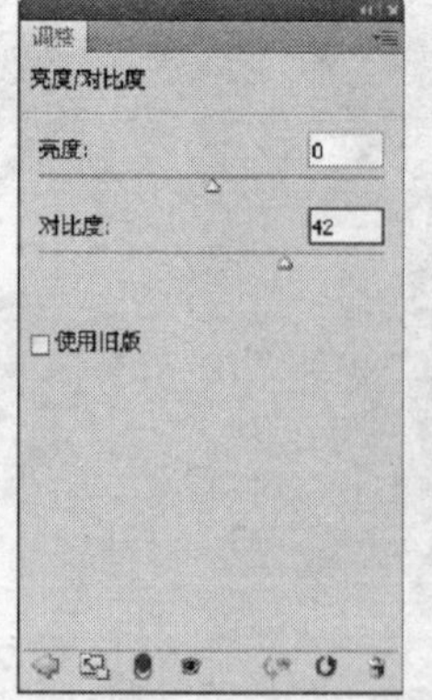

图 6.89 “亮度/对比度”面板

图 6.90 应用“亮度/对比度”命令后的效果

提示：下面结合选区、填充以及模糊功能，制作四周的暗角效果。

10．在工具箱中选择“矩形选框工具”，并在其工具选项条中选择“从选区减去”按钮，在画布中绘制如图 6.91 所示的选区。

11．保持选区，设置前景色为黑色，在“图层”面板底部单击“创建新图层”按钮，得到“图层 1”，按 Alt+Delete 组合键以前景色填充选区，按 Ctrl+D 组合键取消选区，得到的效果如图 6.92 所示。

图 6.91　绘制选区

图 6.92　填充颜色后的效果

12．选择“滤镜”→“模糊”→“高斯模糊”命令，如图 6.93 所示，在弹出的对话框中设置“半径”数值为 25.2，如图 6.94 所示。

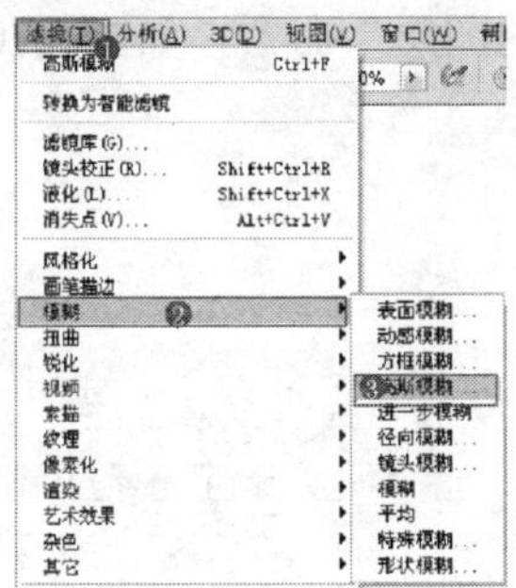

图 6.93　选择“高斯模糊”命令

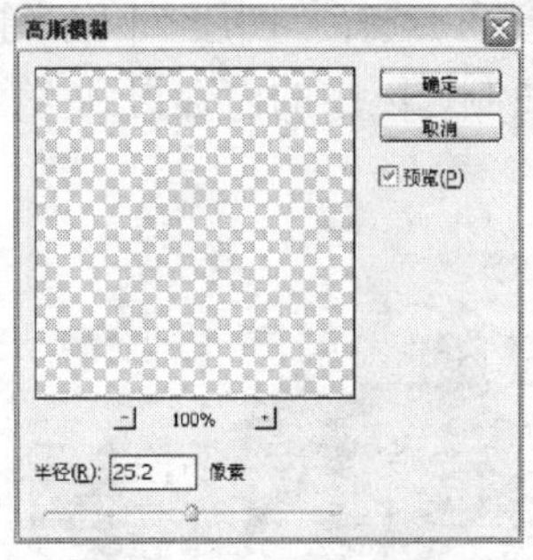

图 6.94　“高斯模糊”对话框

13．单击“确定”按钮退出对话框，得到如图 6.95 所示的最终效果。“图层”面板如图 6.96 所示。

图 6.95　最终效果

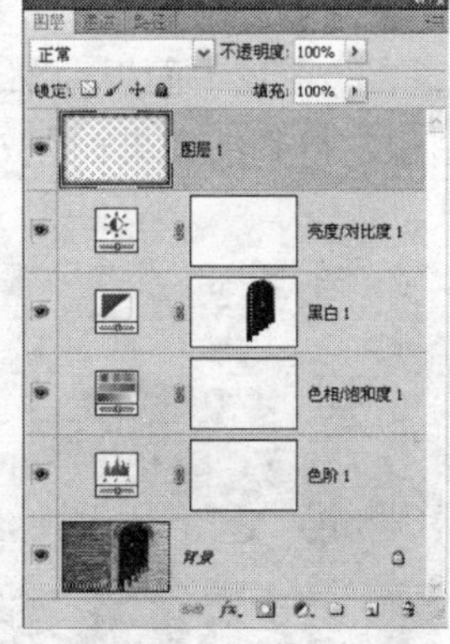

图 6.96　“图层”面板

6.9 阴影照变夕阳照

本例主要讲解如何将阴影照片变为夕阳照片效果。在制作的过程中，主要结合了选区、图层属性以及调整图层等功能。

1．打开本书配套素材提供的“第 6 章\6.9-素材.jpg”，将看到整个图片如图 6.97 所示。

提示：下面结合选区以及图层属性等功能，增强图像的对比度。

2．在工具箱中选择“多边形套索工具”，如图 6.98 所示。然后沿着建筑及其下方图像的轮廓创建选区，如图 6.99 所示。

图 6.97 素材图像

图 6.98 选择多边形套索工具

3．保持选区，选择“图层”|“新建”|“通过拷贝的图层”命令，如图 6.100 所示，或按 Ctrl+J 组合键复制选区中的内容得到“图层 1”。

图 6.99 创建选区

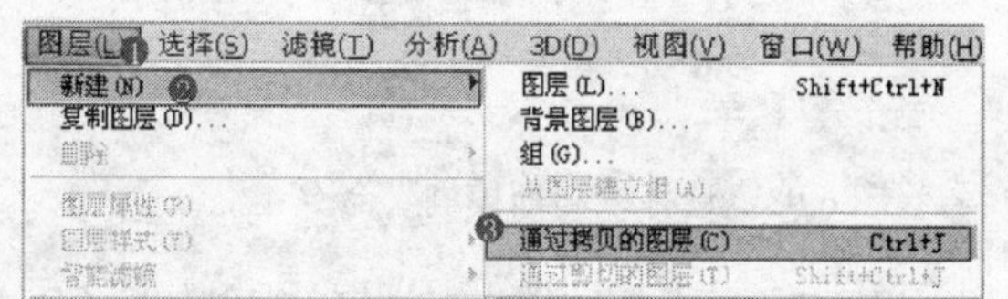

图 6.100 选择“通过拷贝的图层”命令

4．在“图层”面板顶部设置“图层 1”的混合模式为“线性加深”，不透明度为 20%，以混合图像，得到的效果如图 6.101 所示。此时“图层”面板如图 6.102 所示。

图 6.101 设置图层属性后的效果

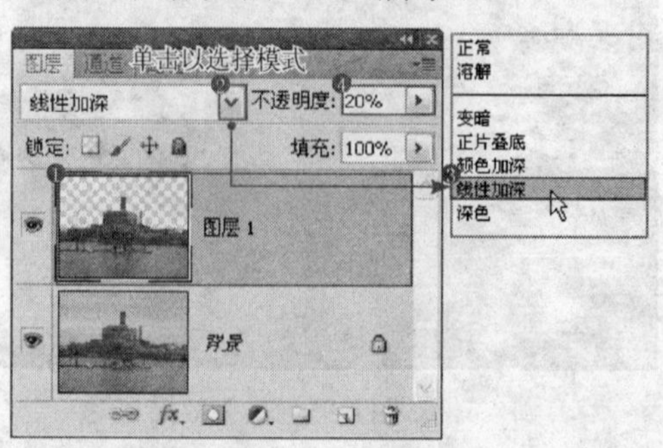

图 6.102 “图层”面板

提示：下面结合填充图层、图层属性以及调整图层等功能，改变天空图像的色彩。

5．设置前景色的颜色值为 92b1e7，如图 6.103 所示。在“图层”面板底部单击“创建新的填充或调整图层”按钮 ，在弹出的菜单中选择“渐变”命令，如图 6.104 所示。

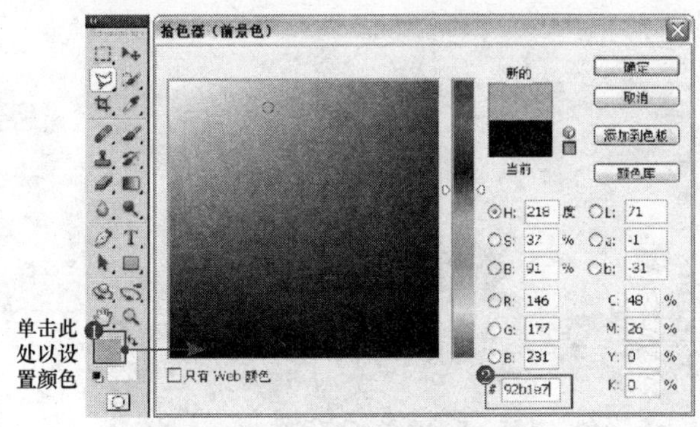

图 6.103　设置前景色的颜色

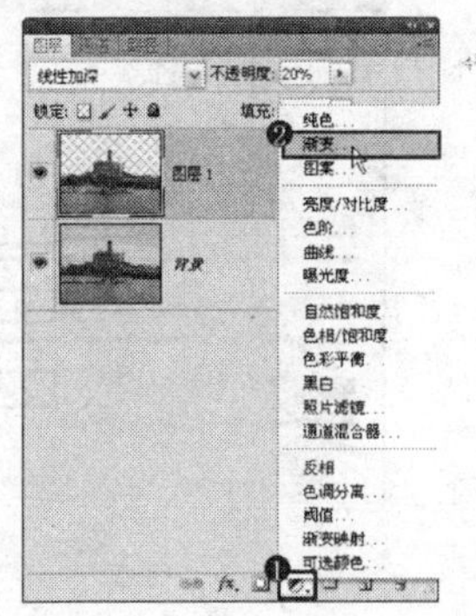

图 6.104　选择“渐变”命令

6．在弹出的“渐变填充”对话框中单击“渐变”显示框，接着，在弹出的“渐变编辑器”对话框中双击渐变条下方右侧的小色标，在弹出的“选择色标颜色”对话框中设置颜色值为白色，单击“确定”按钮退出对话框，返回至“渐变填充”对话框进行参数设置，如图 6.105 所示。

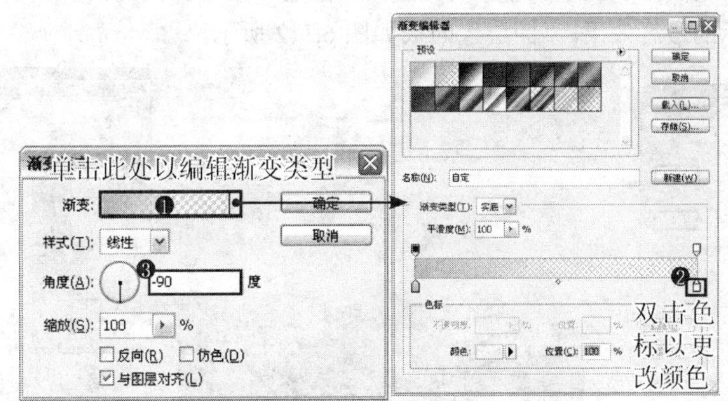

图 6.105　设置“渐变填充”对话框

7．单击“确定”按钮退出“渐变填充”对话框，得到的效果如图 6.106 所示。同时得到“渐变填充 1”图层，设置此图层的混合模式为“叠加”，以混合图像，得到的效果如图 6.107 所示。

图 6.106　应用“渐变”命令后的效果

图 6.107　设置混合模式后的效果

8．在“图层”面板底部单击“创建新的填充或调整图层”按钮，在弹出的菜单中选择“色相/饱和度”命令，得到“色相/饱和度 1”图层，按 Ctrl+Alt+G 组合键执行“创建剪贴蒙版”操作，设置面板如图 6.108 所示，得到如图 6.109 所示的效果。

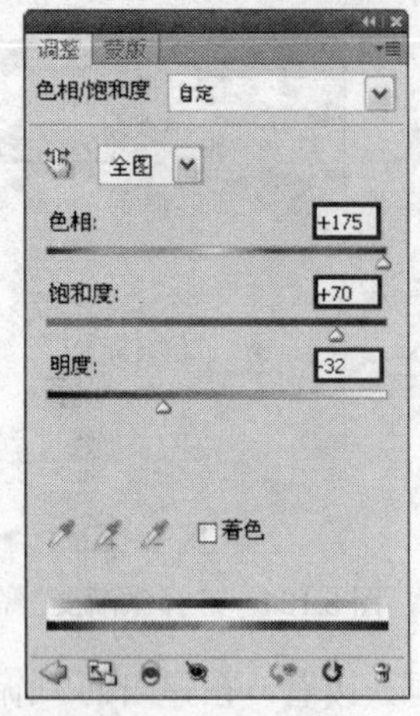

图 6.108 “色相/饱和度”面板 图 6.109 应用“色相/饱和度”命令后的效果

9．在“图层”面板底部单击“创建新的填充或调整图层”按钮，在弹出的菜单中选择“亮度/对比度”命令，得到“亮度/对比度 1”图层，设置弹出的面板如图 6.110 所示，得到如图 6.111 所示的最终效果。“图层”面板如图 6.112 所示。

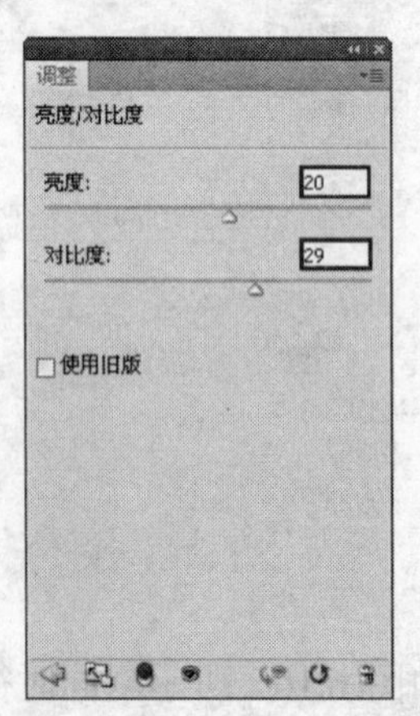

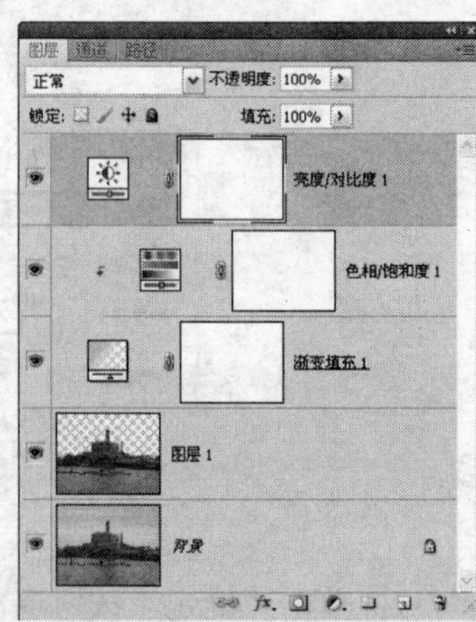

图 6.110 “亮度/对比度”面板 图 6.111 最终效果 图 6.112 “图层”面板

6.10 模拟唯美双色效果

本例主要讲解如何模拟唯美双色效果。在制作的过程中，主要结合了调整图层功能的“通道混合器”命令、“渐变映射”命令、“反相”命令等。

1．打开本书配套素材提供的“第 6 章\6.10-素材.JPG”，将看到整个图片如图 6.113 所示。

2．在“图层”面板底部单击“创建新的填充或调整图层”按钮，在弹出的菜单中选择“通道混合器”命令，如图 6.114 所示，得到“通道混合器 1”图层。

3．制作灰度图像。设置弹出的“通道混合器”面板如图 6.115 所示，得到如图 6.116 所示的效果。“图层”面板如图 6.117 所示。

图 6.113　素材图像

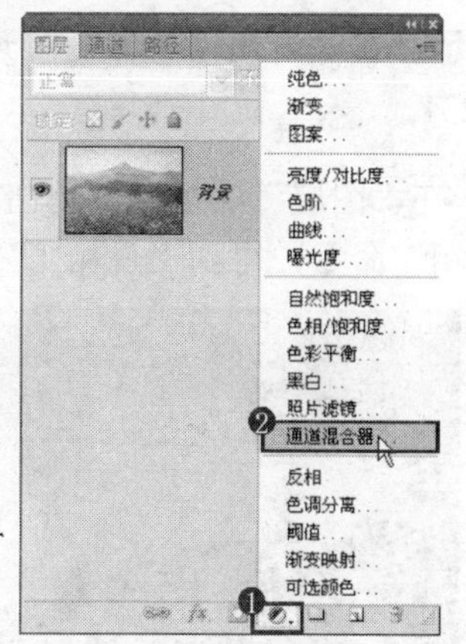

图 6.114　选择“通道混合器”命令

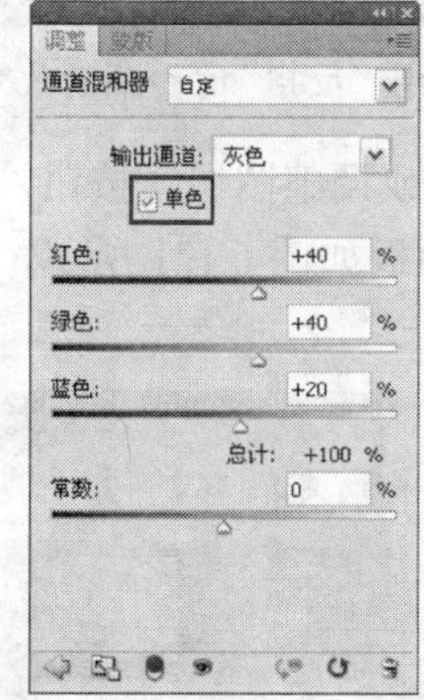

图 6.115　“通道混合器”面板

图 6.116　应用“通道混合器”命令后的效果

4．制作双色调效果。在“图层”面板底部单击“创建新的填充或调整图层”按钮 ，在弹出的菜单中选择“渐变映射”命令，得到“渐变映射 1”图层，在弹出的面板中单击渐变显示框，设置弹出的“渐变编辑器”对话框如图 6.118 所示，单击“确定”按钮退出对话框，得到的效果如图 6.119 所示。

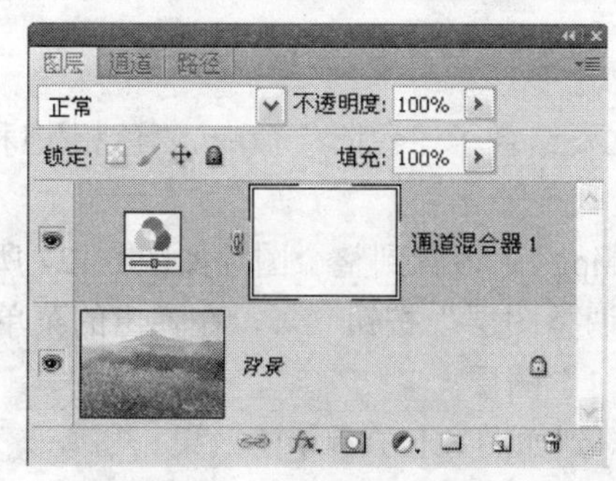

图 6.117　“图层”面板

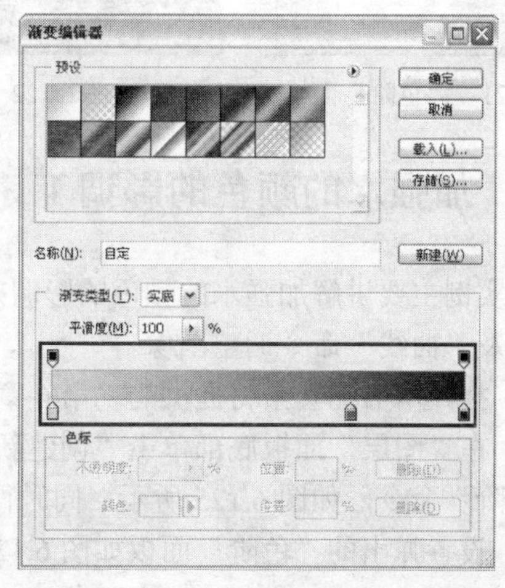

图 6.118　“渐变编辑顺”对话框

提示：在“渐变编辑器”对话框中，渐变类型各色标值从左至右分别为 ffeb9b、416241 和 000231。

5．在“图层”面板底部单击“创建新的填充或调整图层”按钮 ，在弹出的菜单中选择“反相”命令，得到“反相 1”图层，同时得到如图 6.120 所示的效果。

图 6.119　应用“渐变映射”命令后的效果

图 6.120　应用“反相”命令后的效果

6．调整对比度。在“图层”面板底部单击“创建新的填充或调整图层”按钮，在弹出的菜单中选择“色阶”命令，得到“色阶 1”图层，设置弹出的面板如图 6.121 所示，得到如图 6.122 所示的最终效果。“图层”面板如图 6.123 图层所示。

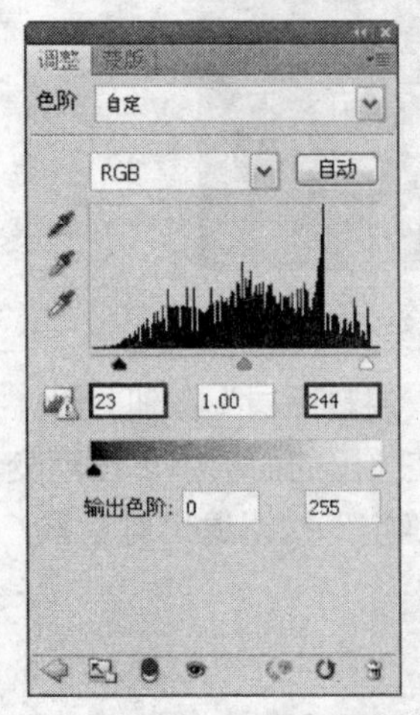

图 6.121　“色阶”面板

图 6.122　最终效果

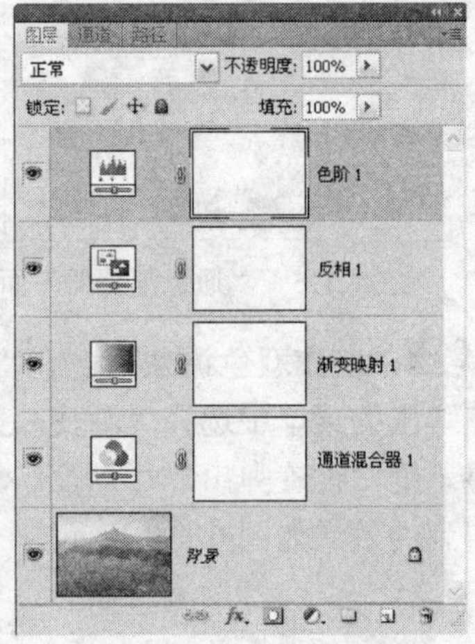

图 6.123　“图层”面板

6.11　加强水的颜色的影调 1

本实例主要讲解加强水的颜色的影调方法，其主要结合了“色阶”命令、“色相/饱和度”命令以及“曲线”命令调整图像。

1．打开本书配套素材提供的“第 6 章\6.11-素材.jpg”，将看到整个图片如图 6.124 所示。

2．在“图层”面板底部单击“创建新的填充或调整图层”按钮 ，在弹出的菜单中选择“色阶”命令，如图 6.125 所示。同时得到“色阶 1”图层。

3．设置弹出的“色阶”面板如图 6.126 所示，得到如图 6.127 所示的效果。

提示：现在观察图像会发现上方的岩石区域过亮，下面我们来解决这个问题。

图 6.124　素材图像

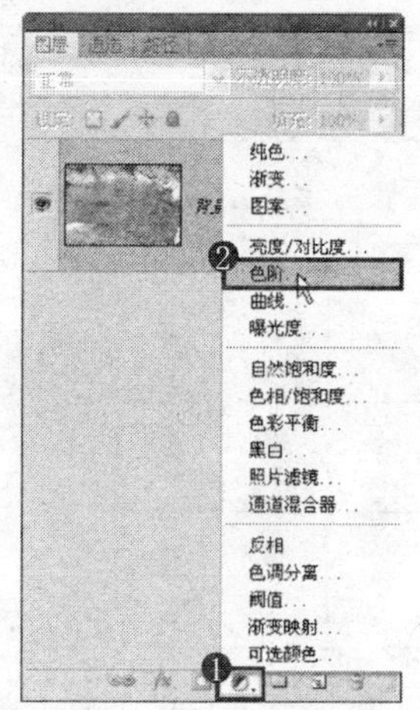

图 6.125　选择“色阶”命令

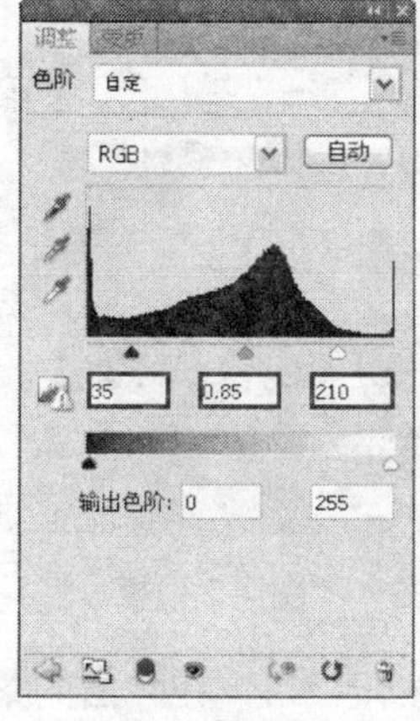

图 6.126　“色阶”面板

图 6.127　应用“色阶”命令后的效果

4. 选中“色阶 1”的图层蒙版缩览图，如图 6.128 所示。在工具箱设置前景色为黑色，如图 6.129 所示。

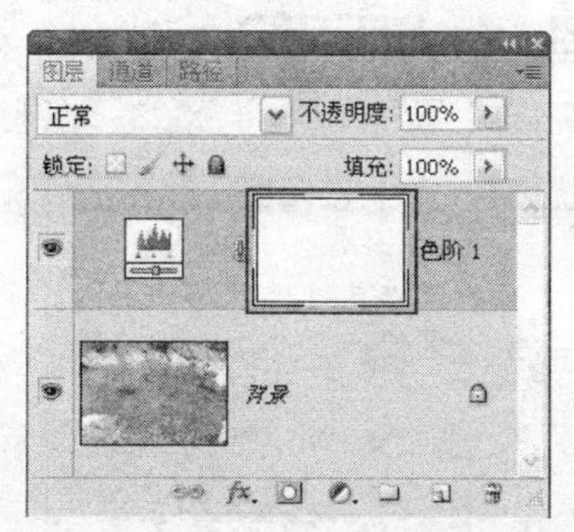

图 6.128　选中“色阶 1”蒙版缩览图

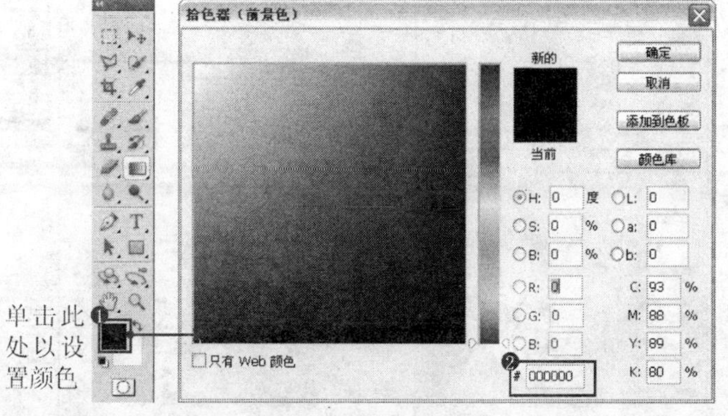

图 6.129　设置前景色

5. 在工具箱中选择“画笔工具”，设置其工具选项条如图 6.130 所示，应用设置好的画笔在蒙版中进行涂抹，以将上方及右下角的亮光隐藏，直至得到如图 6.131 所示的效果，图层蒙版中的状态如图 6.132 所示。“图层”面板如图 6.133 所示。

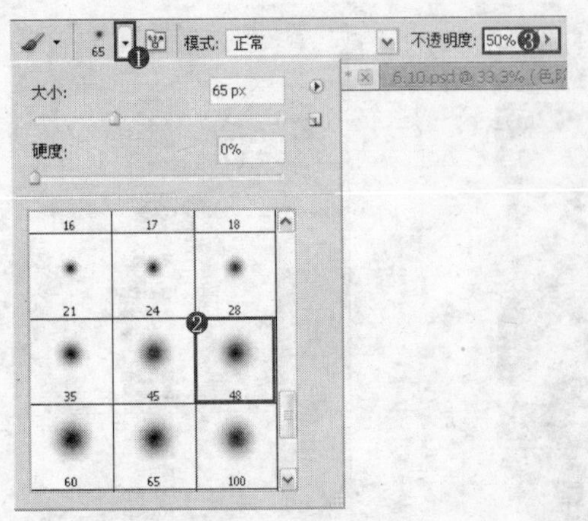

图 6.130 设置工具选项条

图 6.131 涂抹后的效果

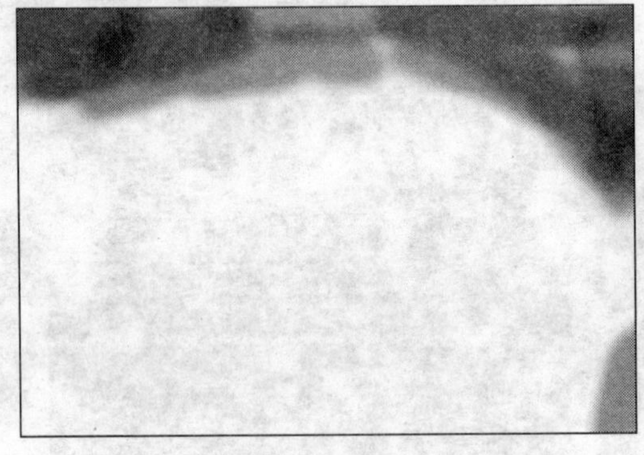

图 6.132 图层蒙版中的状态

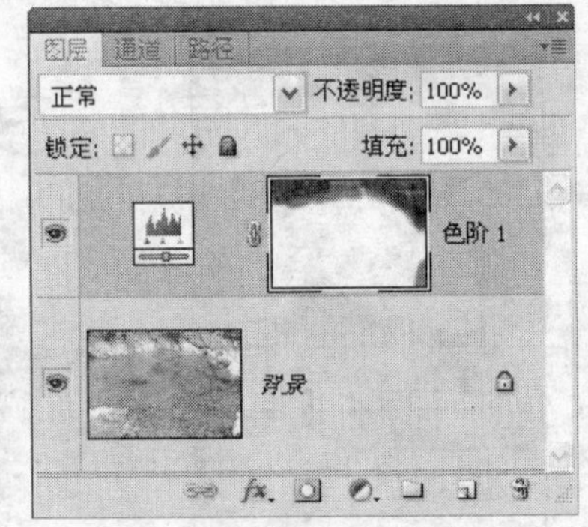

图 6.133 “图层”面板

6．在“图层”面板底部单击“创建新的填充或调整图层”按钮 ，在弹出的菜单中选择“色相/饱和度”命令，得到“色相/饱和度 1”图层，设置弹出的面板如图 6.134～图 6.136 所示，得到如图 6.137 所示的效果。

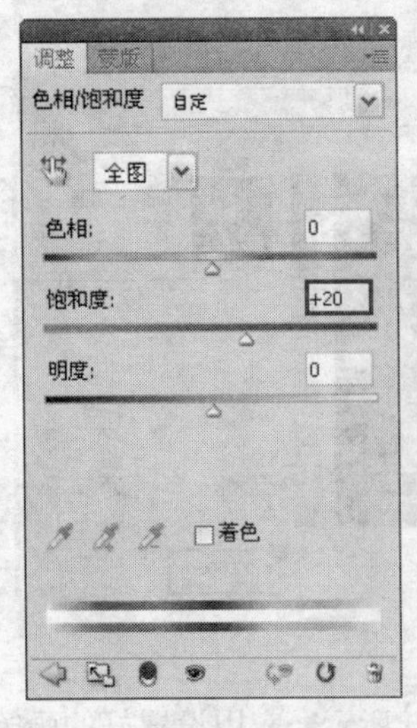

图 6.134 “全图”面板

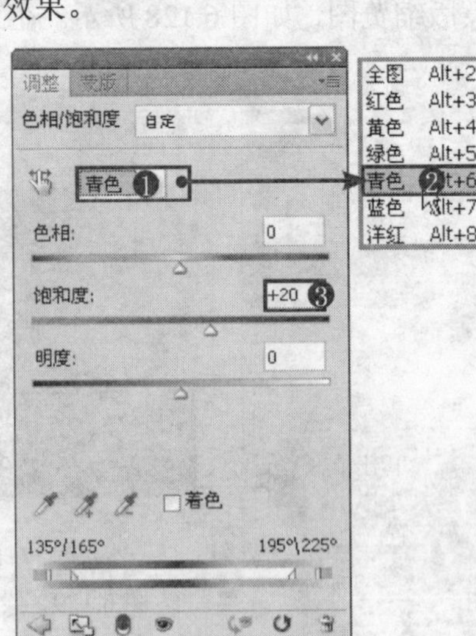

图 6.135 “青色”面板

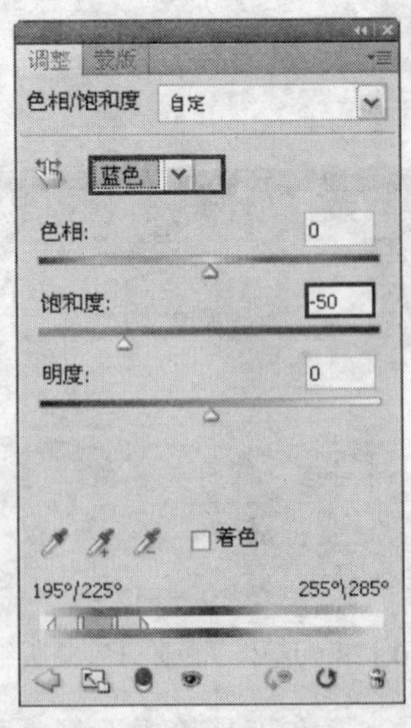

图 6.136 “蓝色”面板

7．在“图层”面板底部单击“创建新的填充或调整图层”按钮，在弹出的菜单中选择“曲线”命令，得到“曲线 1”图层，在弹出的面板中的调节线上单击以添加一个锚点，并向调节线以左的方向拖动，如图 6.138 所示，得到如图 6.139 所示的效果。

图 6.137　应用“色相/饱和度”命令后的效果

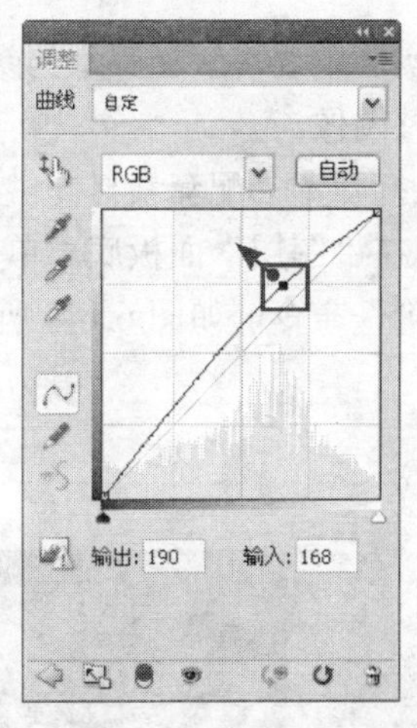

图 6.138　“曲线”面板

8. 选中“曲线 1”的图层蒙版缩览图，然后按照第 4～5 步的操作方法，使用“画笔工具”在蒙版中进行涂抹，以隐藏过亮的岩石区域，直至得到如图 6.140 所示的最终效果，图层蒙版中的状态如图 6.141 所示，“图层”面板如图 6.142 所示。

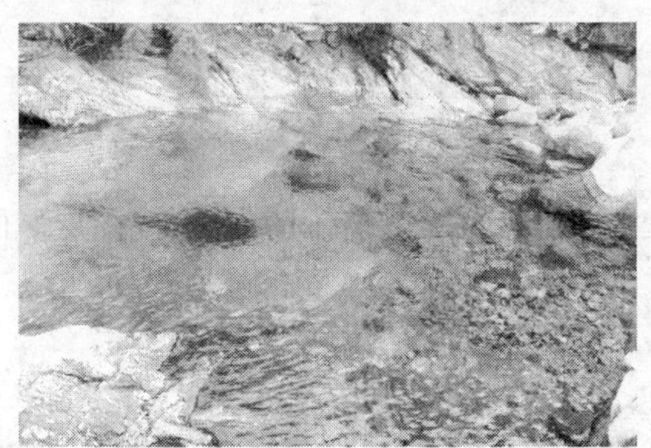

图 6.139　应用“曲线”命令后的效果

图 6.140　最终效果

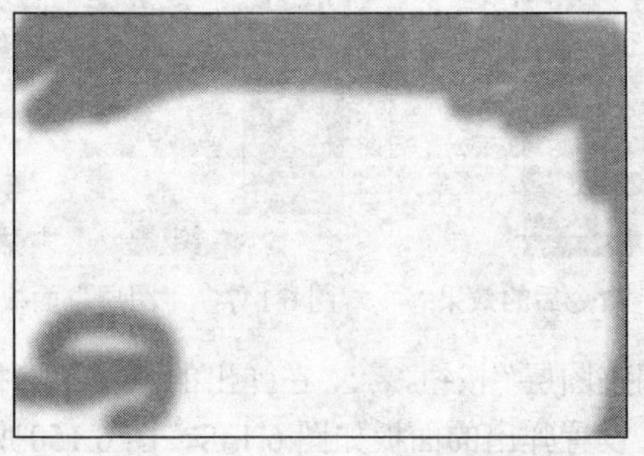

图 6.141　图层蒙版中的状态

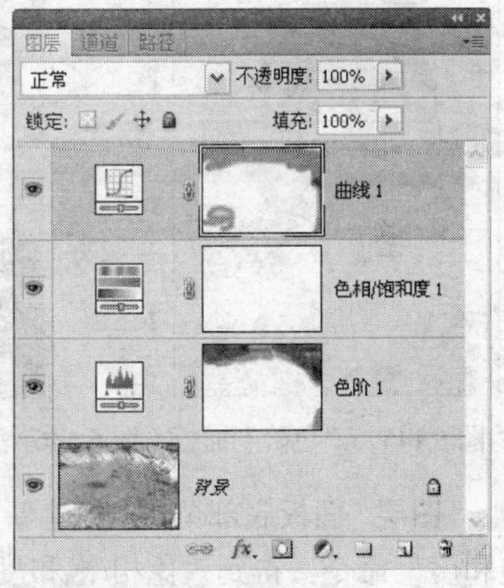

图 6.142　“图层”面板

6.12 加强水的颜色的影调 2

本实例主要讲解加强水的颜色的影调方法，其主要结合了“色阶”命令、“色相/饱和度”命令调整图像。

1．打开本书配套素材提供的“第 6 章\6.12-素材.jpg”，将看到整个图片如图 6.143 所示。

2．在“图层”面板底部单击“创建新的填充或调整图层”按钮 ，在弹出的菜单中选择“色阶”命令，如图 6.144 所示。同时得到“色阶 1”图层。

图 6.143 素材图像

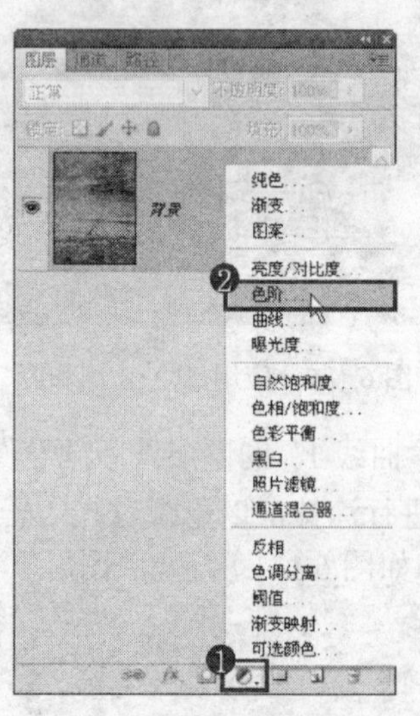

图 6.144 选择“色阶”命令

3．设置弹出的“色阶”面板如图 6.145 所示，得到如图 6.146 所示的效果。“图层”面板如图 6.147 所示。

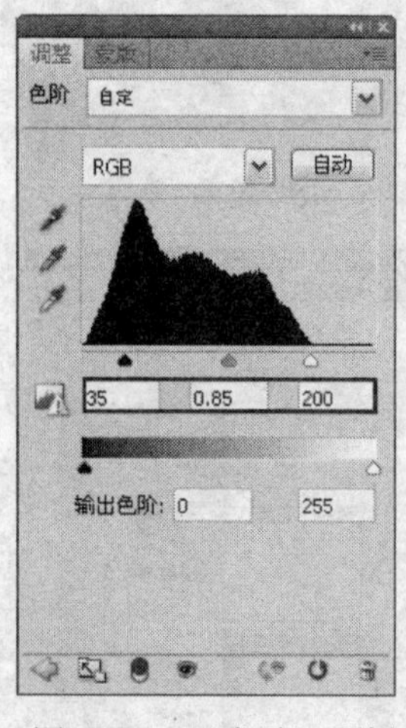

图 6.145 “色阶”面板

图 6.146 应用“色阶”命令后的效果

图 6.147 “图层”面板

4.“图层”面板底部单击“创建新的填充或调整图层”按钮 ，在弹出的菜单中选择“色相/饱和度”命令，得到“色相/饱和度 1”图层，设置弹出的面板如图 6.148～图 6.150 所示，得到如图 6.151 所示的最终效果，“图层”面板如图 6.152 所示。

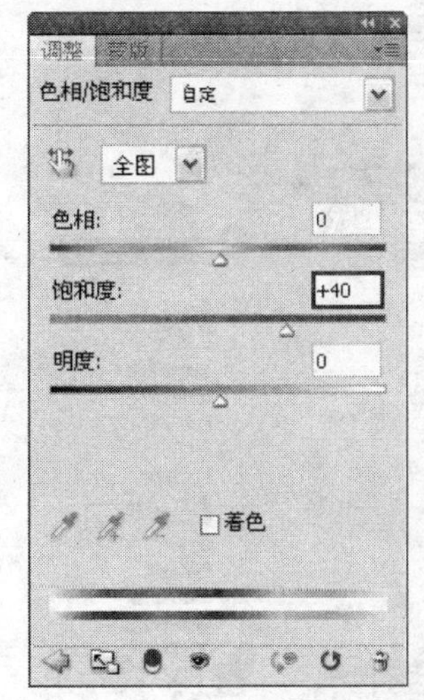

图 6.148　“全图”面板

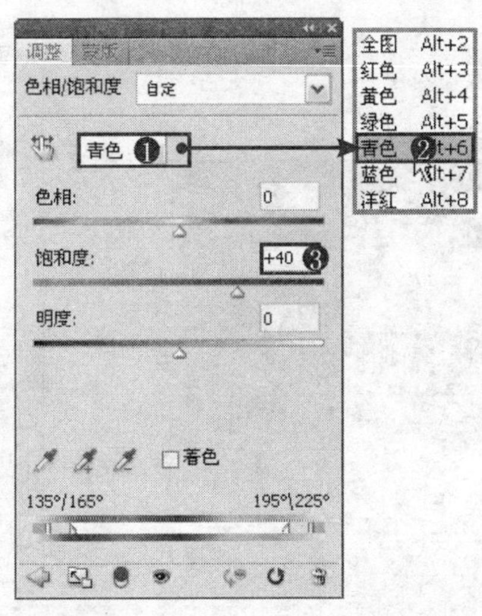

图 6.149　“青色”面板

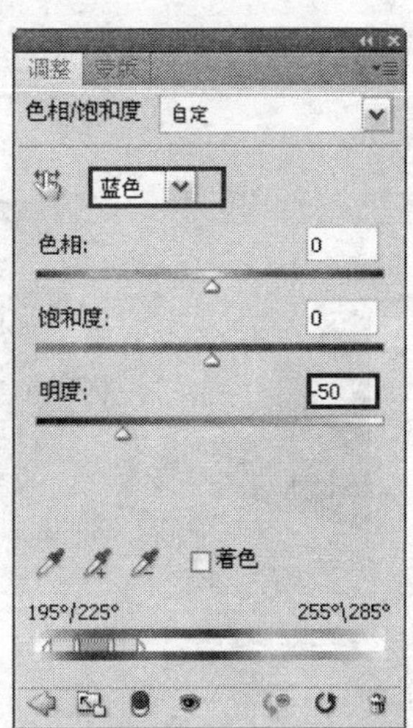

图 6.150　“蓝色”面板

图 6.151　最终效果

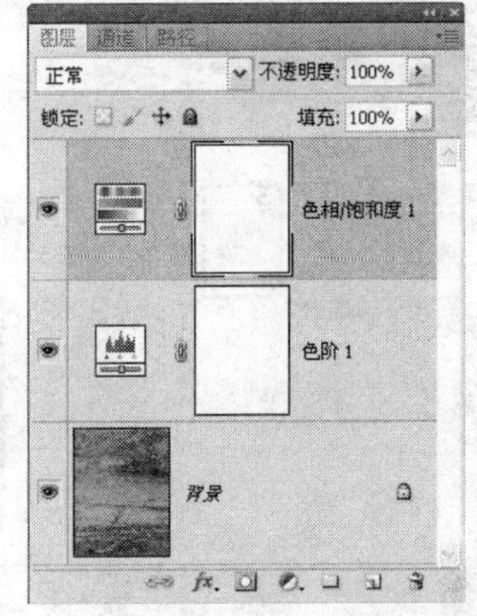

图 6.152　“图层”面板

6.13　恢复白雪本色

本实例主要讲解恢复白雪本色的方法。在制作的过程中，主要结合了“亮度/对比度”调整图层以及编辑蒙版的功能。

1．打开本书配套素材提供的“第 6 章\6.13-素材.jpg”，将看到整个图片如图 6.153 所示。

2．在“图层”面板底部单击“创建新的填充或调整图层”按钮，在弹出的菜单中选择“亮度/对比度”命令，如图 6.154 所示。同时得到“亮度/对比度 1”图层。

3．设置弹出的“亮度/对比度”面板如图 6.155 所示，得到如图 6.156 所示的效果。

4．选中“亮度/对比度 1”的图层蒙版缩览图，如图 6.157 所示。设置前景色为黑色，如图 6.158 所示。

5．选择“画笔工具”，设置其工具选项条如所示。在画面左上部分进行涂抹，已隐藏其亮调，直至得到如图 6.159 所示的效果，图层蒙版中的状态如图 6.160 所示。

6．继续在“亮度/对比度 1”图层蒙版中进行操作，设置“画笔工具”选项条如所示，在画面树干上半部分区域进行涂抹，直至得到如图 6.161 所示的最终效果，图层蒙版中的状态如图 6.162 所示，“图层”面板如图 6.163 所示。

图 6.153 素材图像

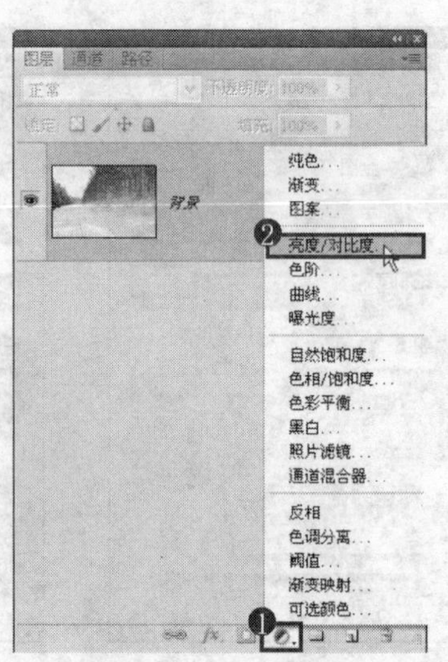

图 6.154 选择“亮度/对比度”命令

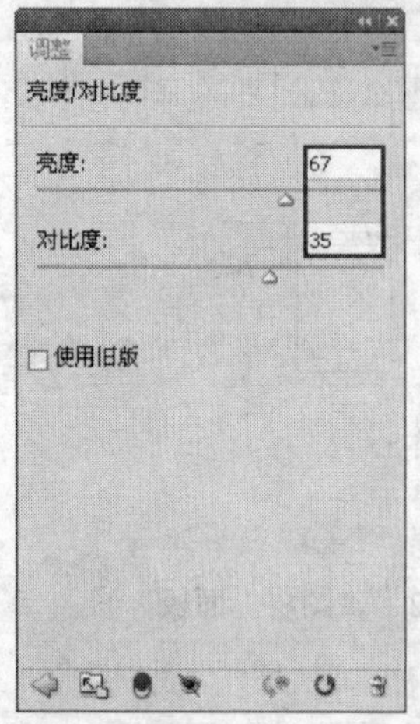

图 6.155 “亮度/对比度”面板

图 6.156 应用“亮度/对比度”命令后的效果

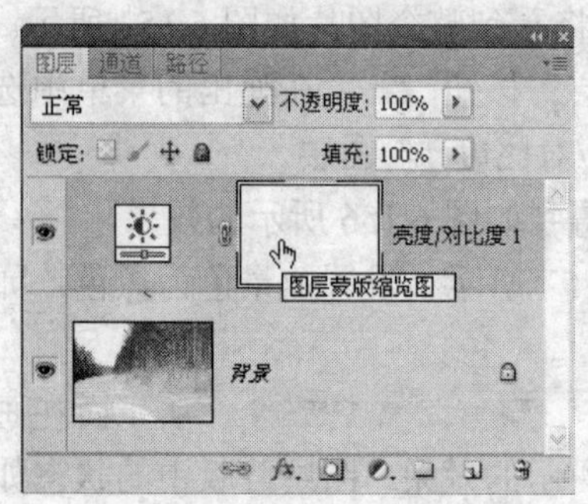

图 6.157 选中蒙版缩览图

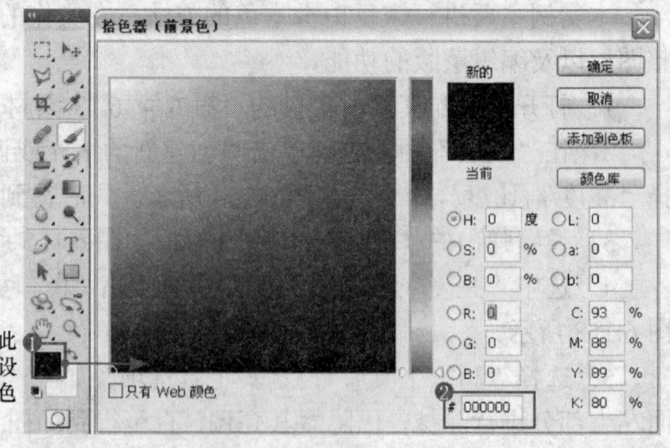

图 6.158 设置前景色

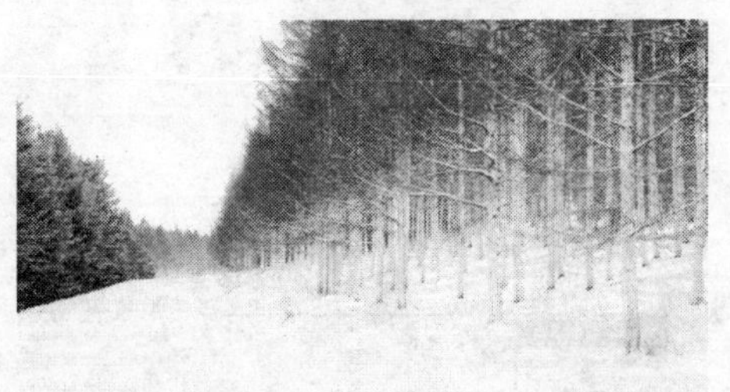

图 6.159　涂抹后的效果

图 6.160　图层蒙版中的状态

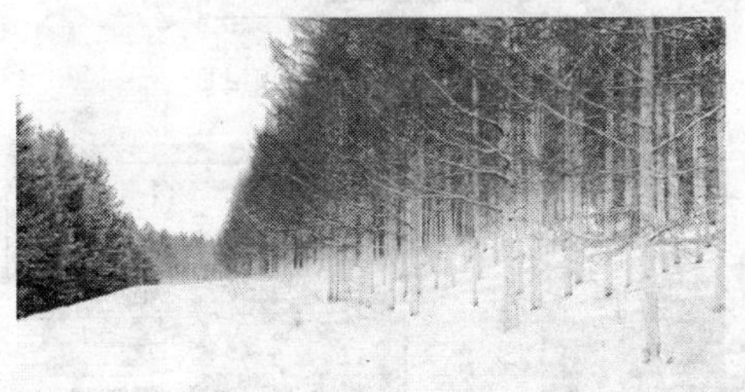

图 6.161　最终效果

图 6.162　图层蒙版中的状态

图层
通道
路径
正常
不透明度: 100%
锁定:
填充: 100%
亮...
背景

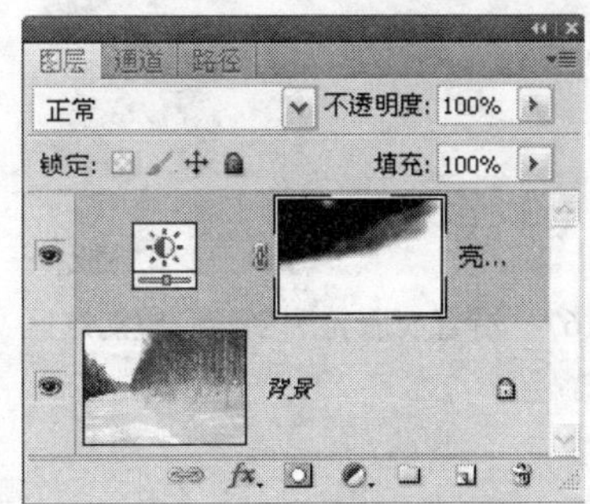

图 6.163　“图层”面板

6.14　更换衣服的颜色

本实例主要讲解更换衣服颜色的方法。在制作的过程中，主要结合了磁性套索工具以及“色相/饱和度”调整图层。

1．打开本书配套素材提供的“第 6 章\6.14-素材.jpg”，将看到整个图片如图 6.164 所示。

2．在工具箱中选择“磁性套索工具”，如图 6.165 所示。设置其工具选项条如 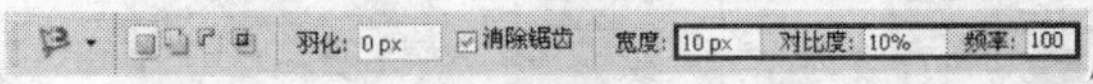
羽化: 0 px
消除锯齿
宽度: 10 px
对比度: 10%
频率: 100
所示。

3．应用“磁性套索工具” 沿着小女孩衣服的边缘绘制选区如图 6.166 所示，直至得到如图 6.167 所示的选区状态。

4．保持选区。在“图层”面板底部单击“创建新的填充或调整图层”按钮 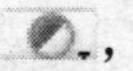，在弹出的菜单中选择“色相/饱和度”命令，如图 6.168 所示。同时得到“色相/饱和度 1”图层。

5．设置弹出的“色相/饱和度”面板如图 6.169 所示，得到如图 6.170 所示的最终效果，“图层”面板如图 6.171 所示。

图 6.164 素材图像

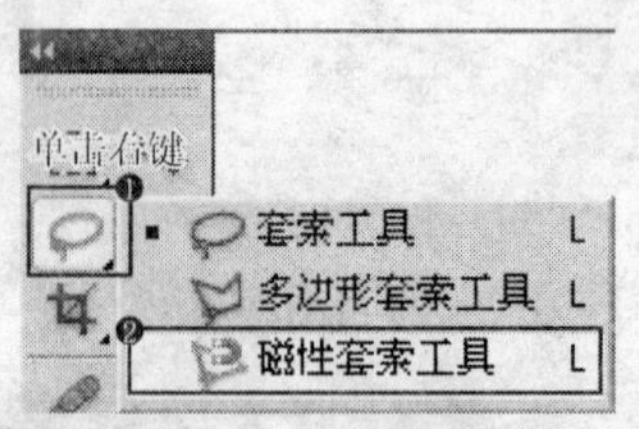

图 6.165 选择“磁性套索工具”

图 6.166 绘制选区

图 6.167 沿着衣服轮廓创建完整的选区

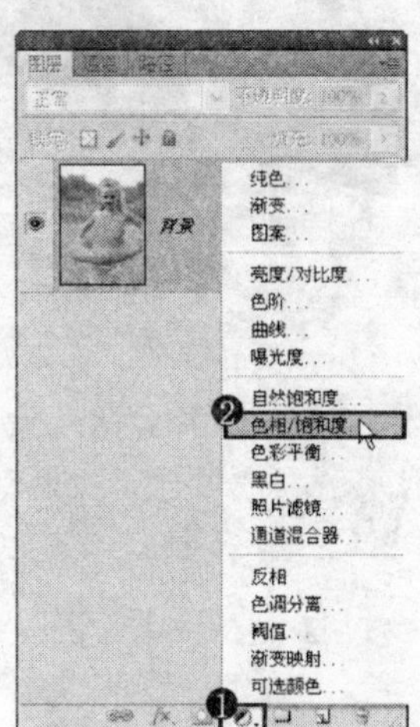

图 6.168 选择“色相/饱和度”命令

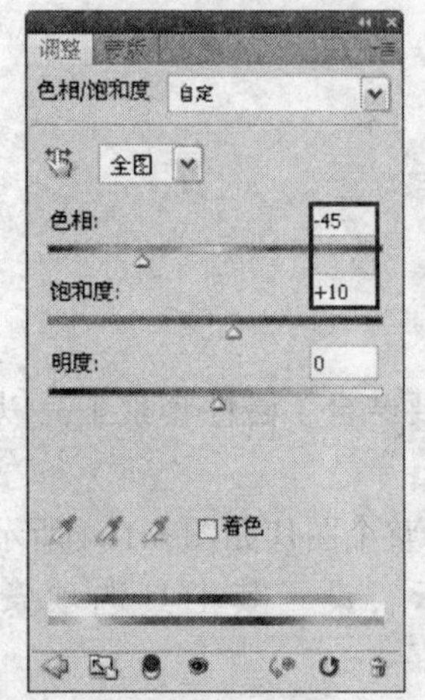

图 6.169 “色相/饱和度”面板

图 6.170 最终效果

图 6.171 “图层”面板

第 7 章 黑白照片处理专题

7.1 制作黑白照片技法 1——灰度模式

本例主要讲解如何制作黑白照片效果。在制作的过程中，主要运用了“灰度”转换模式。

1．打开本书配套素材提供的“第 7 章\7.1-素材.jpg”，将看到整个图片如图 7.1 所示。切换至“通道”面板，如图 7.2 所示。

图 7.1 素材图像

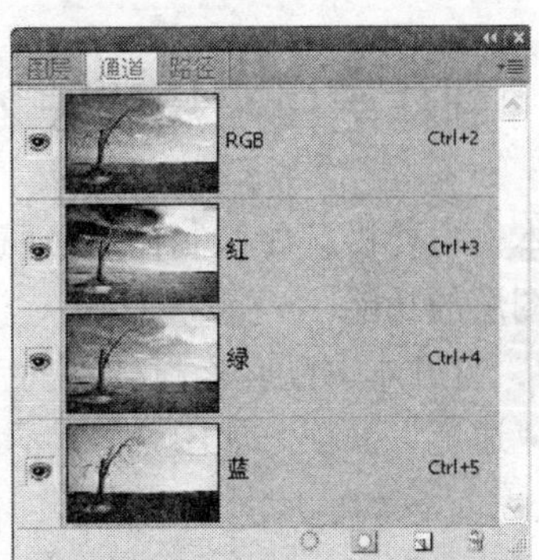

图 7.2 “通道”面板

2．选择“图像”|“模式”|“灰度”命令，如图 7.3 所示。弹出如图 7.4 所示的提示框。

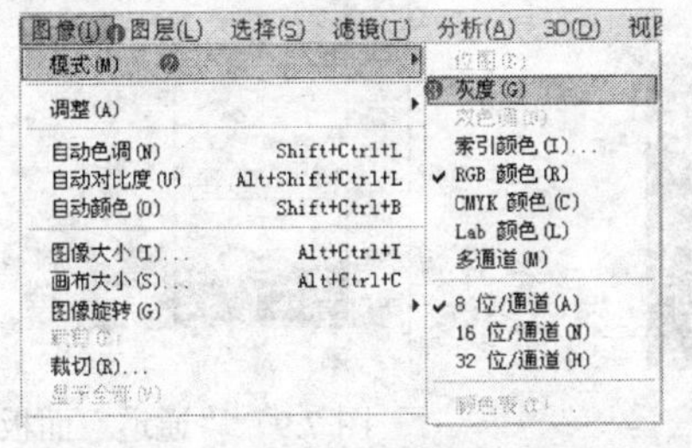

图 7.3 选择“灰度”命令

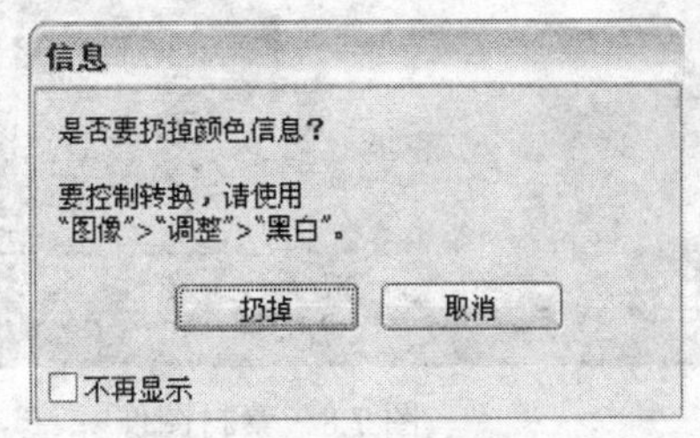

图 7.4 提示框

3．单击“扔掉”按钮退出提示框，得到的最终效果如图 7.5 所示，“通道”面板如图 7.6 所示。

图 7.5 最终效果

图 7.6 “通道”面板

4．选择“图像”|“模式”|“RGB 颜色”命令，此时“通道”面板如图 7.7 所示。

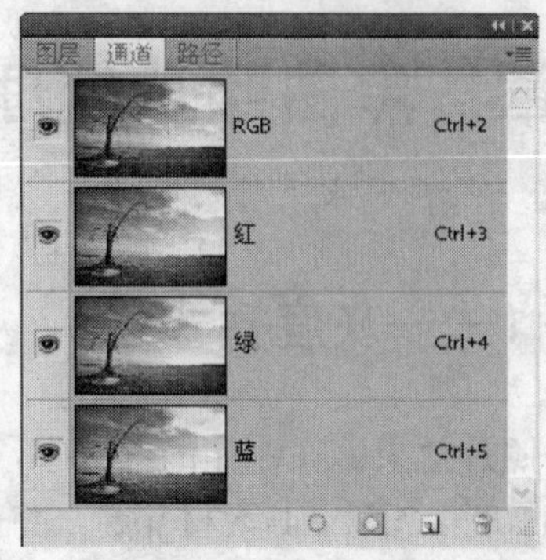

图 7.7 “通道”面板

7.2 制作黑白照片技法 2——Lab 模式

本例主要讲解如何制作黑白照片效果。在制作的过程中，主要结合了转换模式以及“色阶”调整图层的功能。

1．打开本书配套素材提供的“第 7 章\7.2-素材.jpg”，将看到整个图片如图 7.8 所示。切换至“通道”面板，如图 7.9 所示。

图 7.8 素材图像

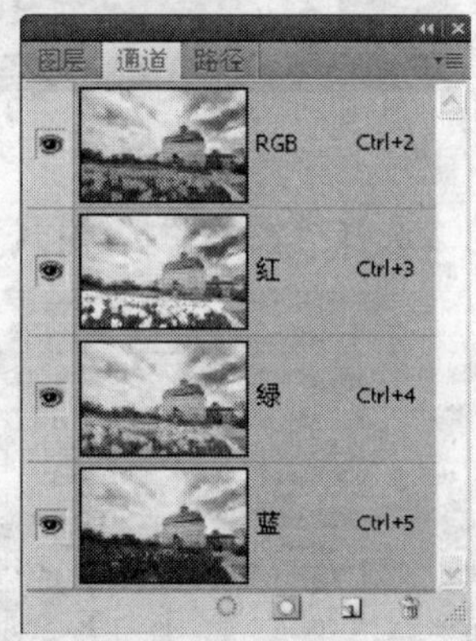

图 7.9 “通道”面板

2．选择“图像”|“模式”|“Lab 颜色”命令，如图 7.10 所示。此时“通道”面板如图 7.11 所示。

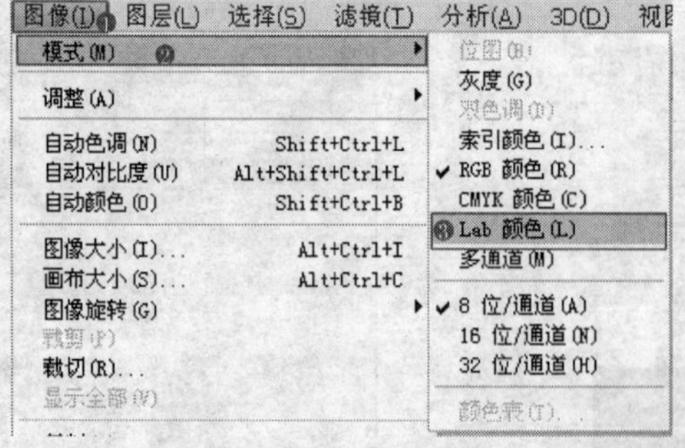

图 7.10 选择“Lab 颜色”命令

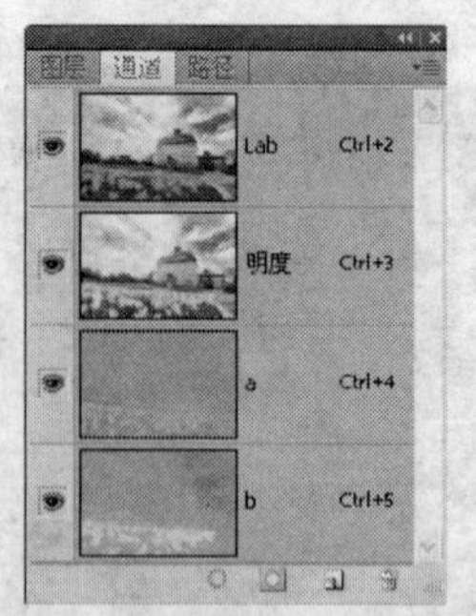

图 7.11 “通道”面板

提示：Lab 颜色模式由亮度或光亮度分量（L）和两个色度分量组成，两个色度分量为 a 分量（从绿到红）和 b 分量（从蓝到黄）。这种颜色模式是 Photoshop 中在不同颜色模式之间转换时使用的中间颜色模式。

3．在“通道”面板中选择“明度”通道，此时通道中的状态如图 7.12 所示，“通道”面板如图 7.13 所示。

图 7.12　通道中的状态

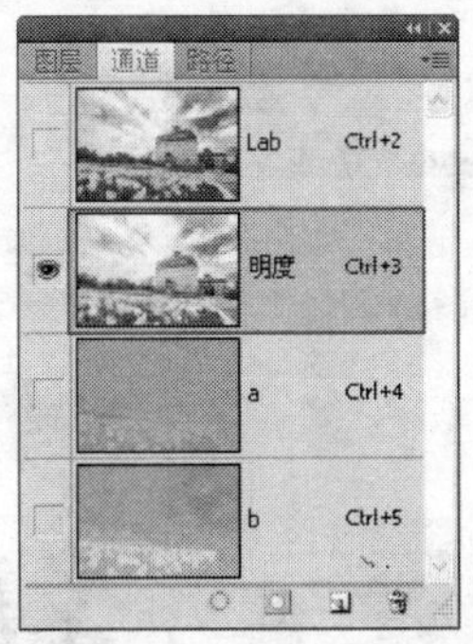

图 7.13　“通道”面板

4．选择“图像”|“模式”|“灰度”命令，弹出如图 7.14 所示的提示框。单击“确定”按钮退出提示框，此时“通道”面板如图 7.15 所示。

图 7.14　提示框

图 7.15　“通道”面板

5．选择“图像”→“模式”→“RGB 颜色”命令，此时“通道”面板如图 7.16 所示。切换回“图层”面板，在“图层”面板底部单击“创建新的填充或调整图层”按钮 ，在弹出的菜单中选择“色阶”命令，如图 7.17 所示，得到“色阶 1”图层。

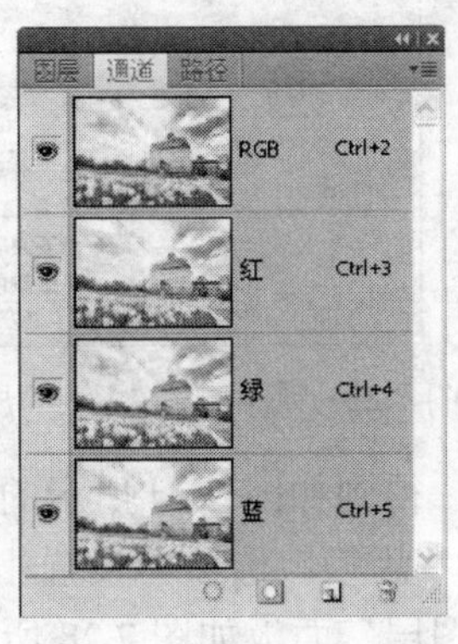

图 7.16　“通道”面板

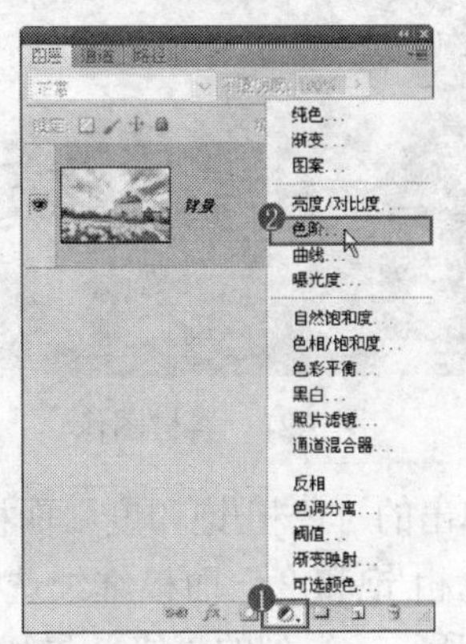

图 7.17　选择“色阶”命令

6．设置弹出的“色阶”面板如图 7.18 所示，得到如图 7.19 所示的最终效果。“图层”面板如图 7.20 所示。

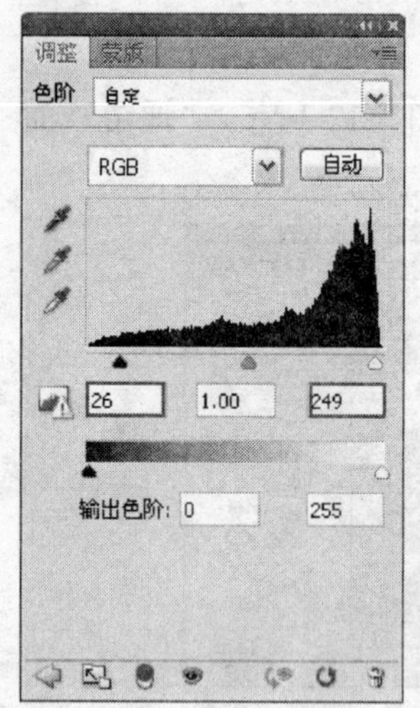

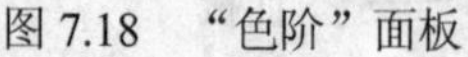

图 7.18 “色阶”面板

图 7.19 最终效果

图 7.20 “图层”面板

7.3 制作黑白照片技法 3——去色

本例主要讲解如何制作黑白照片。在制作的过程中，主要运用了调整图层功能中的“色相/饱和度”命令。

1．打开本书配套素材提供的“第 7 章\7.3-素材.jpg”，将看到整个图片如图 7.21 所示。

2．在“图层”面板底部单击“创建新的填充或调整图层”按钮 ，在弹出的菜单中选择“色相/饱和度”命令，如图 7.22 所示。得到“色相/饱和度 1”图层。

图 7.21 素材图像

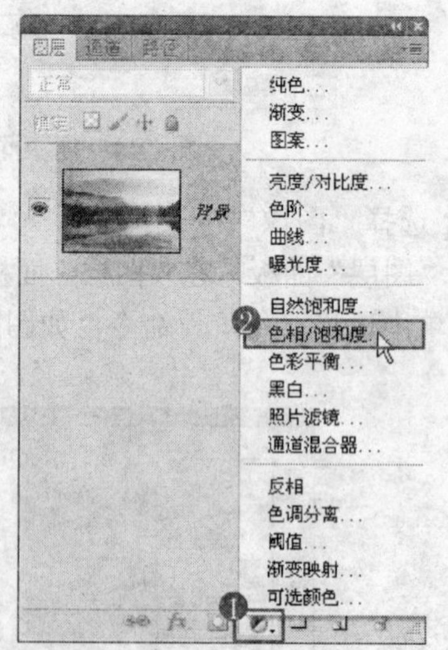

图 7.22 选择“色相/饱和度”命令

3．设置弹出的“色相/饱和度”面板如图 7.23 所示，得到如图 7.24 所示的效果。

4．在“色相/饱和度”面板继续选择“青色”以及“蓝色”选项，设置相应的面板如图 7.25 和图 7.26 所示，得到的最终效果如图 7.27 所示。“图层”面板如图 7.28 所示。

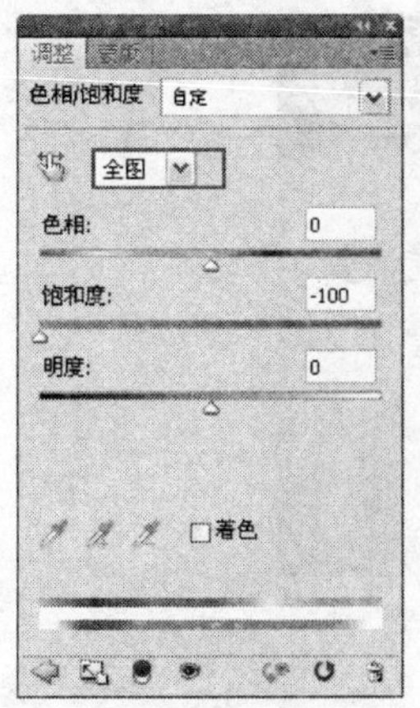

图 7.23　“色相/饱和度”面板

图 7.24　应用“色相/饱和度”命令后的效果

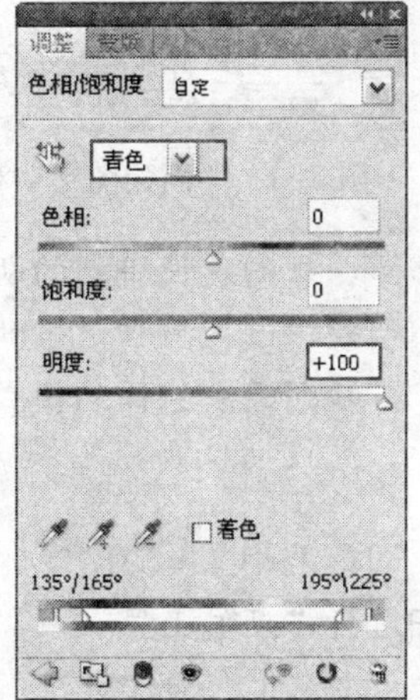

图 7.25　“青色”面板

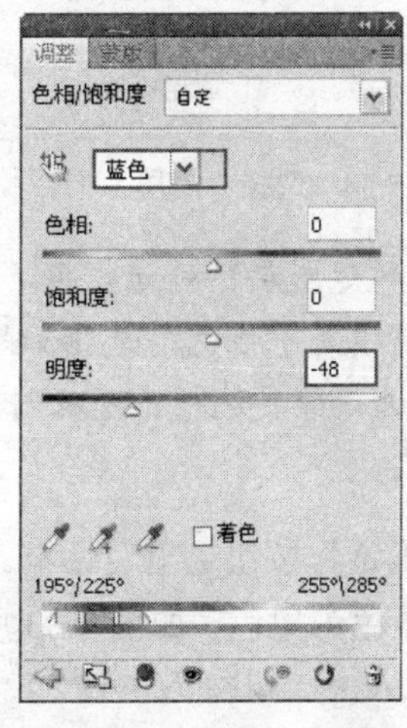

图 7.26　“蓝色”面板

图 7.27　最终效果

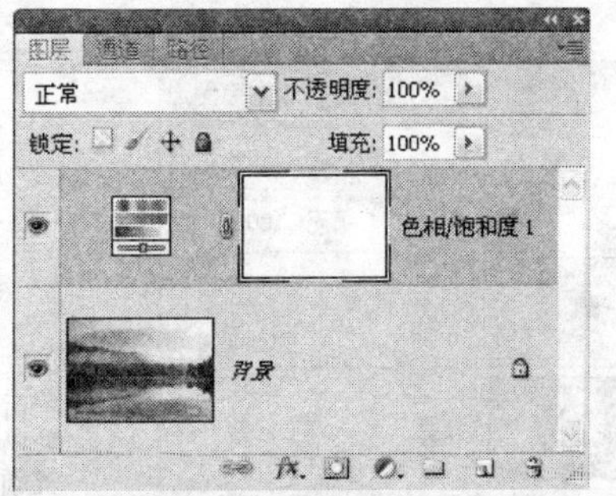

图 7.28　“图层”面板

7.4　制作黑白照片技法 4——减淡和加深

本例主要讲解如何制作完美的黑白照片效果，让自己的肖像作品显得与众不同。在制作的过程中，主要结合了图层属性以及“画笔工具” 等功能。

1．打开本书配套素材提供的“第 7 章\7.4-素材.jpg”，将看到整个图片如图 7.29 所示。

2．选择“图层”|“新建”|“图层”命令，如图 7.30 所示。设置弹出的“新建图层”对话框如图 7.31 所示。

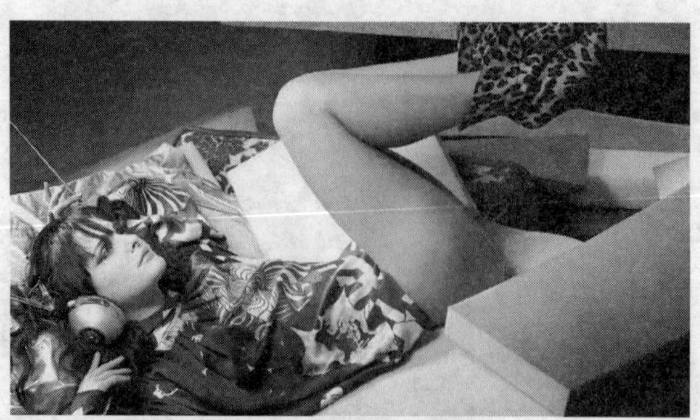

图 7.29　素材图像

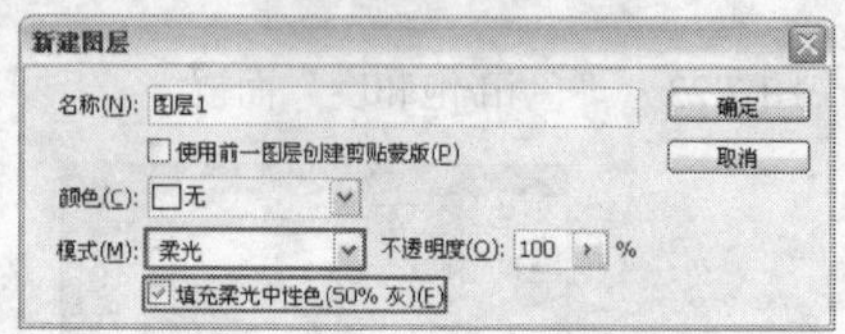

图 7.30　选择“图层”命令　　图 7.31　“新建图层”对话框

提示：在“新建图层”对话框中，设置模式为“柔光”，目的是使得到的新图层具有所设置的图层属性。“填充中性色”是指如果在“模式”下拉列表中选择一种适当的模式，则此复选框可被激活。选择该复选框，可以创建一个以“模式”下拉列表中选择的模式为图层模式并填充灰色的图层。

3．单击“确定”按钮退出对话框。此时的“图层”面板如图 7.32 所示。

4．设置前景色为黑色，如图 7.33 所示。在工具箱中选择“画笔工具”，在其工具选项条中设置画笔的大小，如图 7.34 所示。

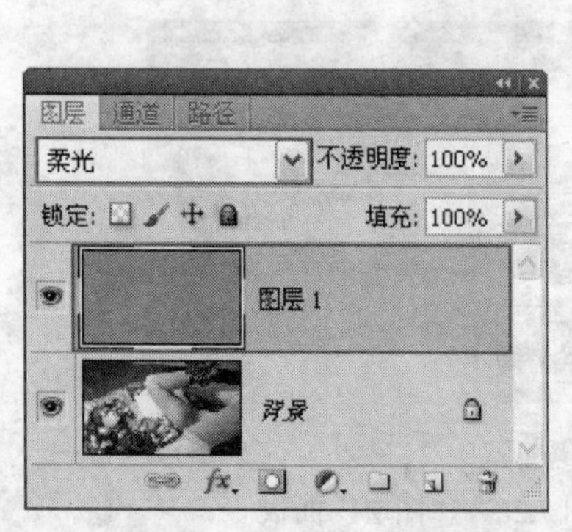

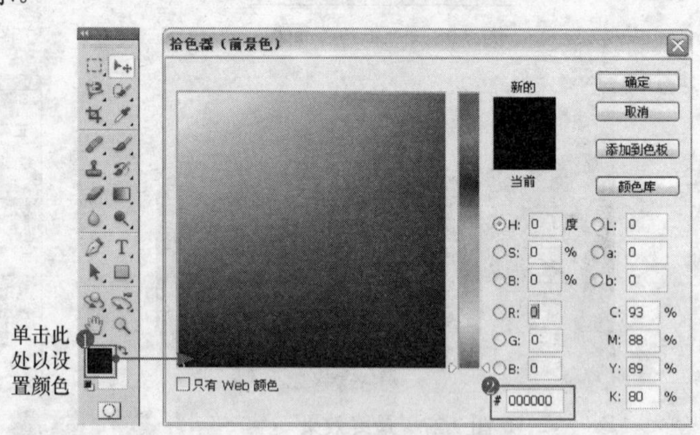

图 7.32　“图层”面板　　图 7.33　设置前景色的颜色

5．应用上一步设置好的画笔，在画布的左上方、右上方、头发、眉毛、腰部以及右下角阴影区域进行涂抹以对图像进行加深处理，直至得到类似如图 7.35 所示的效果。

提示：在涂抹的过程中，可根据涂抹区域的大小随时更改画笔的大小。

6．按 Alt 键单击“图层 1”左侧的指示图层可见性图标，以单独显示该图层中的状态，如图 7.36 所示。再次重复刚刚的操作，以恢复显示所有图层中的图像。

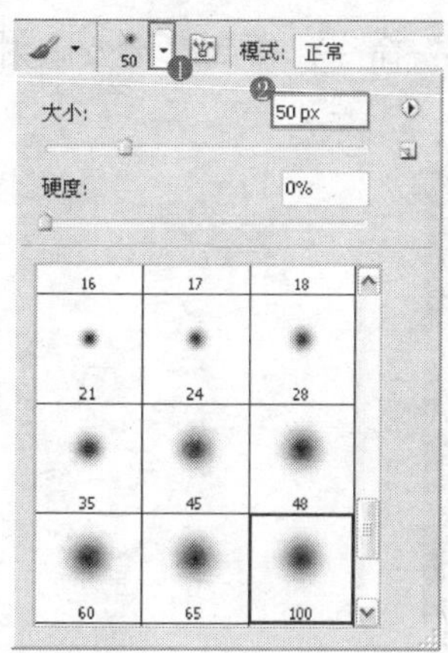

图 7.34　设置画笔的大小

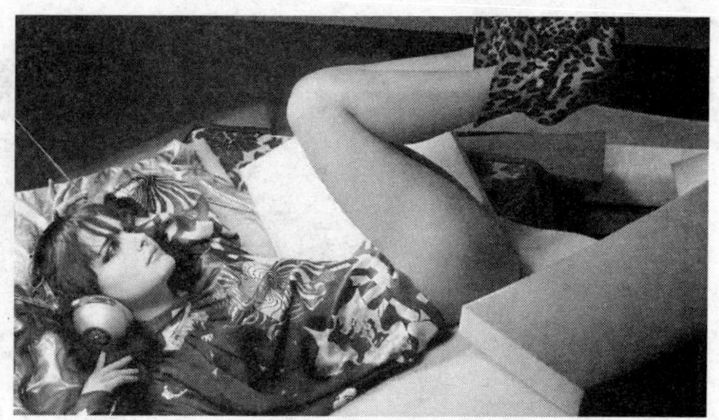
图 7.35　涂抹后的效果

7. 将“图层 1”拖至“创建新图层”按钮 上得到“图层 1 副本”，设置前景色为白色，然后在“画笔工具” 选项条中设置适当的画笔大小及不透明度（20%），对画面中的部分区域进行提亮处理，直至得到最终效果如图 7.37 所示。如图 7.38 所示为单独显示本步的图像状态，“图层”面板如图 7.39 所示。

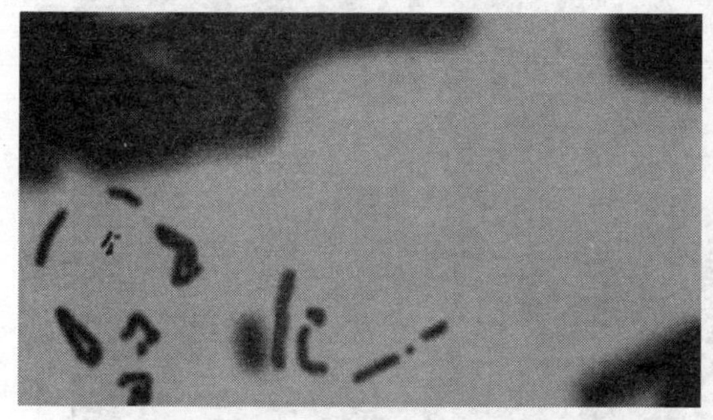
图 7.36　单击显示“图层 1”时的图像状态

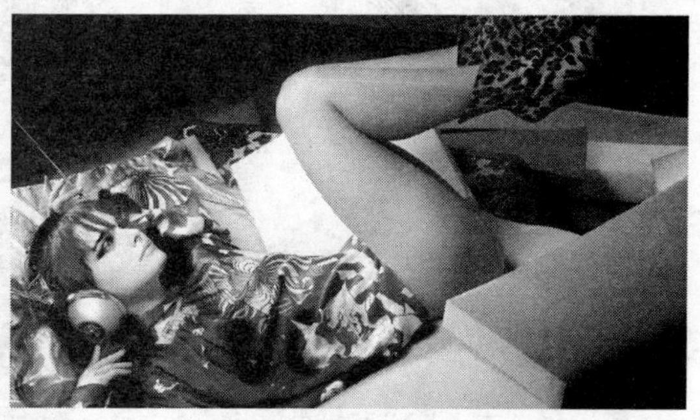
图 7.37　最终效果

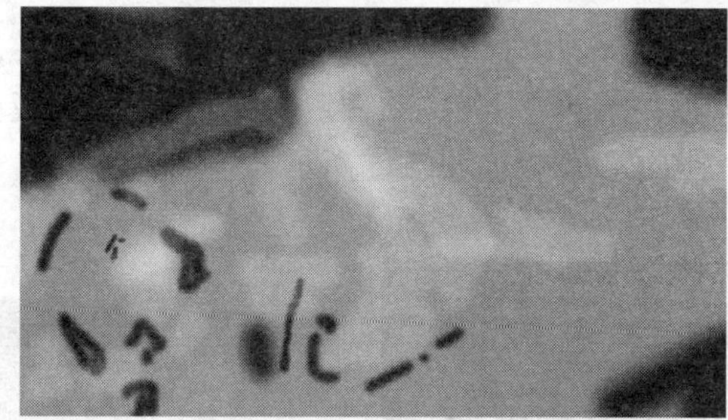
图 7.38　单击显示“图层 1 副本”时的图像状态

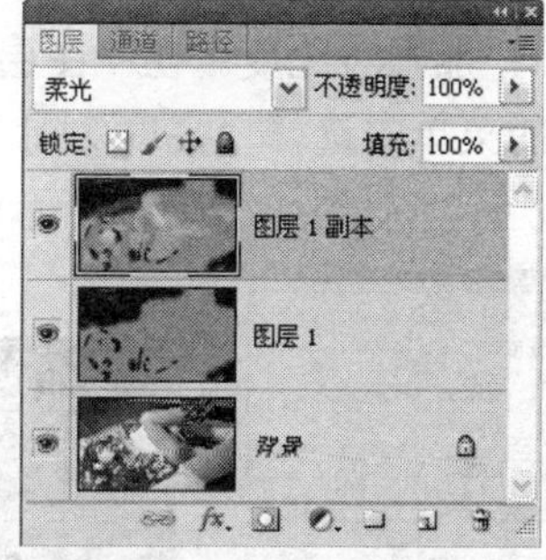

图 7.39　“图层”面板

7.5　制作黑白照片技法 5——渐变映射

本例主要讲解如何通过映射制作黑白照片效果。在制作的过程中，主要运用了“渐变映射”调整图层。

1. 打开本书配套素材提供的“第 7 章\7.5-素材.jpg”，将看到整个图片如图 7.40 所示。

2. 在工具箱中设置前景色为 030000，背景色为白色，在“图层”面板底部单击“创建新的填充或调整图层”按钮 ，在弹出的菜单中选择“渐变映射”命令，得到“渐变映射 1”图层。

图 7.40 素材图像

3．在弹出的“渐变映射”面板中单击渐变显示框，在弹出的“渐变编辑器”对话框中，向左拖动白色色标，如图 7.41 所示。单击“确定”按钮退出对话框，得到的效果如图 7.42 所示。

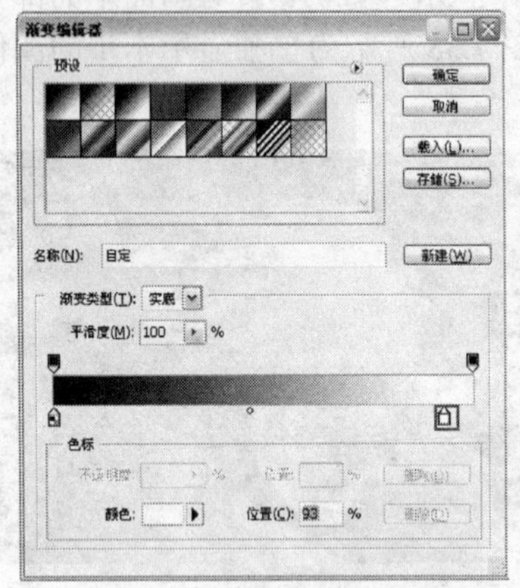

图 7.41 “渐变编辑器”对话框

图 7.42 应用“渐变映射”命令后的效果

4．加强对比度。在“图层”面板的底部单击“创建新的填充或调整图层”按钮 ，在弹出的菜单中选择“亮度/对比度”命令，得到“亮度/对比度 1”图层，设置弹出的面板如图 7.43 所示，得到如图 7.44 所示的最终效果。“图层”面板如图 7.45 所示。

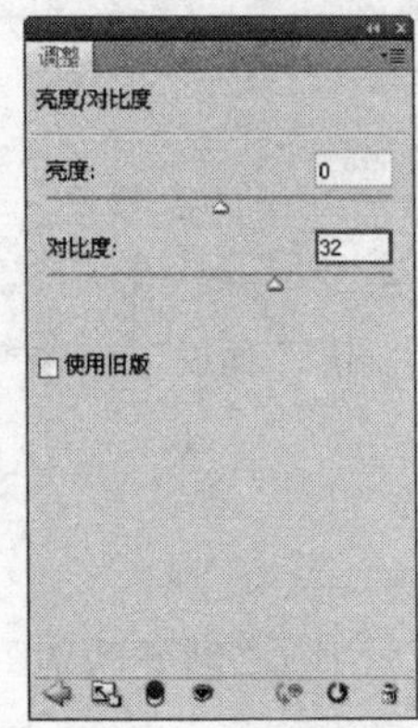

图 7.43 “亮度/对比度”面板

图 7.44 最终效果

图 7.45 “图层”面板

7.6　制作黑白照片技法 6——黑白

本例主要讲解如何快速制作黑白照片效果。在制作的过程中，主要运用了“黑白”调整图层的功能。

1．打开本书配套素材提供的“第 7 章\7.6-素材.jpg”，将看到整个图片如图 7.46 所示。

2．在“图层”面板底部单击“创建新的填充或调整图层”按钮 ，在弹出的菜单中选择“黑白”命令，得到“黑白 1”图层，同时得到如图 7.47 所示的效果。“图层”面板如图 7.48 所示。

图 7.46　素材图像

图 7.47　应用“黑白”命令后的效果

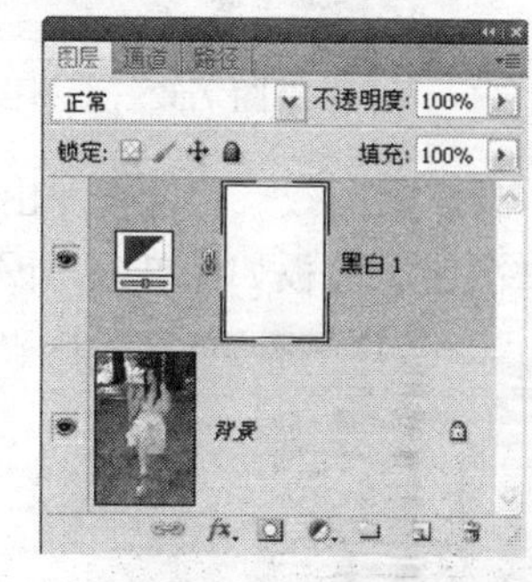

图 7.48　“图层”面板

3．调整亮度及对比度。在“图层”面板底部单击“创建新的填充或调整图层”按钮 ，在弹出的菜单中选择“亮度/对比度”命令，得到“亮度/对比度 1”图层，设置弹出的面板如图 7.49 所示，得到如图 7.50 所示的最终效果。“图层”面板如图 7.51 所示。

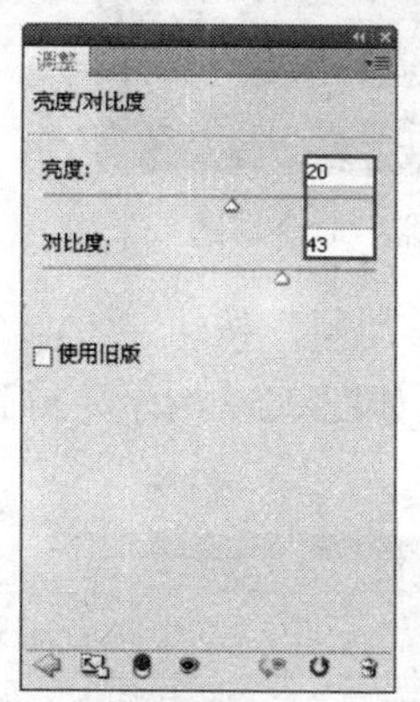

图 7.49　“亮度/对比度”面板

图 7.50　最终效果

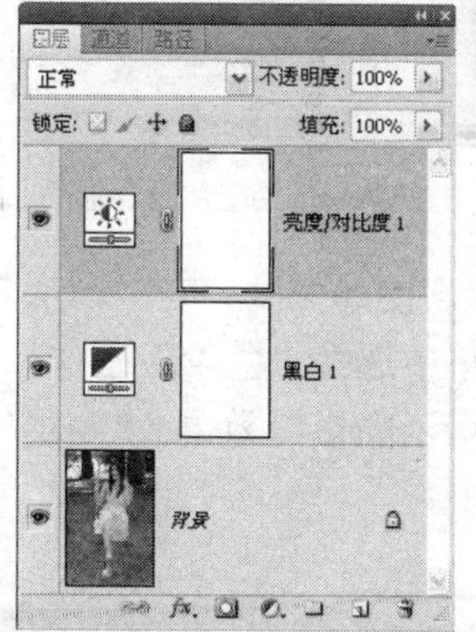

图 7.51　“图层”面板

7.7　制作黑白照片技法 7——通道混合器

本例主要讲解如何制作黑白照片。在制作的过程中，主要运用了调整图层功能中的“通道混合器”命令。

1．打开本书配套素材提供的“第 7 章\7.7-素材.jpg”，将看到整个图片如图 7.52 所示。

2．在“图层”面板底部单击“创建新的填充或调整图层”按钮 ，在弹出的菜单中选择“通道混合器”命令，如图 7.53 所示。得到“通道混合器 1”图层。

图 7.52　素材图像

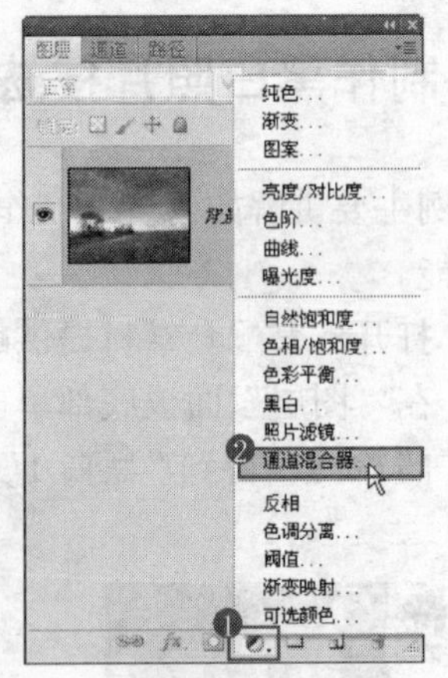

图 7.53　选择“通道混合器”命令

3．制作黑白效果。设置弹出的“通道混合器”面板如图 7.54 所示，得到如图 7.55 所示的效果。“图层”面板如图 7.56 所示。

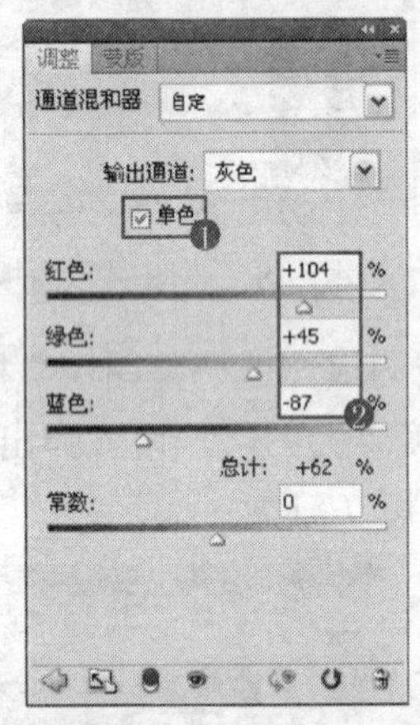

图 7.54　“通道混合器”面板

图 7.55　应用“通道混合器”命令后的效果

4．提高亮度。在“图层”面板底部单击“创建新的填充或调整图层”按钮，在弹出的菜单中选择“色阶”命令，得到“色阶 1”图层，设置弹出的面板如图 7.57 所示，得到如图 7.58 所示的最终效果。“图层”面板如图 7.59 所示。

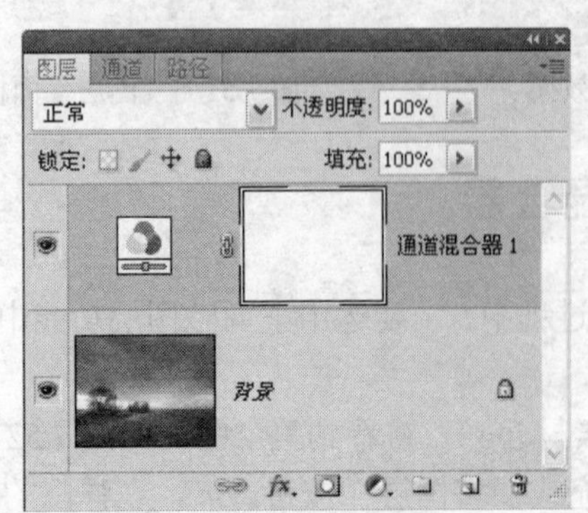

图 7.56　“图层”面板

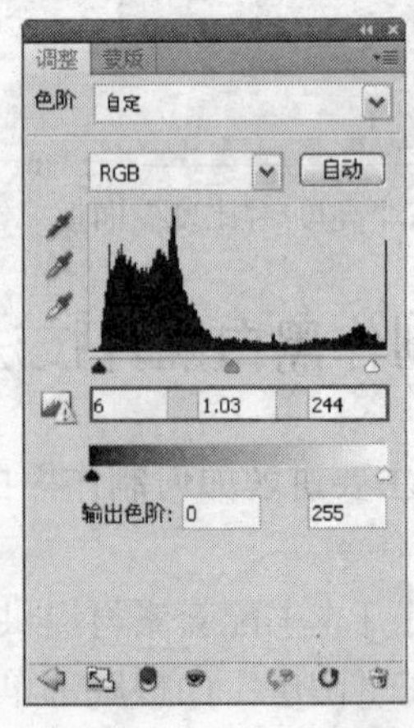

图 7.57　“色阶”面板

图 7.58　最终效果

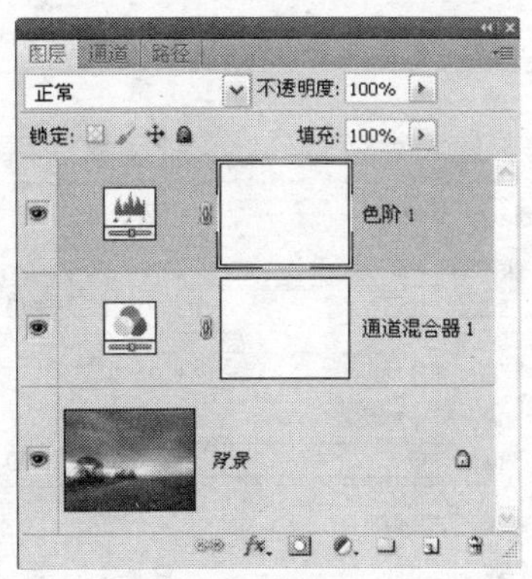

图 7.59　“图层”面板

7.8　制作黑白照片技法 8——计算

本例主要讲解如何制作黑白照片。在制作的过程中，主要运用了“计算”命令，然后利用“色阶”调整图层提亮图像。

1．打开本书配套素材提供的“第 7 章\7.8-素材.jpg”，将看到整个图片如图 7.60 所示。切换至“通道”面板，如图 7.61 所示。

图 7.60　素材图像

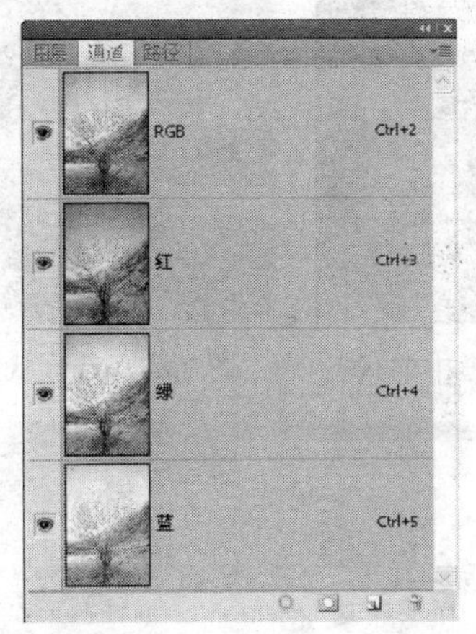

图 7.61　“通道”面板

2．选择“图像”|“计算”命令，设置弹出的对话框如图 7.62 所示，单击“确定”按钮退出对话框，此时“通道”面板中多了个“Alpha 1”通道，如图 7.63 所示。对应的通道中的状态如图 7.64 所示。

3．按 Ctrl+A 组合键执行“全选”操作，此时选区状态如图 7.65 所示。按 Ctrl+C 组合键执行“拷贝”操作。

4．保持选区，切换至“图层”面板，在面板底部单击“创建新图层”按钮，得到“图层 1”，按 Ctrl+V 组合键执行“粘贴”操作，此时“图层”面板如图 7.66 所示。

5．在“图层”面板底部单击“创建新的填充或调整图层”按钮，在弹出的菜单中选择“色阶”命令，如图 7.67 所示，得到“色阶 1”图层。

6．设置弹出的“色阶”面板如图 7.68 所示，得到如图 7.69 所示的最终效果。“图层”面板如图 7.70 所示。

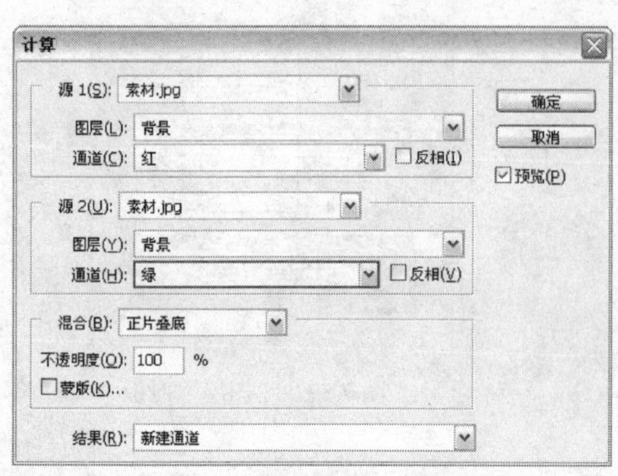

图 7.62 “计算”对话框

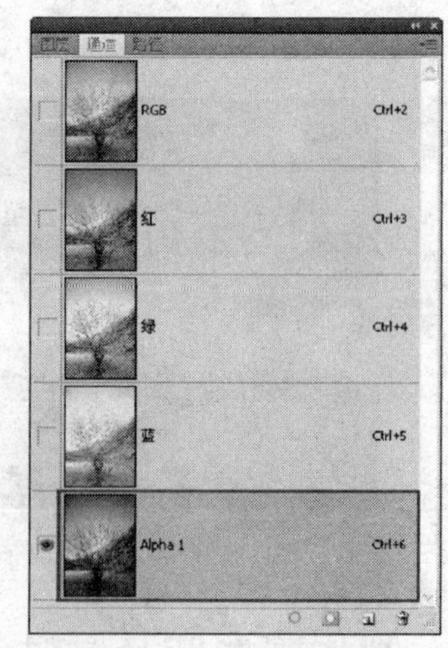

图 7.63 “通道”面板

图 7.64 通道中的状态

图 7.65 选区状态

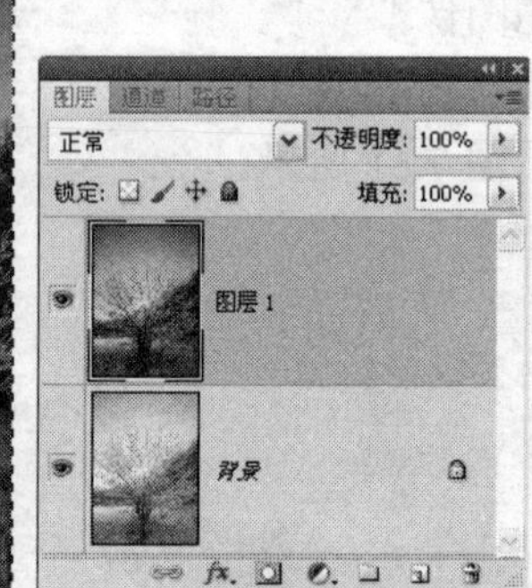

图 7.66 “图层”面板

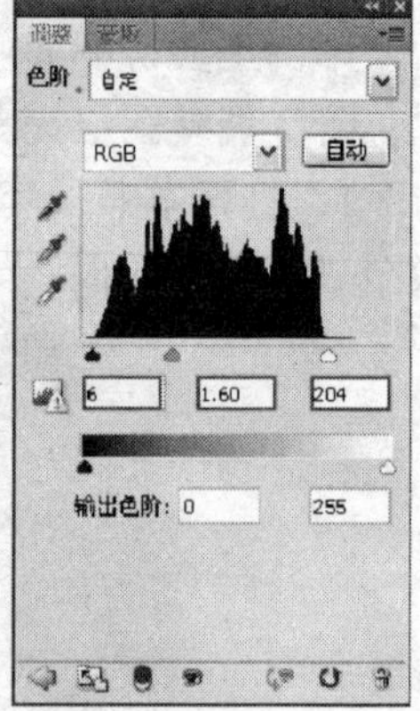

图 7.67 选择“色阶”命令

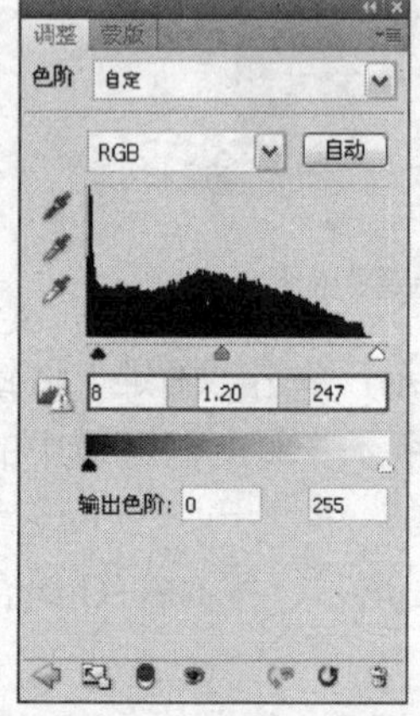

图 7.68 “色阶”面板

图 7.69 最终效果

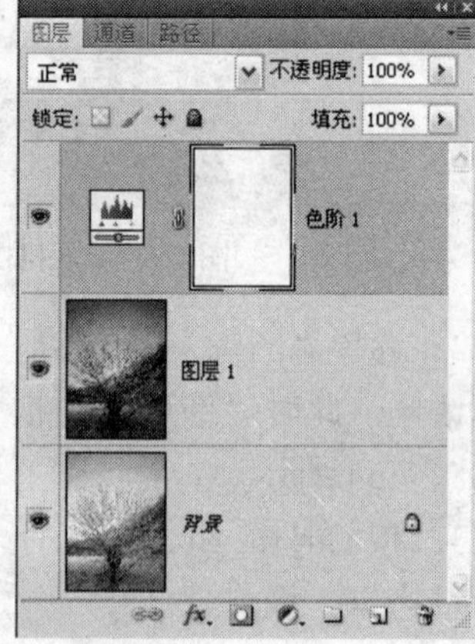

图 7.70 “图层”面板

第 8 章　感性气氛色调处理专题

8.1　制作单色照片——“黑白”命令

本例主要讲解如何制作单色照片。在制作的过程中，主要利用了调整图层功能中的“黑白”命令。

1．打开本书配套素材提供的“第 8 章\8.1-素材.jpg”，将看到整个图片如图 8.1 所示。

2．制作单色效果。在“图层”面板底部单击“创建新的填充或调整图层”按钮 ，在弹出的菜单中选择“黑白”命令，得到“黑白 1”图层，在弹出的面板中将“色调”选项选中，如图 8.2 所示。

图 8.1　素材图像

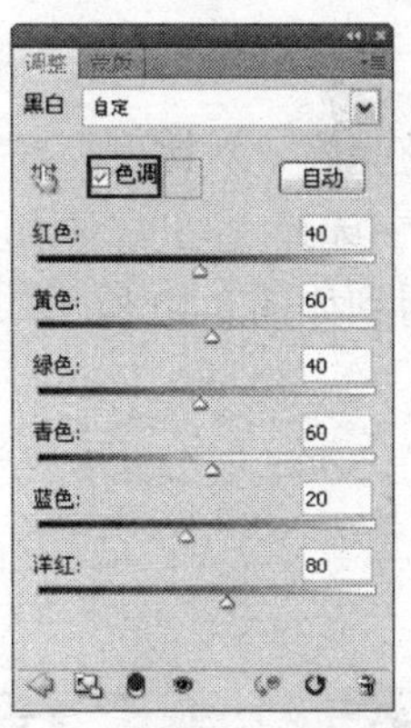

图 8.2　选中“色调”选项

3．单击“色调”右侧的颜色块，设置弹出的“选择目标颜色”对话框如图 8.3 所示，单击“确定”按钮退出对话框，得到的最终效果如图 8.4 所示。“图层”面板如图 8.5 所示。

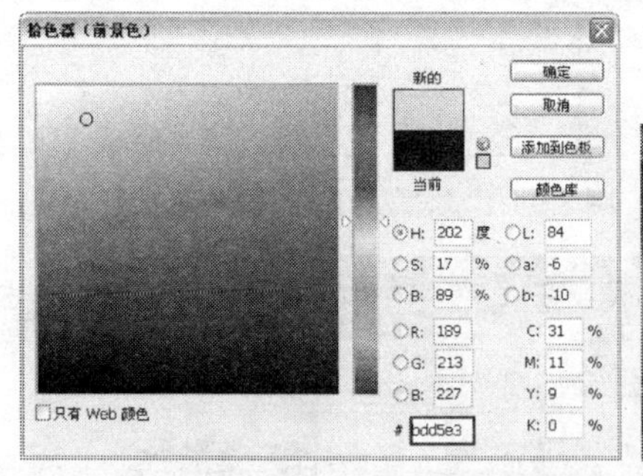

图 8.3　“选项目标颜色”对话框

图 8.4　最终效果

图 8.5　“图层”面板

8.2　制作单色照片——“色相饱和度”

本例主要讲解如何制作单色照片。在制作的过程中，主要利用了调整图层功能中的“色相/饱和度”命令以及“亮度/对比度”命令。

1．打开本书配套素材提供的“第 8 章\8.2-素材.JPG”，将看到整个图片如图 8.6 所示。

2．制作单色效果。在“图层”面板底部单击“创建新的填充或调整图层”按钮 ，在弹出的菜单中选择“色相/饱和度”命令，得到“色相/饱和度 1”图层，设置弹出的面板如图 8.7 所示，得到如图 8.8 所示的效果。

图 8.6　素材图像

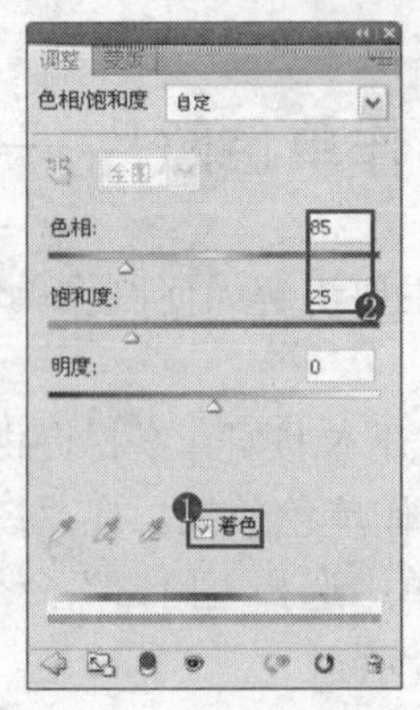

图 8.7　“色相/饱和度”面板

3．调整亮度、对比度。在“图层”面板底部单击“创建新的填充或调整图层”按钮，在弹出的菜单中选择“亮度/对比度”命令，得到“亮度/对比度 1”图层，设置弹出的面板如图 8.9 所示，得到如图 8.10 所示的最终效果。“图层”面板如图 8.11 所示。

图 8.8　应用“色相/饱和度”命令后的效果

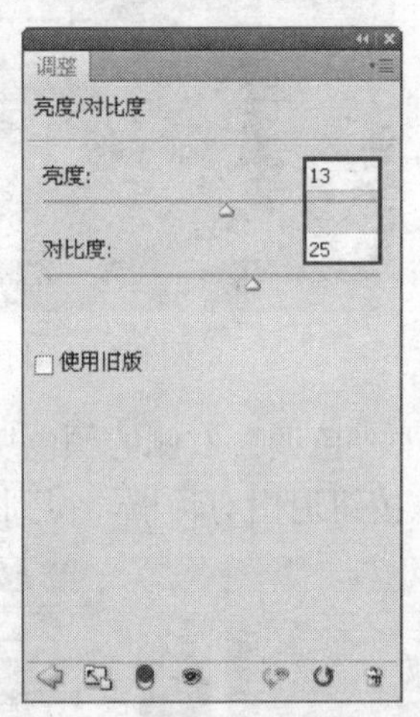

图 8.9　“亮度/对比度”面板

图 8.10　最终效果

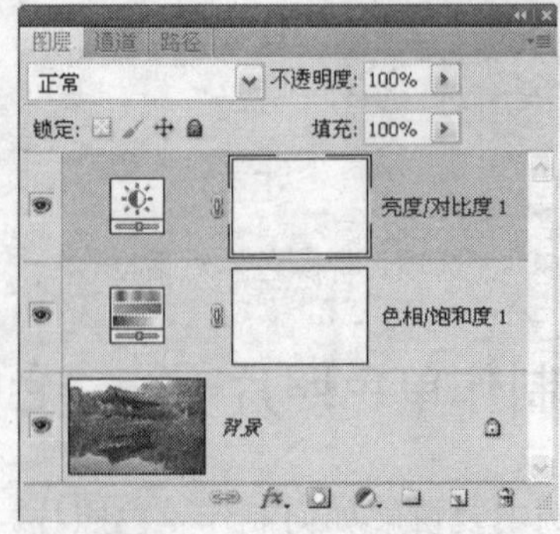

图 8.11　“图层”面板

8.3　制作负反冲效果

本例主要讲解如何制作负反冲效果。在制作的过程中，主要运用了调整图层功能中的“曲线”命令。

1．打开本书配套素材提供的“第 8 章\8.3-素材.jpg”，将看到整个图片如图 8.12 所示。

2．在“图层”面板底部单击“创建新的填充或调整图层”按钮，在弹出的菜单中选择“曲线”命令，得到“曲线 1”图层，在弹出的面板中选择“红”通道，设置如图 8.13 所示，得到如图 8.14 所示的效果。

图 8.12　素材图像

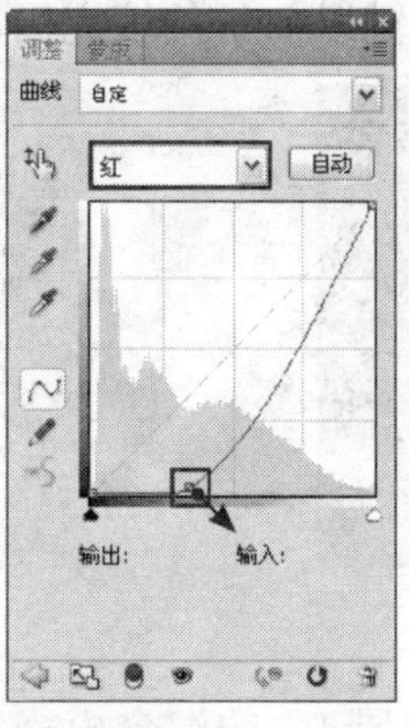

图 8.13　“红”面板

图 8.14　调整“红”通道后的效果

3．在“曲线”面板中继续选择“绿”、“蓝”、“RGB”通道，如图 8.15～图 8.17 所示，得到如图 8.18 所示的最终效果。“图层”面板如图 8.19 所示。

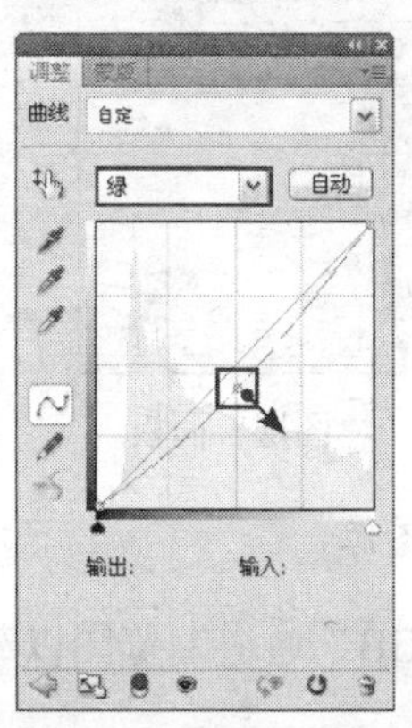

图 8.15　“绿”面板

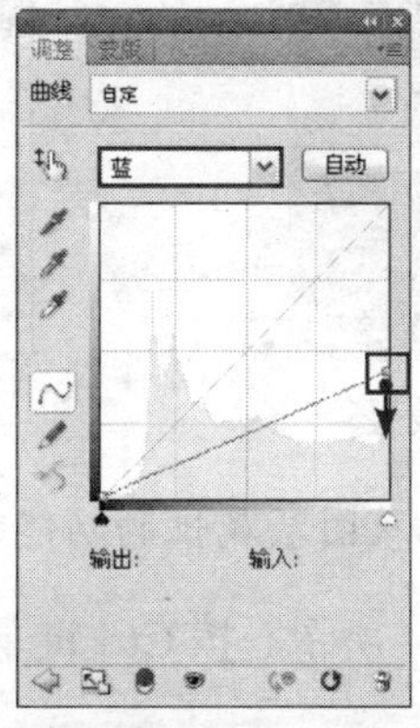

图 8.16　“蓝”面板

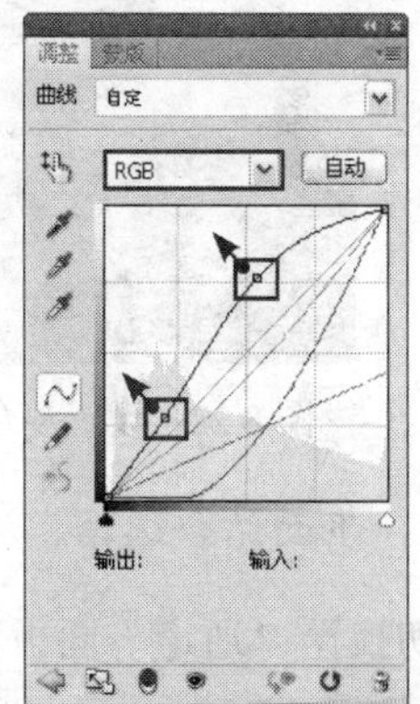

图 8.17　“RGB”面板

图 8.18　最终效果

图 8.19　“图层”面板

8.4 打造冷艳风格特效

本例主要讲解如何打造冷艳风格效果。在制作的过程中，主要结合了填充、图层属性、转换模式以及调整图层等功能。

1．打开本书配套素材提供的“第 8 章\8.4-素材.jpg”，将看到整个图片如图 8.20 所示。

提示： 下面结合填充颜色以及混合模式的功能，改变图像的色调。

2．在“图层”面板底部单击“创建新图层”按钮 ，得到“图层 1”。在工具箱中设置前景色为 38729a，按 Alt+Delete 组合键以前景色填充当前图层，得到的效果如图 8.21 所示。

图 8.20 素材图像

图 8.21 填充颜色后的效果

3．在“图层”面板顶部设置“图层 1”的混合模式为“叠加”，以混合图像，得到的效果如图 8.22 所示。此时“图层”面板如图 8.23 所示。

图 8.22 设置混合模式后的效果

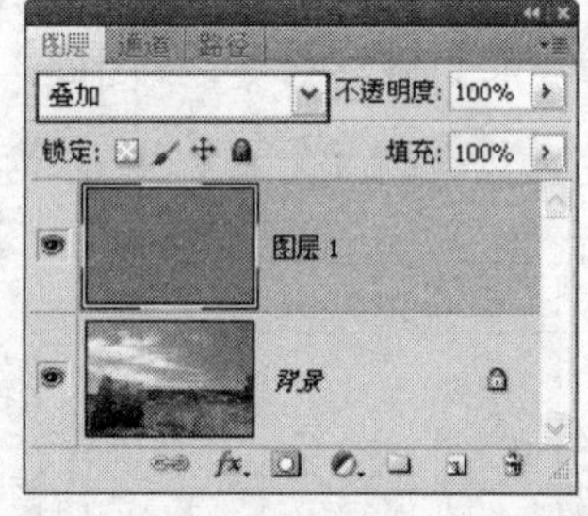

图 8.23 “图层”面板

提示： 下面结合选区、填充颜色以及图层属性的功能，提亮图像。

4．切换至“通道”面板，如图 8.24 所示。按 Ctrl 键单击“RGB”通道缩览图以载入高光的选区，如图 8.25 所示。

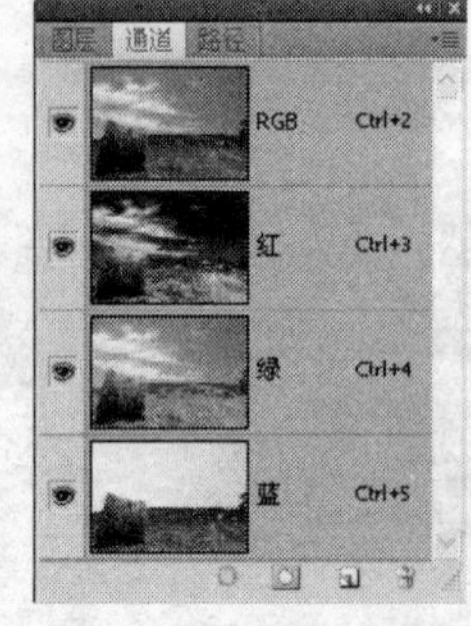

图 8.24 “通道”面板

图 8.25 载入选区

5．保持选区，切换回“图层”面板，在“图层”面板底部单击“创建新图层”按钮，得到“图层 2”。在工具箱中设置前景色为 e9e4e4，按 Alt+Delete 键以前景色填充选区，按 Ctrl+D 组合键取消选区，得到的效果如图 8.26 所示。

6．在“图层”面板顶部设置“图层 2”的混合模式为“柔光”，不透明度为 60%，以混合图像，此时“图层”面板如图 8.27 所示。

图 8.26 填充颜色后的效果

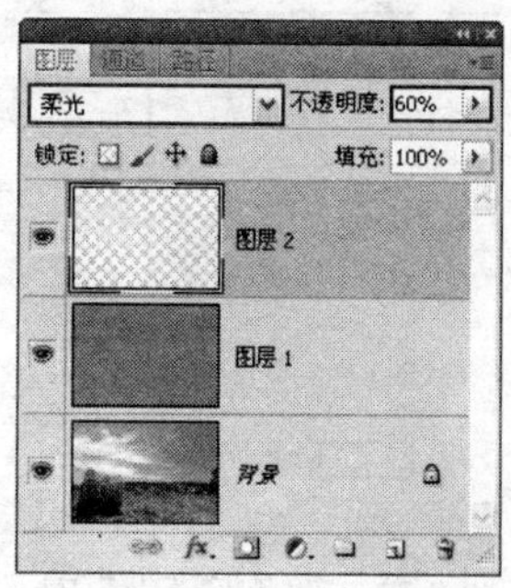

图 8.27 “图层”面板

提示：下面结合转换模式、应用图像以及图层属性等功能，加强冷艳风格效果。

7．按 Ctrl+Alt+Shift+E 组合键执行“盖印”操作，从而将当前所有可见的图像合并至一个新图层中，得到“图层 3”。选择“图像”|“模式”|“Lab 颜色”命令，在弹出的提示框中单击“不拼合”按钮，如图 8.28 所示。

8．选择“图像”|“应用图像”命令，设置弹出的对话框如图 8.29 所示，单击“确定”按钮退出对话框，得到的效果如图 8.30 所示。

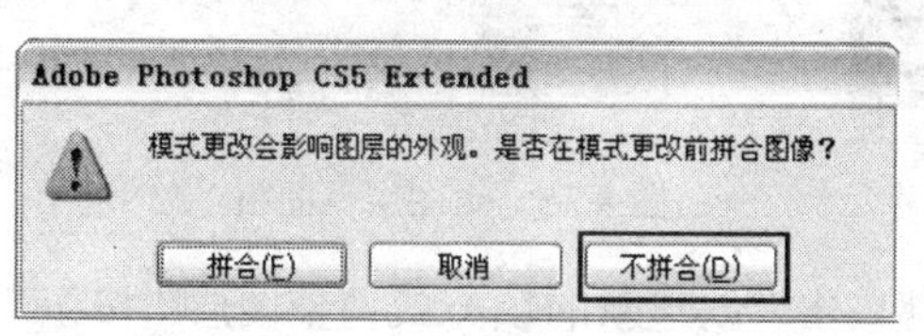

图 8.28 提示框

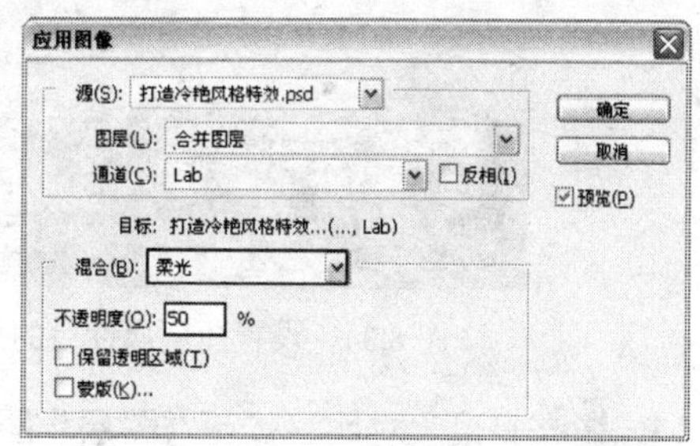

图 8.29 “应用图像”对话框

9．在“图层”面板顶部设置“图层 3”的不透明度为 70%，以降低图像的透明度，此时“图层”面板如图 8.31 所示。

图 8.30 应用“应用图像”命令后的效果

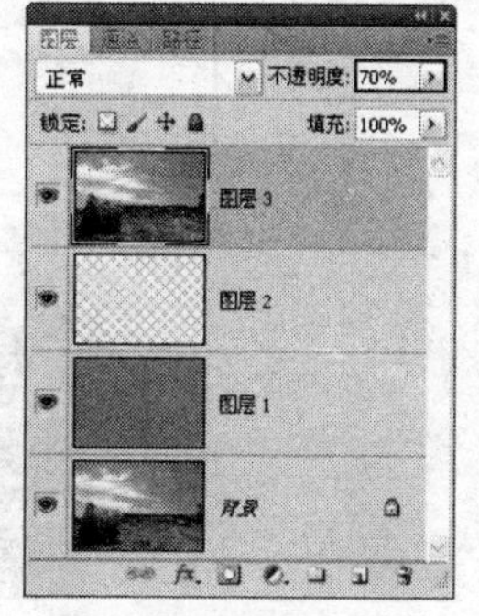

图 8.31 “图层”面板

10．选择“图像”|“模式”|“RGB 颜色”命令，在弹出的提示框中单击“不拼合”按钮。将“图层 3”拖至“图层”面板底部“创建新图层”按钮上，得到“图层 3 副本”。

11．选择“滤镜”|“模糊”|“高斯模糊”命令，在弹出的对话框中设置“半径”数值为 10，如图 8.32 所示，单击“确定”按钮退出对话框，得到如图 8.33 所示的效果。

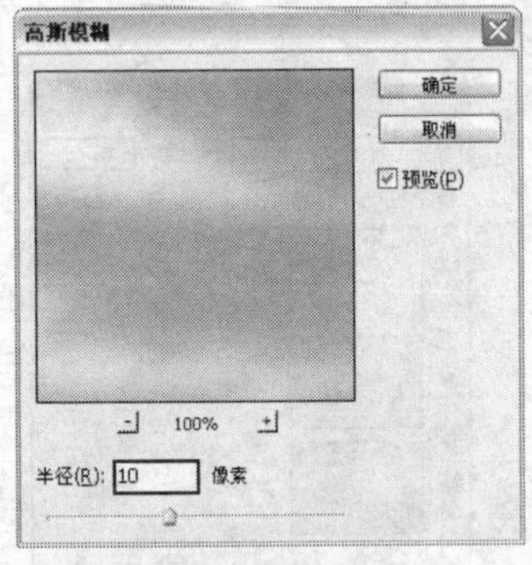

图 8.32 “高斯模糊”对话框

图 8.33 应用“高斯模糊”命令后的效果

12．在“图层”面板顶部设置“图层 3 副本”的混合模式为“柔光”，不透明度为 60%，以混合图像，得到的效果如图 8.34 所示。此时“图层”面板如图 8.35 所示。

图 8.34 设置图层属性后的效果

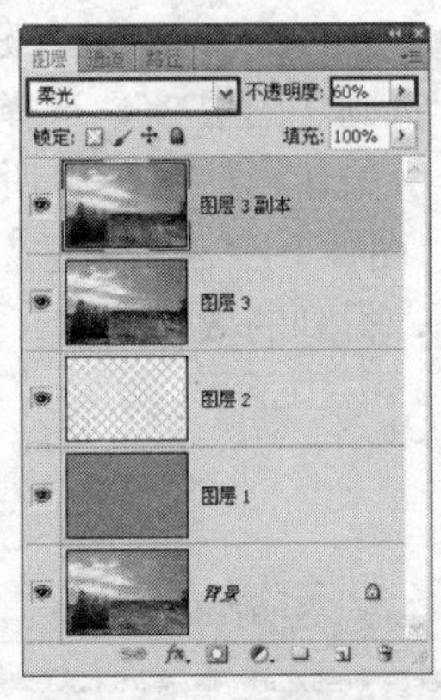

图 8.35 “图层”面板

13．调整亮度、对比度。在“图层”面板底部单击“创建新的填充或调整图层”按钮，在弹出的菜单中选择“亮度/对比度”命令，得到“亮度/对比度 1”图层，设置弹出的面板如图 8.36 所示，得到如图 8.37 所示的效果。此时“图层”面板如图 8.38 所示。

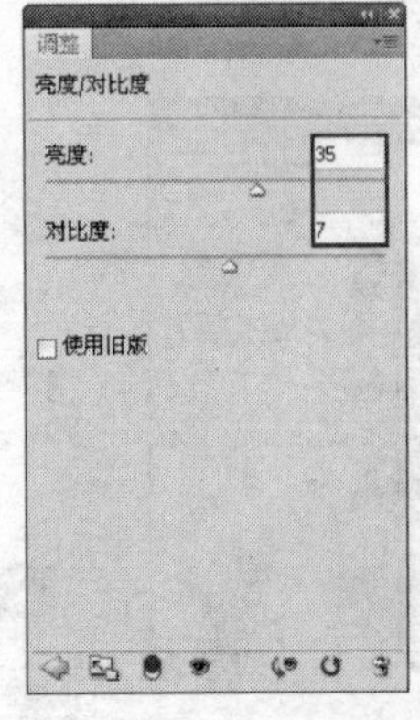

图 8.36 “亮度/对比度”面板

图 8.37 应用“亮度/对比度”命令后的效果

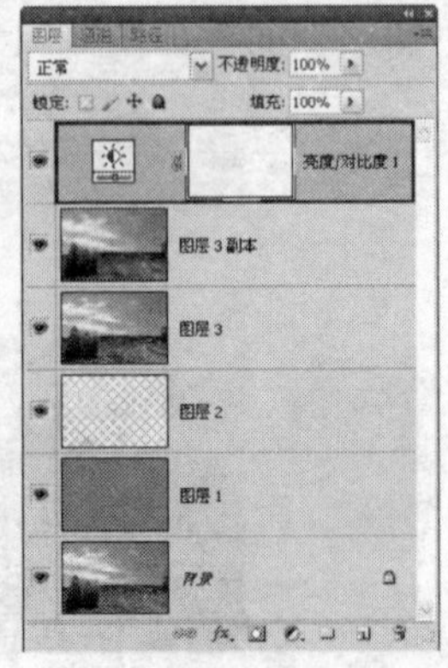

图 8.38 “图层”面板

14．隐藏变异色彩。选择“背景”图层，将其拖至“图层”面板底部“创建新图层”按钮上，得到“背景 副本”图层。将得到的副本图层拖至所有图层上方，设置其混合模式为“色相”，不透明度为 40%，得到的最终效果如图 8.39 所示。“图层”面板如图 8.40 所示。

图 8.39　最终效果

图 8.40　“图层”面板

8.5　调出淡雅的色彩

本例主要讲解如何调出淡雅的色彩。在制作的过程中，主要结合了填充图层、调整图层以及锐化等功能。

1．打开本书配套素材提供的“第 8 章\8.5-素材.JPG”，将看到整个图片如图 8.41 所示。

2．降低亮度。在“图层”面板底部单击“创建新的填充或调整图层”按钮，在弹出的菜单中选择“曲线”命令，得到“曲线 1”图层，设置弹出的面板如图 8.42 所示，得到如图 8.43 所示的效果。“图层”面板如图 8.44 所示。

图 8.41　素材图像

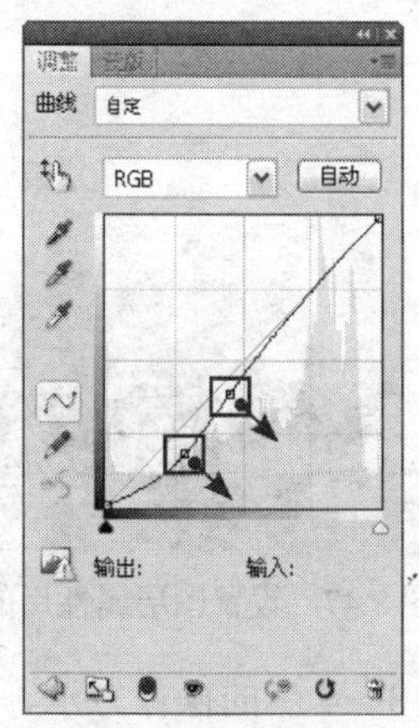

图 8.42　“曲线”面板

提示：下面结合填充图层以及图层属性的功能，对图像进行调色处理。

3．在“图层”面板底部单击“创建新的填充或调整图层”按钮，在弹出的菜单中选择“纯色”命令，然后在弹出的“拾取实色”对话框中设置其颜色值为 053e57，如图 8.45 所示，单击“确定”按钮退出对话框，得到如图 8.46 所示的效果。同时得到“颜色填充 1”图层。

图 8.43　应用“曲线”命令后的效果

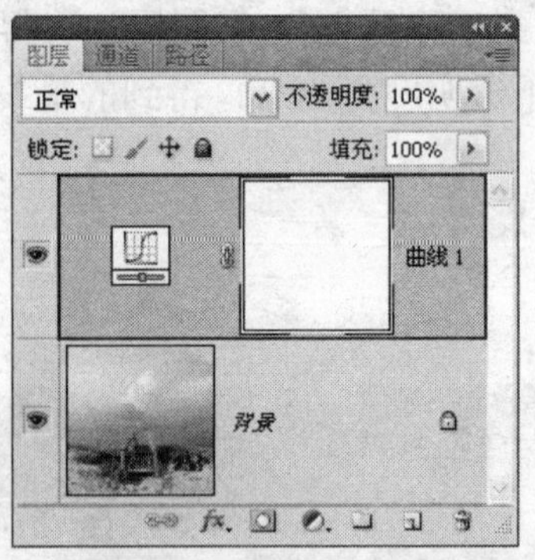

图 8.44　“图层”面板

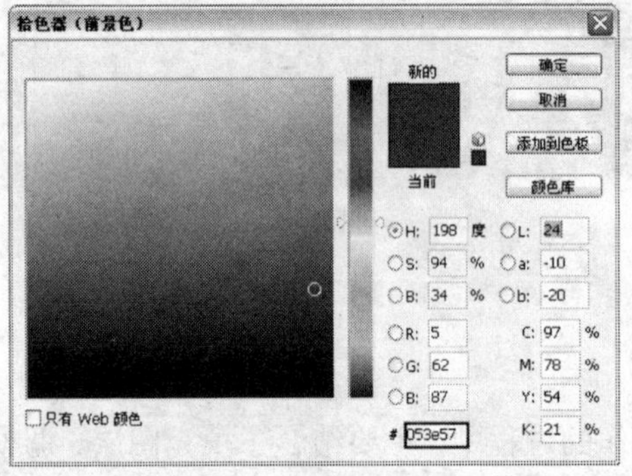

图 8.45　“拾取实色”对话框

图 8.46　应用“纯色”命令后的效果

4．在“图层”面板顶部设置“颜色填充 1”的混合模式为“颜色”，不透明度为 40%，以混合图像，得到的效果如图 8.47 所示。此时“图层”面板如图 8.48 所示。

图 8.47　设置图层属性后的效果

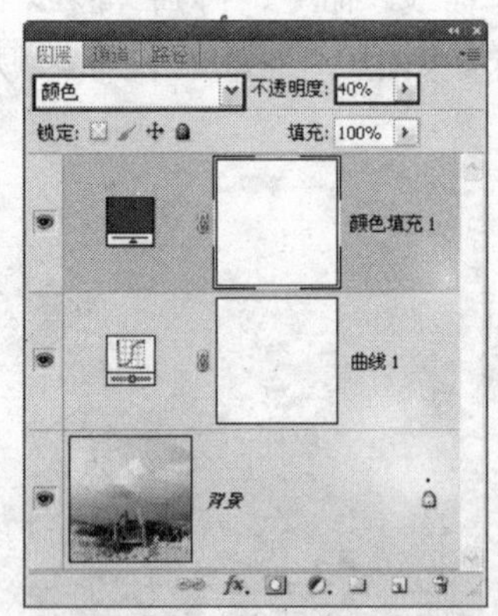

图 8.48　“图层”面板

5．按照第 3～4 步的操作方法，应用“纯色”命令，设置“拾取实色”对话框中的颜色值为 a0b4ff，同时得到“颜色填充 2”，并设置此图层的混合模式为“颜色”，不透明度为 30%，得到的效果如图 8.49 所示。此时“图层”面板如图 8.50 所示。

6．调整亮度。在“图层”面板底部单击“创建新的填充或调整图层”按钮，在弹出的菜单中选择“色阶”命令，得到“色阶 1”图层，设置弹出的面板如图 8.51 所示，得到如图 8.52 所示的效果。

图 8.49　调色后的效果

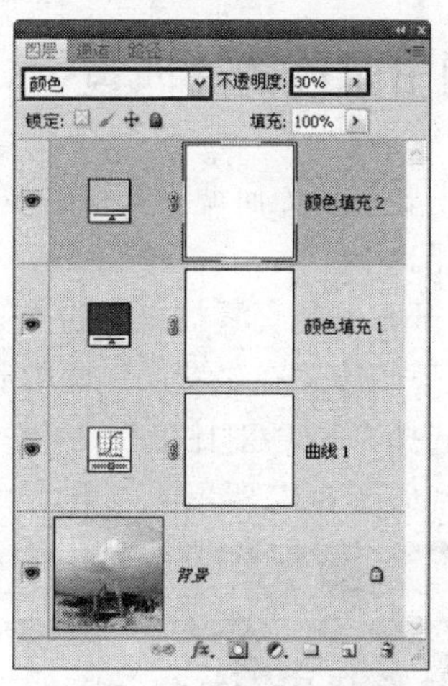

图 8.50　“图层”面板

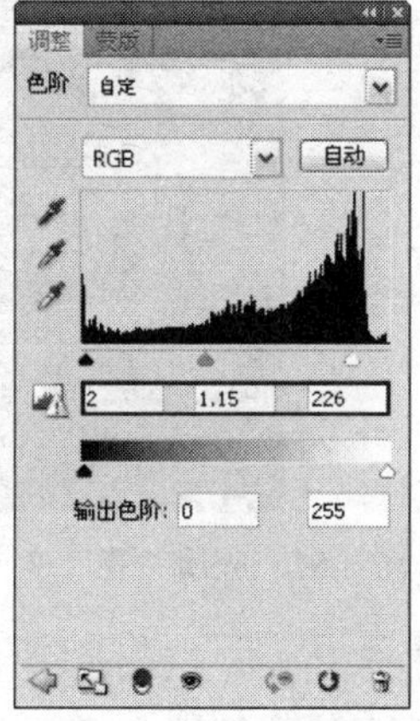

图 8.51　“色阶”面板

图 8.52　应用“色阶”命令后的效果

7．锐化图像。按 Ctrl+Alt+Shift+E 组合键执行“盖印”操作，从而将当前所有可见的图像合并至一个新图层中，得到“图层 1”。选择“滤镜”|“锐化”|“锐化”命令，得到如图 8.53 所示的最终效果。“图层”面板如图 8.54 所示。

图 8.53　最终效果

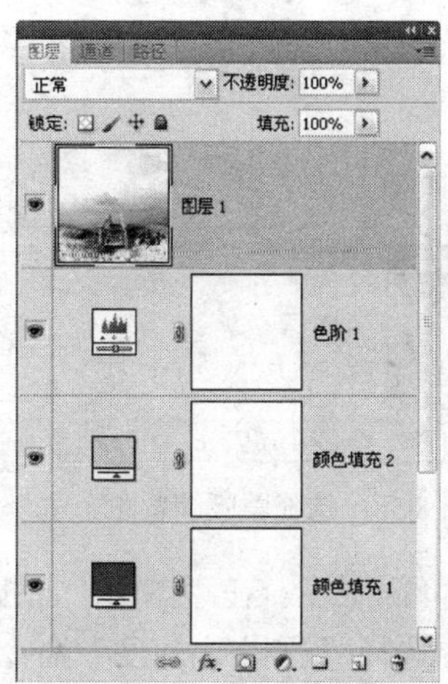

图 8.54　“图层”面板

8.6 调出沉稳的波西色

本例主要讲解如何调出沉稳的波西色调。在制作的过程中，主要结合了调整图层以及编辑蒙版等功能。

1．打开本书配套素材提供的“第 8 章\8.6-素材 1.JPG”，将看到整个图片如图 8.55 所示。

2．调整暗度。在“图层”面板底部单击“创建新的填充或调整图层”按钮 ，在弹出的菜单中选择“亮度/对比度”命令，得到“亮度/对比度 1”图层，设置弹出的面板如图 8.56 所示，得到如图 8.57 所示的效果。

图 8.55 素材图像

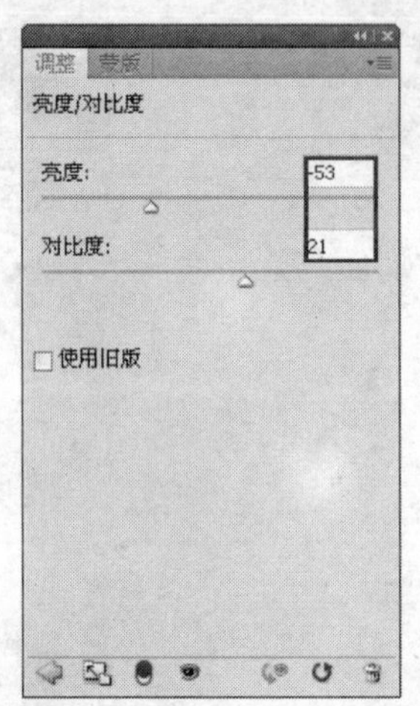

图 8.56 “亮度/对比度”面板

图 8.57 应用“亮度/对比度”命令后的效果

3．选中“亮度/对比度 1”图层蒙版缩览图，如图 8.58 所示。在工具箱中设置前景色为黑色，选择“画笔工具” ，并在其工具选项条中设置适当的画笔大小及不透明度，在蒙版中进行涂抹，以将边缘及中间的图像的暗调隐藏，得到的效果如图 8.59 所示，此时蒙版中的状态如图 8.60 所示。

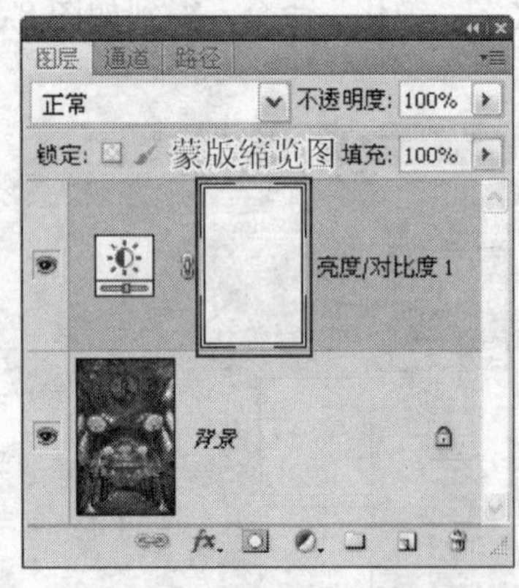

图 8.58 选择蒙版缩览图

图 8.59 编辑蒙版后的效果

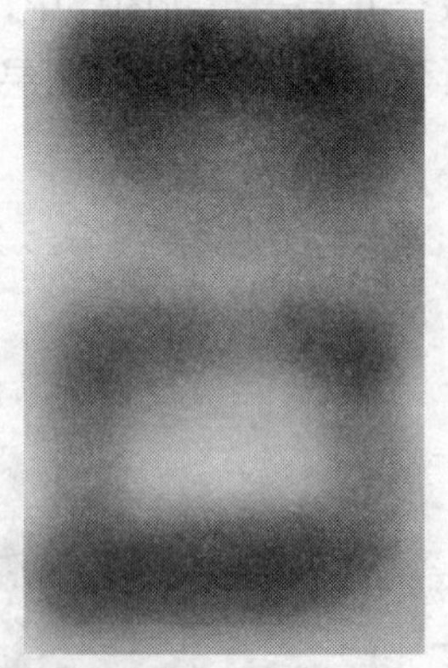

图 8.60 蒙版中的状态

4．降低明度。在“图层”面板底部单击“创建新的填充或调整图层”按钮 ，在弹出的菜单中选择“色相/饱和度”命令，得到“色相/饱和度 1”图层，设置弹出的面板如图 8.61 所示，得到如图 8.62 所示的效果。

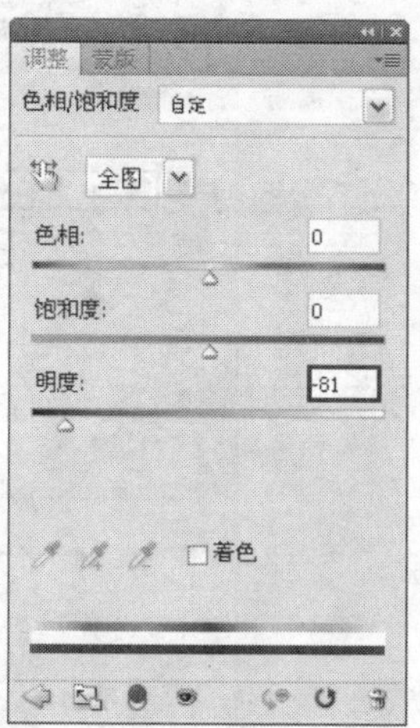

图 8.61　“色相/饱和度”面板

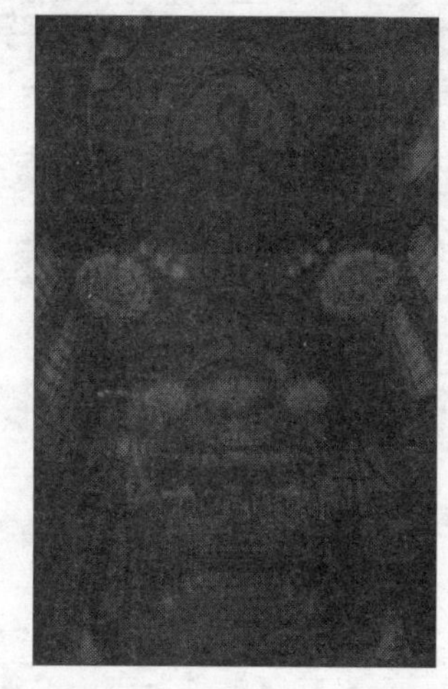

图 8.62　应用“色相/饱和度”命令后的效果

5．按照第 3 步的操作方法编辑“色相/饱和度 1”图层蒙版，应用“画笔工具”在蒙版中进行涂抹，以将上方的暗调隐藏，得到的效果如图 8.63 所示。此时蒙版中的状态如图 8.64 所示。“图层”面板如图 8.65 所示。

图 8.63　编辑蒙版后的效果

图 8.64　蒙版中的状态

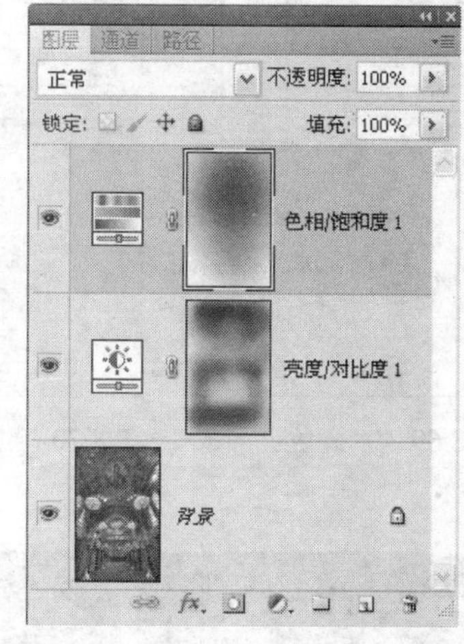

图 8.65　“图层”面板

6．调整颜色。在“图层”面板底部单击“创建新的填充或调整图层”按钮，在弹出的菜单中选择“可选颜色”命令，得到“选取颜色 1”图层，设置弹出的面板如图 8.66～图 8.71 所示，得到如图 8.72 所示的效果。

7．将“选取颜色 1”图层拖至“图层”面板底部“创建新图层”按钮上得到“选取颜色 1 副本”图层，以加暗图像，得到的效果如图 8.73 所示。

8．按照第 3 步的操作方法编辑“选取颜色 1 副本”图层蒙版，应用“画笔工具”在蒙版中进行涂抹，以将上方的暗调隐藏，得到的效果如图 8.74 所示。此时蒙版中的状态如图 8.75 所示。“图层”面板如图 8.76 所示。

9．调整色调。在“图层”面板底部单击“创建新的填充或调整图层”按钮，在弹出的菜单中选择“照片滤镜”命令，得到“照片滤镜 1”图层，设置弹出的面板如图 8.77 所示，得到如图 8.78 所示的效果。

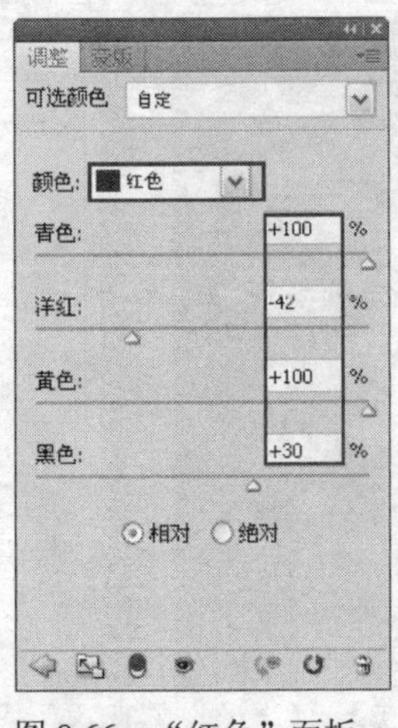

图 8.66 “红色”面板

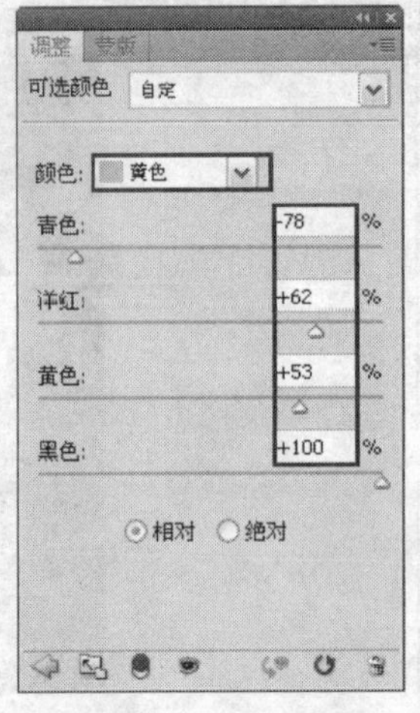

图 8.67 “黄色”面板

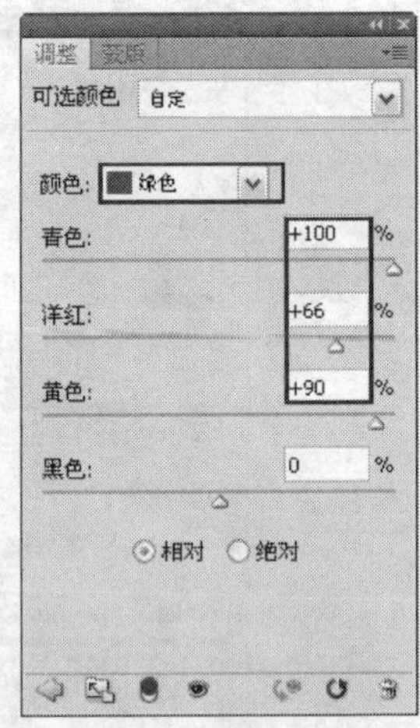

图 8.68 “绿色”面板

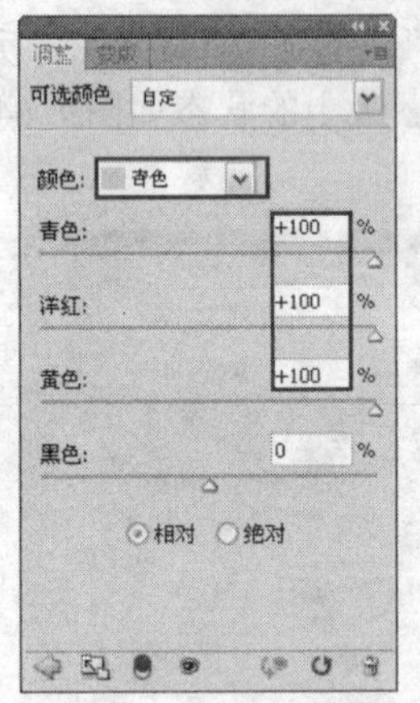

图 8.69 “蓝色”面板

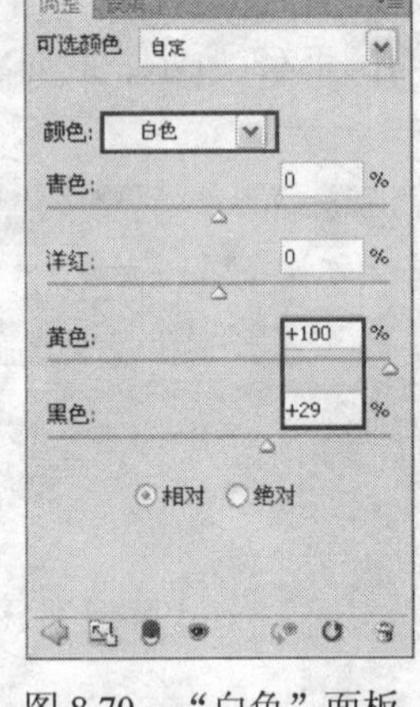

图 8.70 “白色”面板

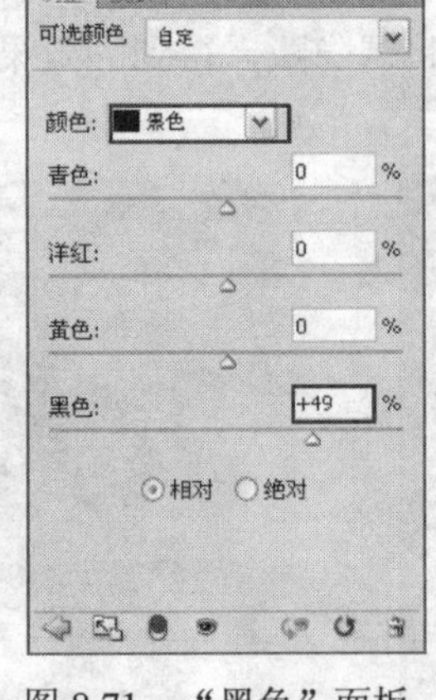

图 8.71 “黑色”面板

图 8.72 应用“可选颜色”命令后的效果

图 8.73 复制图层后的效果

图 8.74 编辑蒙版后的效果

图 8.75 蒙版中的状态

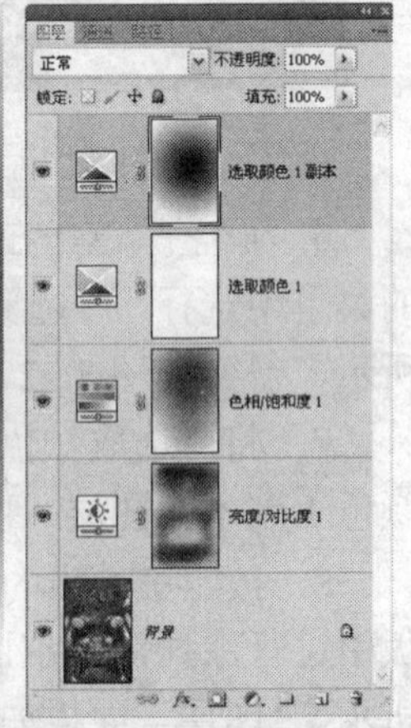

图 8.76 “图层”面板

10．调整亮度、对比度。在“图层”面板底部单击“创建新的填充或调整图层”按钮，在弹出的菜单中选择“亮度/对比度”命令，得到“亮度/对比度 2”图层，设置弹出的面板如图 8.79 所示，得到如图 8.80 所示的效果。“图层”面板如图 8.81 所示。

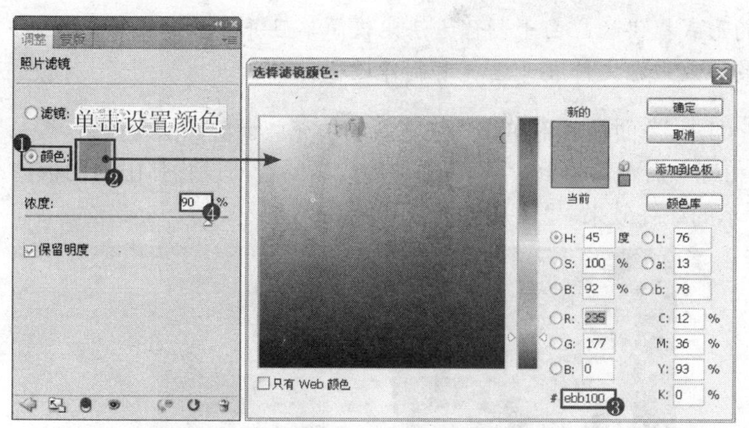

图 8.77　“照片滤镜”面板

图 8.78　应用“照片滤镜”后的效果

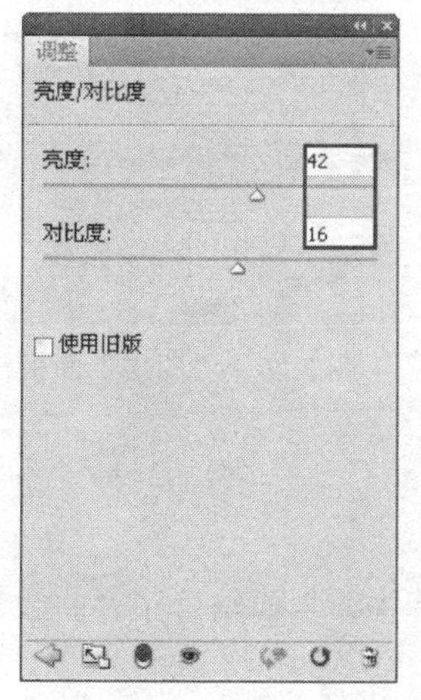

图 8.79　“亮度/对比度”面板

图 8.80　应用“亮度/对比度”命令后的效果

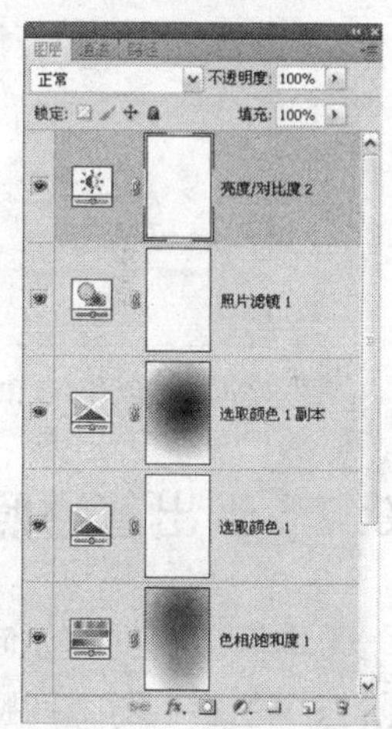

图 8.81　“图层”面板

11．制作文字。打开本书配套素材提供的“第 8 章\8.6-素材 2.psd”，使用“移动工具”将其拖至上一步制作的文件中，并置于画布的右下方，如图 8.82 所示。同时得到组“文字”。“图层”面板如图 8.83 所示。

图 8.82　拖入文字

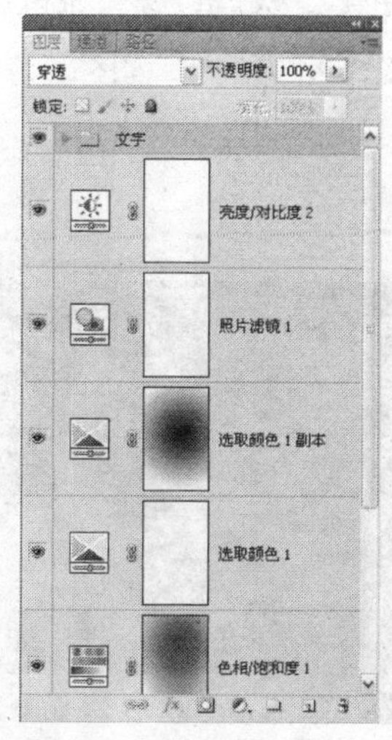

图 8.83　“图层”面板

提示：本步的素材是以组的形式提供的，由于制作方法比较简单且并非本例讲解的重点，故没有一一赘述。请读者打开最终效果源文件展开组观看制作过程。

12．调整整体的饱和度。在“图层”面板底部单击“创建新的填充或调整图层”按钮，在弹出的菜单中选择“色相/饱和度”命令，得到“色相/饱和度 2”图层，设置弹出的面板如图 8.84 所示，得到如图 8.85 所示的最终效果。“图层”面板如图 8.86 所示。

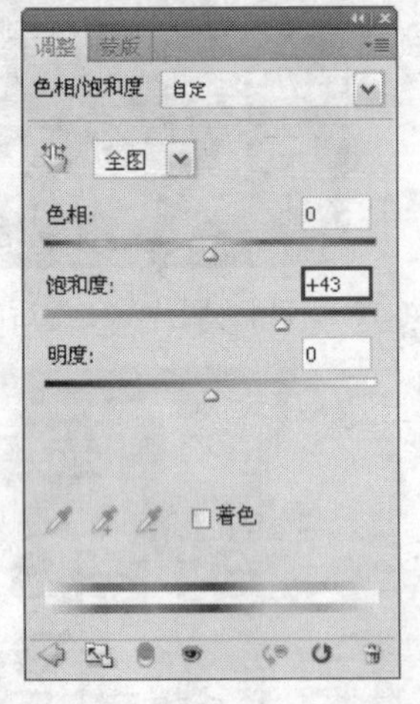

图 8.84 “色相/饱和度”面板

图 8.85 最终效果

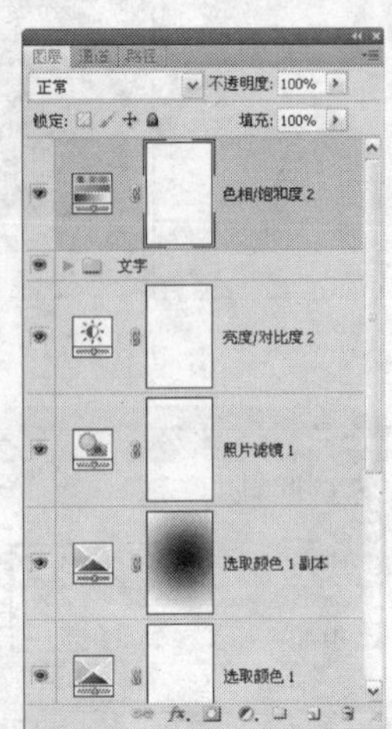

图 8.86 “图层”面板

8.7 调出普通照片的沉寂色调

本例主要讲解如何调出普通照片的沉寂色调。在制作的过程中，主要结合了“曲线”、“色阶”、“色彩平衡”调整图层以及图层属性等功能。

1．打开本书配套素材提供的“第 8 章\8.7-素材.jpg”，将看到整个图片如图 8.87 所示。

提示：下面结合选区及“曲线”调整图层提亮人物的皮肤。

2．选择“选择”|“色彩范围”命令，在弹出的对话框中使用“吸管工具”在人物的上衣处单击，然后设置“颜色容差”的数值，如图 8.88 所示。单击“确定”按钮退出对话框，得到如图 8.89 所示的选区。

图 8.87 素材图像

图 8.88 “色彩范围”对话框

3．保持选区，在“图层”面板底部单击“创建新的填充或调整图层”按钮 ，在弹出的菜单中选择“曲线”命令，得到“曲线 1”图层，设置弹出的面板如图 8.90 所示，得到如图 8.91 所示的效果。“图层”面板如图 8.92 所示。

图 8.89　应用“色彩范围”命令后的效果

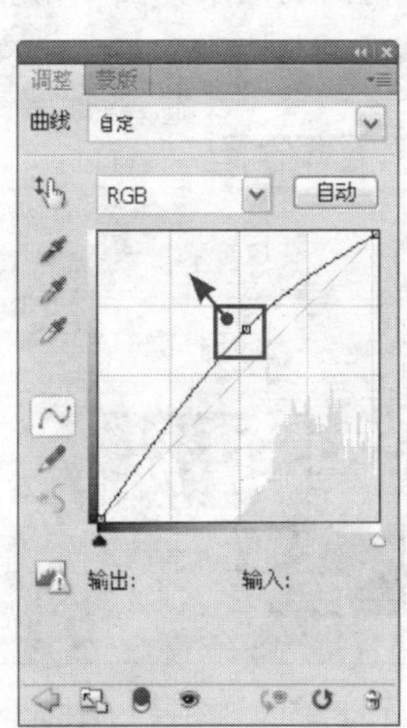

图 8.90　“曲线”面板

图 8.91　应用“曲线”命令后的效果

图 8.92　“图层”面板

提示：下面结合填充及图层属性等功能进行调色处理。

4．在“图层”面板底部单击“创建新图层”按钮 得到“图层 1”，在工具箱中设置前景色为 f5e1b8，按 Alt+Delete 组合键以前景色填充当前图层，在“图层”面板顶部设置“图层 1”的混合模式为“颜色加深”，以混合图像，得到的效果如图 8.93 所示。

5．按照上一步的操作方法，新建“图层 2”，设置前景色为 bfe4f5 进行填充，并设置当前图层的混合模式为“颜色加深”，得到的效果如图 8.94 所示。“图层”面板如图 8.95 所示。

图 8.93　设置混合模式后的效果

图 8.94　加深图像后的效果

6．选择“图层 1”，并将其拖至在“图层”面板底部“创建新图层”按钮 上得到“图层 1 副本”，将副本图层拖至“图层 2”上方，并更改当前图层的混合模式为“正片叠底”，以混合图像，得到的效果如图 8.96 所示。

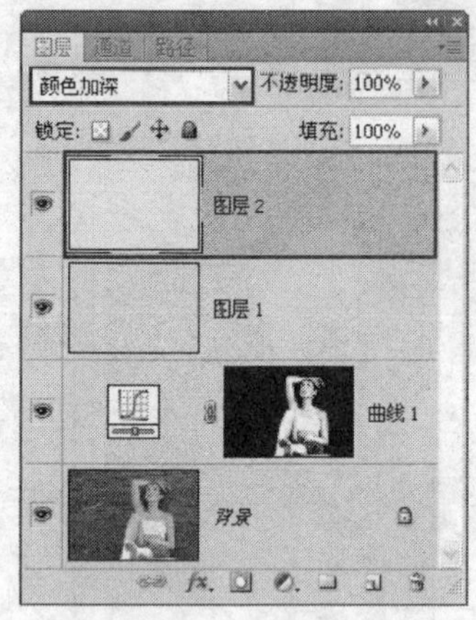

图 8.95 “图层”面板

图 8.96 复制及更改混合模式后的效果

提示：下面利用调整图层的功能调整整体的亮度及色彩。

7．在“图层”面板底部单击“创建新的填充或调整图层”按钮 ，在弹出的菜单中选择“色阶”命令，得到“色阶 1”图层，设置弹出的面板如图 8.97 所示，得到如图 8.98 所示的效果。

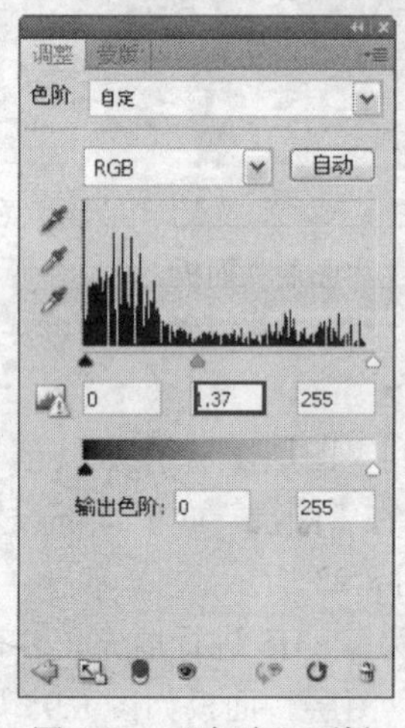

图 8.97 “色阶”面板

图 8.98 应用“色阶”命令后的效果

8．在“图层”面板底部单击“创建新的填充或调整图层”按钮 ，在弹出的菜单中选择“色彩平衡”命令，得到“色彩平衡 1”图层，设置弹出的面板如图 8.99 和图 8.100 所示，得到如图 8.101 所示的效果。“图层”面板如图 8.102 所示。

提示：至此，沉寂的色调效果已调整完毕。下面制作文字效果。

9．在工具箱中选择“横排文字工具” ，设置前景色的颜色值为 fefefe，并在其工具选项条上设置适当的字体和字号，在画布的左上方单击以插入文字光标并输入文字，如图 8.103 所示。并得到相应的文字图层“忆”。

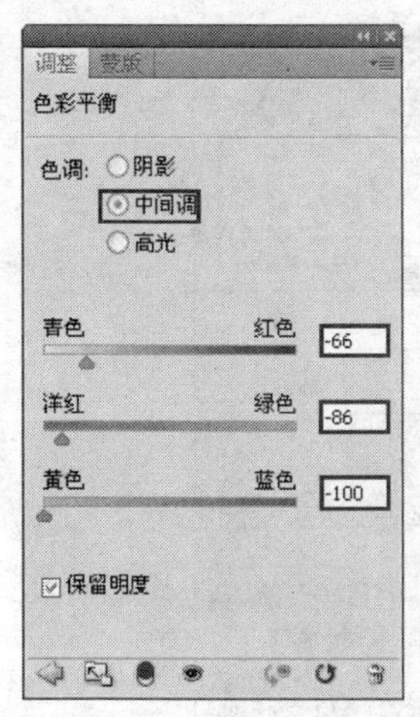

图 8.99　“中间调”面板

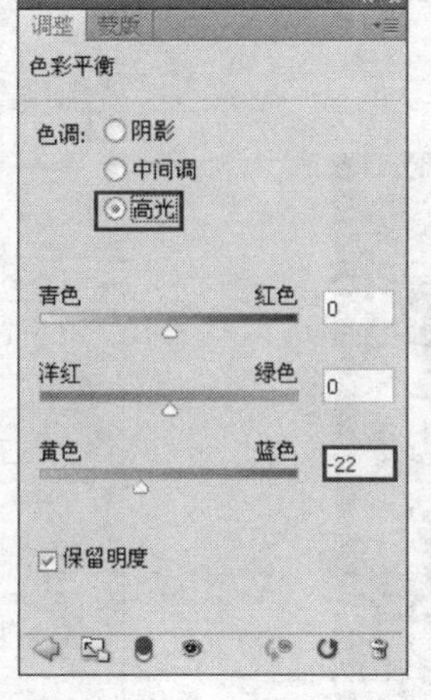

图 9.100　“高光”面板

图 8.101　应用“色彩平衡”命令后的效果

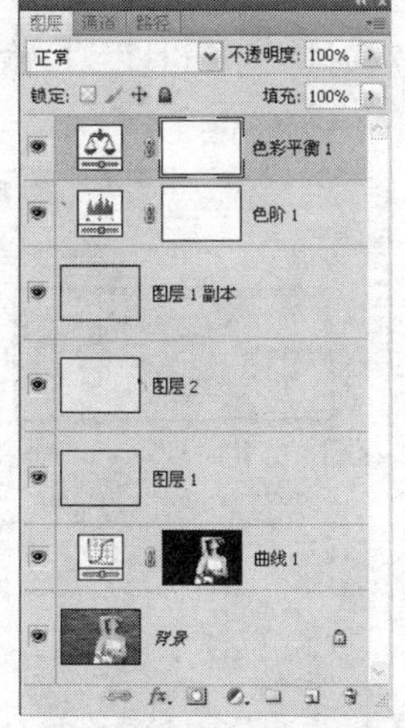

图 8.102　“图层”面板

图 8.103　输入文字

10．制作投影及更改文字的颜色。在“图层”面板底部单击“添加图层样式”按钮 fx.，在弹出的菜单中选择“投影”命令，设置弹出的对话框如图 8.104 所示，然后继续在“图层样式”对话框中选择“颜色叠加”选项，设置其对话框如图 8.105 所示，单击“确定”按钮退出对话框，得到如图 8.106 所示的效果。“图层”面板如图 8.107 所示。

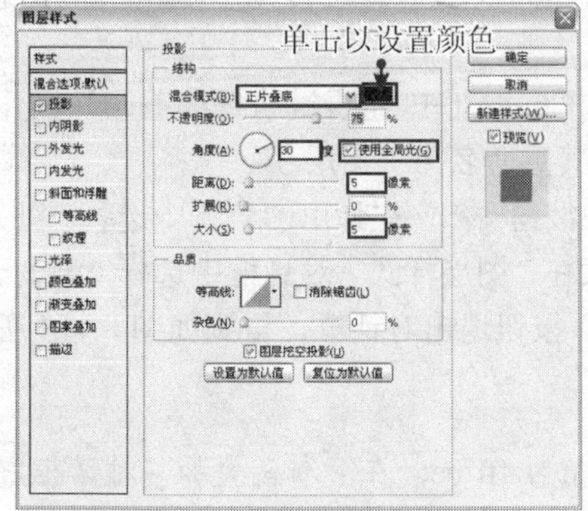

图 8.104　“投影”对话框

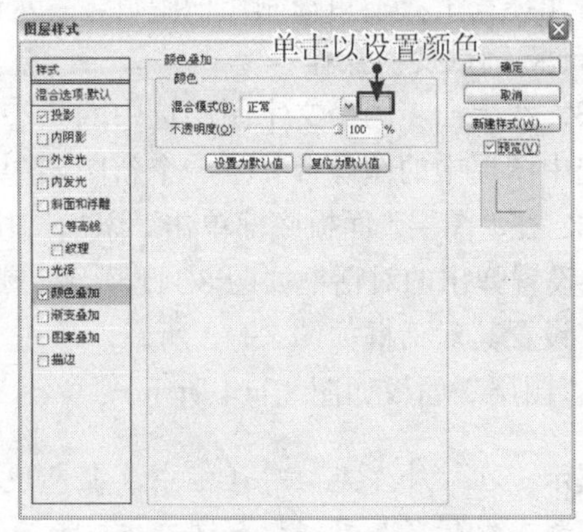

图 8.105　“颜色叠加”对话框

图 8.106 添加图层样式后的效果

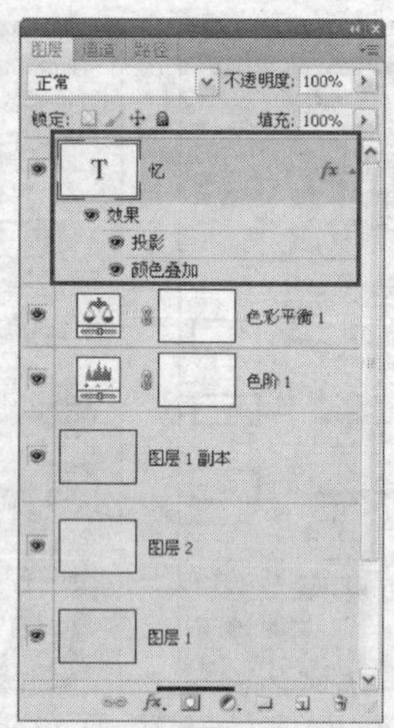

图 8.107 “图层”面板

11．保持前景色不变，按照第 9 步的操作方法，应用“横排文字工具” T.输入其他文字图像，如图 8.108 所示。“图层”面板如图 8.109 所示。

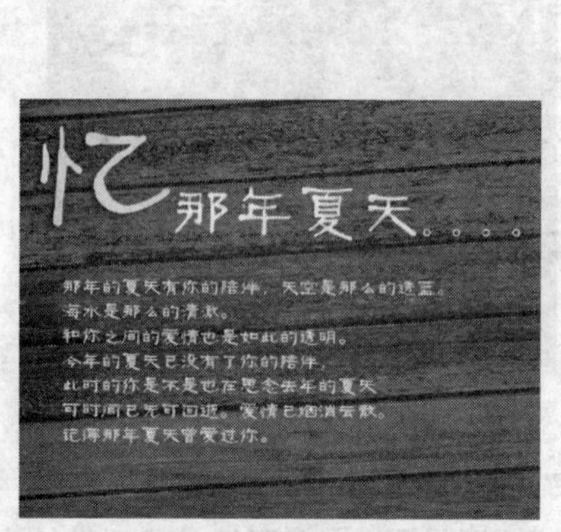

图 8.108 输入其他文字

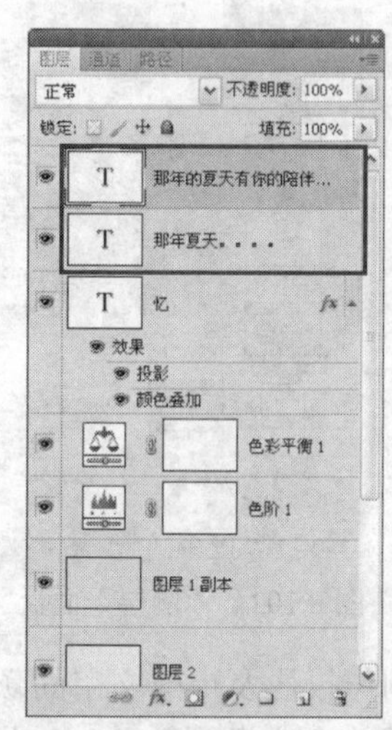

图 8.109 “图层”面板

12．按 Ctrl 键分别选择最上方的两个文字图层，按 Ctrl+T 组合键调出自由变换控制框，然后将光标置于右上角控制句柄附近，当光标呈↰状态时，逆时针旋转 4 度，如图 8.110 所示。按 Enter 键确认变换操作。

13．在上一步两个文字图层选中的状态下，按 Ctrl+Alt+E 组合键执行“盖印”操作，从而将选中图层中的图像合并至一个新图层中，并将其重命名为“图层 3”。

14．在“图层”面板底部单击“添加图层样式”按钮 fx.，在弹出的菜单中选择“外发光”命令，设置弹出的对话框如图 8.111 所示，然后继续在“图层样式”对话框中选择“渐变叠加”选项，设置其对话框如图 8.112 所示，单击“确定”按钮退出对话框，得到如图 8.113 所示的效果。“图层”面板如图 8.114 所示。

提示：在“外发光”对话框中，颜色块的颜色值为 ffffbe；在“渐变叠加”对话框中，设置的“渐变编辑器”对话框如图 8.115 所示，其中渐变类型为“从 ffffff 到 fdcd00”。

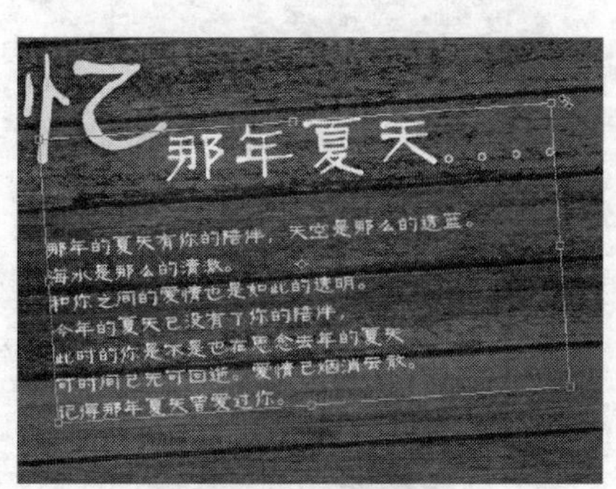

图 8.110　变换状态

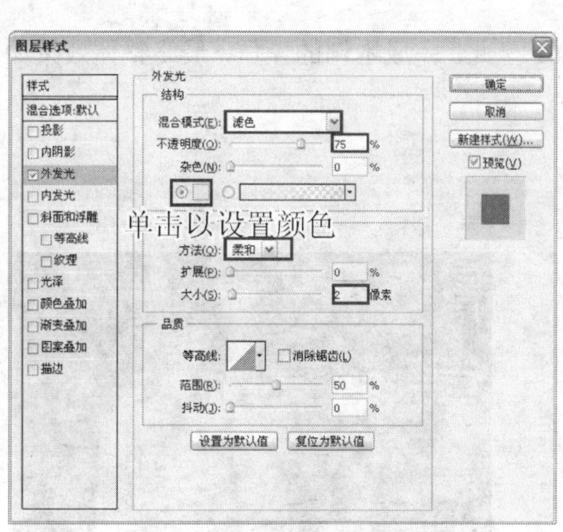

图 8.111　“外发光”对话框

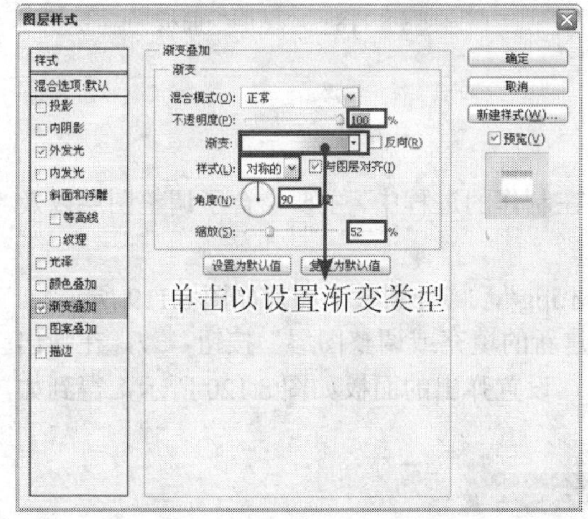

图 8.112　“渐变叠加”对话框

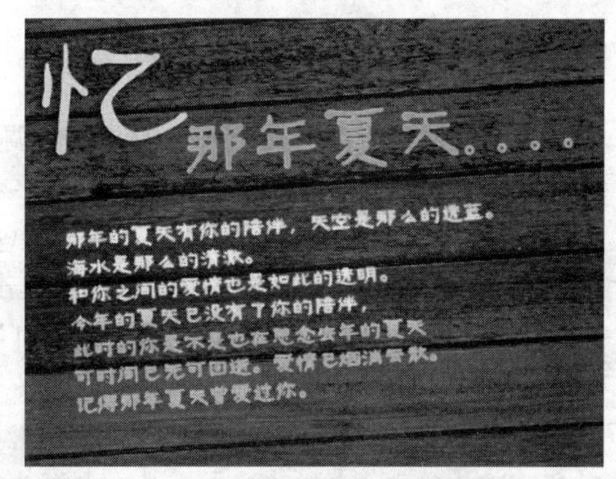

图 8.113　添加图层样式后的效果

15. 选中“图层 3”，按 Shift 键选择文字图层“忆”，以选中它们之间相连的图层，按 Ctrl+G 组合键将选中的图层编组，得到“组 1”。设置此组的混合模式为“点光”，得到的效果如图 8.116 所示。

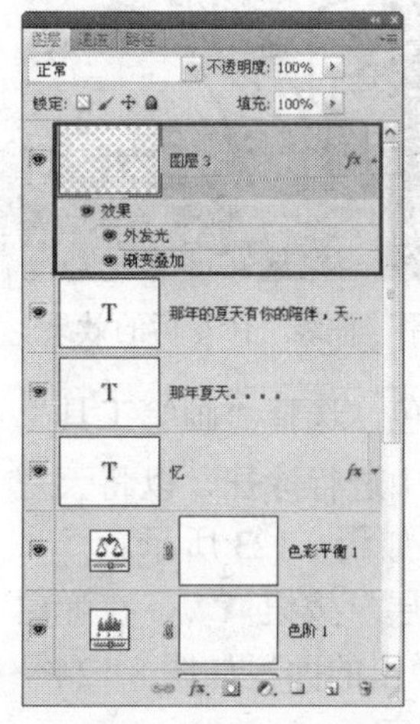

图 8.114　“图层”面板

图 8.115　“渐变编辑器”对话框

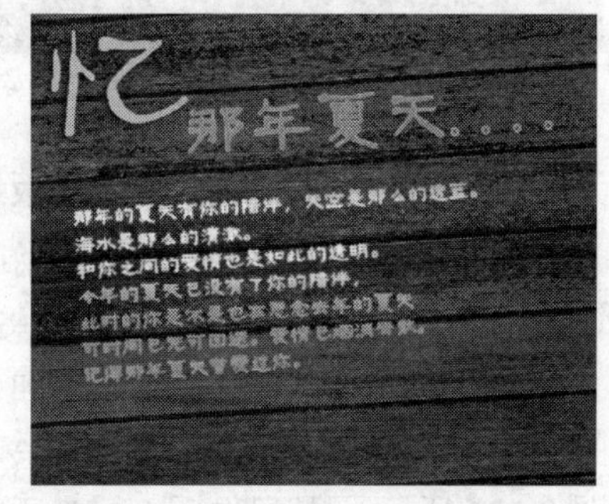

图 8.116　设置混合模式后的效果

16．至此，完成本例的操作，最终整体效果如图 8.117 所示。“图层”面板如图 8.118 所示。

图 8.117 最终效果

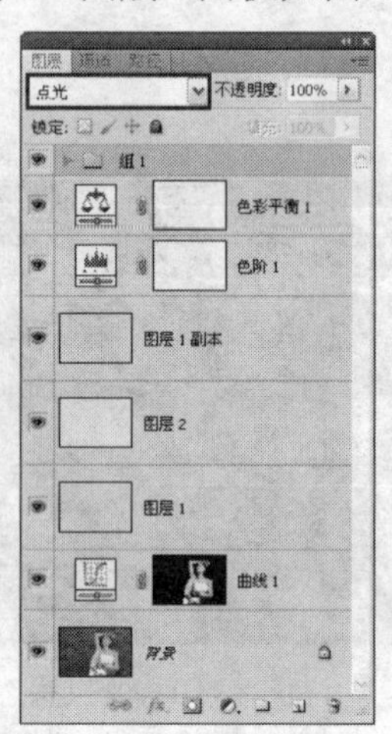

图 8.118 “图层”面板

8.8 调出人物的清凉色调

本例主要讲解如何调出人物的清凉色调效果。在制作的过程中，主要结合了调整图层以及编辑蒙版的功能。

1．打开本书配套素材提供的“第 8 章\8.8-素材.jpg”，将看到整个图片如图 8.119 所示。

2．提亮图像。在“图层”面板底部单击“创建新的填充或调整图层”按钮，在弹出的菜单中选择“曲线”命令，得到“曲线 1”图层，设置弹出的面板如图 8.120 所示，得到如图 8.121 所示的效果。

图 8.119 素材图像

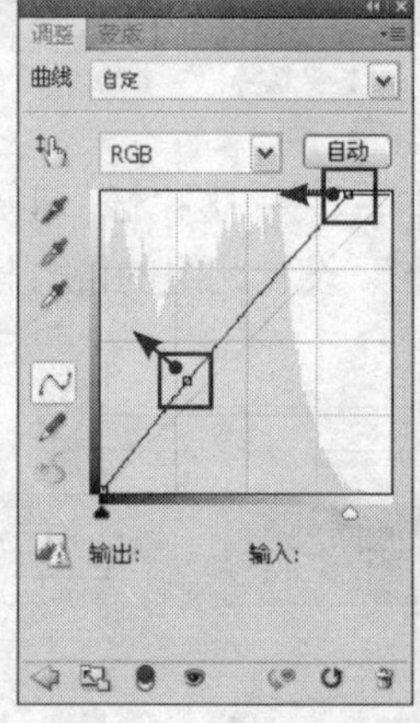

图 8.120 “曲线”面板

图 8.121 应用“曲线”命令后的效果

3．选中“曲线 1”图层蒙版缩览图，在工具箱中设置前景色为黑色，选择“画笔工具”，在其工具选项条中设置适当的画笔大小及不透明度，在图层蒙版中进行涂抹，以将天空过亮的区域隐藏，直至得到如图 8.122 所示的效果。此时蒙版中的状态如图 8.123 所示。

4．调整色彩。在“图层”面板底部单击“创建新的填充或调整图层”按钮，在弹出的菜单中选择“通道混合器”命令，得到“通道混合器 1”图层，设置弹出的面板如图 8.124～图 8.126 所示，得到如图 8.127 所示的效果。“图层”面板如图 8.128 所示。

图 8.122　编辑蒙版后的效果

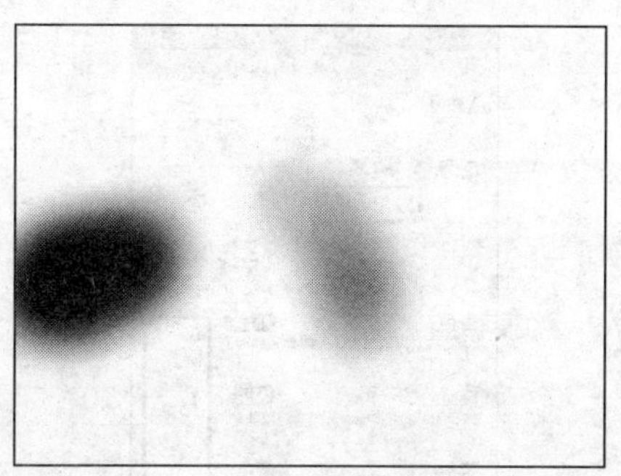
图 8.123　蒙版中的状态

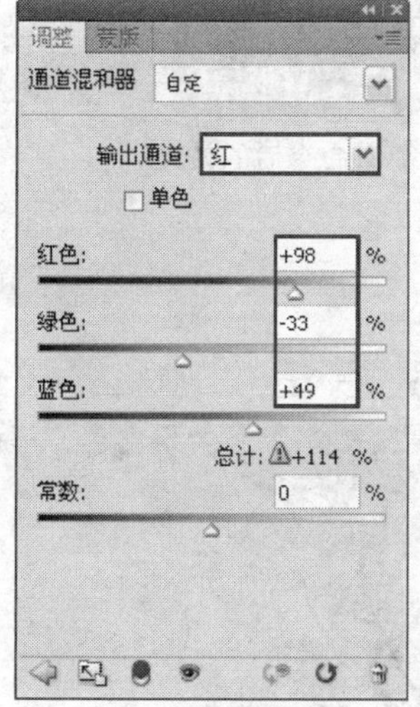

图 8.124　“红”面板

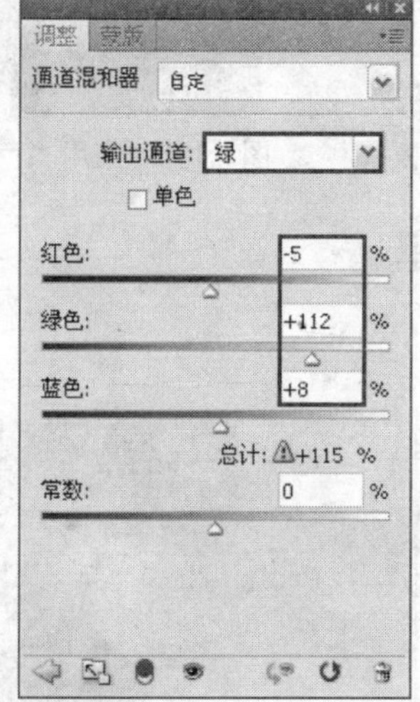

图 8.125　“绿”面板

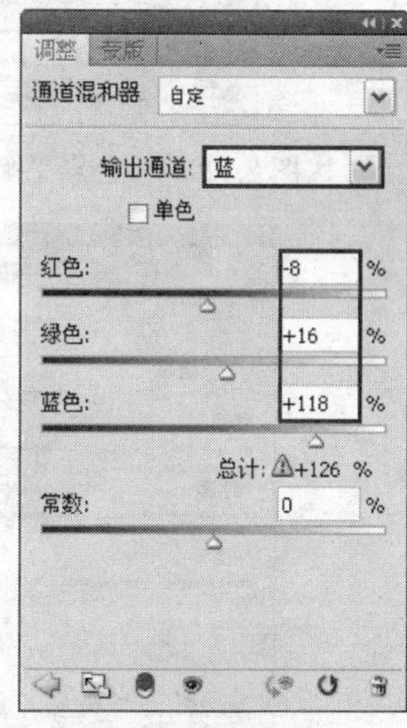

图 8.126　“蓝”面板

图 8.127　应用“通道混合器”命令后的效果

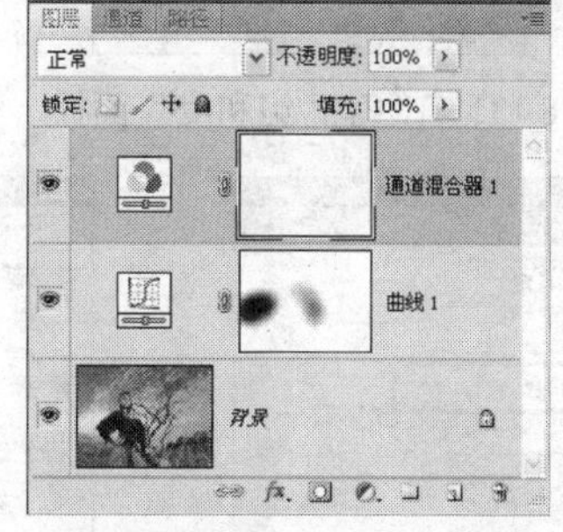

图 8.128　“图层”面板

5．调整中间调。在“图层”面板底部单击“创建新的填充或调整图层”按钮 ，在弹出的菜单中选择“色彩平衡”命令，得到“色彩平衡 1”图层，设置弹出的面板如图 8.129 所示，得到如图 8.130 所示的效果。

6．提高饱和度。在“图层”面板底部单击“创建新的填充或调整图层”按钮 ，在弹出的菜单中选择“色相/饱和度”命令，得到“色相/饱和度 1”图层，设置弹出的面板如图 8.131 所示，得到如图 8.132 所示的效果。

7．调整色彩。在“图层”面板底部单击“创建新的填充或调整图层”按钮 ，在弹出的菜单中选择“可选颜色”命令，得到“选取颜色 1”图层，设置弹出的面板如图 8.133～图 8.135 所示，得到如图 8.136 所示的最终效果。“图层”面板如图 8.137 所示。

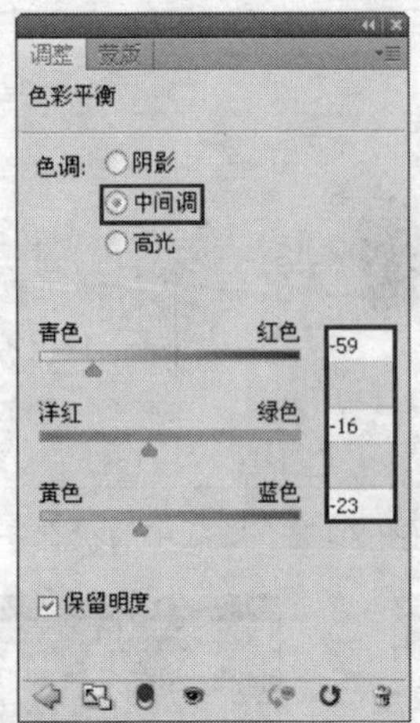

图 8.129 “色彩平衡”面板

图 8.130 应用“色彩平衡”命令后的效果

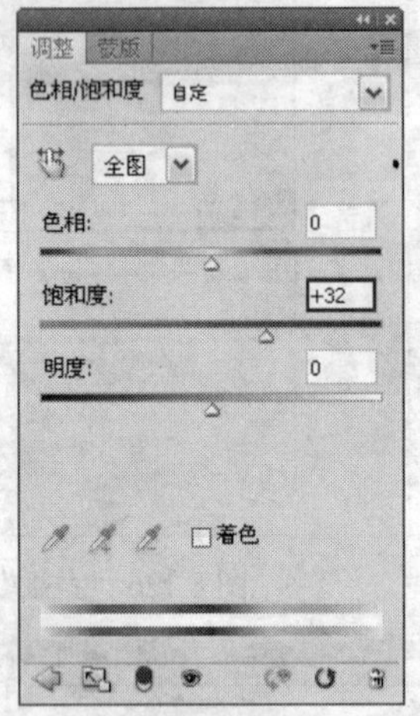

图 8.131 “色相/饱和度”面板

图 8.132 应用“色相/饱和度”命令后的效果

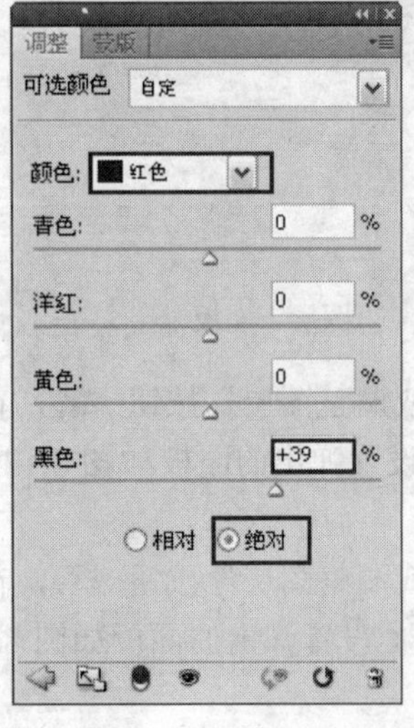

图 8.133 “红”面板

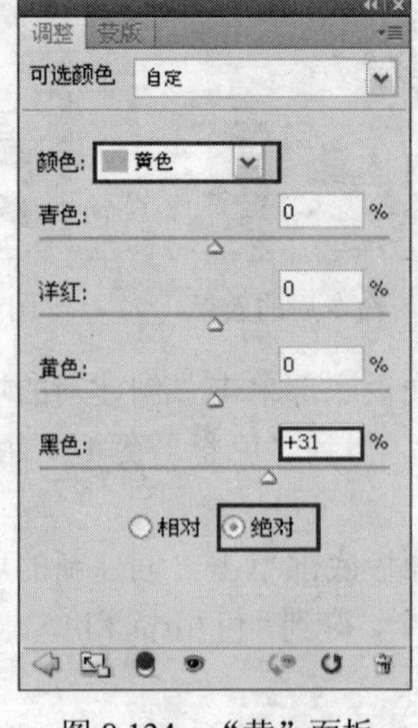

图 8.134 “黄”面板

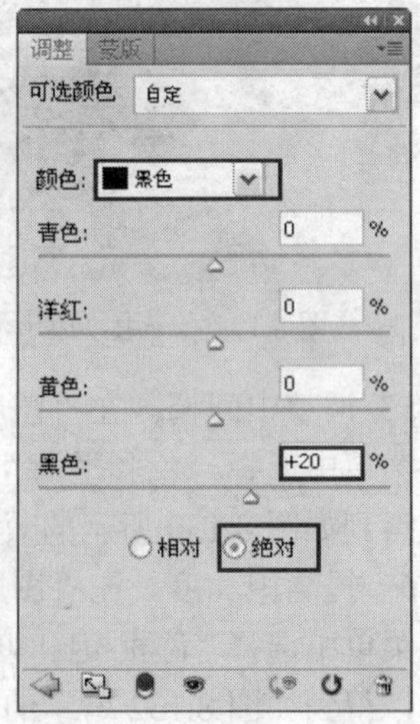

图 8.135 “黑”面板

图 8.136　最终效果

图 8.137　“图层”面板

8.9　调出橙色柔美色调

本例主要讲解如何调出橙色柔美色调效果。在制作的过程中，主要结合了填充图层、调整图层以及混合模式的功能。

1．打开本书配套素材提供的“第 8 章\8.9-素材.JPG”，将看到整个图片如图 8.138 所示。

2．调整亮度、对比度。在“图层”面板底部单击“创建新的填充或调整图层”按钮 ，在弹出的菜单中选择“亮度/对比度”命令，得到“亮度/对比度 1”图层，设置弹出的面板如图 8.139 所示，得到如图 8.140 所示的效果。此时“图层”面板如图 8.141 所示。

图 8.138　素材图像

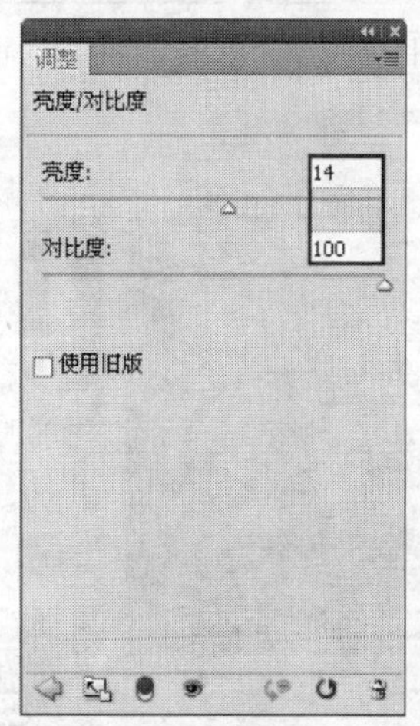

图 8.139　“亮度/对比度”面板

3．降低饱和度。在“图层”面板底部单击“创建新的填充或调整图层”按钮 ，在弹出的菜单中选择“色相/饱和度”命令，得到“色相/饱和度 1”图层，设置弹出的面板如图 8.142 所示，得到如图 8.143 示的效果。

4．填充颜色。在“图层”面板底部单击“创建新的填充或调整图层”按钮 ，在弹出的菜单中选择“纯色”命令，然后在弹出的“拾取实色”对话框中设置其颜色值为 041256，如图 8.144 所示，单击“确定”按钮退出对话框，得到如图 8.145 所示的效果。同时得到“颜色填充 1”图层。

图 8.140 应用“亮度/对比度”命令后的效果

图 8.141 “图层”面板

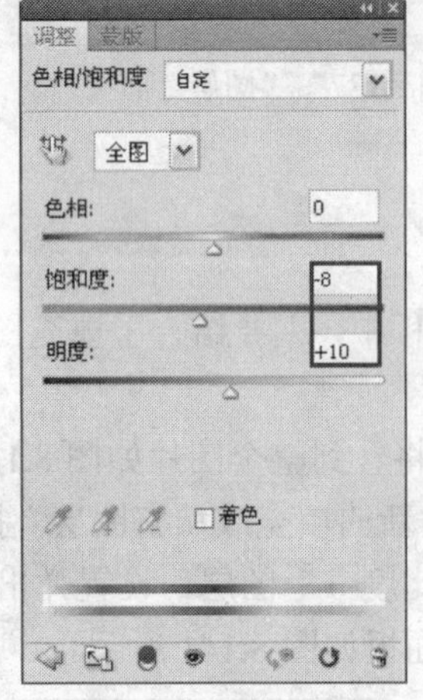

图 8.142 “色相/饱和度”面板

图 8.143 应用“色相/饱和度”命令后的效果

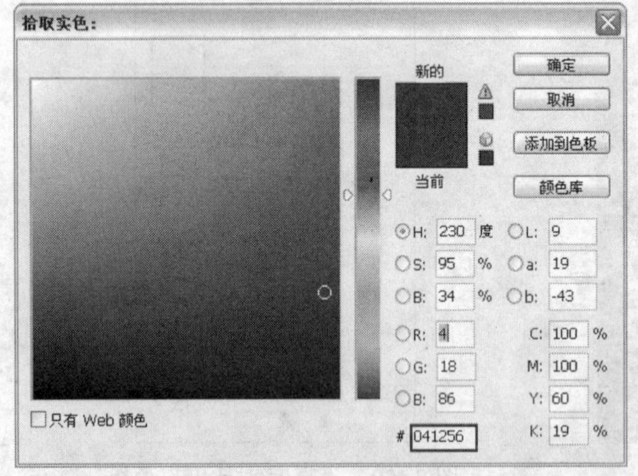

图 8.144 “拾取实色”对话框

图 8.145 应用“纯色”命令后的效果

5．在“图层”面板顶部设置“颜色填充 1”的混合模式为“排除”，以混合图像，得到的效果如图 8.146 所示。此时“图层”面板如图 8.147 所示。

6．降低蓝色调。在“图层”面板底部单击“创建新的填充或调整图层”按钮，在弹出的菜单中选择“曲线”命令，得到“曲线 1”图层，设置弹出的面板如图 8.148 所示，得到如图 8.149 所示的效果。

图 8.146　设置混合模式后的效果

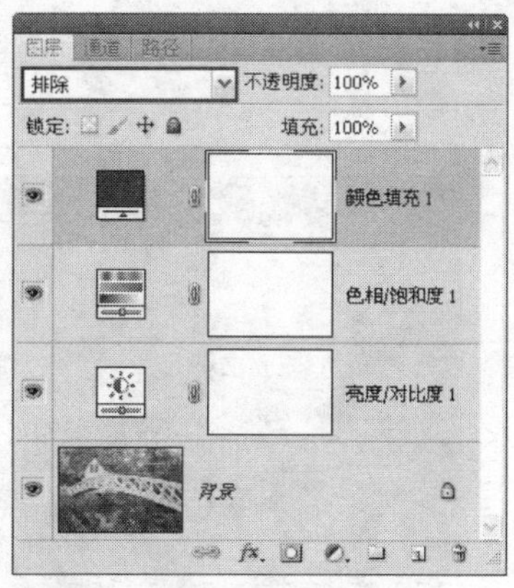

图 8.147　“图层”面板

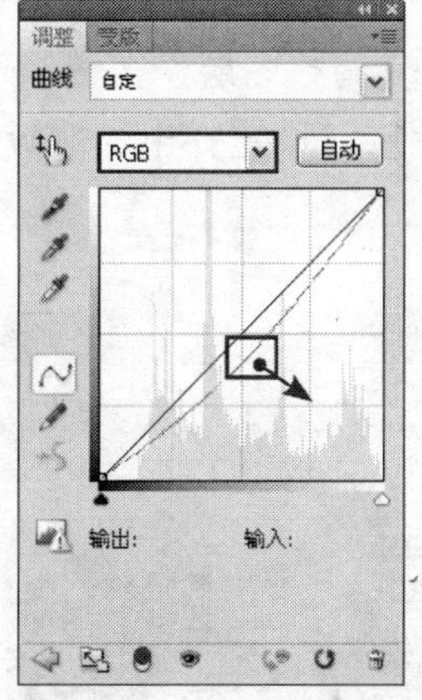

图 8.148　“曲线”面板

图 8.149　应用“曲线”命令后的效果

7. 按 Ctrl+Alt+Shift+E 组合键执行“盖印”操作，从而将当前所有可见的图像合并至一个新图层中，得到“图层 1”。选择“滤镜”|“模糊”|“动感模糊”命令，设置弹出的对话框如图 8.150 所示，单击“确定”按钮退出对话框，得到如图 8.151 所示的效果。

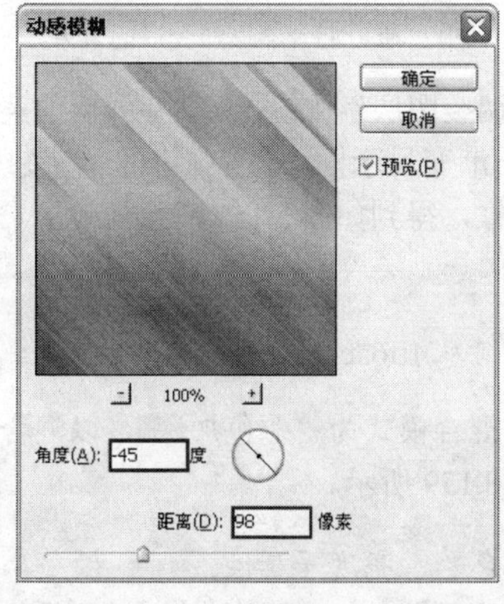

图 8.150　“动感模糊”对话框

图 8.151　应用“动感模糊”命令后的效果

8. 在“图层”面板顶部设置“图层 1”的混合模式为“柔光”，以混合图像，得到的效果如图 8.152 所示。此时“图层”面板如图 8.153 所示。

图 8.152　设置混合模式后的效果

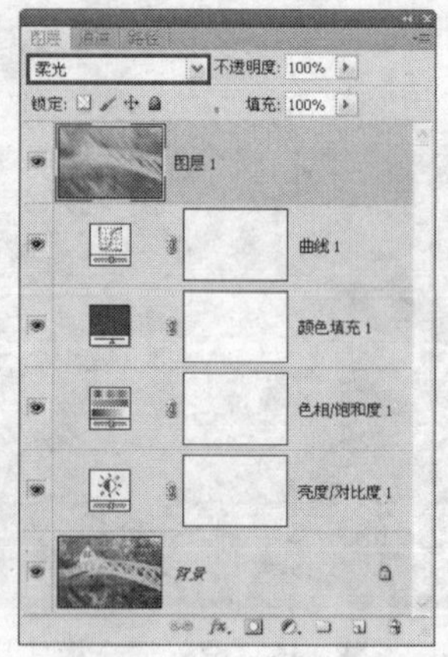

图 8.153　“图层”面板

9．调整色彩。在“图层”面板底部单击“创建新的填充或调整图层”按钮 ，在弹出的菜单中选择“通道混合器”命令，得到“通道混合器 1”图层，设置弹出的面板如图 8.154 所示，得到如图 8.155 所示的效果。

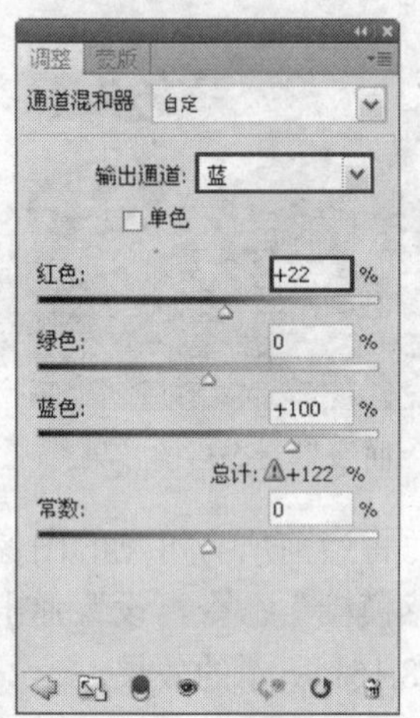

图 8.154　“通道混合器”面板

图 8.155　应用“通道混合器”命令后的效果

10．在“图层”面板底部单击“创建新的填充或调整图层”按钮 ，在弹出的菜单中选择“渐变”命令，在弹出的“渐变填充”对话框中单击渐变显示框，设置弹出的“渐变编辑器”对话框如图 8.156 所示，单击“确定”按钮退出对话框，得到如图 8.157 所示的效果。同时得到“渐变填充 1”图层。

提示：在“渐变编辑器”对话框中，渐变类型为“从 fff6ac 到 07baf5”。

11．在“图层”面板顶部设置“渐变填充 1”的混合模式为“颜色加深”，以混合图像，得到的效果如图 8.158 所示。此时“图层”面板如图 8.159 所示。

提示：下面继续利用调整图层的功能调整图像的色彩、亮度等属性。

12．在“图层”面板底部单击“创建新的填充或调整图层”按钮 ，在弹出的菜单中选择“色相/饱和度”命令，得到“色相/饱和度 2”图层，设置弹出的面板如图 8.160 所示，得到如图 8.161 所示的效果。

图 8.156　“渐变编辑器”对话框

图 8.157　应用“渐变”命令后的效果

图 8.158　设置混合模式后的效果

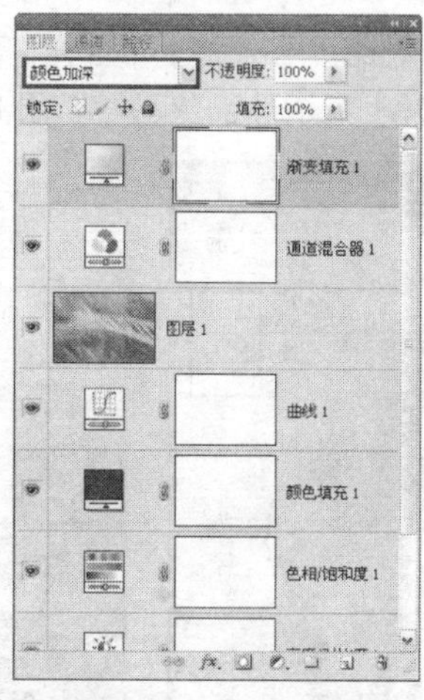

图 8.159　“图层”面板

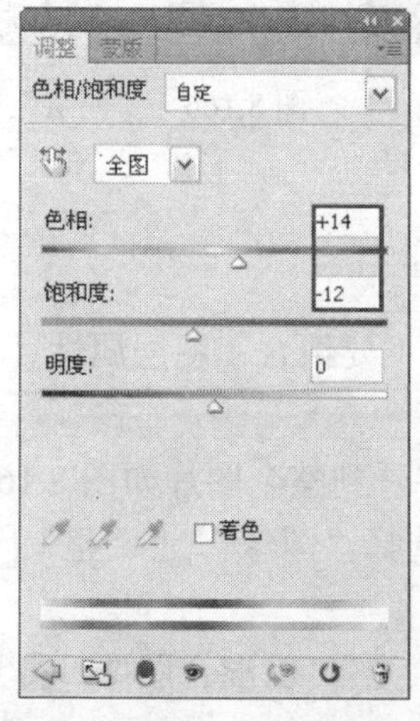

图 8.160　“色相/饱和度”面板

图 8.161　应用“色相/饱和度”命令后的效果

13．在“图层”面板底部单击“创建新的填充或调整图层”按钮 ，在弹出的菜单中选择“可选颜色”命令，得到“选取颜色 1”图层，设置弹出的面板如图 8.162 所示，得到如图 8.163 所示的效果。

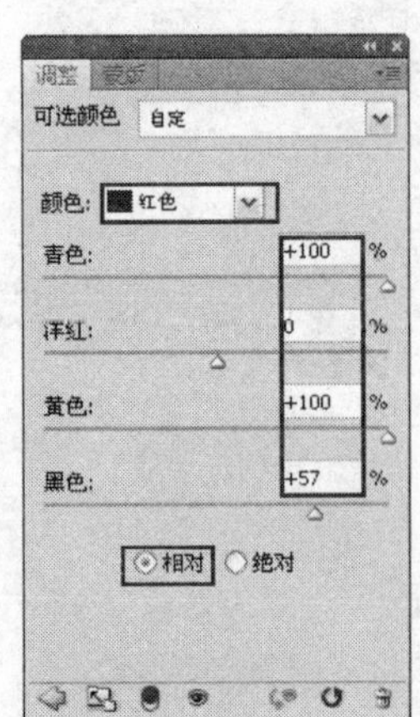

图 8.162 “可选颜色”面板

图 8.163 应用“可选颜色”命令后的效果

14．在“图层”面板底部单击“创建新的填充或调整图层”按钮 ，在弹出的菜单中选择“亮度/对比度”命令，得到“亮度/对比度 2”图层，设置弹出的面板如图 8.164 所示，得到如图 8.165 所示的最终效果。此时“图层”面板如图 8.166 所示。

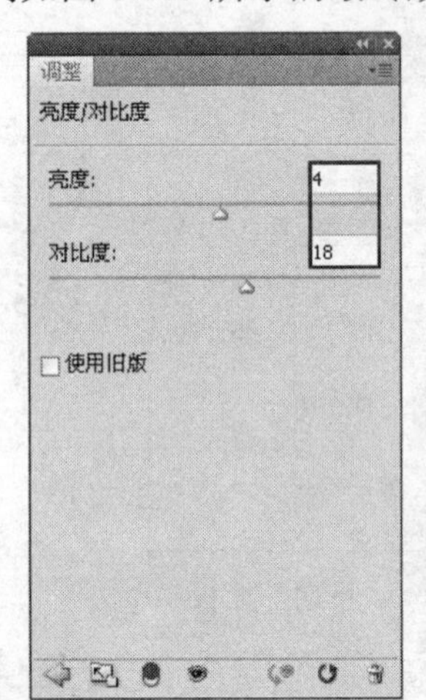

图 8.164 “亮度/对比度”面板

图 8.165 最终效果

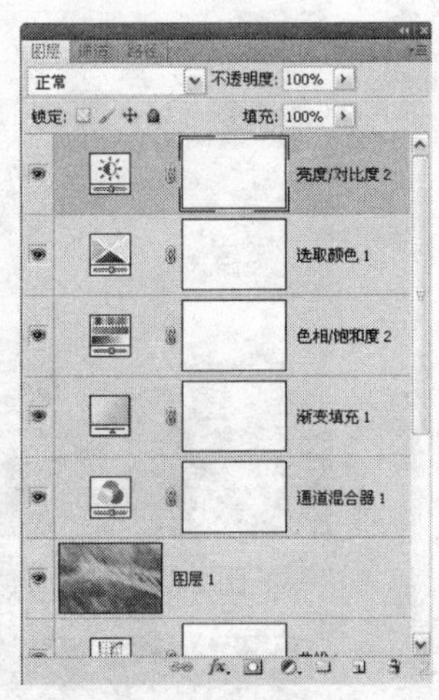

图 8.166 “图层”面板

8.10 熏黄照片效果

本例主要讲解如何制作熏黄照片效果。在制作的过程中，主要结合了图层属性、盖印以及滤镜等功能来实现。

1．打开本书配套素材提供的“第 8 章\8.10-素材.jpg”，将看到整个图片如图 8.167 所示。

2．按 Ctrl+J 组合键复制“背景”图层得到“图层 1”，选择“图像”|“调整”|“去色”命令，得到的效果如图 8.168 所示。

3．在“图层”面板顶部设置“图层 1”的混合模式为“柔光”，以混合图像，得到的效果如图 8.169 所示。“图层”面板如图 8.170 所示。

4．在“图层”面板底部单击“创建新图层”按钮 得到“图层 2”，在工具箱中设置前景色为白色，按 Alt+Delete 组合键以前景色填充当前图层，在“图层”面板顶部设置“图层 2”的混合模式为“颜色”，以混合图像，得到的效果如图 8.171 所示。

图 8.167 素材图像

图 8.168 应用“去色”命令后的效果

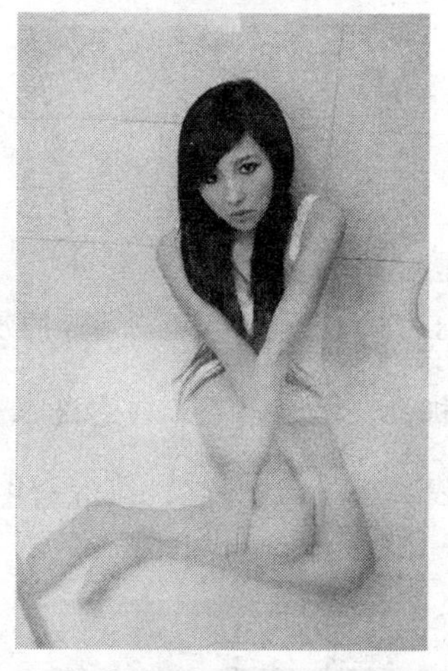

图 8.169 设置混合模式后的效果

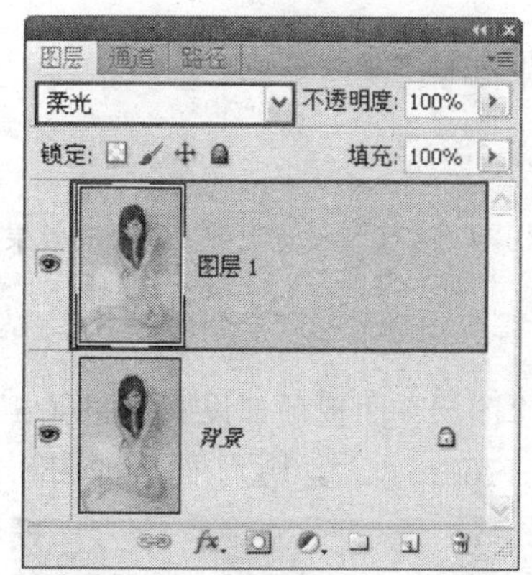

图 8.170 “图层”面板

5．按照上一步的操作方法，新建“图层 3”，设置前景色为 00246e 进行填充，并设置当前图层的混合模式为“排除”，得到的效果如图 8.172 所示。“图层”面板如图 8.173 所示。

图 8.171 填充及设置混合模式后的效果

图 8.172 调色后的效果

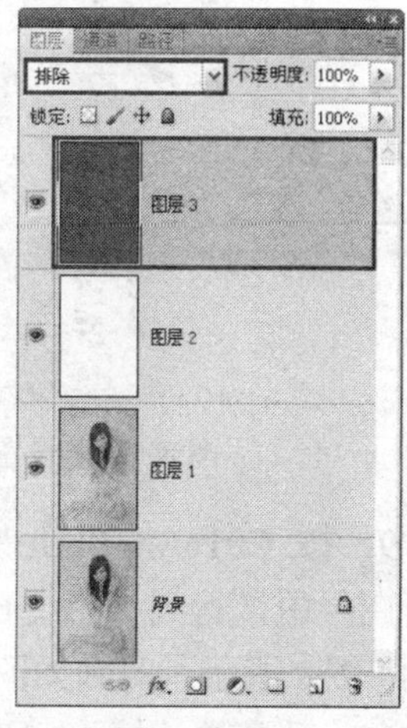

图 8.173 “图层”面板

6．按 Ctrl+Alt+Shift+E 组合键执行“盖印”操作，从而将当前所有可见的图像合并至一个新图层中，得到“图层 4”。设置此图层的混合模式为“柔光”，以混合图像，得到的效果如图 8.174 所示。

7．在“图层”面板底部单击“创建新图层”按钮 得到“图层 5”，在工具箱中设置前景色为 939191，背景色为白色，选择“滤镜”|“渲染”|“云彩”命令，得到类似如图 8.175 所示的效果。

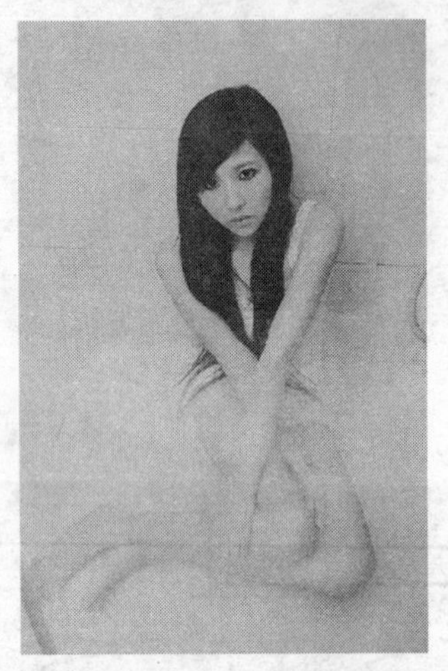

图 8.174 盖印及设置混合模式后的效果

图 8.175 应用“云彩”命令后的效果

提示：在应用“云彩”命令时，由于此命令具有随机性，故读者不必刻意追求一样的效果。

8．在“图层”面板顶部设置“图层 5”的混合模式为“颜色加深”，以混合图像，得到的效果如图 8.176 所示。“图层”面板如图 8.177 所示。

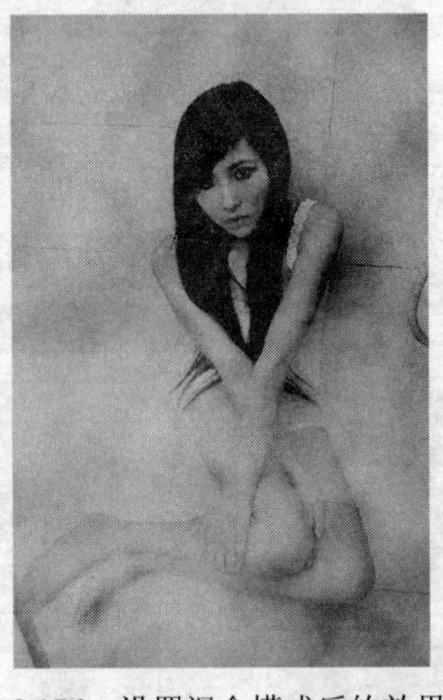

图 8.176 设置混合模式后的效果

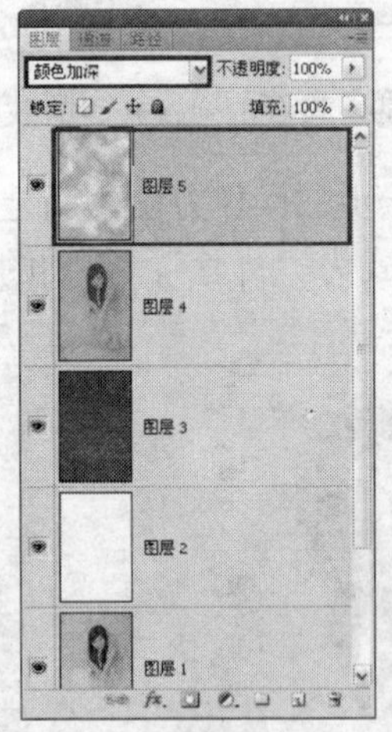

图 8.177 “图层”面板

9．按 Ctrl+Alt+Shift+E 组合键执行“盖印”操作，从而将当前所有可见的图像合并至一个新图层中，得到“图层 6”。选择“滤镜”|“杂色”|“添加杂色”命令，设置弹出的对话框如图 8.178 所示，得到如图 8.179 所示的效果。

10．选择“滤镜”|“杂色”|“中间值”命令，在弹出的对话框中设置“半径”数值为 2，如图 8.180 所示，得到如图 8.181 所示的效果。

图 8.178　“添加杂色”对话框

图 8.179　应用“添加杂色”后的效果

图 8.180　“中间值”对话框

图 8.181　应用“中间值”命令后的效果

11．选择“滤镜”|“纹理”|“颗粒”命令，设置弹出的对话框如图 8.182 所示，得到如图 8.183 所示的效果。

图 8.182　“颗粒”对话框

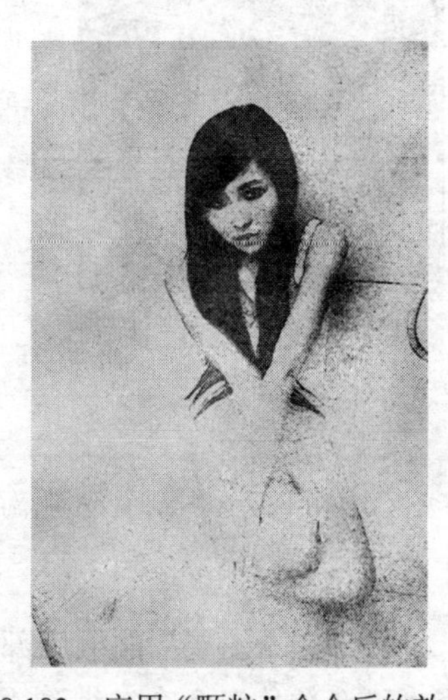

图 8.183　应用“颗粒”命令后的效果

12．在“图层”面板顶部设置“图层 6”的混合模式为“颜色减淡”，填充为 30%，以混合图像，得到的效果如图 8.184 所示。“图层”面板如图 8.185 所示。

图 8.184　设置图层属性后的效果

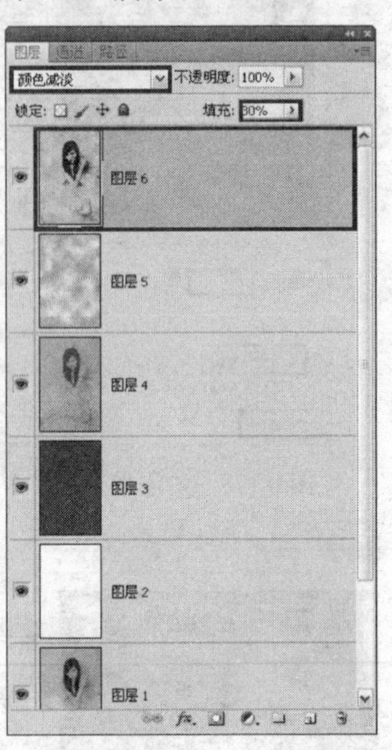

图 8.185　“图层”面板

13．按 Ctrl+Alt+Shift+E 组合键执行“盖印”操作，从而将当前所有可见的图像合并至一个新图层中，得到“图层 7”。选择“滤镜”|“模糊”|“高斯模糊”命令，在弹出的对话框中设置“半径”数值为 4.2，如图 8.186 所示。得到如图 8.187 所示的效果。

14．在“图层”面板顶部设置“图层 7”的混合模式为“柔光”，以混合图像，得到的效果如图 8.188 所示。

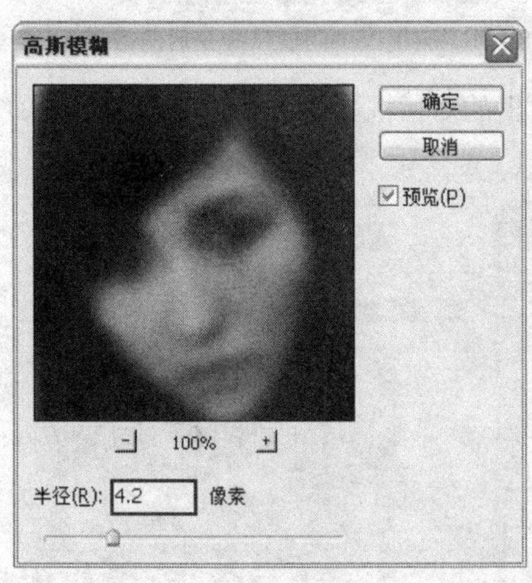

图 8.186　“高斯模糊”对话框

图 8.187　应用“高斯模糊”后的效果

图 8.188　设置混合模式后的效果

15．在“图层”面板底部单击“创建新的填充或调整图层”按钮 ，在弹出的菜单中选择“可选颜色”命令，得到“选取颜色 1”图层，设置弹出的面板如图 8.189 和图 8.190 所示，得到如图 8.191 所示的最终效果。“图层”面板如图 8.192 所示。

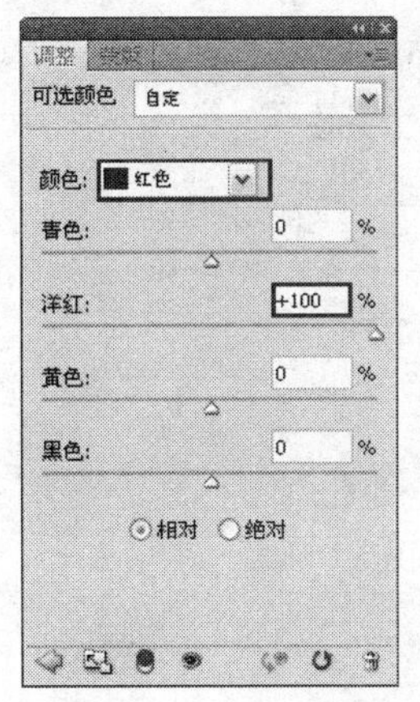

图 8.189　“红色”面板

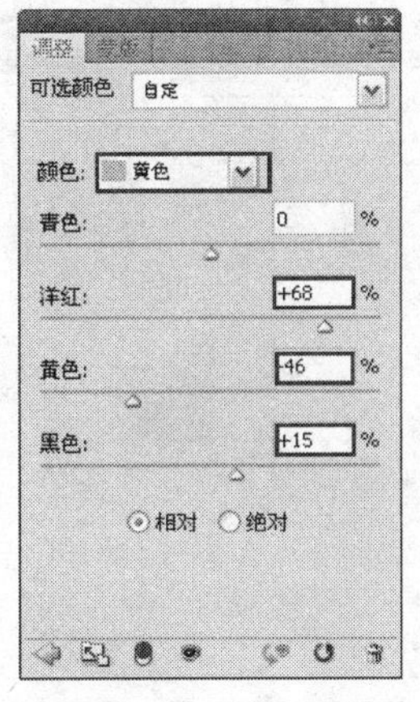

图 8.190　“黄色”面板

图 8.191　最终效果

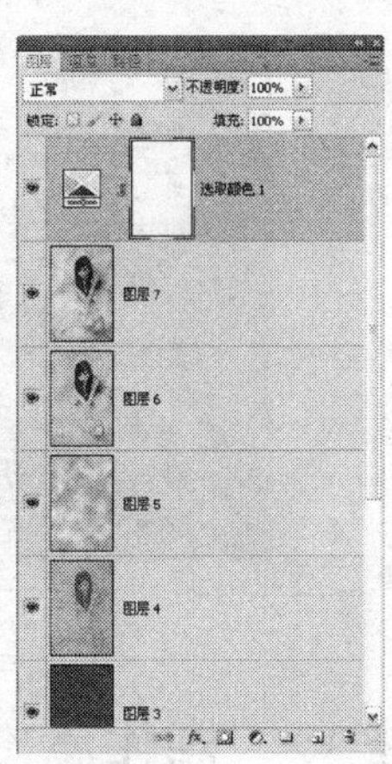

图 8.192　“图层”面板

8.11　旧照片色调

本例主要讲解如何调出旧照片色调效果。在制作的过程中，主要运用了调整图层功能中“渐变映射”命令。

1．打开本书配套素材提供的“第 8 章\8.11-素材.JPG”，将看到整个图片如图 8.193 所示。

2．在“图层”面板底部单击“创建新的填充或调整图层”按钮 ，在弹出的菜单中选择“渐变映射”命令，得到“渐变映射 1”图层，在弹出的面板中单击渐变显示框，设置弹出的“渐变编辑器”对话框如图 8.194 所示。

图 8.193　素材图像

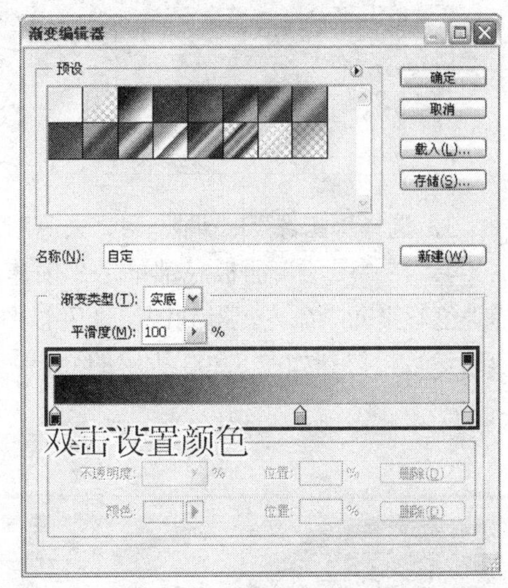

图 8.194　“渐变编辑器”对话框

提示：在“渐变编辑器”对话框中，渐变类型各色标值从左至右分别为 000000、c5b997 和 ede6c1。

3．单击“确定”按钮退出对话框，得到如图 8.195 所示的最终效果。“图层”面板如图 8.196 所示。

图 8.195 最终效果

图 8.196 “图层”面板

8.12 制作高度仿旧效果照片

本例主要讲解如何综合利用“去色”、“色彩平衡”以及“颗粒”滤镜命令制作高度仿旧照片效果。

1．打开本书配套素材提供的“第 8 章\8.12-素材.jpg”，将看到整个图片如图 8.197 所示。

2．按 Ctrl+J 组合键复制“背景”图层得到“图层 1”，“图层”面板如图 8.198 所示。

图 8.197 素材图片

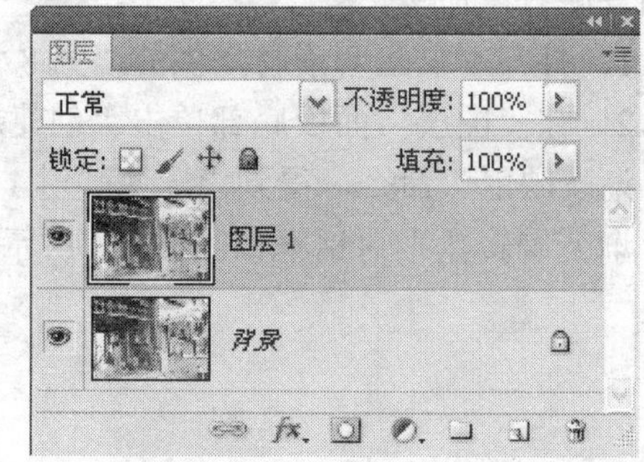

图 8.198 “图层”面板

3．选择“图像”|“调整”|“去色”命令去除图像的颜色，得到如图 8.199 所示的效果。

4．在“图层”面板底部单击“创建新的填充或调整图层”按钮，在弹出的菜单中选择“色彩平衡”命令，得到图层“色彩平衡 1”图层，如图 8.200～图 8.202 所示设置弹出面板中的参数，得到如图 8.203 所示的效果。

图 8.199 应用“去色”命令后的效果

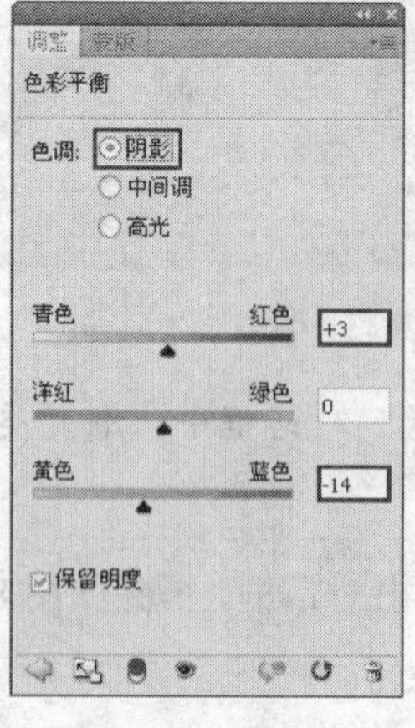

图 8.200 “阴影”选项

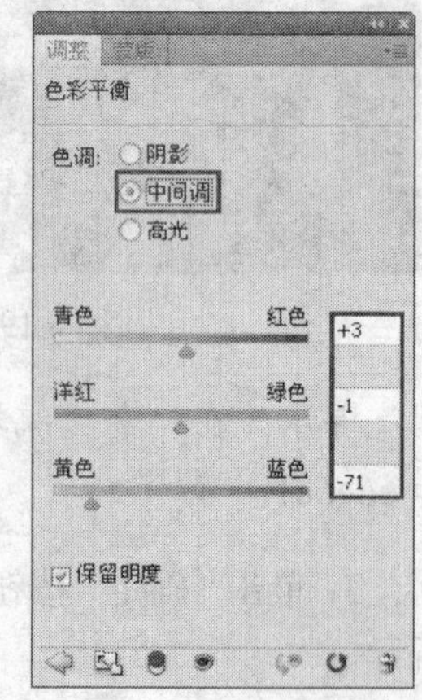

图 8.201 “中间调”选项

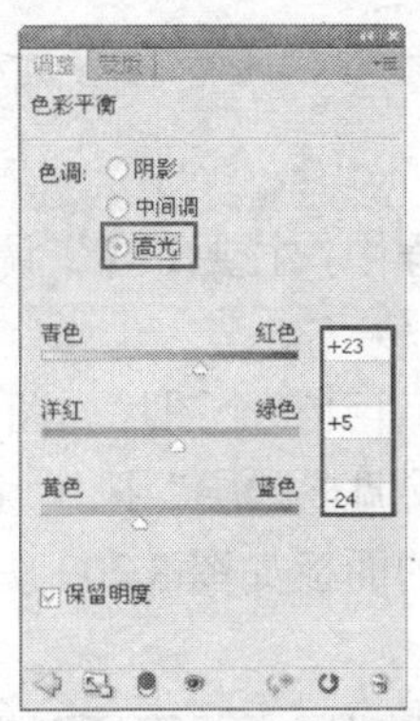

图 8.202　“高光”选项

图 8.203　应用“色彩平衡”命令后的效果

5．按 Ctrl+Alt+Shift+E 组合键执行“盖印”操作，从而将当前所有可见的图像合并至一个新图层中，得到“图层 2”。

6．选择“滤镜”|“纹理”|“颗粒”命令，如图 8.204 所示设置弹出的“颗粒”对话框中的参数，得到如图 8.205 所示的效果。

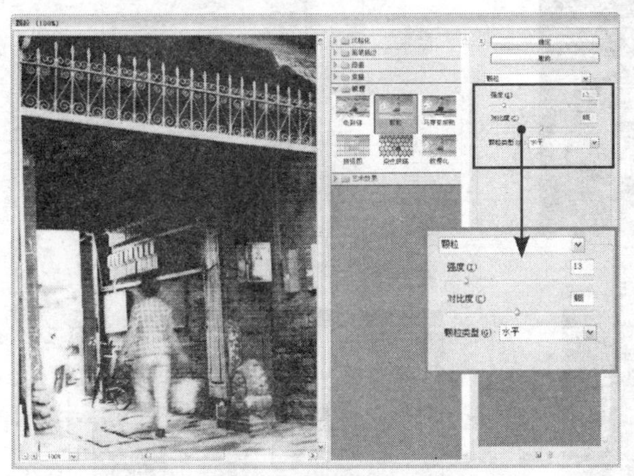

图 8.204　“颗粒”对话框

图 8.205　应用“颗粒”命令后的效果

7．选择“滤镜”|“纹理”|“颗粒”命令，如图 8.206 所示设置弹出的“颗粒”对话框中的参数，得到如图 8.207 所示的效果。

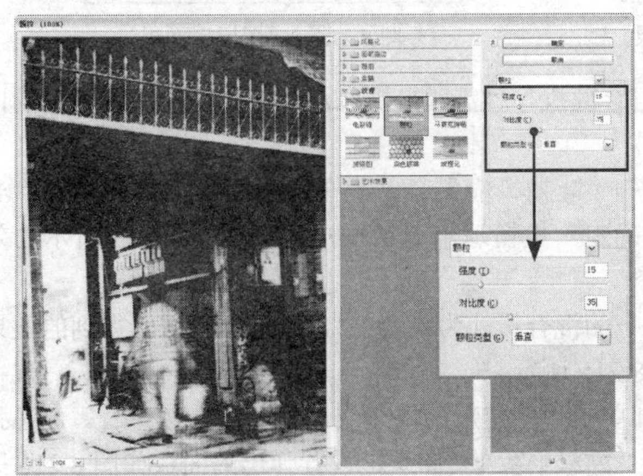

图 8.206　“颗粒”对话框

图 8.207　最终效果

8.13 打造电影感觉照片

本例主要讲解如何打造照片的电影感觉效果。在制作的过程中，主要结合了调整图层以及图层属性等功能。

1．打开本书配套素材提供的“第 8 章\8.13-素材.JPG”，将看到整个图片如图 8.208 所示。

2．提亮图像。在“图层”面板底部单击“创建新的填充或调整图层”按钮，在弹出的菜单中选择“曲线”命令，得到“曲线 1”图层。设置弹出的面板如图 8.209 所示，得到如图 8.210 所示的效果。“图层”面板如图 8.211 所示。

图 8.208 素材图像

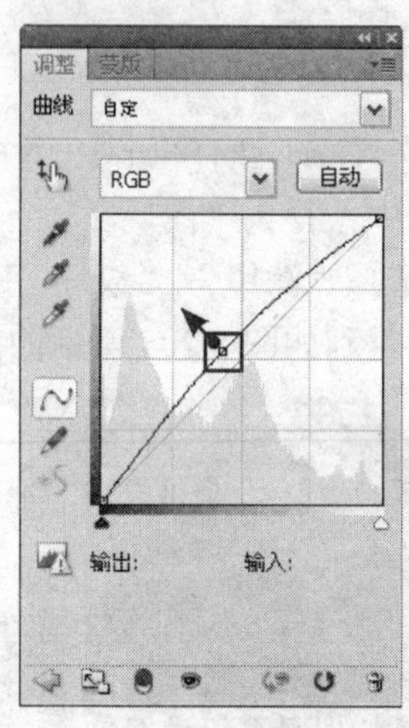

图 8.209 “曲线”面板

图 8.210 应用“曲线”命令后的效果

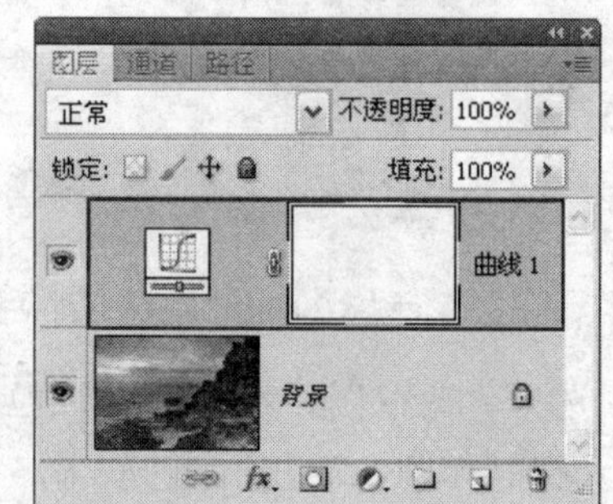

图 8.211 “图层”面板

3．盖印图像。按 Ctrl+Alt+Shift+E 组合键执行“盖印”操作，从而将当前所有可见的图像合并至一个新图层中，得到“图层 1”。

4．模糊图像。选择“滤镜”|“模糊”|“高斯模糊”命令，在弹出的对话框中设置“半径”数值为 3，如图 8.212 所示，单击“确定”按钮退出对话框，得到如图 8.213 所示的效果。

5．在“图层”面板顶部设置“图层 1”的混合模式为“变亮”，以混合图像，得到的效果如图 8.214 所示。此时“图层”面板如图 8.215 所示。

6．调整中间调。在“图层”面板底部单击“创建新的填充或调整图层”按钮，在弹出的菜单中选择“色彩平衡”命令，得到“色彩平衡 1”图层，设置弹出的面板如图 8.216 所示，得到如图 8.217 所示的效果。

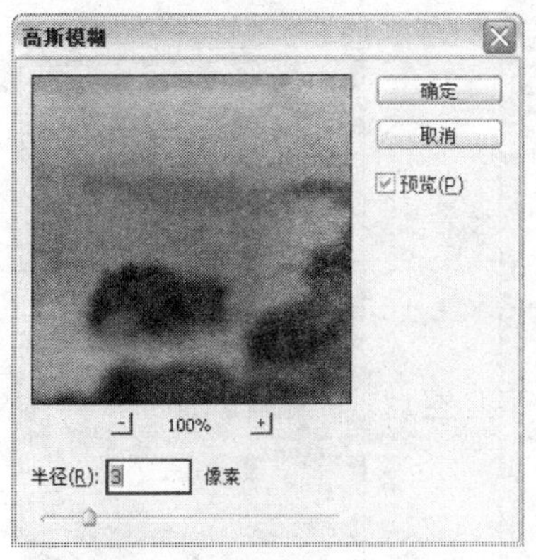

图 8.212　“高斯模糊”对话框

图 8.213　应用“高斯模糊”命令后的效果

图 8.214　设置混合模式后的效果

图 8.215　“图层”面板

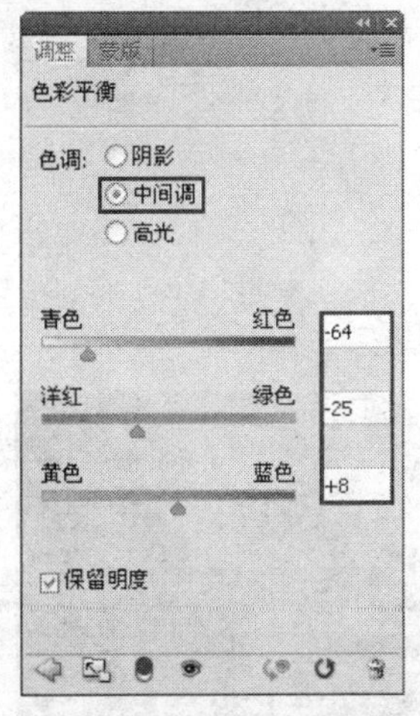

图 8.216　“色彩平衡”面板

图 8.217　应用“色彩平衡”命令后的效果

7．调整颜色。在“图层”面板底部单击“创建新的填充或调整图层”按钮，在弹出的菜单中选择“色阶”命令，得到“色阶 1”图层，设置弹出的面板如图 8.218～图 8.220 所示，得到如图 8.221 示的效果。此时“图层”面板如图 8.222 所示。

8．降低亮度。在“图层”面板底部单击“创建新的填充或调整图层”按钮，在弹出的菜单中选择“曲线”命令，得到“曲线 2”图层。设置弹出的面板如图 8.223 所示，得到如图 8.224 所示的效果。

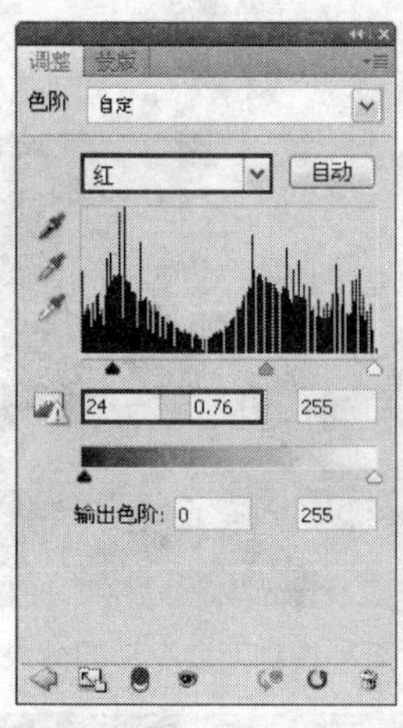
图 8.218 “红”面板

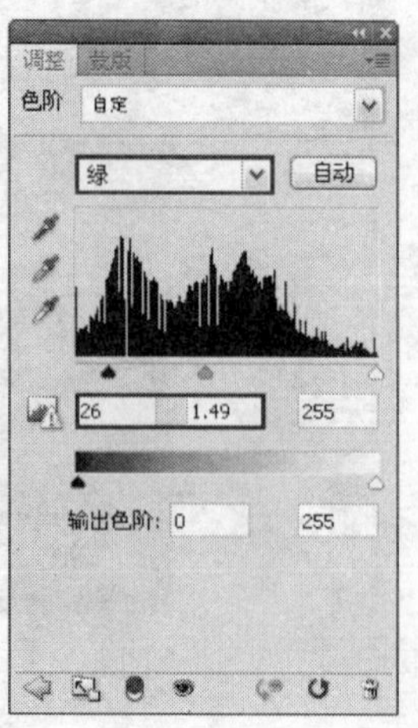
图 8.219 “绿”面板

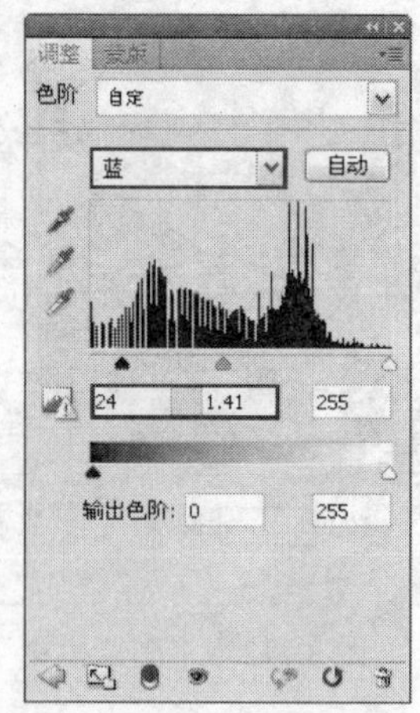
图 8.220 “蓝”面板

图 8.221 应用“色阶”命令后的效果

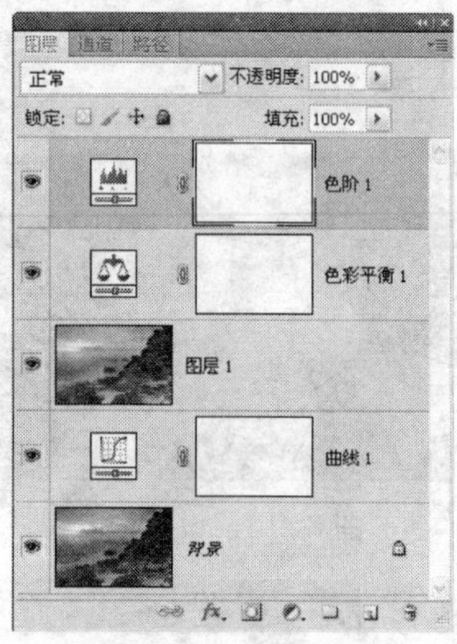
图 8.222 “图层”面板

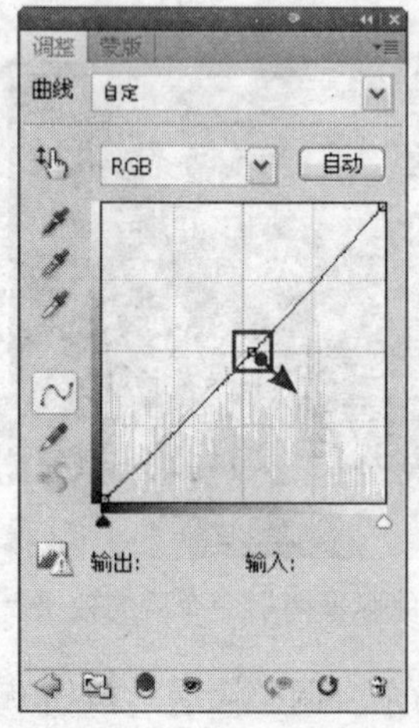
图 8.223 “曲线”面板

图 8.224 应用“曲线”命令后的效果

9．提高饱和度。在“图层”面板底部单击“创建新的填充或调整图层”按钮 ，在弹出的菜单中选择“色相/饱和度”命令，得到“色相/饱和度 1”图层，设置弹出的面板如图 8.225 所示，得到如图 8.226 所示的效果。

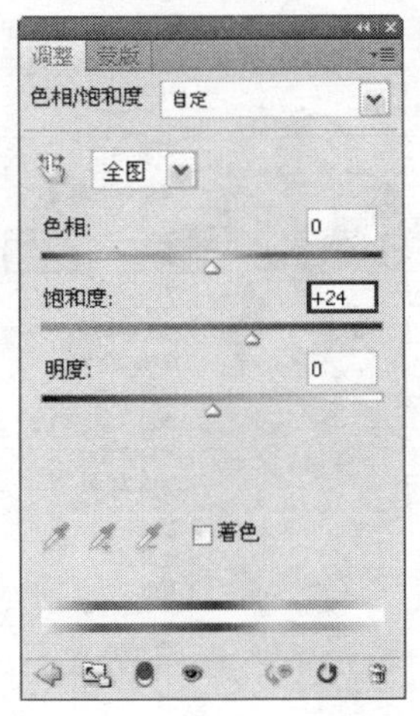

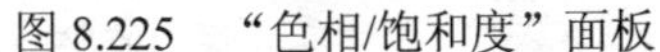

图 8.225　“色相/饱和度”面板

图 8.226　应用“色相/饱和度”命令后的效果

10．盖印图像。按 Ctrl+Alt+Shift+E 组合键执行“盖印”操作，从而将当前所有可见的图像合并至一个新图层中，得到“图层 2”。

11．锐化图像。选择“滤镜”→“锐化”→“锐化”命令，得到如图 8.227 所示的最终效果。“图层”面板如图 8.228 所示。

图 8.227　最终效果

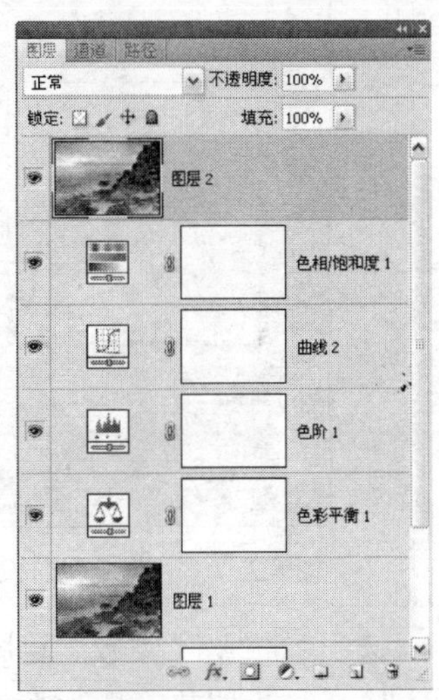

图 8.228　“图层”面板

8.14　制作华丽风格照片特效

本例主要讲解如何制作华丽风格的照片效果。在制作的过程中，主要结合了调整图层、图层属性、图层蒙版、滤镜以及盖印等功能。

1. 打开本书配套素材提供的“第 8 章\8.14-素材 1.JPG”，将看到整个图片如图 8.229 所示。

提示：下面结合“曲线”调整图层以及编辑蒙版的功能，制作画布上方两角的暗角效果。

2．在“图层”面板底部单击“创建新的填充或调整图层”按钮，在弹出的菜单中选择“曲线”命令，如图 8.230 所示，得到“曲线 1”图层。

图 8.229 素材图像

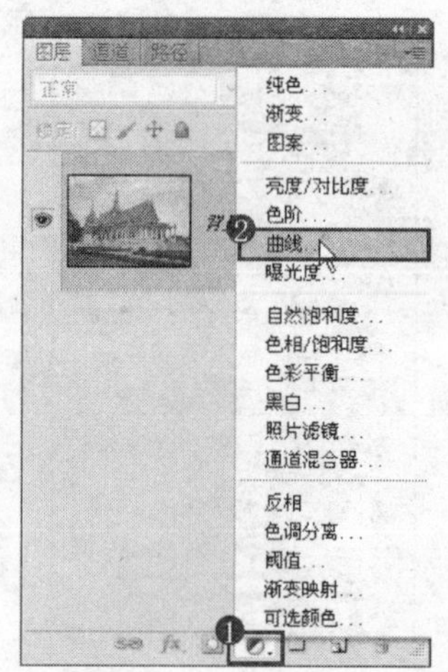

图 8.230 选择“曲线”命令

3．设置弹出的“曲线”面板如图 8.231 所示，得到如图 8.232 所示的效果。“图层”面板如图 8.233 所示。

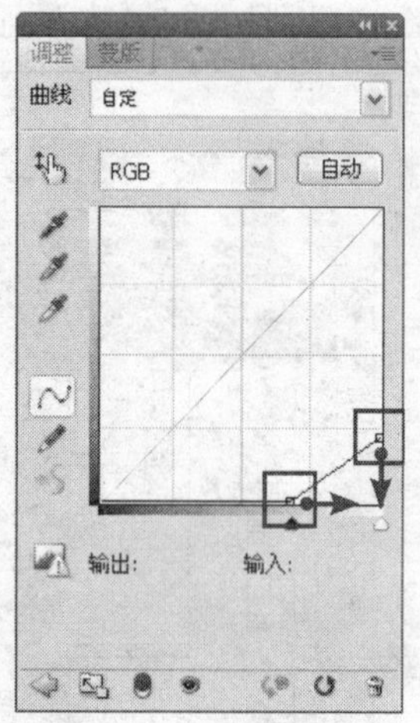

图 8.231 “曲线”面板

图 8.232 应用“曲线”命令后的效果

4．选中“曲线 1”蒙版缩览图，在工具箱中设置前景色为黑色，如图 8.234 所示。选择“画笔工具”，设置其工具选项条如图 8.235 所示。

图 8.233 “图层”面板

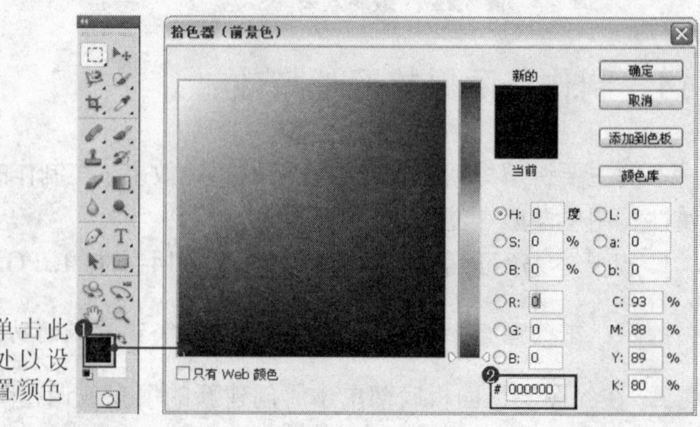

图 8.234 设置前景色

5．应用设置好的画笔在“曲线 1”蒙版中进行涂抹，以将除上方两角区域以外的暗调效果隐藏，得到的效果如图 8.236 所示，此时蒙版中的状态如图 8.237 所示。“图层”面板如图 8.238 所示。

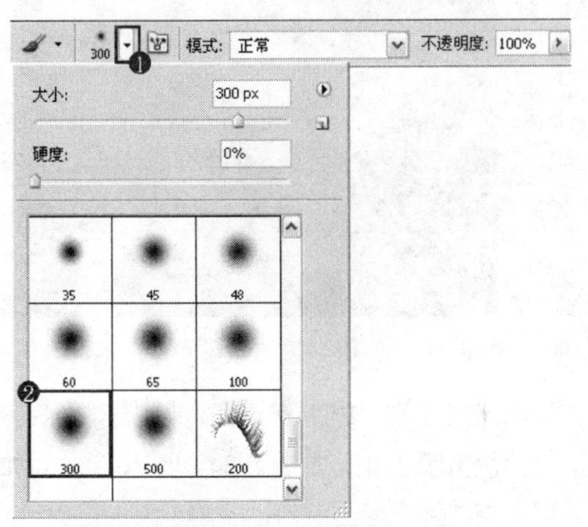

图 8.235　设置工具选项条

图 8.236　编辑蒙版后的效果

图 8.237　蒙版中的状态

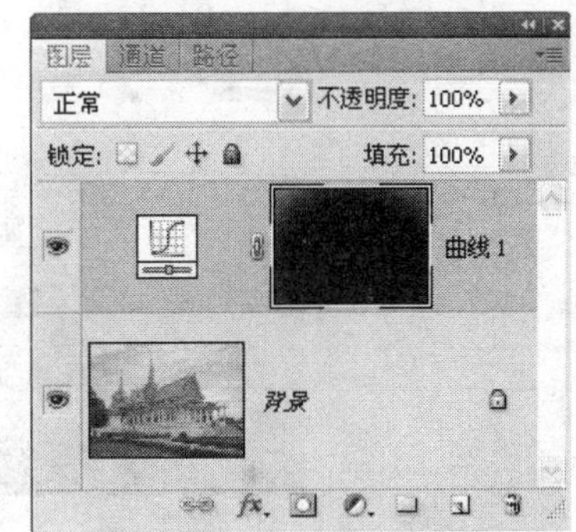

图 8.238　“图层”面板

6．在“图层”面板底部单击“创建新的填充或调整图层”按钮，在弹出的菜单中选择“可选颜色”命令，得到“选取颜色 1”图层，设置弹出的面板如图 8.239～图 8.244 所示，得到如图 8.245 所示的效果。

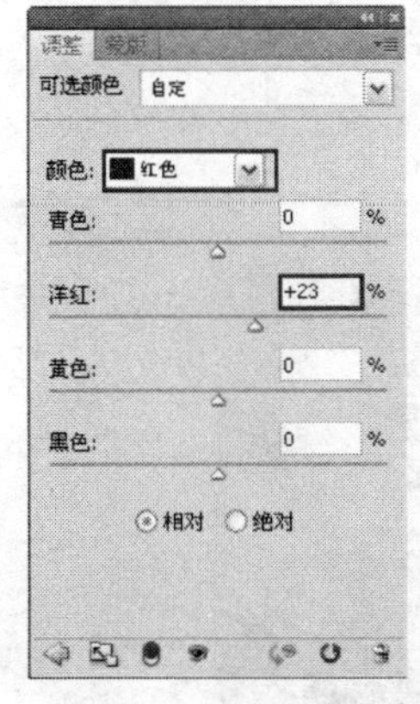

图 8.239　“红色”面板

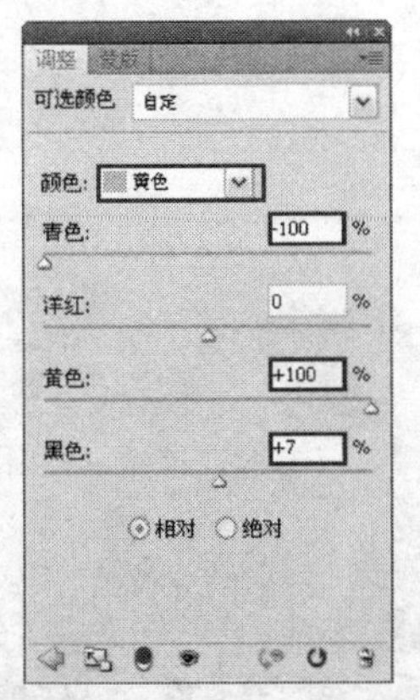

图 8.240　“黄色”面板

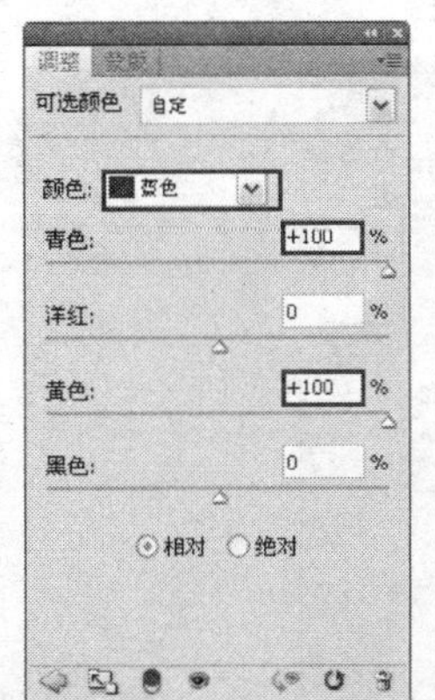

图 8.241　“蓝色”面板

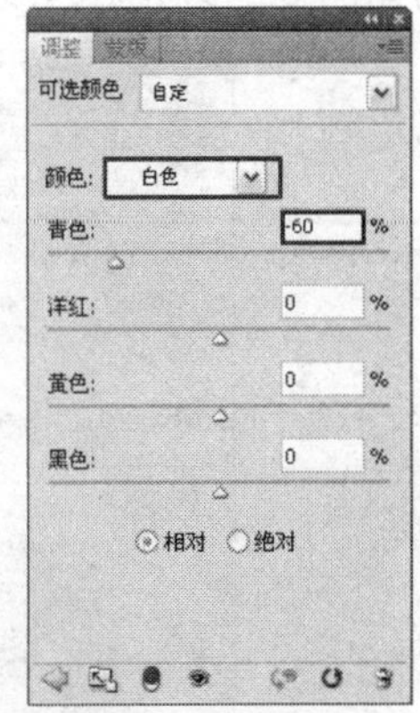

图 8.242　“白色”面板

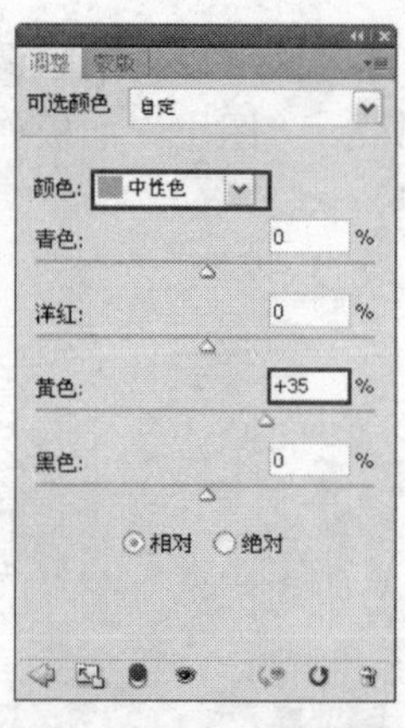

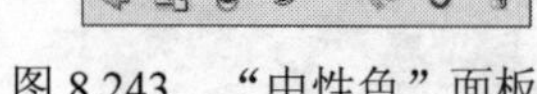

图 8.243 “中性色”面板

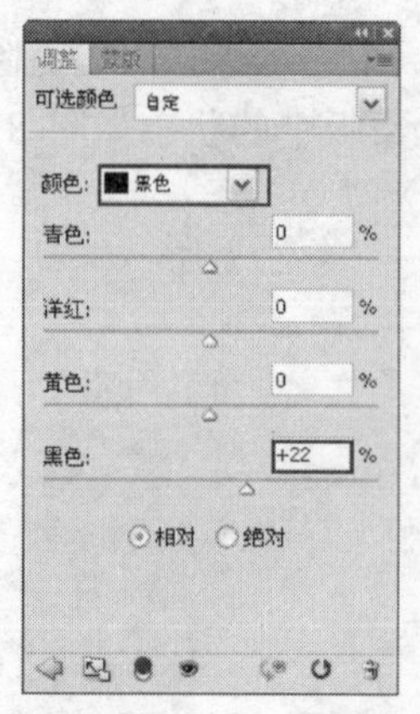

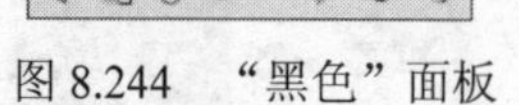

图 8.244 “黑色”面板

图 8.245 应用“可选颜色”命令后的效果

7. 在“图层”面板底部单击“创建新的填充或调整图层”按钮，在弹出的菜单中选择“照片滤镜”命令，得到“照片滤镜 1”图层，设置弹出的面板如图 8.246 所示，得到如图 8.247 所示的效果。

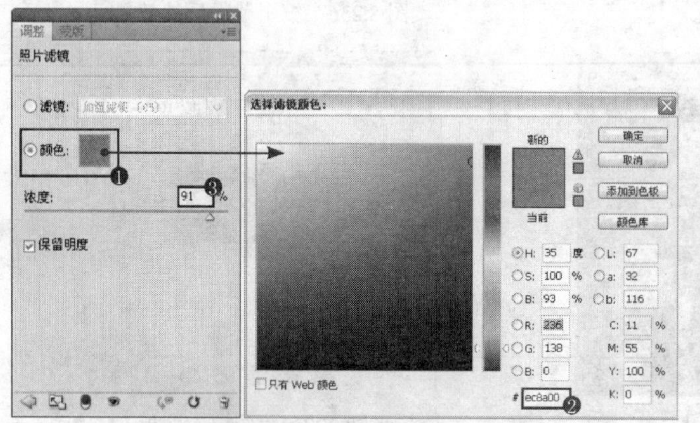

图 8.246 “照片滤镜”面板

图 8.247 应用“照片滤镜”命令后的效果

8. 在“图层”面板底部单击“创建新的填充或调整图层”按钮，在弹出的菜单中选择“亮度/对比度”命令，得到“亮度/对比度 1”图层，设置弹出的面板如图 8.248 所示，得到如图 8.249 所示的效果。

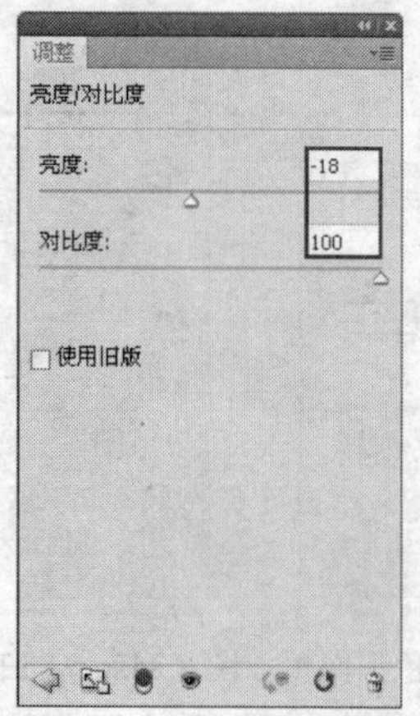

图 8.248 “亮度/对比度”面板

图 8.249 应用“亮度/对比度”命令后的效果

9．在“图层”面板底部单击“创建新的填充或调整图层”按钮 ，在弹出的菜单中选择“色彩平衡”命令，得到“色彩平衡 1”图层，设置弹出的面板如图 8.250、图 8.251 和图 8.252 所示，得到如图 8.253 所示的效果。“图层”面板如图 8.254 所示。

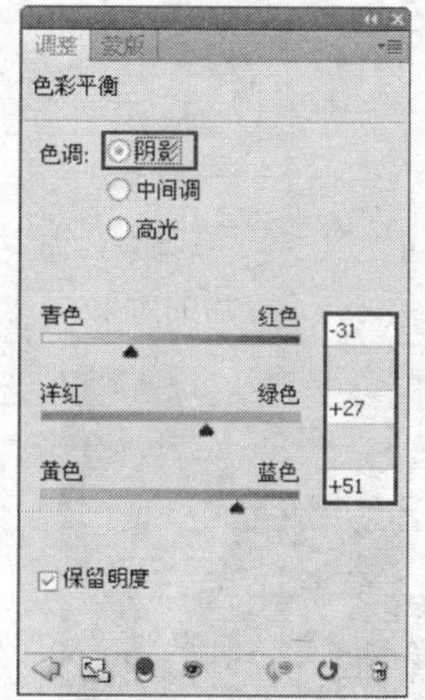

图 8.250　“阴影”面板

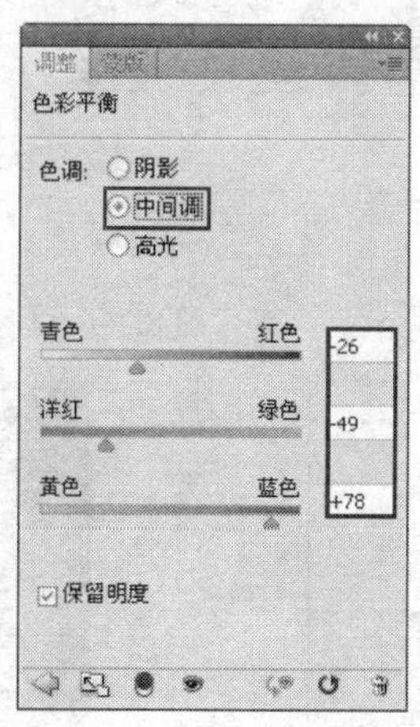

图 8.251　“中间调”面板

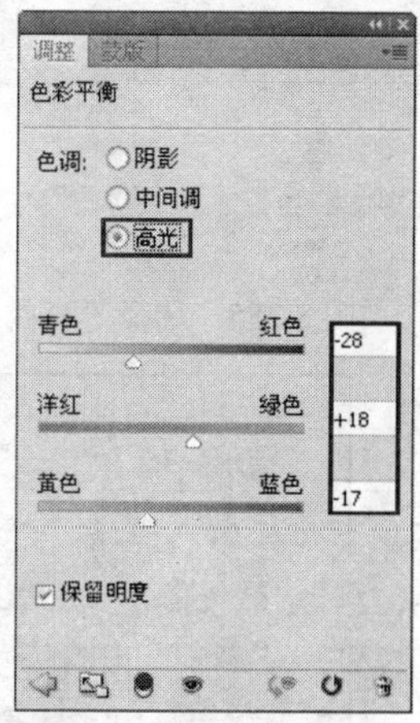

图 8.252　“高光”面板

图 8.253　应用“色彩平衡”命令后的效果

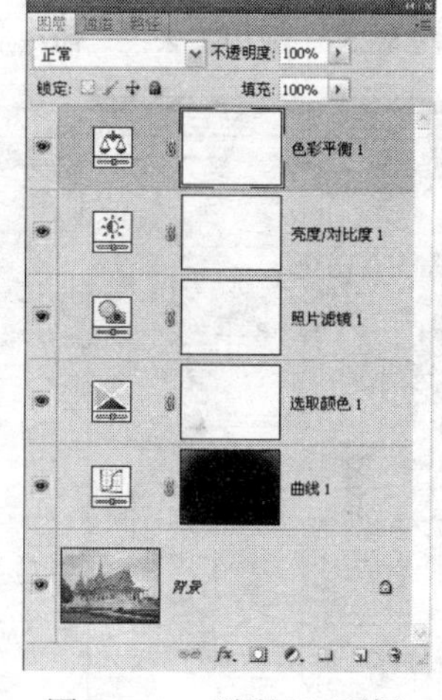

图 8.254　“图层”面板

提示：下面结合盖印、“查找边缘”命令、“去色”命令、混合模式以及图层蒙版的功能，显出更多的图像内容。

10．按 Ctrl+Alt+Shift+E 组合键执行“盖印”操作，从而将当前所有可见的图像合并至一个新图层中，得到“图层 1”。选择“滤镜”|“风格化”|“查找边缘”命令，如图 8.255 所示，得到如图 8.256 所示的效果。

11．选择“图像”|“调整”|“去色”命令，以去除图像的色彩，得到的效果如图 8.257 所示。在“图层”面板顶部设置“图层 1”的混合模式为“正片叠底”，以混合图像，得到的效果如图 8.258 所示。“图层”面板如图 8.259 所示。

12．在“图层”面板底部单击“添加图层蒙版”按钮 为“图层 1”添加蒙版，设置前景色为黑色，选择“画笔工具” ，在其工具选项条中设置适当的画笔大小及不透明度，在图层蒙版中进行涂抹，以将画面中的图像渐隐，直至得到如图 8.260 所示的效果，此时蒙版中的状态如图 8.261 所示。“图层”面板如图 8.262 所示。

图 8.255 选择“查找边缘”命令

图 8.256 应用“查找边缘”命令后的效果

图 8.257 应用“去色”命令后的效果

图 8.258 设置混合模式后的效果

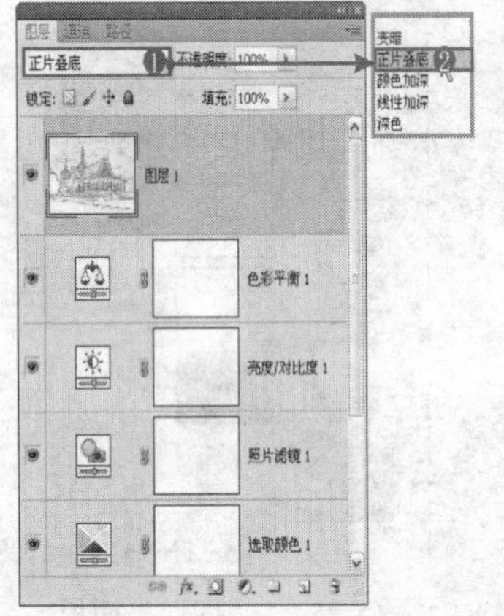

图 8.259 “图层”面板

图 8.260 添加图层蒙版后的效果

图 8.261 蒙版中的状态

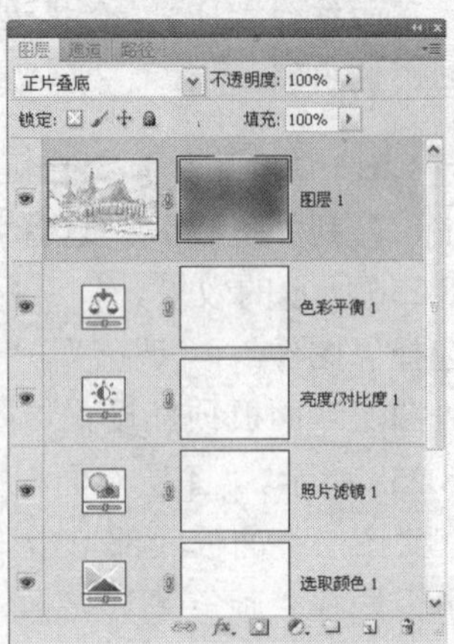

图 8.262 “图层”面板

提示：下面结合盖印以及“智能锐化”命令，对整体图像进行锐化处理，以显示出更多的图像细节。

13．按 Ctrl+Alt+Shift+E 组合键执行“盖印”操作，从而将当前所有可见的图像合并至一个新图层中，得到“图层 2”。

14．选择“滤镜”|“锐化”|“智能锐化”命令，设置弹出的对话框如图 8.263 所示，单击“确定”按钮退出对话框，如图 8.264 所示为应用“智能锐化”命令前后局部对比效果。

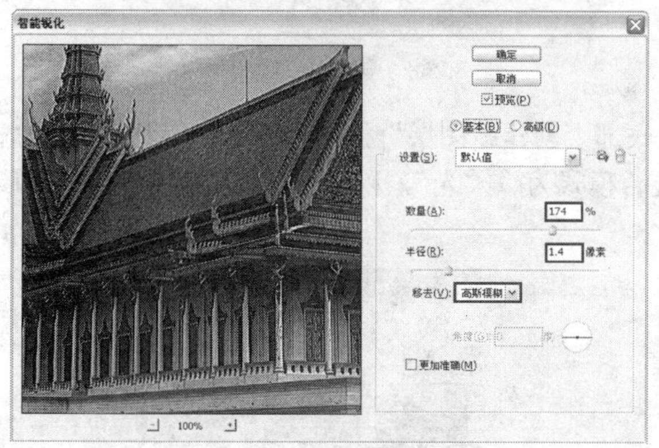

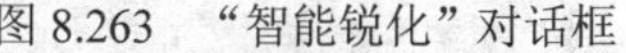

图 8.263　“智能锐化”对话框

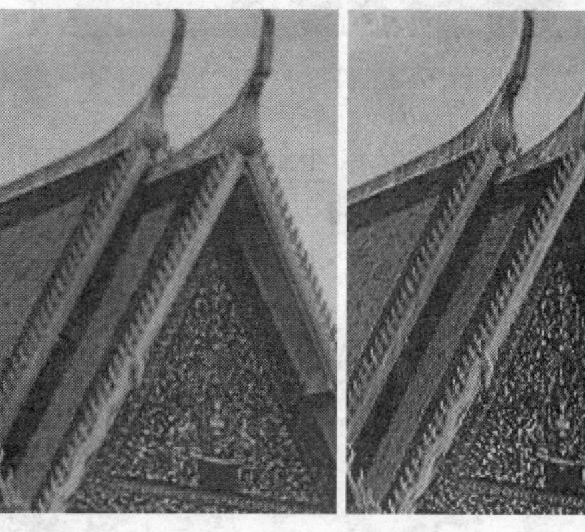

图 8.264　应用“智能锐化”命令前后局部对比效果

提示：下面结合复制图层、“动感模糊”命令、图层蒙版以及混合模式的功能，制作动感效果，增强场景的氛围。

15．将“图层 2”拖至“图层”面板底部“创建新图层”按钮上，得到“图层 2 副本”。选择“滤镜”|“模糊”|“动感模糊”命令，设置弹出的对话框如图 8.265 所示，单击“确定”按钮退出对话框，得到如图 8.266 所示的效果。

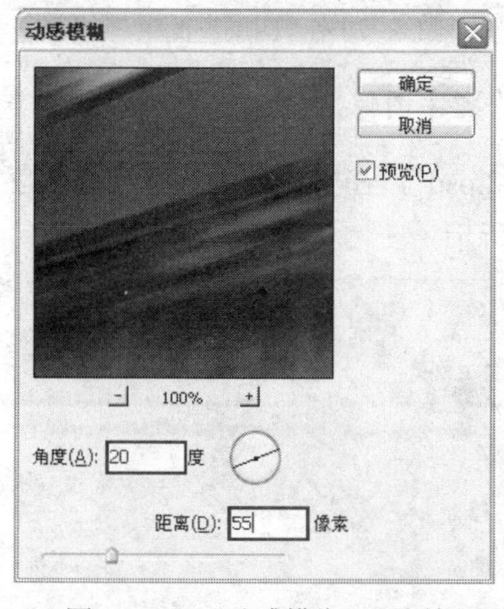

图 8.265　“动感模糊”对话框

图 8.266　应用“动感模糊”命令后的效果

16．按照第 12 步的操作方法为“图层 2 副本”添加蒙版，应用“画笔工具”在蒙版中进行涂抹，以将除四周以外的图像渐隐，得到的效果如图 8.267 所示。此时蒙版中的状态如图 8.268 所示。

图 8.267　添加图层蒙版后的效果

图 8.268　蒙版中的状态

17．将“图层 2 副本”拖至“图层”面板底部“创建新图层”按钮 上，得到“图层 2 副本 2”。在“图层”面板顶部设置此图层的混合模式为“柔光”，以混合图像，得到的效果如图 8.269 所示。“图层”面板如图 8.270 所示。

图 8.269　复制及设置混合模式后的效果

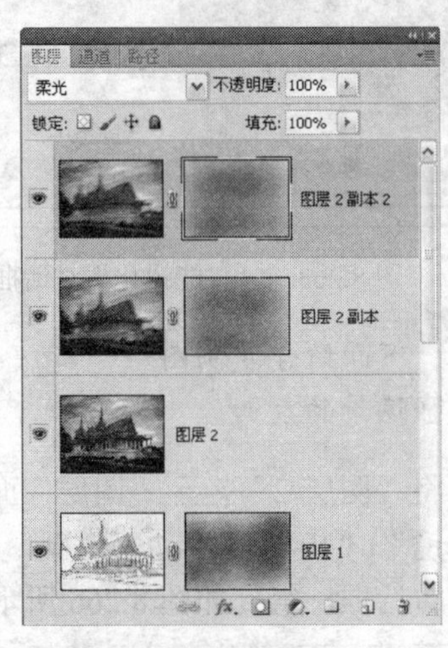

图 8.270　“图层”面板

提示：下面结合素材图像以及图层样式的功能，制作文字图像。

18．打开随书所附光盘中的文件“第 8 章\8.14-素材 2.psd”，在工具箱中选择“移动工具” ，将文字图像拖至上一步制作的文件中，如图 8.271 所示。

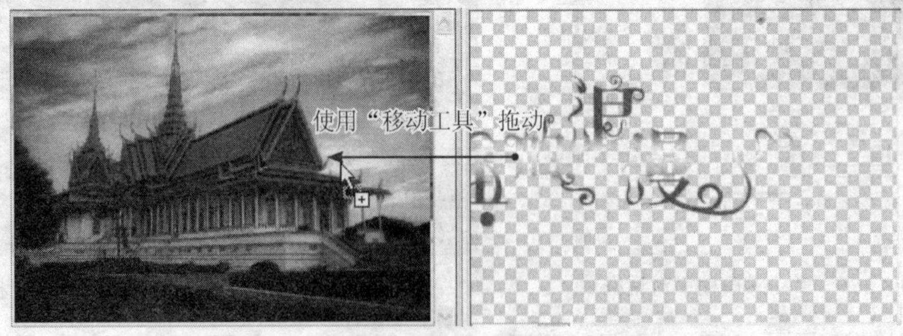

图 8.271　移动图像

19．释放鼠标后，再次使用“移动工具” 调整图像的位置（右下方），如图 8.272 所示。同时得到“图层 3”。“图层”面板如图 8.273 所示。

图 8.272　调整文字位置

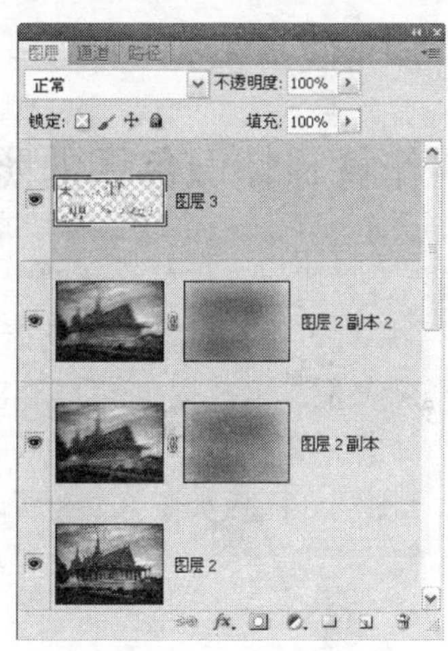

图 8.273　“图层”面板

20．在“图层”面板底部单击“添加图层样式”按钮 fx.，在弹出的菜单中选择“渐变叠加”命令，设置弹出的对话框如图 8.274 所示，单击“确定”按钮退出对话框，得到的最终效果如图 8.275 所示。“图层”面板如图 8.276 所示。

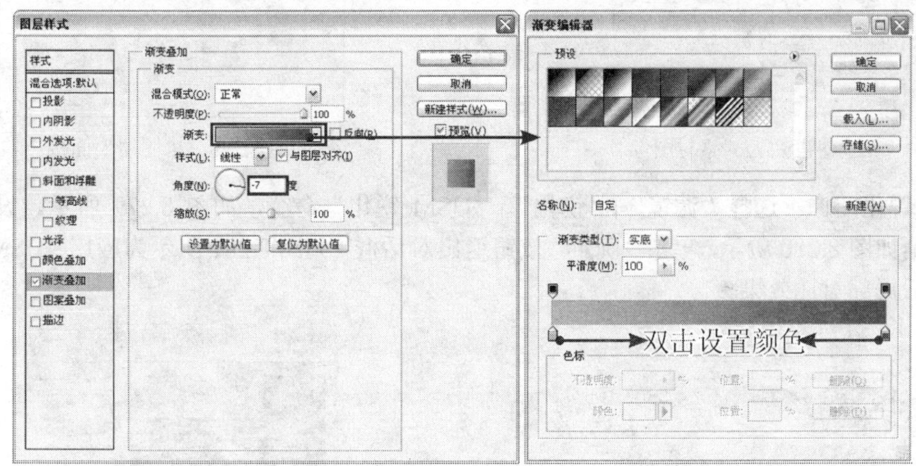

图 8.274　“渐变叠加”对话框

图 8.275　最终效果

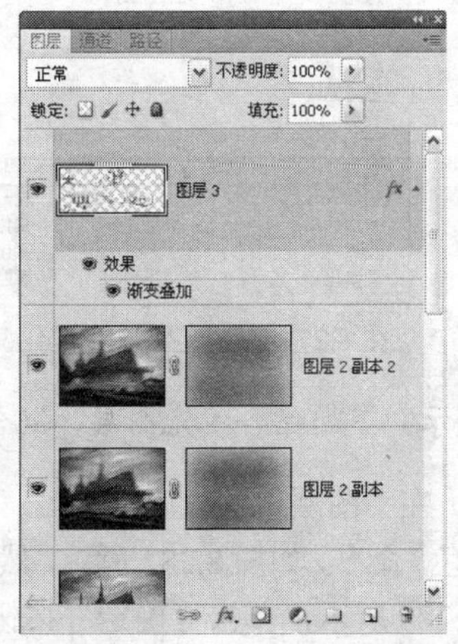

图 8.276　“图层”面板

提示：在“渐变编辑器”对话框中，渐变类型为“从 e3ca5c 到 6d342e”。

8.15 制作黄绿怀旧色调的照片

本例主要讲解如何制作黄绿怀旧色调的照片。在制作的过程中，主要结合了填充图层、调整图层、图层属性以及图层蒙版等功能。

1．打开本书配套素材提供的“第 8 章\8.15-素材.JPG”，将看到整个图片如图 8.277 所示。

2．将“背景”图层拖至“图层”面板底部“创建新图层”按钮 上，得到“背景 副本”图层。此时“图层”面板如图 8.278 所示。

图 8.277 素材图像

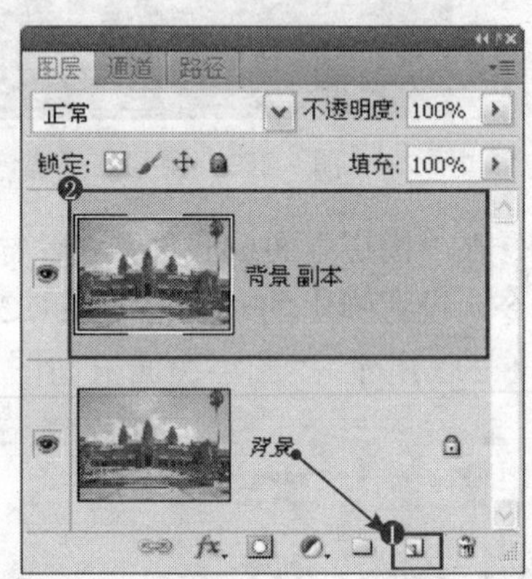

图 8.278 “图层”面板

3．锐化图像。选择“滤镜”|“锐化”|“USM 锐化”命令，如图 8.279 所示。设置弹出的对话框如图 8.280 所示，单击“确定”按钮退出对话框，如图 8.281 所示为应用“USM 锐化”命令前后局部对比效果。

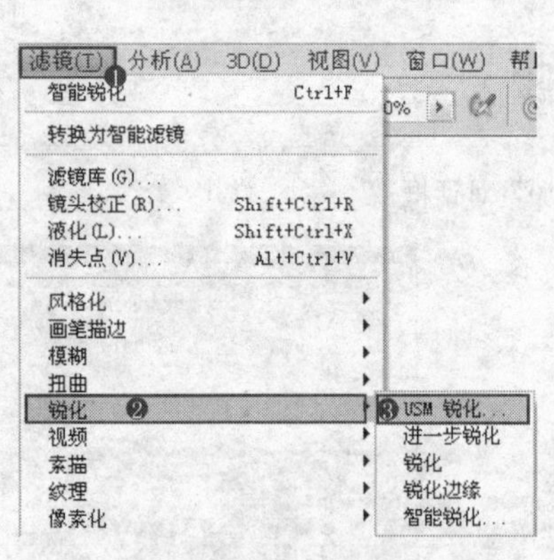

图 8.279 选择“USM 锐化”命令

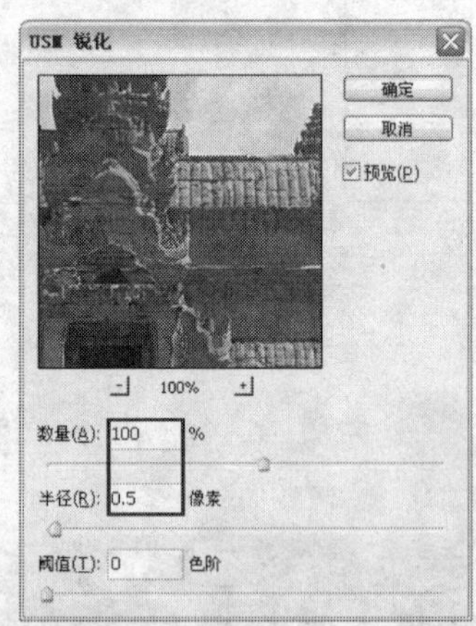

图 8.280 “USM 锐化”对话框

提示：下面结合填充图层、混合模式以及调整图层的功能，调整图像的色彩。

4．在“图层”面板底部单击“创建新的填充或调整图层”按钮 ，在弹出的菜单中选择“纯色”命令，如图 8.282 所示，然后在弹出的“拾取实色”对话框中设置其颜色值为 0c0056，如图 8.283 所示，单击“确定”按钮退出对话框，得到如图 8.284 所示的效果，同时得到“颜色填充 1”图层。

图 8.281 应用“USM 锐化”命令前后局部对比效果

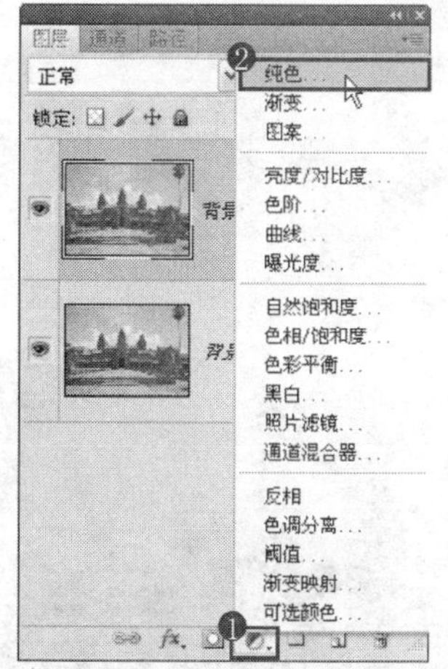

图 8.282 选择“纯色”命令

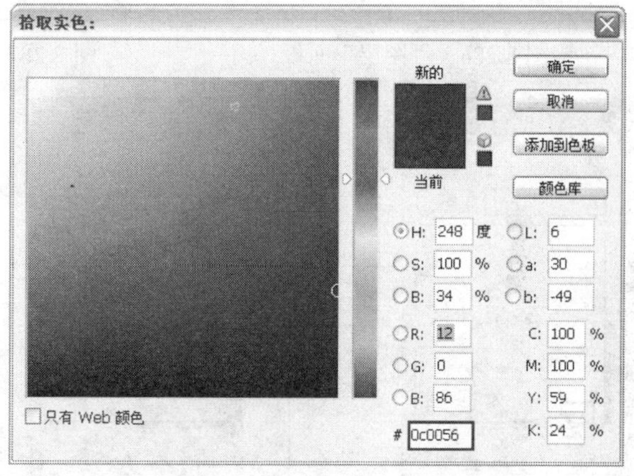

图 8.283 “拾取实色”对话框

5．在“图层”面板顶部设置“颜色填充 1”的混合模式为“排除”，以混合图像，得到的效果如图 8.285 所示。“图层”面板如图 8.286 所示。

图 8.284 应用“纯色”命令后的效果

图 8.285 设置混合模式后的效果

6．在“图层”面板底部单击“创建新的填充或调整图层”按钮 ，在弹出的菜单中选择“曲线”命令，得到“曲线 1”图层，设置弹出的面板如图 8.287～图 8.290 所示，得到如图 8.291 所示的效果。

7．在“图层”面板底部单击“创建新的填充或调整图层”按钮 ，在弹出的菜单中选择“照片滤镜”命令，得到“照片滤镜 1”图层，设置弹出的面板如图 8.292 所示，得到如图 8.293 所示的效果。“图层”面板如图 8.294 所示。

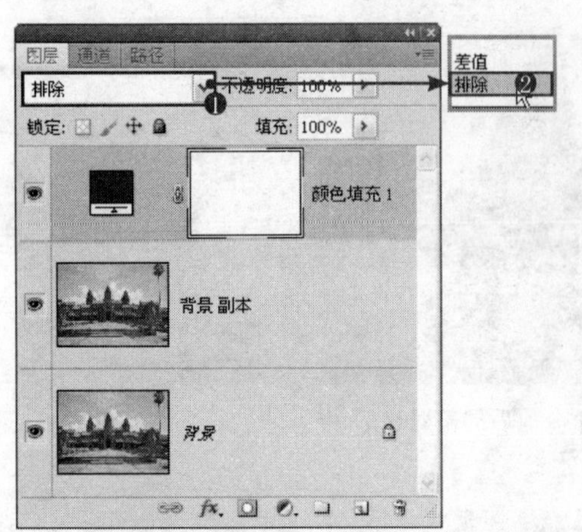

图 8.286 “图层”面板

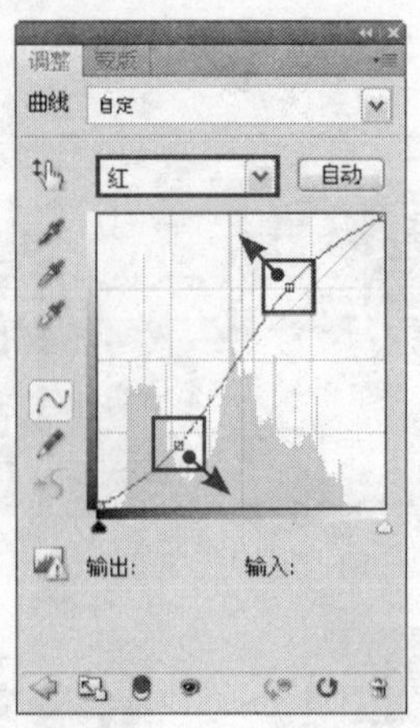

图 8.287 “红”面板

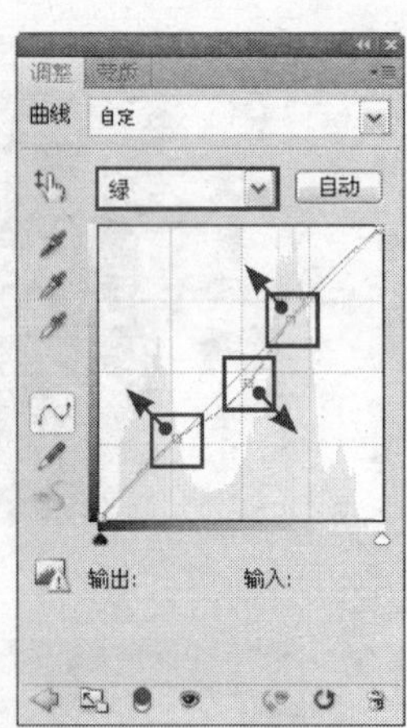

图 8.288 “绿”面板

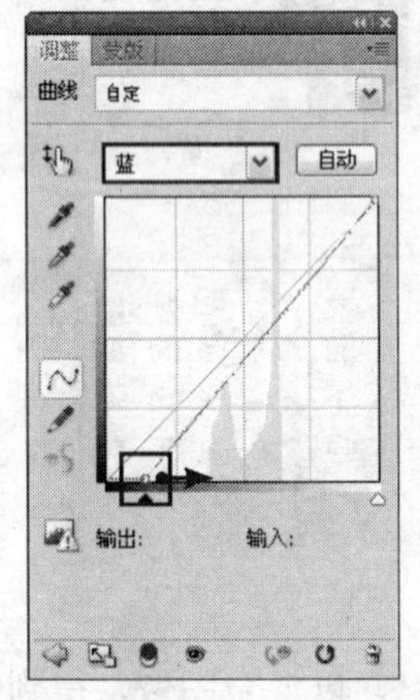

图 8.289 “蓝”面板

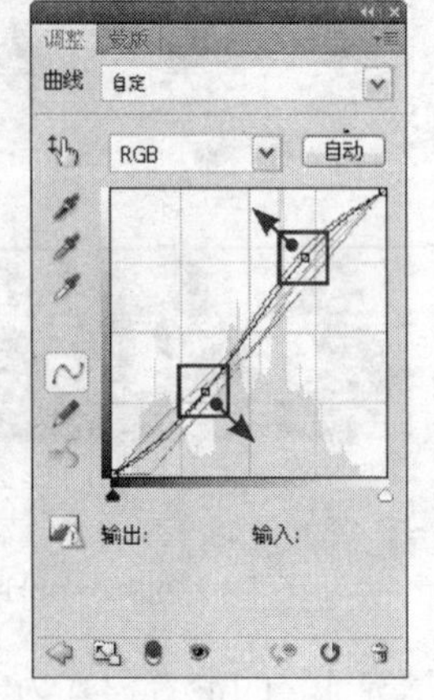

图 8.290 “RGB”面板

图 8.291 应用“曲线”命令后的效果

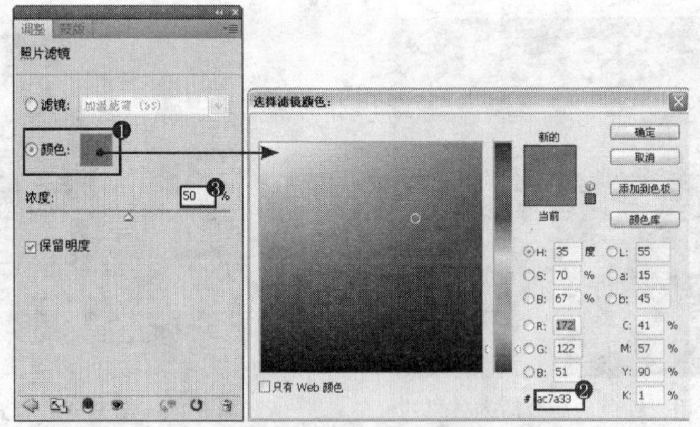

图 8.292 “照片滤镜”面板

提示：下面结合盖印、图层属性以及填充（调整）图层等功能，模拟更加逼真的黄绿怀旧色调效果。

8．按 Ctrl+Alt+Shift+E 组合键执行“盖印”操作，从而将当前所有可见的图像合并至一个新图层中，得到“图层 1”。在“图层”面板顶部设置此图层的混合模式为“柔光”，以混合图像，得到的效果如图 8.295 所示。

图 8.293　应用“照片滤镜”命令后的效果

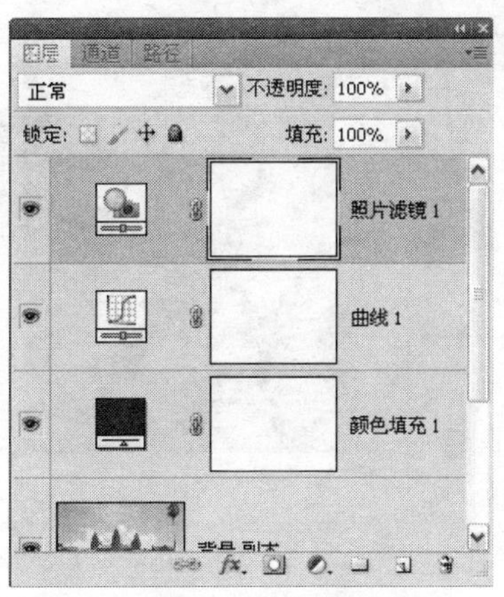

图 8.294　“图层”面板

9．在“图层”面板底部单击“创建新的填充或调整图层”按钮，在弹出的菜单中选择“纯色”命令，然后在弹出的“拾取实色”对话框中设置其颜色值为 323232，单击“确定”按钮退出对话框，得到如图 8.296 所示的效果，同时得到“颜色填充 2”图层。

图 8.295　盖印及设置混合模式后的效果

图 8.296　应用“纯色”命令后的效果

10．在“图层”面板顶部设置“颜色填充 2”的混合模式为“柔光”，不透明度为 80%，以混合图像，得到的效果如图 8.297 所示。“图层”面板如图 8.298 所示。

图 8.297　设置图层属性后的效果

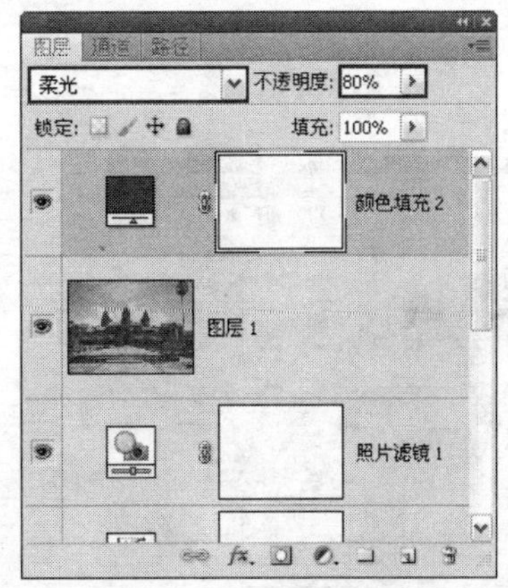

图 8.298　“图层”面板

11．选中“颜色填充 2”图层蒙版缩览图，在工具箱中设置前景色为黑色，如图 8.299 所示。选择“画笔工具”，设置其工具选项条如图 8.300 所示。

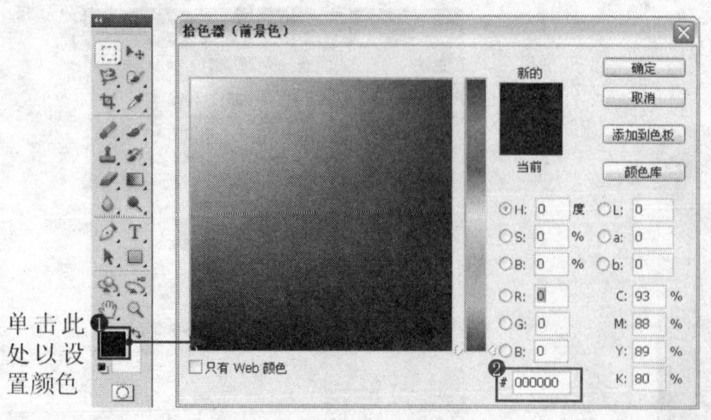

图 8.299　设置前景色

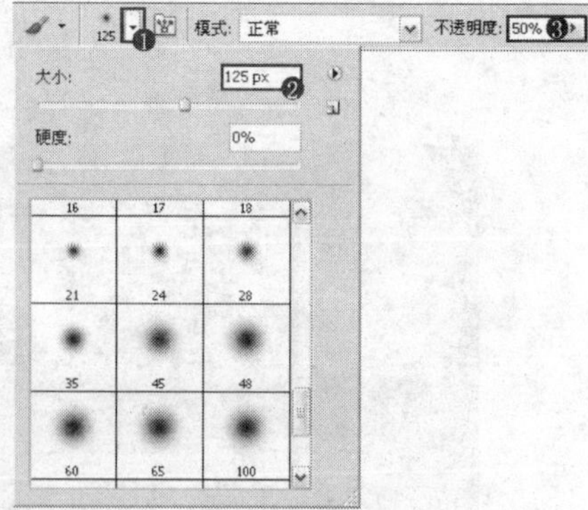

图 8.300　设置工具选项条

12．应用设置好的画笔在“颜色填充 2”图层蒙版中进行涂抹，以将建筑及台阶区域的效果隐藏，得到的效果如图 8.301 所示。此时蒙版中的状态如图 8.302 所示。“图层”面板如图 8.303 所示。

图 8.301　编辑蒙版后的效果

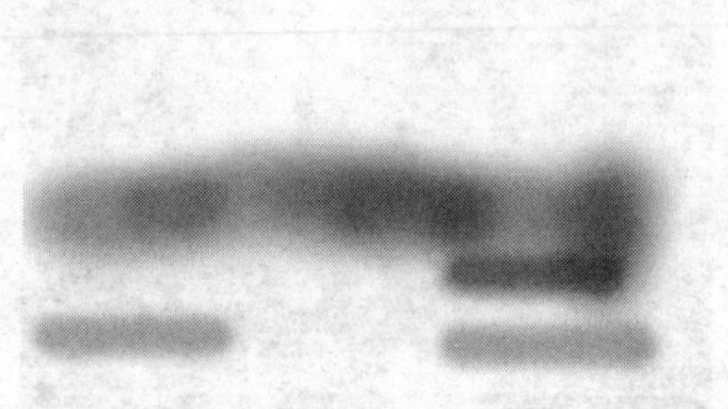

图 8.302　蒙版中的状态

13．在“图层”面板底部单击“创建新的填充或调整图层”按钮 ，在弹出的菜单中选择“色彩平衡”命令，得到“色彩平衡 1”图层，设置弹出的面板如图 8.304 和图 8.305 所示，得到如图 8.306 所示的效果。

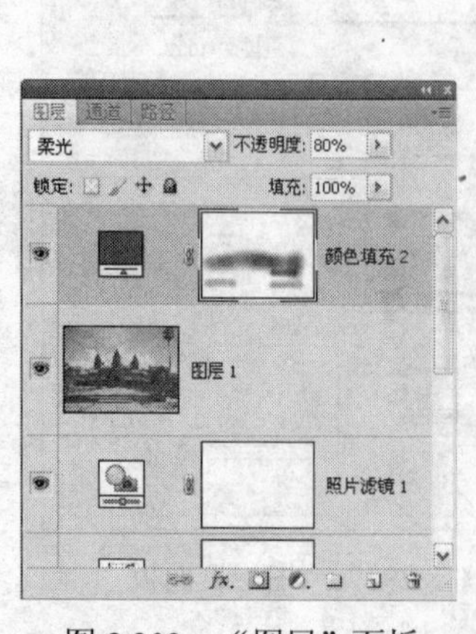

图 8.303　“图层”面板

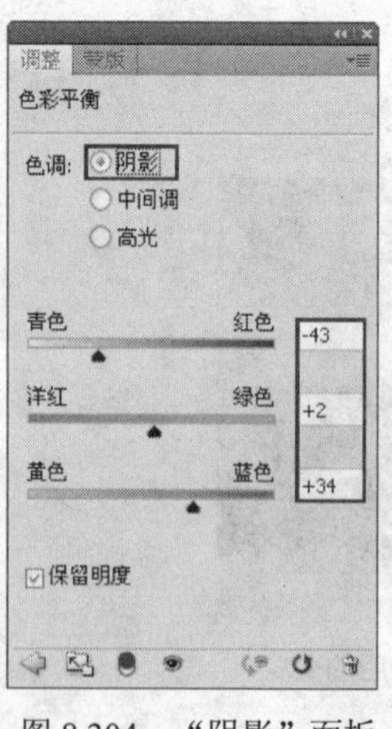

图 8.304　“阴影”面板

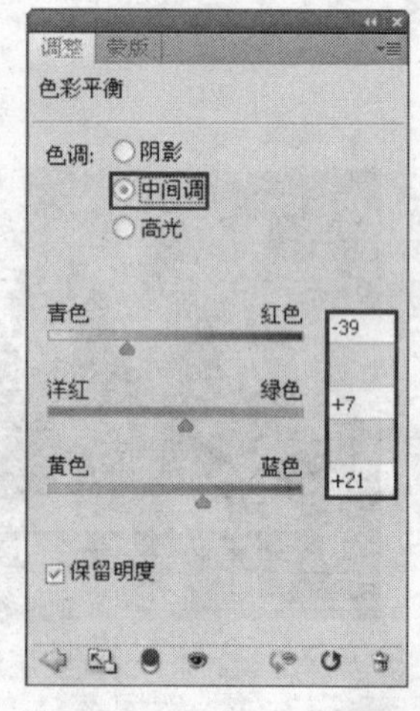

图 8.305　“中间调”面板

14．在“图层”面板顶部设置“色彩平衡 1”的混合模式为“点光”，不透明度为 50%，以混合图像，得到的最终效果如图 8.307 所示。“图层”面板如图 8.308 所示。

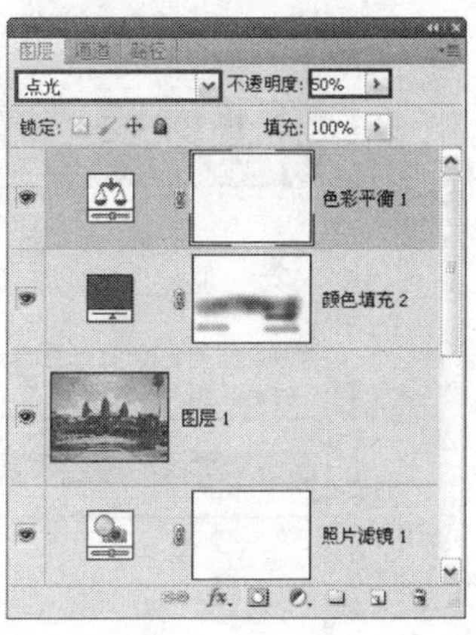

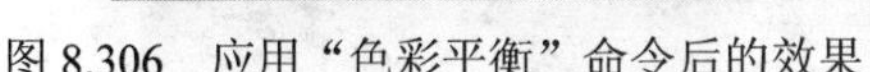

图 8.306　应用“色彩平衡”命令后的效果　　图 8.307　最终效果　　图 8.308　“图层”面板

8.16　制作超现实主义风格特效

本例主要讲解如何制作超现实主义风格的特效作品。在制作的过程中，主要结合了“渐变映射”调整图层、“钢笔工具”、“查找边缘”命令以及图层属性等功能。

1．打开本书配套素材提供的“第 8 章\8.16-素材.jpg”，将看到整个图片如图 8.309 所示。

提示：下面利用“渐变映射”调整图层调整整体的色彩。

2．在“图层”面板底部单击“创建新的填充或调整图层”按钮，在弹出的菜单中选择“渐变映射”命令，如图 8.310 所示。得到“渐变映射 1”图层。

图 8.309　素材图像

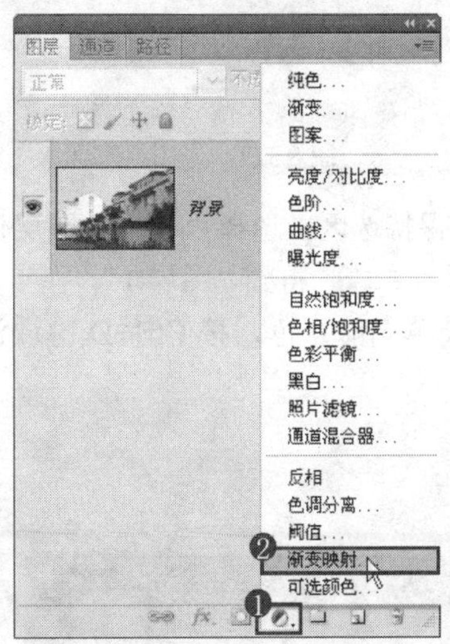

图 8.310　选择“渐变映射”命令

3．在弹出的“渐变映射”面板中单击渐变显示框，设置弹出的“渐变编辑器”对话框如图 8.311 所示，单击“确定”按钮退出对话框，得到如图 8.312 所示的效果。“图层”面板如图 8.313 所示。

提示：在“渐变编辑器”对话框中，渐变类型各色标值从左至右分别为 181801、979400 和 e0fffc。下面结合结合选区以及填充功能，改变天空的颜色。

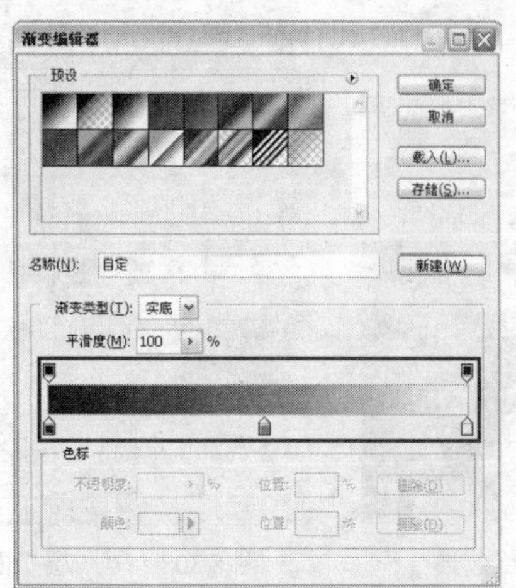

图 8.311 “渐变编辑器”对话框

图 8.312 应用“渐变映射”命令后的效果

4．在工具箱中选择“钢笔工具”，并在其工具选项条中选择“路径”按钮以及“添加到路径区域”按钮，沿着天空的轮廓绘制路径，如图 8.314 所示。按 Ctrl+Enter 组合键将路径转换为选区，如图 8.315 所示。

图 8.313 “图层”面板

图 8.314 绘制路径

5．保持选区，选择“背景”图层作为当前的工作层，在“图层”面板底部单击“创建新图层”按钮，得到“图层 1”，在工具箱中设置前景色为 91990e，如图 8.316 所示。按 Alt+Delete 键填充前景色，按 Ctrl+D 键取消选区，得到图 8.317 所示的效果。“图层”面板如图 8.318 所示。

图 8.315 将路径转换为选区

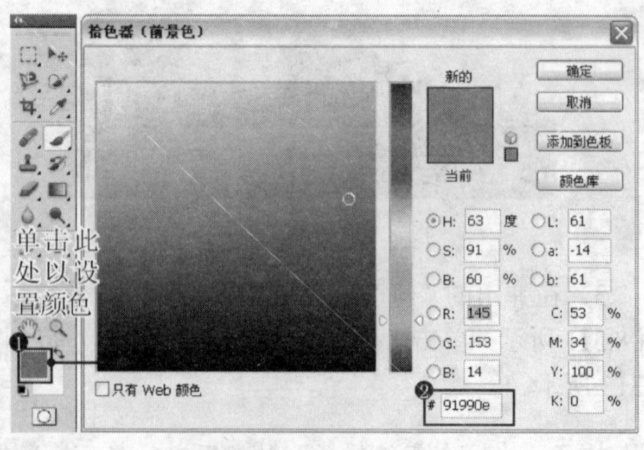

图 8.316 设置前景色

图 8.317　填充颜色后的效果

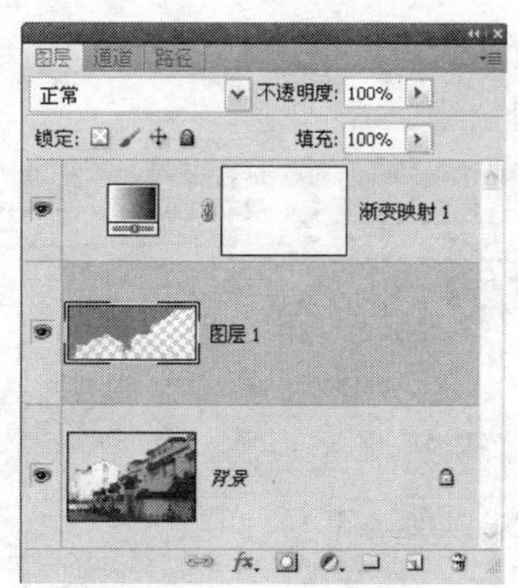

图 8.318　“图层”面板

提示： 下面结合复制图层、“查找边缘”命令以及图层属性等功能，勾画出图像的轮廓。

6．将“背景”图层拖至“图层”面板底部“创建新图层”按钮 上，得到“背景 副本”图层，将其拖至所有图层上方。选择“滤镜”|“风格化”|“查找边缘”命令，如图 8.319 所示，得到如图 8.320 所示的效果。

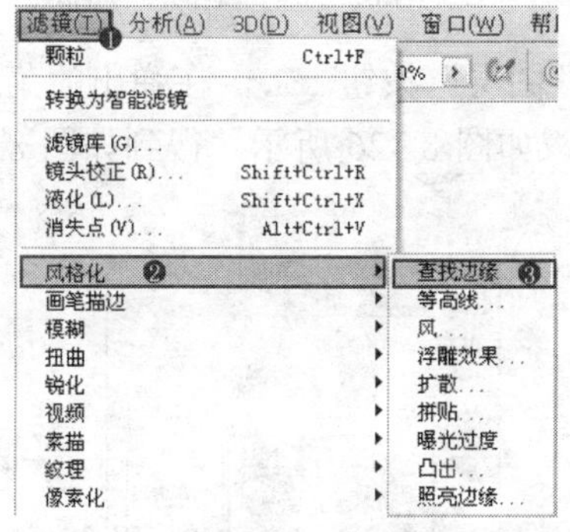

图 8.319　选择“查找边缘”命令

图 8.320　应用“查找边缘”命令后的效果

7．选择“图像”|“调整”|“去色”命令，以去除图像的色彩，得到的效果如图 8.321 所示。在“图层”面板顶部设置“背景 副本”图层的混合模式为“正片叠底”，以混合图像，得到的效果如图 8.322 所示。“图层”面板如图 8.323 所示。

图 8.321　应用“去色”命令后的效果

图 8.322　设置混合模式后的效果

提示： 下面利用“色阶”调整图层调整整体的亮度。

8．在“图层”面板底部单击“创建新的填充或调整图层”按钮 ，在弹出的菜单中选择“色阶”命令，得到“色阶 1”图层，设置弹出的面板如图 8.324 所示，得到如图 8.325 所示的效果。

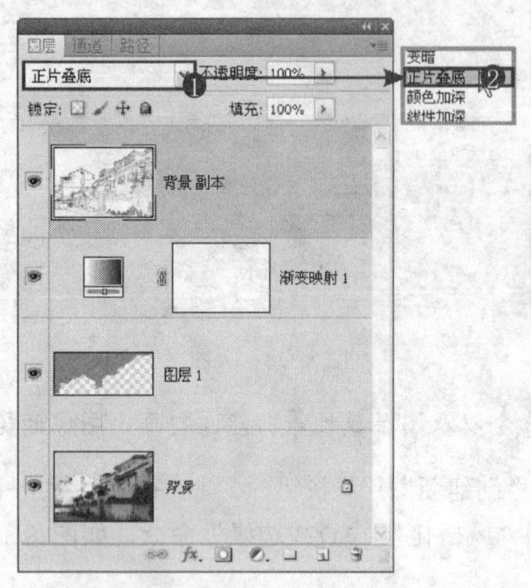

图 8.323 “图层”面板

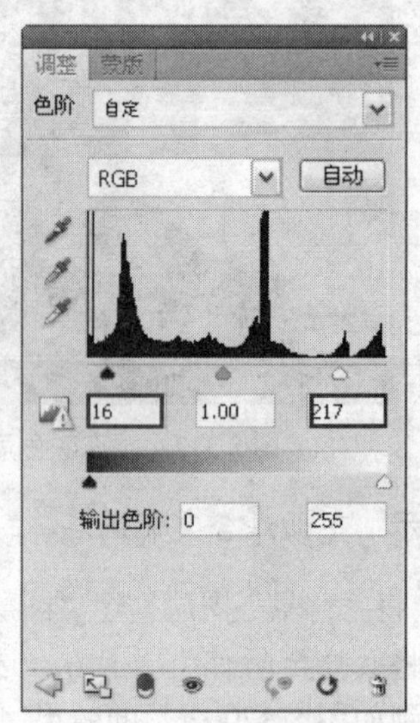

图 8.324 “色阶”面板

9．在“图层”面板底部单击“创建新的填充或调整图层”按钮，在弹出的菜单中选择“色阶”命令，得到“色阶 2”图层，设置弹出的面板如图 8.326 所示，得到如图 8.327 所示的效果。“图层”面板如图 8.328 所示。

图 8.325 应用“色阶”命令后的效果

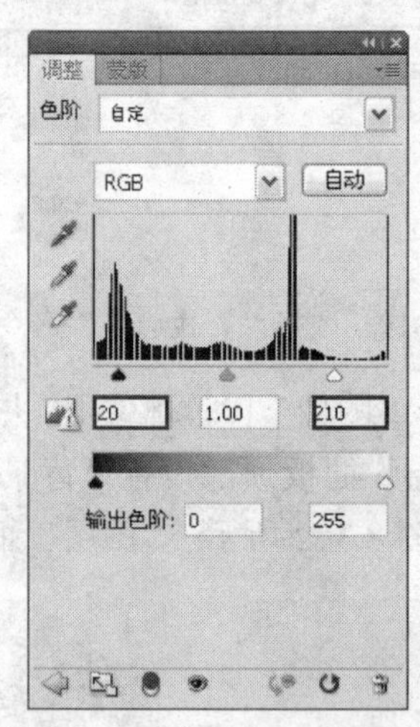

图 8.326 “色阶”面板

提示：至此，超现实主义风格的效果已制作完成。下面制作画面中的文字图像。

10．在工具箱中选择“横排文字工具”，设置前景色的颜色值为黑色，并在其工具选项条上设置适当的字体和字号，在画布的左上方输入文字“乡情”，如图 8.329 所示。并得到相应的文字图层。

11．更改前景色为 e40000，按照上一步的操作方法，输入文字“Love”，如图 8.330 所示。并得到相应的文字图层。

12．在工具箱中设置前景色为黑色，选择“矩形工具”，在工具选项条上选择“形状图层”按钮，在文字“Love”的下方绘制如图 8.331 所示形状，同时得到“形状 1”。

图 8.327　应用“色阶”命令后的效果

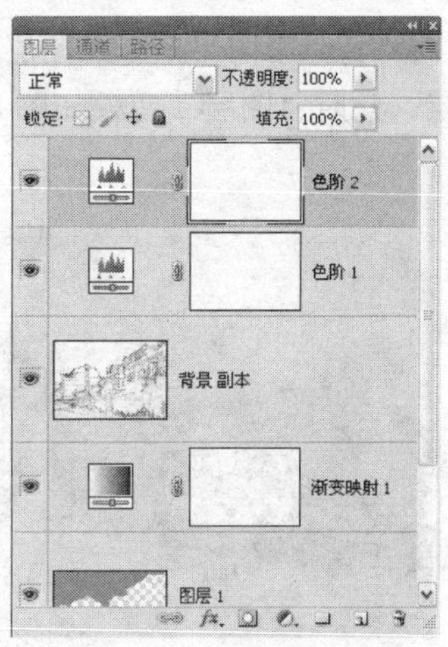

图 8.328　“图层”面板

图 8.329　输入文字

图 8.330　继续输入文字

13．至此，完成本例的操作，最终整体效果如图 8.332 所示。“图层”面板如图 8.333 所示。

图 8.331　绘制形状

图 8.332　最终效果

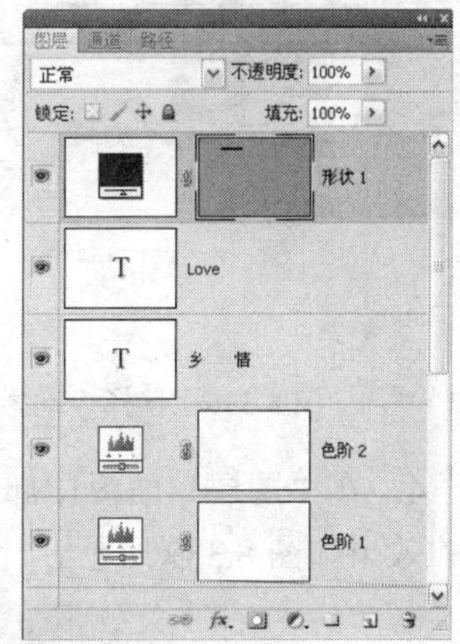

图 8.333　“图层”面板

8.17　制作复古城堡效果

本例主要讲解如何制作复古城堡效果。在制作的过程中，主要结合了滤镜、图层属性、图层蒙版以及填充（调整）图层等功能。

1．打开本书配套素材提供的“第 8 章\8.17-素材.jpg”，将看到整个图片如图 8.334 所示。

2．将“背景”图层拖至“图层”面板底部的“创建新图层”按钮 上，得到“背景 副本”图层，此时“图层”面板如图8.335所示。

图8.334 素材图像

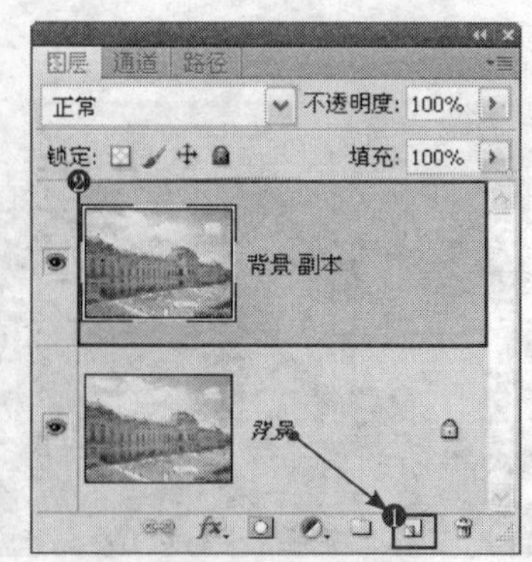

图8.335 “图层”面板

提示：下面结合“动感模糊”命令、混合模式以及图层蒙版的功能，提高图像的亮度、对比度。

3．选择“滤镜”|“模糊”|“动感模糊”命令，如图8.336所示。设置弹出的对话框如图8.337所示，单击“确定”按钮退出对话框，得到如图8.338所示的效果。

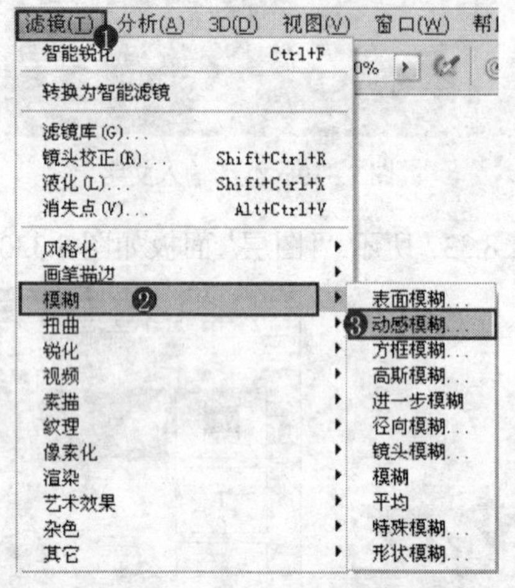

图8.336 选择“动感模糊”命令

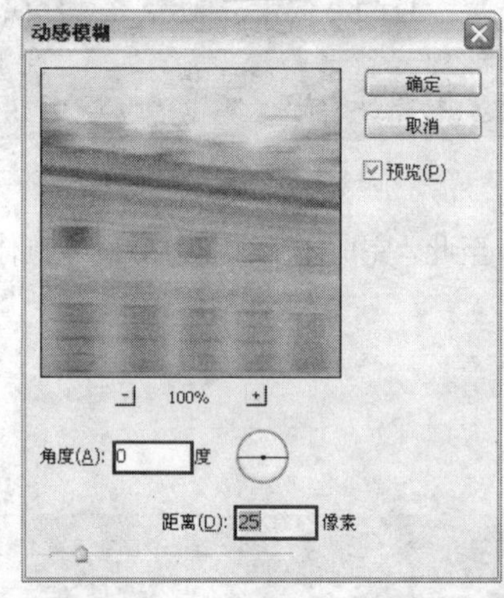

图8.337 “动感模糊”对话框

4．在“图层”面板顶部设置“背景 副本”图层的混合模式为“叠加”，以混合图像，得到的效果如图8.339所示。“图层”面板如图8.340所示。

图8.338 应用“动感模糊”命令后的效果

图8.339 设置混合模式后的效果

5. 在“图层”面板底部单击“添加图层蒙版”按钮 为“背景 副本”图层添加蒙版，在工具箱中设置前景色为黑色，如图 8.341 所示。

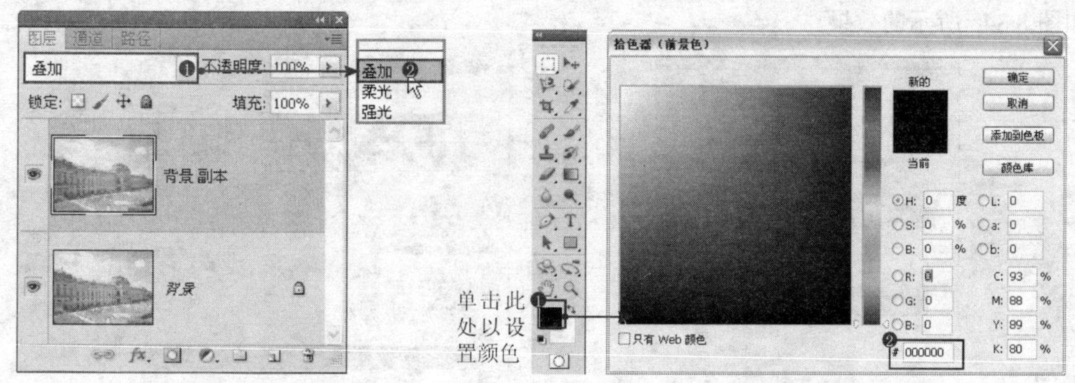

图 8.340 “图层”面板　　图 8.341 设置前景色

6. 在工具箱中选择“画笔工具” ，设置其工具选项条如图 8.342 所示，在“背景 副本”图层蒙版中进行涂抹，以将建筑及地面图像渐隐，直至得到如图 8.343 所示的效果，此时蒙版中的状态如图 8.344 所示。“图层”面板如图 8.345 所示。

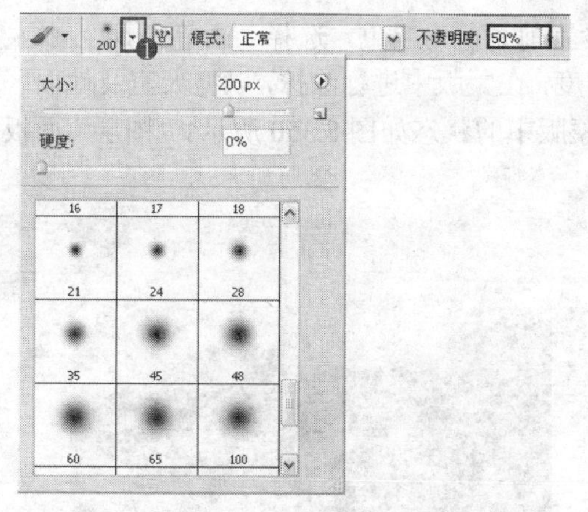

图 8.342 设置工具选项条

图 8.343 添加图层蒙版后的效果

图 8.344 蒙版中的状态

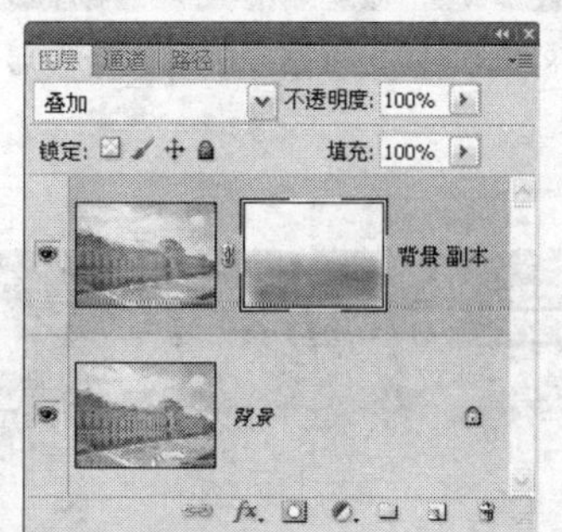

图 8.345 “图层”面板

提示： 下面模拟复古色调。

7. 在“图层”面板底部单击“创建新的填充或调整图层”按钮 ，在弹出的菜单中选择“渐变映射”命令，如图 8.346 所示。得到“渐变映射 1”图层。

8．在弹出的“渐变映射”面板中单击渐变显示框，接着，在弹出的“渐变编辑器”对话框中选择渐变类型为“紫，橙渐变”，如图 8.347 所示。单击“确定”按钮退出对话框，得到如图 8.348 所示的效果。

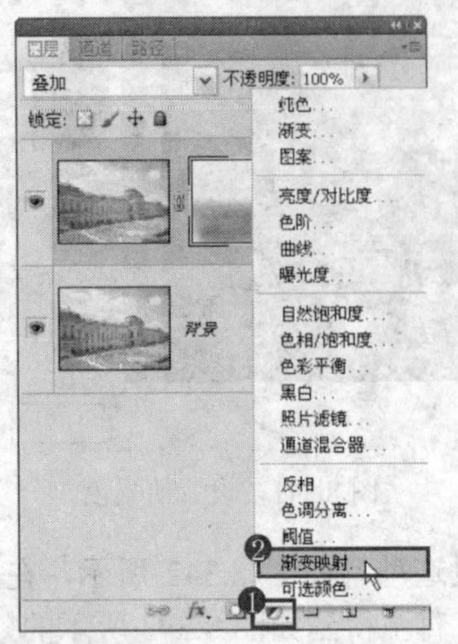

图 8.346 选择“渐变映射”命令

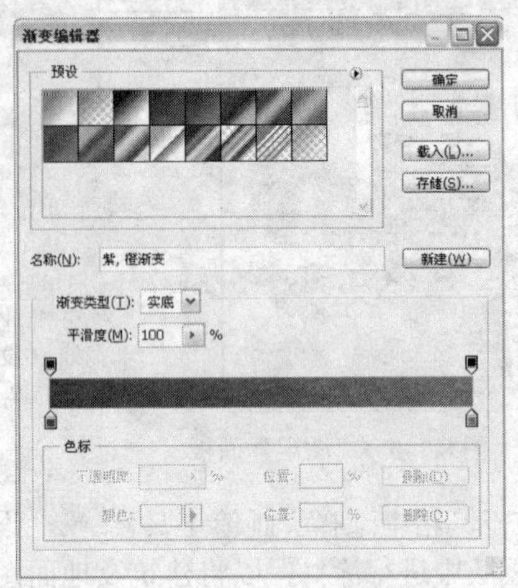

图 8.347 选择适当的渐变类型

9．选中“渐变映射 1”图层蒙版缩览图，设置前景色为黑色，选择“画笔工具”，并在其工具选项条中设置适当的画笔大小及不透明度，在蒙版中进行涂抹，以将天空及地面区域的色彩渐隐，得到的效果如图 8.349 所示。此时蒙版中的状态如图 8.350 所示。“图层”面板如图 8.351 所示。

图 8.348 应用“渐变映射”命令后的效果

图 8.349 编辑蒙版后的效果

图 8.350 蒙版中的状态

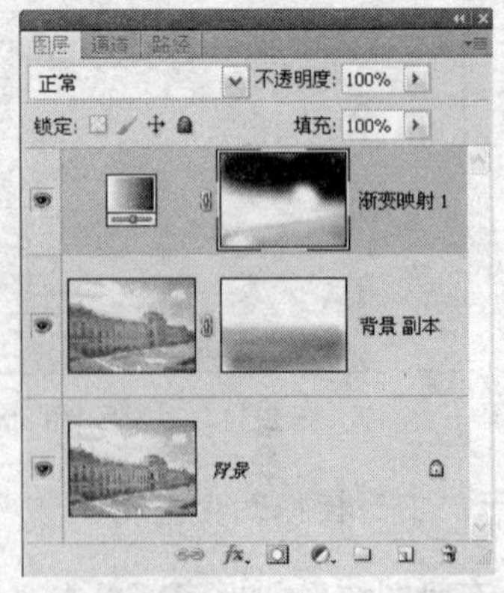

图 8.351 “图层”面板

提示：在涂抹蒙版的过程中，要根据涂抹区域的大小调整画笔的大小及不透明度，并随时更改前景色为黑或白，以得到所需要的图像效果。下面制作杂色效果。

10．在“图层”面板底部单击“创建新图层”按钮，得到“图层 1”。按 D 键将前景色和背景色恢复为默认的黑、白色，选择“滤镜”|“渲染”|“云彩”命令，得到类似如图 8.352 所示的效果。

提示：在应用“云彩”命令时，读者不必刻意追求一样的效果，因为是随机化的。

11．在“图层”面板顶部设置“图层 1”的混合模式为“叠加”，不透明度为 70%，以混合图像，得到的效果如图 8.353 所示。

图 8.352　应用“云彩”命令后的效果

图 8.353　设置图层属性后的效果

12．选择“滤镜”|“杂色”|“添加杂色”命令，设置弹出的对话框如图 8.354 所示，单击“确定”按钮退出对话框，得到如图 8.355 所示的效果。

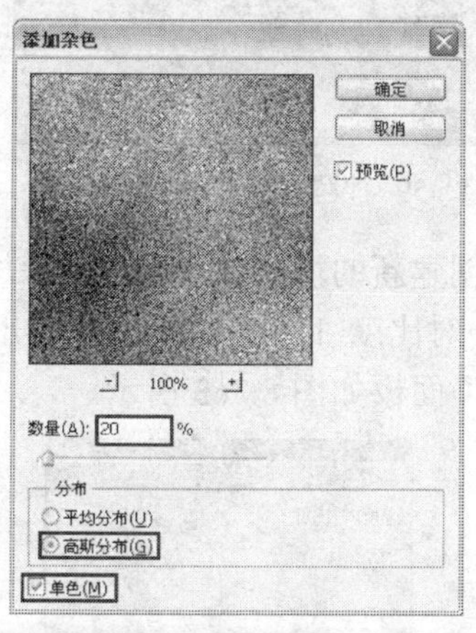

图 8.354　“添加杂色”对话框

图 8.355　应用“添加杂色”命令后的效果

提示：下面结合渐变填充图层以及图层属性的功能，模拟更加逼真的复古效果。

13．在“图层”面板底部单击“创建新的填充或调整图层”按钮，在弹出的菜单中选择“渐变”命令，然后在弹出的“渐变填充”对话框中单击渐变显示框，然后在弹出的“渐变编辑器”对话框中单击右上方的“三角”按钮，在弹出的菜单中选择“协调色 2”命令，如图 8.356 所示。

14．在弹出的提示框中单击“追加”按钮，然后在预设显示框中选择渐变类型为“橙色、黄色、红色”渐变，如图 8.357 所示。

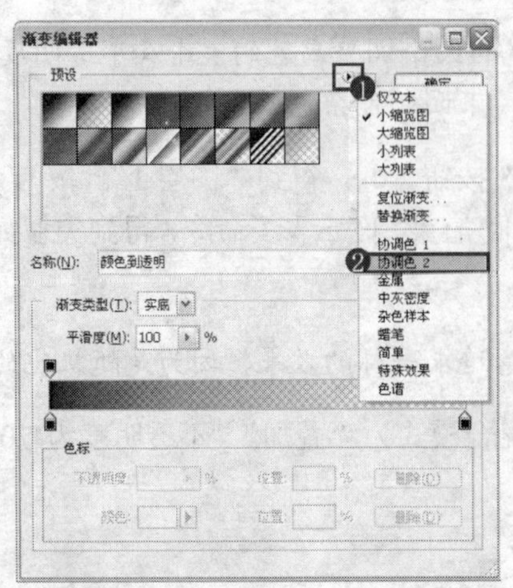
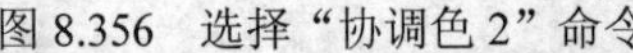

图 8.356 选择"协调色 2"命令

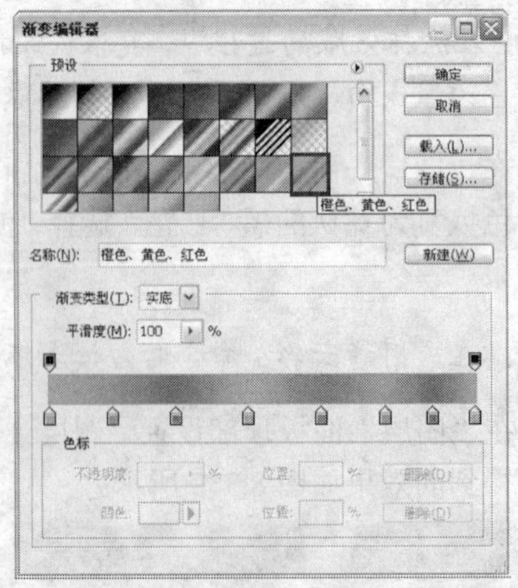

图 8.357 选择适当的渐变类型

15．单击"确定"按钮退出"渐变编辑器"对话框，返回到"渐变填充"对话框，直接单击"确定"按钮退出，得到的效果如图 8.358 所示。同时得到"渐变填充 1"图层。

16．在"图层"面板顶部设置"渐变填充 1"图层的混合模式为"变暗"，不透明度为 80%，以混合图像，得到的效果如图 8.359 所示。"图层"面板如图 8.360 所示。

图 8.358 应用"渐变"命令后的效果

图 8.359 设置图层属性后的效果

17．调整整体对比度。在"图层"面板底部单击"创建新的填充或调整图层"按钮，在弹出的菜单中选择"亮度/对比度"命令，得到"亮度/对比度 1"图层，设置弹出的面板如图 8.361 所示，得到如图 8.362 所示的最终效果。"图层"面板如图 8.363 所示。

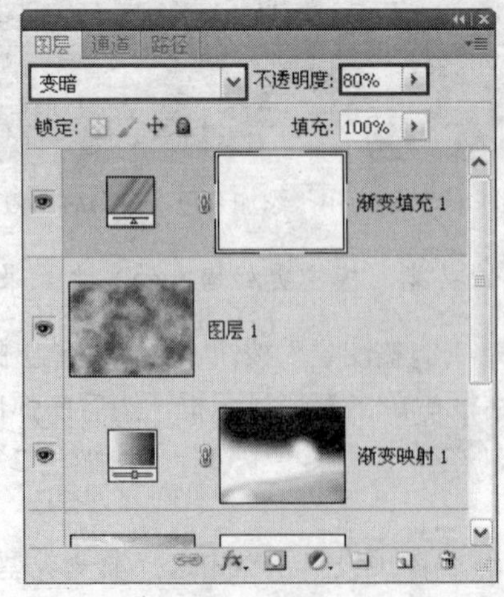

图 8.360 "图层"面板

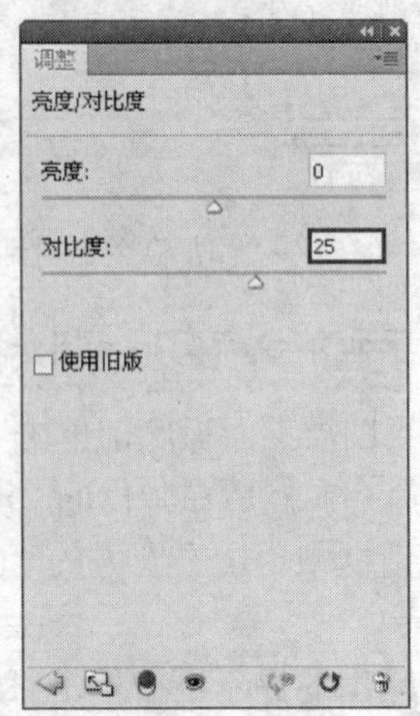

图 8.361 "亮度/对比度"面板

图 8.362　最终效果

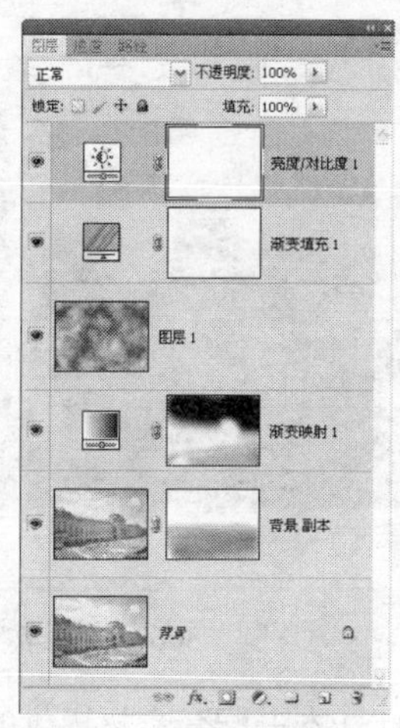

图 8.363　“图层”面板

8.18　制作仿古石刻特效

本例主要讲解如何制作仿古石刻效果。在制作的过程中，主要结合了填充图层、图层属性、滤镜以及图层样式等功能。

1．打开本书配套素材提供的“第 8 章\8.18-素材 1.jpg”，将看到整个图片如图 8.364 所示。

2．在“图层”面板底部单击“创建新的填充或调整图层”按钮 ，在弹出的菜单中选择“纯色”命令，如图 8.365 所示。

图 8.364　素材图像

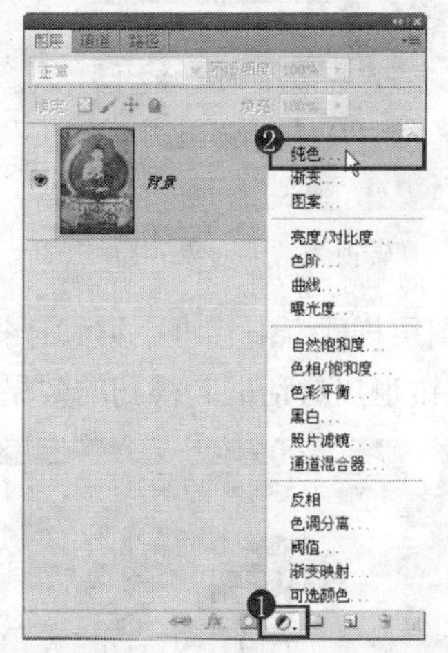

图 8.365　选择“纯色”命令

3．在弹出的“拾取实色”对话框中设置其颜色值为 70592b，如图 8.366 所示，单击“确定”按钮退出对话框，得到如图 8.367 所示的效果。同时得到“颜色填充 1”图层。

4．在“颜色填充 1”图层名称上单击右键，在弹出的菜单中选择“转换为智能对象”命令，如图 8.368 所示，从而将其转换为智能对象图层。

提示：转换为智能对象图层的目的是，在后面将对“颜色填充 1”图层中的图像执行滤镜操作，而智能对象图层则可以记录下所有的参数设置，以便于反复的更改。

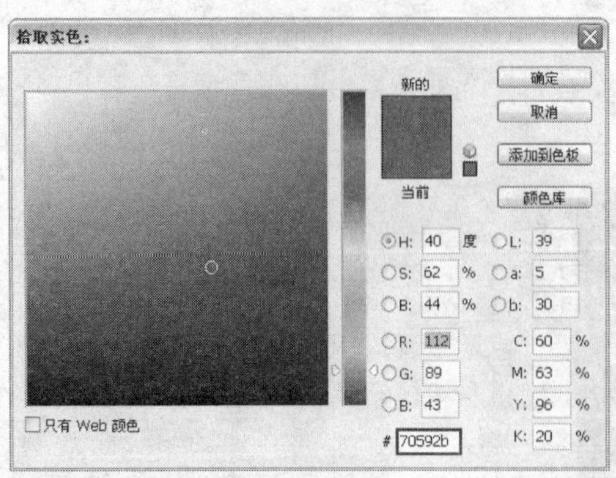

图 8.366　“拾取实色”对话框　　　　图 8.367　应用“纯色”命令后的效果

5．打开本书配套素材提供的“第 8 章\8.18-素材 2.pat”，在“图层”面板底部单击“添加图层样式”按钮 fx.，在弹出的菜单中选择“斜面和浮雕”命令，设置弹出的对话框如图 8.369 所示。

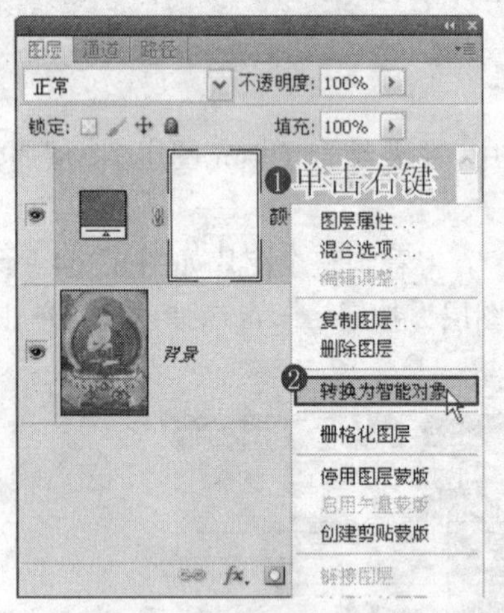

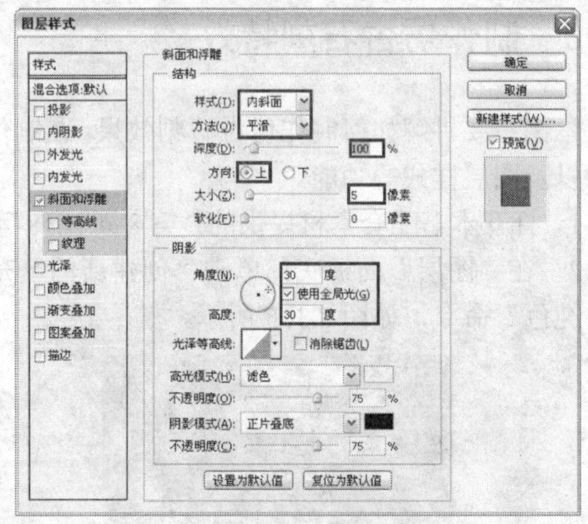

图 8.368　选择“转换为智能对象”命令　　　　图 8.369　“斜面和浮雕”对话框

6．在“图层样式”对话框中继续选择“纹理”选项，设置其对话框如图 8.370 所示。单击“确定”按钮退出对话框。得到的效果如图 8.371 所示。

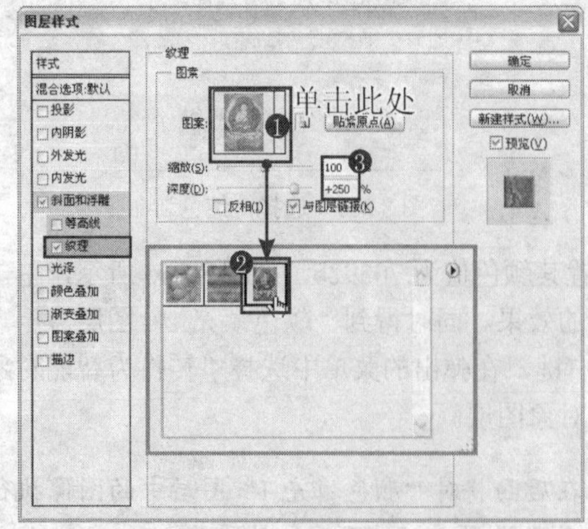

图 8.370　“纹理”对话框　　　　图 8.371　添加图层样式后的效果

提示：本步选择的图案为第 5 步打开的图案。

7．选择“滤镜”|“杂色”|“添加杂色”命令，如图 8.372 所示，设置弹出的对话框如图 8.373 所示，单击“确定”按钮退出对话框，得到如图 8.374 所示的效果。

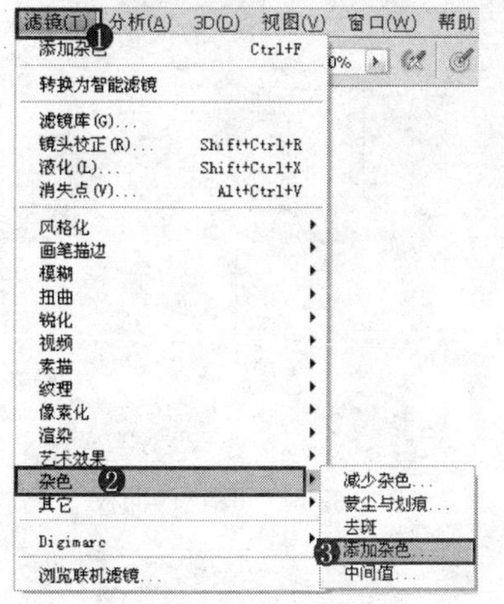

图 8.372　选择“添加杂色”命令

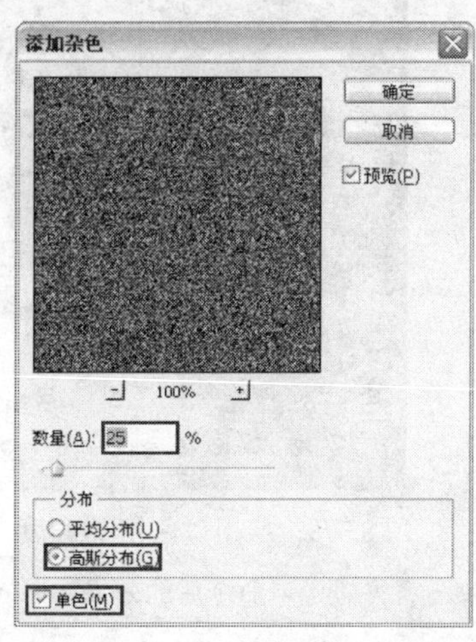

图 8.373　“添加杂色”对话框

图 8.374　应用“添加杂色”命令后的效果

8．选择“滤镜”|“渲染”|“光照效果”命令，设置弹出的对话框如图 8.375 所示，单击“确定”按钮退出对话框，得到如图 8.376 所示的效果。“图层”面板如图 8.377 所示。

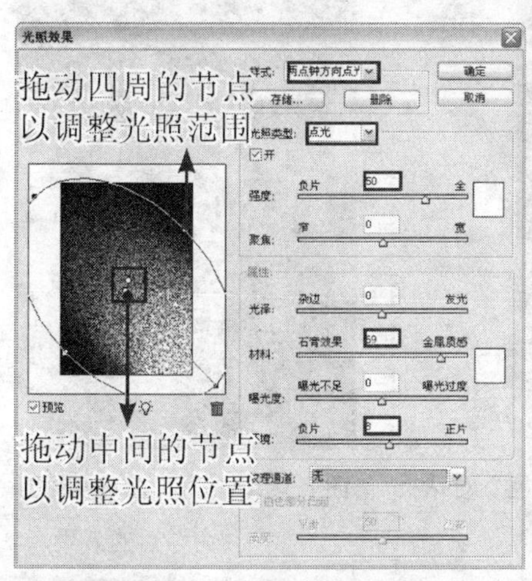

图 8.375　“光照效果”对话框

图 8.376　应用“光照效果”命令后的效果

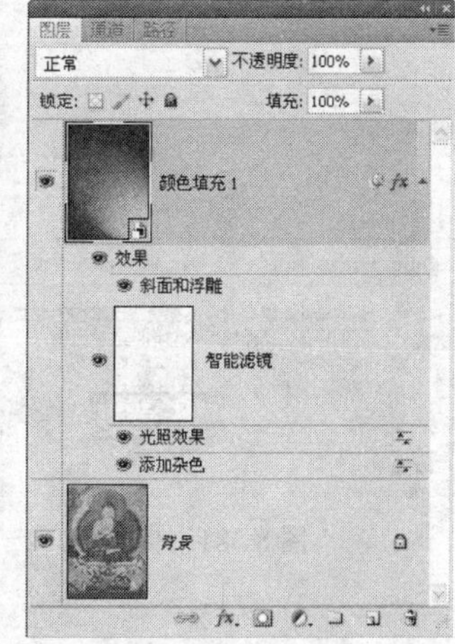

图 8.377　“图层”面板

9．调整色相、饱和度。在“图层”面板底部单击“创建新的填充或调整图层”按钮，在弹出的菜单中选择“色相/饱和度”命令，得到“色相/饱和度 1”图层，设置弹出的面板如图 8.378 所示，得到如图 8.379 所示的效果。

10．选择“颜色填充 1”作为当前的工作层，将其拖至“图层”面板底部“创建新图层”按钮上，得到“颜色填充 1 副本”，并将此图层拖至所有图层上方，此时“图层”面板如图 8.380 所示。

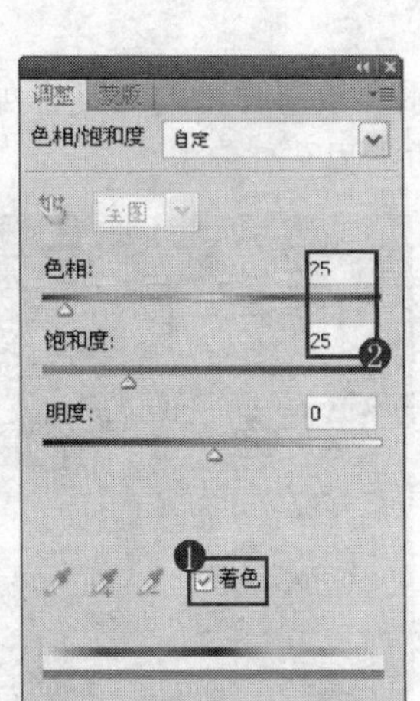

图 8.378 “色相/饱和度”面板

图 8.379 应用“色相/饱和度”命令后的效果

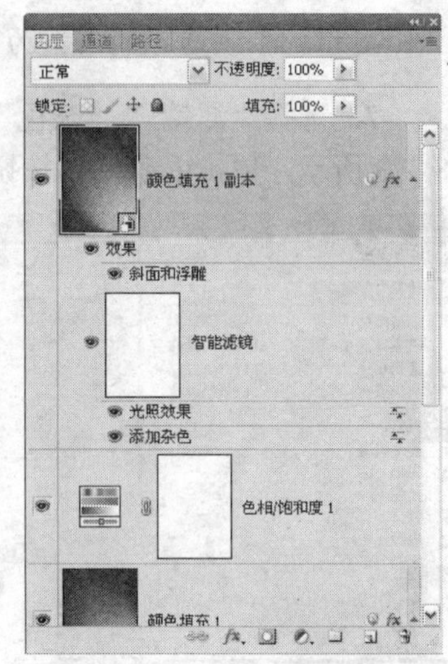

图 8.380 “图层”面板

11．双击“添加杂色”滤镜效果名称，弹出如图 8.381 所示的提示框，单击“确定”按钮退出提示框。然后在弹出的“添加杂色”对话框中，更改“数量”为 15，如图 8.382 所示。单击“确定”按钮退出对话框，得到的效果如图 8.383 所示。

图 8.381 提示框

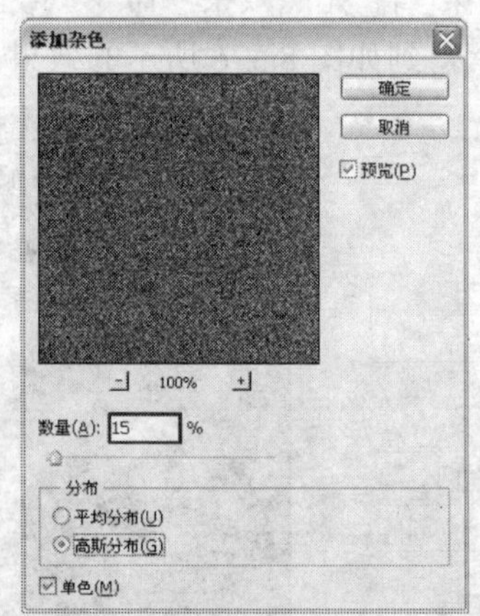

图 8.382 “添加杂色”对话框

图 8.383 应用“添加杂色”命令后的效果

12．双击“光照效果”滤镜效果名称，设置弹出的对话框如图 8.384 所示，单击“确定”按钮退出对话框，得到的效果如图 8.385 所示。

13．双击“斜面和浮雕”图层效果名称，设置弹出的对话框如图 8.386 所示，单击“确定”按钮退出对话框，得到的效果如图 8.387 所示。

14．在“图层”面板顶部设置“颜色填充 1 副本”的混合模式为“叠加”，以混合图像，得到的效果如图 8.388 所示。此时“图层”面板如图 8.389 所示。

15．提亮图像。在“图层”面板底部单击“创建新的填充或调整图层”按钮 ，在弹出的菜单中选择“色阶”命令，得到“色阶 1”图层，设置弹出的面板如图 8.390 所示，得到如图 8.391 所示的最终效果。“图层”面板如图 8.392 所示。

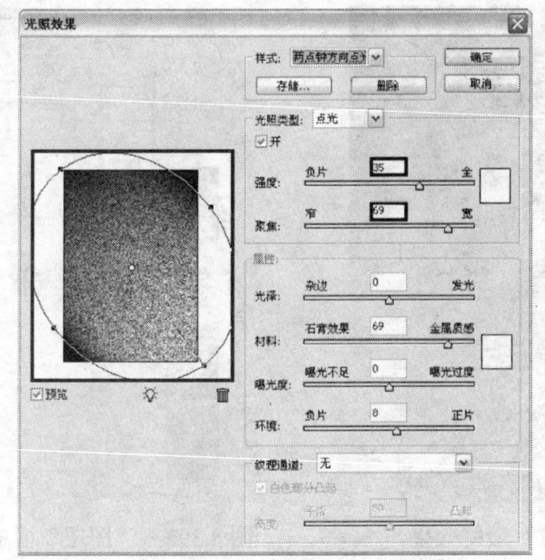

图 8.384　“光照效果”对话框

图 8.385　应用“光照效果”命令后的效果

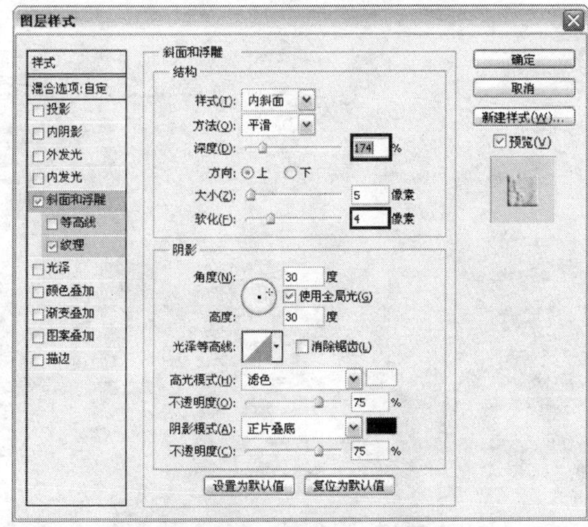

图 8.386　“斜面和浮雕”对话框

图 8.387　更改图层样式后的效果

图 8.388　设置混合模式后的效果

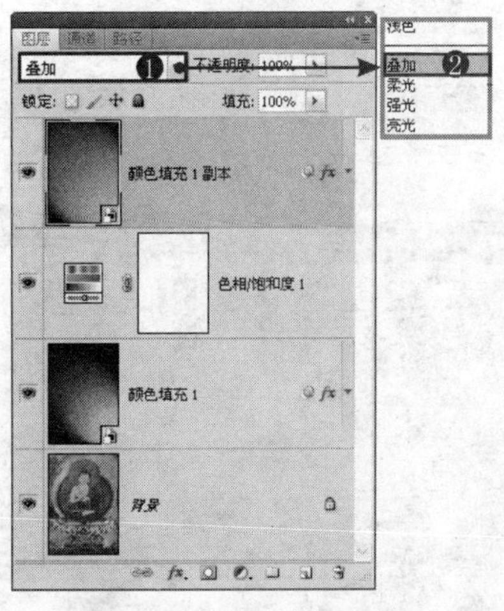

图 8.389　“图层”面板

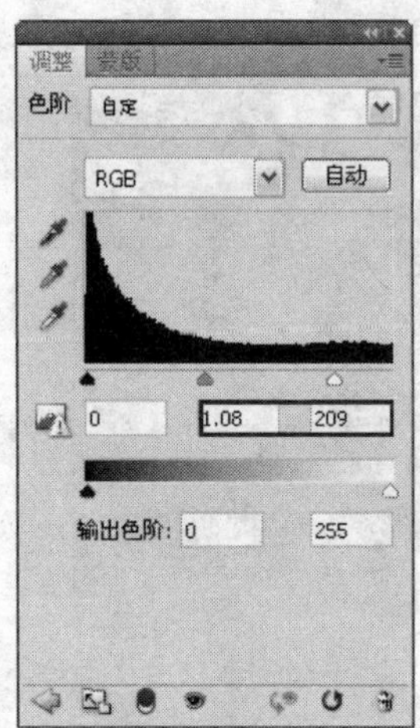

图 8.390 “色阶”面板

图 8.391 最终效果

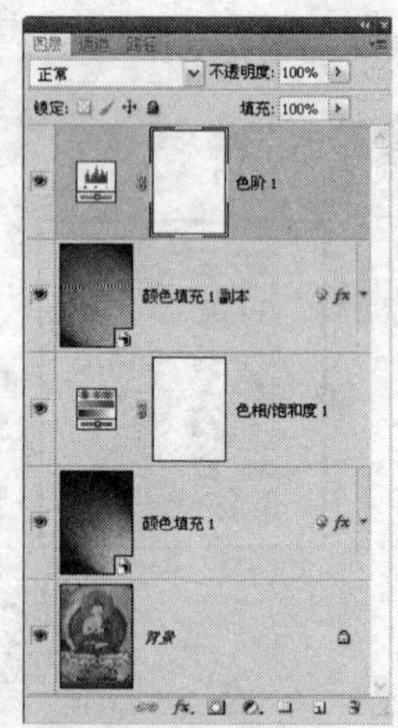

图 8.392 “图层”面板

第 9 章　高超的摄影特技

9.1　动感特效

本例主要讲解如何制作动感效果。在制作的过程中，主要结合了“动感模糊”命令以及图层蒙版的功能。

1．打开本书配套素材提供的“第 9 章\9.1-素材.jpg”，将看到整个图片如图 9.1 所示。

2．将“背景”图层拖至“创建新图层”按钮 上得到“背景 副本”图层，此时“图层”面板如图 9.2 所示。

图 9.1　素材图像

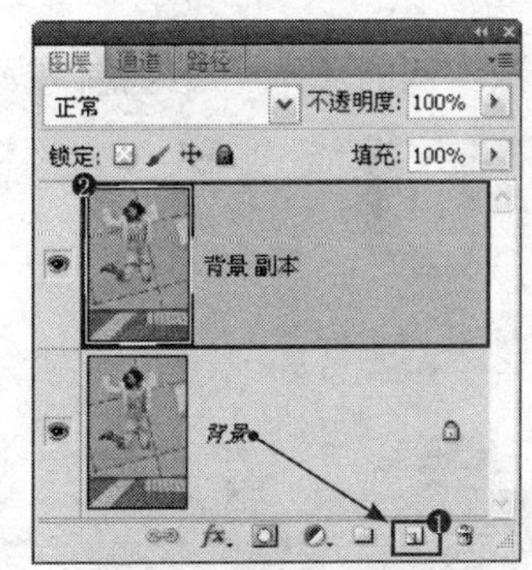

图 9.2　“图层”面板

3．选择“滤镜”|“模糊”|“动感模糊”命令，设置弹出的对话框如图 9.3 所示，单击“确定”按钮退出对话框，得到如图 9.4 所示的效果。

提示：此时，观看图像的整体效果已被模糊，无法看清人物的面部及服饰，下面利用图层蒙版的功能来处理这个问题。

4．在“图层”面板底部单击“添加图层蒙版”按钮 ，为“背景 副本”图层添加蒙版，此时“图层”面板如图 9.5 所示。

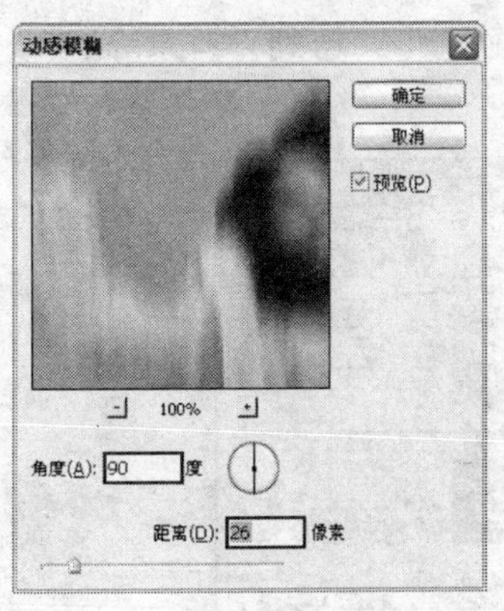

图 9.3　“动感模糊”对话框

图 9.4　应用“动感模糊”命令后的效果

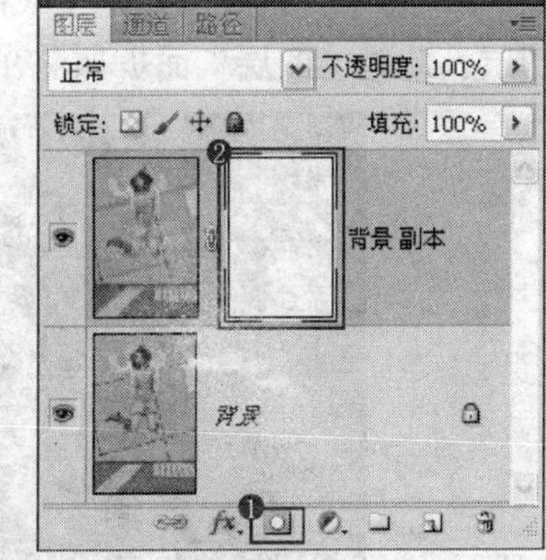

图 9.5　“图层”面板

5．在工具箱中设置前景色为黑色，选择“画笔工具”，并在其工具选项条中设置画笔为“柔角 100 像素”，不透明度为 80%，在人物的面部以及白、灰色衣服上涂抹，直至得到如图 9.6 所示的效果，此时蒙版中的状态如图 9.7 所示。

图 9.6 添加蒙版后的效果

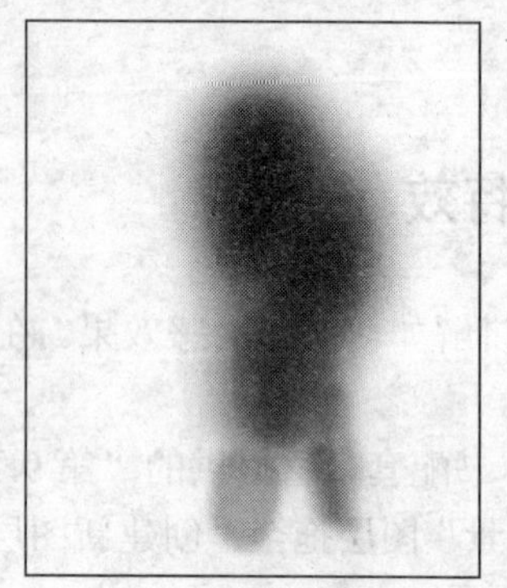
图 9.7 蒙版中的状态

6．至此，完成本例的操作，最终整体效果如图 9.8 所示。“图层”面板如图 9.9 所示。

图 9.8 最终效果

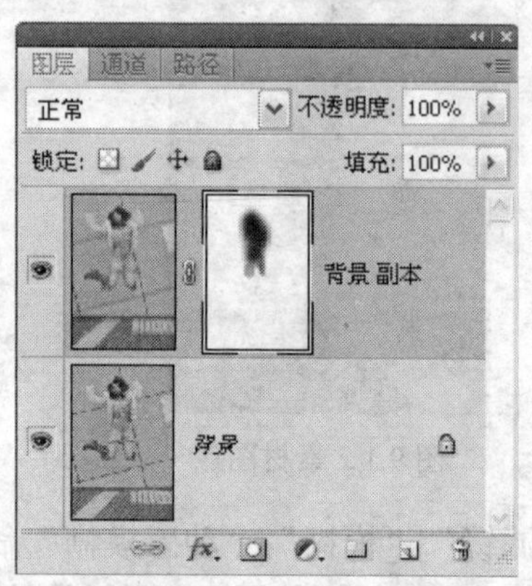

图 9.9 “图层”面板

9.2 鱼眼特效

本例主要讲解如何制作鱼眼效果。在制作的过程中，主要运用了滤镜功能中的“镜头校正”命令。

1．打开本书配套素材提供的“第 9 章\9.2-素材.jpg”，将看到整个图片如图 9.10 所示。

2．将“背景”图层拖至“图层”面板底部“创建新图层”按钮，得到“背景 副本”图层，此时“图层”面板如图 9.11 所示。

图 9.10 素材图像

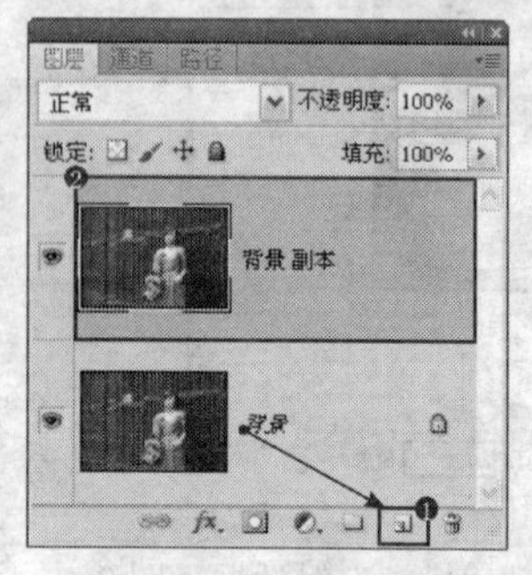

图 9.11 “图层”面板

3．选择“滤镜”|“镜头校正”命令，在弹出的对话框中的右侧设置“移去扭曲”数值为“-50”，“垂直透视”数值为“-4”，如图 9.12 所示，单击“确定”按钮退出对话框，得到如图 9.13 所示的最终效果。

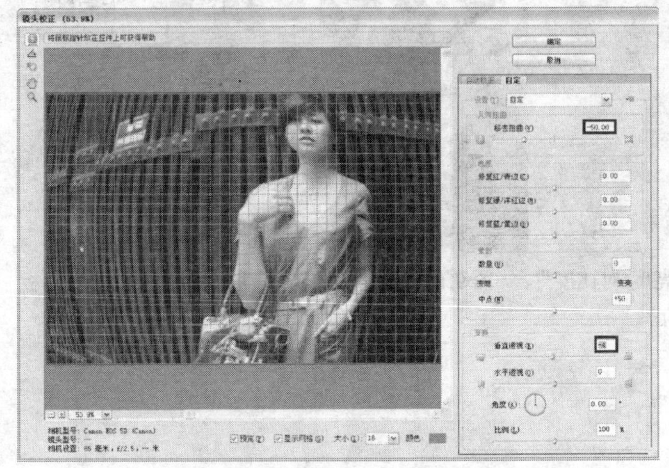

图 9.12　“镜头校正”对话框

图 9.13　最终效果

9.3 暗角特效

本例制作的是一幅暗角特效作品，其主要结合了“镜头校正”命令、“亮度/对比度”命令调整图像。

1．打开本书配套素材提供的“第 9 章\9.3-素材.jpg”，将看到整个图片如图 9.14 所示。

2．将“背景”图层拖至“图层”面板底部“创建新图层”按钮 上，得到“背景 副本”图层，选择“滤镜”|“镜头校正”命令，设置弹出的对话框如图 9.15 所示，得到如图 9.16 所示的效果。

图 9.14　素材图像

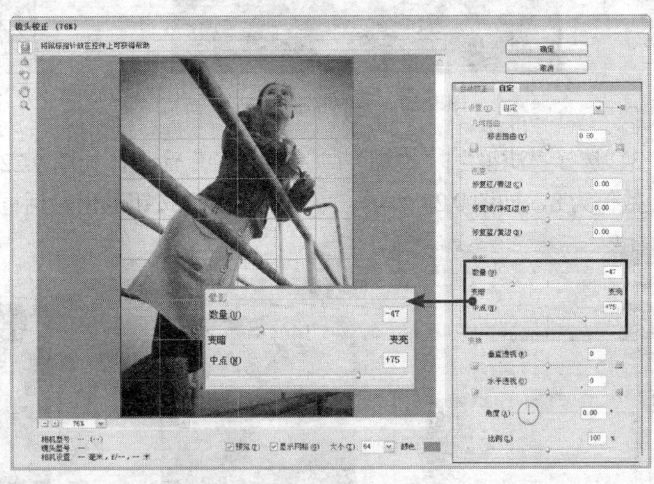

图 9.15　“镜头校正”对话框

3．在“图层”面板底部单击“创建新的填充或调整图层”按钮 ，在弹出的菜单中选择“亮度/对比度”命令，得到“亮度/对比度 1”图层，设置弹出的面板如图 9.17 所示，得到如图 9.18 所示的最终效果，“图层”面板如图 9.19 所示。

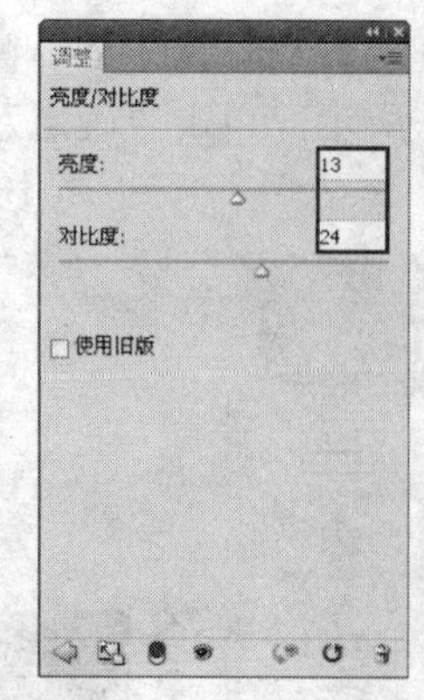

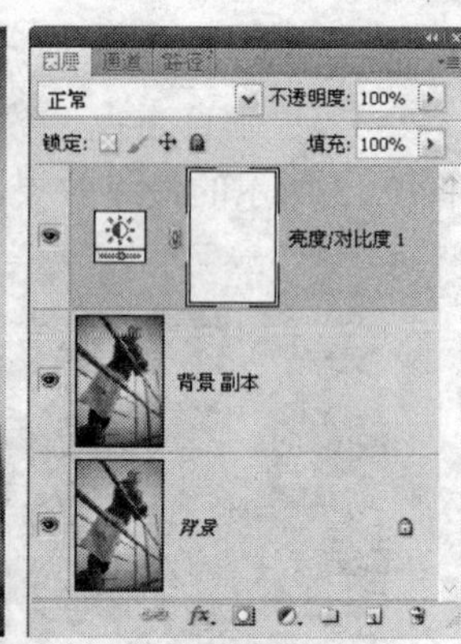

图 9.16 应用“镜头校正”命令后的效果 图 9.17 “亮度/对比度”面板 图 9.18 最终效果 图 9.19 “图层”面板

9.4 模拟柔光镜效果

本例主要讲解如何模拟柔光镜效果。在制作的过程中，主要结合了复制图层、图层属性以及滤镜功能。

1．打开本书配套素材提供的“第 9 章\9.4-素材.JPG”，将看到整个图片如图 9.20 所示。

2．将“背景”图层拖至“图层”面板底部的“创建新图层”按钮 上，得到“背景 副本”图层。此时“图层”面板如图 9.21 所示。

图 9.20 素材图像

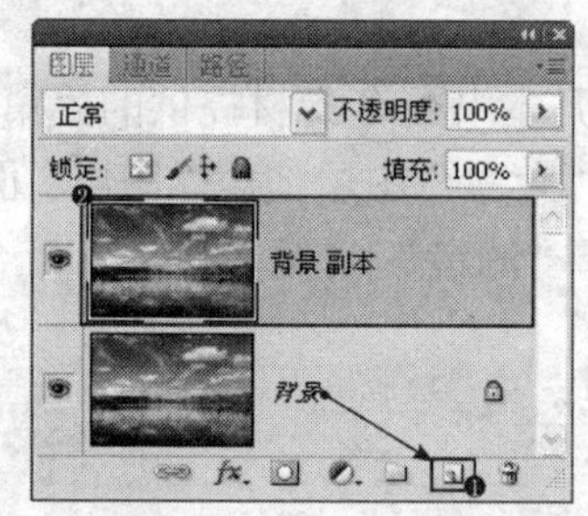

图 9.21 “图层”面板

3．选择“滤镜”|“模糊”|“高斯模糊”命令，如图 9.22 所示。在弹出的对话框中设置“半径”数值为 8，如图 9.23 所示。单击“确定”按钮退出对话框，得到如图 9.24 所示的效果。

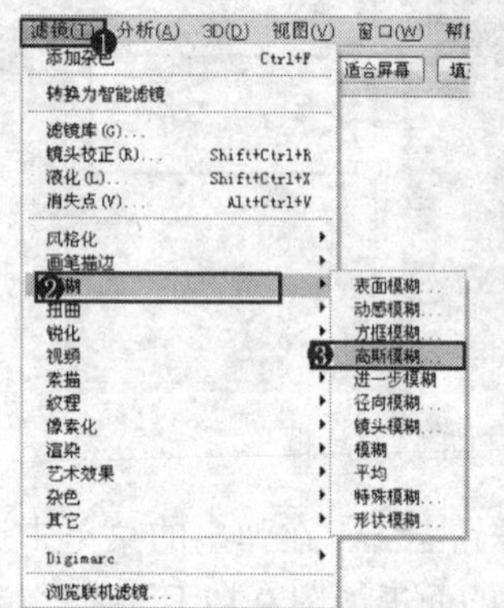

图 9.22 选择“高斯模糊”命令 图 9.23 “高斯模糊”对话框 图 9.24 应用“高斯模糊”命令后的效果

4．在“图层”面板顶部设置“背景 副本”图层的混合模式为“滤色”，不透明度为 60%，以混合图像，得到的效果如图 9.25 所示。此时“图层”面板如图 9.26 所示。

图 9.25　设置图层属性后的效果

图 9.26　“图层”面板

5．将“背景 副本”图层拖至“图层”面板底部的“创建新图层”按钮 上，得到“背景 副本 2”。并更改当前图层的混合模式为“柔光”，以混合图像，得到的效果如图 9.27 所示。此时“图层”面板如图 9.28 所示。

图 9.27　复制及更改图层属性后的效果

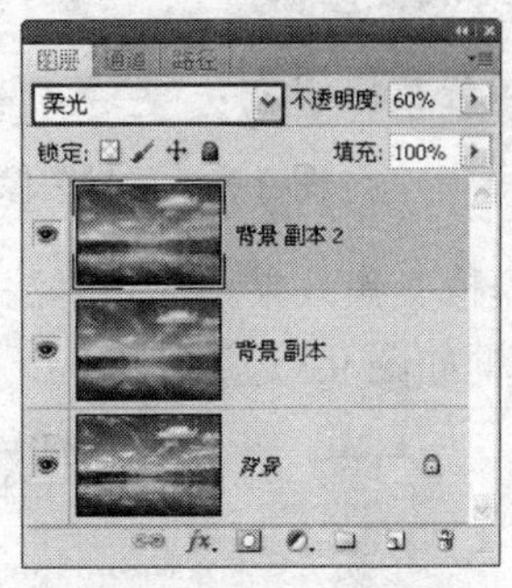

图 9.28　“图层”面板

提示：此时，观看图像有些模糊，下面利用“USM 锐化”命令锐化图像，以显示出更多的细节。

6．按 Ctrl+Alt+Shift+E 组合键执行“盖印”操作，从而将当前所有可见的图像合并至一个新图层中，得到“图层 1”。

7．选择“滤镜”|“锐化”|“USM 锐化”命令，设置弹出的对话框如图 9.29 所示，单击“确定”按钮退出对话框，得到如图 9.30 所示的最终效果。“图层”面板如图 9.31 所示。

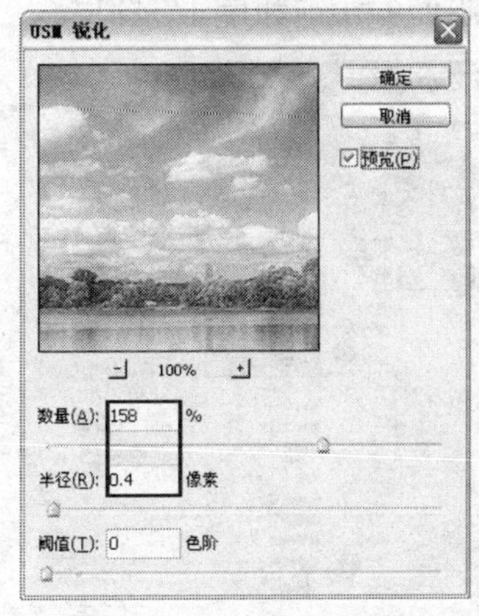

图 9.29　“USM 锐化”对话框

图 9.30　最终效果

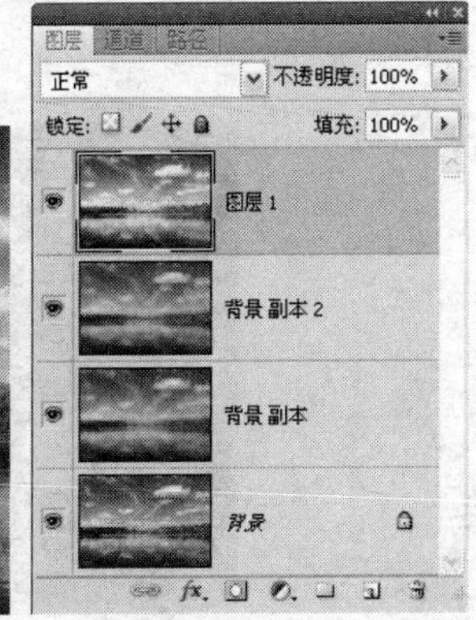

图 9.31　“图层”面板

9.5 模拟变焦拍摄效果

本例主要讲解如何模拟变焦拍摄效果。在制作的过程中，主要结合了滤镜功能中的“径向模糊”命令以及调整图层功能中的“色相/饱和度”命令、“亮度/对比度”命令。

1．打开本书配套素材提供的“第9章\9.5-素材.jpg”，将看到整个图片如图9.32所示。

2．将“背景”图层拖至“图层”面板底部的“创建新图层”按钮 上，得到“背景 副本”图层。此时“图层”面板如图9.33所示。

图9.32 素材图像

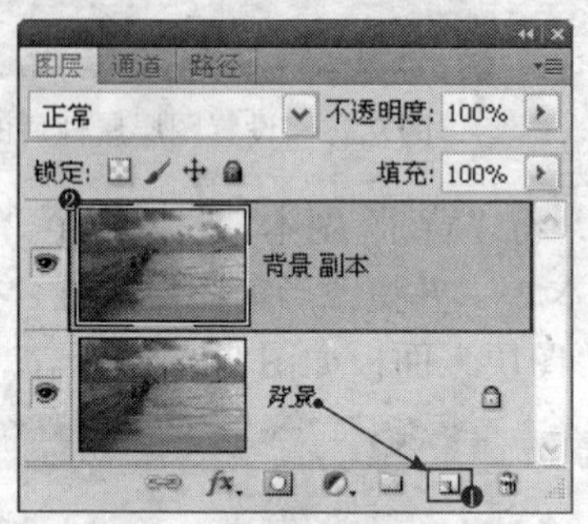

图9.33 “图层”面板

3．模拟变焦效果。选择“滤镜”|“模糊”|“径向模糊”命令，如图9.34所示，设置弹出的对话框如图9.35所示，单击“确定”按钮退出对话框，得到如图9.36所示的效果。

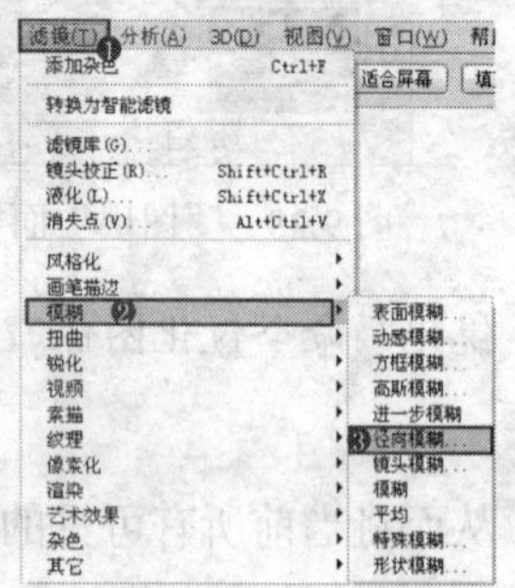

图9.34 选择“径向模糊”命令

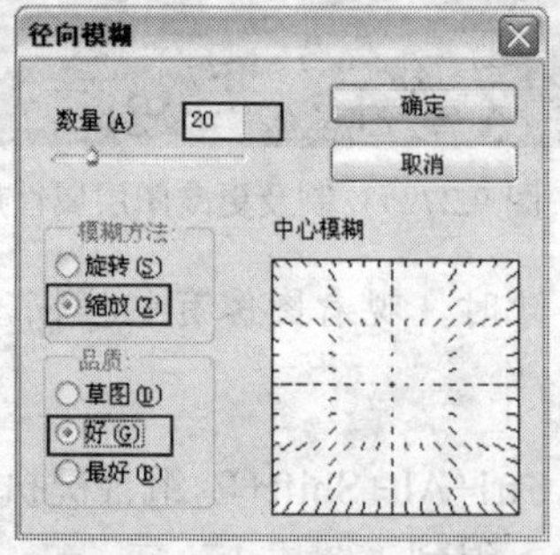

图9.35 “径向模糊”对话框

4．提高饱和度。在“图层”面板底部单击“创建新的填充或调整图层”按钮 ，在弹出的菜单中选择“色相/饱和度”命令，如图9.37所示，同时得到“色相/饱和度1”图层。

图9.36 应用“径向模糊”命令后的效果

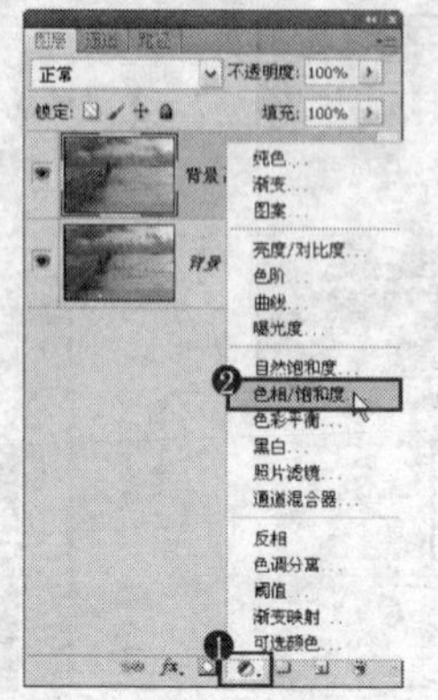

图9.37 选择“色相/饱和度”命令

5．设置弹出的“色相/饱和度”面板如图 9.38 所示，得到如图 9.39 所示的效果。

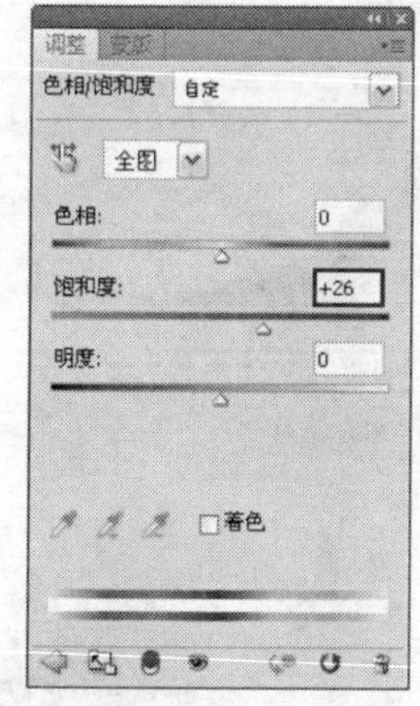

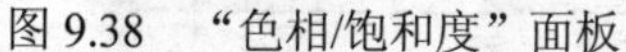

图 9.38　“色相/饱和度”面板　　图 9.39　应用“色相/饱和度”命令后的效果

6．调整亮度、对比度。单击“创建新的填充或调整图层”按钮 ，在弹出的菜单中选择“亮度/对比度”命令，得到“亮度/对比度 1”图层，设置弹出的面板如图 9.40 所示，得到如图 9.41 所示的最终效果。“图层”面板如图 9.42 所示。

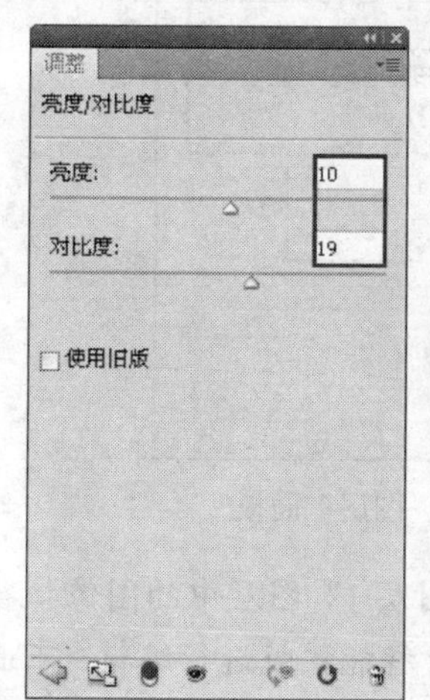

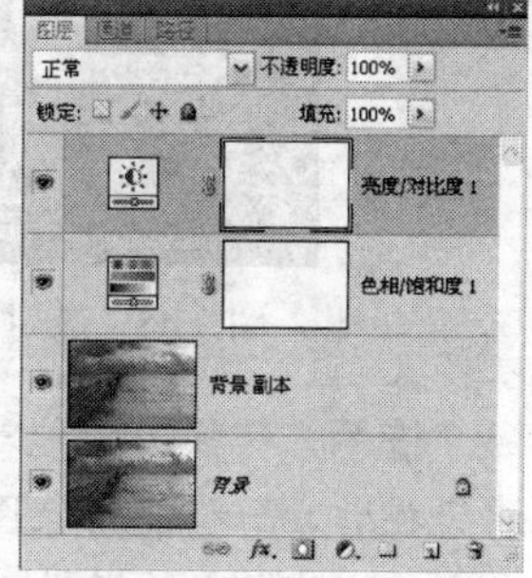

图 9.40　“亮度/对比度”面板　　图 9.41　最终效果　　图 9.42　“图层”面板

9.6　十字滤镜特效

本例制作的是一幅十字滤镜特效效果作品，其主要结合了“色阶”命令、“色相/饱和度”命令、“曲线”命令以及“动感模糊”命令的运用。

1．打开本书配套素材提供的“第 9 章\9.6-素材.jpg”，将看到整个图片如图 9.43 所示。

2．降低亮度。在“图层”面板底部单击“创建新的填充或调整图层”按钮 ，在弹出的菜单中选择“色阶”命令，得到“色阶 1”图层，设置弹出的面板如图 9.44 所示，得到如图 9.45 所示的效果。

3．按 Ctrl+Alt+Shift+E 组合键执行“盖印”操作，从而将当前所有可见的图像合并至一个新图层中，得到“图层 1”。在此图层名称上单击右键，在弹出的菜单中选择“转换为智能对象”命令，从而将其转换为智能对象图层，此时“图层”面板如图 9.46 所示。

图 9.43 素材图像

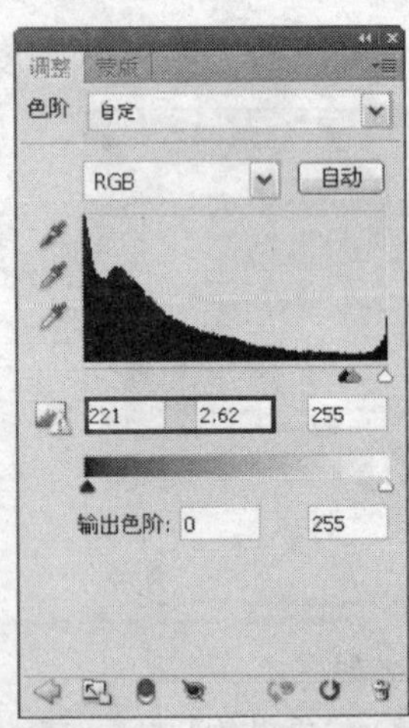

图 9.44 “色阶”面板

图 9.45 应用“色阶”命令后的效果

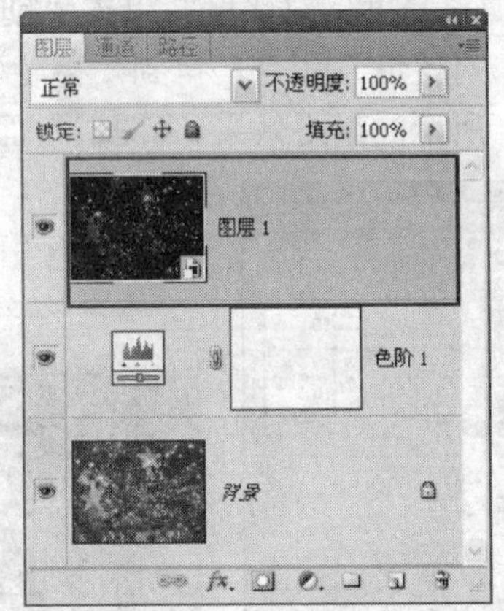

图 9.46 “图层”面板

提示：转换为智能对象图层的目的是，在下面的操作中将对“图层 1”图层中的图像执行滤镜操作，而智能对象图层则可以记录下所有的参数设置，且可以对智能蒙版进行编辑。下面结合“动感模糊”命令、图层属性以及图层蒙版等功能，制作十字滤镜效果。

4．选择“滤镜”|“模糊”|“动感模糊”命令，设置弹出的对话框如图 9.47 所示，单击“确定”按钮退出对话框，得到如图 9.48 所示的效果。

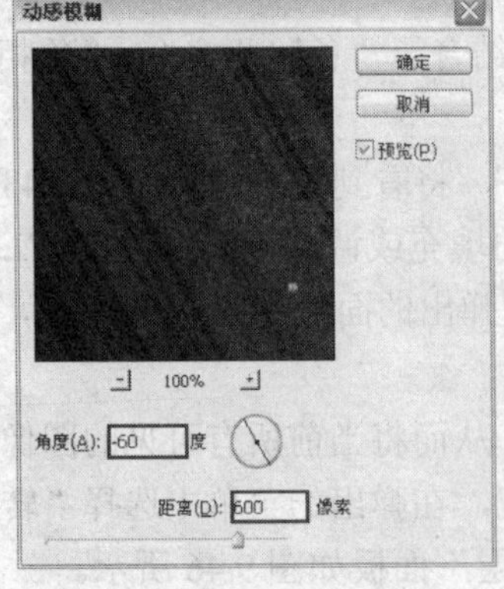

图 9.47 “动感模糊”对话框

图 9.48 应用“动感模糊”命令后的效果

5．在“图层”面板顶部设置“图层 1”的混合模式为“滤色”，以混合图像，得到如图 9.49 所示的效果。

6．选择“图层 1”智能蒙版缩览图，设置前景色为黑色，选择“画笔工具”，并在其工具选项条中设置适当的画笔大小及不透明度，在蒙版中进行涂抹，以将过亮的线条效果隐藏，如图 9.50 所示。此时蒙版中的状态如图 9.51 所示，“图层”面板如图 9.52 所示。

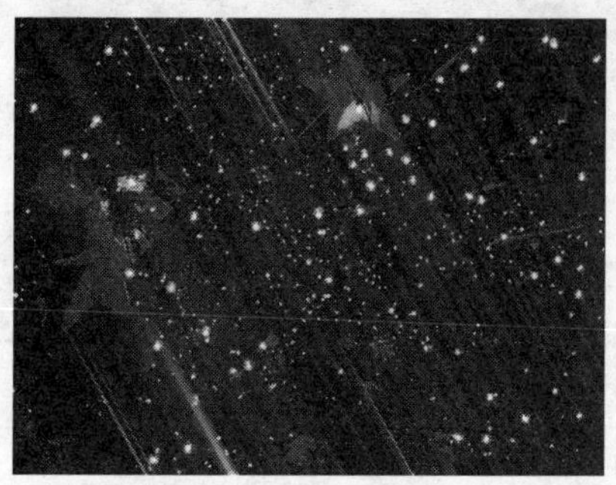

图 9.49　设置混合模式后的效果

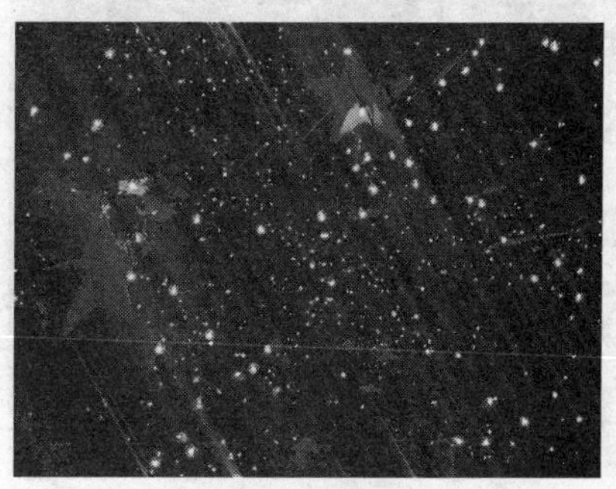

图 9.50　涂抹后的效果

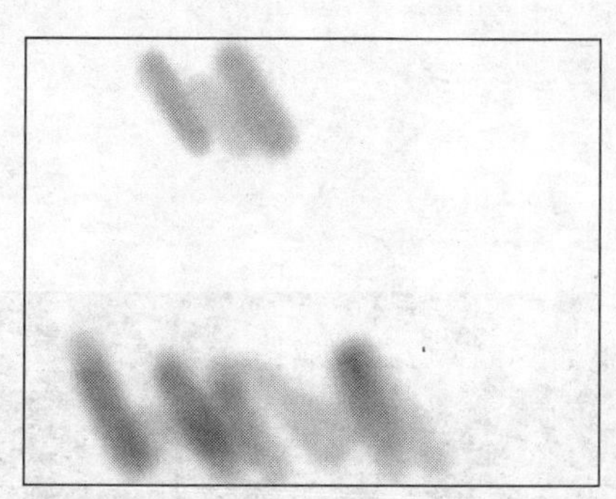

图 9.51　图层蒙版中的状态

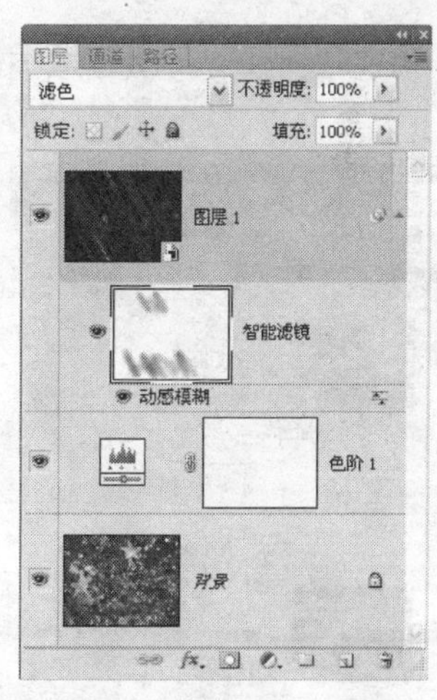

图 9.52　“图层”面板

7．按 Ctrl+J 键复制“图层 1”得到“图层 1 副本”，双击“动感模糊”滤镜效果名称，设置弹出的对话框如图 9.53 所示，单击“确定”按钮退出对话框，得到的效果如图 9.54 所示。

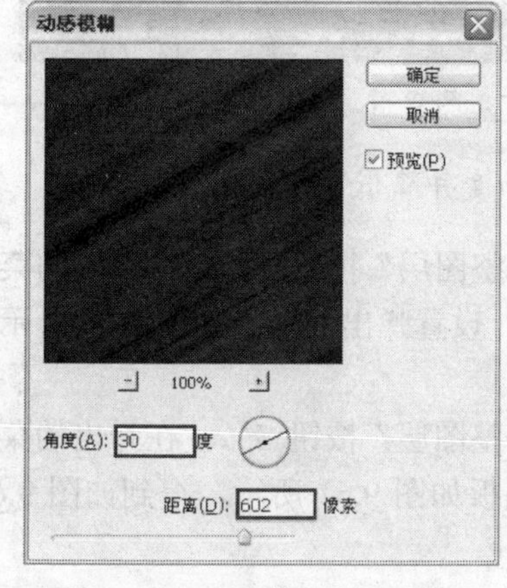

图 9.53　“动感模糊”对话框

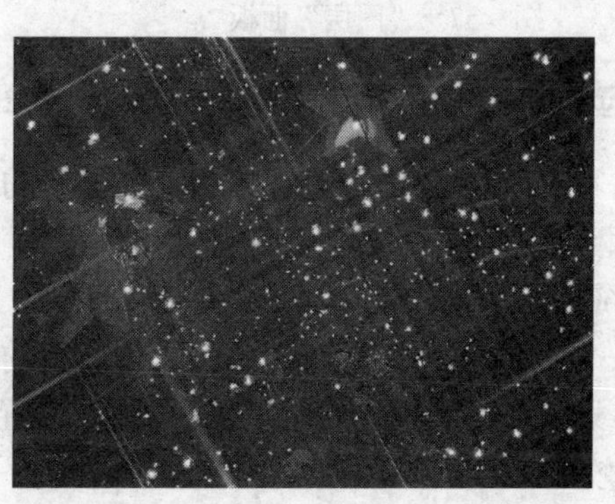

图 9.54　应用“动感模糊”命令后的效果

8．选中“图层 1 副本”智能蒙版缩览图，设置前景色为白色，按 Alt+Delete 组合键以前景色填充，再设置前景色为黑色，按照第 6 步的操作方法，应用“画笔工具”在蒙版中进行涂抹，以将过亮的线条效果隐藏，得到如图 9.55 所示的效果，“图层”蒙版中的状态如图 9.56 所示，“图层”面板如图 9.57 所示。

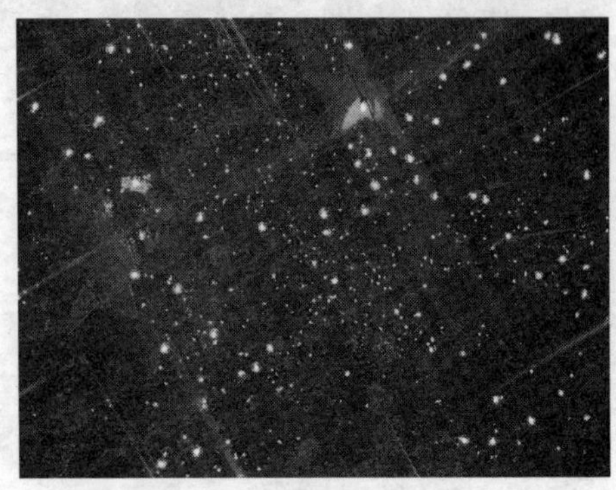

图 9.55 添加图层蒙版涂抹后的效果

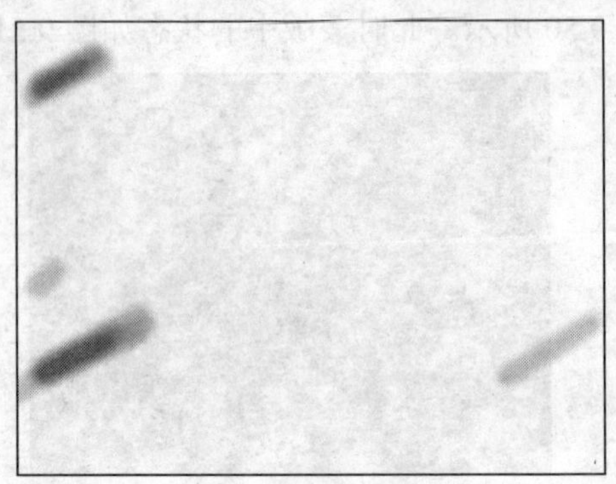

图 9.56 图层蒙版中的状态

9．单击“色阶 1”左侧的指示图层可见性按钮以隐藏该图层，此时图像状态如图 9.58 所示。

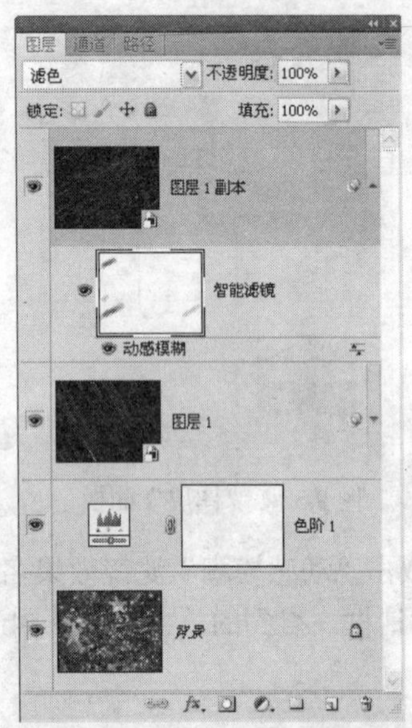

图 9.57 “图层”面板

图 9.58 图像状态

提示：下面利用调整图层的功能，调整图像的饱和度并降低亮度。

10．在“图层”面板底部单击“创建新的填充或调整图层”按钮，在弹出的菜单中选择“色相/饱和度”命令，得到“色相/饱和度 1”图层，设置弹出的面板如图 9.59 所示，得到如图 9.60 所示的效果。

11．在“图层”面板底部单击“创建新的填充或调整图层”按钮，在弹出的菜单中选择“曲线”命令，得到“曲线 1”图层，设置弹出的面板如图 9.61 所示，得到如图 9.62 所示的最终效果，“图层”面板如图 9.63 所示。

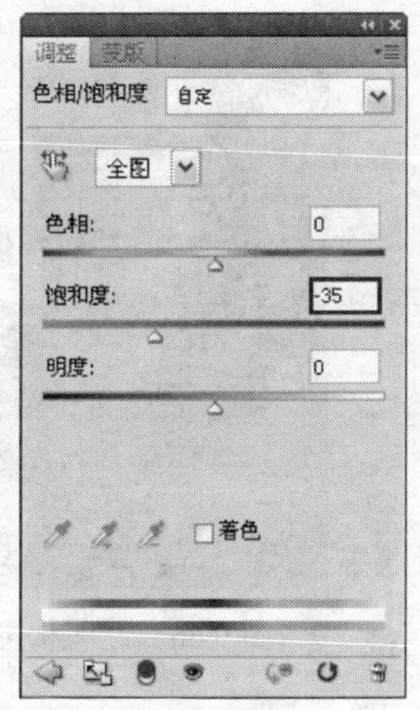

图 9.59　“色相/饱和度”面板

图 9.60　应用“色相/饱和度”命令后的效果

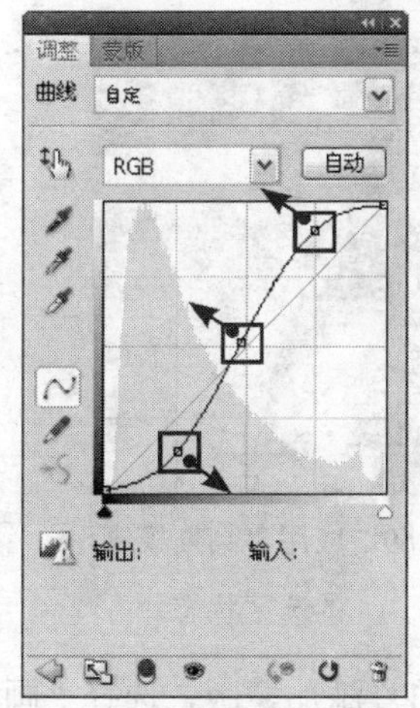

图 9.61　“曲线”面板

图 9.62　最终效果

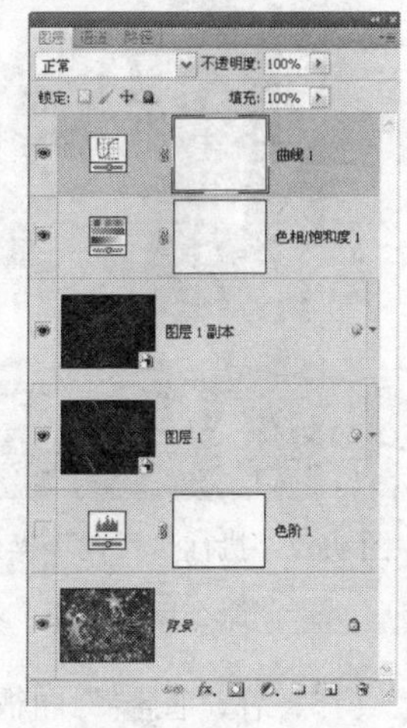

图 9.63　“图层”面板

9.7　景深特效

本例制作的是一幅景深特效作品，其主要结合了使用“钢笔工具”绘制路径，“高斯模糊”命令调整图像。

1．打开本书配套素材提供的“第 9 章\9.7-素材.jpg”，将看到整个图片如图 9.64 所示。

提示：下面结合“钢笔工具”、“高斯模糊”命令以及图层蒙版等功能，制作景深效果。

2．按 Ctrl+J 组合键复制“背景”图层得到“图层 1”，在工具箱中选择“钢笔工具”，并在其工具选项条中选择“路径”按钮，沿人物身体边缘绘制路径如图 9.65 所示。

3．按 Ctrl+Enter 组合键将路径转换成为选区，如图 9.66 所示，按 Ctrl+Shift+I 组合键执行“反向”操作，以反向选择当前的选区如图 9.67 所示。

4．保持选区，选择“滤镜”|“模糊”|“高斯模糊”命令，设置弹出的对话框如图 9.68 所示，单击“确定”按钮退出对话框，然后按 Ctrl+D 组合键取消选区。得到如图 9.69 所示的效果。

图 9.64　素材图像

图 9.65　绘制路径

图 9.66　选区状态

图 9.67　执行“反向”操作后命令后的效果

图 9.68　“高斯模糊”对话框

图 9.69　应用“高斯模糊”的选区状态

5．在“图层”面板底部单击“添加图层蒙版”按钮 为“图层 1”添加蒙版，选择“画笔工具”，设置其工具选项条如 所示，在画面中地面上进行涂抹，以隐藏其模糊的效果，直至得到如图 9.70 所示的效果，图层蒙版中的状态如图 9.71 所示。“图层”面板如图 9.72 所示。

图 9.70　涂抹后的效果

图 9.71　图层蒙版中的状态

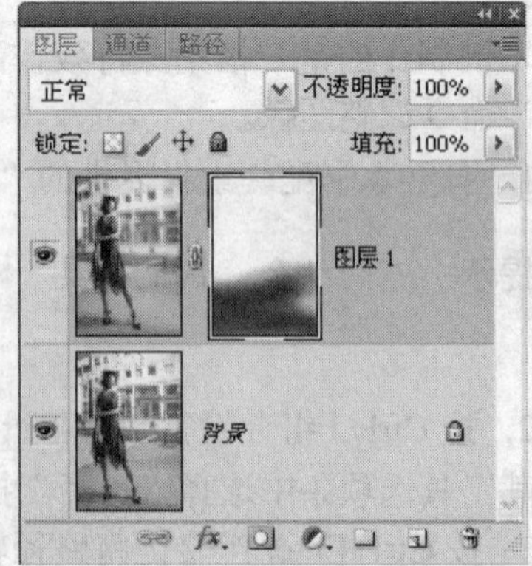

图 9.72　“图层”面板

提示：下面利用“仿制图章工具” 修除人物边缘过亮的图像。

6．在“图层”面板底部单击“创建新图层按钮” ，得到“图层 2”，在工具箱中选择仿制图章工具，设置其工具选项条如所示，将光标置于人物肩膀上方，以确定取样位置如图 9.73 所示。

7．按住 Alt 键单击取样，释放 Alt 键拖动鼠标左键在人物左侧头发、肩部等边缘处进行涂抹，得到如图 9.74 所示的效果。

图 9.73　光标位置

图 9.74　涂抹后的效果

8．按照第 6、7 步的操作方法，使用“仿制图章工具”，将裙子下摆两侧以及右臂边缘过亮的图像隐藏，如图 9.75 所示为修除前后对比效果。

图 9.75　修复前后对比效果

9．提高亮度。在“图层”面板底部单击“创建新的填充或调整图层”按钮，在弹出的菜单中选择“亮度/对比度”命令，得到“亮度/对比度 1”图层，设置弹出的面板如图 9.76 所示，得到如图 9.77 所示的最终效果，“图层”面板如图 9.78 所示。

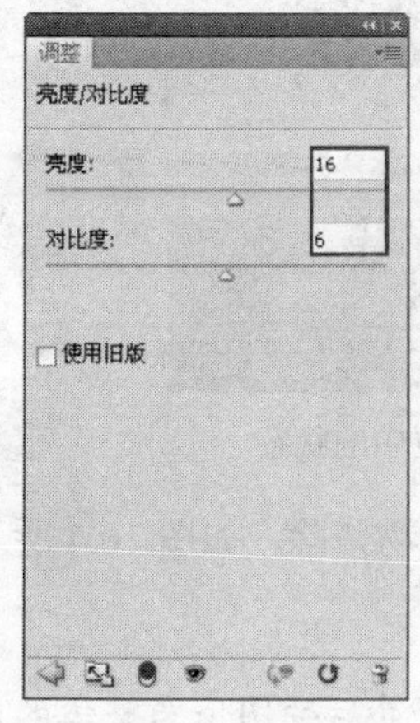

图 9.76　“亮度/对比度”面板

图 9.77　最终效果

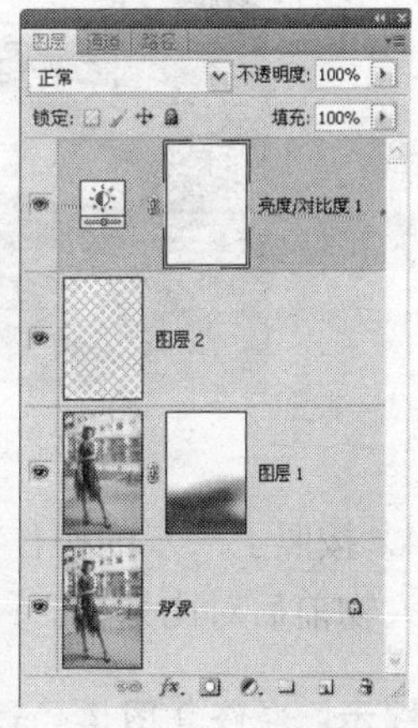

图 9.78　“图层”面板

第 10 章　照 片 合 成

10.1　去除合影人

本例主要讲解如何去除合影人。在修除的过程中，主要运用了修复功能中的“修复画笔工具”。

1．打开本书配套素材提供的“第 10 章\10.1-素材.jpg”，将看到整体图片如图 10.1 所示。

图 10.1　素材图像

2．在“图层”面板底部单击“创建新图层”按钮，得到“图层 1”。在工具箱中选择“修复画笔工具”，设置其工具选项条如所示。

3．将光标置于右侧人物附近的天空区域，按 Alt 键单击以定义源图像如图 10.2 所示，释放 Alt 键，在人物区域涂抹，如图 10.3 所示。

图 10.2　定义源图像

图 10.3　修复中的状态

4．按照上一步的操作方法，通过多次定义源图像，将右侧的人物修除，如图 10.4 所示为修除人物前后对比效果。

提示：在修复图像的过程中，按 Alt 键多处定义源点，可以使修复后的图像与整体的色彩相融合。

图 10.4　修除人物前后对比效果

5．至此，完成本例的操作，最终整体效果如图 10.5 所示。“图层”面板如图 10.6 所示。

图 10.5　最终效果

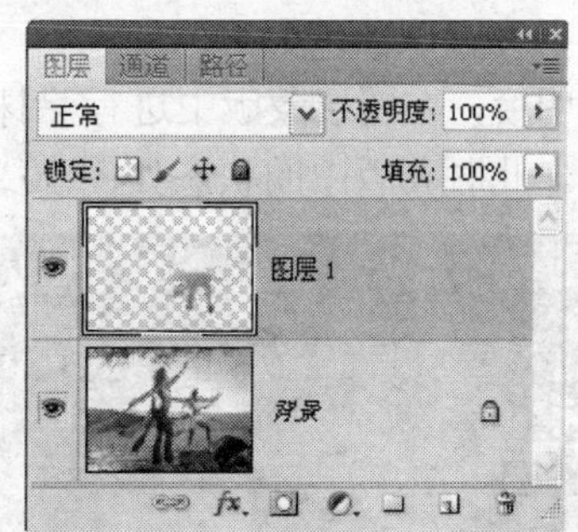

图 10.6　“图层”面板

10.2　添加合影人

本例主要讲解如何添加合影人。在添加的过程中，主要结合了变换、图层蒙版以及“曲线”调整图层等功能。

1．打开本书配套素材提供的“第 10 章\10.2-素材 1.jpg”和“第 10 章\10.2-素材 2.jpg”，将看到两幅图片如图 10.7 和图 10.8 所示。

图 10.7　素材图像 1

图 10.8　素材图像 2

2．在工具箱中选择“移动工具”，将“素材 2.jpg”文件中的图像拖至“素材 1.jpg”文件中，得到“图层 1”。在“图层”面板顶部暂时设置此图层的不透明度 50%，以便于后面精确调整图像的位置。

3．按 Ctrl+T 组合键调出自由变换控制框，按 Alt+Shift 组合键向内拖动右上角的控制句柄以等比例缩小图像，然后向右下方移动图像的位置，如图 10.9 所示。按 Enter 键确认操作。恢复“图层 1”的不透明度为 100%，此时图像状态如图 10.10 所示。

图 10.9　变换状态

图 10.10　将不透明度设为 100%时的状态

4．在"图层"面板底部单击"添加图层蒙版"按钮，为"图层 1"图层添加蒙版，在工具箱中设置前景色为黑色，选择"画笔工具"，在其工具选项条中设置适当的画笔大小及不透明度，在图层蒙版中进行涂抹，以将除人物以外的图像隐藏，直至得到如图 10.11 所示的效果。此时蒙版中的状态如图 10.12 所示。"图层"面板如图 10.13 所示。

图 10.11　添加图层蒙版后的效果

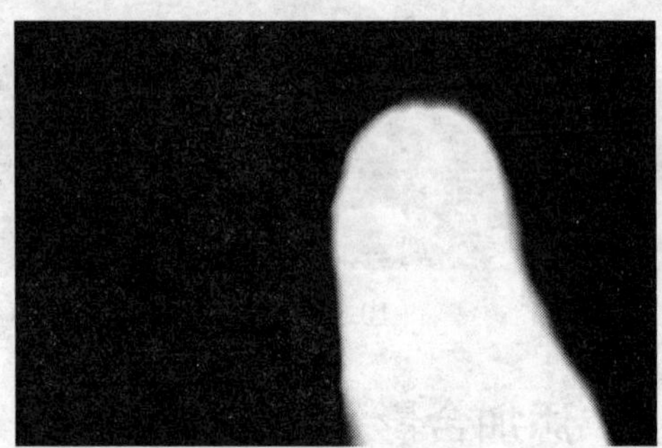

图 10.12　蒙版中的状态

提示：至此，图像的合成处理已基本完成。下面处理右侧人物的色彩，与整体的色调统一。

5．在"图层"面板底部单击"创建新的填充或调整图层"按钮，在弹出的菜单中选择"曲线"命令，得到"曲线 1"图层，按 Ctrl+Alt+G 组合键执行"创建剪贴蒙版"操作，设置面板如图 10.14～图 10.16 所示，得到如图 10.17 所示的最终效果。"图层"面板如图 10.18 所示。

图 10.13　"图层"面板

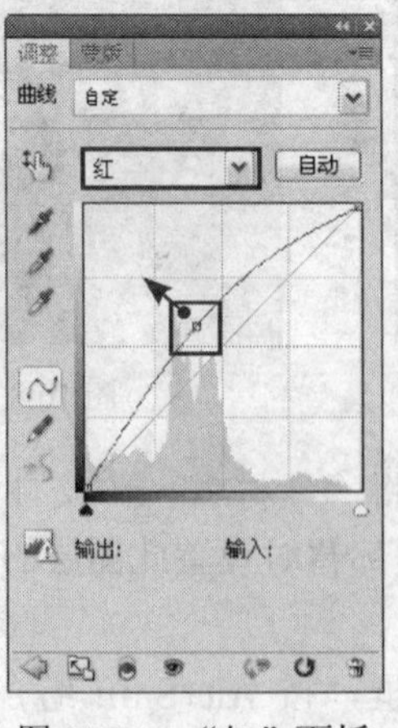

图 10.14　"红"面板

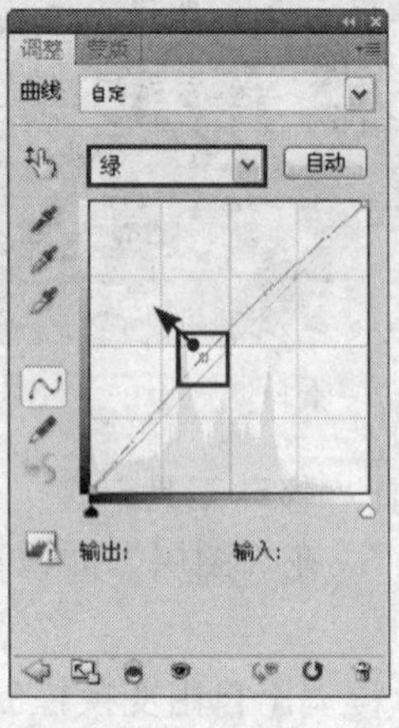

图 10.15　"绿"面板

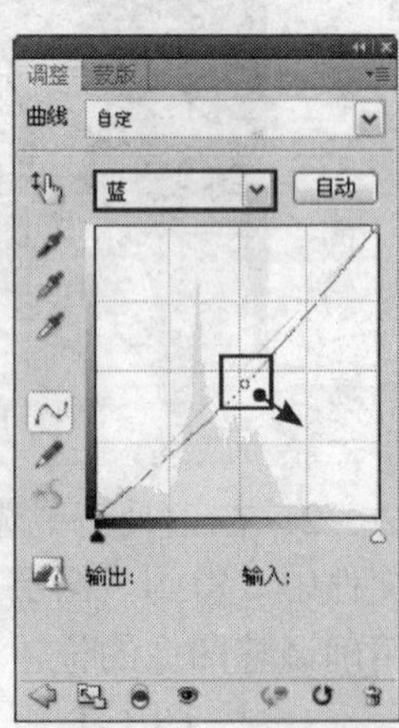

图 10.16　"蓝"面板

图 10.17 最终效果

图 10.18 "图层"面板

10.3 合成绚烂烟花

本例主要讲解如何合成绚烂烟花图像。在制作的过程中，主要结合了变换、图层属性以及图层蒙版等功能。

1．打开本书配套素材提供的"第 10 章\10.3-素材 1.jpg"，将看到整个图片如图 10.19 所示。

2．打开本书配套素材提供的"第 10 章\10.3-素材 2.jpg"，如图 10.20 所示。在工具箱中选择"移动工具"，将其拖至上一步打开的文件中，得到"图层 1"。

图 10.19 素材图像 1

图 10.20 素材图像 2

3．按 Ctrl+T 键调出自由变换控制框，按 Alt+Shift 组合键向内拖动右上角的控制句柄以等比例缩小图像、逆时针旋转 34 度及移动位置，如图 10.21 所示。按 Enter 键确认操作。

4．在"图层"面板顶部设置"图层 1"的混合模式为"滤色"，以混合图像，得到的效果如图 10.22 所示。"图层"面板如图 10.23 所示。

图 10.21 变换状态

图 10.22 设置混合模式后的效果

5．打开本书配套素材提供的"第 10 章\10.3-素材 3.jpg"，如图 10.24 所示。按照第 2～3

步的操作方法，结合“移动工具” 及变换功能，制作画布右上方的烟花图像，如图 10.25 所示。同时得到“图层 2”。

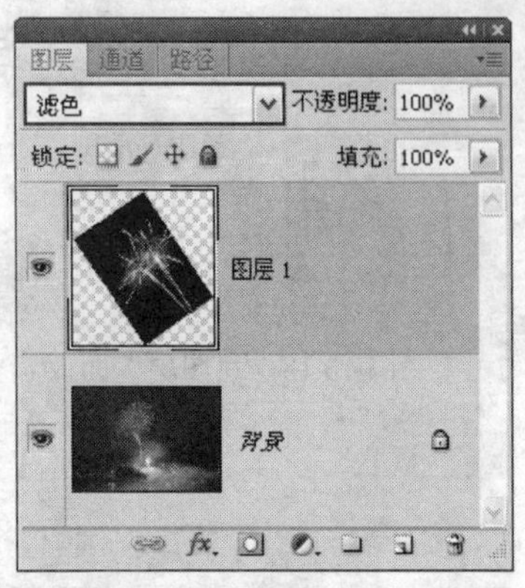

图 10.23 “图层”面板

图 10.24 素材图像

6. 在“图层”面板顶部设置“图层 2”的混合模式为“滤色”，以混合图像，得到的效果如图 10.26 所示。

图 10.25 制作右上方的烟花

图 10.26 设置混合模式后的效果

7. 在“图层”面板底部单击“添加图层蒙版”按钮 ，为“图层 2”添加蒙版，设置前景色为黑色，选择“画笔工具” ，在其工具选项条中设置适当的画笔大小及不透明度，在图层蒙版中进行涂抹，以将左侧及下方的图像隐藏，直至得到如图 10.27 所示的效果，此时蒙版中的状态如图 10.28 所示。“图层”面板如图 10.29 所示。

图 10.27 添加图层蒙版后的效果

图 10.28 蒙版中的状态

8. 打开本书配套素材提供的“第 10 章\10.3-素材 4.jpg”，如图 10.30 所示。按照第 2～3 步的操作方法，结合“移动工具” 及变换功能，制作画布左上方的烟花图像，如图 10.31 所示。同时得到“图层 3”。

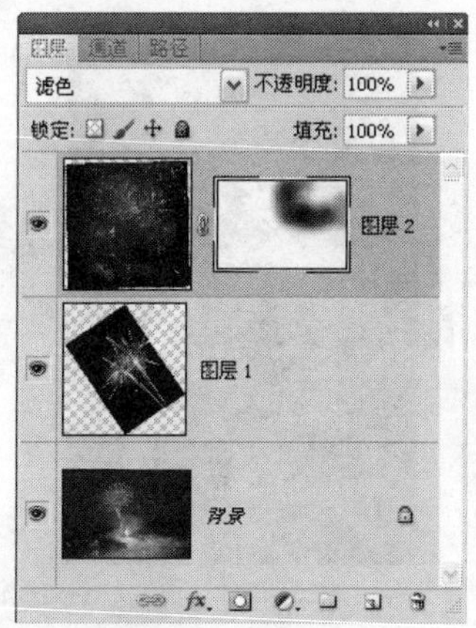

图 10.29　“图层”面板

图 10.30　素材图像

9．在“图层”面板顶部设置“图层 3”的混合模式为“滤色”，以混合图像，得到的效果如图 10.32 所示。

图 10.31　制作左上方的烟花

图 10.32　设置混合模式后的效果

10．按照第 7 步的操作方法为“图层 3”添加蒙版，应用“画笔工具” 在蒙版中进行涂抹，以将下方的图像隐藏，得到的效果如图 10.33 所示。对应的蒙版中的状态如图 10.34 所示。“图层”面板如图 10.35 所示。

图 10.33　添加图层蒙版后的效果

图 10.34　蒙版中的状态

11．打开本书配套素材提供的“第 10 章\10.3-素材 5.jpg”，如图 10.36 所示。按照第 2～4 步操作方法，结合变换以及图层混合模式等功能，制作画布中间的烟花图像，得到的最终效果如图 10.37 所示。“图层”面板如图 10.38 所示。

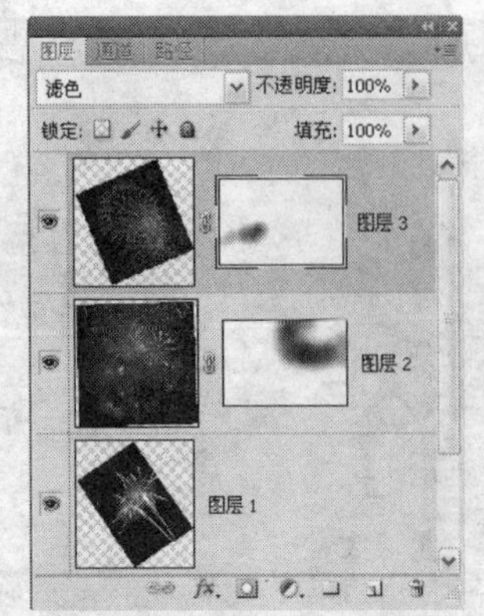

图 10.35 “图层”面板

图 10.36 素材图像

图 10.37 最终效果

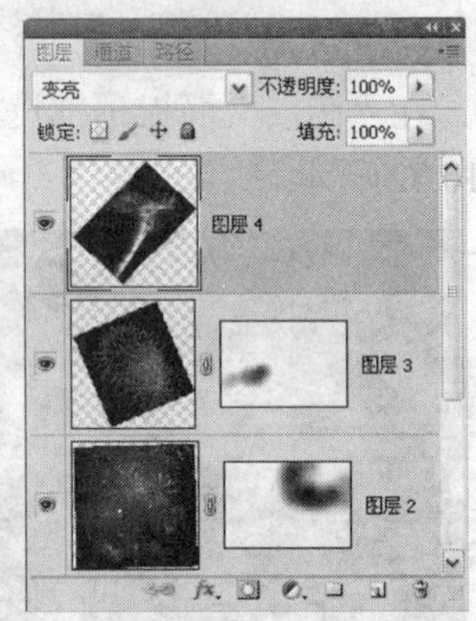

图 10.38 “图层”面板

提示：本步中设置了“图层 4”的混合模式为“变亮”。

10.4 为海景增加彩虹

本例主要讲解如何为海景增加彩虹。在制作的过程中，主要结合了渐变填充、变换、图层属性、图层样式以及图层蒙版等功能。

1．打开本书配套素材提供的“第 10 章\10.4-素材.jpg”，将看到整个图片如图 10.39 所示。

提示：下面结合渐变填充图层以及变换的功能，模拟彩虹的初始状态。

2．在“图层”面板底部单击“创建新的填充或调整图层”按钮 ，在弹出的菜单中选择“渐变”命令，在弹出的“渐变填充”对话框中单击渐变显示框，设置弹出的“渐变编辑器”对话框如图 10.40 所示。

提示：在“渐变编辑器”对话框中，渐变类型的各色标颜色值从左至右分别为 ff0000、fffc00、01b439、00eaff、000390 和 ff00c6；不透明度为色标值从左至右分别为 0%、80%、100%、100%、80%、0%。。

3．单击“确定”按钮退出“渐变编辑器”对话框，返回到“渐变填充”对话框，设置如图 10.41 所示，单击“确定”按钮退出对话框，得到的效果如图 10.42 所示。同时得到“渐变填充 1”图层。“图层”面板如图 10.43 所示。

图 10.39　素材图像

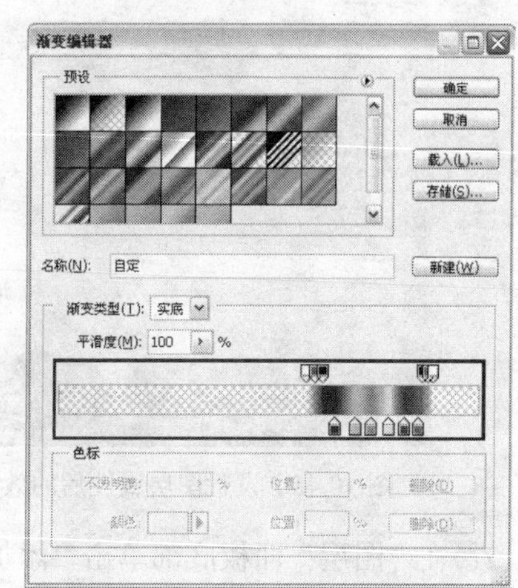

图 10.40　“渐变编辑器”对话框

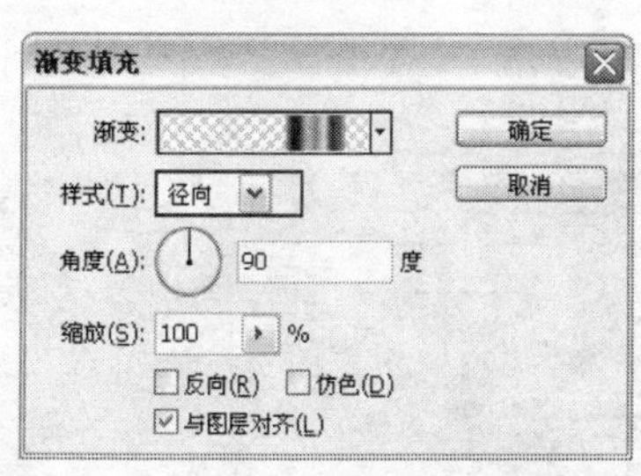

图 10.41　“渐变填充”对话框

图 10.42　应用“渐变”命令后的效果

4．在“渐变填充 1”图层名称上单击右键，在弹出的快捷菜单中选择“转换为智能对象”命令，从而将其转换为智能对象图层。

5．按 Ctrl+T 组合键调出自由变换控制框，拖动四周的控制句柄以缩放图像，逆时针旋图像的角度及移动位置，状态如图 10.44 所示。按 Enter 键确认操作。

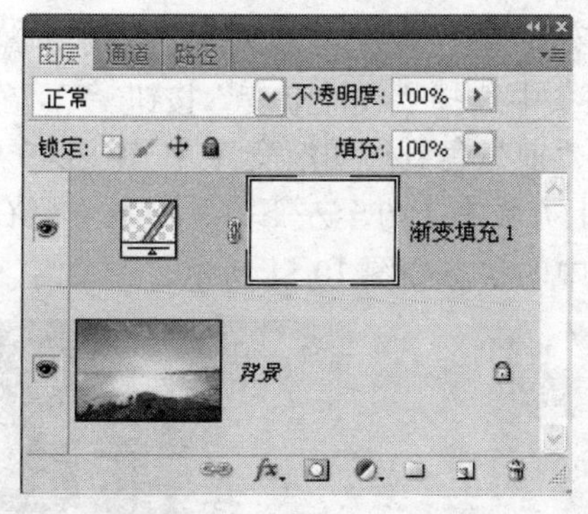

图 10.43　“图层”面板

图 10.44　变换状态

提示：下面结合图层属性、图层样式以及图层蒙版的功能，制作逼真的彩虹图像。

6．在“图层”面板顶部设置“渐变填充 1”的混合模式为“滤色”，不透明度为 30%，以混合图像，得到的效果如图 10.45 所示。“图层”面板如图 10.46 所示。

图 10.45　设置图层属性后的效果

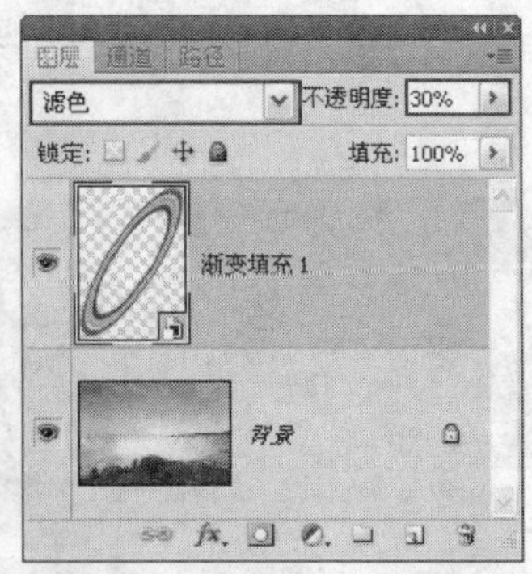

图 10.46　“图层”面板

7．在“图层”面板底部单击“添加图层样式”按钮 fx.，在弹出的菜单中选择“外发光”命令，设置弹出的对话框如图 10.47 所示，单击“确定”按钮退出对话框，得到的效果如图 10.48 所示。

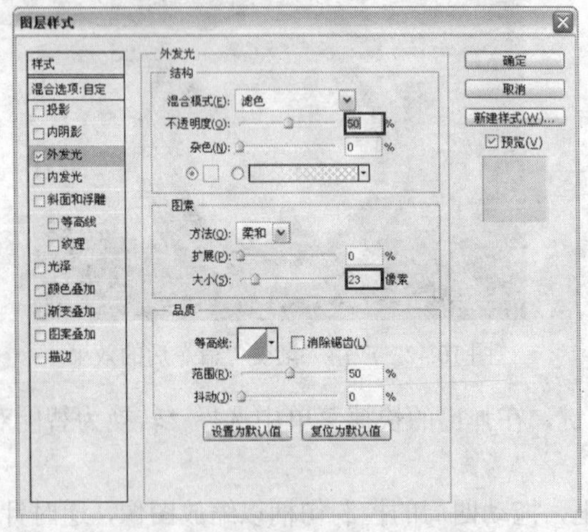

图 10.47　“外发光”对话框

图 10.48　应用“外发光”命令后的效果

8．在“图层”面板底部单击“添加图层蒙版”按钮，为“渐变填充 1”添加蒙版，设置前景色为黑色，选择渐变工具，并在其工具选项条中选择“线性渐变”按钮，在画布中单击右键，在弹出的渐变显示框中选择渐变类型为“前景色到透明渐变”，如图 10.49 所示。

9．应用设置好的渐变分别从彩虹的右下方至左上方、右上方至左下方、左下方至右上方绘制渐变，得到的效果如图 10.50 所示。对应的蒙版中的状态如图 10.51 所示。

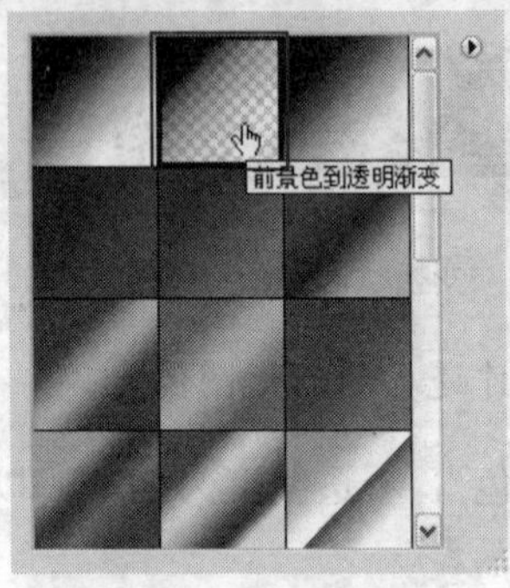

图 10.49　选择适当的渐变类型

图 10.50　添加图层蒙版后的效果

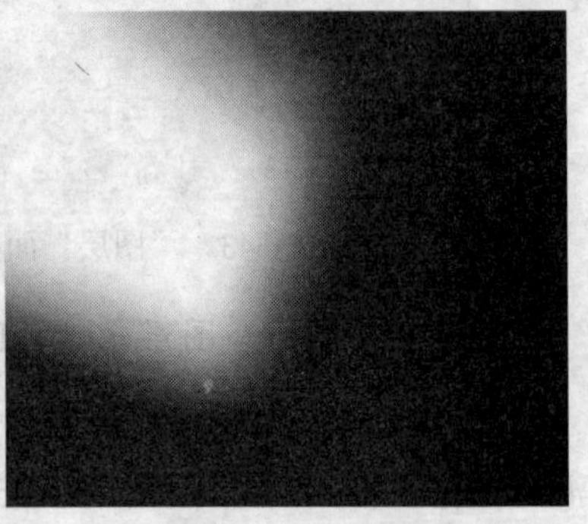

图 10.51　蒙版中的状态

10．至此，完成本例的制作，最终整体效果如图 10.52 所示。“图层”面板如图 10.53 所示。

图 10.52　最终效果

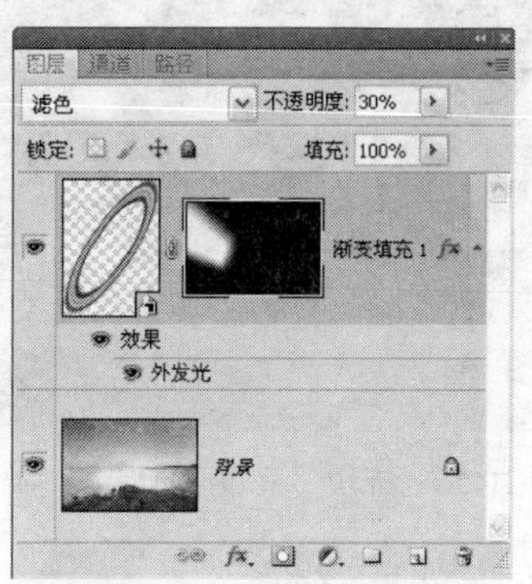

图 10.53　“图层”面板

10.5　为夜景添加星空

本例主要讲解如何为夜景添加星空。在制作的过程中，主要结合了“添加杂色”命令、“高斯模糊”命令、图层蒙版、“云彩”命令以及“阈值”命令等功能。

1．打开本书配套素材提供的“第 10 章\10.5-素材.jpg”，将看到整个图片如图 10.54 所示。

提示：首先，利用“亮度/对比度”调整图层模拟夜景氛围。

2．在“图层”面板底部单击“创建新的填充或调整图层”按钮 ，在弹出的菜单中选择“亮度/对比度”命令，得到“亮度/对比度 1”图层，设置弹出的面板如图 10.55 所示，得到如图 10.56 所示的效果。“图层”面板如图 10.57 所示。

图 10.54　素材图像

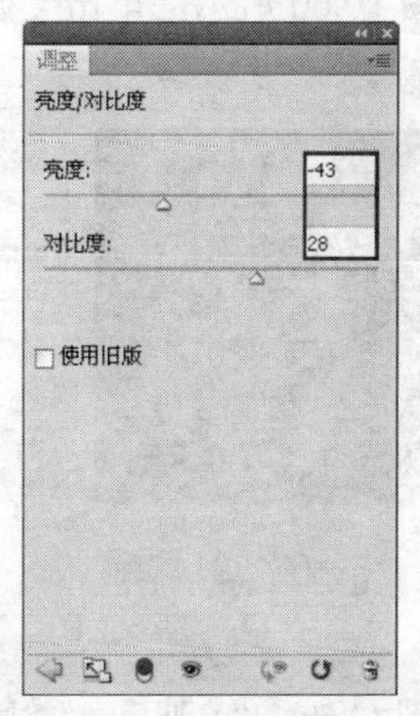

图 10.55　“亮度/对比度”面板

提示：下面模拟星星的初始状态，为制作星星效果作铺垫。

3．在“图层”面板底部单击“创建新图层”按钮 得到“图层 1”，设置前景色的颜色为黑色，按 Alt+Delete 组合键以前景色进行填充，选择“滤镜”|“杂色”|“添加杂色”命令，设置弹出的对话框如图 10.58 所示，单击“确定”按钮退出对话框。得到如图 10.59 所示的效果。

图 10.56 应用“亮度/对比度”命令后的效果

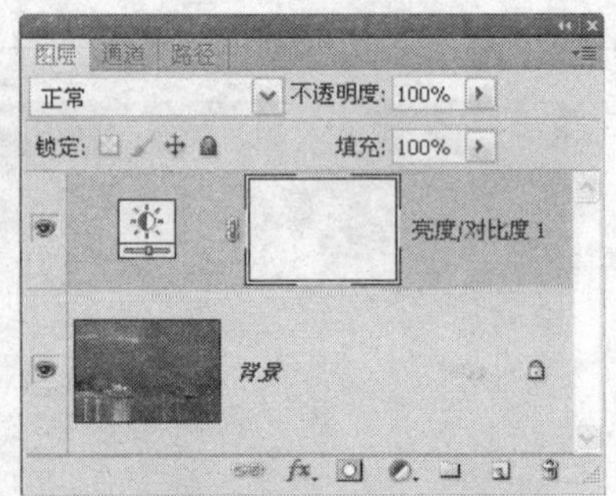

图 10.57 “图层”面板

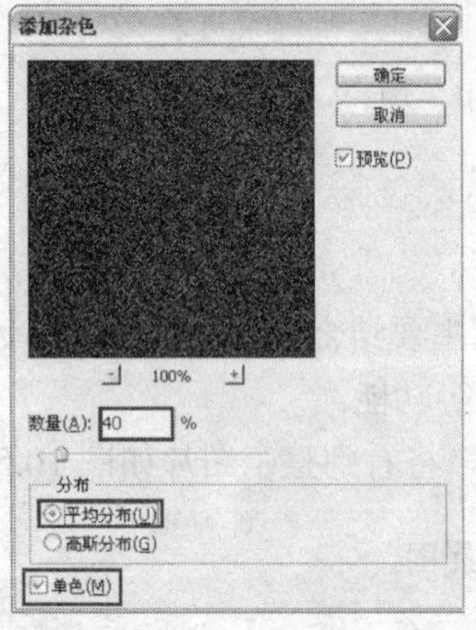

图 10.58 “添加杂色”对话框

图 10.59 应用“添加杂色”命令后的效果

4．选择“滤镜”|“模糊”|“高斯模糊”命令，在弹出的对话框中设置“半径”数值为0.5，如图 10.60 所示，单击“确定”按钮退出对话框。得到如图 10.61 所示的效果。

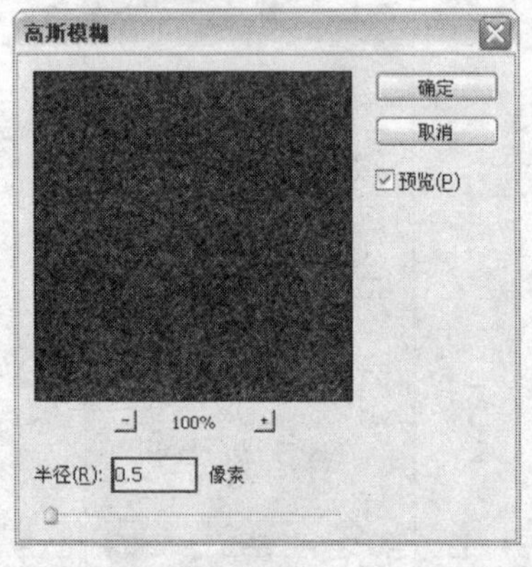

图 10.60 “高斯模糊”对话框

图 10.61 应用“高斯模糊”命令后的效果

5．在“图层”面板顶部设置“图层 1”的不透明度为 50%，以降低图像的透明度，得到的效果如图 10.62 所示，此时“图层”面板如图 10.63 所示。

6．在“图层”面板底部单击“创建新的填充或调整图层”按钮 ，在弹出的菜单中选择“阈值”命令，得到图层“阈值 1”，按 Ctrl+Alt+G 组合键执行“创建剪贴蒙版”操作，设置面板如图 10.64 所示，得到如图 10.65 所示的效果。

7．按 Ctrl 键分别选择“图层 1”和“阈值 1”，按 Ctrl+G 组合键将选中的图层编组，得到“组 1”。在“图层”面板底部单击“添加图层蒙版”按钮 ，为“组 1”添加蒙版。

图 10.62 设置不透明度后的效果

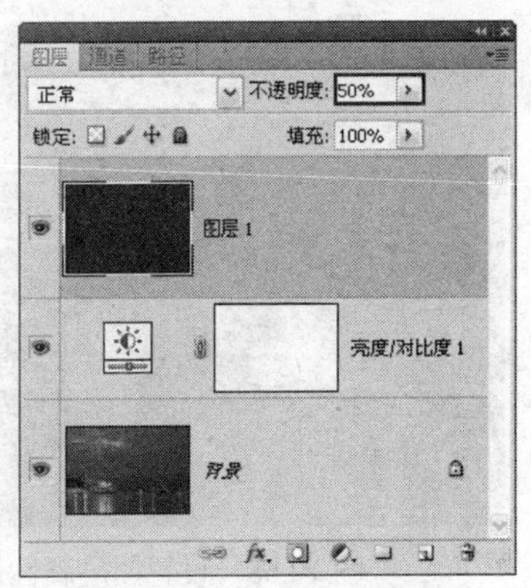

图 10.63 “图层”面板

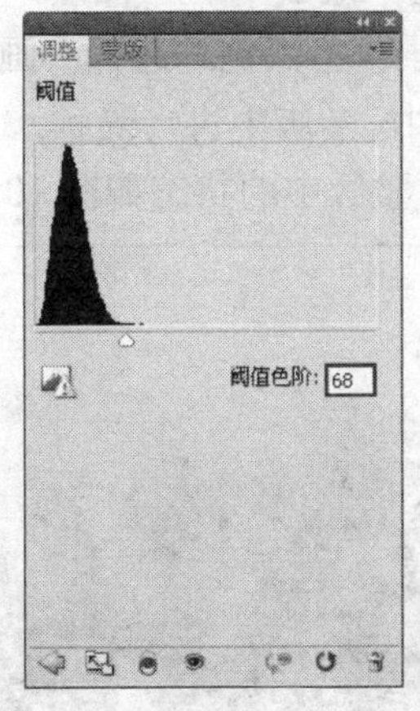

图 10.64 “阈值”面板

图 10.65 应用“阈值”命令后的效果

8．选中“组 1”图层蒙版，按 D 键将前景色和背景色恢复为默认的黑、白色，选择“滤镜”|“渲染”|“云彩”命令，得到类似如图 10.66 所示的效果，蒙版中的状态如图 10.67 所示。

图 10.66 添加图层蒙版后的效果

图 10.67 蒙版中的状态

提示：在应用“云彩”命令时，读者不必刻意追求一样的效果，因为是随机化的。下面进一步制作逼真的星星效果。

9．在“图层”面板顶部设置“组 1”的混合模式为“滤色”，以混合图像，得到的效果如图 10.68 所示。此时“图层”面板如图 10.69 所示。

图 10.68 设置图层属性后的效果

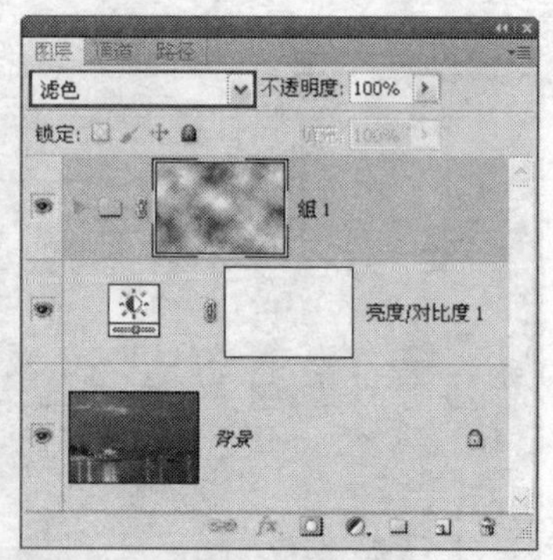

图 10.69 “图层”面板

10．选中“组 1”，按 Ctrl+G 组合键将选中的组编组，得到“组 2”。在“图层”面板底部单击“添加图层蒙版”按钮 为“组 2”添加蒙版，设置前景色为黑色，选择“画笔工具” ，在其工具选项条中设置适当的画笔大小及不透明度，在图层蒙版中进行涂抹，以将除天空以外的星星图像隐藏，直至得到如图 10.70 所示的效果，此时蒙版中的状态如图 10.71 所示。

图 10.70 添加图层蒙版后的效果

图 10.71 蒙版中的状态

提示：在涂抹蒙版的过程中，要根据涂抹区域调整画笔的大小及不透明度，以得到所需要的图像效果。下面结合复制、设置图层属性等功能，模拟远处的繁星图像。

11．将“组 1”拖至“图层”面板底部“创建新图层”按钮 上，得到“组 1 副本”。双击“阈值 1 副本”图层缩览图，在弹出的面板中更改“阈值色阶”为 58，如图 10.72 所示，得到的效果如图 10.73 所示。

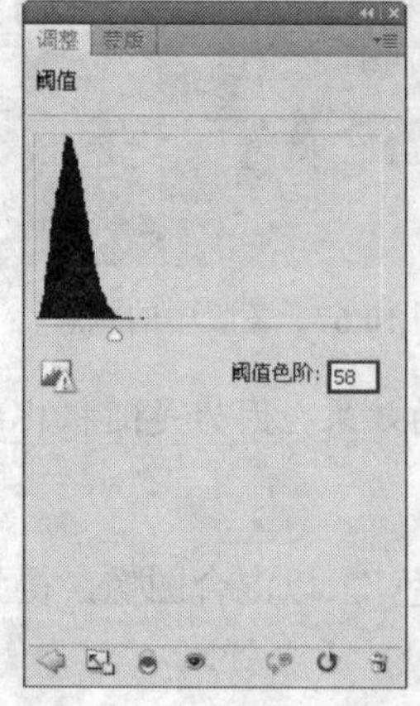

图 10.72 “阈值”面板

图 10.73 应用“阈值”命令后的效果

12．选择“组 1 副本”，设置此组的不透明度为 30%，以降低图像的透明度，得到的效果如图 10.74 所示。此时“图层”面板如图 10.75 所示。

图 10.74　设置不透明度后的效果

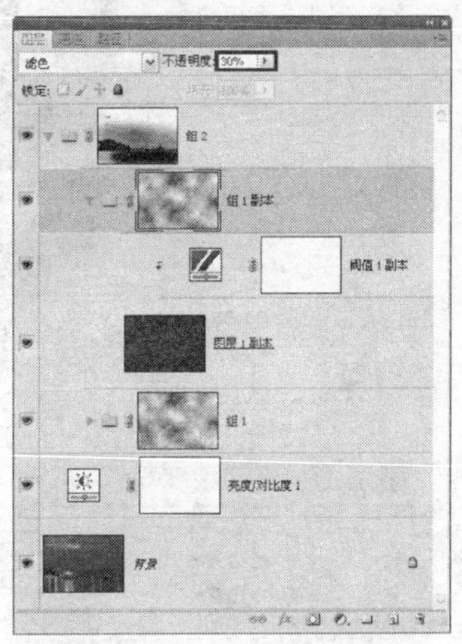

图 10.75　“图层”面板

13．在“图层”面板底部单击“创建新图层”按钮 得到“图层 2”，将此图层拖至“组 1 副本”上方，按 D 键将前景色和背景色恢复为默认的黑、白色，选择“滤镜”|“渲染”|“云彩”命令，得到类似如图 10.76 所示的效果。

14．在“图层”面板顶部设置“图层 2”的混合模式为“线性减淡（添加）”，不透明度为 10%，以混合图像，得到的最终效果如图 10.77 所示。“图层”面板如图 10.78 所示。

图 10.76　应用“云彩”命令后的效果

图 10.77　设置图层属性后的效果

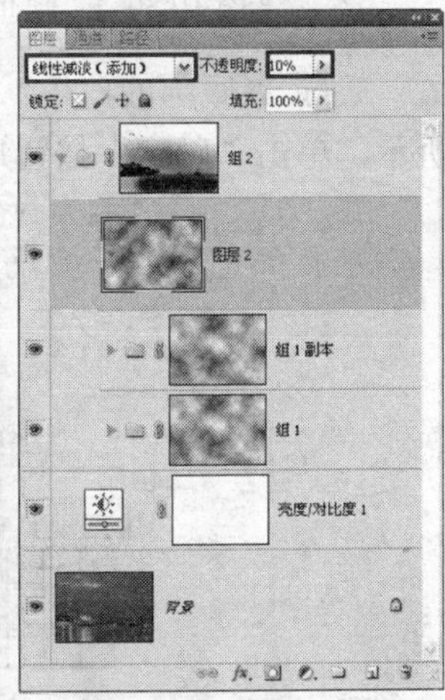

图 10.78　“图层”面板

10.6　替相片套上拍立得白边

在本例中主要讲解如何替相片套上拍立得白边效果。在制作的过程中，主要利用“画布大小”命令扩展画布来实现。

1．打开本书配套素材提供的“第 10 章\10.6-素材.jpg”，将看到整个图片如图 10.79 所示。

2．扩展四周的白边。将“背景”图层拖至创建新图层按钮 上得到“背景 副本”图层，选择“图像”|“画布大小”命令，设置弹出的对话框如图 10.80 所示，单击“确定”按钮退出

对话框。得到的效果如图 10.81 所示。

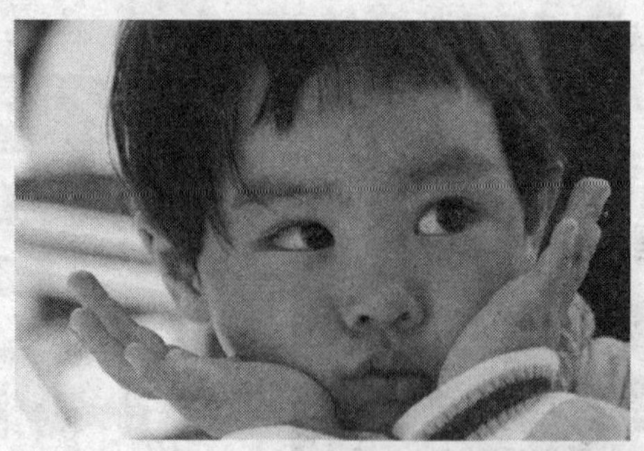

图 10.79　素材图像

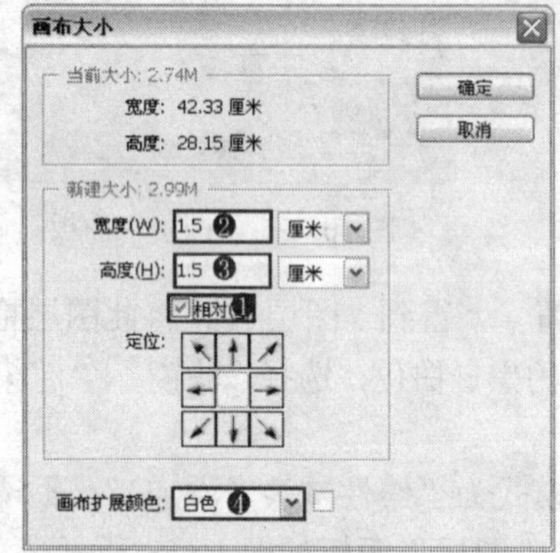

图 10.80　“画布大小”对话框

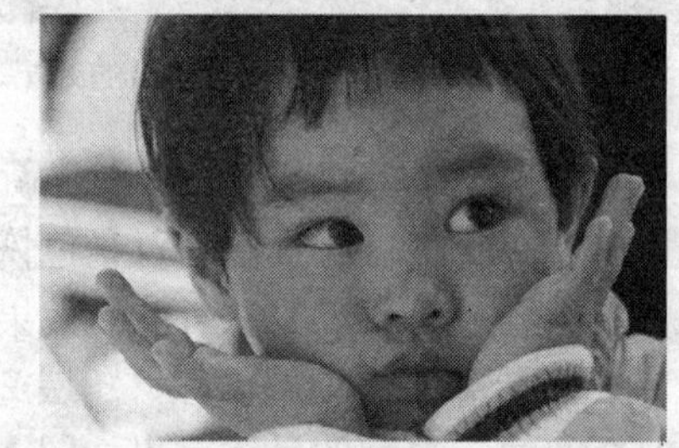

图 10.81　应用“画布大小”命令后的效果

3．扩展底部的白边。再次选择“图像”|“画布大小”命令，设置弹出的对话框如图 10.82 所示，单击“确定”按钮退出对话框。得到的效果如图 10.83 所示。

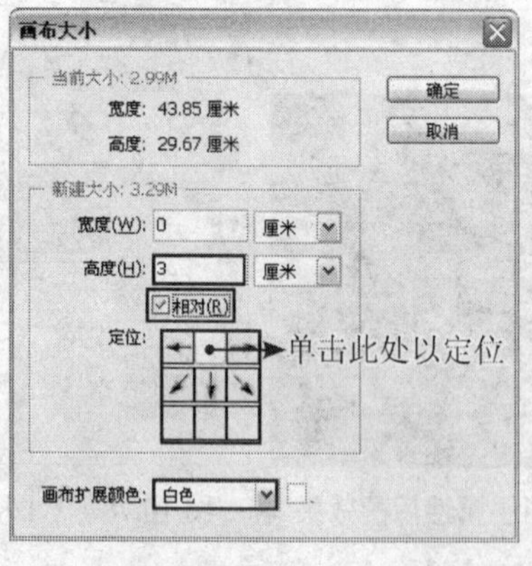

图 10.82　“画布大小”对话框

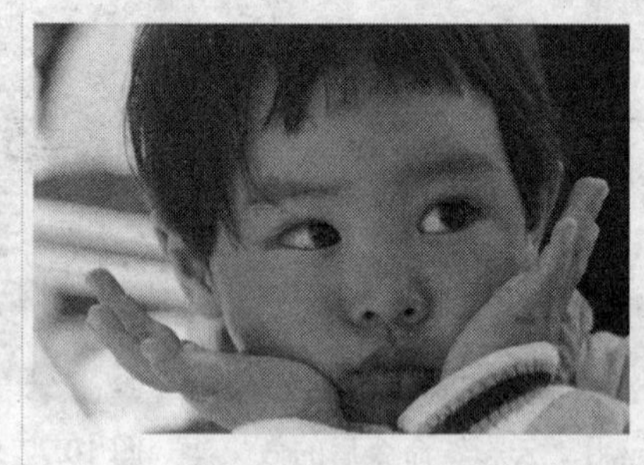

图 10.83　应用“画布大小”命令后的效果

4．增加图像的层次感。确认当前的工作层为“背景 副本”图层，在“图层”面板底部单击“添加图层样式”按钮 fx，在弹出的菜单中选择“内阴影”命令，设置弹出的对话框如图 10.84 所示，单击“确定”按钮退出对话框。得到的效果如图 10.85 所示。

5．输入文字。在工具箱中选择“横排文字工具”，设置前景色的颜色值为 02050a，并在其工具选项条上设置适当的字体和字号，在画布的下方输入文字，得到最终效果如图 10.86 所示。并得到相应的文字图层“GOD IS A GIRL”。“图层”面板如图 10.87 所示。

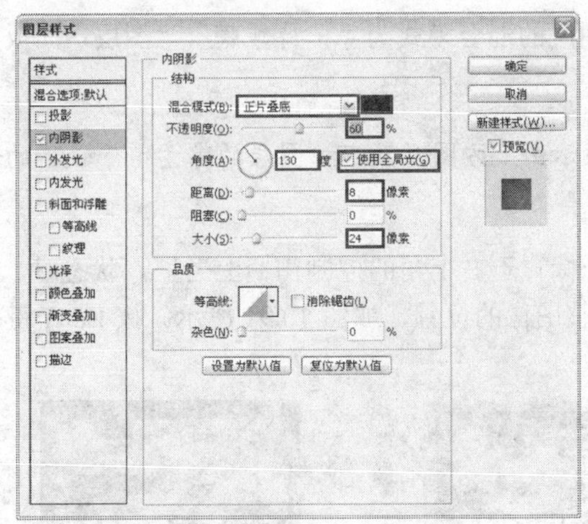
图 10.84　“内阴影”对话框

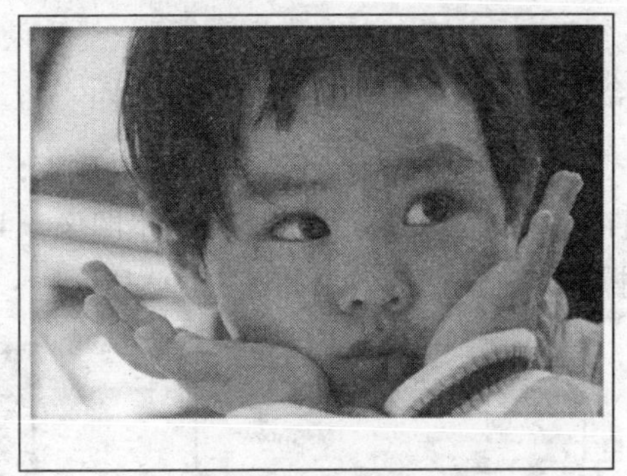
图 10.85　应用“内阴影”命令后的效果

图 10.86　最终效果

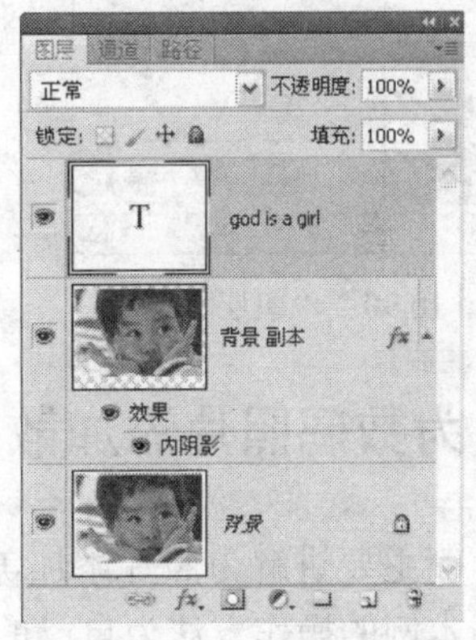
图 10.87　“图层”面板

10.7　添加非主流边框效果

本例主要讲解如何添加非主流边框。在制作的过程中，主要结合了边框素材、图层属性以及变换等功能。

1. 打开本书配套素材提供的“第 10 章\10.7-素材 1.jpg”，将看到整个图片如图 10.88 所示。

2. 打开本书配套素材提供的“第 10 章\10.7-素材 2.psd”，使用“移动工具”将其拖至上一步打开的文件中，如图 10.89 所示。

图 10.88　素材图像

图 10.89　拖动图像

3．释放鼠标后，得到“图层 1”，设置此图层的混合模式为“正片叠底”，“图层”面板如图 10.90 所示。

提示：选择“正片叠底”模式，整体效果显示由上方图层及下方图层的像素值中较暗的像素合成的图像效果。

4．按 Ctrl+T 键调出自由变换控制框，将光标置于右上角的控制句柄上当呈↗状态时，按 Alt+Shift 键向内拖动以等比例缩小图像，并调整图像的位置，如图 10.91 所示。按 Enter 键确认操作。确认后的效果如图 10.92 所示。

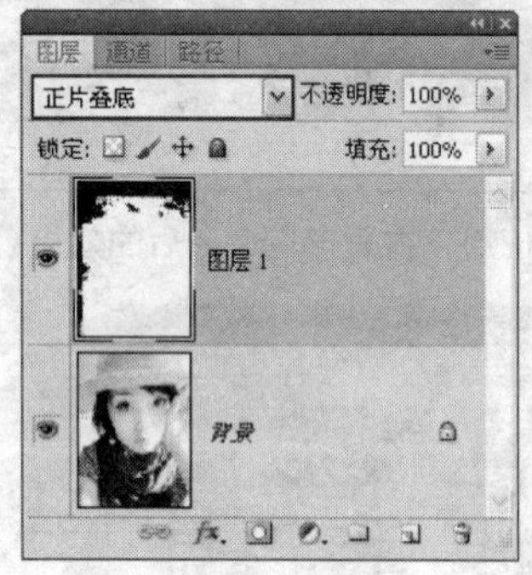

图 10.90 “图层”面板

图 10.91 变换状态

图 10.92 最终效果

10.8 为数码照片添加散点状边框

本实例主要讲解为照片添加美观边框效果的方法，日常生活中大家肯定有很多漂亮的照片，应用本例的操作方法为自己的照片添加艺术边框，让照片更有一些艺术感，更美观。

1．打开本书配套素材提供的“第 10 章\10.8-素材.jpg”，在界面中将看到整个图片，如图 10.93 所示。

2．调亮图像。单击“图层”面板底部“创建新的填充或调整图层”按钮 ，在弹出的菜单中选择“色阶”命令，在弹出的面板中设置参数，如图 10.94 所示，得到的效果如图 10.95 所示。同时得到“色阶 1”图层。

图 10.93 素材图像

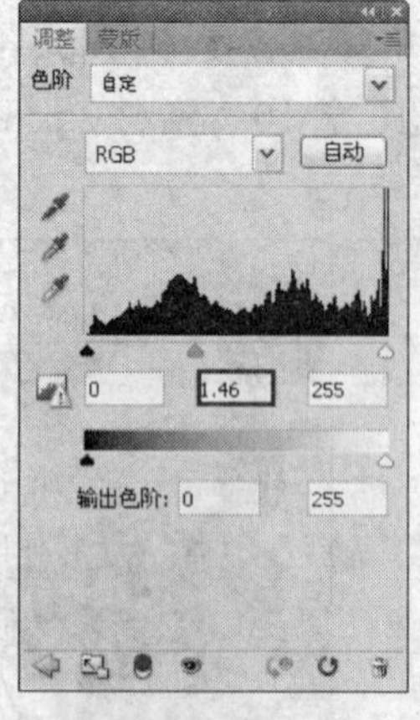

图 10.94 “色阶”面板

图 10.95 应用“色阶”命令后的效果

提示：下面结合通道及滤镜功能，创建半调选区。

3．切换至“通道”面板，在面板底部单击“创建新通道”按钮 ，得到“Alpha 1”通道，如图 10.96 所示。设置前景色为白色，在工具箱中选择“画笔工具” ，并在其工具选项条中设置画笔为“柔角 145 像素”，在“Alpha 1”通道中涂抹，如图 10.97 所示。

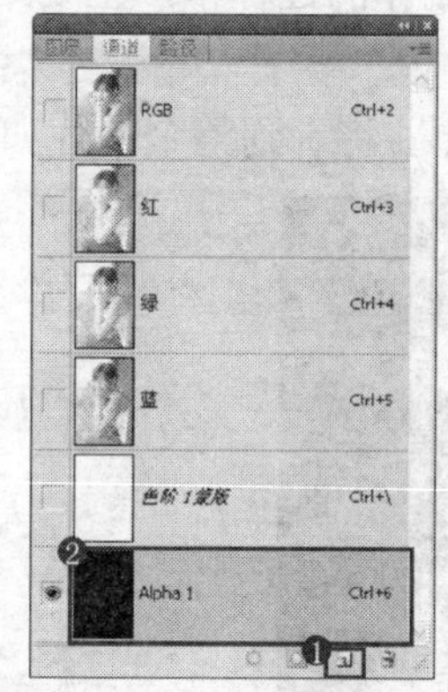

图 10.96　“通道”面板

图 10.97　涂抹后的效果

4．选择“滤镜”|“像素化”|“彩色半调”命令，设置弹出的对话框如图 10.98 所示，单击“确定”按钮退出对话框，得到相应的半调效果，如图 10.99 所示。

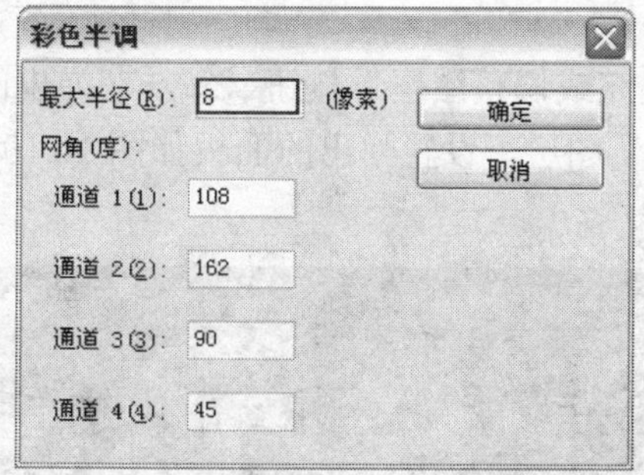

图 10.98　“彩色半调”对话框

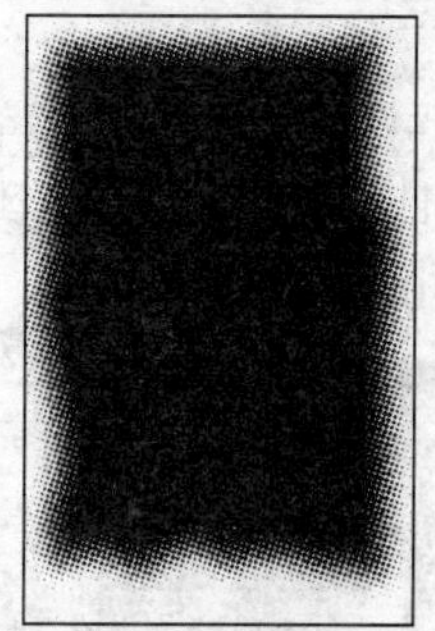
图 10.99　应用“彩色半调”命令后的效果

5．按 Ctrl 键单击“Alpha 1”通道缩览图以载入其选区，如图 10.100 所示。切换回“图层”面板，在面板底部单击“创建新图层”按钮 ，得到“图层 1”，设置前景色为白色，按 Alt+Delete 键填充选区，然后按 Ctrl+D 组合键取消选区，得到如图 10.101 所示的最终效果，“图层”面板如图 10.102 所示。

图 10.100　选区状态

图 10.101　最终效果

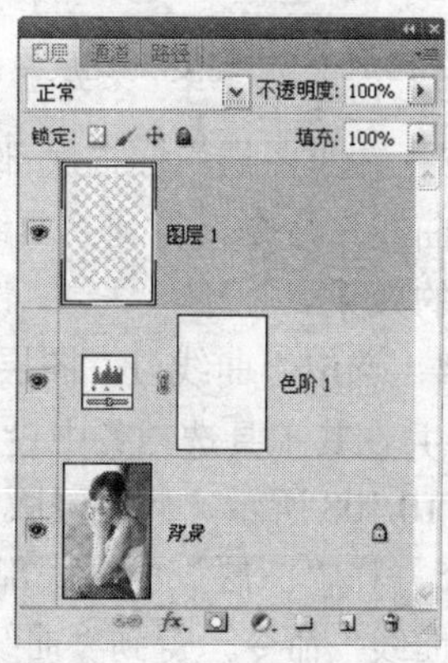

图 10.102　“图层”面板

10.9 添加天空飞鸟改变图像意境

本例主要讲解如何添加天空飞鸟改变图像意境。在制作的过程中，主要结合了调整图层、填充图层、图层蒙版以及图层属性等功能。

1. 打开本书配套素材提供的“第 10 章\10.9-素材.jpg”，将看到整个图片如图 10.103 所示。

图 10.103　素材图像

提示： 下面结合“亮度/对比度”、“曲线”调整图层以及编辑蒙版的功能，调整整体的亮度及对比度。

2. 在“图层”面板底部单击“创建新的填充或调整图层”按钮 ，在弹出的菜单中选择“亮度/对比度”命令，得到“亮度/对比度 1”图层，设置弹出的面板如图 10.104 所示，得到如图 10.105 所示的效果。

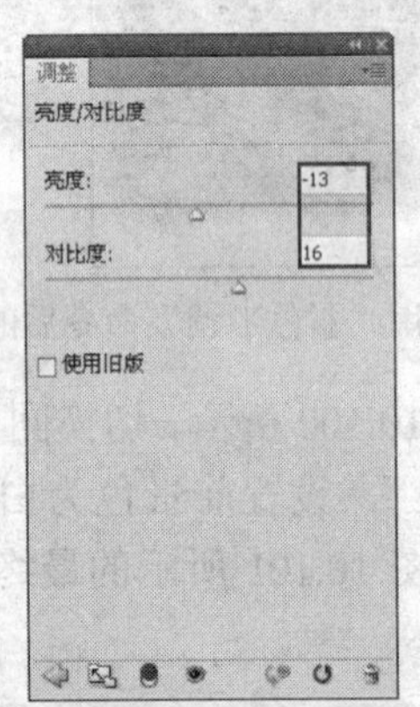

图 10.104　“亮度/对比度”面板

图 10.105　应用“亮度/对比度”命令后的效果

3. 在“图层”面板底部单击“创建新的填充或调整图层”按钮 ，在弹出的菜单中选择“曲线”命令，得到“曲线 1”图层，设置弹出的面板如图 10.106 所示，得到如图 10.107 所示的效果。

4. 选中“曲线 1”图层蒙版缩览图，在工具箱中设置前景色为黑色，选择“画笔工具” ，并在其工具选项条中设置适当的画笔大小，在画布下方涂抹，以将涂抹区域的亮调隐藏，如图 10.108 所示，此时蒙版中的状态如图 10.109 所示。“图层”面板如图 10.110 所示。

5. 在“图层”面板底部单击“创建新的填充或调整图层”按钮 ，在弹出的菜单中选择“曲线”命令，得到“曲线 2”图层，设置弹出的面板如图 10.111～图 10.114 所示，得到如图 10.115 所示的效果。

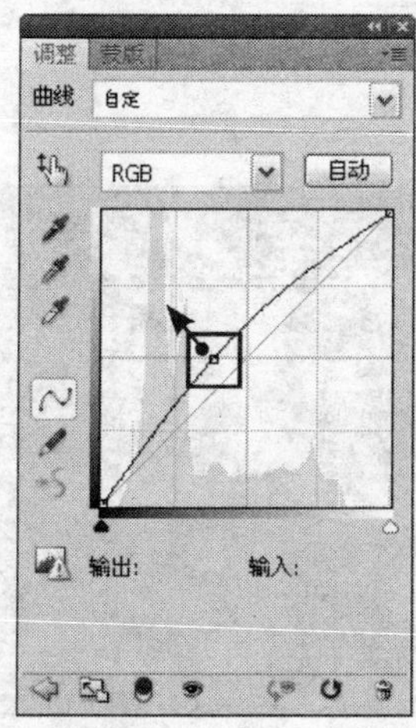

图 10.106 “曲线”面板

图 10.107 应用“曲线”命令后的效果

图 10.108 编辑蒙版后的效果

图 10.109 蒙版中的状态

图 10.110 “图层”面板

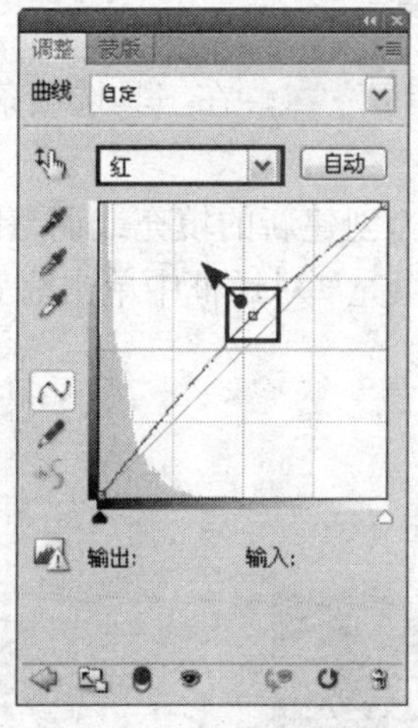

图 10.111 “红”面板

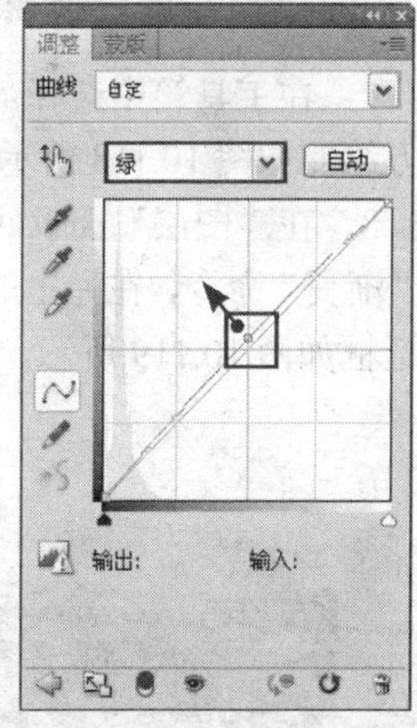

图 10.112 “绿”面板

6. 按照第 4 步的操作方法编辑“曲线 2”图层蒙版，应用“画笔工具”在蒙版中进行涂抹，以将天空区域的暗调隐藏，得到的效果如图 10.116 所示。对应的蒙版中的状态如图 10.117 所示。

提示：下面结合路径、渐变填充图层、混合模式、调整图层以及图层蒙版等功能，调整天空区域的色彩。

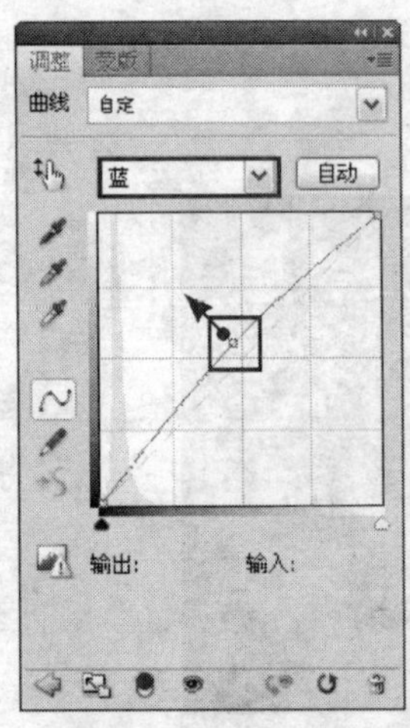

图 10.113 “蓝”面板

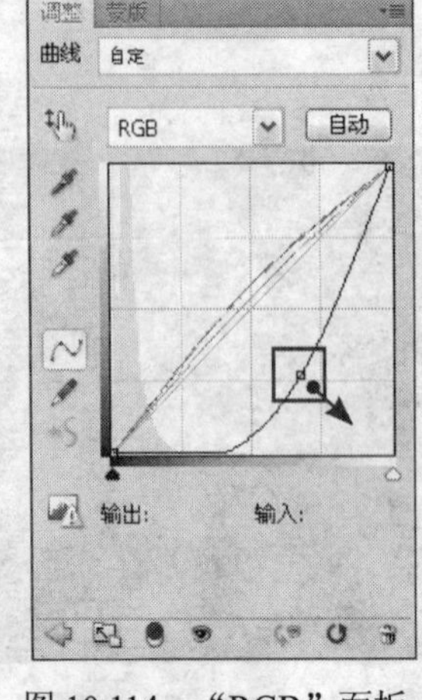

图 10.114 “RGB”面板

图 10.115 应用“曲线”命令后的效果

图 10.116 编辑蒙版后的效果

图 10.117 蒙版中的状态

7．在工具箱中选择“矩形工具”，在工具选项条上选择“路径”按钮，在画布的上方绘制如图 10.118 所示的路径。

8．在“图层”面板底部单击“创建新的填充或调整图层”按钮，在弹出的菜单中选择“渐变”命令，在弹出的“渐变填充”对话框中单击渐变显示框，设置弹出的“渐变编辑器”对话框如图 10.119 所示。

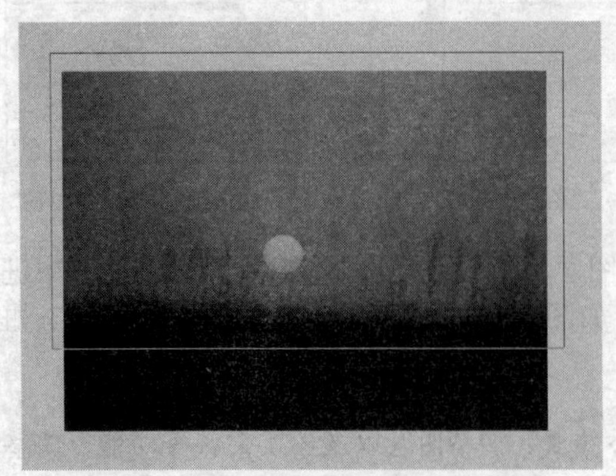

图 10.118 绘制路径

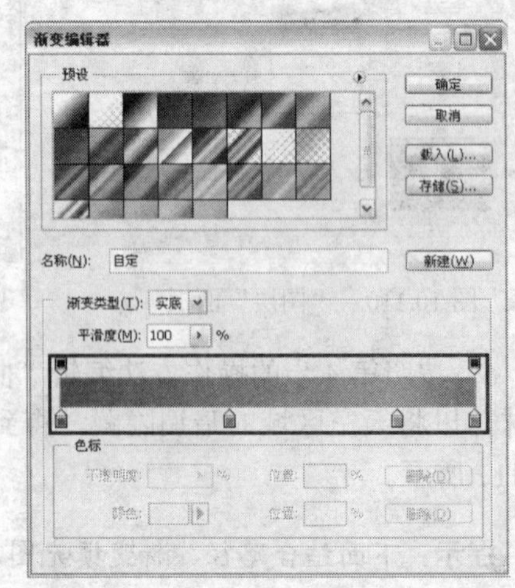

图 10.119 “渐变编辑器”对话框

提示：在“渐变填充”对话框中，渐变类型的各色标颜色值从左至右分别为 8c551f、d47920、f5a240 和 df7e0b。

9．单击“确定”按钮退出“渐变编辑器”对话框，返回到“渐变填充”对话框，直接单击“确定”按钮退出对话框，单击“渐变填充 1”矢量蒙版缩览图，隐藏路径后的效果如图 10.120 所示。

10．在“图层”面板顶部设置“渐变填充 1”的混合模式为“强光”，以混合图像，得到的效果如图 10.121 所示。“图层”面板如图 10.122 所示。

图 10.120　应用“渐变”命令后的效果

图 10.121　设置混合模式后的效果

11．在“图层”面板底部单击“添加图层蒙版”按钮 为“渐变填充 1”添加蒙版，设置前景色为黑色，选择“画笔工具” ，在其工具选项条中设置适当的画笔大小及不透明度，在图层蒙版中进行涂抹，以将下方生硬的渐变边缘隐藏，直至得到如图 10.123 所示的效果，此时蒙版中的状态如图 10.124 所示。

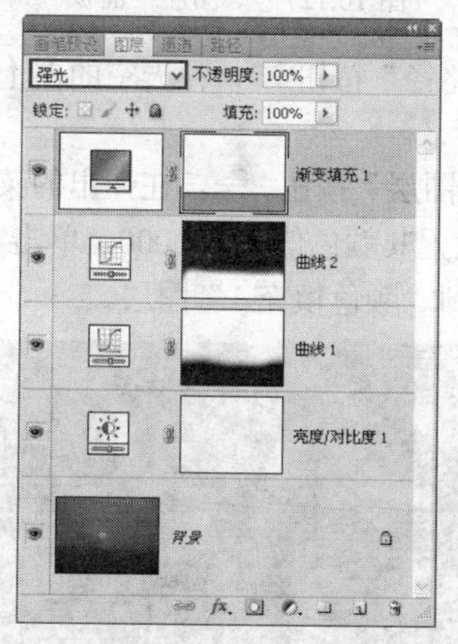

图 10.122　“图层”面板

图 10.123　添加图层蒙版后的效果

12．按照第 3～4 步的操作方法，结合“亮度/对比度”调整图层以及编辑蒙版的功能，降低天空区域的亮度、对比度，得到的效果如图 10.125 所示。对应的蒙版中的状态如图 10.126 所示。“图层”面板如图 10.127 所示。

提示：下面结合路径、填充图层以及复制图层等功能，制作天空中的飞鸟图像。

图 10.124 蒙版中的状态

图 10.125 降低天空区域的亮度及对比度

图 10.126 蒙版中的状态

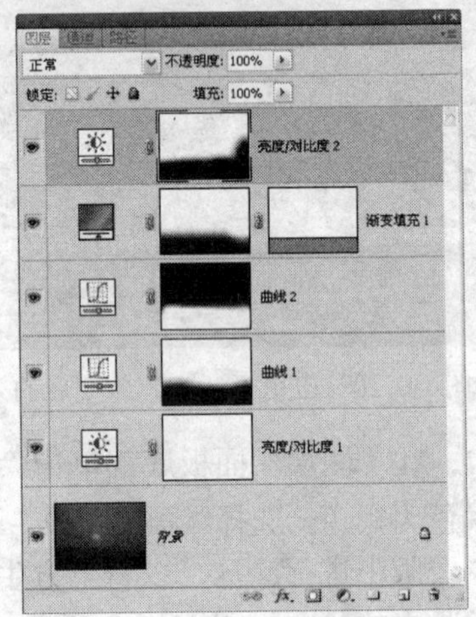

图 10.127 “图层”面板

13. 选择“钢笔工具”，在工具选项条上选择“路径”按钮，在天空的左上方绘制如图 10.128 所示的路径。

14. 在“图层”面板底部单击“创建新的填充或调整图层”按钮，在弹出的菜单中选择“纯色”命令，然后在弹出的“拾取实色”对话框中设置其颜色值为 000000，单击“确定”按钮退出对话框，得到如图 10.129 所示的效果，同时得到“颜色填充 1”图层。

图 10.128 绘制路径

图 10.129 应用“纯色”命令后的效果

15. 将“颜色填充 1”拖至“图层”面板底部“创建新图层”按钮上，得到“颜色填充 1 副本”图层，按 Ctrl+T 组合键调出自由变换控制框，按 Alt+Shift 组合键向内拖动右上角的控制句柄以等比例缩小图像，逆时针旋转图像的角度及移动位置，如图 10.130 所示。按 Enter 键确认操作。“图层”面板如图 10.131 所示。

图 10.130　变换状态

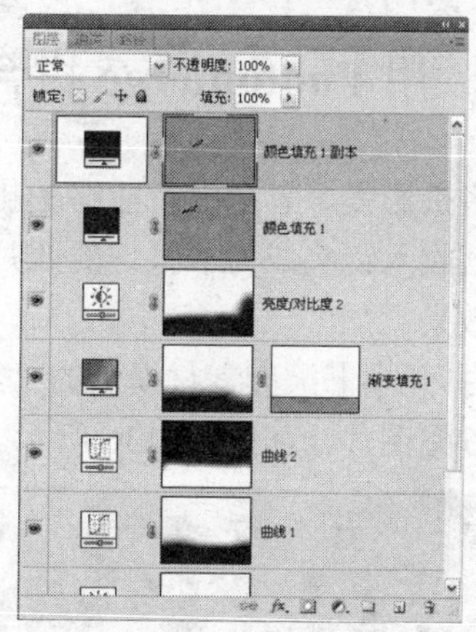

图 10.131　“图层”面板

16．按照第 13～15 步的操作方法，结合路径、填充图层以及复制图层等功能，制作其他飞鸟图像，如图 10.132 所示。“图层”面板如图 10.133 所示。

图 10.132　制作其他飞鸟图像

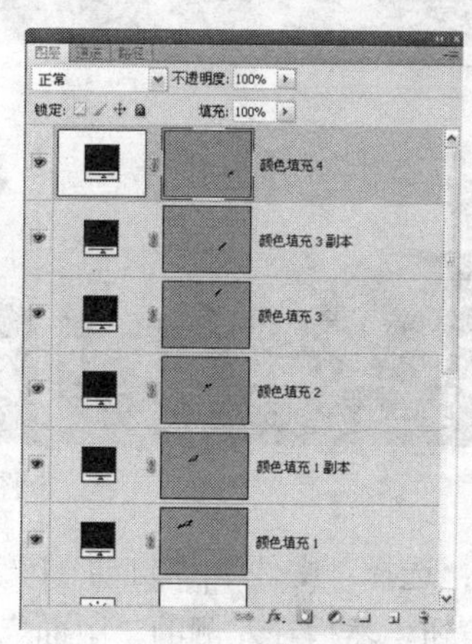

图 10.133　“图层”面板

17．按 Ctrl+Alt+Shift+E 组合键执行“盖印”操作，从而将当前所有可见的图像合并至一个新图层中，得到“图层 1”。在“图层”面板顶部设置此图层的混合模式为“强光”，不透明度为 50%，以混合图像，得到的最终效果如图 10.134 所示。“图层”面板如图 10.135 所示。

图 10.134　最终效果

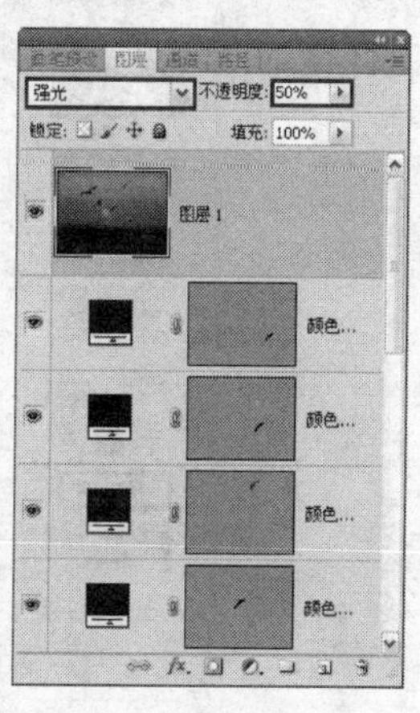

图 10.135　“图层”面板

10.10 用 Photomerge 拼合全景图照片

许多摄影爱好者都没有能够拍摄全景宽幅风景的相机，因此如果有些地方的景色壮阔，也无法将其收入镜头成为一张好的照片，通过下面的方法可以解决这样问题，使我们得到超宽画幅照片效果。

1．打开本书配套素材提供的“第 10 章\10.10-素材 1.jpg”～“第 10 章\10.10-素材 6.jpg”，将看到 6 幅图片，如图 10.136 所示。

图 10.136　打开的 6 幅素材图像

2．选择“文件”|“自动”|“Photomerge”命令，在弹出的对话框中单击“添加打开的文件”按钮，然后在左侧的“版面”选项中选择“调整位置”复选框，如图 10.137 所示。单击“确定”按钮退出对话框。得到的效果如图 10.138 所示。

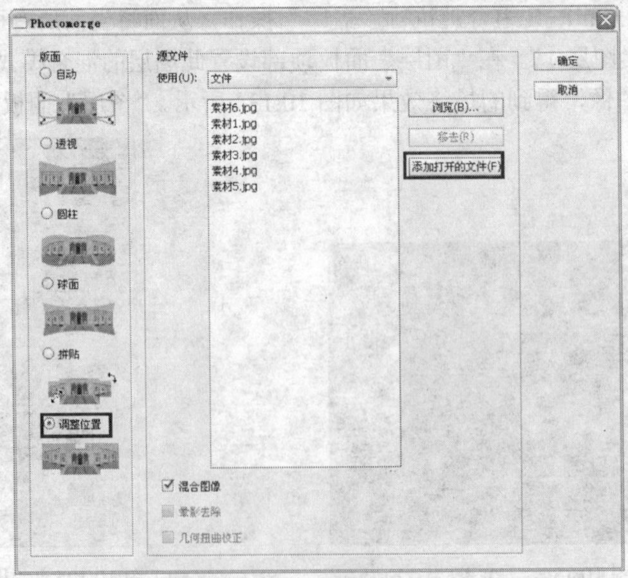

图 10.137　“Photomerge”对话框

图 10.138 应用 photomerge 后的效果

提示：此命令的作用是拼合素材照片，可以通过选择不同的照片让 Photoshop 自动拼合，或由操作者手工进行拼合处理。第 1 次使用此命令可能会感觉到不适应，可以频繁多尝试几次。

3．在工具箱中选择“裁剪工具”，在图像中拖动至如图 10.139 所示的效果，按 Enter 键确认裁剪操作。

图 10.139 使用裁切工具拖动

提示：将图像下部裁掉是因为图像中没有与缺失图像相符的地方，所以无法修补。

4．选择最上方的图层，按 Ctrl+Shift+Alt+E 组合键执行“盖印”操作，得到“图层 1”。此时“图层”面板如图 10.140 所示。使用矩形选框工具在图像左侧天空绘制一个矩形选区，如图 10.141 所示，按 Shift+F6 组合键调出“羽化选区”对话框，设置“羽化半径”为 20 像素，如图 10.142 所示。单击“确定”按钮退出对话框。

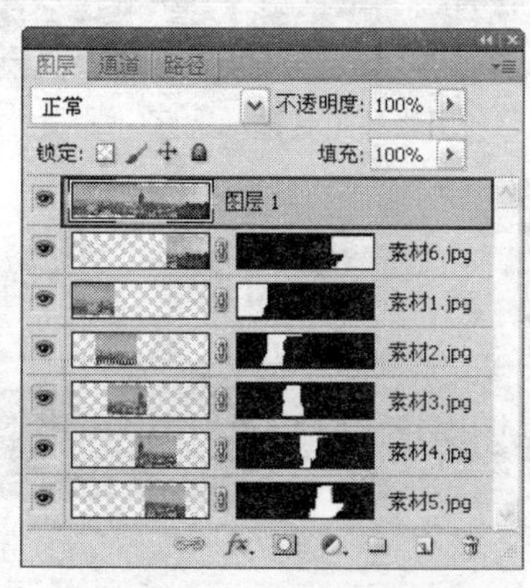

图 10.140 “图层”面板

图 10.141 绘制选区

5．选择“移动工具”，并将光标放到选区内，按住 Shift+Alt 组合键向右将图像复制到缺少天空的地方，其效果如图 10.143 所示，反复拖动多次直至把缺少的天空全部填满，按 Ctrl+D 组合键取消选区，得到如图 10.144 所示的效果。

提示：经过观察，我们发现图像最右侧的天空，上下色调不统一，需要再进行修整。

图 10.142 “羽化选区”对话框

图 10.143 拖动中复制选区中的图像

图 10.144 将缺少的天空填满后的效果

6．使用“修补工具”在最右侧天空的上下色调交界的地方绘制一个如图 10.145 所示的选区，将光标放在选区内，将选区拖动到左侧天空色调统一的地方，如图 10.146 所示，释放鼠标并按 Ctrl+D 组合键取消选区，得到如图 10.147 所示的最终效果。

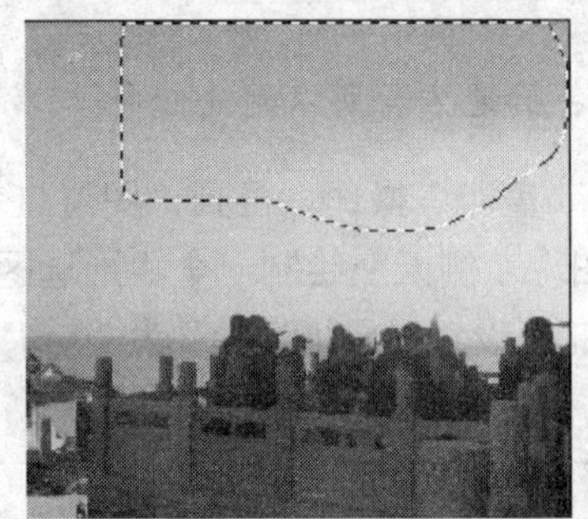

图 10.145 绘制选区

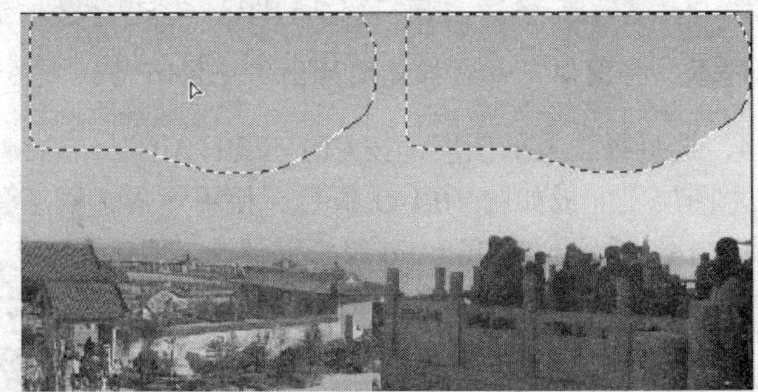

图 10.146 使用修补工具拖动选区

图 10.147 最终效果

提示： 读者可以通过反复的操作，使图像的各个地方都统一得尽善尽美，笔者在这里就不一一赘述了。

第 11 章　处理 RAW 格式照片

11.1　RAW 格式照片概述

RAW 格式是拍摄后得到的最原始的照片格式（当然，并非每种数码相机都能保存这种原始照片），其功能就在于，它可以记录数码相机传感器的原始信息，以及由相机硬件本身产生的一些元数据，如 ISO 的设置、快门速度、光圈值、白平衡等，这些信息都只是在 RAW 文件上加以标记，随后 RAW 文件将同这些有关设置以及其他的技术信息一同保存至相机的存储卡中。

不同的相机制造商会采用各种不同的编码方式来记录 raw 数据，进行不同方式的压缩，所以，不同的制造商对各自的 raw 文件采用不同的文件扩展名，如 Canon 的.CRW、Minolta 的.MRW，Nikon 的.NEF，Olympus 的.ORF 等，不过其原理和所提供的作用功能都大同小异，图 11.1 所示为两类文件格式不同的 RAW 文件。

图 11.1　不同格式的 RAW 文件

PhotoshopRaw 格式（.Raw）是一种文件格式，用于在应用程序和计算机平台之间传输照片，不要将 PhotoshopRaw 与相机原始数据文件格式相混淆。

对于 RAW 格式而言，相机上的所有设置除了 ISO、快门、光圈、焦距，其他设定一律不起作用，因为色彩空间、锐化值、白平衡、对比度、降噪等的所有操作，必须在转换 Raw 时才指定，因此自由度与灵活度都非常大，下面是总结出来的关于 RAW 格式文件的优点。

- RAW 文件几乎是未经过处理而直接从 CCD/CMOS 上得到的信息，为后期处理提供更大的自由度。
- 虽然 RAW 文件附有饱和度、对比度等标记信息，但是其真实的照片数据并没有改变。用户可以自由地对某一张图片进行个性化的调整，而不必基于一两种预先设定好的模式。
- RAW 文件没有白平衡设置，可以任意地调整色温和白平衡来进行创造性的制作，而不会造成照片质量损失。
- RAW 文件可以转化为 16 位的照片，即照片能够有 65536 个可以被调整的层次，当需要对照片的阴影区或高光区进行细致调整的时候，这个优点非常明显。

提示：当保存了为 RAW 照片的编辑时，就会生成一个同名的.xmp 格式文件，如图 11.2 所示，该文件中包括了对 RAW 照片的编辑信息，因此在移动或复制此照片时，如果要保留编辑信息，就一定要将此文件同时拷走。

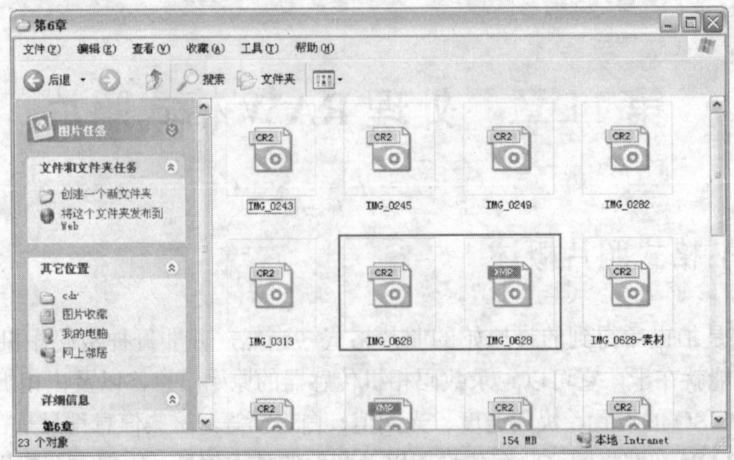

图 11.2 修改 RAW 文件生成的对应文件

11.2 在 CameraRaw 中打开非 RAW 格式照片

1. 选择“文件”|“打开为”命令，在弹出的对话框下方设置“打开为”选项，如图 11.3 所示。然后选择本书配套素材提供的“第 11 章\11.2-素材.JPG”。

2. 单击“打开”按钮，即可在 CameraRaw 中打开非 RAW 格式的照片，如图 11.4 所示。

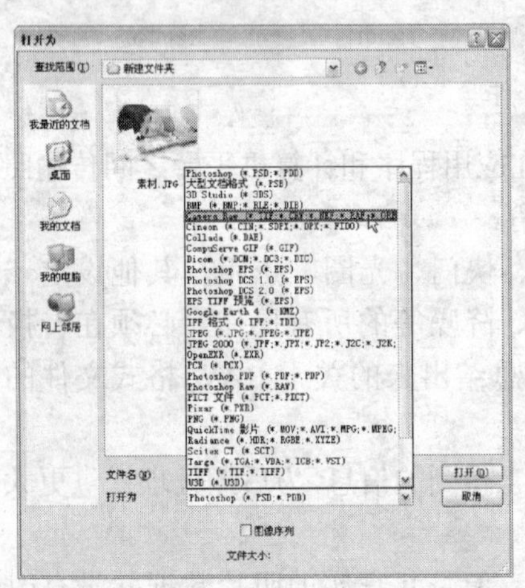

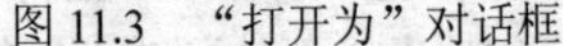

图 11.3 “打开为”对话框

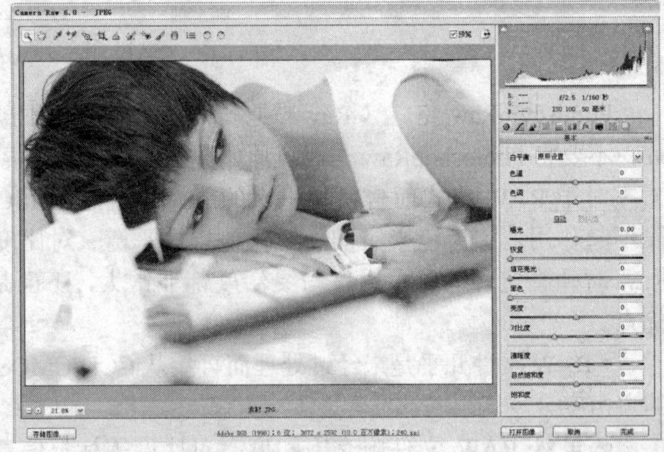

图 11.4 打开的图片

11.3 裁剪照片构图

在 CameraRaw 对话框中，可以使用“裁剪工具” 对照片进行裁剪，其操作类似于在 Photoshop 中使用“裁剪工具” 进行操作。

1. 按照上一例的操作方法打开本书配套素材提供的“第 11 章\11.3-素材.jpg”，如图 11.5 所示。

2. 在对话框上方的“裁切工具”图标上按住鼠标左键，直至弹出一个下拉菜单，在此我们可以设置裁切时的比例，如图 11.6 所示。

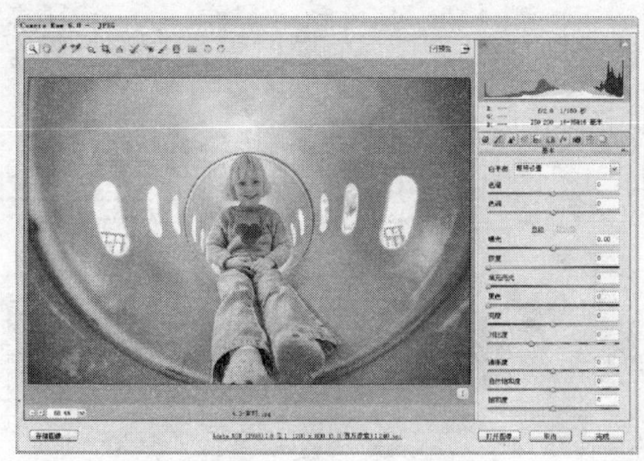

图 11.5　素材图像

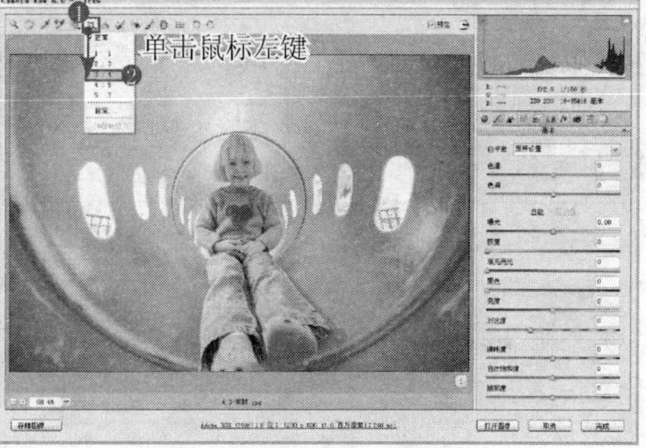

图 11.6　选择裁切比例

3．在画布中依据需要裁切图像，例如在本例中，笔者将人物图像突出于画面中，如图 11.7 所示。

提示： 将光标置于裁剪区域内拖动即可调整裁剪框的位置，通过调整裁剪框四周的控制句柄可以调整裁剪区域的大小。

4．裁切完成后，按 Enter 键确认裁切操作即可，得到如图 11.8 所示的效果。

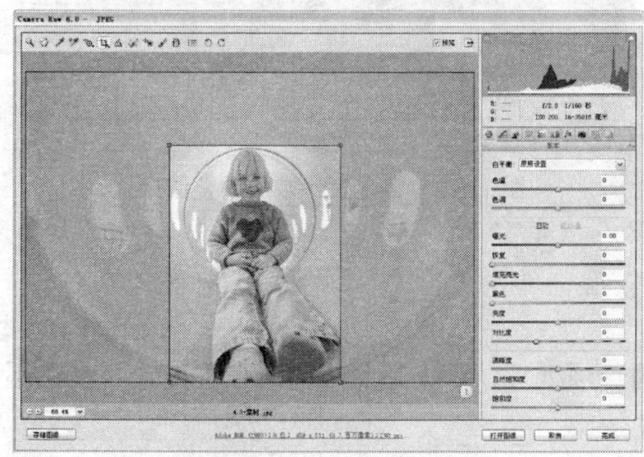

图 11.7　拖动裁切框

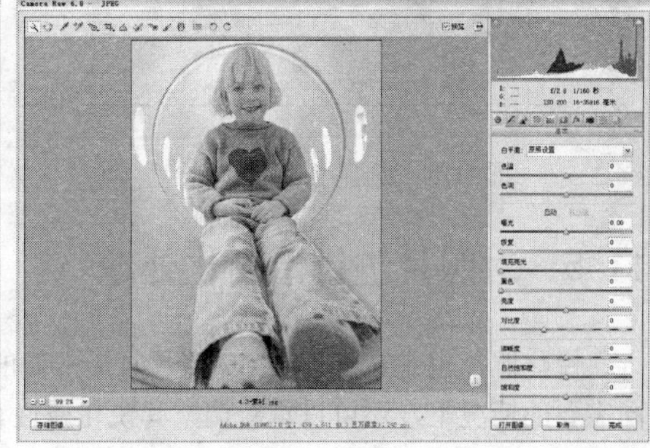

图 11.8　最终效果

11.4　设置照片白平衡

如果拍摄出来的照片被保存成为 RAW 格式的相机原始数据文件，则可以在 CameraRaw 对话框中尝试多种白平衡设置，以得到最佳颜色还原效果。

1．将本书配套素材提供的“第 11 章\11.4-素材.CR2”拖至 Photoshop 中，以调出 CameraRaw 对话框，如图 11.9 所示。

2．此时，我们可以在右侧的参数设置区域的“白平衡”下拉菜单中，选择一个需要的预设选项，比如“自动”选项，如图 11.10 所示。

3．选择“荧光灯”选项可以得到色调偏冷的照片效果，如图 11.11 所示。

4．除选择自带的预设参数外，也可以拖动“白平衡”菜单下面的“色温”及“色调”滑块，以调整得到不同的色彩效果，如图 11.12 所示。

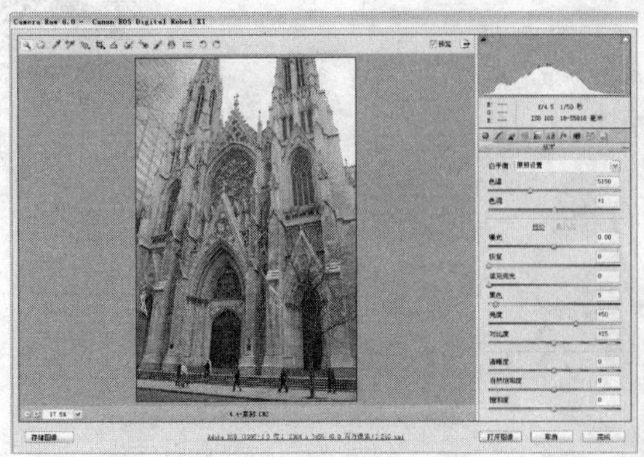

图 11.9 素材图像

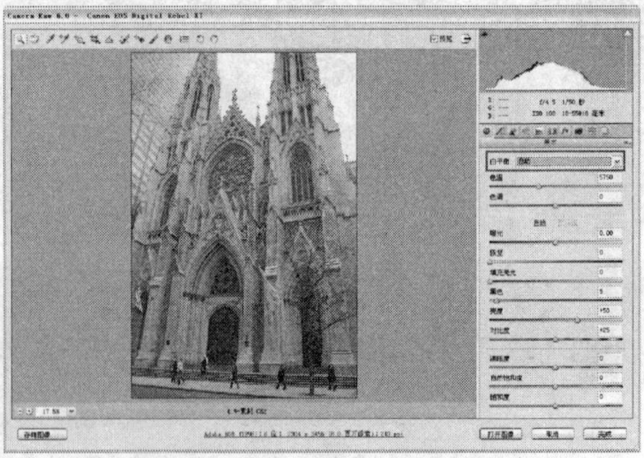

图 11.10 选择“自动”选项

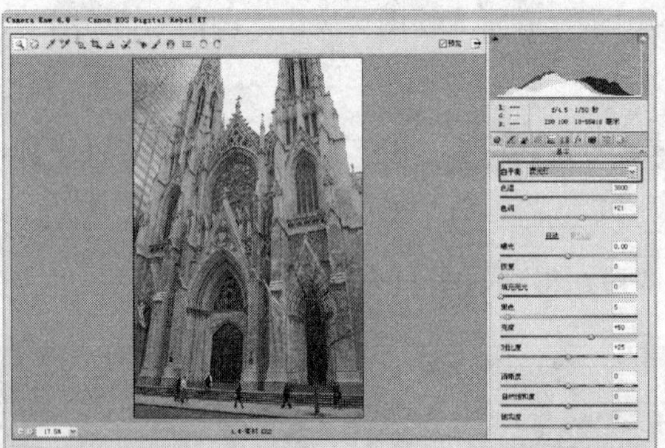

图 11.11 选择“荧光灯”选项

图 11.12 自定义参数的调整结果

11.5 对照片进行清晰化处理

锐化照片也是在处理 RAW 照片时最常做的一项处理，以提高照片的清晰程度，而且在不同需要的情况下，还可以重新调整其锐化属性。

1. 选择“文件”|“打开为”命令，在弹出的“打开为”对话框中选择要打开的图片，并在对话框下方“打开为”选项中选择“Camera Raw”选项，如图 11.13 所示。

2. 单击“打开”按钮退出对话框，即可观看到打开的照片，如图 11.14 所示。

图 11.13 “打开为”对话框

图 11.14 打开的素材

3．单击“细节”按钮以调出其参数设置区域，可以看出，其参数比较简单，如图 11.15 所示。

图 11.15　选择“细节”选项

4．为便于观看细节，我们可以将显示比例放大至 100%，然后挑选一个较容易看出锐化结果的区域，如图 11.16 所示。

5．最基本的锐化处理方法就是编辑“数量”参数，当滑块处于最右侧时，即达到了对照片进行锐化处理的最大值，如图 11.17 所示。

图 11.16　放大显示比例

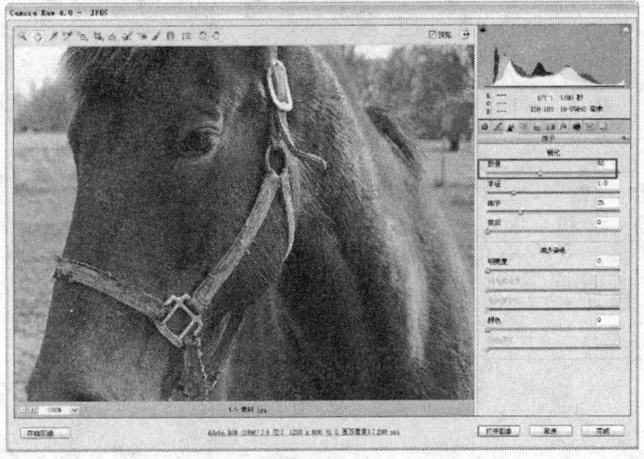

图 11.17　最终效果

11.6　使用基本参数校正曝光不足的照片

在 Camera Raw 对话框右侧参数中，可以通过拖动“曝光”、“黑色”、“填充亮光”等滑块来改变照片的细节。

1．按照上一例的操作方法打开本书配套素材提供的“第 11 章\11.6-素材.jpg”，如图 11.18 所示。

2．向右侧拖动“曝光”滑块，以提高图像的曝光度，同时注意不要让其他区域显现出曝光过度的状态，如图 11.19 所示。

3．显示出部分高光细节后，此时明显可以感觉到阴影区域显得还有些偏暗，此时可以调整“填充高光”参数，以恢复阴影区域的一些细节，如图 11.20 所示。

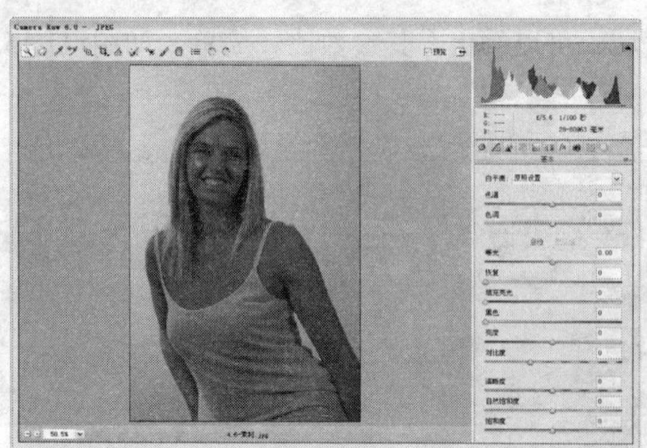

图 11.18 素材图像

图 11.19 调整“曝光”参数

4. 调整至此，照片的高光区域存在由于曝光过度导致的细节丢失，此时可以利用“恢复”参数将光高区域中的细节恢复出来，如图 11.21 所示。

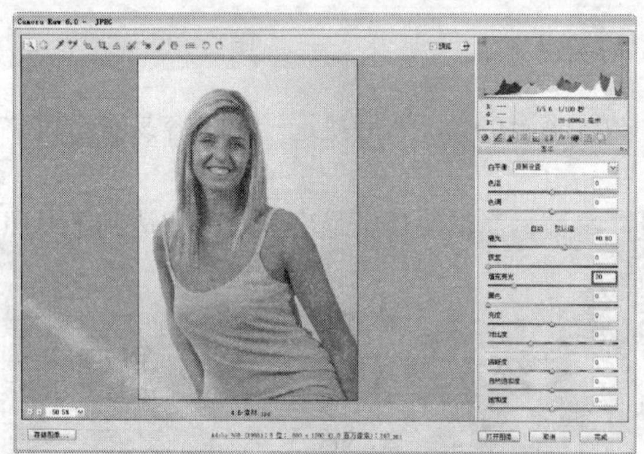

图 11.20 设置“填充高光”参数

图 11.21 设置“恢复”参数

5. 最后，我们可以根据当前照片的需要，对“亮度”及“对比度”参数做适当的调整，直至满意为止，如图 11.22 所示。

图 11.22 最终效果

11.7 使用“曲线”校正灰蒙蒙的照片

在 CameraRaw 对话框中，也可以使用类似于 Photoshop 中“曲线”命令提供的方法对照片进行调整，同时它也支持像编辑“色阶”对话框那样使用滑块调整照片。

1．按照上一例的操作方法打开本书配套素材提供的“第 11 章\11.7-素材.jpg”，如图 11.23 所示。

2．单击右侧的“色调曲线”按钮以调出其参数设置区，如图 11.24 所示。

图 11.23　素材图像

图 11.24　选择“色调曲线”选项

3．在这幅照片中，我们来调整一下照片的暗调区域，此时可以先调整“暗调”参数以显示出此区域的照片细节，如图 11.25 所示。

4．下面再来调整一下照片的高光，即调整“高光”参数，使天空看起来更亮一些，以提高照片整体的对比度，如图 11.26 所示。

图 11.25　设置“暗调”参数

图 11.26　设置“高光”参数

提示：除了调整参数外，我们也可以采用手工编辑曲线的方法调整照片，其操作方法与 Photoshop 中的“曲线”命令的使用方法基本相同，读者可以自行尝试操作。

11.8　提高照片饱和度

使用 CameraRaw 可以按照画笔涂抹的方式，对照片的饱和度、亮度及曝光等多种属性进行调整，在本例中，我们就以提高照片饱和度为例，讲解其操作方法。

1．按照上一例的操作方法打开本书配套素材提供的“第 11 章\11.8-素材.jpg”，如图 11.27 所示。

2．在顶部的工具栏中选择“调整画笔工具”，并在右侧的参数区中提高“饱和度”

参数，如图 11.28 所示。

图 11.27 素材图像

图 11.28 选择工具并设置参数

3．在右下方的参数区中，设置适当的画笔大小，然后使用“调整画笔工具”在照片上涂抹，直至得到满意的饱和度为止，如图 11.29 所示。

4．按照本例第 2～3 步的方法，还可以对照片的曝光进行处理，例如图 11.30 所示是对中间的花朵进行提亮后的效果。

图 11.29 调整饱和度后的效果

图 11.30 调整曝光后的效果

11.9 调整照片单独色调

CameraRaw 提供了一个简单、易用的调整功能，可以制作梦幻般的单色效果。在本例中，我们就以调整照片单独色调为例，讲解其操作方法。

1．选择“文件”|“打开为”命令，在弹出的“打开为”对话框中选择本书配套素材提供的“第 11 章\11.9-素材.jpg”，然后在对话框下方的“打开为”下拉列表中选择“Camera Raw（*．TIF；*CRW；*NEF；.......）”选项，如图 11.31 所示。

2．单击“打开”按钮，以调出 CameraRaw 对话框，如图 11.32 所示。

3．选择对话框上方的“分离色调”按钮，如图 11.33 所示。在“高光”区域中设置“色相”以及“饱和度”的参数，如图 11.34 所示。

4．在“阴影”区域中设置“色相”以及“饱和度”的参数，如图 11.35 所示。

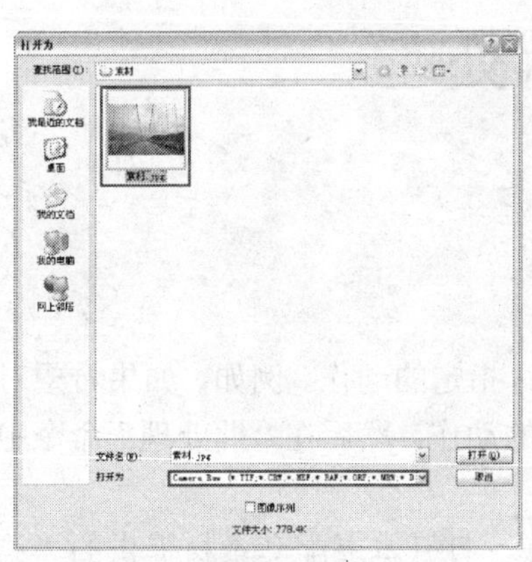

图 11.31　“打开为”对话框

图 11.32　打开素材

图 11.33　选择“分离色调”按钮

图 11.34　设置“色相”及“饱和度”参数

图 11.35　最终效果

第 12 章　自动化照片处理

12.1　对批量照片应用同一处理动作

“批处理”命令能够对指定文件夹中的所有图像文件执行指定的动作。例如，如果希望对批量的照片做统一的照片提亮处理，首先需要录制一个相应的动作，然后在“批处理”命令中为要处理的图像指定这个动作，即可快速完成这个任务。

1．在应用“批处理”命令前，首先我们来录制一个动作。打开本书配套素材提供的“第 12 章\12.1-素材”文件夹中的任意一张照片，例如笔者打开的是如图 12.1 所示的一幅照片。

2．按 F9 键显示“动作”面板，单击“动作”面板底部的“创建新组”按钮，在弹出的对话框中单击“确定”按钮，从而以默认的名称创建一个新的动作组。

3．单击“创建新动作”按钮，在弹出的对话框中设置新动作的基本属性。然后单击“确定”按钮退出对话框，下面即开始录制动作，此时的“动作”面板如图 12.2 所示。

图 12.1　素材图像

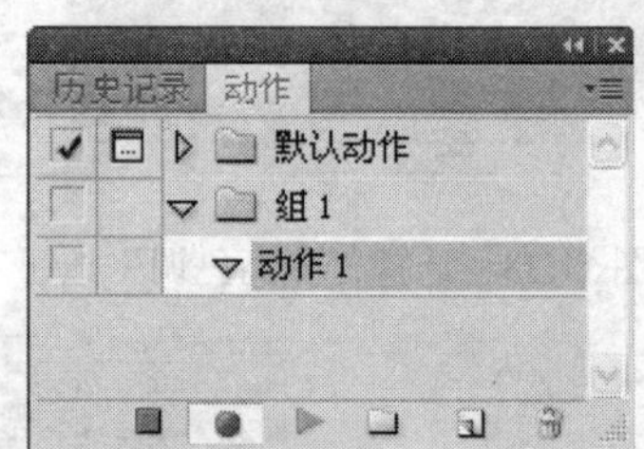

图 12.2　“动作”面板

4．按 Ctrl+L 组合键应用“色阶”命令，在弹出对话框的“预设”下拉菜单中选择“加亮阴影”选项，如图 12.3 所示，然后在“输入色阶”区域中分别拖动左侧和右侧的黑、白滑块，以提高图像的对比度，如图 12.4 所示，得到如图 12.5 所示的效果。

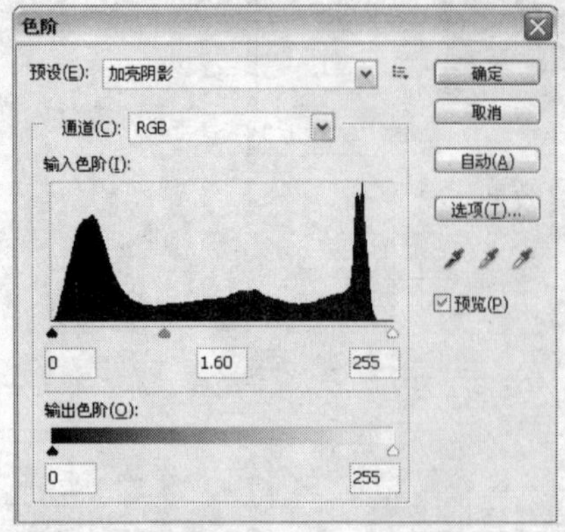

图 12.3　选择预设

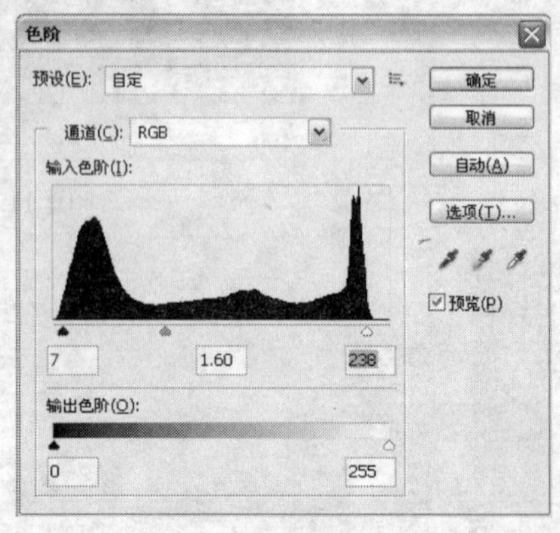

图 12.4　高速参数

5．调整完毕后，单击“确定”按钮退出对话框，此时的“动作”面板如图 12.6 所示。

图 12.5　调色后的效果

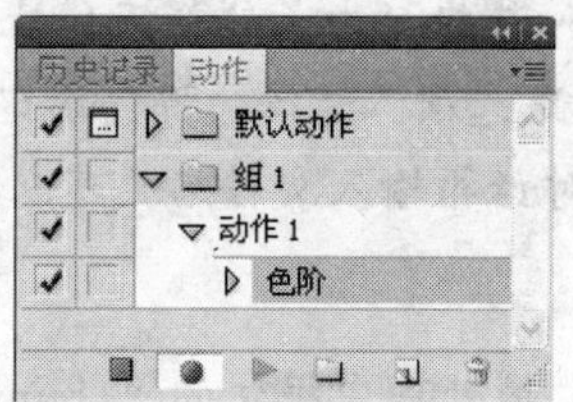

图 12.6　“动作”面板

6．选择“滤镜”|“锐化”|“USM 锐化”命令，设置弹出的对话框如图 12.7 所示，然后单击“动作”面板底部的“停止播放/记录”按钮，从而完成当前这个动作的录制，此时的“动作”面板如图 12.8 所示。

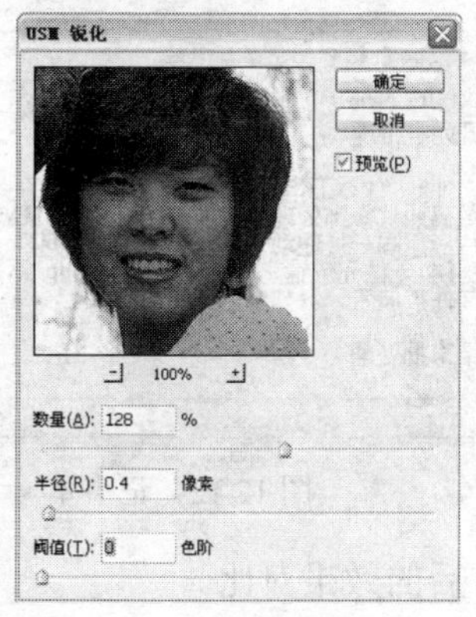

图 12.7　“USM 锐化”对话框

图 12.8　“动作”面板

提示：*在录制了动作以后，下面即可以使用“批处理”命令批量处理照片图像了。*

7．首先，我们可以将要处理的照片统一放在一个文件夹中，然后选择“文件”|“自动”|“批处理”命令，以调出其对话框，如图 12.9 所示。

8．在“源”下拉菜单中选择“文件夹”选项，然后单击“选择”按钮，在弹出的对话框中选择要处理的图片所在的文件夹，然后单击“确定”按钮返回“批处理”对话框，然后再设置其他的相关参数，如图 12.10 所示。

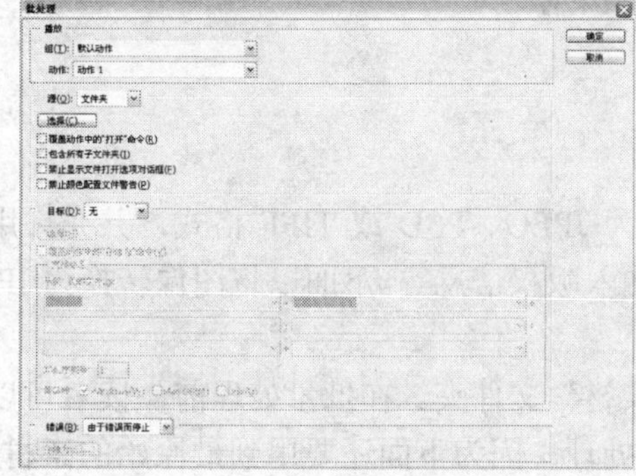
图 12.9　“批处理”对话框

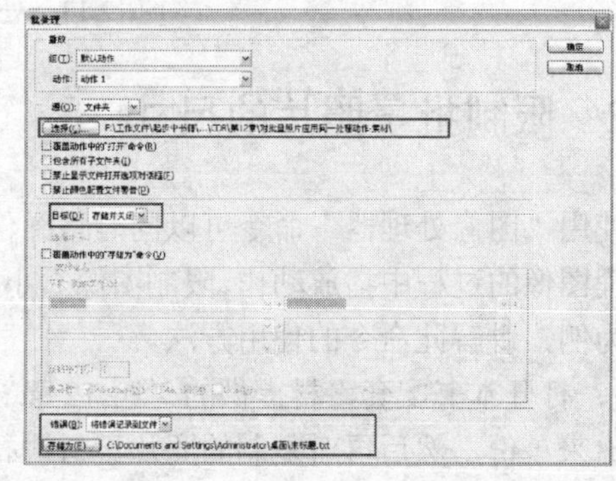
图 12.10　设置对话框中的参数

提示 1：如果读者录制的动作中含有“存储为”操作，为了使它不影响我们的批处理，可以在此选中“覆盖动作中的‘存储为’命令”选项，此时会弹出提示框，单击“确定”按钮即可。

提示 2：选择“由于错误而停止”选项，在动作执行过程中如果遇到错误将中止批处理，建议不选择此选项；选择“将错误记录到文件”选项，并单击下面的“存储为”按钮，在弹出的“存储”对话框输入文件名，可以将批处理运行过程中所遇到的每个错误记录并保存在一个文本文件中。

提示 3：批处理中报错的“Thumbs.db”是 Windows 系统在刷新图片缩览图时生成的文件，与我们的批处理没有任何关系，所以不会影响批处理的结果。

9．单击“确定”按钮退出对话框即开始批处理照片，在批处理完成后，可能会弹出如图 12.11 所示的提示框，告诉我们出现了错误，此时可以查看之前用于保存批处理记录的记事本文件，如图 12.12 所示。

图 12.11 提示框

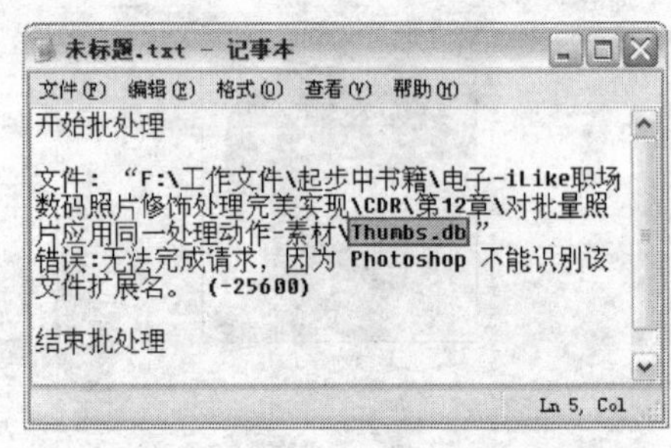

图 12.12 记事本

10．如图 12.13 所示是另外一张使用批处理编辑前后的效果对比。

图 12.13 处理后的效果对比

12.2 限制批量照片的尺寸

使用“图像处理器”命令可以同时将图像转换为 JPEG、PSD 或 TIFF 格式，并允许用户在处理图像的过程中播放动作、限制图像大小以及加入版权信息等。下面以将图像转换为 JPEG 格式为例，讲解此命令的使用方法。

1．打开本书配套素材提供的“第 12 章\12.2-素材”文件夹。在批量处理前，读者可以先复制出来一份，然后再对复制的照片素材进行批量处理。因为下面还要用到最原始的素材。

2．选择“文件”|“脚本”|“图像处理器”命令，弹出如图 12.14 所示的对话框。

提示：观察对话框的左侧可以看出，该对话框已经将其使用流程分为了 4 个步骤，在本节的示例中只需要对前 3 步进行设置即可。

3．单击对话框第 1 步区域中的“选择文件夹”按钮，在弹出的对话框中选择要处理的图像所在的文件夹，然后单击“运行”按钮。在此可以选择本例第 1 步提示的文件夹。如图 12.15 所示。

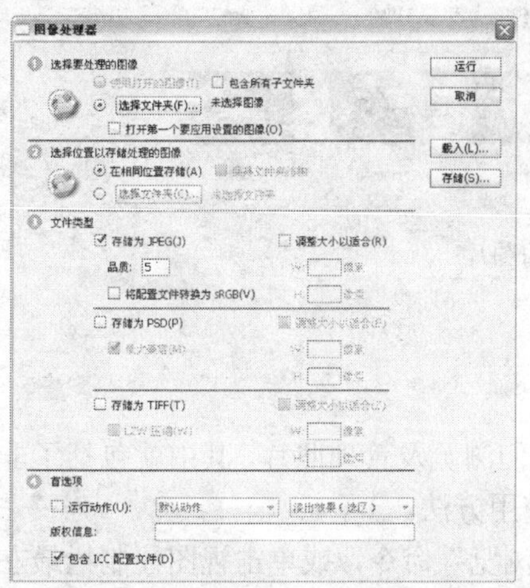

图 12.14　“图像处理器”对话框

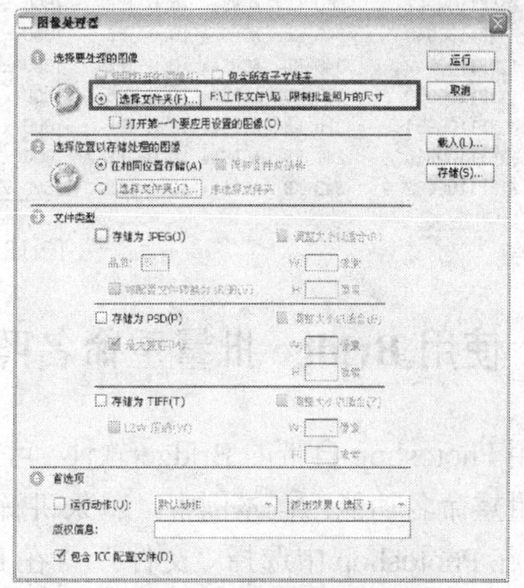

图 12.15　选择文件存储的位置

4．在对话框的第 2 步区域中，设置处理后图像存储的位置为“在相同位置存储”，如图 12.16 所示。

5．在对话框的第 3 步区域中选择“存储为 JPEG”选项，如图 12.17 所示。

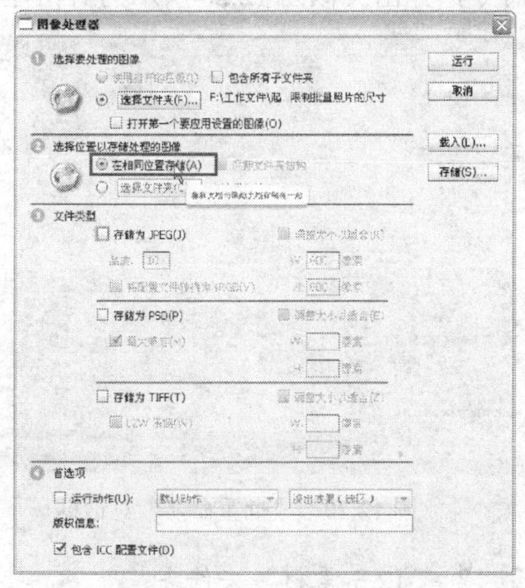

图 12.16　选择存储位置

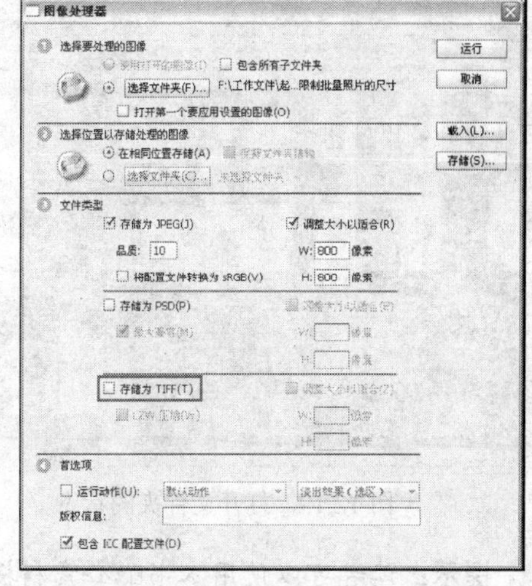

图 12.17　选中“存储为 JPEG”复选框

6．在确定参数设置完毕后，单击“运行”按钮开始处理图像。图像处理完毕后将在原图像所在位置下生成一个新的文件夹，并以所转换的图像格式进行命名，进入该文件即可看到处理完成后的缩览图文件，如图 12.18 所示。

提示：如果希望同时生成几份不同大小、不同文件格式的文件，可以分别选择第 3 步区域中的文件格式类型，选中“调整大小以适合”复选框，分别设置“宽度”和“高度”数值。

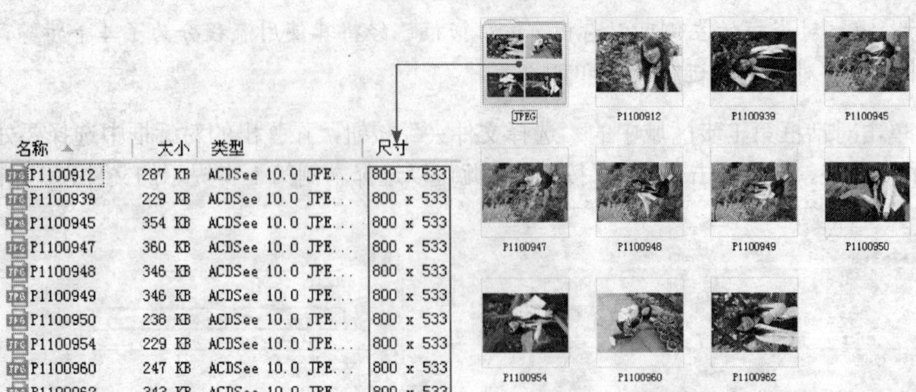

图 12.18 处理后的图片

12.3 使用 Bridge 批量重命名照片

使用 Photoshop 自带的 Bridge 软件，可以帮助我们浏览及管理照片，其中就包括了非常方便的批量重命名功能，在本例中，就来讲解一下其使用方法。

1．在 Photoshop 中选择“文件”|“在 Bridge 中浏览”命令，或单击视图控制栏最左侧的“启动 Bridge 按钮”，以启动该软件。在批量处理前，读者可以先复制出来一份，然后在对复制的照片素材进行批量处理。

2．使用 Bridge 打开该文件夹进行浏览，并按 Ctrl+A 组合键选中当前文件中所有的照片，如图 12.19 所示。

3．在 Bridge 中选择“工具”|“批重命名”命令，弹出类似图 12.20 所示的对话框。

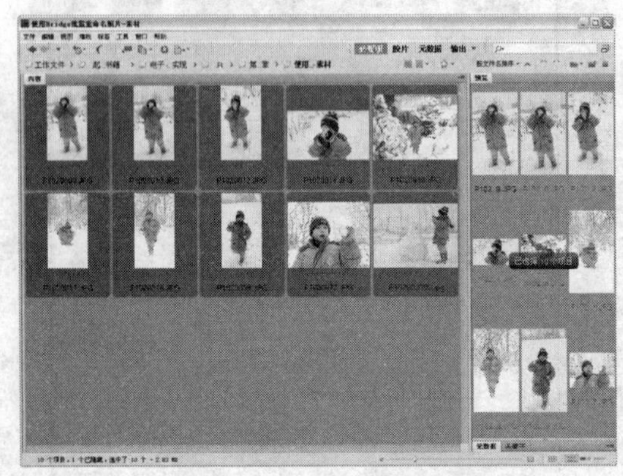

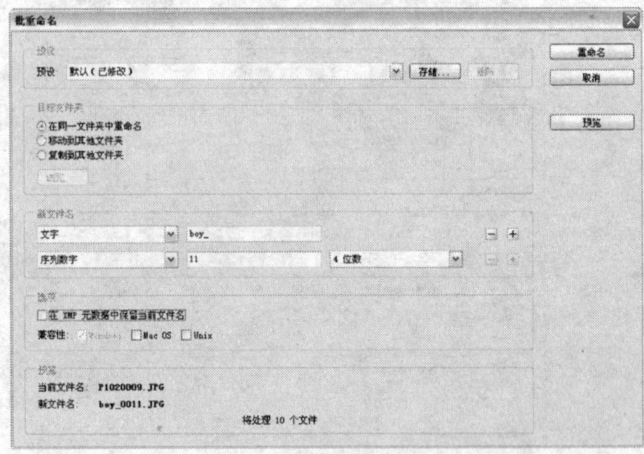

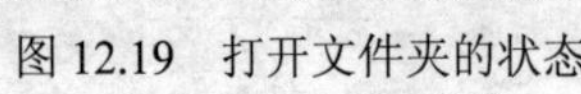

图 12.19 打开文件夹的状态

图 12.20 “批重命名”对话框

提示：读者可以使用本书配套素材提供的“第 12 章\12.3-素材”文件夹。

4．在“目标文件夹”选项区域中选择一个选项，以确定是在同一文件夹中进行重命名操作，还是将重命名的文件移至不同的文件夹中。

5．在“新文件名”选项区域中确定重命名后文件名的命名规则。如果规则项不够用，则可以单击 + 按钮以增加规则，反之，可以单击 − 按钮以减少规则。

6．观察“预览”选项区域命名前后文件名的区别，并对文件名的命名规则进行调整，直至得到满意的文件名。如图 12.21 所示为笔者所设置的重命名规则。

7．单击“重命名”按钮 重命名 则开始重命名操作，如图 12.22 所示为重命名后在 Adobe　Bridge 中观看到的图像文件信息。

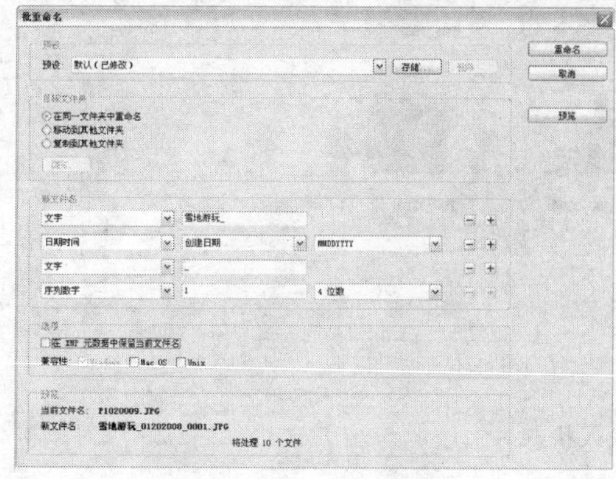

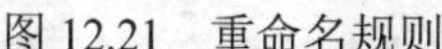

图 12.21　重命名规则

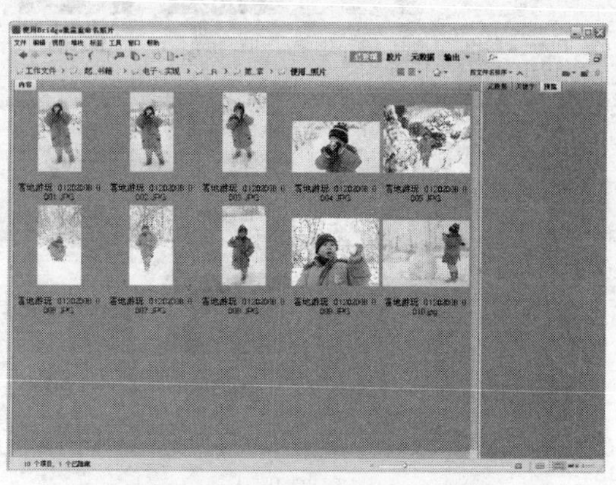

图 12.22　重命名后的图像文件信息

12.4　使用 Windows 资源管理器批量重命名照片

作为 Windows 平台中的标准文件浏览工具，资源管理器也集成了简单的文件批量重命名功能，其优点就在于简单、易用。

1．打开 Windows 资源管理器，并打开本书配套素材提供的“第 12 章\12.4-素材”文件夹，如图 12.23 所示。

提示：由于在光盘中无法执行重命名操作，用户在实际操作中应先将其复制到硬盘中。

2．按 Ctrl+A 组合键将当前文件夹中的照片文件全部选中，如图 12.24 所示。

图 12.23　打开的素材图片　　　　图 12.24　全部选中状态

3．按 F2 键进行重命名，此时第 1 幅照片的名称变为可输入状态，如图 12.25 所示。

4．根据需要设置重命名的前缀为“陶然亭公园-”，如图 12.26 所示。

5．按 Enter 键确认重命名操作，此时所有选中的照片文件就被重命名了，如图 12.27 所示。

图 12.25 输入状态

图 12.26 输入前缀

图 12.27 重命名后的状态

第13章　生 活 应 用

13.1　饮料产品修饰

在本例中，将去除产品的背景，并添加新的渐变背景。另外，由于本例中的照片存在一定的透视，为了让表现的液体更突出，应注意照片景深的模拟。

1．打开本书配套素材提供的“第 13 章\13.1-素材.jpg”，将看到整个图片如图 13.1 所示。

2．切换至“路径”面板，在面板底部单击“创建新路径”按钮 得到“路径 1”，选择“钢笔工具” ，在其工具选项条上选择“路径”按钮 及“添加到路径区域”按钮 ，沿产品的边缘绘制一条路径，如图 13.2 所示。

图 13.1　素材图像

图 13.2　绘制路径

3．按 Ctrl＋Enter 组合键将当前显示的路径转换为选区，切换回“图层”面板，按 Ctrl＋J 组合键执行“通过拷贝的图层”操作，从而将选区中的图像拷贝到新图层中，得到“图层 1”。

4．单击“图层 1”左侧的“指示图层可见性”按钮 以隐藏该图层，选择“背景”图层作为当前的工作层，在“图层”面板底部单击“创建新图层”按钮 得到“图层 2”，设置前景色为白色，按 Alt＋Delete 组合键用前景色进行填充。

5．新建“图层 3”，选择渐变工具，在画布中单击右键，在弹出的渐变显示框中选择渐变类型为“黑、白渐变”，然后设置其工具选项条的参数 ，从图像的中间偏左侧的位置至右侧边缘位置绘制渐变，得到如图 13.3 所示的效果。

6．在“图层”面板顶部设置“图层 3”的不透明度为 20%，得到如图 13.4 所示的效果。

图 13.3　绘制渐变

图 13.4　设置图层属性后的效果

7．在“图层”面板底部单击“创建新的填充或调整图层”按钮 ，在弹出的菜单中选择“色彩平衡”命令，得到“色彩平衡 1”图层，设置弹出的面板如图 13.5 所示，以调整图像的颜色，得到如图 13.6 所示的效果，此时的“图层”面板如图 13.7 所示。

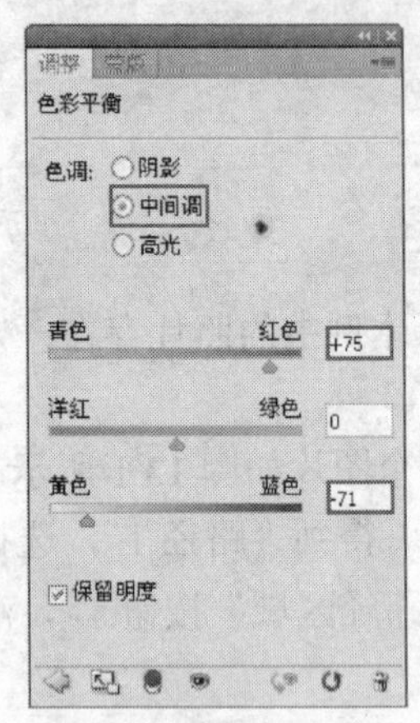

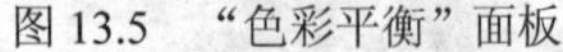
图 13.5 “色彩平衡”面板

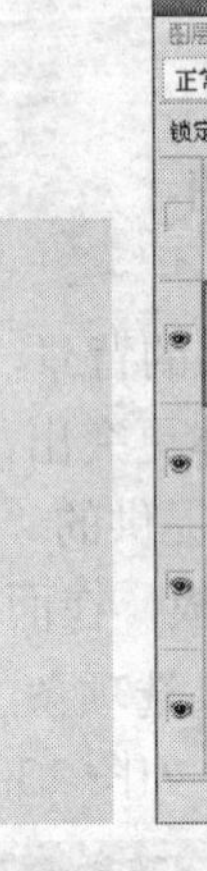
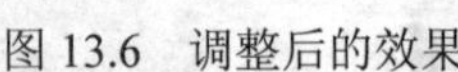
图 13.6 调整后的效果

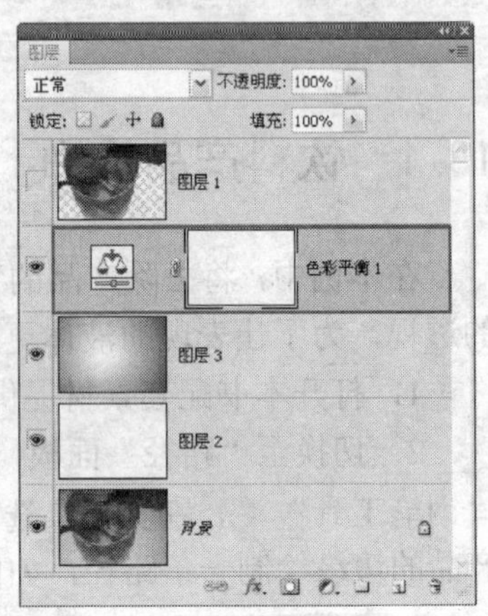

图 13.7 “图层”面板

提示：制作完成背景的颜色后，下面来模拟产品的景深。

8．单击“图层 1”左侧的“指示图层可见性”按钮 以显示该图层，在此图层名称上单击右键，在弹出的快捷菜单中选择“转换为智能对象”命令，从而将其转换成为智能对象图层。

9．选择“滤镜”|“模糊”|“高斯模糊”命令，在弹出的对话框中设置“半径”数值为 3.1，单击“确定”按钮退出对话框，得到如图 13.8 所示的效果。

10．选择“图层 1”的智能蒙版缩览图，设置前景色为黑色，选择“画笔工具” 并设置适当的画笔大小及不透明度，在图像上涂抹以将其隐藏，如图 13.9 所示，此时蒙版中的状态如图 13.10 所示，对应的“图层”面板如图 13.11 所示。

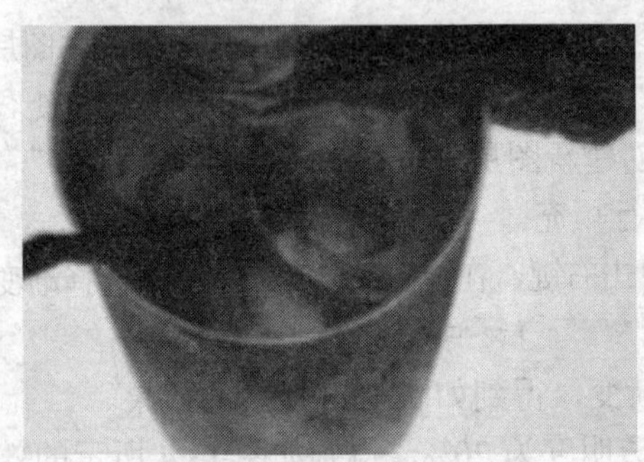
图 13.8 模糊后的效果

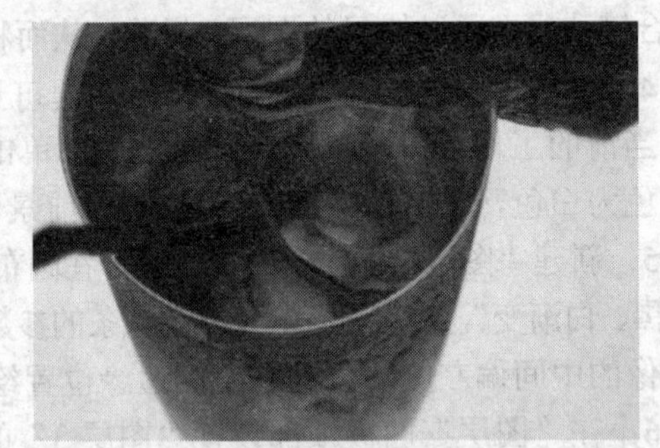
图 13.9 制作景深效果

提示：下面来增加杯子边缘的亮度。

11．选择“图层 1”图层缩览图，选择“选择”|“色彩范围”命令，在弹出的对话框中使用“吸管工具” 在杯子图像的边缘位置单击，然后再调整适当的“颜色容差”数值，如图 13.12 所示，单击“确定”按钮退出对话框，得到如图 13.13 所示的选区。

12．保持选区，在“图层”面板底部单击“创建新的填充或调整图层”按钮 ，在弹出的菜单中选择“亮度/对比度”命令，得到“亮度/对比度 1”图层，按 Ctrl＋Alt＋G 组合键创建剪贴蒙版，设置面板如图 13.14 所示，以调整图像的亮度及对比度，得到如图 13.15 所示的效果。

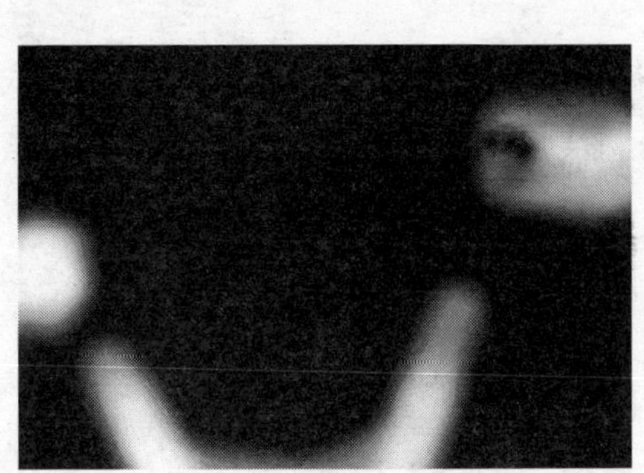

图 13.10　蒙版中的状态

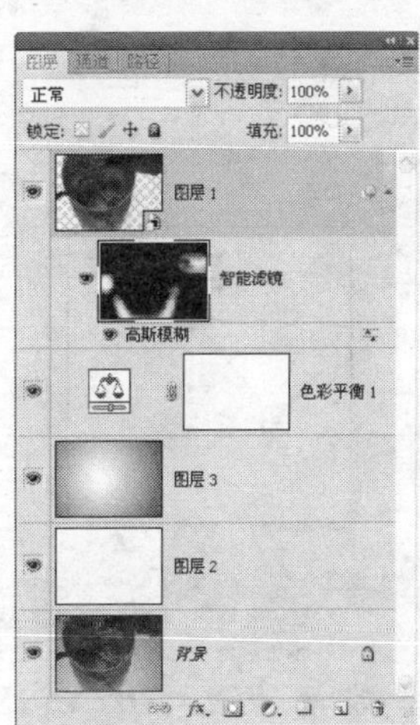

图 13.11　“图层”面板

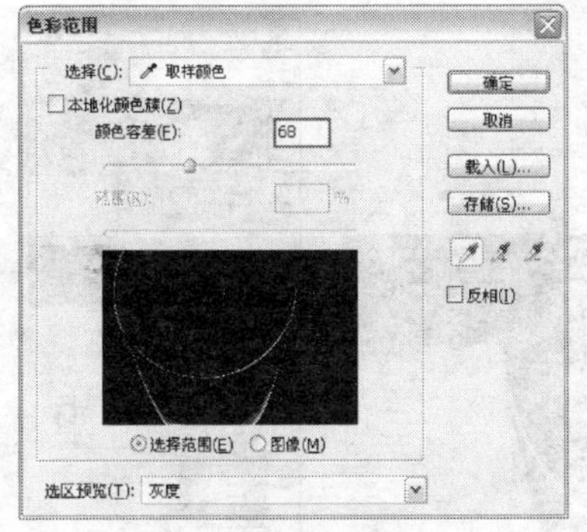

图 13.12　“色彩范围”对话框

图 13.13　创建得到的选区

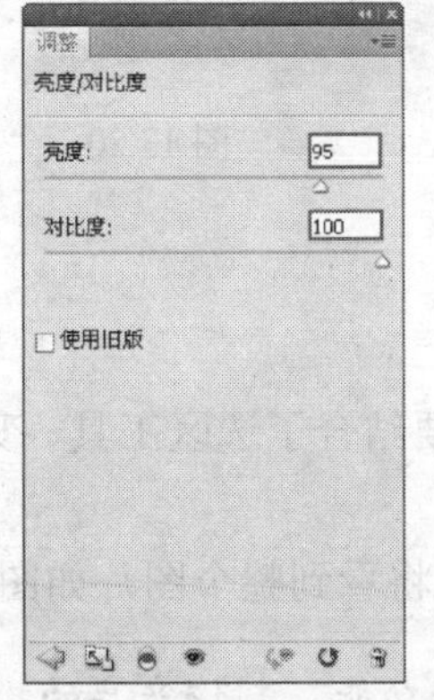

图 13.14　“亮度/对比度”面板

图 13.15　调整后的效果

13．在“图层”面板底部单击“创建新的填充或调整图层”按钮 ，在弹出的菜单中选择“曲线”命令，得到“曲线 1”图层，按 Ctrl＋Alt＋G 组合键创建剪贴蒙版，设置面板如图 13.16 所示，以调整图像的颜色及亮度，得到如图 13.17 所示的效果。

14．按 Ctrl+Alt+Shift+E 组合键执行“盖印”操作，从而将当前所有的可见图像合并至新图层中，得到“图层 4”。

15．选择“滤镜”|“锐化”|“USM 锐化”命令，设置弹出的对话框如图 13.18 所示，得到如图 13.19 所示的效果，此时的“图层”面板如图 13.20 所示。

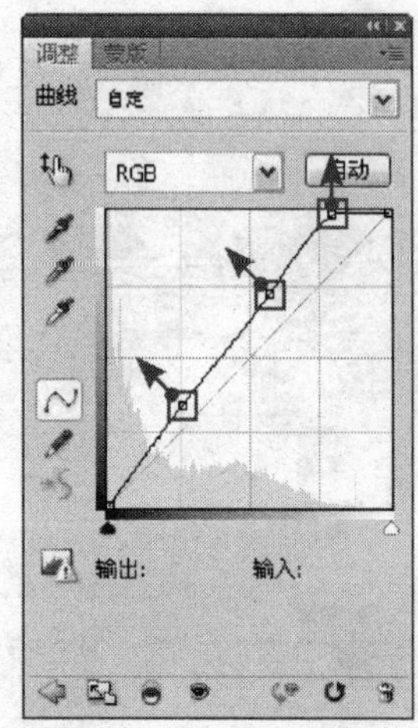

图 13.16 “曲线”面板

图 13.17 调整后的效果

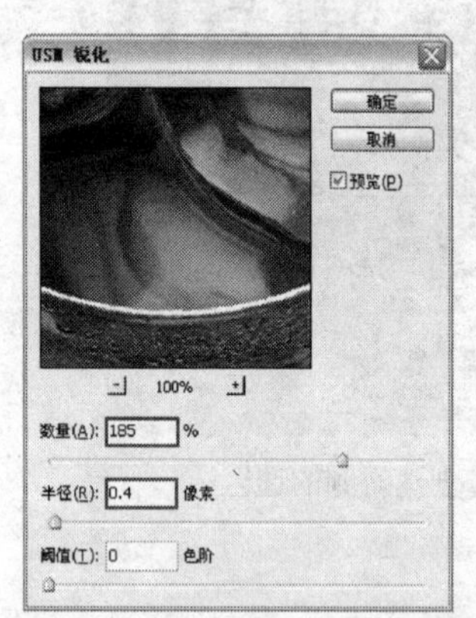

图 13.18 “USM 锐化”对话框

图 13.19 最终效果

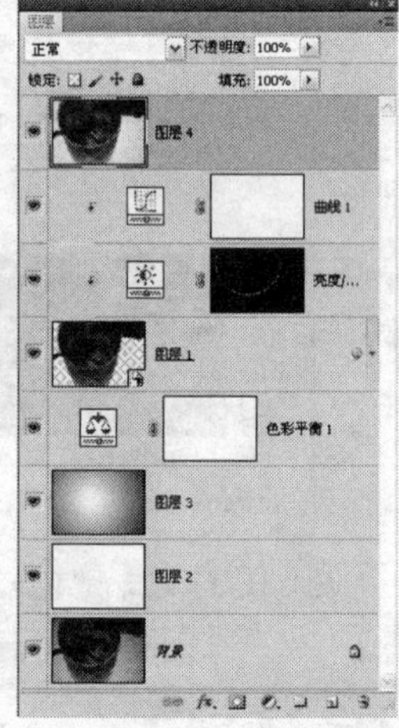

图 13.20 “图层”面板

13.2 产品修饰

本实例主要讲解产品修饰的方法。在制作的过程中，主要结合了选区工具、变换、图层蒙版以及调整图层等功能。

1. 打开本书配套素材提供的“第 13 章\13.2-素材.jpg”，将看到整个图片如图 13.21 所示。

提示：下面结合“魔棒工具”、变换以及图层蒙版等功能，制作产品的投影效果。

2. 在工具箱中选择“魔棒工具”，设置其工具选项条如 所示，在黑色背景区域进行单击，得到如图 13.22 所示的选区，按 Ctrl+Shift+I 组合键执行“反向”操作，得到如图 13.23 所示的选区。

3. 保持选区，按 Ctrl+J 组合键复制选区中的内容得到“图层 1”，按 Ctrl+T 键调出自由变换控制框，在控制框内单击右键，在弹出的快捷菜单中选择“垂直翻转”命令，如图 13.24 所示。

4. 将光标置于右上角的控制句柄上，当光标变为状态时，逆时针方向旋转图像的角度并向下移动图像的位置，如图 13.25 所示。按 Enter 键确认操作。

图 13.21　素材图像

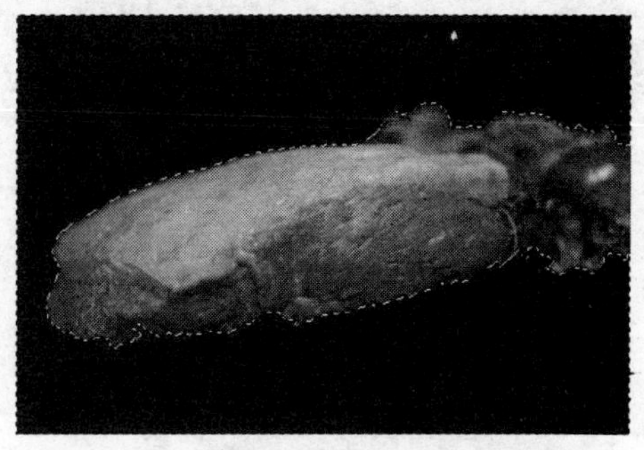

图 13.22　应用魔棒工具单击后得到的选区

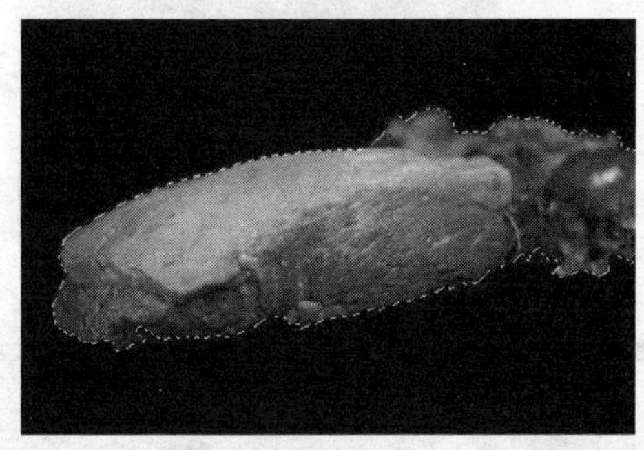

图 13.23　执行“反向”操作后的选区状态

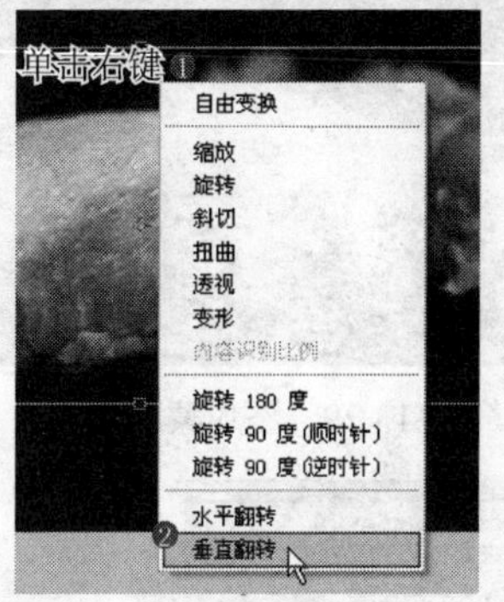

图 13.24　选择“垂直翻转”命令

5．在“图层”面板顶部设置“图层 1”的不透明度为 40%，以降低图像的透明度，得到如图 13.26 所示的效果，此时的“图层”面板如图 13.27 所示。

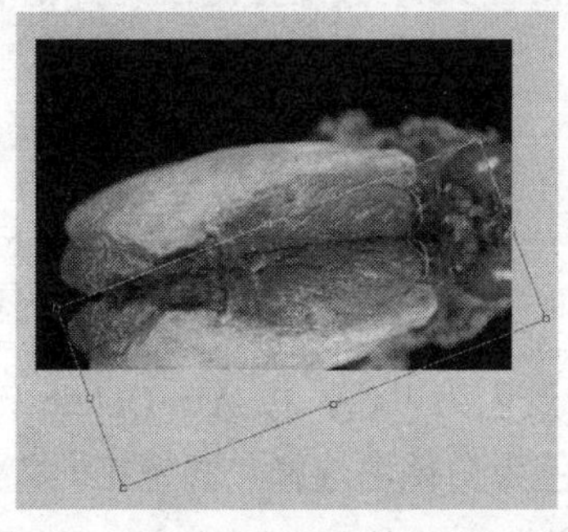

图 13.25　变换状态

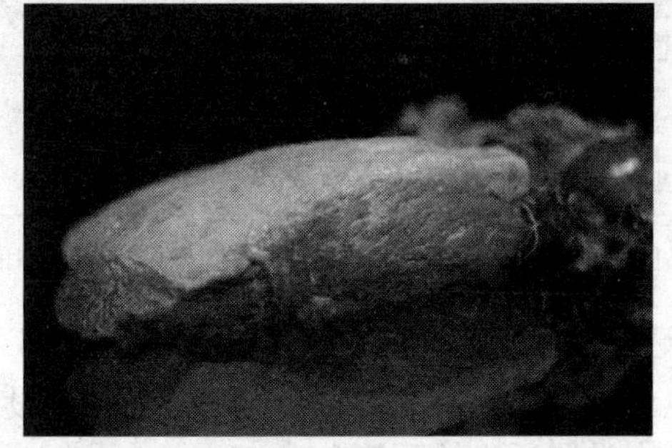

图 13.26　设置不透明度后的效果

6．在“图层”面板底部单击“添加图层蒙版”按钮，为“图层 1”添加蒙版，设置前景色为黑色，选择“渐变工具”，在其工具选项条中选择“线性渐变按钮”，在画布中单击右键，在弹出的渐变显示框中选择渐变类型为“前景色到透明渐变”，如图 13.28 所示。

7．应用“渐变工具”，在画面中分别从右下方向左上方、从左上方向右下方拖动鼠标，直至得到如图 13.29 所示的效果，图层蒙版中的状态如图 13.30 所示。

提示：下面结合调整图层以及编辑蒙版的功能，对产品各部分进行调色。

8．在“图层”面板底部单击“创建新的填充或调整图层”按钮，在弹出的菜单中选择“色彩平衡”命令，得到“色彩平衡 1”图层，设置弹出的面板如图 13.31～图 13.33 所示，得到如图 13.34 所示的效果。

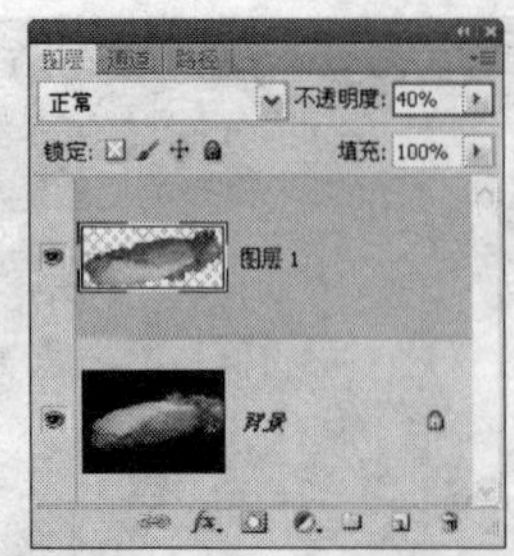

图 13.27 “图层”面板

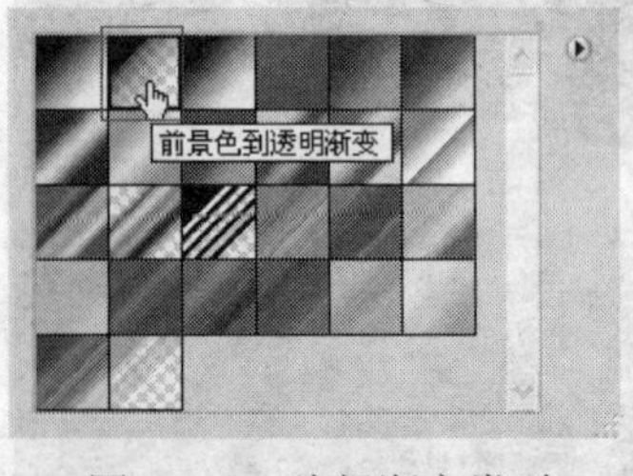

图 13.28 选择渐变类型

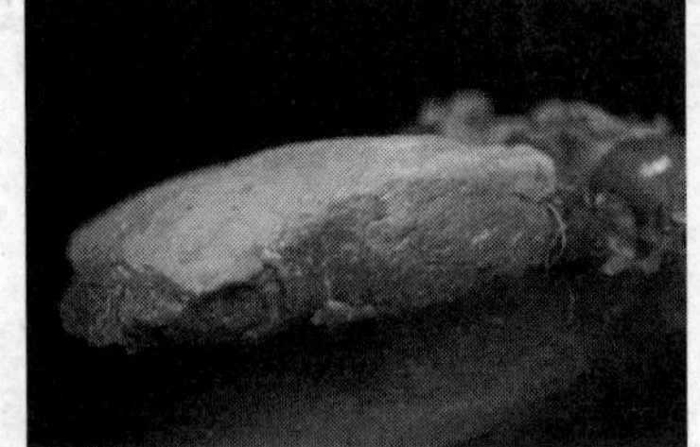

图 13.29 添加蒙版后的效果

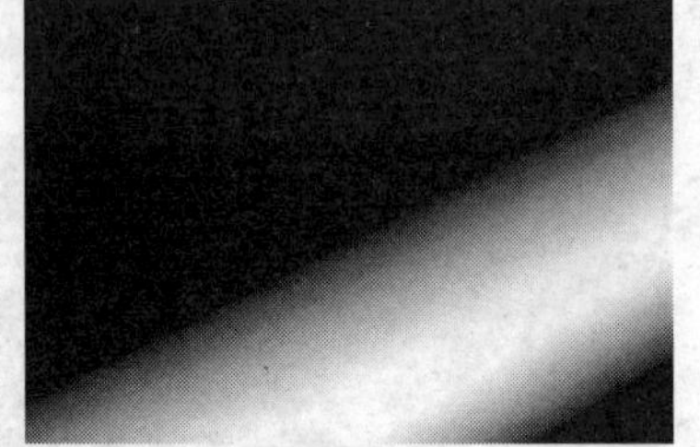

图 13.30 图层蒙版中的状态

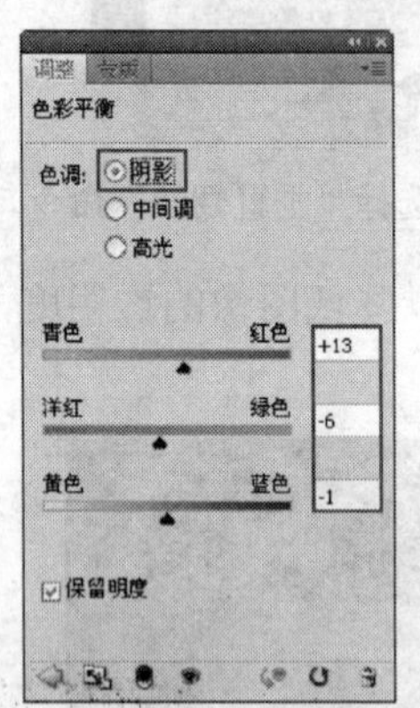

图 13.31 “阴影”面板

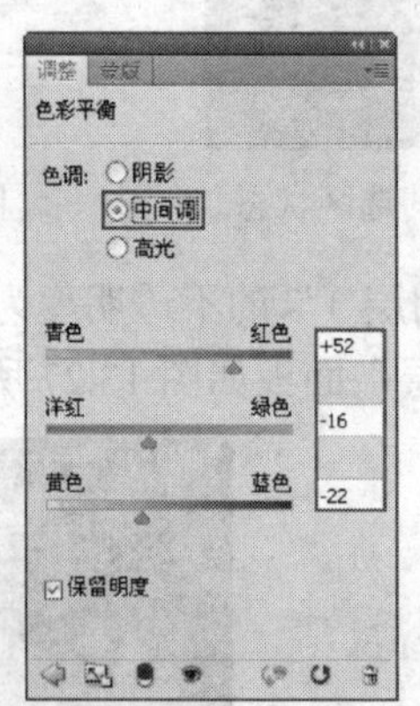

图 13.32 “中间调”面板

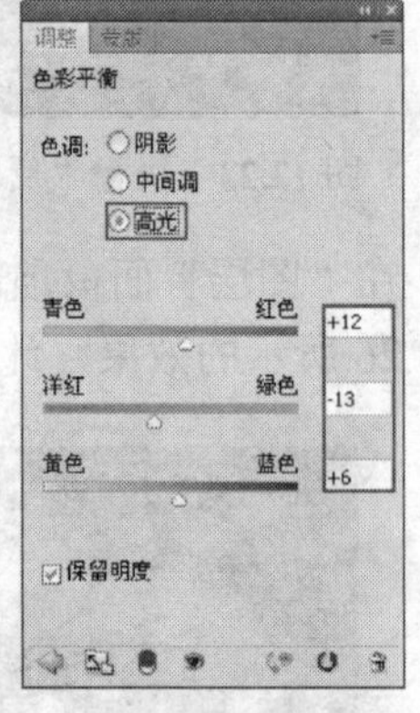

图 13.33 “高光”面板

9．选择“色彩平衡 1”的图层蒙版缩览图，设置前景色为黑色，按 Alt+Delete 键填充前景色，以将上一步调整的效果全部隐藏，接着设置前景色为白色，选择“画笔工具”，在其选项条中设置适当的画笔大小。

10．应用设置好的画笔，在产品的瘦肉部分进行涂抹，以显示应用“色彩平衡”命令后的效果，如图 13.35 所示，图层蒙版中的状态如图 13.36 所示。“图层”面板如图 13.37 所示。

11．在“图层”面板底部单击“创建新的填充或调整图层”按钮，在弹出的菜单中选择“色彩平衡”命令，得到“色彩平衡 2”图层，设置弹出的面板如图 13.38 所示，得到如图 13.39 所示的效果。

12．选择“色彩平衡 2”的图层蒙版，按照第 9～13 步的操作方法，使用“画笔工具”在产品的肉皮部分及西红柿上进行涂抹。直至得到如图 13.40 所示的效果，图层蒙版中的状态如图 13.41 所示。

13．在“图层”面板底部单击“创建新的填充或调整图层”按钮，在弹出的菜单中选择“亮度/对比度”命令，得到“亮度/对比度 1”图层，设置弹出的面板如图 13.42 所示，得到如图 13.43 所示的效果。

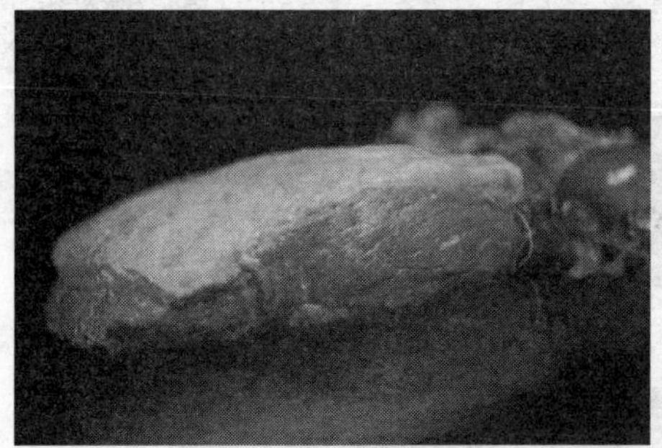

图 13.34　应用“色彩平衡”命令后的效果

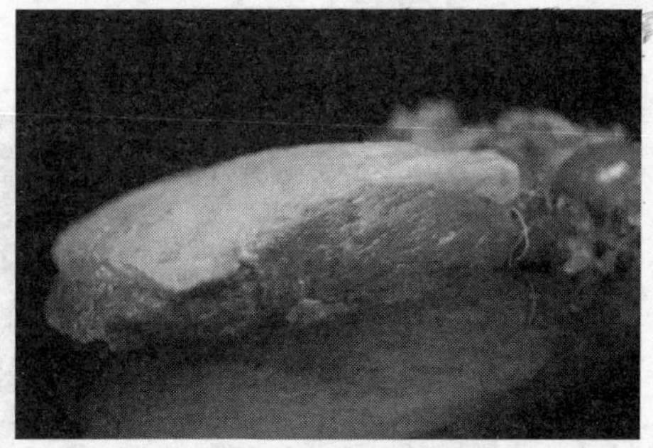

图 13.35　涂抹后的效果

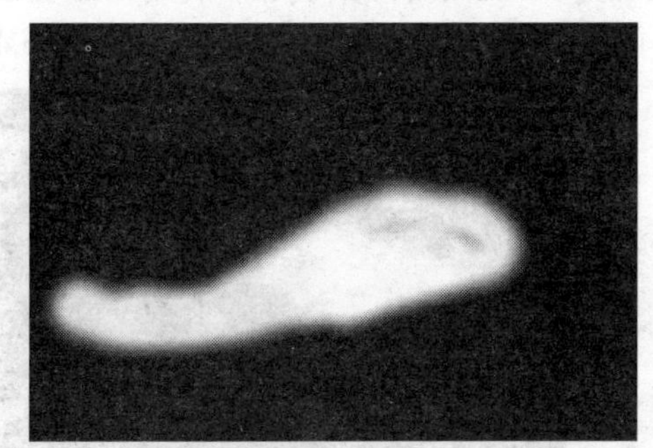

图 13.36　图层蒙版中的状态

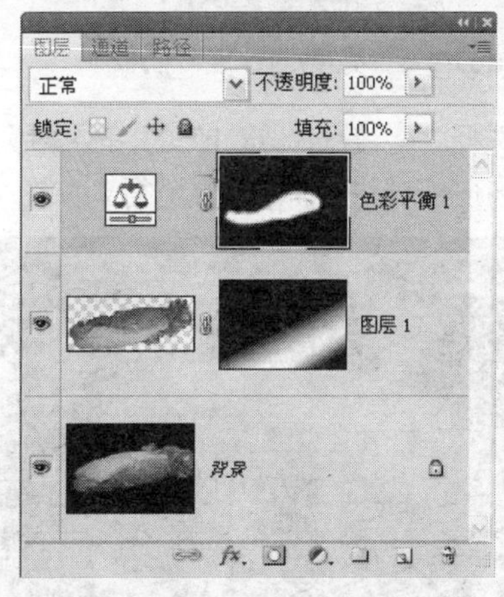

图 13.37　“图层”面板

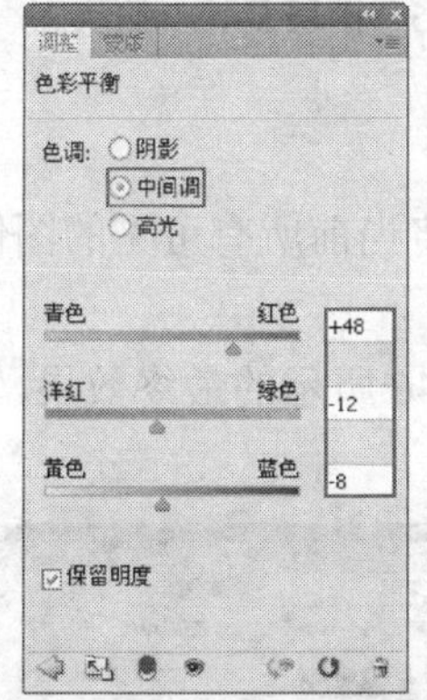

图 13.38　“色彩平衡”面板

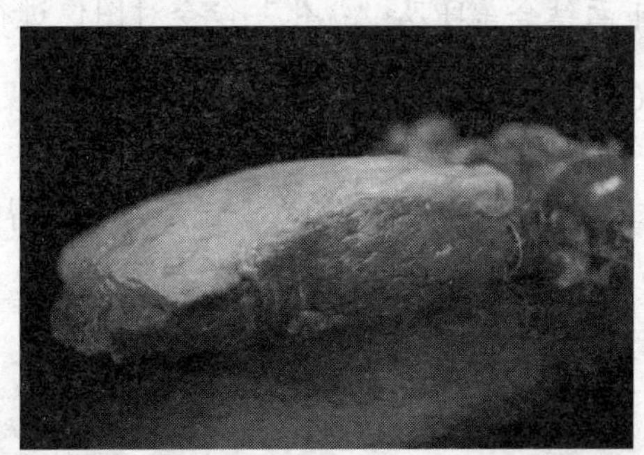

图 13.39　应用“色彩平衡”命令后的效果

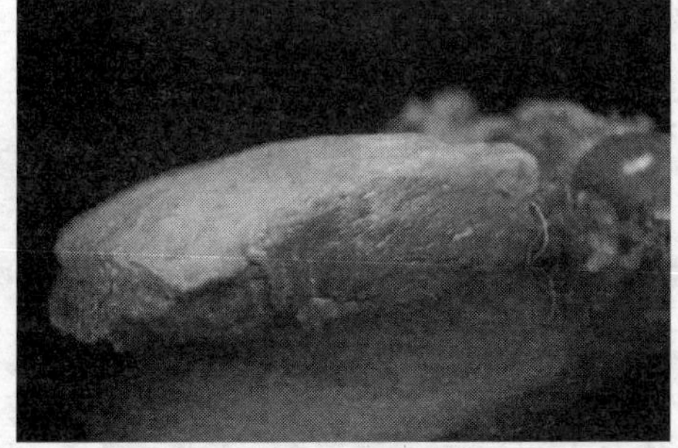

图 13.40　涂抹后的效果

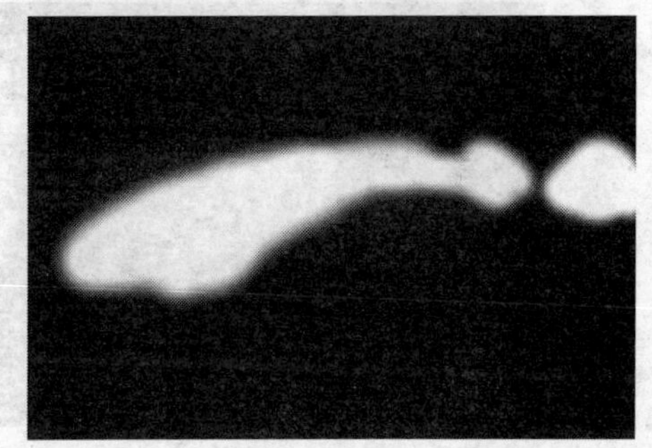

图 13.41　图层蒙版中的状态

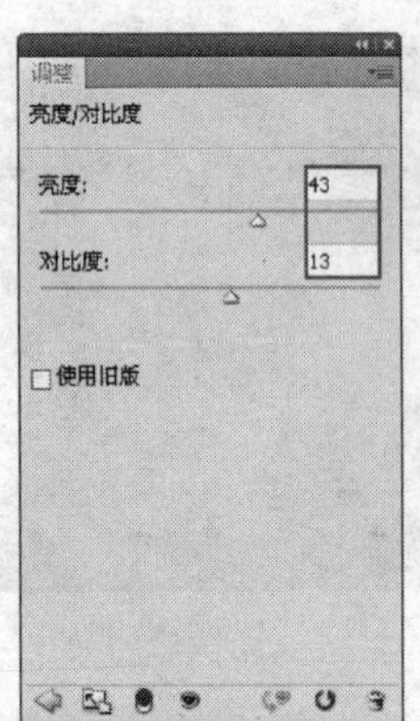

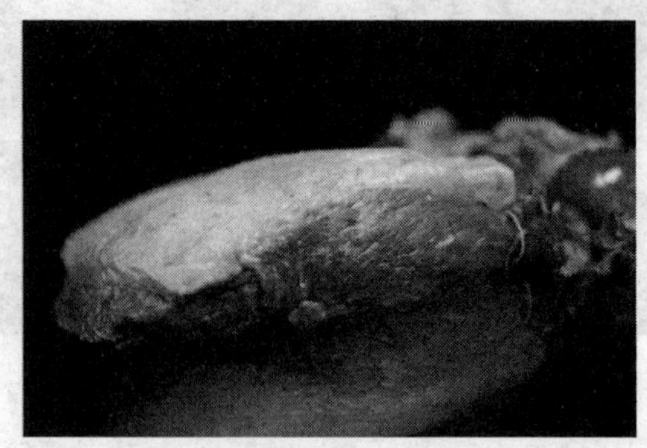

图 13.42 “亮度/对比度”面板

图 13.43 应用“亮度/对比度”命令后的效果

14．选择“亮度/对比度 1”的图层蒙版，按照第 9～13 步的操作方法，使用“画笔工具” 对产品的肉皮部分进行涂抹，直至得到如图 13.44 所示的效果，图层蒙版中的状态如图 13.45 所示。

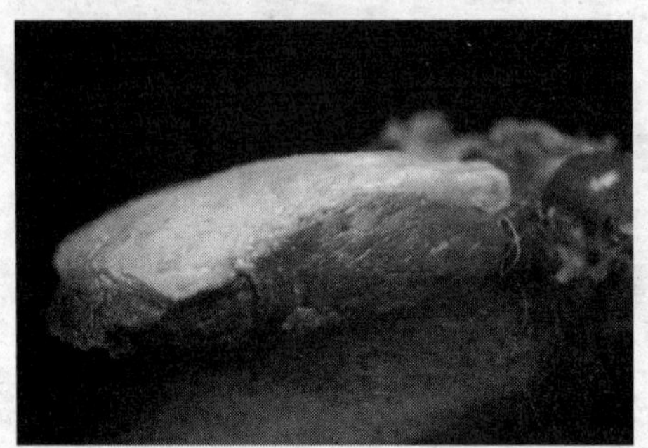

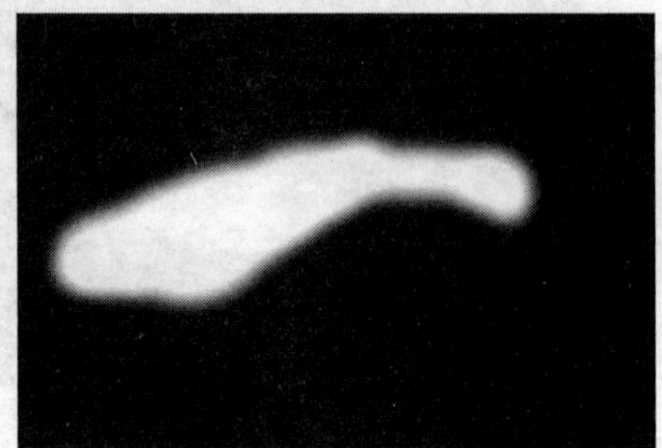

图 13.44 涂抹后的效果

图 13.45 图层蒙版中的状态

提示：下面结合盖印及“锐化”命令对图像进行锐化处理。

15．按 Ctrl+Alt+Shift+E 组合键执行“盖印”操作，从而将当前所有可见的图像合并至一个新图层中，得到“图层 2”。

16．选择“滤镜”|“锐化”|“锐化”命令，得到如图 13.46 所示的最终效果，“图层”面板如图 13.47 所示。

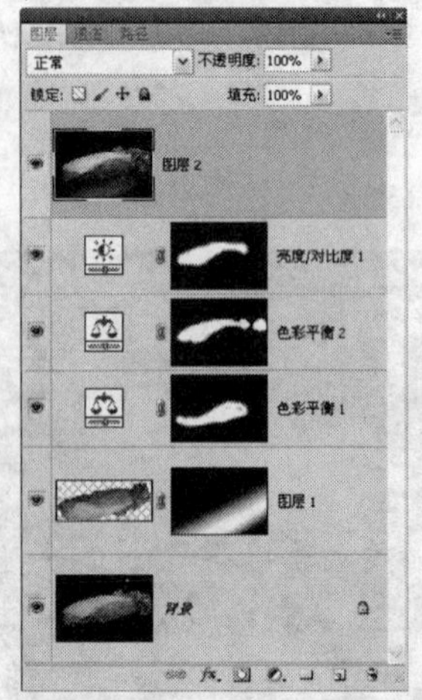

图 13.46 最终效果

图 13.47 “图层”面板

13.3　抠选并更换产品效果背景

本例主要讲解如何为产品更换效果背景。在制作的过程中，首先利用“魔棒工具”将产品图像抠出，然后再为产品更换背景并制作其倒影效果。

1．打开本书配套素材提供的“第 13 章\13.3-素材.jpg”，将看到整个图片如图 13.48 所示。

2．选择黑色区域。在工具箱中选择“魔棒工具”，并设置其工具选项条如所示。将光标置于黑色背景上单击，以将背景中的黑色区域选区，如图 13.49 所示。

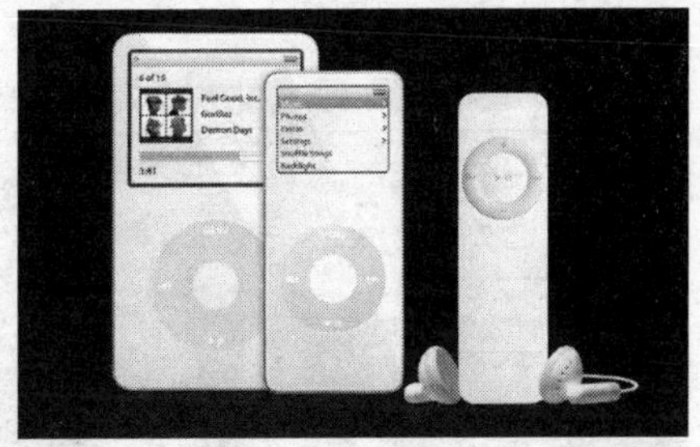

图 13.48　素材图像

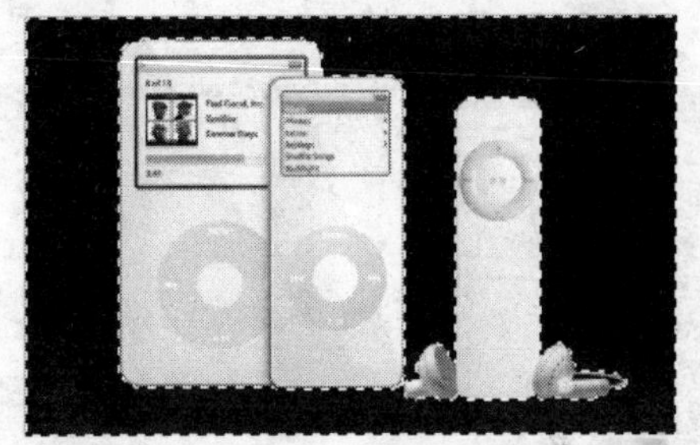

图 13.49　选中黑色背景

3．加选选区。将光标置于右下方未选中的黑色区域中单击，得到的选区状态如图 13.50 所示。按 Ctrl+Shift+I 组合键执行“反向”操作，以反向选择当前的选区，此时选区状态如图 13.51 所示。

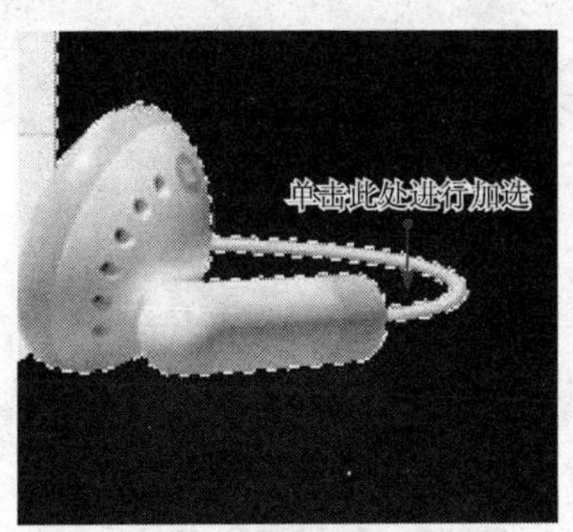

图 13.50　加选后的选区状态

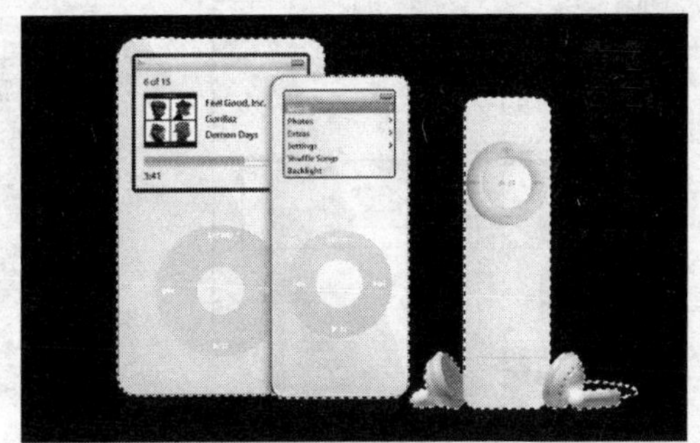

图 13.51　执行“反向”后的选区状态

4．为产品图像创建单独的图层。保持选区，按 Ctrl+J 键复制选区中的内容得到“图层 1”，此时“图层”面板如图 13.52 所示。

5．添加纯色背景。选择“背景”图层作为当前的工作层，在“图层”面板底部单击“创建新的填充或调整图层”按钮，在弹出的菜单中选择“纯色”命令，然后在弹出的“拾取实色”对话框中设置其颜色值为 58435a，如图 13.53 所示。单击“确定”按钮退出对话框，得到如图 13.54 所示的效果，同时得到“颜色填充 1”图层。

6．制作平台。在工具箱中设置前景色为 dedfe1，选择“矩形工具”，并在其工具选项条中选择“形状图层”按钮，在产品的底部绘制如图 13.55 所示的形状，得到“形状 1”。“图层”面板如图 13.56 所示。

7．移动图像的位置。选择“图层 1”作为当前的工作层，选择“移动工具”，并向上调整图像的位置，如图 13.57 所示。

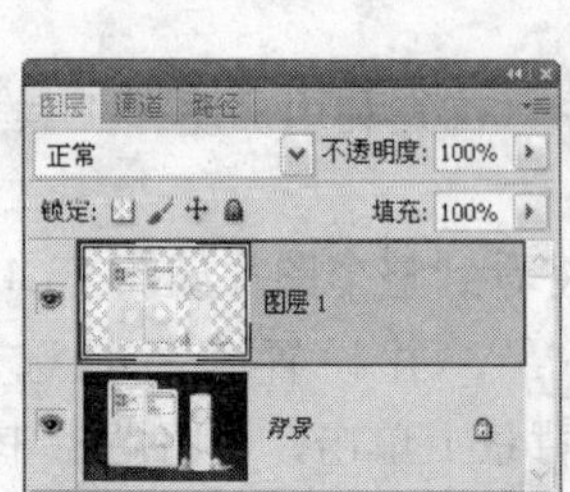

图 13.52 “图层”面板

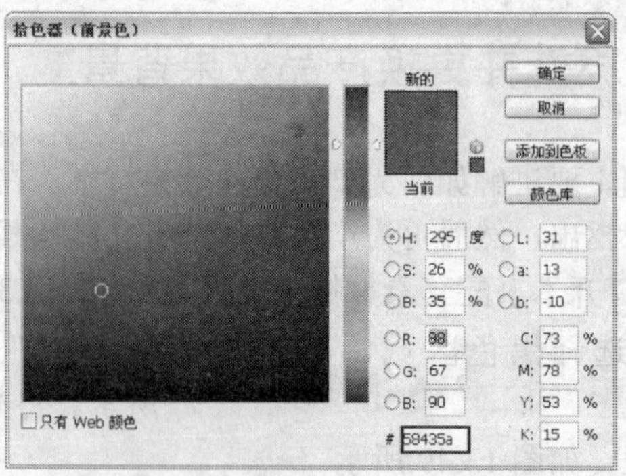

图 13.53 设置颜色值

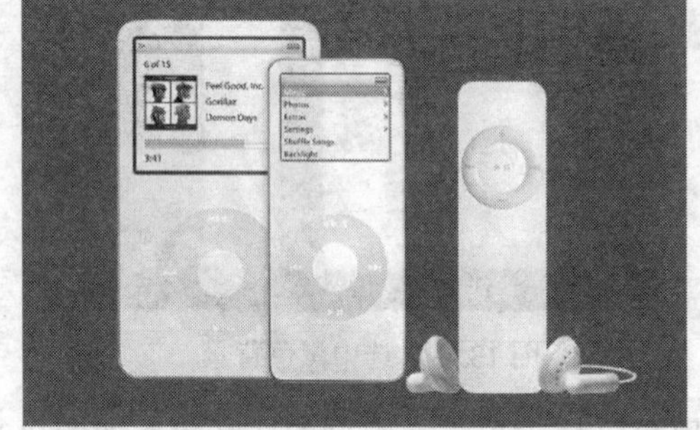

图 13.54 填充颜色后的效果

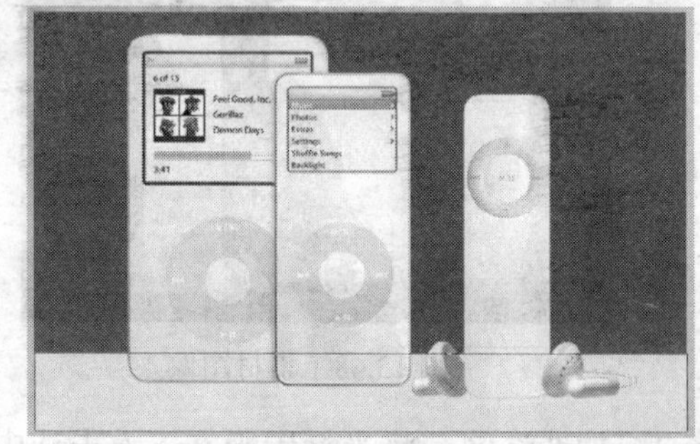

图 13.55 绘制形状

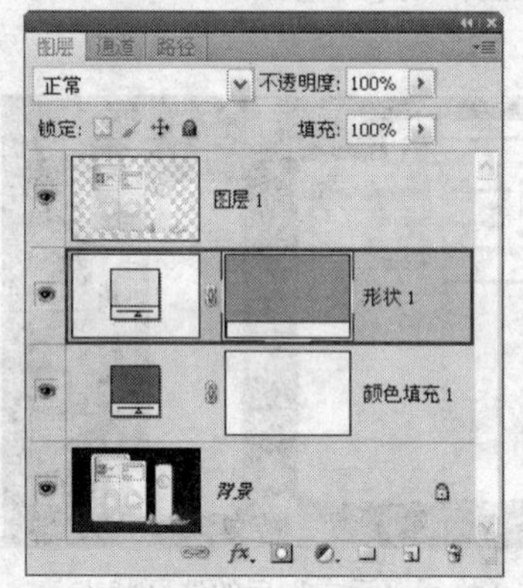

图 13.56 “图层”面板

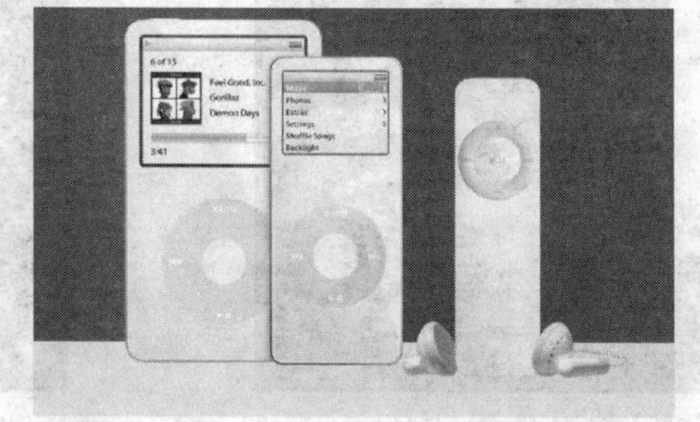

图 13.57 移动图像的位置

8．制作倒影。按 Alt 键将“图层 1”拖至其下方得到“图层 1 副本”，按 Ctrl+T 组合键调出自由变换控制框，在控制框内单击右键在弹出的菜单中选择“垂直翻转”命令，如图 13.58 所示。按 Shift 键垂直向下移动图像的位置，如图 13.59 所示，按 Enter 键确认操作。

9．设置渐变类型。在“图层”面板底部单击“添加图层蒙版”按钮 为“图层 1 副本”添加蒙版，设置前景色为黑色，在工具箱中选择“渐变工具”，在其工具选项条中选择“线性渐变”按钮 ，在画布中单击右键在弹出的渐变显示框中选择渐变类型为“前景色到透明渐变”，如图 13.60 所示。

10．模拟逼真的倒影效果，完成制作。应用上一步设置好的渐变，从画布的底部至上方绘制渐变，如图 13.61 所示，释放鼠标后的效果如图 13.62 所示，此时蒙版中的状态如图 13.63 所示。“图层”面板如图 13.64 所示。

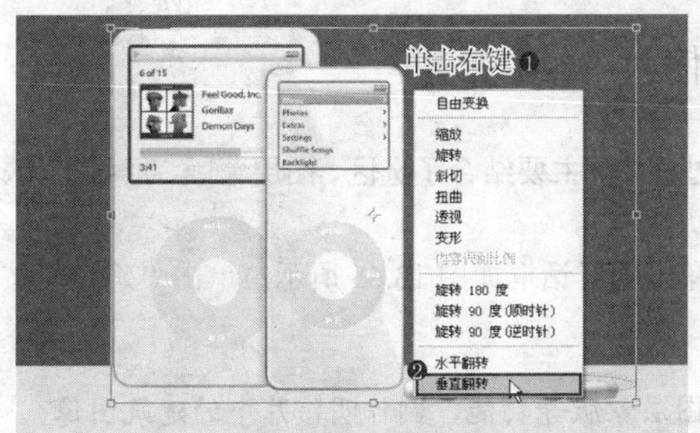

图 13.58　选择“垂直翻转”命令

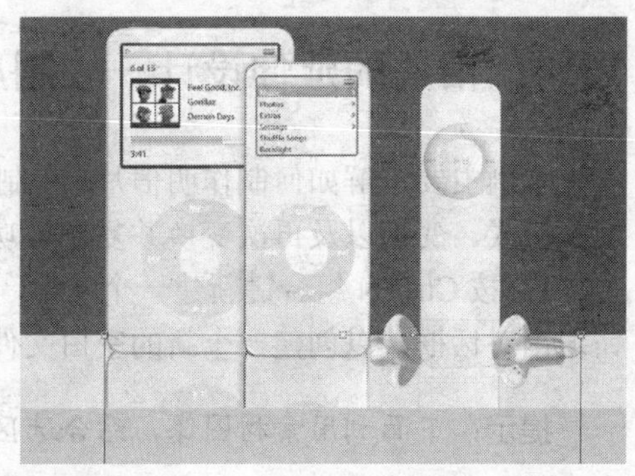

图 13.59　向下移动位置

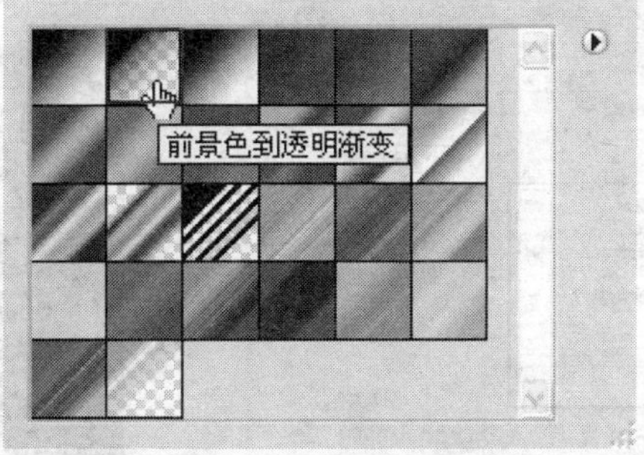

图 13.60　选择适当的渐变类型

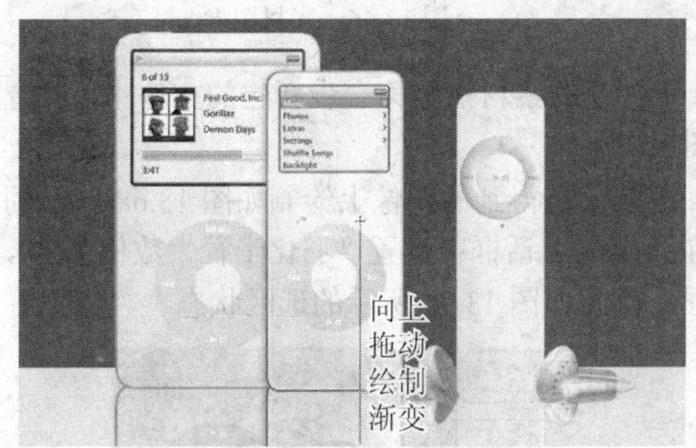

图 13.61　绘制渐变的状态

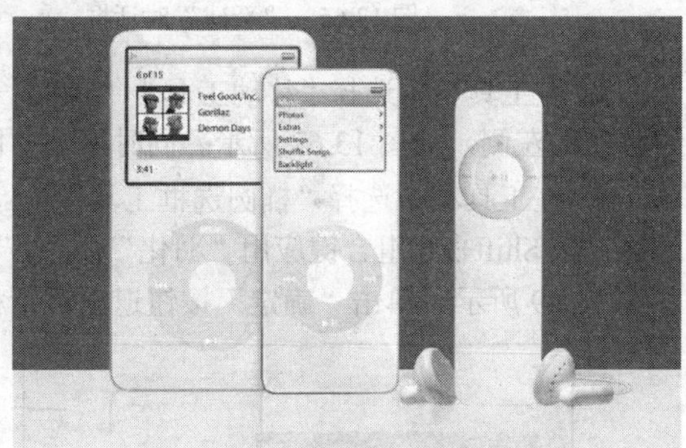

图 13.62　最终效果

图 13.63　蒙版中的状态

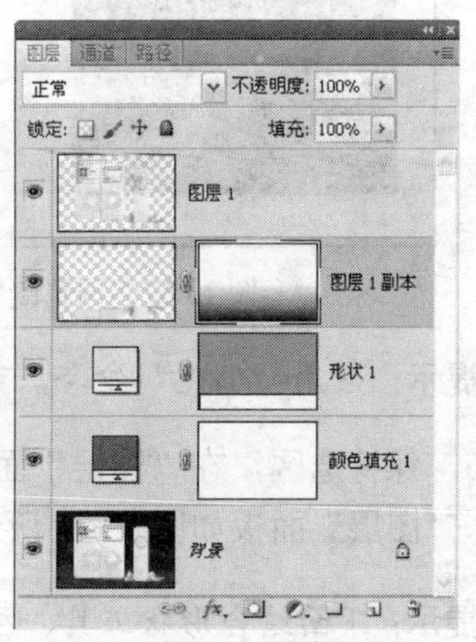

图 13.64　“图层”面板

13.4 相片的延伸设计——制成明信片

本例主要讲解如何制作明信片。在制作的过程中，主要结合了选区、图层蒙版、形状工具、运算模式、变换以及再次变换并复制等功能。

1．按 Ctrl+N 组合键新建一个文件，设置弹出的对话框如图 13.65 所示，单击“确定”按钮退出对话框，以创建一个新的空白文件。

提示：下面利用素材图像，结合选区以及图层蒙版等功能，制作明信片中的建筑图像。

2．打开本书配套素材提供的“第 13 章\13.4-素材.jpg”，将看到整个图片如图 13.66 所示。

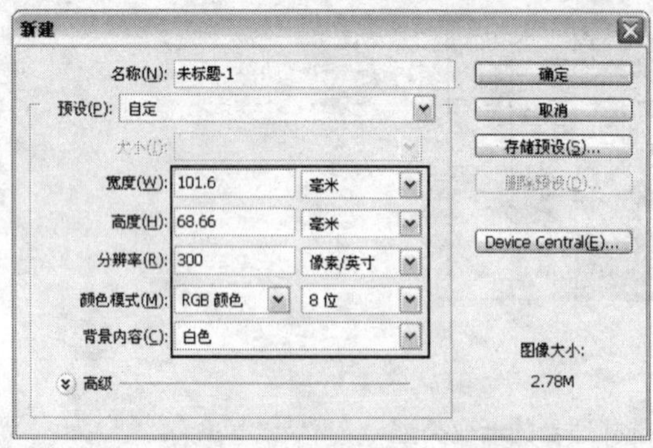

图 13.65 “新建”对话框

图 13.66 素材图像

3．在工具箱中选择“移动工具”将上一步打开的素材拖至第一步新建的文件中，并置于画布的左侧，如图 13.67 所示。同时得到“图层 1”。

4．在工具箱中选择“椭圆选框工具”，在上一步得到的图像上绘制如图 13.68 所示的选区，按 Shift+F6 组合键应用“羽化”命令，在弹出的对话框中设置“羽化半径”数值为 30，如图 13.69 所示。单击“确定”按钮退出对话框，得到如图 13.70 所示的选区状态。

图 13.67 调整图像

图 13.68 绘制选区

提示：应用“羽化”命令，可以得到具有柔和边缘的图像效果。

5．保持选区，在“图层”面板底部单击“添加图层蒙版”按钮，得到的效果如图 13.71 所示。“图层”面板如图 13.72 所示。

提示：下面结合形状工具、运算模式以及再次变换并复制等功能，制作明信片右下方及左上方可供填写邮编的边框。

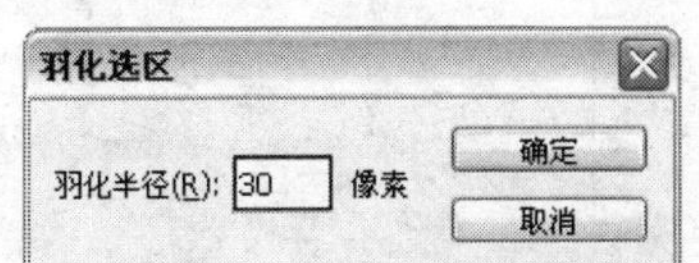

图 13.69　“羽化选区”对话框

图 13.70　应用“羽化”命令后的效果

图 13.71　添加图层蒙版后的效果

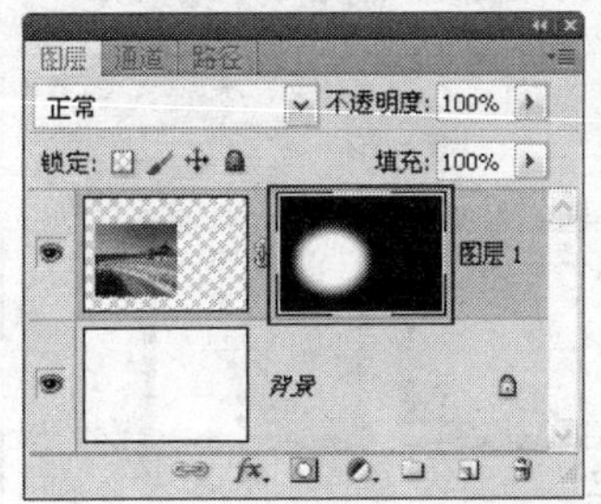

图 13.72　“图层”面板

6．选择“背景”图层作为当前的工作层，在工具箱中设置前景色为 793943，并选择“矩形工具”，在工具选项条上选择“形状图层”按钮，在建筑的右下侧绘制如图 13.73 所示的形状，得到“形状 1”图层。

7．确定“形状 1”图层的矢量蒙版缩览图处于选中的状态，按 Ctrl+Alt+T 组合键调出自由变换并复制控制框，按 Alt+Shift 组合键向内拖动右上角的控制句柄以等比例缩小路径，如图 13.74 所示。按 Enter 键确认操作。

图 13.73　绘制形状

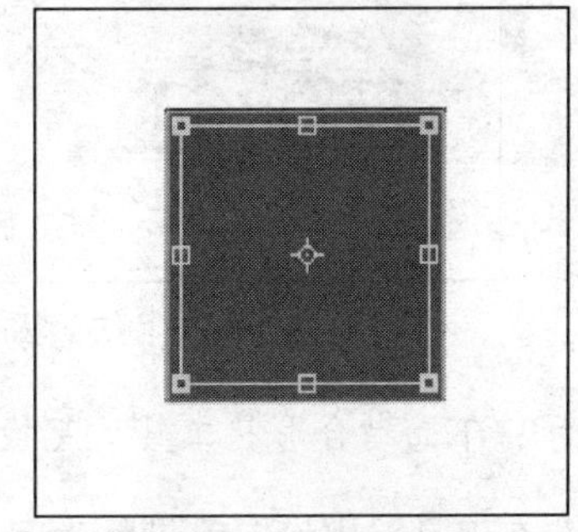

图 13.74　变换状态

8．在内部路径选中的状态下，在“矩形工具”选项条中选择“从形状区域减去”按钮，得到的效果如图 13.75 所示。在工具箱选择“路径选择”工具，将“形状 1”中的全部路径框选，如图 13.76 所示。

9．按 Ctrl+Alt+T 组合键调出自由变换并复制控制框，按 Shift 键水平向右移动位置，如图 13.77 所示。按 Enter 键确认操作。按 Ctrl+Alt+Shift+T 组合键 4 次执行再次变换并复制的操作，单击“形状 1”矢量蒙版缩览图隐藏路径，此时图像状态如图 13.78 所示。

10．将“形状 1”拖至“图层”面板底部“创建新图层”按钮上得到“形状 1 副本”图层，在工具箱中选择“移动工具”，将其拖至画布的左上方，如图 13.79 所示。“图层”面板如图 13.80 所示。

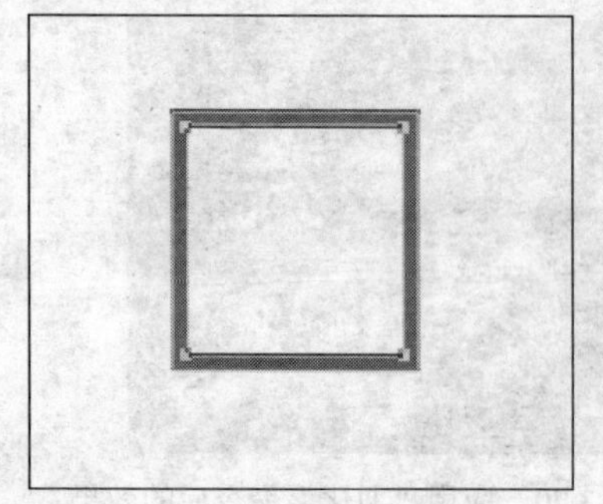

图 13.75 选择适当模式后的效果

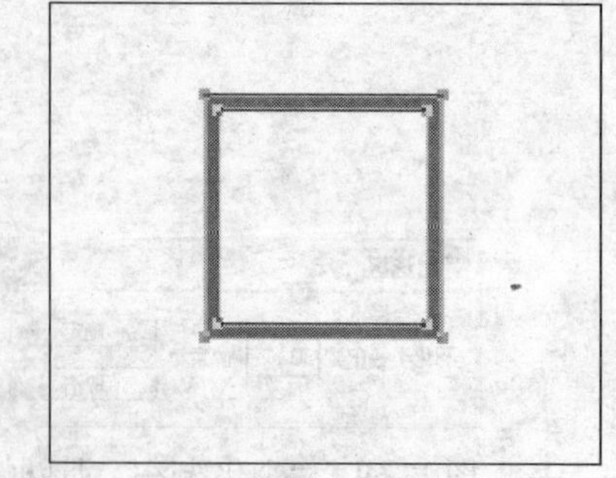

图 13.76 选中全部路径

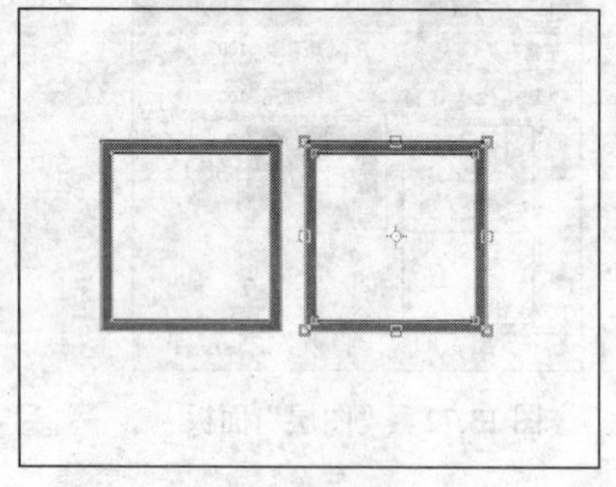

图 13.77 变换状态

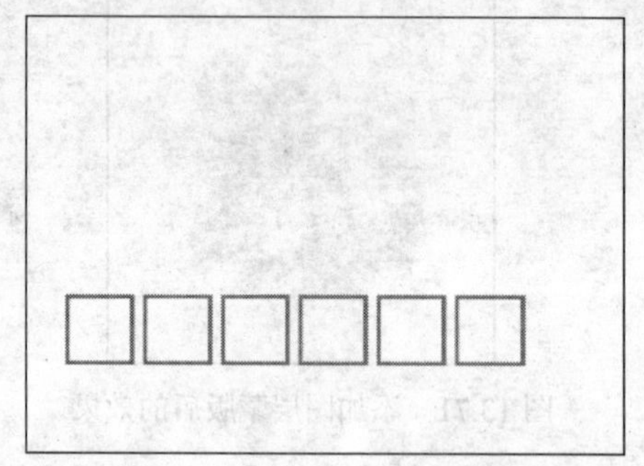

图 13.78 执行再次变换并复制操作后的效果

图 13.79 复制及移动图像

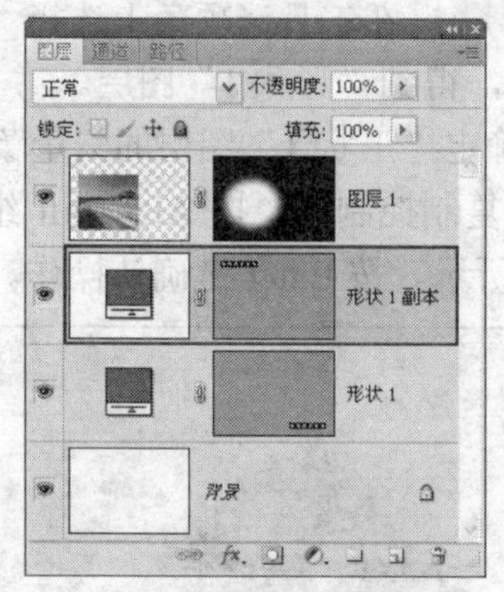

图 13.80 “图层”面板

提示：下面结合形状工具及变换等功能，制作可供填写文字的线条图像。

11. 在工具箱中设置前景色为ab0c3b，并选择“矩形工具”，在工具选项条上选择“形状图层”按钮，在建筑的右侧绘制如图 13.81 所示的形状，得到“形状 2”。

12. 按 Ctrl+Alt+T 组合键调出自由变换并复制控制框，按方向键“↑”多次向上移动图像的位置，如图 13.82 所示。

13. 将光标置于左侧中间的控制句柄上，如图 13.83 所示。向右拖动以缩短线条，如图 13.84 所示。按 Enter 键确认操作。

14. 在上一步得到的线条图像选中的状态下，按照第 12～13 步的操作方法，利用自由变换并复制控制框制作更短的一条线条图像，单击“形状 2”图层的矢量蒙版缩览图隐藏路径，此时图像状态如图 13.85 所示。“图层”面板如图 13.86 所示。

提示：下面结合形状工具及其运算模式制作贴邮票的边框图像。

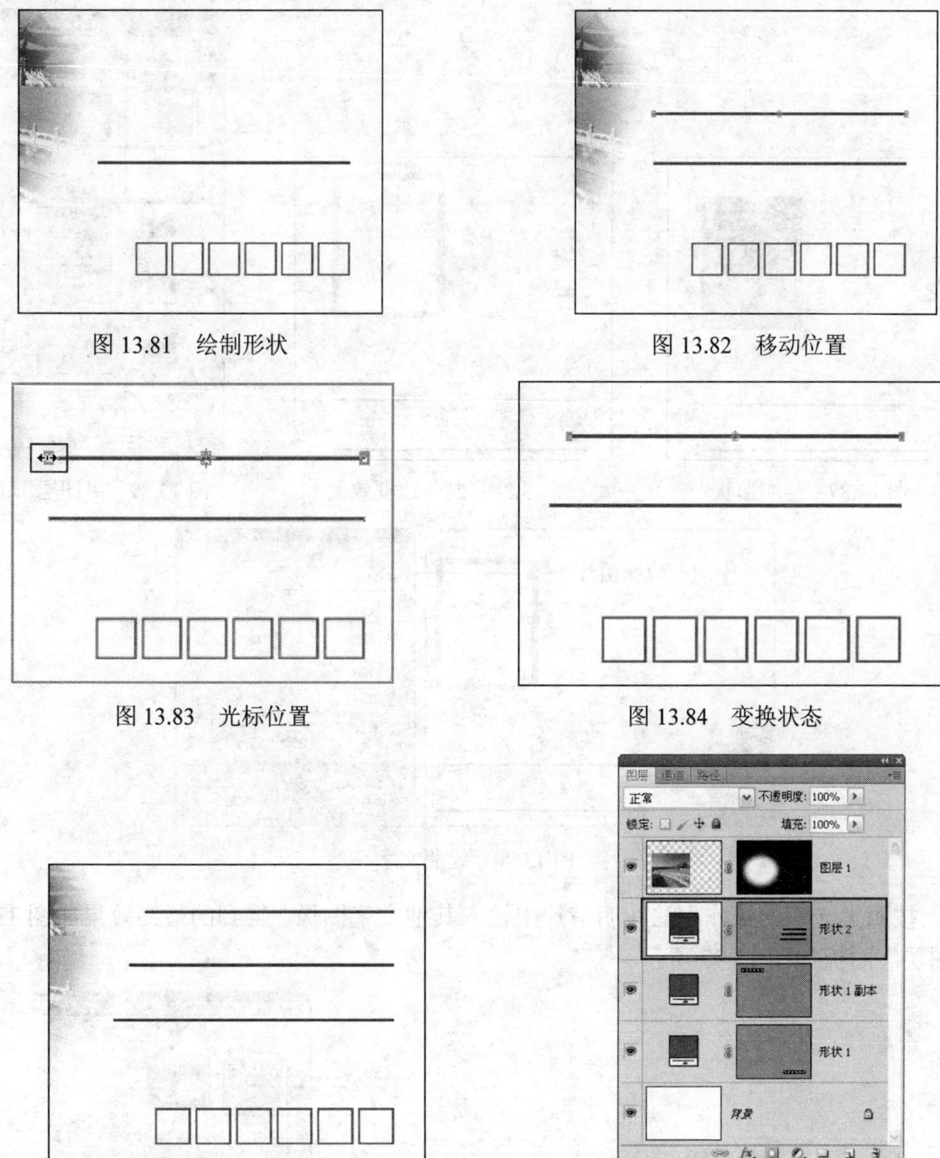

图 13.81　绘制形状

图 13.82　移动位置

图 13.83　光标位置

图 13.84　变换状态

图 13.85　制作更短的线条

图 13.86　“图层”面板

15．在工具箱中设置前景色为 793943，并选择“圆角矩形工具”，在工具选项条上选择“形状图层”按钮，设置“半径”数值为 13.px，在线条的上方绘制如图 13.87 所示的形状，得到“形状 3”。

16．按照第 7～8 步的操作方法，结合自由变换并复制控制框及运算模式，制作圆角边框图像，如图 13.88 所示。“图层”面板如图 13.89 所示。

提示：下面制作明信片中的文字图像，完成制作。

17．在工具箱中选择“横排文字工具”，设置前景色的颜色值为 7a838d，并在其工具选项条上设置适当的字体和字号，在圆角边框左侧输入文字，如图 13.90 所示。并得到相应的文字图层“中国邮政明信片”。

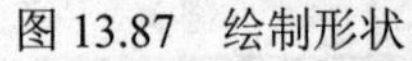

图 13.87　绘制形状

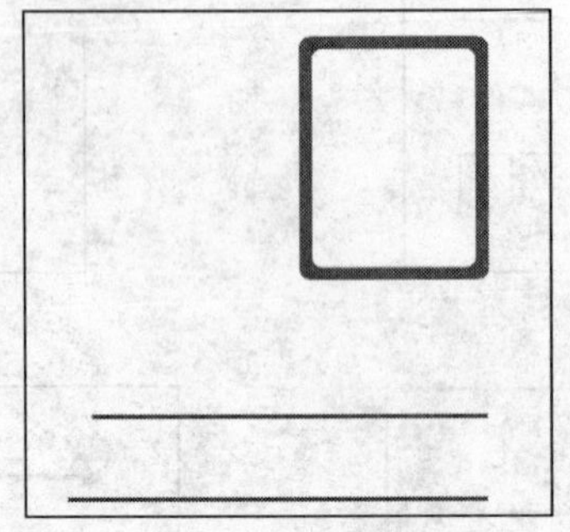

图 13.88　制作边框效果

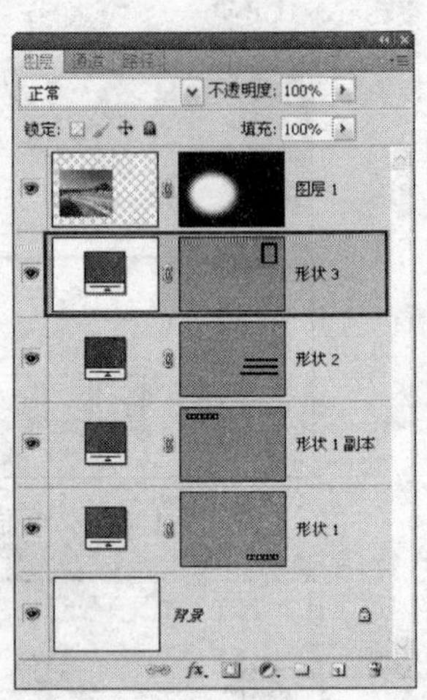

图 13.89　“图层”面板

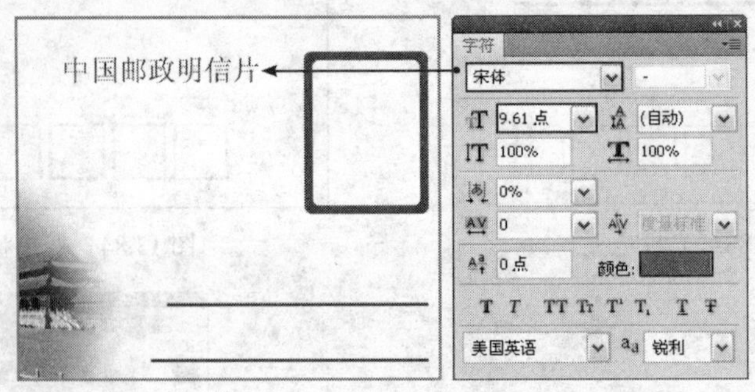

图 13.90　绘制文字

18．按照上一步的操作方法在明信片中输入其他文字图像，得到的最终效果如图 13.91 所示。“图层”面板如图 13.92 所示。

图 13.91　最终效果

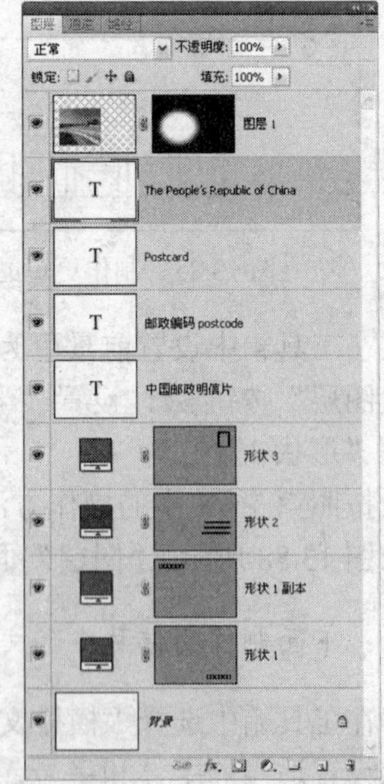

图 13.92　“图层”面板

13.5　制作 DM 广告页

本例主要讲解如何制作 DM 广告页作品。在制作的过程中，主要结合了选区工具、填充、图层蒙版、画笔素材、“画笔工具”以及调整图层等功能。

1．按 Ctrl+N 组合键新建一个文件，设置弹出的对话框如图 13.93 所示，单击“确定”按钮退出对话框，以创建一个新的空白文件。

提示：下面结合选区、羽化以及填充的功能，制作背景中的基本内容。

2．在工具箱中选择“椭圆选框工具”，在画布中绘制如图 13.94 所示的选区，按 Shift+F6 组合键应用“羽化”命令，在弹出的对话框中设置“羽化半径”数值为 72，如图 13.95 所示，单击“确定”按钮退出对话框，得到如图 13.96 所示的选区状态。

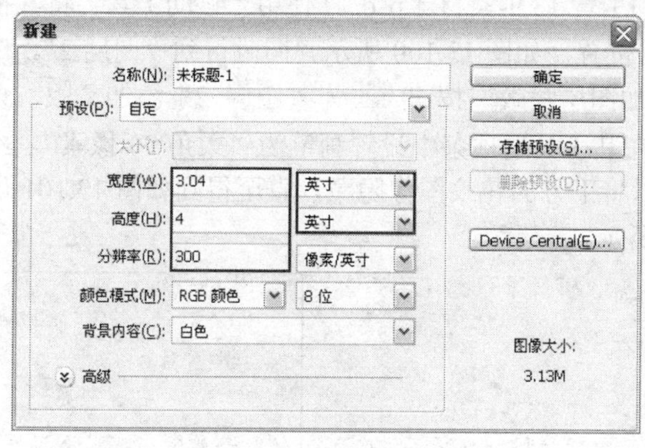

图 13.93　“新建”对话框

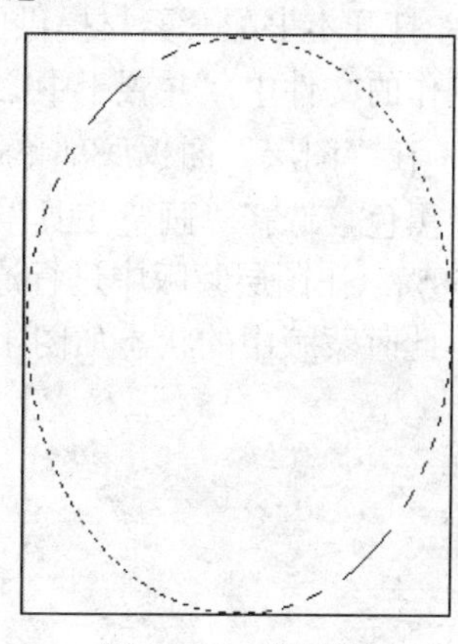

图 13.94　绘制选区

3．保持选区，按 Ctrl+Shift+I 组合键执行“反向”操作，以反向选择当前的选区，此时选区状态如图 13.97 所示。

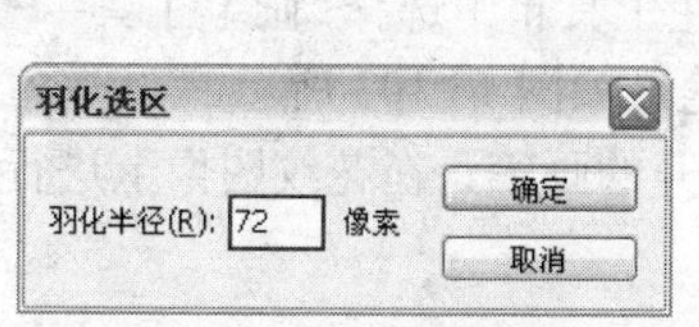

图 13.95　“羽化选区”对话框

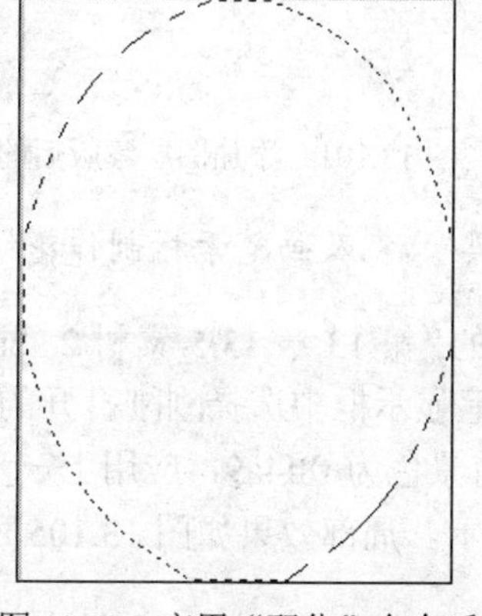

图 13.96　应用“羽化”命令后的效果

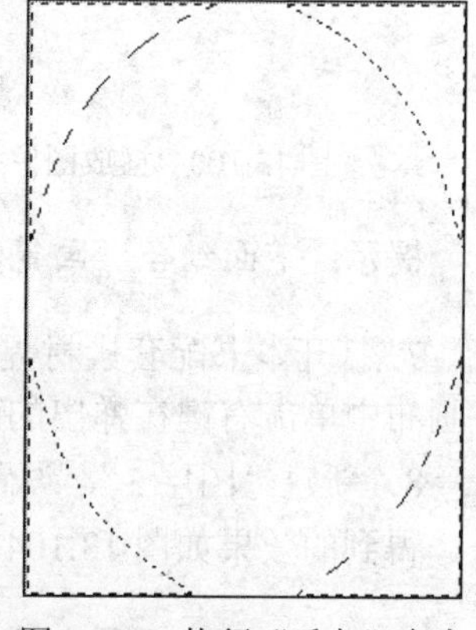

图 13.97　执行“反向”命令后的选区状态

4．保持选区，在“图层”面板底部单击“创建新图层”按钮得到“图层 1”，在工具箱中设置前景色为 fee299，按 Alt+Delete 组合键以前景色填充选区，按 Ctrl+D 组合键取消选区，得到的效果如图 13.98 所示。“图层”面板如图 13.99 所示。

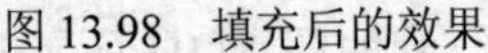

图 13.98 填充后的效果

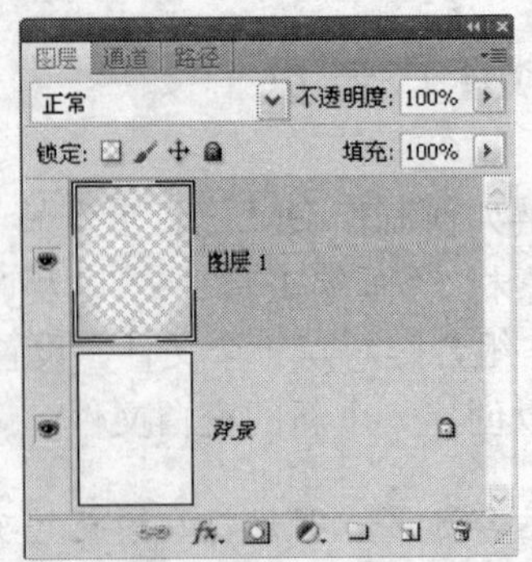

图 13.99 “图层”面板

提示：下面结合素材图像以及图层蒙版的功能，制作背景中的花纹图像。

5．打开本书配套素材提供的“第 13 章\13.9-素材 1.psd”，使用“移动工具”将其拖至上一步制作的文件中，并置于中心偏下的位置，如图 13.100 所示。同时得到“图层 2”。

6．在“图层”面板底部单击“添加图层蒙版”按钮 为“图层 2”添加蒙版，设置前景色为黑色，选择“画笔工具”，在其工具选项条中设置画笔为“柔角 90 像素”，不透明度为 50%，在图层蒙版中进行涂抹，以将下方的花纹图像隐藏，直至得到如图 13.101 所示的效果。此时蒙版中的状态如图 13.102 所示。

图 13.100 摆放图像　　图 13.101 添加图层蒙版后的效果　　图 13.102 蒙版中的状态

提示：下面结合“画笔工具”及画笔素材制作花纹图像上的五星图像。

7. 打开本书配套素材提供的“第 13 章\13.5-素材 2.abr”，在工具箱中选择“画笔工具”，在画布中单击右键在弹出的画笔显示框中选择刚刚打开的画笔，如图 13.103 所示。

8．新建“图层 3”，设置前景色为 f8f4a9，应用上一步打开的画笔，在花纹图像上进行涂抹，得到的效果如图 13.104 所示。局部效果如图 13.105 所示。

提示：至此，背景中的图像已制作完成。下面制作人物图像。

9．打开本书配套素材提供的“第 13 章\13.5-素材 3.psd”，如图 13.106 所示。使用“移动工具” 将其拖至上一步制作的文件中，得到“图层 4”。按 Ctrl+T 组合键调出自由变换控制框，按 Shift 键向内拖动右上角的控制句柄以缩小图像及移动位置，如图 13.107 所示。按 Enter 键确认操作。

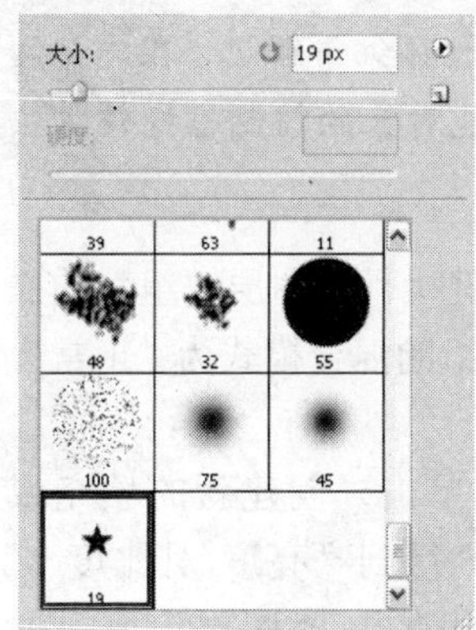

图 13.103　选择打开的画笔

图 13.104　涂抹后的效果

图 13.105　局部效果

图 13.106　素材图像

图 13.107　变换状态

10．选择“图层 3”作为当前的工作层，打开本书配套素材提供的“第 13 章\13.5-素材 4.psd”，如图 13.108 所示。按 Shift 键使用“移动工具” 将其拖至上一步制作的文件中，得到的效果如图 13.109 所示。同时得到组“人物”。“图层”面板如图 13.110 所示。

图 13.108　素材图像

图 13.109　拖入素材

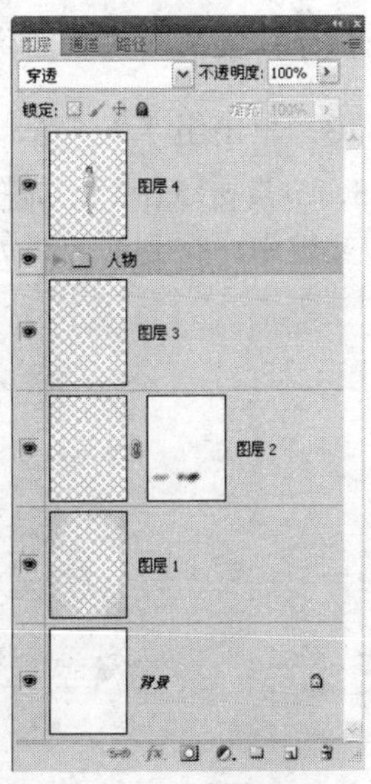

图 13.110　“图层”面板

提示：本步的素材是以组的形式提供的，由于操作方法在前面均已详细讲解过，在此就没有一一赘述，请读者打开最终效果源文件展开组观看制作的过程。智能对象的控制框操作方法与普通的自由变换控制框雷同。

11．按 Ctrl 键分别选择组“人物”和“图层 4”，按 Ctrl+G 组合键执行“图层编组”的操作，得到“组 1”，并将其重命名为“人”。在“图层”面板顶部设置此组的混合模式为“正常”，使该组中所有的调整图层及混合模式只针对该组内的图像起作用。

12．选择“图层 4”作为当前的工作层，在“图层”面板底部单击“创建新的填充或调整图层”按钮 ，在弹出的菜单中选择“亮度/对比度”命令，得到“亮度/对比度 1”图层，设置弹出的面板如图 13.111 所示，得到如图 13.112 所示的效果。“图层”面板如图 13.113 所示。

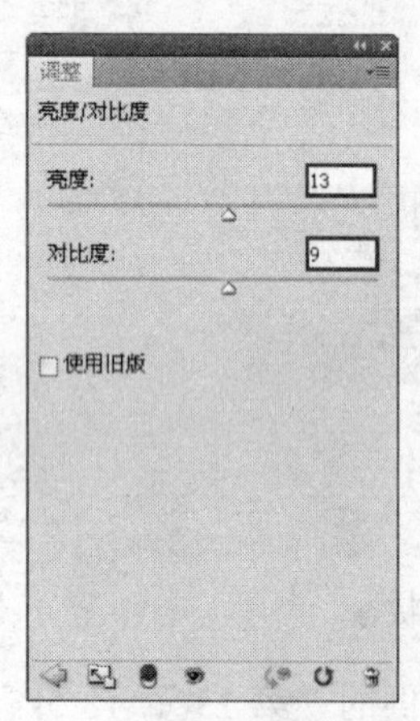

图 13.111　“亮度/对比度”面板

图 13.112　应用“亮度/对比度”命令后的效果

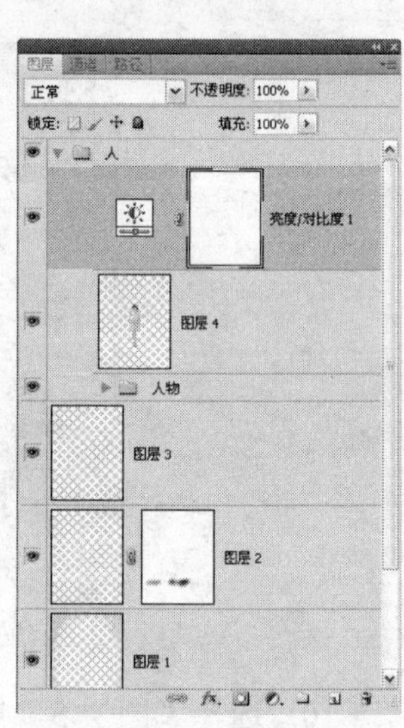

图 13.113　“图层”面板

提示：至此，人物图像已制作完成。下面制作缠绕人物的线条图像。

13．单击组“人”左侧的“三角”按钮以收拢此组，打开本书配套素材提供的“第 13 章\13．5-素材 5.psd”，如图 13.114 所示。按 Shift 键使用“移动工具” 将其拖至上一步制作的文件中，得到的效果如图 13.115 所示。同时得到“图层 5”。

图 13.114　素材图像

图 13.115　拖入图像

14．按照第 6 步的操作方法为“图层 5”添加蒙版，应用“画笔工具”在蒙版中进行涂抹，以制作线条缠绕人物效果，如图 13.116 所示。此时蒙版中的状态如图 13.117 所示。

图 13.116　添加图层蒙版后的效果

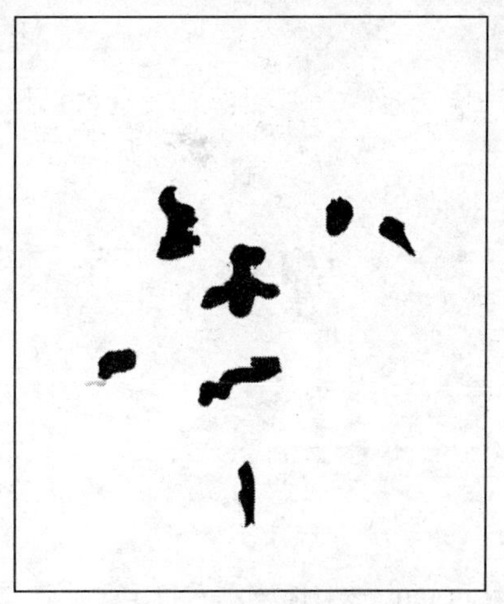

图 13.117　蒙版中的状态

提示：至此，线条已制作完成。下面制作线条图像上的五星装饰效果。

15．新建“图层 6”，设置前景色为 edca2f，按照第 7 步的操作方法打开并选择本书配套素材提供的“第 13 章\13.5-素材 6.abr”，在线条图像上进行涂抹，得到的效果如图 13.118 所示。“图层”面板如图 13.119 所示。

图 13.118　涂抹后的效果

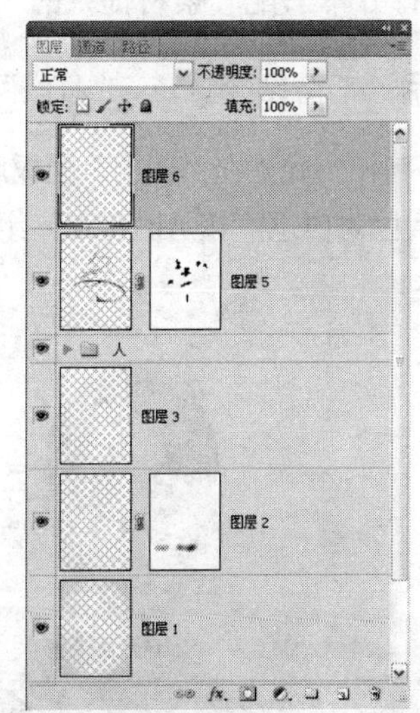

图 13.119　“图层”面板

提示：下面制作画面中的礼品及文字图像，完成制作。

16．打开本书配套素材提供的“第 13 章\13.5-素材 7.psd”，如图 13.120 所示。按 Shift 键使用“移动工具”将其拖至上一步制作的文件中，将组“礼品组合 1”拖至“图层 5”下方、“礼品组合 2”拖至“图层 5”上方，得到的最终效果如图 13.121 所示。“图层”面板如图 13.122 所示。

图 13.120 素材图像

图 13.121 最终效果

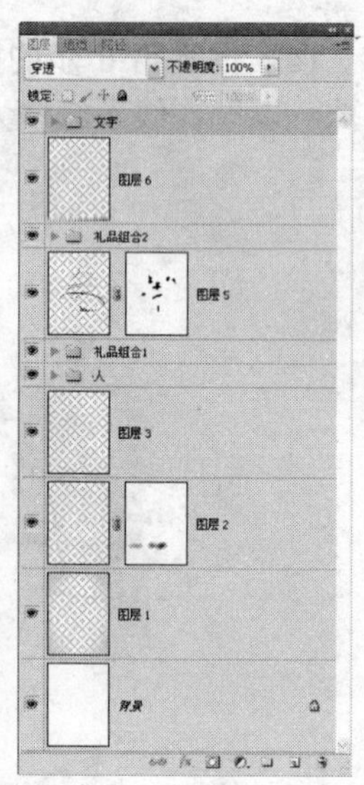
图 13.122 “图层”面板

13.6 生活照变证件照

本例主要讲解如何将生活照变为证件照。在制作的过程中，主要结合了通道、“曲线”命令、图层蒙版、“画布大小”命令、“定义图案”命令等。

1. 打开本书配套素材提供的“第 13 章\13.6-素材.jpg”，将看到整个图片如图 13.123 所示。

提示：下面结合通道、“曲线”命令等功能，将人物抠选出来。

2. 制作白底。在“图层”面板底部单击“创建新图层”按钮 得到“图层 1”，在工具箱中设置前景色为白色，按 Alt+Delete 组合键以前景色填充当前图层。“图层”面板如图 13.124 所示。

图 13.123 素材图像

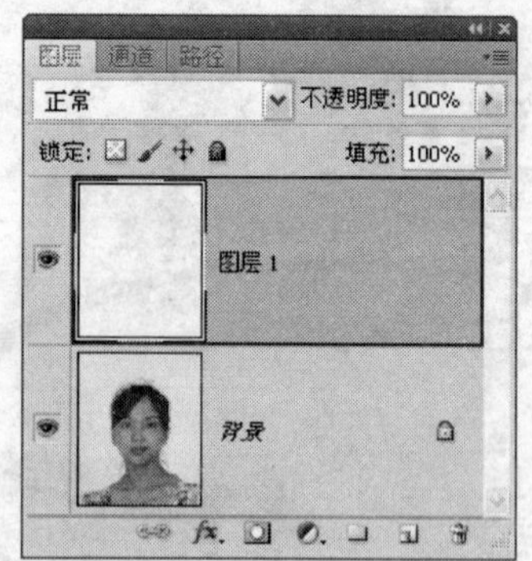
图 13.124 “图层”面板

3. 选择“背景”图层并将其拖至“图层”面板底部“创建新图层”按钮 上得到“背景 副本”图层，将此图层拖至所有图层上方。

4. 在工具箱中选择“钢笔工具” ，并在其工具选项条中选择“路径”按钮 ，沿着人物的大致轮廓（除头发边缘）绘制路径，如图 13.125 所示。

5. 按 Ctrl+Enter 组合键将路径转换为选区，单击“图层”面板底部的“添加图层蒙版”按钮 ，得到的效果如图 13.126 所示，“图层”面板如图 13.127 所示。

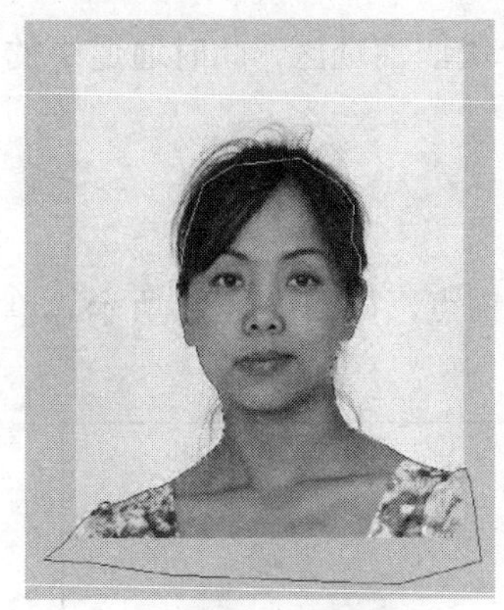

图 13.125　绘制路径

图 13.126　添加图层蒙版后的效果

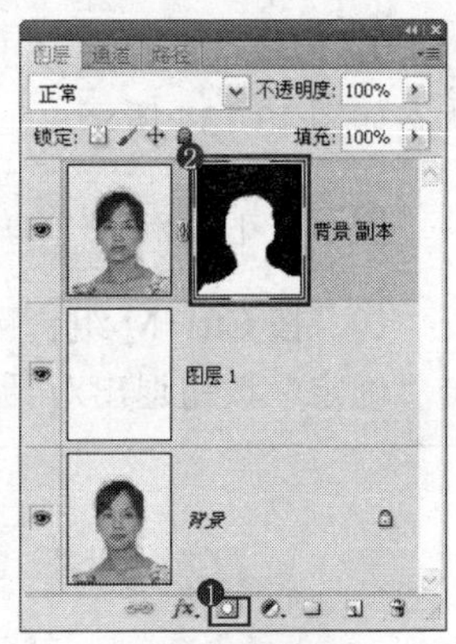

图 13.127　“图层”面板

6．按照第 3 步的操作方法，复制“背景”图层得到“背景 副本 2”，将此图层拖至“图层 1”的上方，切换至“通道”面板，分别选择“红”、“绿”、“蓝”通道，以查看每个通道中的状态，如图 13.128～图 13.130 所示。

图 13.128　“红”通道中的状态

图 13.129　“绿”通道中的状态

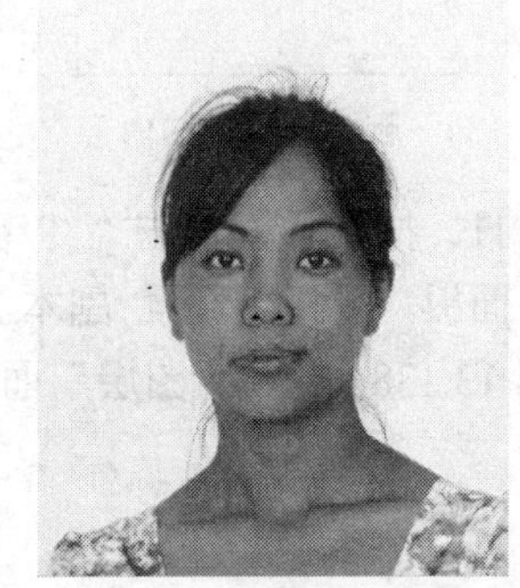

图 13.130　“蓝”通道中的状态

7．由每个通道中的状态可以看出，“红”通道中的头发边缘与背景的对比度较好，在此选择“红”通道，并将此通道拖至“通道”面板底部“创建新通道”按钮上得到“红 副本”通道，如图 13.131 所示。

8．在工具箱中选择“套索工具”，在人物的头部绘制如图 13.132 所示的选区，按 Ctrl+Shift+I 组合键执行“反向”操作，以反向选择当前的选区，如图 13.133 所示。

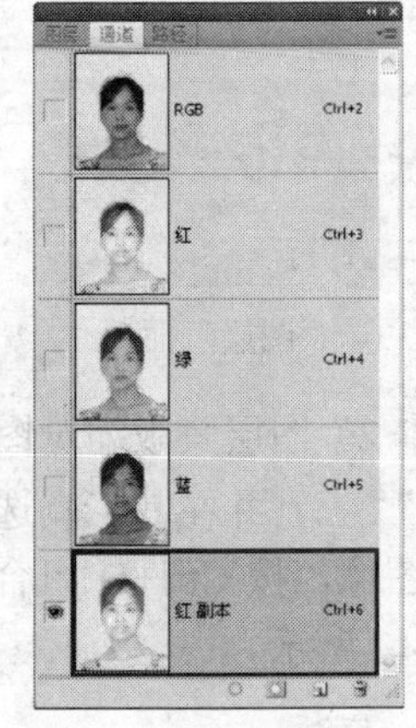

图 13.131　“通道”面板

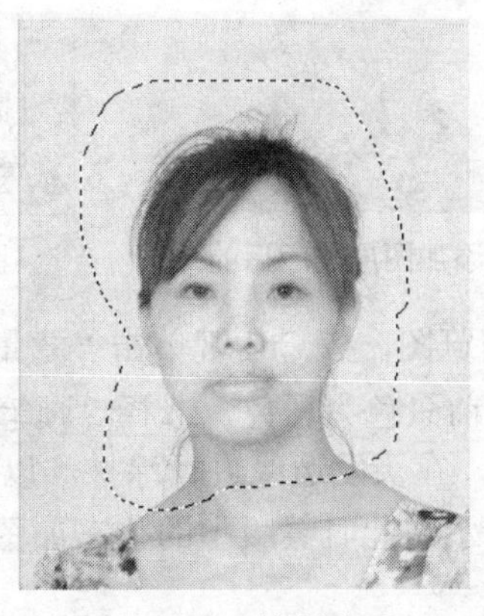

图 13.132　绘制选区

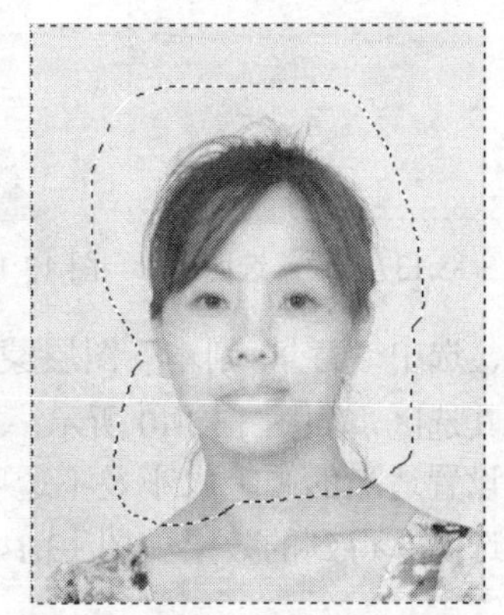

图 13.133　应用“反向”命令后的选区状态

9．保持选区，按 Delete 键删除选区中的内容，按 Ctrl+D 组合键取消选区，此时通道中的状态如图 13.134 所示。

提示：下面利用“曲线”命令将灰色的区域隐藏。

10．按 Ctrl+M 组合键调出“曲线”对话框，分别调整两角的锚点，如图 13.135 所示。单击“确定”按钮退出对话框，得到的效果如图 13.136 所示。

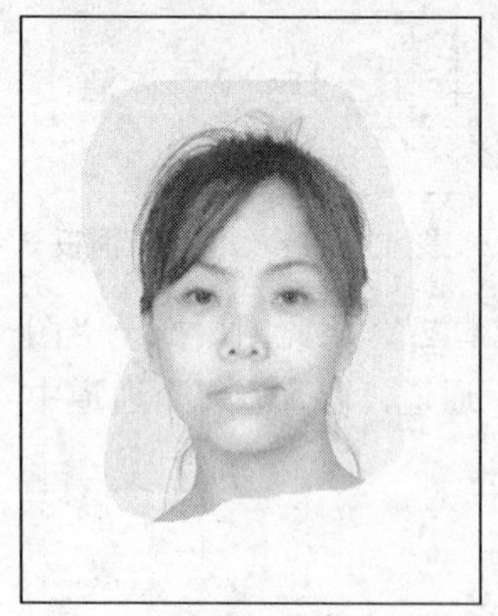

图 13.134　删除选区中的内容

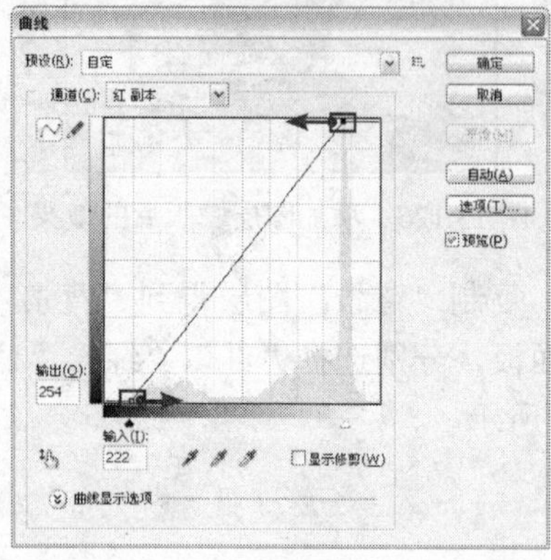

图 13.135　“曲线”对话框

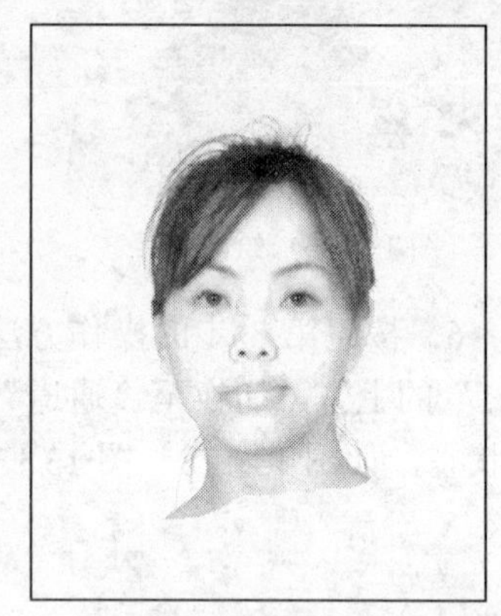

图 13.136　应用“曲线”命令后的效果

11．按 Ctrl 键单击“红 副本”通道缩览图以载入其选区，如图 13.137 所示。切换回“图层”面板，选择“背景 副本 2”图层，按 Alt 键单击“添加图层蒙版”按钮，得到的效果如图 13.138 所示。“图层”面板如图 13.139 所示。

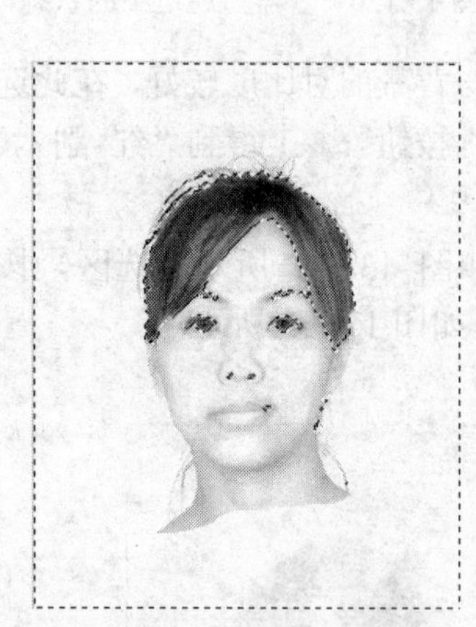

图 13.137　载入选区

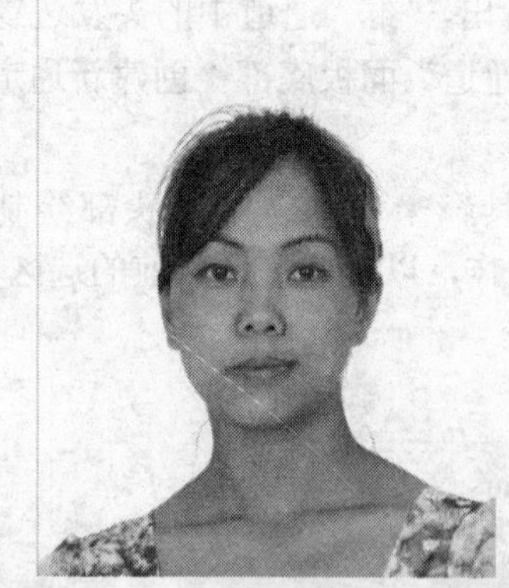

图 13.138　添加图层蒙版后的效果

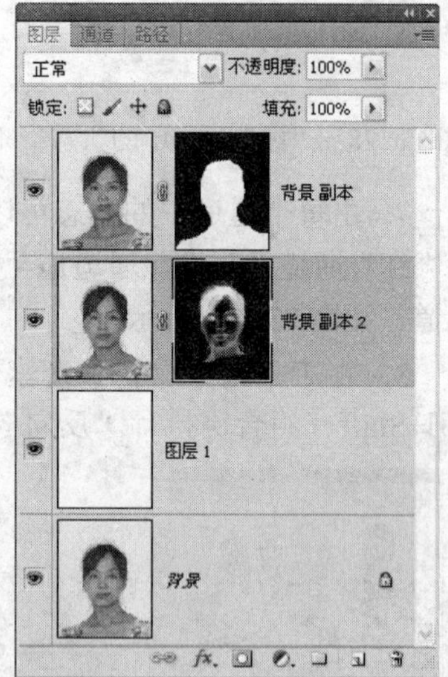

图 13.139　“图层”面板

12．选中“背景 副本”图层蒙版缩览图，按 Ctrl 键单击“背景 副本 2”图层蒙版缩览图以载入其选区，如图 13.140 所示。设置前景色为白色，选择“画笔工具”，并在其工具选项条中设置适当的画笔大小及不透明度，在头发边缘进行涂抹，以融合图像，按 Ctrl+D 组合键取消选区，得到的效果如图 13.141 所示。此时蒙版中的状态如图 13.142 所示。

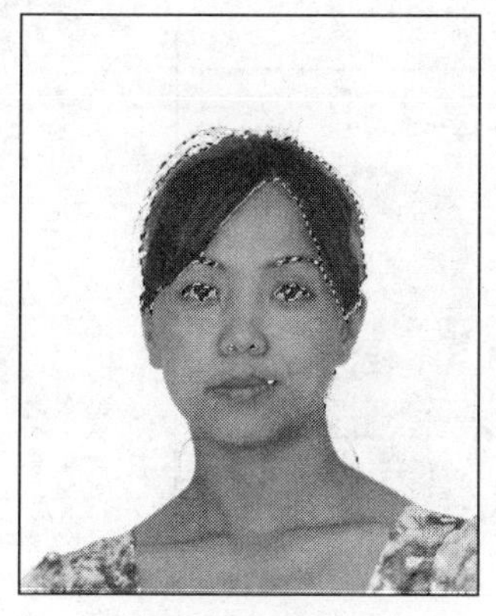
图 13.140　载入选区

图 13.141　涂抹后的效果

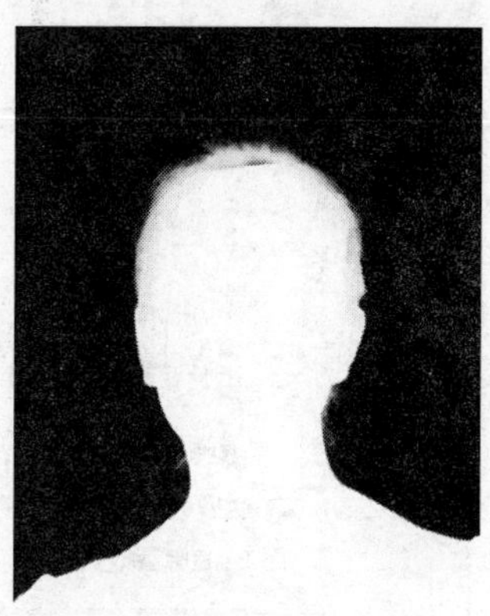
图 13.142　蒙版中的状态

提示：下面应用“画布大小”命令扩大画布，以方便在应用照片时被裁剪，而不至于将主体裁掉。

13．按 Ctrl+Alt+Shift+E 组合键执行“盖印”操作，从而将当前所有可见的图像合并至一个新图层中，得到“图层 2”。“图层”面板如图 13.143 所示。

14．选择“图像”|“画布大小”命令，设置弹出的对话框如图 13.144 所示，单击“确定”按钮退出对话框，得到的效果如图 13.145 所示。

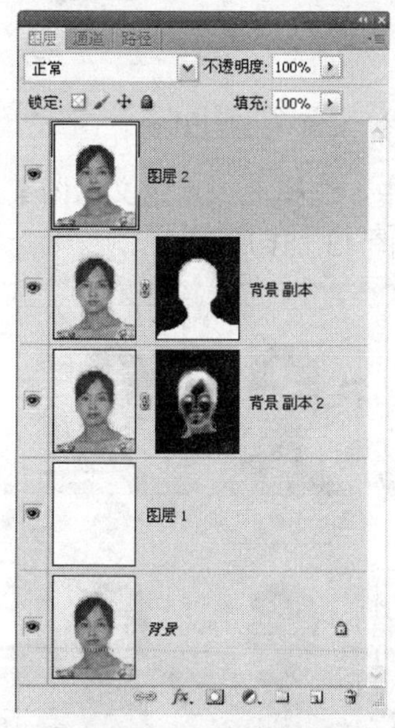

图 13.143　“图层”面板

图 13.144　“画布大小”对话框

图 13.145　应用“画布大小”命令后的效果

15．按 Ctrl 键单击“图层 2”图层缩览图以载入其选区，设置前景色为黑色，选择“编辑”|“描边”命令，设置弹出的对话框如图 13.146 所示，单击“确定”按钮退出对话框，按 Ctrl+D 组合键取消选区，得到的效果如图 13.147 所示。

16．定义图案。选择“编辑”|“定义图案”命令，设置弹出的“图案名称”对话框如图 13.148 所示。按 Ctrl+N 组合键新建一个文件，设置弹出的对话框如图 13.149 所示，单击“确定”按钮退出对话框，以创建一个新的空白文件。

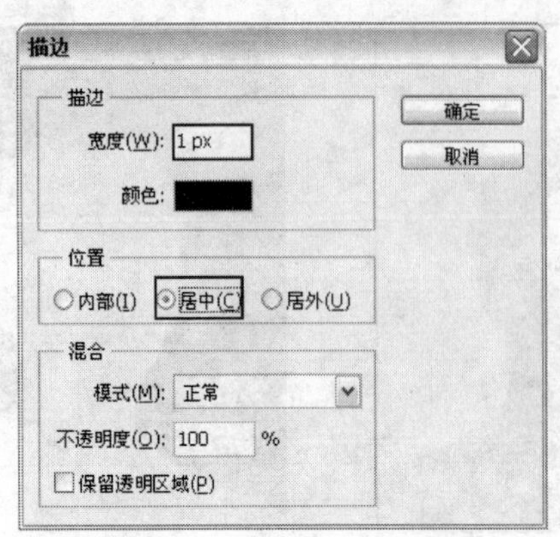

图 13.146 “描边”对话框

图 13.147 应用“描边”命令后的效果

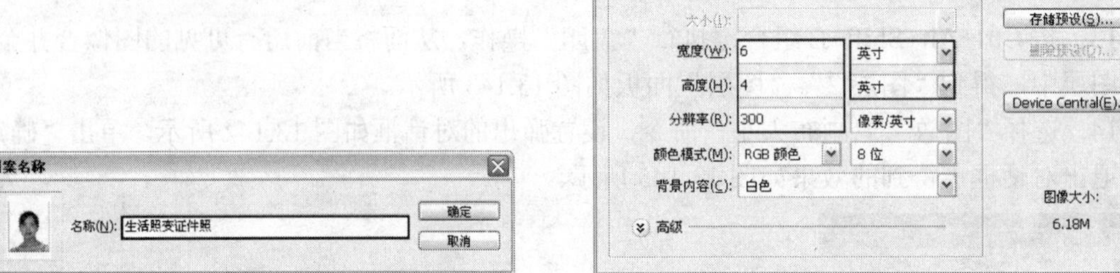

图 13.148 “图案名称”对话框

图 13.149 “新建”对话框

17．选择“编辑”|“填充”命令，在弹出的“填充”对话框中，选择上一步定义的图案，如图 13.150 所示。单击“确定”按钮退出对话框，得到的效果如图 13.151 所示。

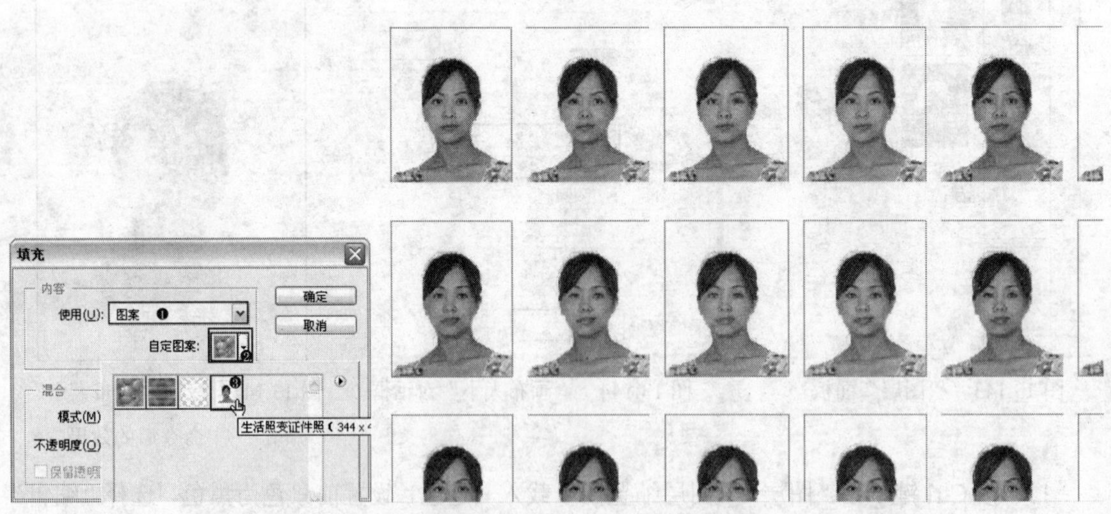

图 13.150 “填充”对话框

图 13.151 应用“填充”命令后的效果

18．裁剪图像。在工具箱中选择“裁剪工具”，在画布中绘制裁剪区域，如图 13.152 所示。按 Enter 键确认操作，得到的最终效果如图 13.153 所示。

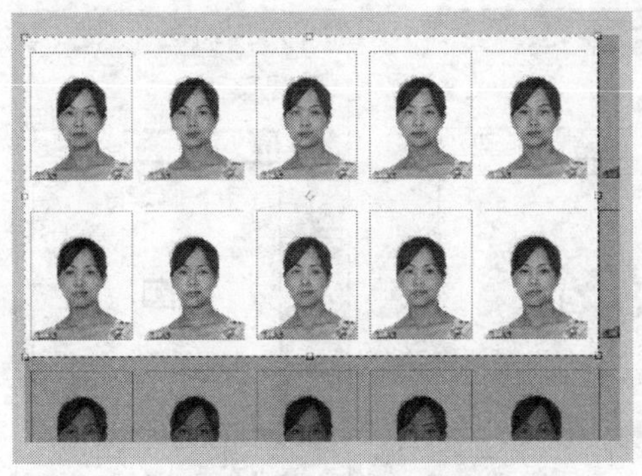

图 13.152　裁剪状态

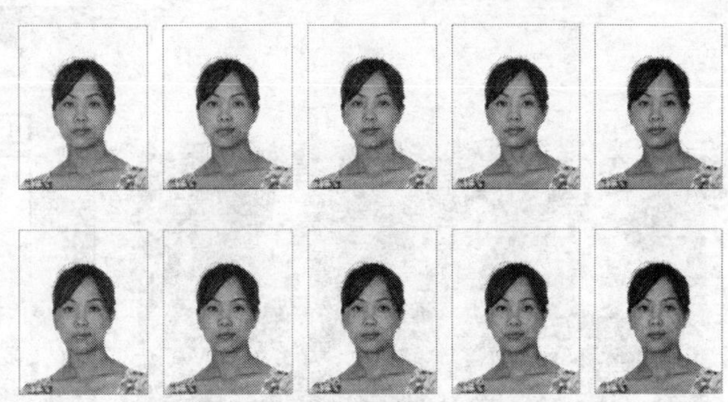

图 13.153　最终效果

13.7　制作洋酒广告

本例主要讲解如何应用自己的照片制作洋酒广告作品。在制作的过程中，主要结合了“曲线”调整图层、图层样式以及“画笔工具” 等功能。

1．打开本书配套素材提供的“第 13 章\13.7-素材 1.jpg”，将看到整个图片如图 13.154 所示。

提示：下面利用素材图像，结合变换及“曲线”调整图层等功能，制作人物图像。

2．打开本书配套素材提供的“第 13 章\13.7-素材 2.psd”，如图 13.155 所示。使用“移动工具” 将其拖至上一步打开的文件中，得到“图层 1”。

图 13.154　素材图像

图 13.155　人物素材图像

3．按 Ctrl+T 组合键调出自由变换控制框，按 Shift 键向内拖动右上角的控制句柄以缩小图像及移动位置，如图 13.156 所示。按 Enter 键确认操作。

4．调整肤色。单击“创建新的填充或调整图层”按钮 ，在弹出的菜单中选择“曲线”命令，得到“曲线 1”图层，按 Ctrl+Alt+G 组合键执行“创建剪贴蒙版”操作，设置面板如图 13.157～图 13.160 所示，得到如图 13.161 所示的效果。“图层”面板如图 13.162 所示。

提示：至此，人物图像已制作完成。下面制作其他装饰图像。

5．打开本书配套素材提供的“第 13 章\13.7-素材 3.psd”，如图 13.163 所示。按 Shift 键使用“移动工具” 将其拖至上一步制作的文件中，得到的效果如图 13.164 所示。

图 13.156 变换状态

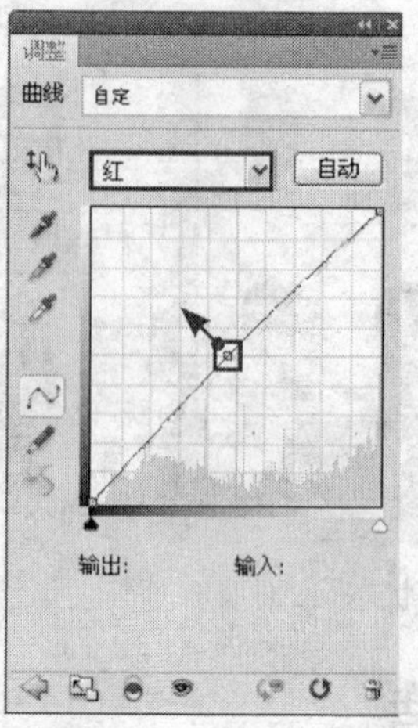

图 13.157 “红”面板

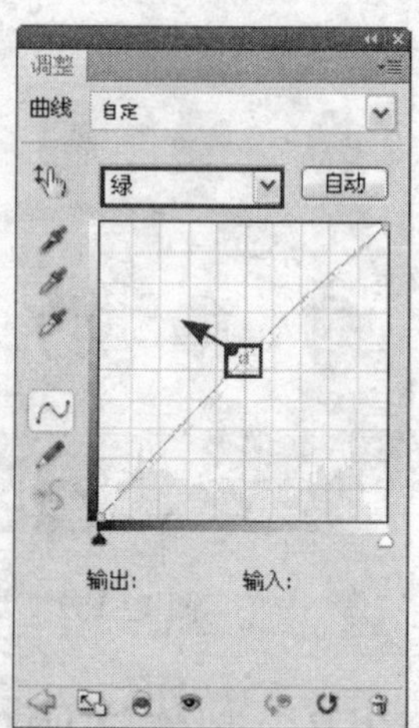

图 13.158 “绿”面板

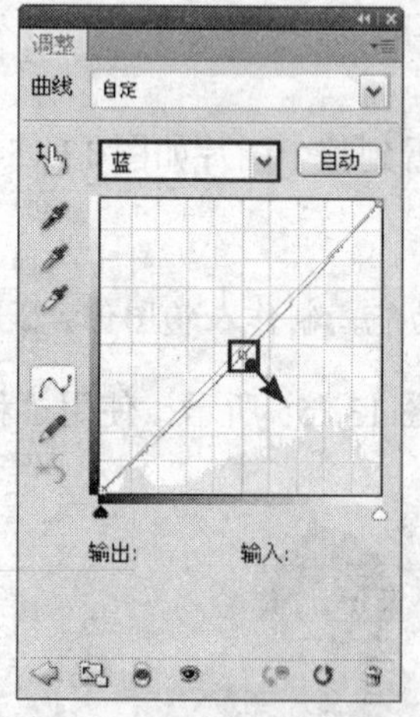

图 13.159 “蓝”面板

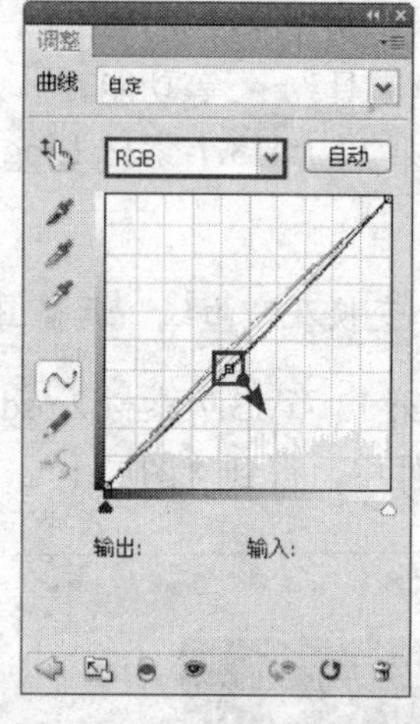

图 13.160 “RGB”面板

图 13.161 应用“曲线”命令后的效果

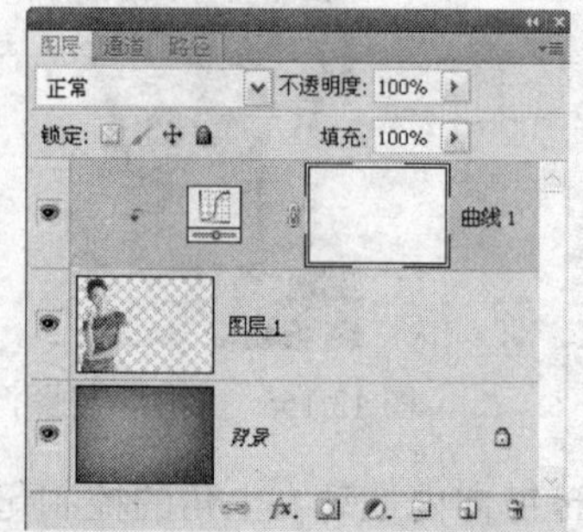

图 13.162 “图层”面板

图 13.163 素材图像

6．按 Ctrl 键分别选择图层“藤”、“飘虫 1”和“飘虫 2”，将选中的三个图层拖至“图层 1”下方，得到的效果如图 13.165 所示。“图层”面板如图 13.166 所示。

7．制作杨梅的发光效果。选择图层“杨梅”，单击“添加图层样式”按钮，在弹出的菜单中选择“外发光”命令，设置弹出的对话框如图 13.167 所示，得到如图 13.168 所示的效果。

8．选择图层“飘虫 1”，单击“添加图层样式”按钮 fx.，在弹出的菜单中选择“投影”命令，设置弹出的对话框如图 13.169 所示，得到的效果如图 13.170 所示。

图 13.164　拖入素材

图 13.165　调整图层后的效果

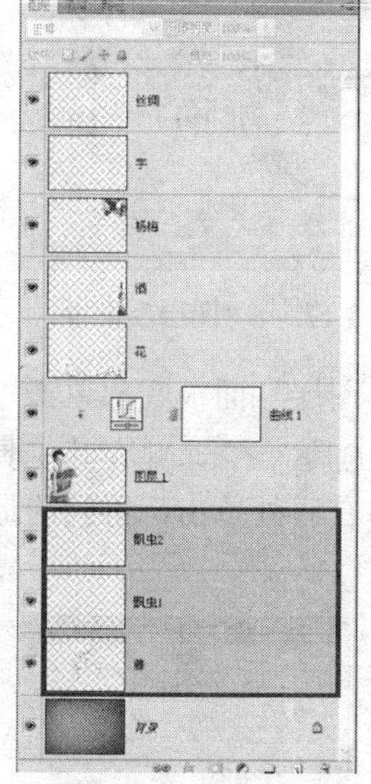

图 13.166　“图层”面板

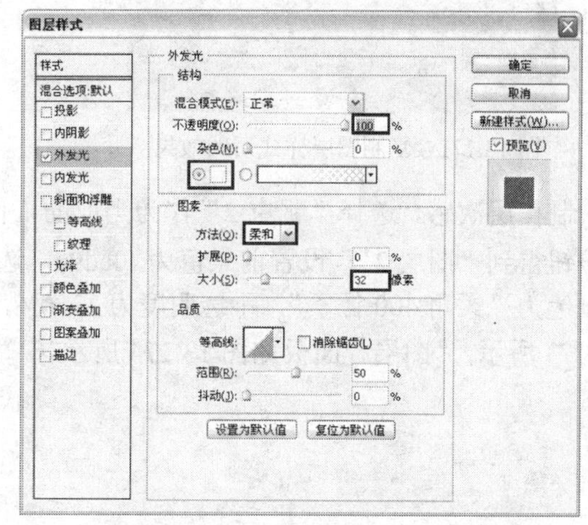

图 13.167　“外发光”对话框

图 13.168　应用“外发光”命令后的效果

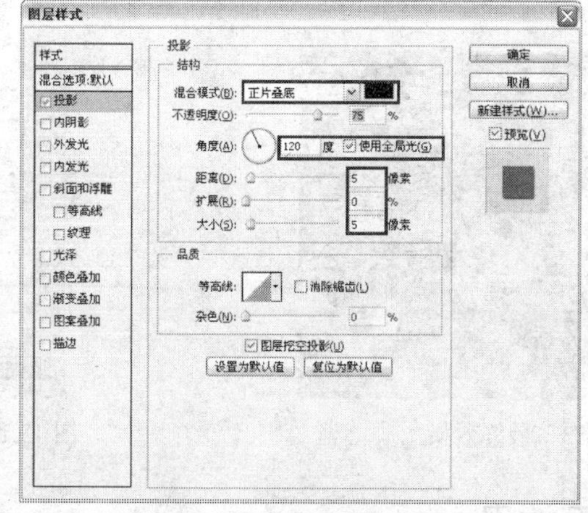

图 13.169　“投影”对话框

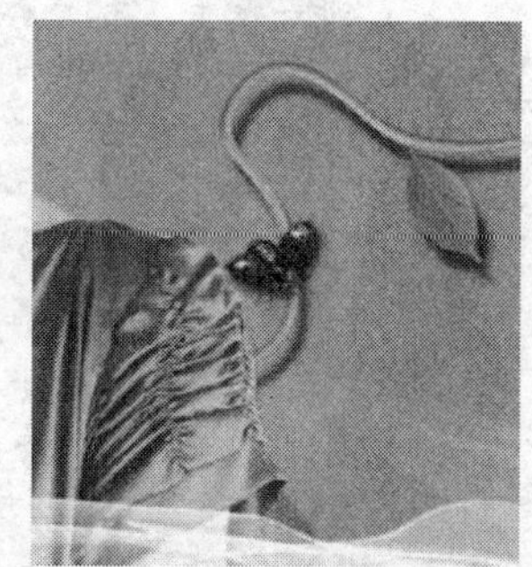

图 13.170　应用“投影”命令后的效果

9．按 Alt 键将图层“飘虫 1”的图层样式拖至图层“飘虫 2”名称上，以复制图层样式，得到的效果如图 13.171 所示。“图层”面板如图 13.172 所示。

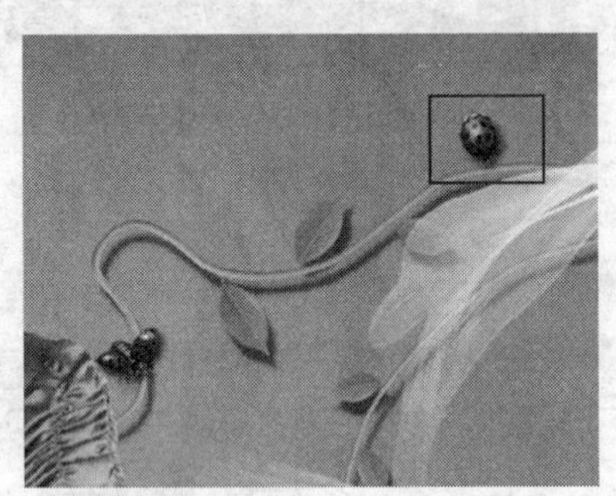

图 13.171　复制图层样式后的效果

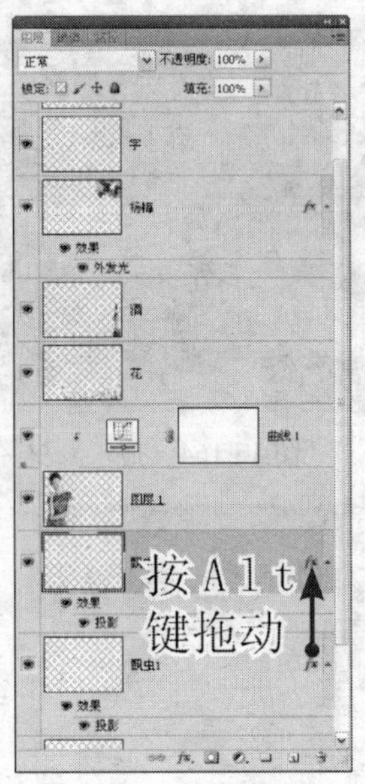

图 13.172　“图层”面板

10．制作层次感。选择“飘虫 2”作为当前的工作层，在“图层”面板底部单击“创建新图层”按钮得到“图层 2”，设置前景色为 f0ed9c，选择“画笔工具”，并在其工具选项条中设置画笔为“柔角 400 像素”，不透明度为 13. 0%，在人物的右肩处单击，得到的最终效果如图 13.173 所示，“图层”面板如图 13.174 所示。

图 13.173　最终效果

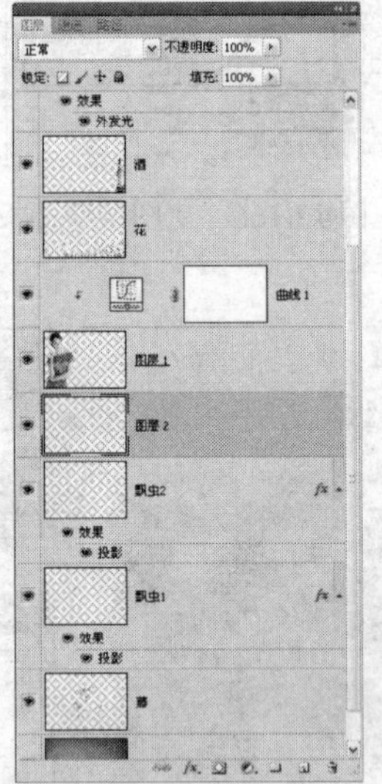

图 13.174　“图层”面板

13. 8　制作杂志封面效果

本例主要讲解如何利用自己的照片制作杂志封面效果。在制作的过程中，主要结合了素材图像、路径、填充图层以及文字工具等功能。

1．按 Ctrl+N 组合键新建一个文件，设置弹出的对话框如图 13.175 所示，单击“确定”按钮退出对话框，以创建一个新的空白文件。设置前景色为 dcdace，按 Alt+Delete 组合键以前景色填充“背景”图层，得到的效果如图 13.176 所示。

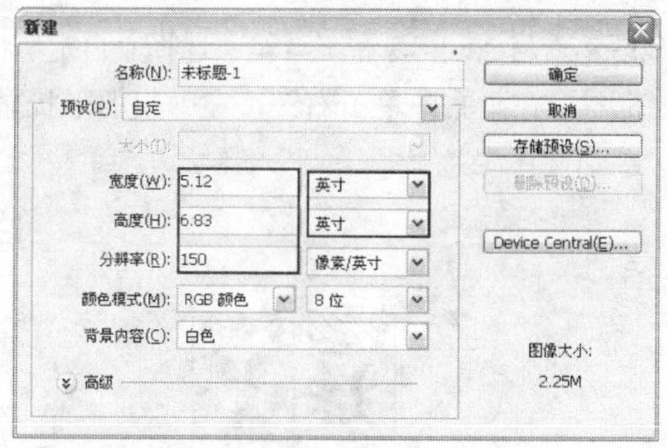

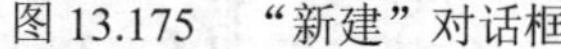
图 13.175　“新建”对话框

图 13.176　填充颜色后的效果

提示：至此，背景中的基本内容已制作完成。下面制作人物图像。

2．打开本书配套素材提供的“第 13 章\13.8-素材 1.psd”，如图 13.177 所示。使用“移动工具”将其拖至上一步制作的文件中，并按如图 13.178 所示的位置进行摆放，同时得到“图层 1”。

图 13.177　素材图像

图 13.178　摆放图像

3．调整亮度。在“图层”面板底部单击“创建新的填充或调整图层”按钮，在弹出的菜单中选择“曲线”命令，得到“曲线 1”图层，按 Ctrl+Alt+G 组合键执行“创建剪贴蒙版”操作，设置面板如图 13.179 和 13.180 所示，得到如图 13.181 所示的效果。“图层”面板如图 13.182 所示。

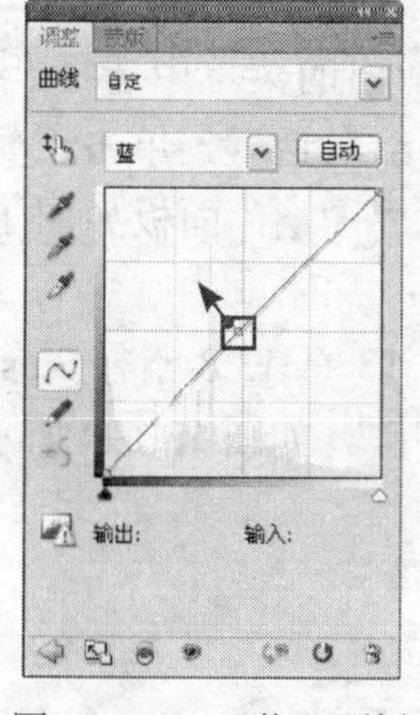

图 13.179　“蓝”面板

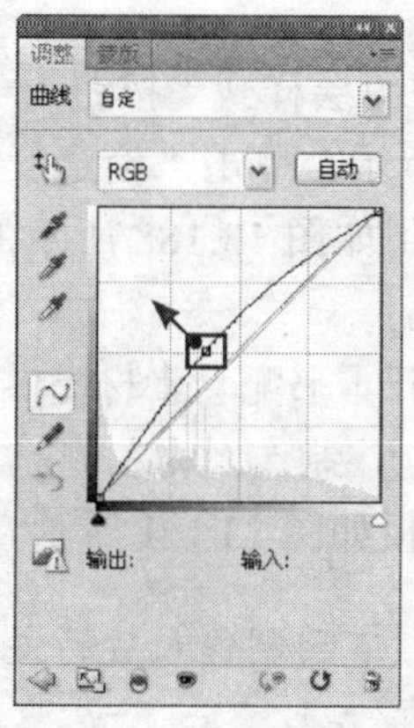

图 13.180　“RGB”面板

图 13.181　应用“曲线”命令后的效果

提示：至此，人物图像已制作完成。下面制作主题文字图像。

4. 打开本书配套素材提供的“第13章\13.8-素材2.csh”，在工具箱中选择“自定形状工具”，并在其工具选项条中选择“路径”按钮，在画布中单击右键，在弹出的形状显示框中选择刚刚打开的形状，如图13.183所示。

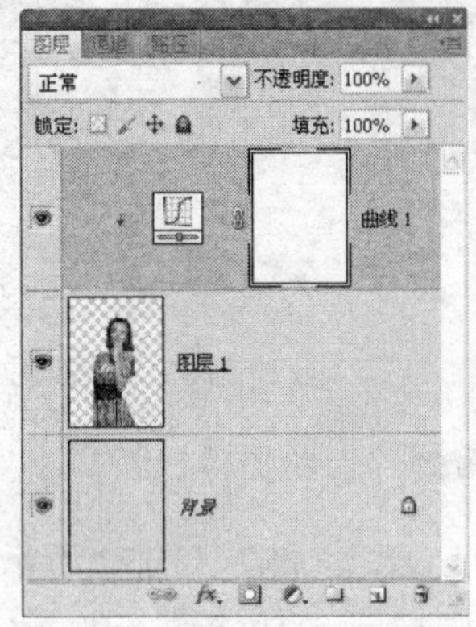

图13.182 “图层”面板

图13.183 选择形状

5. 应用上一步打开的形状，在人物的右上侧绘制文字路径，如图13.184所示。在“图层”面板底部单击“创建新的填充或调整图层”按钮，在弹出的菜单中选择“纯色”命令，然后在弹出的“拾取实色”对话框中设置其颜色值为e82b35，如图13.185所示。单击“确定”按钮退出对话框，得到如图13.186所示的效果。同时得到“颜色填充1”图层。

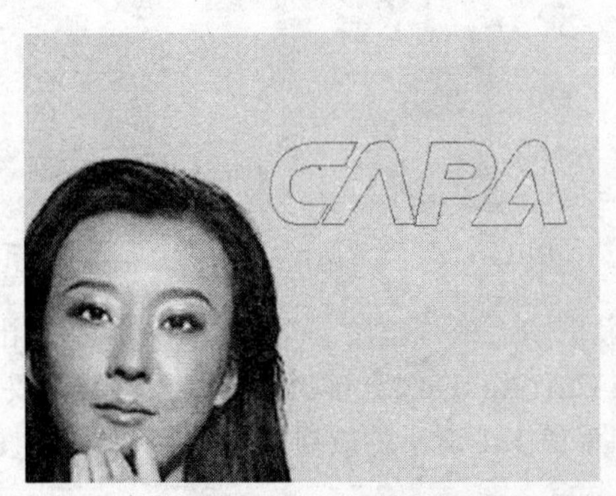

图13.184 绘制路径

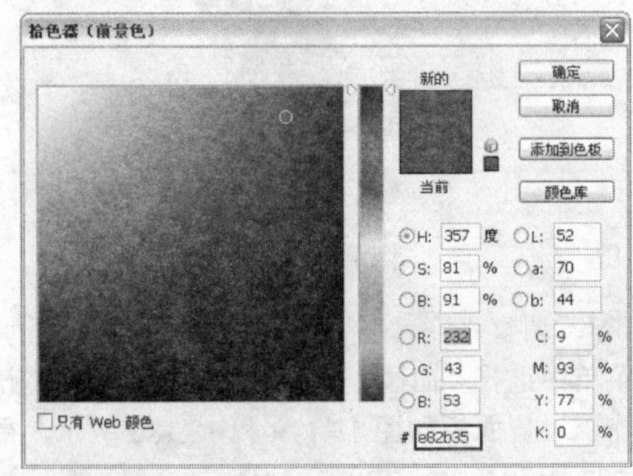

图13.185 设置颜色值

6. 在“图层”面板底部单击“添加图层样式”按钮，在弹出的菜单中选择“描边”命令，设置弹出的对话框如图13.187所示，单击“确定”按钮退出对话框，单击“颜色填充1”矢量蒙版缩览图以隐藏路径，得到如图13.188所示的效果。“图层”面板如图13.189所示。

7. 按照第4～5步的操作方法，打开本书配套素材提供的“第13章\13.8-素材3.csh”并选择此形状，结合路径及填充图层的功能，制作人物左侧的文字“咔”，如图13.190所示。同时得到“颜色填充2”图层，“图层”面板如图13.191所示。

提示：至此，主题文字已制作完成。下面制作人后的文字图像。

图 13.186　应用“纯色”命令后的效果

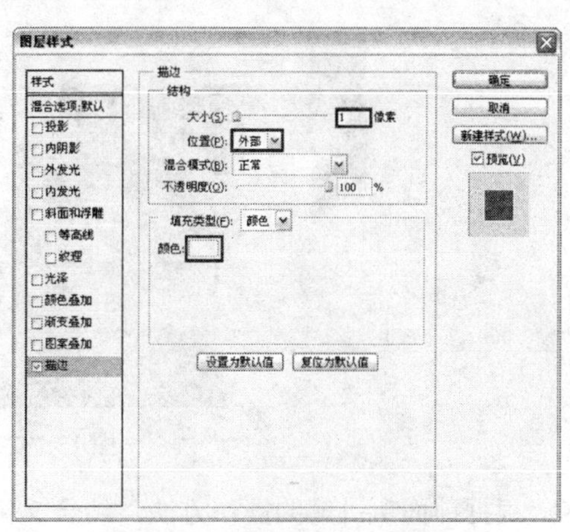

图 13.187　“描边”对话框

图 13.188　应用“描边”命令后的效果

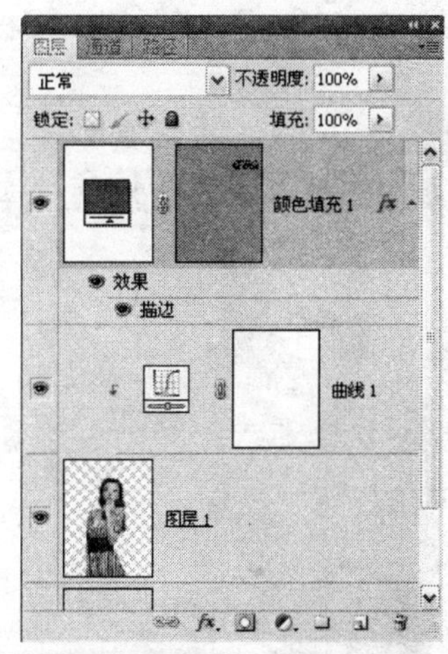

图 13.189　“图层”面板

图 13.190　制作文字“咔”

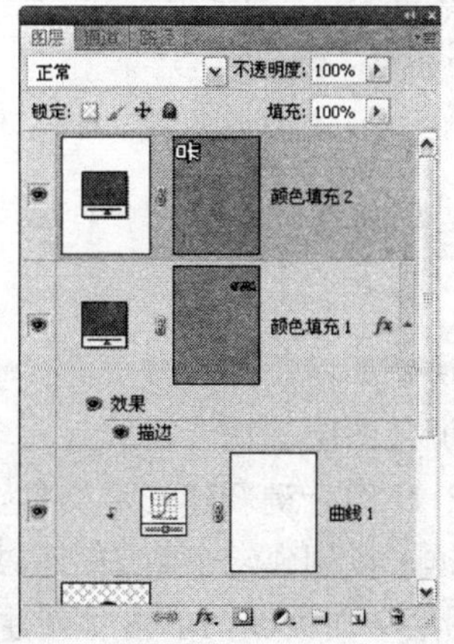

图 13.191　“图层”面板

8．选择“背景”图层作为当前的工作层，在工具箱中选择“横排文字工具”，设置前景色的颜色值为 ff0000，并在其工具选项条上设置适当的字体和字号，在人物头部上方单击，以插入文字光标并输入文字“.时尚”，如图 13.192 所示。选择“移动工具”确定文字的输入。并得到相应的文字图层。

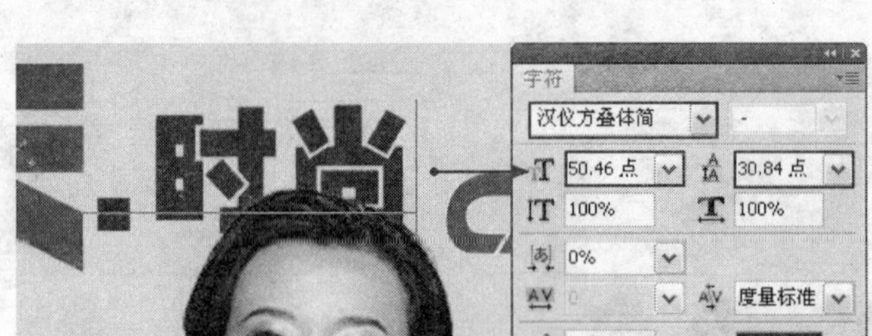

图 13.192 输入文字

9．根据前面所讲解的操作方法，结合文字图层以及本书配套素材提供的“第 13 章\13.8-素材 4.psd”，继续在画面中输入其他相关文字信息，并制作左下方的条形码，完成制作得到的最终效果如图 13.193 所示。“图层”面板如图 13.194 所示。

图 13.193 最终效果

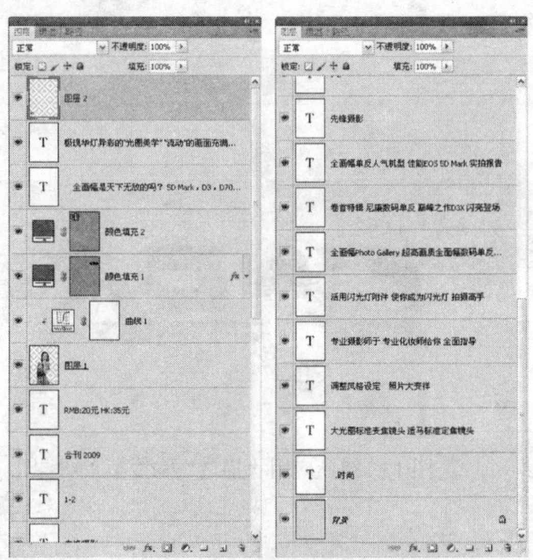

图 13.194 “图层”面板

13.9 制作博客页面

本例主要讲解如何制作博客页面。在制作的过程中，主要结合了路径、填充图层、变换、混合模式以及调整图层等功能。

1．按 Ctrl+N 组合键新建一个文件，设置弹出的对话框如图 13.195 所示，单击“确定”按钮退出对话框，以创建一个新的空白文件。

2．在“图层”面板底部单击“创建新的填充或调整图层”按钮 ，在弹出的菜单中选择“渐变”命令，在弹出的“渐变填充”对话框中单击“渐变显示框”，设置弹出的“渐变编辑器”对话框如图 13.196 所示，单击“确定”按钮退出对话框，返回到“渐变填充”对话框，得到如图 13.197 所示的效果。同时得到“渐变填充 1”图层。

提示：在“渐变编辑器”对话框中，渐变类型为“从 37c0d0 到 018ba7”。下面制作页面的结构。

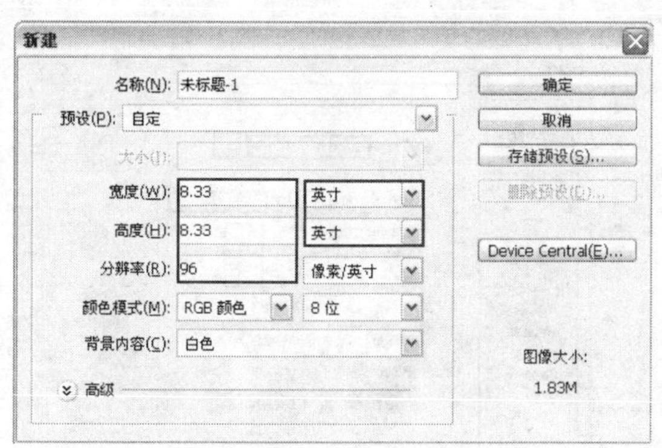

图 13.195　“新建”对话框

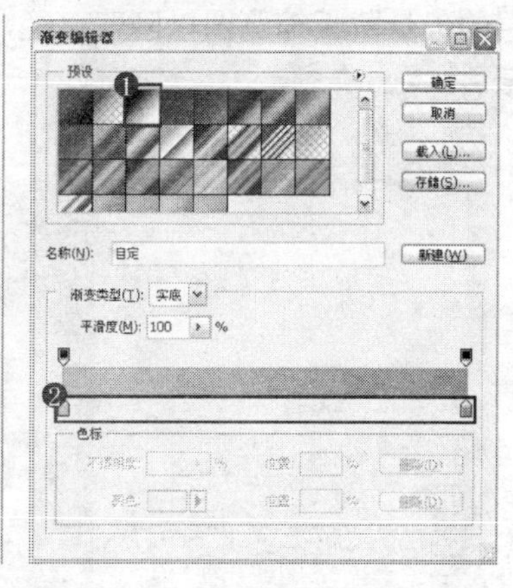

图 13.196　“渐变编辑器”对话框

3．打开本书配套素材提供的“第 13 章\13.9-素材 1.csh”，在工具箱中选择“自定形状工具”，并在其工具选项条中选择“路径”按钮，在画布中单击右键，在弹出的形状显示框中选择刚刚打开的形状，如图 13.198 所示。

图 13.197　应用“渐变”命令后的效果

图 13.198　选择打开的形状

4．应用上一步打开的形状，在画面中绘制路径，如图 13.199 所示。在“图层”面板底部单击“创建新的填充或调整图层”按钮，在弹出的菜单中选择“纯色”命令，然后在弹出的“拾取实色”对话框中设置其颜色值为 ffffff，如图 13.200 所示。单击“确定”按钮退出对话框，得到如图 13.201 所示的效果。同时得到“颜色填充 1”图层。

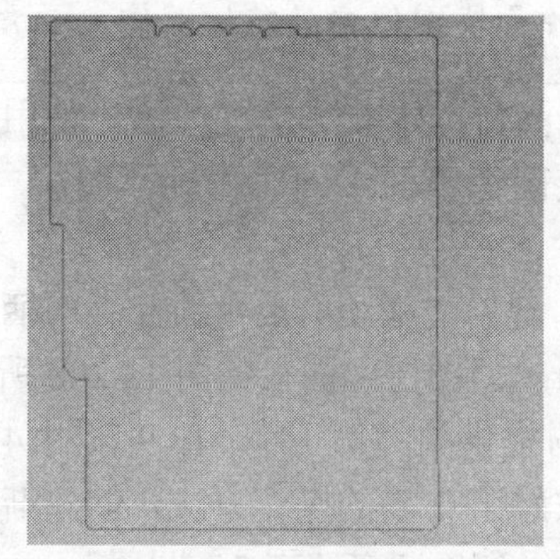

图 13.199　绘制路径

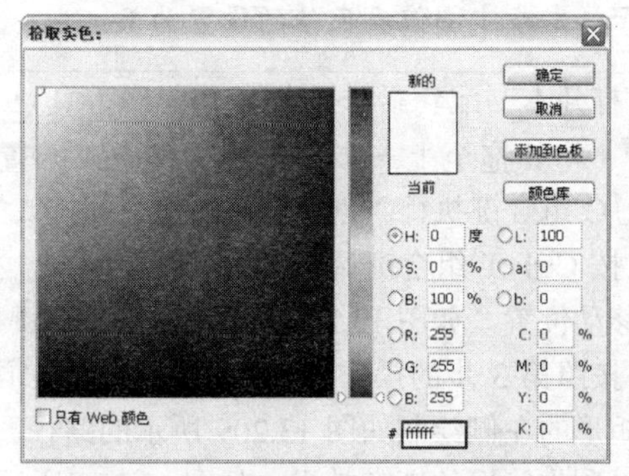

图 13.200　“拾取实色”对话框

5．在“图层”面板底部单击“添加图层样式”按钮，在弹出的菜单中选择“内阴影”命令，设置弹出的对话框如图 13.202 所示，单击“确定”按钮退出对话框，单击“颜色填充 1”

图层的矢量蒙版缩览图以隐藏路径，得到如图 13.203 所示的效果。“图层”面板如图 13.204 所示。

图 13.201　应用“纯色”命令后的效果

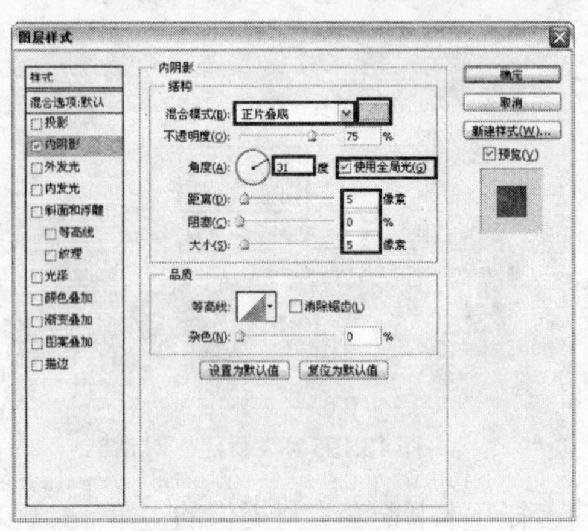

图 13.202　“内阴影”对话框

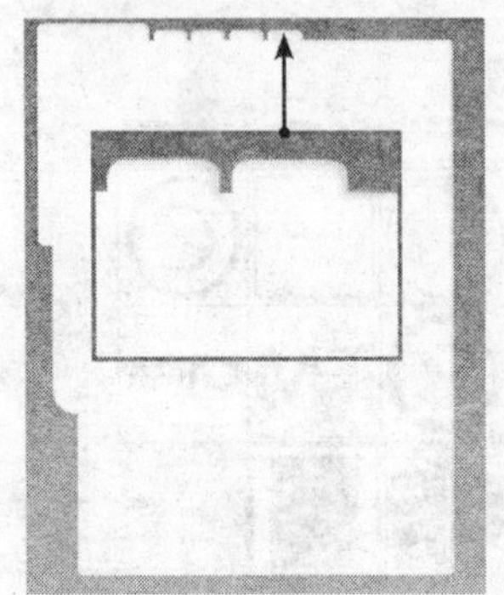

图 13.203　应用“内阴影”命令后的效果

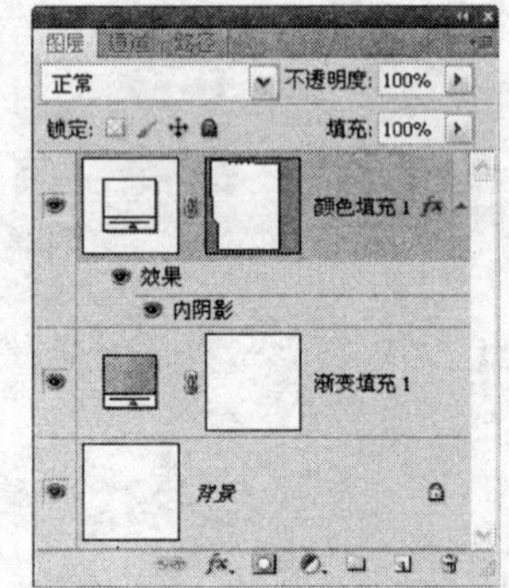

图 13.204　“图层”面板

提示：在“内阴影”对话框中，颜色块的颜色值为 d0d0d0。

6．按照第 3～4 步的操作方法，结合本书配套素材提供的“第 13 章\13.8-素材 2.csh”以及填充图层的功能，制作白色图形上方的粉色方块，如图 13.205 所示。同时得到“颜色填充 2”图层。

提示：本步中图像颜色值的设置为 feb7fc。下面制作方块图像中的花纹图像。

7．打开本书配套素材提供的“第 13 章\13.9-素材 3.psd”，如图 13.206 所示。使用“移动工具”将其拖至上一步制作的文件中，并置至方块图像上面，同时得到“图层 1”。按 Ctrl+Alt+G 组合键执行“创建剪贴蒙版”操作。

8．按 Ctrl+T 组合键调出自由变换控制框，按 Shift 键向内拖动右上角的控制句柄以缩小图像及移动位置，如图 13.207 所示。按 Enter 键确认操作。“图层”面板如图 13.208 所示。

9．按照第 3 步的操作方法打开并选择本书配套素材提供的“第 13 章\13.9-素材 4.csh”，在纷色矩形的左侧绘制如图 13.209 所示的路径。然后按照第 2 步的操作方法，创建渐变填充图层，以制作线框的渐变效果，如图 13.210 所示。同时得到“渐变填充 2”图层。

提示：在“渐变编辑器”对话框中，渐变类型为“从 9d038c 到 520061”。下面制作人物图像。

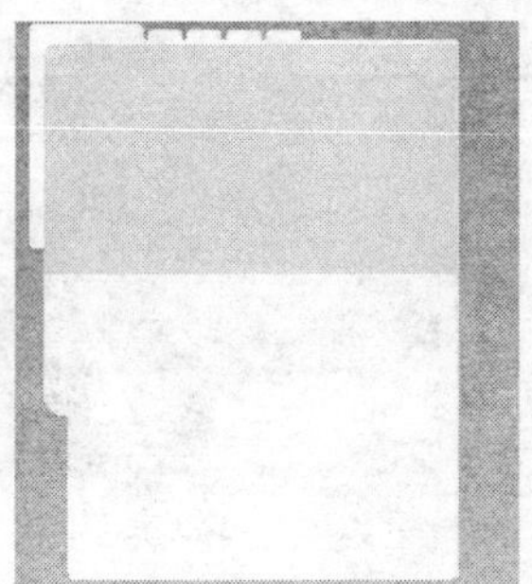

图 13.205　制作粉色方块

图 13.206　素材图像

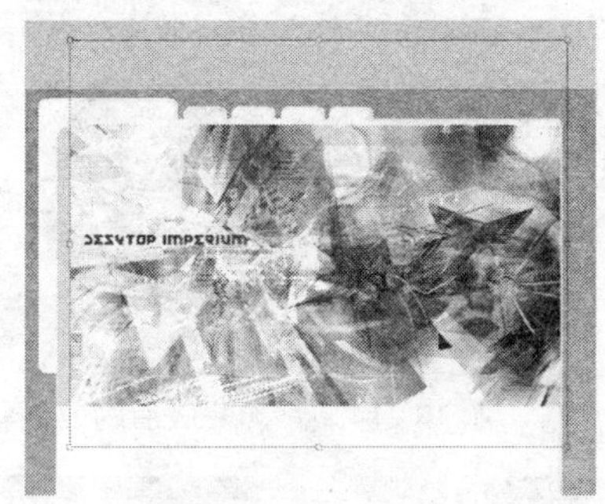

图 13.207　变换状态

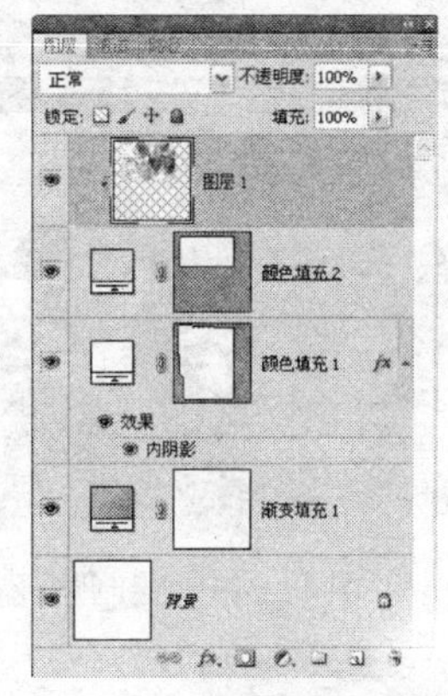

图 13.208　“图层”面板

图 13.209　绘制路径

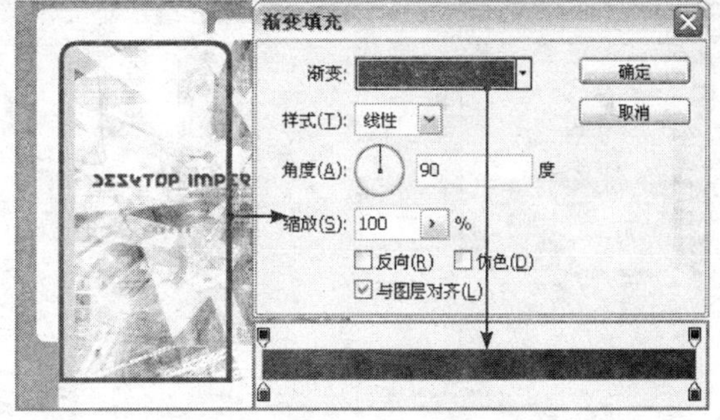

图 13.210　制作渐变效果

10．打开本书配套素材提供的“第 13 章\13.9-素材 5.psd”，如图 13.211 所示。使用“移动工具”将其拖至上一步制作的文件中，得到“图层 2”。按照第 8 步的操作方法，利用自由变换控制框调整图像的大小及位置，得到的效果如图 13.212 所示。

11．在工具箱中选择“钢笔工具”，并在其工具选项条中选择“路径”按钮，在人物图像上绘制如图 13.213 所示的路径。按 Ctrl 键单击“图层”面板底部的“添加图层蒙版”按钮为“图层 2”添加蒙版，隐藏路径（在“路径”面板的空白处单击）后的效果如图 13.214 所示。

12．调整色彩。在“图层”面板底部单击“创建新的填充或调整图层”按钮，在弹出的菜单中选择“曲线”命令，得到“曲线 1”图层，按 Ctrl+Alt+G 键执行“创建剪贴蒙版”操作，设置面板如图 13.215～图 13.217 所示，得到如图 13.218 所示的效果。“图层”面板如图 13.219 所示。

图 13.211 素材图像

图 13.212 调整图像

图 13.213 绘制路径

图 13.214 添加蒙版后的效果

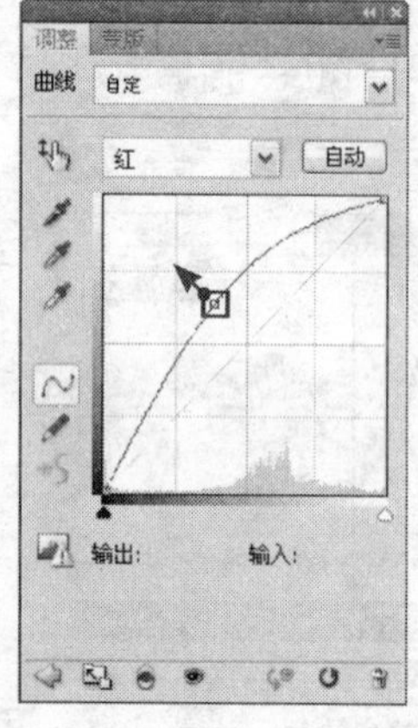

图 13.215 “红”面板

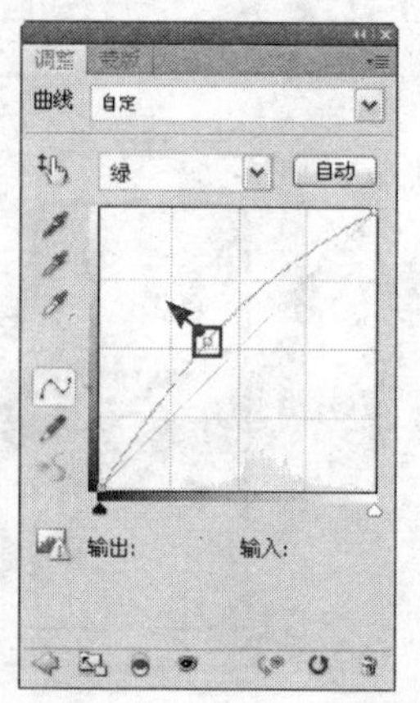

图 13.216 “绿”面板

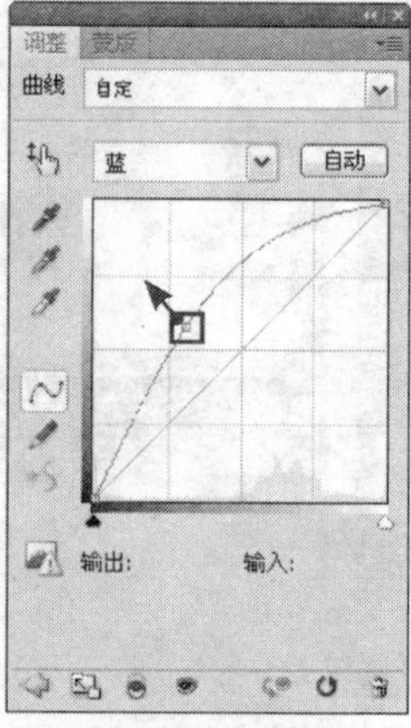

图 13.217 “蓝”面板

图 13.218 应用“曲线”命令后的效果

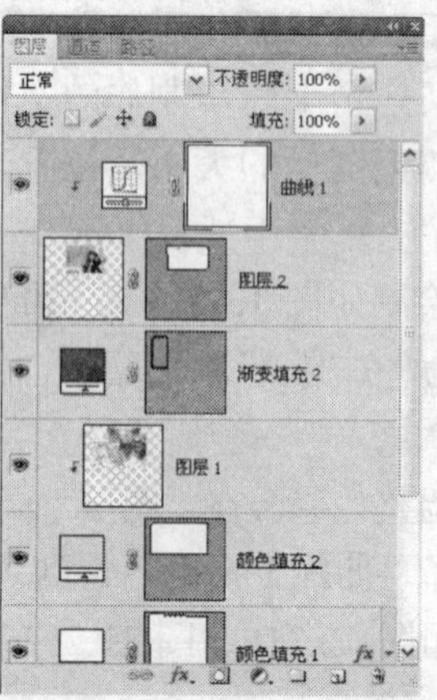

图 13.219 “图层”面板

提示：至此，主题人物图像已制作完成。下面制作其他图形及人物图像。

13．根据前面所讲解的操作方法，结合形状素材、路径、填充图层以及图层样式等功能，制作主题图像的边框、以及左侧方块中的图形及人物图像，如图 13.220 所示。“图层”面板如图 13.221 所示。

图 13.220 制作其他形及人物图像

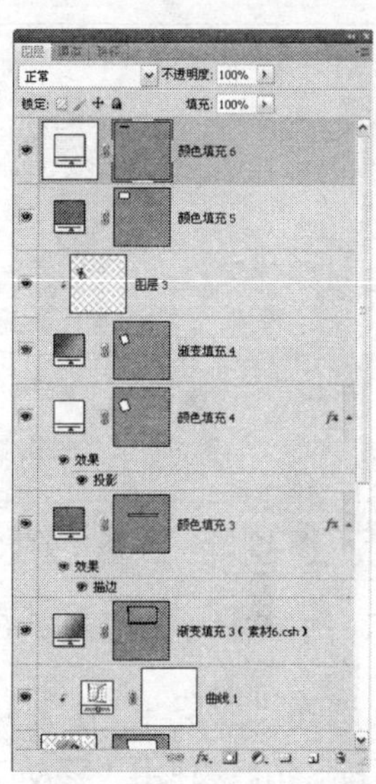

图 13.221 “图层”面板

提示：本步中所应用到的素材为本书配套素材提供的“第 13 章\13.9-素材 6.csh”和“第 13 章\13.9-素材 7.psd”；关于图像颜色值、渐变填充以及图层样式对话框中的参数设置请参考最终效果源文件；另外，还设置了“颜色填充 3”（主题人物下方的紫色矩形块）的不透明度为 20%。下面制作线条图像。

14．在“图层”面板底部单击“创建新图层”按钮 得到“图层 4”，在工具箱中设置前景色为白色，选择“画笔工具” ，并在其工具选项条中设置画笔为“尖角 1 像素”，在主题人物下方的紫色矩形上绘制 4 条白色线条，如图 13.222 所示。

15．在“图层”面板底部单击“添加图层蒙版”按钮 为“图层 4”添加蒙版，设置前景色为黑色，选择“画笔工具” ，在其工具选项条中设置适当的画笔大小及不透明度，在图层蒙版中进行涂抹，以将线条上、下方的图像隐藏，直至得到如图 13.223 所示的效果。此时蒙版中的状态如图 13.224 所示。

图 13.222 绘制线条

图 13.223 添加图层蒙版后的效果

提示：此时，观看人物下方的图像的色彩与整体的色彩不是很匹配，下面利用混合模式的功能来处理这个问题。

16．选择“图层 1”作为当前的工作层，在“图层”面板的顶部设置此图层的混合模式为“明度”，以混合图像，得到的效果如图 13.225 所示。

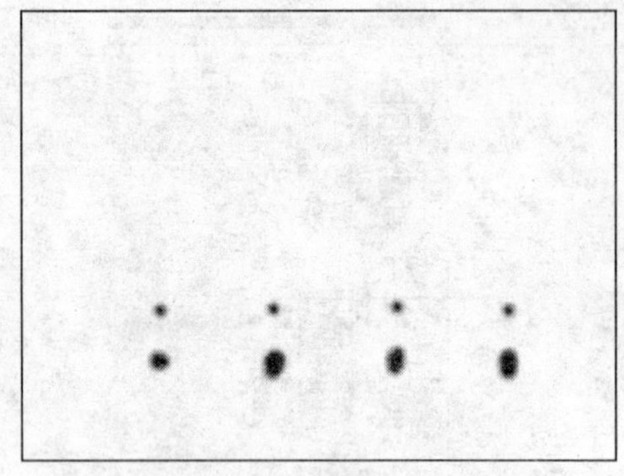

图 13.224 蒙版中的状态

图 13.225 设置混合模式后的效果

提示：下面制作文字及页面下方的图形效果，完成制作。

17．选择“图层 4”作为当前的工作层，打开本书配套素材提供的“第 13 章\13.9-素材 8.psd”，按 Shift 键使用“移动工具”将其拖至上一步制作的文件中，得到的最终效果如图 13.226 所示，同时得到组“字”和“下方图像”。“图层”面板如图 13.227 所示。

图 13.226 最终效果

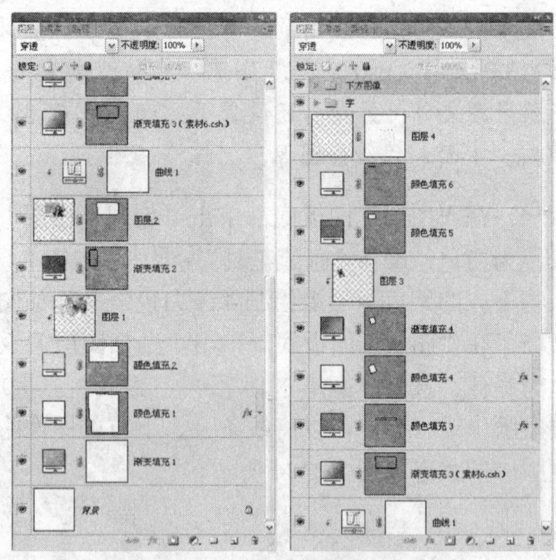

图 13.227 “图层”面板

提示：本步的素材是以组的形式提供的，由于操作方法在前面都已详细讲解过，就没有一一赘述。读者可以打开最终效果源文件展开组观看制作的过程。

13.10 烫印照片到杯子

本例主要讲解如何将照片烫印到杯子上。在制作的过程中，主要结合了变形、图层属性以及图层蒙版等功能。

1．打开本书配套素材提供的“第 13 章\13.10-素材 1.jpg”，将看到整个图片如图 13.228 所示。

2．打开本书配套素材提供的“第 13 章\13.10-素材 2.jpg”，使用“移动工具”将其拖至上一步打开的文件中，如图 13.229 所示。

图 13.228　素材图像

图 13.229　拖动图像

3．释放鼠标后，得到“图层 1”，在此图层名称上单击右键，在弹出的菜单中选择“转换为智能对象”命令，如图 13.230 所示。从而将其转换为智能对象图层，在后面将对该图层中的图像进行变形操作，而智能对象图层则可以记录下所有的变形参数，以便于我们进行反复的调整。此时“图层”面板如图 13.231 所示。

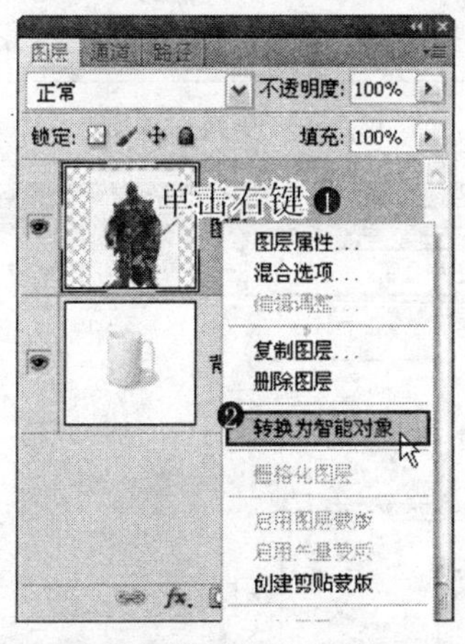

图 13.230　选择“转换为智能对象”命令

图 13.231　“图层”面板

4．按 Ctrl+T 组合键调出自由变换控制框，将光标置于右上角的控制句柄上当呈↙↗状态时，按 Alt+Shift 组合键向内拖动以等比例缩小图像，并移动位置，状态如图 13.232 所示。

5．在控制框内单击右键，在弹出的菜单中选择“变形”命令，如图 13.233 所示。此时控制框的状态如图 13.234 所示。并拖动四周的节点，以调整人物图片的形状，使之看起来更加自然一些。

6．调整节点后已变形的图片的状态如图 13.235 所示，按 Enter 确认变换操作得到如图 13.236 所示的效果。

7．在“图层”面板顶部设置“图层 1”的混合模式为“正片叠底”，以混合图像，得到的效果如图 13.237 所示。“图层”面板如图 13.238 所示。

图 13.232　变换状态

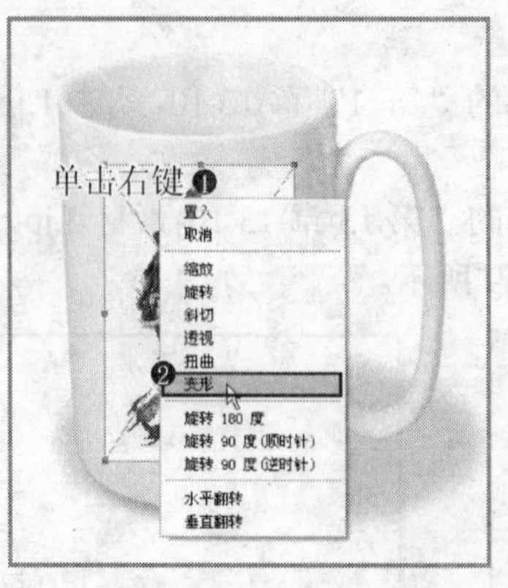

图 13.233　选择“变形”命令

图 13.234　调出变形框

图 13.235　变形状态

图 13.236　变换后的效果

图 13.237　设置混合模式后的效果

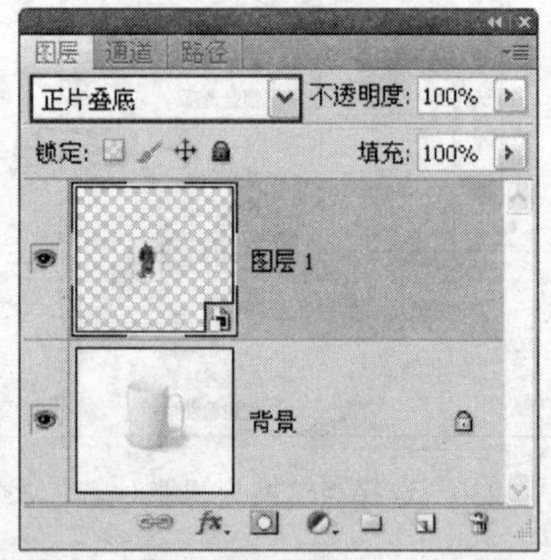

图 13.238　“图层”面板

8．隐藏人物以外的图像。在“图层”面板底部单击“添加图层蒙版”按钮 为“图层1”添加蒙版，设置前景色为黑色，选择“画笔工具”，在其工具选项条中设置适当的画笔大小，在图层蒙版中进行涂抹，以将人物以外的图像隐藏起来，直至得到如图 13.239 所示的效果，此时蒙版中的状态如图 13.240 所示。

9．调整亮度及对比度。在“图层”面板底部单击“创建新的填充或调整图层”按钮，在弹出的菜单中选择“亮度/对比度”命令，得到“亮度/对比度 1”图层，按 Ctrl+Alt+G 组合键执行“创建剪贴蒙版”操作，设置面板如图 13.241 所示，得到如图 13.242 所示的效果。

所示。

图 13.239　隐藏人物以外的图像

图 13.240　蒙版中的状态

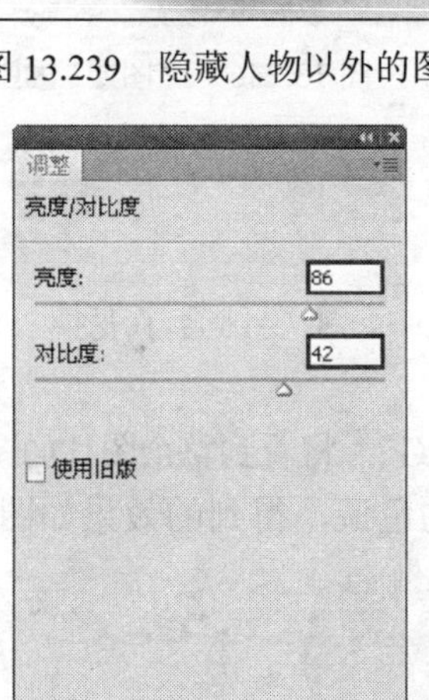

图 13.241　“亮度/对比度”面板

图 13.242　应用“亮度/对比度”后的效果

10．隐藏边缘的亮度。选中“亮度/对比度 1”图层蒙版缩览图，设置前景色为黑色，选择“画笔工具”，在其工具选项条中设置适当的画笔大小，在图层蒙版中进行涂抹，以将人物边缘的亮光隐藏，得到的效果如图 13.243 所示，此时蒙版中的状态如图 13.244 所示。

图 13.243　编辑蒙版后的效果

图 13.244　蒙版中的状态

11．至此，完成本例的操作，最终整体效果如图 13.245 所示。“图层”面板如图 13.246 所示。

图 13.245 最终效果

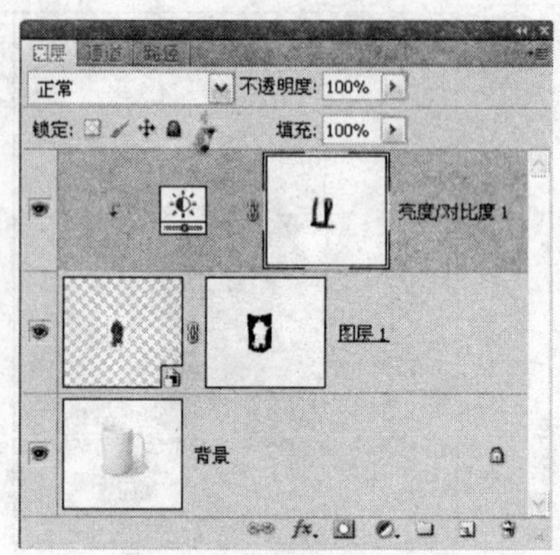

图 13.246 “图层”面板

13.11 变个性 T 恤衫

本例主要讲解如何制作个性 T 恤衫。在制作的过程中，主要结合了变换、剪贴蒙版以及图层属性等功能。下面讲解其制作过程。

1．打开本书配套素材提供的“第 13 章\13.11-素材 1.JPG”，将看到整个图片如图 13.247 所示。

2．选择“图像”|“自动色调”命令，以校正图像的色调，得到的效果如图 13.248 所示。

图 13.247 素材图像

图 13.248 应用“自动色调”命令后的效果

提示：使用“自动色调”命令可以让 Photoshop 自动调整图像的黑场和白场，即找到图像中的最暗点和最亮点，并将其分别映射为纯黑（最暗点）和纯白（最亮点），而两者之间的图像像素也会按照比例进行重新分布。

3．打开本书配套素材提供的“第 13 章\素 13.11-素材 2.PSD”，如图 13.249 所示。使用“移动工具”将其拖至上一步制作的文件中，得到“图层 1”。“图层”面板如图 13.250 所示。

4．按 Ctrl+T 组合键调出自由变换控制框，顺时针旋转图像的角度并移动图像的位置，如图 13.251 所示。按 Enter 键确认操作。

5．制作人物图像。打开本书配套素材提供的“第 13 章\13.11-素材 3.jpg”，如图 13.252 所示。使用“移动工具”将其拖至上一步制作的文件中，得到“图层 2”。按 Ctrl+Alt+G 组合键执行“创建剪贴蒙版”的操作，此时“图层”面板如图 13.253 所示。

6．按 Ctrl+T 组合键调出自由变换控制框，按 Shift 键向内拖动右上角的控制句柄以缩小图像，顺时针旋转图像的角度（与第 4 步旋转的角度一样），并移动图像的位置，如图 13.254 所示。按 Enter 键确认操作。

图 13.249　素材图像

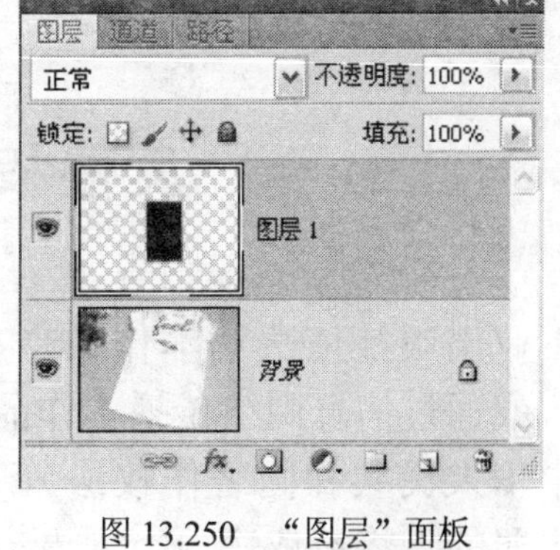

图 13.250　“图层”面板

图 13.251　变换状态

图 13.252　素材图像

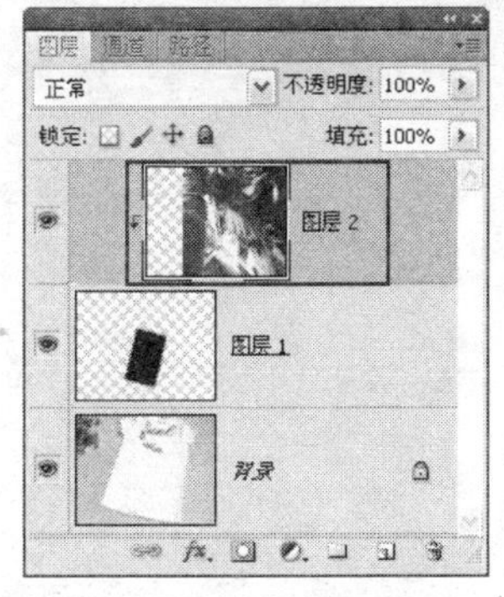

图 13.253　“图层”面板

图 13.254　变换状态

7．按 Ctrl+Alt+A 组合键选择除“背景”图层以外的所有图层，按 Ctrl+G 组合键执行“图层编组”的操作，得到“组 1”，设置此组的混合模式为“线性加深”，以混合图像，得到的最终效果如图 13.255 所示，“图层”面板如图 13.256 所示。

图 13.255　最终效果

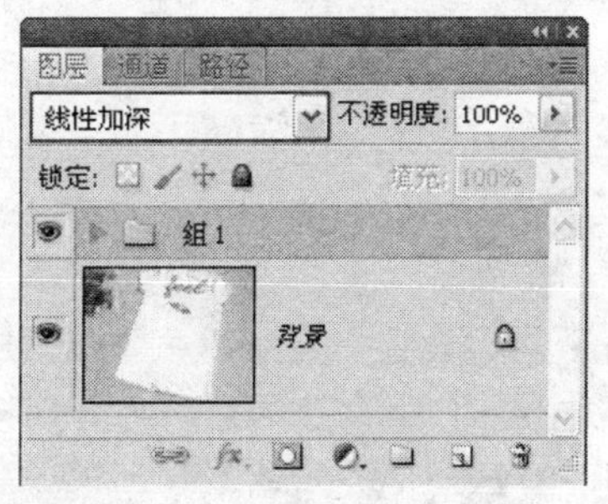

图 13.256　“图层”面板

反侵权盗版声明

举报电话：(010) 88254396；(010) 88258888

传　　真：(010) 88254397

E-mail：dbqq@phei. com. cn

通信地址：北京市万寿路 173 信箱

　　　　　电子工业出版社总编办公室

邮　　编：100036